U0189701

国外优秀食品科学与工程专业教材

WILEY

食品科学与工程导论

编 著 | 【英】Geoffrey Campbell-Platt

译 | 赵 征 高 强 李红娟
毛文娟 贾园媛 王德培 等

中国轻工业出版社

图书在版编目(CIP)数据

食品科学与工程导论/[英]杰弗里·坎贝尔-普拉特编著;赵征等译. —北京:中国轻工业出版社,2022.8
国外优秀食品科学与工程专业教材
ISBN 978-7-5184-1549-6

Ⅰ.①食… Ⅱ.①杰… ②赵… Ⅲ.①食品—高等学校—教材②食品工程学—高等学校—教材 Ⅳ.①TS2

中国版本图书馆 CIP 数据核字(2017)第 195198 号

策划编辑:马 妍
责任编辑:马 妍 秦 功 责任终审:张乃东 封面设计:锋尚设计
版式设计:砚祥志远 责任校对:燕 杰 责任监印:张京华

出版发行:中国轻工业出版社(北京东长安街 6 号,邮编:100740)
印　　刷:北京君升印刷有限公司
经　　销:各地新华书店
版　　次:2022 年 8 月第 1 版第 3 次印刷
开　　本:787×1092　1/16　印张:34.75
字　　数:810 千字　插页:8
书　　号:ISBN 978-7-5184-1549-6　定价:88.00 元
著作权合同登记　图字:01 - 2014 - 1008
邮购电话:010 - 65241695
发行电话:010 - 85119835　传真:85113293
网　　址:http://www.chlip.com.cn
Email:club@ chlip.com.cn
如发现图书残缺请与我社邮购联系调换
220908J1C103ZYW

Preface for *Food Science and Technology*, edited by Geoffrey Campbell – Platt Published by Wiley – Blackwell and IUFoST

This book *Food Science and Technology* is being widely used around the world, as the key textbook for University courses, leading to Degrees in the subject.

It is produced by the International Union of Food Science and Technology, IUFoST, the professional organisation representing some 250, 000 food scientists, food engineers and technologists in some 70 countries globally. China is a key member, through its Chinese Institute of Food Science and Technology, CIFST, which together with IUFoST hosted the 14th World Congress of Food Science and Technology, in Shanghai in 2008, and delivers the International Food Safety Forums, held in April in each of the past five years in Beijing.

For the successful future of the increasing world populations, IUFoST has set the mission of ' Strengthening Global Food Science for Humanity '. It is helping deliver on its objectives of Food Safety and Food Security through Education. By making this important textbook available in Chinese, it is hoped to increase the knowledge and awareness of future Food Scientists and Technologists, benefitting from the wide range of international expertise and knowledge it contains.

Good studying, and future career and prosperity!

Geoffrey Campbell – Platt, President of IUFoST 2008—2012

Prof Emeritus, University of Reading, UK, and Past President, IUFoST

中译本前言

《食品科学与工程导论》是处于领先地位的大学教材,广泛应用于世界各地的食品科学与技术(工程)专业。

本书由国际食品科技联盟(IUFoST)编撰。IUFoST 是代表全球 70 多个国家 250000 多位食品科学家、食品工程师和食品工艺师的专业组织。中国食品科学与技术学会(CIFST)是其关键性成员,CIFST 与 IUFoST 合作,2008 年在上海成功地举办了第十四届世界食品科技大会。在过去五年中,每年四月都在北京举办国际食品安全论坛。

为使不断增长的世界人口具有美好的未来,IUFoST 设立了如下使命:"为人类社会,在世界范围内发展食品科学"。IUFoST 通过教育促进实现食品安全和食品保证的目标"。我们相信这本重要教科书的中文译本,将帮助未来的食品科学家和技术人员与众多领域的国际权威专家进行交流,汲取宝贵的经验,全面增长专业知识和科学意识。

为了未来事业的成功和持续发展而努力学习。

Geoffrey Campbell – Platt

英国雷丁大学荣誉退休教授

IUFoST 卸任主席(2008—2012)

译者的话

　　《食品科学与工程导论》(*Food Science and Technology*)是国际食品科技联盟(IUFoST)编撰,Wiley – Blackwell 出版的大学教科书。食品科学技术国际联盟卸任主席(2008—2012)Geoffrey Campbell – Platt 教授主编,来自 10 个国家,在食品科学技术领域世界一流的 15 所大学的 30 名教授或高级讲师撰稿,部分作者是国际食品科学院院士。英国食品科学技术学会(IFST)、美国食品工艺师学会(IFT)、国际食品科学技术联盟(IUFOST)和国际食品科学院(IAFoST)4 个知名国际组织发起并推动了编撰和出版工作。译者根据原著内容和我国食品科学与工程专业的教育需求,将中译本命名为《食品科学与工程导论》。

　　本书共 21 章,涵盖了食品科学与技术教学的核心内容,包括绪论、食品化学、食品分析、食品生物化学、食品生物技术、食品微生物学、微积分、食品物理学、食品加工工程、食品工业工程、食品包装、营养、感官评价、统计分析、质量保证和立法、管理毒理学、食品企业管理、市场营销、产品开发、信息技术、学习和转化技能,全面而简明地反映了当代食品科学与技术(工程)教育的发展趋势,搭建了食品科学与技术(工程)人才知识和能力的架构。本书适用于我国食品科学与工程、食品质量与安全等本科专业的教学,满足非食品专业背景的研究生和食品高端从业人员的转型学习和终身学习的需求。它特别为非食品专业背景的博士生和毕业生提供了与食品科学技术相融合的学术交点。

　　在我国高等教育日益走向国际化的今天,我们通过多种国际交流,特别是借鉴国际食品教育标准,已经认识和构建了国际食品科学与技术教育的框架,但是仍然需要近距离观察国际食品科学与技术教育。天津科技大学食品科学与工程教学团队翻译了 *Food Science and Technology*(第一版)(2009 年出版),希望为实现这一目标贡献自己的绵薄之力。

　　译者直译了本书大多数章节。对于若干起点较低,内容重复,原理或事实不清的章节则采用了编译的方法。

　　天津科技大学食品科学与工程教学团队和相关专业的教授、副教授、博士、博士后研究人员参加了本书的翻译工作。其分工如下:赵征(第 1 章、第 19 章),刘锐(第 2 章),姜余梅(第 3 章),王德培(第 4 章),张颖、张健(第 5 章),高强(第 6 章),丁玉梅(第 7 章、第 14 章),王刚志、吴泽华(第 8 章),贾原媛(第 9 章),胡爱军、郑捷(第 10 章),高文华(第 11 章),汪建明(第 12 章),李文钊(第 13 章),李红娟(第 15 章),刘冰(第 16 章),毛文娟(第 17 章、第 18 章),王丽霞(第 20 章),李莉(现为浙江大学教师,第 21 章)。本团队邀请天津科技大学教师夏桐芝、刘小乐、李静、李洪波、刘敬民、纪巍、王瑛璐审阅了相关章节。全书由赵征校阅和统稿。

　　由于技术发展迅速,本书个别章节内容已经落后于现实,我们相信读者会有所认识。限于译者水平,本书存在不少疏漏和错误,我们诚恳地欢迎读者批评指正。

最后，我们衷心感谢本书主编英国雷丁大学荣誉退休教授，IUFoST 卸任主席（2008—2012）Geoffrey Campbell – Platt 在中文版序言中对于中国读者的热情鼓励和美好祝愿。

天津科技大学食品科学与工程教学团队
2017 年 7 月

编撰人

Chapter 1

Professor Geoffrey Campbell – Platt
Professor Emeritus of Food Technology
University of Reading; President of IUFoST
2008 – 2010
Whiteknights
Reading
RG6 6AP
United Kingdom

Chapter 2

Dr Richard A. Frazier
Senior Lecturer in Food Biochemistry
Department of Food Biosciences
University of Reading
Whiteknights
Reading
RG6 6AP
United Kingdom

Chapter 3

Professor Heinz – Dieter Isengard
University of Hohenheim
Institute of Food Science and Biotechnology
D – 70593 Stuttgart
Germany

Professor Dietmar Breithaupt
University of Hohenheim
Institute of Food Chemistry
D – 70593 Stuttgart
Germany

Chapter 4

Mr Brian C. Bryksa
Department of Food Science
University of Guelph
Guelph
Ontario N1G 2W1
Canada

Professor Rickey Y. Yada
Canada Research Chair in Food Protein Structure
Scientific Director, Advanced Foods and Materials
Network (AFMNet)
Department of Food Science
University of Guelph
Guelph
Ontario N1G 2W1
Canada

Chapter 5

Professor Cherl – Ho Lee
Division of Food Bioscience and Technology
College of Life Sciences and Biotechnology
Korea University
1 Anamdong, Sungbukku,
Seoul
136 – 701 Korea

Chapter 6

Dr Tim Aldsworth
The University of Hertfordshire
College Lane Campus
Hatfield
AL10 9AB
United Kingdom

**Professor Christine E. R. Dodd
and Professor Will Waites**
Division of Food Sciences
University of Nottingham
Sutton Bonington Campus
Loughborough

Leicestershire
LE12 5RD
United Kingdom

Chapter 7

Professor R. Paul Singh
Distinguished Professor of Food Engineering
Department of Biological and Agricultural
Engineering
Department of Food Science and Technology
University of California
One Shields Avenue Davis
CA 95616
USA

Chapter 8

Professor Keshavan Niranjan
Professor of Food Bioprocessing
Editor, Journal of Food Engineering
University of Reading
Whiteknights
PO Box 226
Reading
RG6 6AP
United Kingdom

Professor Gustavo Fidel Guti'errez – L'opez
Professor of Food Engineering
Head, PhD Program in Food Science and
Technology
Escuela Nacional de Ciencias Biol'ogicas
Instituto Polit'ecnico Nacional
Carpio y Plan de Ayala S/N
Santo Tom'as, 11340
Mexico, DF
México

Chapter 9

Dr Jianshe Chen
Department of Food Science and Nutrition
University of Leeds
Leeds
LS2 9JT
United Kingdom

Dr Andrew Rosenthal
Nutrition and Food Science Group
School of Life Sciences
Oxford Brookes University
Gipsy Lane Campus
Oxford
OX3 0BP
United Kingdom

Chapter 10

Professor R. Paul Singh
Distinguished Professor of Food Engineering
Department of Biological and Agricultural
Engineering
Department of Food Science and Technology
University of California
One Shields Avenue Davis
CA 95616
USA

Chapter 11

Professor Gordon L. Robertson
University of Queensland and
Food · Packaging · Environment
6066 Lugano Drive
Hope Island
QLD 4212
Australia

Chapter 12

Professor C. Jeya Henry
Professor of Food Science and Human Nutrition
School of Life Sciences
Oxford Brookes University
Gipsy Lane
Oxford
OX3 0BP
United Kingdom

Ms Lis Ahlström
Researcher
School of Life Sciences
Oxford Brookes University
Gipsy Lane
Oxford
OX3 0BP
United Kingdom

Chapters 13 and 14

Dr Herbert Stone and Dr Rebecca N. Bleibaum
Tragon Corporation
350 Bridge Parkway
Redwood Shores
CA 94065 – 1061
USA

Chapter 15

Dr David Jukes
Senior Lecturer in Food Regulation
Department of Food Biosciences
University of Reading
Whiteknights
Reading
RG6 6AP
United Kingdom

Chapter 16

Dr Gerald G. Moy
GEMS/Food Manager
Department of Food Safety, Zoonoses and
Foodborne Disease
World Health Organization
Geneva
Switzerland

Chapter 17

Dr Michael Bourlakis
Senior Lecturer
Brunel University
Business School
Elliot Jaques Building
Uxbridge
Middlesex
UB8 3PH
United Kingdom

Professor David B. Grant
Logistics Institute
Business School
University of Hull
Kingston upon Hull
HU6 7RX
United Kingdom

Dr Paul Weightman
School of Agriculture, Food and Rural
Development
Newcastle University
Agriculture Building
Newcastle upon Tyne
NE1 7RU
United Kingdom

Chapter 18

Professor Takahide Yamaguchi
Professor of Management
Graduate School of
Accountancy
University of Hyogo
Kobe – Gakuentoshi Campus
Kobe, 651 – 2197
Japan

Chapter 19

Professor Ray Winger
Professor of Food Technology
Institute of Food, Nutrition and
Human Health
Massey University
Private Bag 102 904
North Shore Mail Centre
Albany
Auckland
New Zealand

Chapters 20 and 21

Dr Sue H. A. Hill and Professor Jeremy D. Selman
Managing Editor and Head of Editorial and
Production
and Managing Director
International Food Information Service
(IFIS Publishing)
Lane End House
Shinfield Road
Shinfield
Reading
RG2 9BB
United Kingdom

目　录

1 绪论

Geoffrey Campbell – Platt

食品科学与技术是理解与应用科学,持续地保证食品质量安全和供应安全。历史上,苏格兰格拉斯哥的斯凯莱德大学(当时为皇家科技学院)首开先河,开设食品科学技术本科学位课程,现已逾半个世纪。已故 John Hawthorn 成为第一位食品科学教授,他曾任国际食品科学技术联盟(IUFoST)的主席。

食品科学与技术课程的目的是使食品科学与技术专业毕业的学生通过多学科的学习,有能力理解相关的科学知识并可将其整合运用于食品生产与研发,能够通过科学的方法,扩展知识,认识食品,应用和交流知识,满足社会、产业和消费者对可持续的食品质量、安全和保障的需求。

1.1 食品科学与技术课程要素

食品科学与技术专业本科学生的基础课程包括化学、生物学、数学、统计学和物理学。这些基础课程在教学过程中又逐步发展出食品科学与技术的专业基础课程,如食品化学、食品分析、食品生物化学、食品生物技术、食品微生物学、数值方法和食品物理学。本书的相关章节涵盖了上述内容,而后面的章节包括了食品科学技术的专业课程,如食品加工工程、食品工业工程和食品包装。学生进一步学习还需要掌握营养学、感官评价、统计技术、质量保证和立法、管理毒理学、食品安全和食品企业管理。其他知识还包括食品营销和产品开发、信息技术、学习和转化技能等。

食品科学与技术作为以自然科学为主的学科,学生不仅需要具备良好的科学理论背景,还要在实验室和中试车间进行实验和实习,以巩固理论知识,获得实验和实习的技能以及观察能力,具备撰写报告、解释现象和数据、讨论、阐述结果的能力。因此,大学不仅需要现代化的化学、微生物学等实验设施和为讲授单元操作及工程原理服务的中试车间,还需要数量充足、资质合格的教师讲授本书涵盖的课程。

1.2   本书的演变

英国食品科学与技术专业大学教授委员会（CUPFST）的工作组提出编写本书，为英国开设的各种食品科学与技术专业架构具有共同要素的课程框架。

最近，英国大学提出根据整体教学的评估结果设计课程要素，并要保证取得成功。这些评估都提出了课程框架的共同要素，继而在很大程度上成为本书各章的主题。国际食品科学教育界普遍采用这种方法，食品科学与技术的专业机构也采用这种方法，如英国食品科学技术学会（IFST）和美国食品工艺师学会（IFT）。本书自身就是向国际食品科学本科专业提出的教育标准。

IFT认为，食品科学是应用工程学、生物学和物理学研究食品的性质和劣变的原因，研究为消费者加工、改进食品的机理的学科。食品技术则应用食品科学选择、保藏、加工、包装、配送和提供安全、营养、有益健康的食品。总之，可以说食品科学家分析和剖析食品物料，食品技术人员则集成运用食品科学知识，生产安全且符合消费者需求的食品。实际上，全世界都认为，这两个术语经常可以互换使用，从业的食品科学家和工程师必须既了解食品物料的科学性质，又能生产出安全、营养的食品。

各种食品科学与技术专业有所不同，不同的专业和学生希望通过选择特定模块或个性化的研究项目，发展自己的兴趣和特长，这既可以理解，也符合实际需求。然而，本书各章节提出的是，食品科学或食品技术毕业生应该具有最低标准的核心能力，以期企业和管理机构了解学校培养的目标：一名合格的毕业生在取得适当的相关经验之后，能够成为专业学会的会员，如IFT或IFST，即社会认可的科学家或工程师。

1.3   食品安全保证

在日益相互依存的全球化世界，食品安全成为"食品采购或食品服务"的消费者契约中的隐含条款，经常在发生问题时才公开应对和处理食品安全问题。事实上，食品管理机构和食品零售商要求食品加工者和制造者在所有过程中都运用危害分析与关键控制点（HACCP），再加上良好操作，例如良好生产规范（GMP）和可追溯方法，在整个食品供应链构建质量和安全保障，更好地为大规模生产和日常消费的食品服务。而单个项目检验或破坏性测试对于生产全貌来说只能"以管窥豹"地提供作用有限的图像。实施HACCP和GMP都需要所有食品加工人员在经过多学科综合训练的食品科学家和工程师领导和指导下，开展良好的团队工作。

在我们现代社会，食品伦理学脱颖而出，面对可持续发展的生产实践、保护环境、公平贸易、可循环包装和应对气候变化等问题，食品科学家和工程师将发挥越来越大的作用，科学将帮助解决这些问题。食品科学家要想获得成功，需要有良好的人际沟通及表达能力，教师要尽其所能，运用实例和实践活动指导学生获取这些能力，因为科学家和工程师将面对越来越严格的公众，未来将更加需要这些技能。

1.4 国际食品科学技术联盟（IUFoST）

IUFoST 是代表 65 个成员国和世界各地约 20 万食品科学家和工程师的国际组织（IUFoST 在 2016 年发展成为全球 70 多个国家 250000 多位食品科学家、食品工程师和食品工艺师的专业组织——见中译本前言）。通常每隔两年在世界不同地点召开食品科学与技术世界大会，年轻食品科学家通过论文和墙报与世界级科学家互动，分享最新的研究成果和学术思想。多年来，食品科学与技术的高等教育引发了极大的兴趣和关注，许多发展中国家为开设或改进食品科学与技术课程寻求指导，以更加紧密地围绕培养目标，满足多方面的需求，帮助毕业生在国家和地区之间更加顺畅地流动。在人们由于职业原因而不能接受正规大学教学的地方，IUFoST 也帮助发展远程教育。因此，本书的编撰与出版是 IUFoST 努力在国际范围内分享知识和良好实践的重要工作。

IUFoST 建立了国际食品科学院(IAFoST)，由同行评选出著名的食品科学家担任研究员。研究员担任牵头作者和顾问，IUFoST 不断扩大其出版的权威性"科学信息"的范围，学术委员会通过它们向广泛的受众说明主要的食品问题。

1.5 编后语

我们一直深感荣幸地编辑本书，来自 10 个国家的 30 位著名作者撰写了各章。所有的作者都是各自领域的专家，他们代表着食品科学与技术领域 15 所世界一流大学以及 4 个主要国际组织。特别荣幸的是，部分作者还是 IAFoST 杰出的院士，他们通过本书直接帮助指导学生，激励未来的年轻的食品科学家和工程师。

因此，我们希望教师和学生广泛采用本书，掌握食品科学与技术核心课程的基本内容，通过引用、研究参考文献，拓展知识，进行更加深入的学习和研究。如果这项工作可以帮助学生在全球范围内分享共同的理想，发展自己的兴趣和专长，那么从苏格兰到全世界，就能够实现 John Hawthorn 教授建设这一重要学科的目标。

补充资料见 www. wiley. com/go/campbellp

食品化学

Richard A. Frazier

要点

■ 碳水化合物化学:结构、性质以及食品加工中主要碳水化合物(单糖、低聚糖和多糖)反应。

■ 蛋白质:氨基酸化学及氨基酸在蛋白质结构中的作用;稳定蛋白质结构的主要作用力及其在蛋白质变性过程中的变化。

■ 脂类:结构与系统命名法、甘油三酯的多态性、油脂加工(氢化和酯交换)及油脂氧化。

■ 食品微量成分:食品添加剂、维生素和矿物质。

■ 水在食品中的作用:水分活度的定义、测定方法及水分活度对微生物生长、化学反应、食品质构的重要作用。

■ 分散系统的物理化学:溶液、亲/疏水分散体系、胶体相互作用与 DLVO 理论、泡沫与乳化作用。

■ 食品感官性质的化学基础。

2.1 引言

食品化学将大部分传统化学的分支,如有机、无机和物理化学与生物化学和人类生理学的要素整合起来,成为应用科学的一个迷人的学科。它研究食品的成分、性质和食品在加工、贮藏和消费过程中产生的化学变化以及如何控制这些变化。食品本质上属于生物物质,具有高度的可变性和复杂性,使得食品化学的研究内容不断发展扩大,支撑着其他食品科学和技术领域。本章内容并未涵盖食品化学所有知识细节,而是为读者提供这一重要学科领域的基本概述。为了更加深入地理解食品化学领域,建议读者参阅本章最后列出的优秀食品化学书籍。

2.2 碳水化合物

碳水化合物是多羟基醛类和多羟基酮类的总称,碳水化合物是人类饮食的主要能量来源,执行着生物体内贮存和运输能量的生理功能,是生物体内一类重要的分子体系。碳水化合物的分子组成一般以$(CH_2O)_n$的通式表示,然而有些碳水化合物衍生物及密切相关的化合物并不符合上述通式,但仍被认为是碳水化合物。碳水化合物大致可分为三类:单糖(1 个 C 结构单元)、低聚糖(2 ~ 10 个 C 结构单元)和多糖(> 10 个 C 结构单元)。

2.2.1 单糖

根据分子中是否含有羰基的特点,可将单糖分为醛糖和酮糖。最常见的单糖是戊糖(五碳糖)和己糖(六碳糖),除了还原性羰基基团外,糖环上每个碳原子带有一个羟基。

简单单糖是光学活性化合物,具有不对称碳原子,因此能够形成多个基本结构相似的立体异构体或对映异构体。为了简便,我们通常只比较最高编号的不对称碳原子,根据光学结构将单糖分为 D - 甘油醛或 L - 甘油醛(图2.1)。通常醛糖分子中还原性基团的碳原子编号为1,而酮糖则是从最接近还原性基团的碳链末端开始编号。大多数天然单糖属于D - 甘油醛,即最高编号的碳与 D - 甘油醛具有相似的光学结构。

D - 葡萄糖和 D - 果糖的立体化学结构可用费歇尔投影式来表示,见图2.2。所有化学键采用水平或垂直线表示,水平线表示从纸平面指向观察者的键,垂直线表示从纸平面远离观察者的键,C_1碳原子则在垂直碳链的顶端。

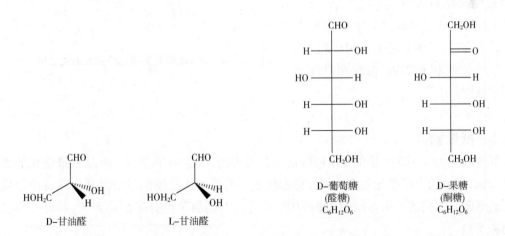

图 2.1 甘油醛 D 和 L 型立体异构体   图 2.2 D - 葡萄糖和 D - 果糖的费歇尔投影式

当单糖溶解于水中时,开链结构和环状结构相互转化处于平衡状态,开链式单糖存在量很少。半缩醛或半缩酮连接同一个糖分子中的还原基和羟基形成环状结构,因而糖类能够形成五元呋喃环或六元吡喃环,见图2.3。以 D - 葡萄糖为例,在形成呋喃糖或吡喃糖结构的过程中引入不对称碳原子,从而由不同的开链单糖形成两种异头物,α - 异头物和 β - 异头物,它们是非对映异构体。这两种异头物之间的转变过程称为变旋光作用。

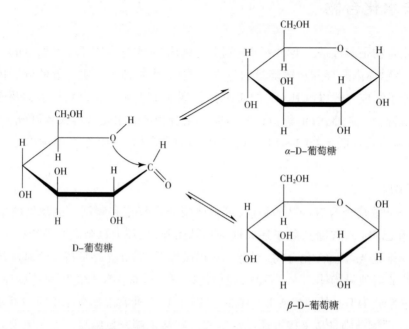

图 2.3　D - 葡萄糖半缩醛结构及 α - 和 β - 异头物(用哈沃斯环结构表示)

碳水化合物的环状结构通常用哈沃斯投影来表示,但是该投影式并没有考虑碳的四面体几何构象,六碳吡喃糖有椅式或船式两种不同构象,见图 2.4。大多数己糖以热力学稳定的椅式构象存在,且庞大的 CH_2OH 基团为了减小空间相互作用,通常相对环轴为平伏键。

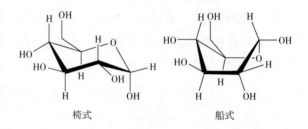

图 2.4　α - D - 吡喃葡萄糖的椅式和船式结构

2.2.2　低聚糖

低聚糖是由 2 ~ 10 个糖单元以糖苷键结合而成的糖类,可溶于水。食品中最常见的寡糖是二糖,它由两个糖单元缩合成糖苷键而构成。糖苷键连接糖的半缩醛基团和其他物质的羟基基团。二糖既可由相同的单糖构成,又可由不同的单糖分子结合而成,并可分为以下两种类型:

(1)非还原性糖　通过糖苷键连接单糖单元的还原性基团,阻止了与其他糖单元的结合,如蔗糖和海藻糖。

(2)还原性糖　通过糖苷键连接一个单糖单元的还原性基团和另一个单糖单元的非还原性醇羟基基团,如乳糖和麦芽糖。在碱性溶液中,单糖均能够形成具有还原性的醛或酮。

除了蔗糖、海藻糖和乳糖在自然界中自由存在,其他二糖通常以糖苷形式存在(糖或糖的衍生物通过端基碳原子与其他基团结合,如酚羟基通过 O—糖苷键键合),或作为多糖的一部分(如淀粉中的麦芽糖),水解后可释放出来。在食品加工中最常见也是最重要的二糖是蔗糖、乳糖、麦芽糖,结构如图 2.5 所示。

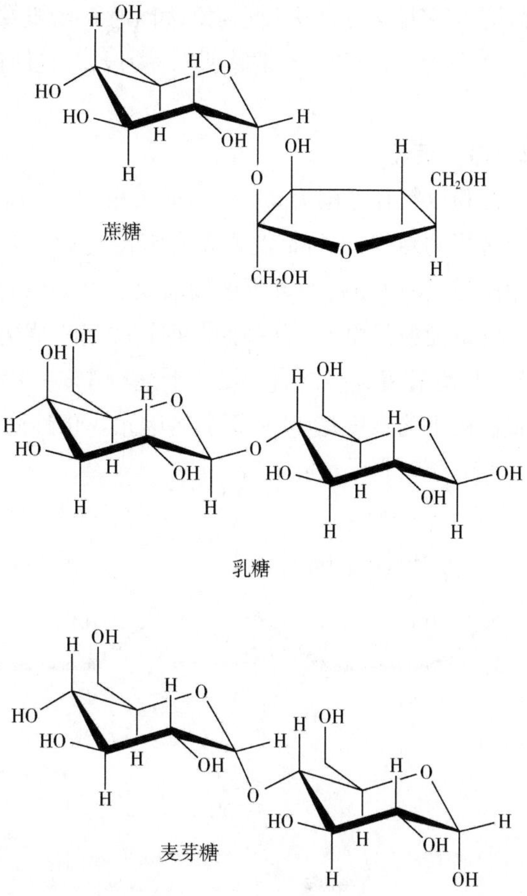

蔗糖广泛存在于植物的果实和汁液中,是常用的食用糖。制糖工业常用甘蔗或甜菜为原料提取。蔗糖是 α - D - 葡萄糖 C - 1 与 β - D - 果糖 C - 2 通过糖苷键结合而成的一种非还原性糖。系统命名为 α - D - 吡喃葡糖基 - (1↔2) - β - D - 呋喃果糖苷。蔗糖是目前发现最甜的二糖,也是能量的重要来源之一。

乳糖是哺乳动物乳汁中的主要糖分,系统命名为 β - D - 吡喃半乳糖基 - (1↔4) - β - D - 吡喃葡萄糖。为了帮助消化乳糖,哺乳动物出生后,小肠绒毛会分泌一种乳糖酶(β - D - 半乳糖苷酶),将乳糖降解成 β - D - 葡萄糖和 β - D - 半乳糖。大多数哺乳动物成熟进入成年期后,乳糖酶分泌量逐渐减少而无法消化乳糖,导致所谓的乳糖不耐症。然而在我们的文化中,牛、山羊和绵羊产奶一直可以供给食用,已经进化产生了乳糖酶合成基因。

图 2.5 常见二糖的结构(蔗糖、乳糖、麦芽糖)

麦芽糖由淀粉在酶作用下水解形成,是酿造啤酒工业所用大麦麦芽的重要组成部分。麦芽糖是由两分子葡萄糖通过 α - (1→4) 糖苷键结合而成的均二糖,系统命名为 4 - O - α - D - 吡喃葡糖基 - D - 葡萄糖。麦芽糖具有还原性,继续引入葡萄糖分子将得到一系列低聚糖,如麦芽糖糊精或糊精。

2.2.3 多糖

多糖是由重复的糖单元连接在一起而形成的聚合物,系统命名以 - an 为后缀。多糖也称聚糖,可由一种类型糖基单位构成均聚糖,也可由两种或多种糖单位构成杂聚糖。

动物和植物中的多糖具有三个重要功能:贮藏能量,作为细胞结构组分和作为保水剂。植物和动物细胞的能量贮藏形式为葡聚糖,即葡萄糖聚合物,例如,植物体内的淀粉和动物体内的糖原。自然界最丰富的结构多糖是纤维素,它是在植物中发现的一种葡聚糖。植物中的多糖保水剂包括琼脂、果胶和藻酸盐。

多糖具有以下结构类型:线性结构(如直链淀粉和纤维素)、支链结构(如支链淀粉和糖原)、链段间隔型(如果胶)和块区结构(如海藻胶)或交替重复型(如琼脂和卡拉胶)。根据糖苷键的几何结构,多糖链可形成不同构象,如无序的随机卷曲、可拉伸的带状、皱纹形带状或螺旋等。多糖在食品中最重要的特性是形成亲水凝胶,并且使食品具有一定的结构和质构特性,如口感。

2.2.3.1　淀粉

淀粉以粒径范围为 $2\sim100\mu m$ 大小的半结晶态的颗粒形式存在,具有结晶区和非结晶区交替层的结构,由直链淀粉和支链淀粉两种葡聚糖组成。直链淀粉是由 $\alpha-D-$ 吡喃葡萄糖基通过 $\alpha(1\rightarrow4)$ 糖苷键连接而成的直链聚合物,大多数淀粉含有 $20\%\sim25\%$ 的支链淀粉。支链淀粉是由 $\alpha-D-$ 吡喃葡萄糖基构成的直链淀粉随机排列而成的支链聚合物,由 $\alpha(1\rightarrow4)$ 糖苷键连接的直链淀粉上连有 $4\%\sim5\%$ 的 $\alpha(1\rightarrow6)$ 糖苷键构成的支链。支链淀粉中直链的平均长度是 $20\sim25$ 个糖单元。直链淀粉和支链淀粉的化学结构如图 2.6 所示。

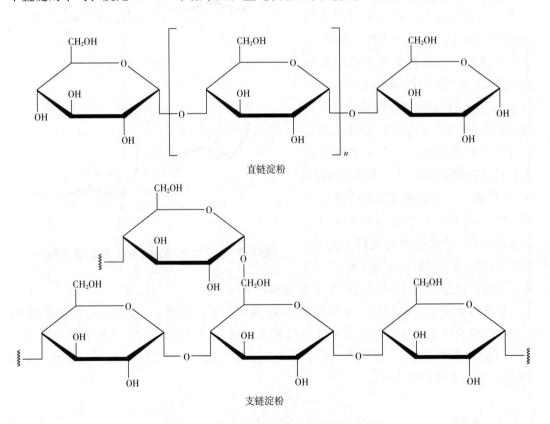

图 2.6　直链淀粉和支链淀粉的化学结构

直链淀粉分子含有约 10^3 个葡萄糖单元,并形成螺旋结构内嵌其他分子如有机醇或脂肪酸,形成笼状包合物或螺旋包合物。碘溶液用于检测淀粉时产生蓝色的原理就是因为碘与淀粉形成包合物。

支链淀粉相比直链淀粉大得多,每个分子含有约 10^6 个葡萄糖单元,并且结构复杂。支链淀粉结构可用聚类模型表示(见图 2.7),分为 3 种链型:A 链无支链且只含 $\alpha(1\rightarrow4)$ 糖苷键;B 链含 $\alpha(1\rightarrow4)$ 糖苷键和 $\alpha(1\rightarrow6)$ 糖苷键;C 链含 $\alpha(1\rightarrow4)$ 糖苷键和 $\alpha(1\rightarrow6)$ 糖苷键,带有一个还原基。在聚类模型中,线性 A 链是结晶区域而分支 B 链是非结晶区域。

当在水中加热温度超过糊化温度(55～70℃,因淀粉而异)时,淀粉颗粒糊化。糊化时,淀粉颗粒发生吸水溶胀,双折射消失,结晶区消失。随着糊化进行,淀粉颗粒水渗透性和溶解性增加而进一步溶胀,黏度急剧增加。淀粉糊冷却后,支链淀粉和直链淀粉间通过氢键作用形成类凝胶结构。

淀粉经过长期贮存后会发生老化,直链淀粉分子排列成序而形成结晶微束,淀粉凝胶脱水收缩。老化可以看做淀粉颗粒从可溶性、分散态、无定形状态变为不溶性、聚合态或结晶态。为了避免食品中的淀粉老化,可以使用只含支链淀粉的蜡质淀粉;也可根据特殊用途,通过水解(如部分水解)、酯化或交联反应制备化学改性淀粉。

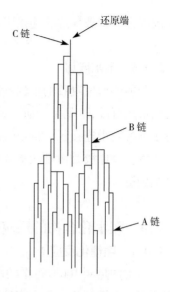

图 2.7　支链淀粉聚类模型

2.2.3.2　糖原

在动物肝脏和肌肉中,用于短期储存食物能量的多糖称为糖原。糖原在结构上与支链淀粉相似,但具有更高的相对分子质量和支化度。由于酶只能作用于多糖的非还原性末端,同时释放一个葡萄糖分子,因此支链结构有助于葡萄糖分子的快速释放。支链越多,非还原性末端越多,经酶水解作用,糖原能够更快地释放能量。由于动物屠宰后糖原代谢继续进行,到达消费者手中的肉已经失去了所有的糖原。

2.2.3.3　纤维素

纤维素是最为丰富的结构多糖,它是植物细胞壁的主要成分。纤维素是由吡喃葡萄糖基通过 $\beta(1\rightarrow4)$ 糖苷键连接而成的直链高分子。唾液淀粉酶只能破坏纤维素中的 α - 糖苷键而不能破坏 β - 糖苷键,所以纤维素是膳食纤维的主要组成部分。膳食纤维无法被小肠中的酶分解,只能通过肠道微生物菌群发酵利用。包括木聚糖在内的半纤维素是谷物麸皮的主要成分,也是膳食纤维的另一个重要组成部分。

2.2.3.4　果胶

果胶在食品中主要用作胶凝剂。果胶是杂聚糖,结构复杂,由 D - 半乳糖醛酸基通过 $\alpha(1\rightarrow4)$ 糖苷键连接而成,部分 D - 半乳糖醛酸基被甲基化。果胶的分子结构由均匀区和毛发区组成,均匀区是由 D - 半乳糖醛酸基组成,毛发区主要是由 L - 鼠李糖基通过 $(1\rightarrow2)$ 糖苷键连接而成。毛发区因含有中性糖支链而得名,主要包括 D - 半乳糖、L - 阿拉伯糖和 D - 木糖。不同来源的果胶,所含中性糖种类和比例不同。

综上所述,果胶的主要用途是作为食品的胶凝剂,特别是用在果酱和蜜饯的生产中。凝胶是由果胶分子形成的三维网状结构,水和溶质固定在网孔中。果胶凝胶的稳定性与连接区性质密切相关,均匀区使结晶区(也就是连接区)对齐排列和相互作用而使凝胶稳定。

果胶毛发区则破坏这些连接区,阻止如同直链淀粉老化一样的大量聚集而导致的沉淀。

2.2.3.5　亲水胶体

与能够形成凝胶的多糖不同,亲水胶体对水具有高度的亲和性,其水溶液黏度很高,但无法形成凝胶,这是由于所有的亲水胶体均具有高度分支化和断裂的分子链结构,从而阻碍多糖凝胶中连接区(如在果胶中)的形成。黄原胶是常用的食品亲水胶体,由黄单胞菌分泌产生。黄原胶是由吡喃葡萄糖基通过 $\beta(1\rightarrow4)$ 糖苷键连接而成的,每五个糖基含一个三糖基侧链。

2.2.4　碳水化合物的反应特性

2.2.4.1　焦糖化反应

糖类加热到100℃以上的高温时将发生热分解反应,生成风味物质和焦糖色素,这一反应特别是在糖熔化过程中容易发生,而被称为焦糖化反应。焦糖化反应和美拉德反应都属于非酶褐变。

焦糖化反应第一步为醛糖或酮糖发生可逆异构化反应,开环结构转变为烯二醇中间体(见图2.8),随后发生脱水反应,产生一系列降解产物。己糖的主要产物是5-羟甲基-2-糠醛(羟甲基糠醛),而戊糖主要生成糠醛。因此,羟甲基糠醛和糠醛可作为食品贮存温度的重要指标。

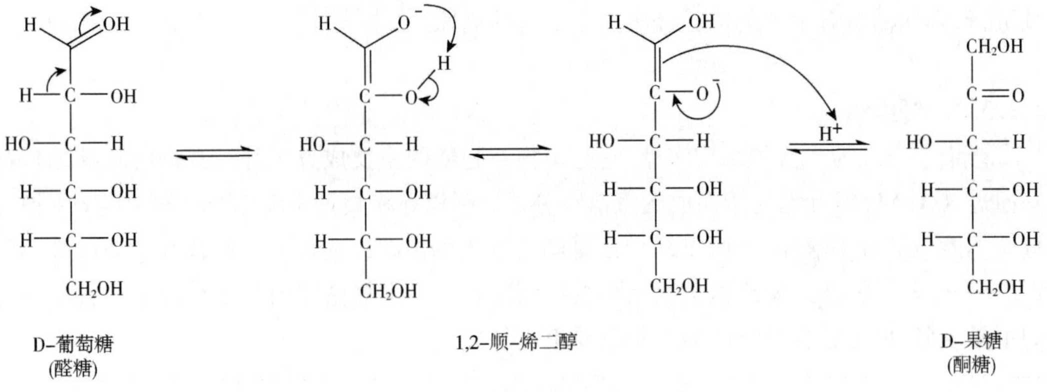

D-葡萄糖　　　　　　　　1,2-顺-烯二醇　　　　　　　　D-果糖
(醛糖)　　　　　　　　　　　　　　　　　　　　　　　(酮糖)

图2.8　异构化反应

2.2.4.2　美拉德反应

美拉德反应是氨基酸和还原糖之间的反应,通过生成一系列活性中间体而形成风味物质和类黑素。这种褐变反应不是由酶引起的,也属于非酶褐变。初期阶段发生还原糖和氨基酸的缩合反应,糖的活性羰基与氨基酸的亲核氨基反应生成阿姆德瑞(Amadori)化合物(见图2.9)。该反应通常需要加热到100℃以上,并且低水分含量和碱性条件可加速阿姆德瑞化合物生成,因为在碱性环境下氨基去质子化而亲核性显著增加。不同类型的还原糖

美拉德反应速率不同,如核糖、木糖和阿拉伯糖等戊糖的反应活性明显高于葡萄糖、果糖和半乳糖等己糖。不同糖类产生不同降解产物,具有独特的风味和颜色。

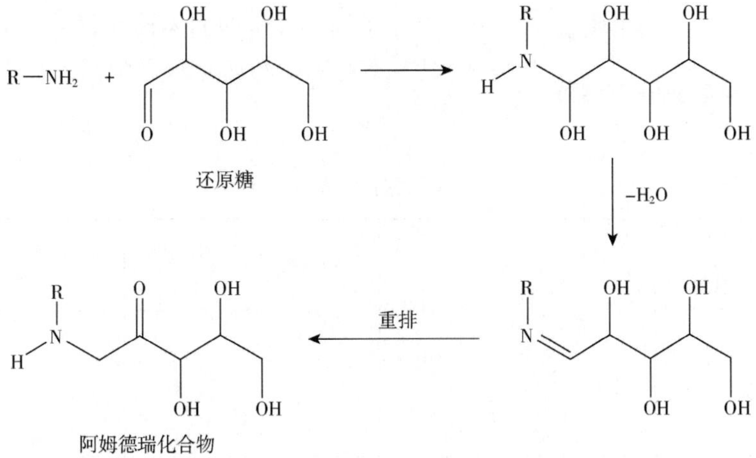

图 2.9 美拉德反应初期阶段生成阿姆德瑞(Amadori)化合物

2.2.4.3 糖类衍生物的不利方面

美拉德反应也存在不利的一面,会导致必需氨基酸半胱氨酸和甲硫氨酸的损失,形成致突变化合物,并引起糖尿病相关的蛋白交联。糖类衍生物存在潜在的致突变性,如杂环胺类化合物,这些致突变性化合物的形成与高温长时间烘烤肉制品有密切关系。近年来,丙烯酰胺已成为困扰马铃薯休闲食品的重要问题。

2.3 蛋白质

蛋白质是由氨基酸通过肽键连接而成的高分子聚合物,也称为多肽。蛋白质是食品最重要的成分之一,对感官性质(尤其是质构性质)和营养价值有重要的影响。蛋白质参与生物体组织构建,在肌肉和植物组织中含量丰富。

2.3.1 氨基酸
2.3.1.1 氨基酸的结构

氨基酸一般结构如图 2.10 所示,含有 1 个氨基(NH₂)、1 个羧基(COOH)、1 个氢原子和 1 个特殊 R 基团,通过 1 个碳原子连接在一起,该碳原子定义为 α - 碳原子。R 代表不同的侧链基团,决定氨基酸性质。氨基酸在接近中性 pH 的水溶液中主要以两性离子(zwitterion)形式存在。当溶液介质 pH 发生改变时,氨基酸会以不同的解离状态存在。在酸性 pH 下,羧基未被离子化,而氨基被质子化;在碱性 pH 下,羧基处于离子化状态,而氨基未被离子化。

蛋白质含有 20 种常见氨基酸。每种氨基酸具有特定的 R 侧链,它决定着氨基酸的物

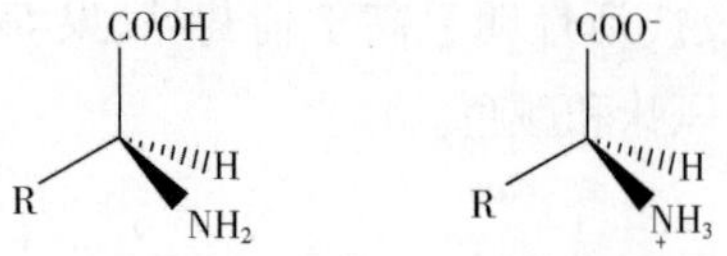

非解离形式　　　　两性解离形式

图 2.10　氨基酸的一般结构

理化学性质。根据侧链极性的不同可将氨基酸分成四类：碱性、非极性（疏水性）、极性（无电荷）和酸性氨基酸（见表2.1～表2.3）。除甘氨酸以外，所有氨基酸的 α – 碳原子周围都呈四面体排列着4个不同功能的基团，具有不对称中心而显示光学活性。在天然存在的蛋白质中仅含有 L – 氨基酸。

表 2.1　碱性和酸性氨基酸

氨基酸	单字母代码	结构式	氨基酸	单字母代码	结构式
碱性：			酸性：		
精氨酸（Arg）	R	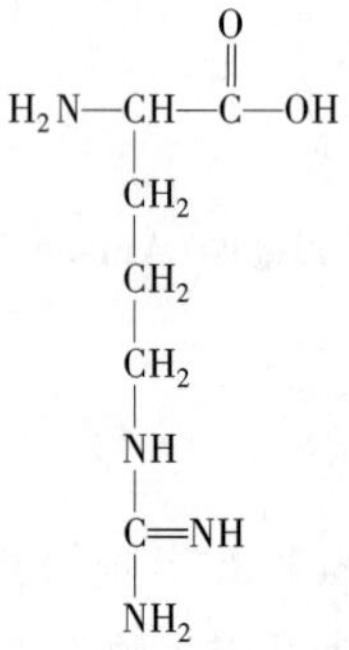	天冬氨酸（Asp）	D	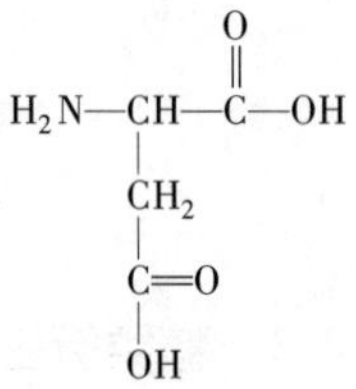
组氨酸（His）	H	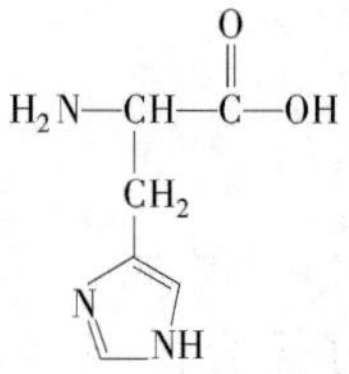	谷氨酸（Glu）	E	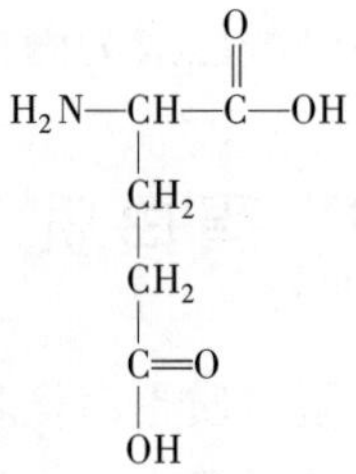
赖氨酸（Lys）	K	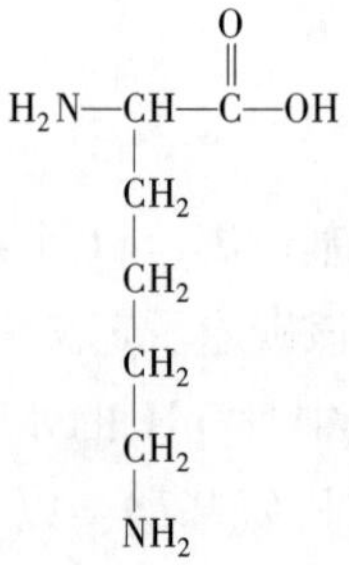			

表 2.2　　　　　　　　　　　　　　　　　非极性氨基酸

氨基酸	单字母代码	结构式	氨基酸	单字母代码	结构式
丙氨酸(Ala)	A	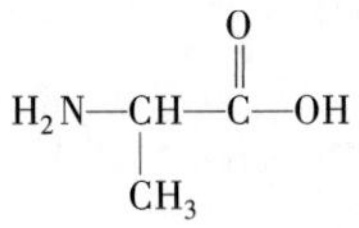 $H_2N-CH-C(=O)-OH$ 侧链 CH_3	苯丙氨酸(Phe)	F	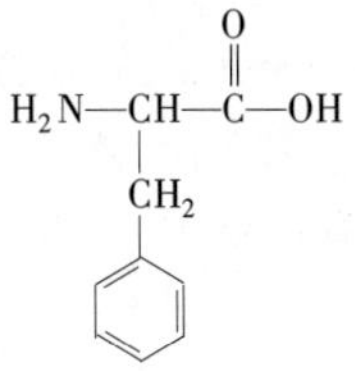 $H_2N-CH-C(=O)-OH$ 侧链 CH_2 — 苯环
异亮氨酸(Ile)	I	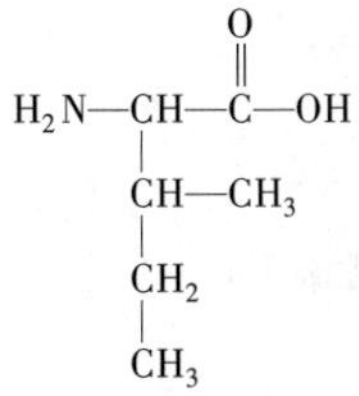 $H_2N-CH-C(=O)-OH$ 侧链 $CH-CH_3$, CH_2, CH_3	脯氨酸(Pro)	P	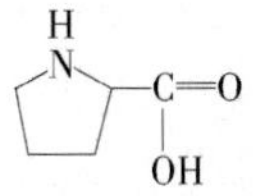 吡咯烷环 $N-H$, $C=O$, OH
亮氨酸(Leu)	L	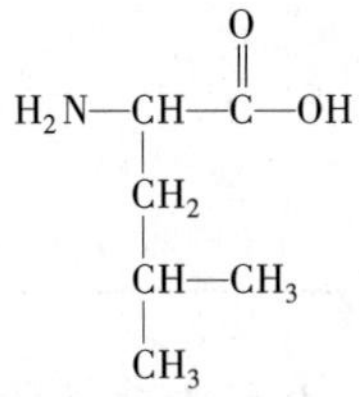 $H_2N-CH-C(=O)-OH$ 侧链 CH_2, $CH-CH_3$, CH_3	色氨酸(Trp)	W	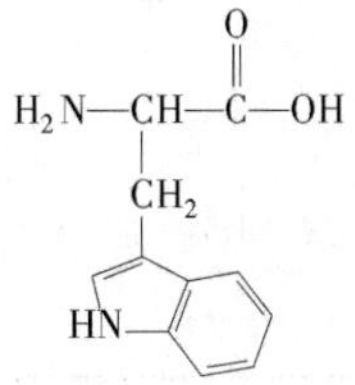 $H_2N-CH-C(=O)-OH$ 侧链 CH_2 — 吲哚环 (HN)
甲硫氨酸(Met)	M	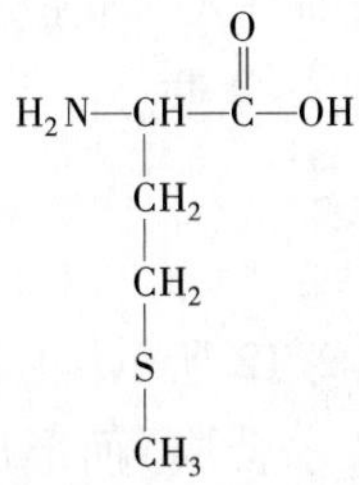 $H_2N-CH-C(=O)-OH$ 侧链 CH_2, CH_2, S, CH_3	缬氨酸(Val)	V	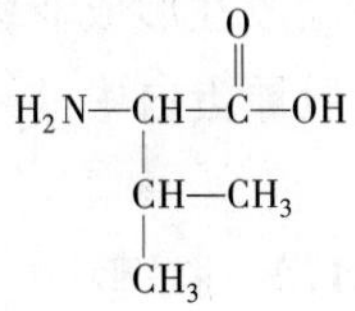 $H_2N-CH-C(=O)-OH$ 侧链 $CH-CH_3$, CH_3

表 2.3　　　　　　　　　　　　　　　　　极性氨基酸

氨基酸	单字母代码	结构式	氨基酸	单字母代码	结构式
天冬酰胺(Asn)	N	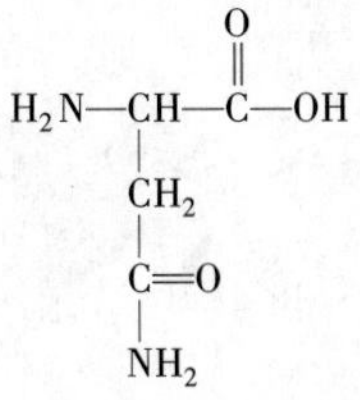 $H_2N-CH-C(=O)-OH$ 侧链 CH_2, $C=O$, NH_2	丝氨酸(Ser)	S	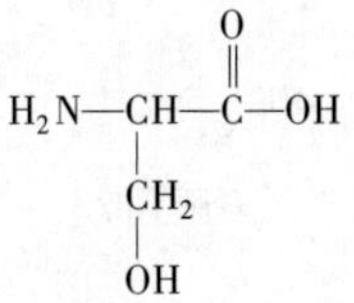 $H_2N-CH-C(=O)-OH$ 侧链 CH_2, OH

续表

氨基酸	单字母代码	结构式	氨基酸	单字母代码	结构式
半胱氨酸(Cys)	C	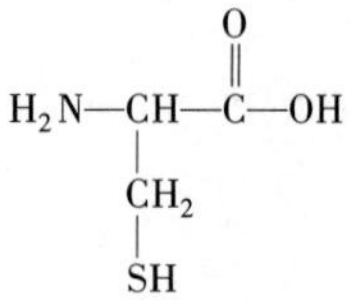	酪氨酸(Tyr)	Y	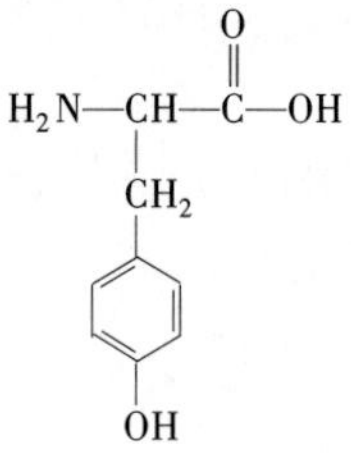
谷氨酰胺(Gln)	Q	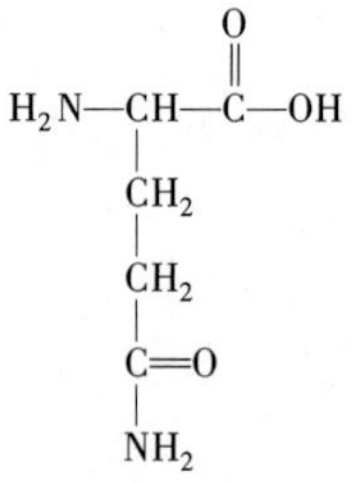	苏氨酸(Thr)	T	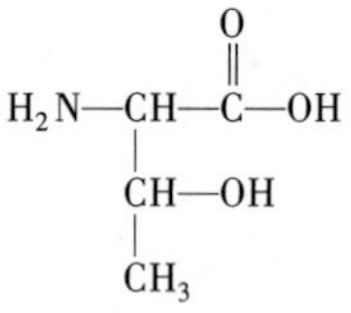
甘氨酸(Gly)	G	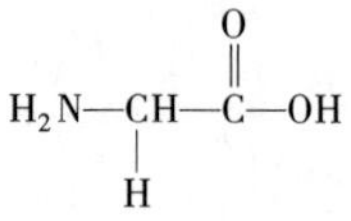			

除了 20 种标准的氨基酸外,一些蛋白质还含有非标准氨基酸,如图 2.11 所示。标准氨基酸经改性形成非标准氨基酸,然后通过翻译后修饰进入多肽链。食品蛋白质中常见的例子有胶原蛋白中的羟脯氨酸和酪蛋白中的 O - 磷酸丝氨酸。

2.3.1.2　肽键

肽或多肽中的氨基酸通过共价肽键连接,如图 2.12 所示。肽键是由一个氨基酸的 α - 羧基和另一个氨基酸的 α - 氨基通过缩合反应(脱水合成)而形成的。肽是由少量氨基酸(不超过 50 个)连接而成的化合物;多肽是由 50～100 个氨基酸残基构成的肽链;而蛋白质是由大于 100 个氨基酸残基构成的多肽链,末端包括 1 个带正电氨基(N 端)和 1 个带负电的羧基(C 端)。

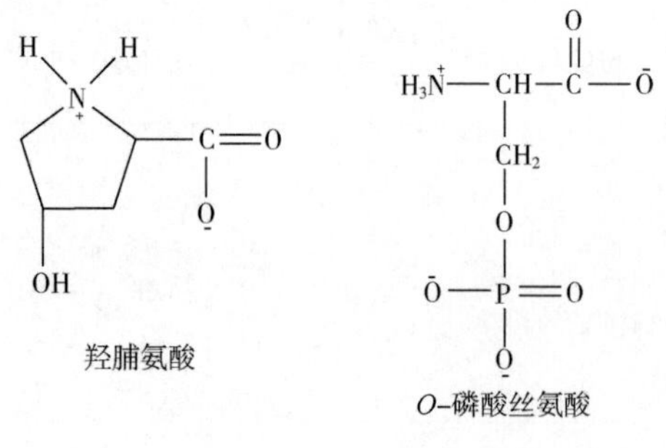

图 2.11　食品蛋白质中一些非标准氨基酸的化学结构

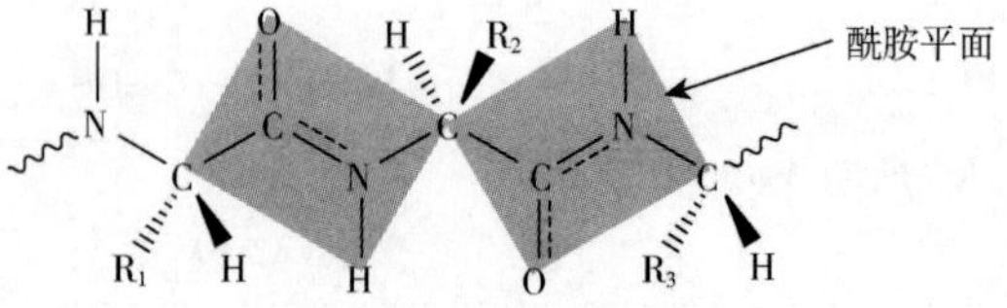

图 2.12　肽键连接方式

肽键最重要的性质在于其具有部分双键。这是由于碳氮单键和羰基双键之间发生共振杂化作用而稳定肽键平面结构。肽键无法旋转,因此可以部分确定多肽链的构象,但是 α-碳原子和氨基以及羰基之间的化学键却有可能发生旋转,增加肽链构象的复杂性。

2.3.2 蛋白质的结构

2.3.2.1 一级结构

蛋白质的一级结构是指从 N-末端开始氨基酸残基的线性排列顺序。20 种氨基酸能够形成数十亿种氨基酸序列,并且不同蛋白质具有特定的一级结构,决定了蛋白质三维空间结构的折叠。通过比较亮氨酸-缬氨酸-苯丙氨酸-甘氨酸-精氨酸-半胱氨酸-谷氨酸-亮氨酸-丙氨酸-丙氨酸和甘氨酸-亮氨酸-精氨酸-苯丙氨酸-半胱氨酸-缬氨酸-丙氨酸-谷氨酸-丙氨酸-亮氨酸2 个氨基酸序列,发现虽然二者氨基酸数目和种类均相同,但具有不同的一级结构。

2.3.2.2 二级结构

蛋白质的二级结构是指氨基酸残基通过氢键作用形成的蛋白质骨架(多肽链)构象。氢键形成于酰胺氢原子和羰基氧原子的孤对电子之间,如图 2.13 所示。

肽键平面结构限制了肽键的自由旋转,在氨基酸残基中只有 α-碳原子与氨基氮原子(C_α—N)以及 α-碳原子和羧基碳原子(C_α—C)之间的两个键具有转动自由度,它们的转动分别用扭转角 ϕ(phi)和 ψ(psi)表示(见图 2.14)。Ramachandran 根据已知的蛋白质结构绘制 ϕ 和 ψ 排列组合,发现特定空间组合有利于不同蛋白质二级结构的形成,同时总结出不利于轨道重叠的组合:$\phi = 0°$ 和 $\psi = 180°$、$\phi = 180°$ 和 $\psi = 0°$ 以及 $\phi = 0°$ 和 $\psi = 0°$。

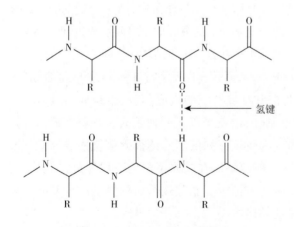

图 2.13 肽链之间氢键作用

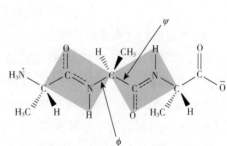

图 2.14 肽键邻位自由转动的化学键

在蛋白质分子中存在着两种周期性的二级结构,它们是 α-螺旋和 β-折叠结构。β-折叠可以形成二维排列,并且可以包含不止一条多肽链。

(1)α-螺旋 α-螺旋是由一个多肽链形成的螺旋棒状结构。α 代表从下往上看螺旋肽链的轴,它是顺时针旋转的。α-螺旋依靠氢键而稳定,主链上每一个残基的羰基和后面

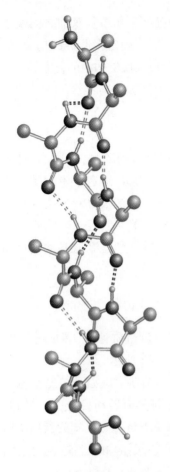

图2.15 α-螺旋构象的球棒模型
［表示了氢键在酰胺氢
（小白球）和羰基氧（大
黑球）之间的位置］

第4个残基的氨基形成氢键,并平行于螺旋轴。α-螺旋每圈螺旋包含3.6个氨基酸残基,扭转角 $\phi = -57°$ 和 $\psi = -48°$。R侧链朝向螺旋外部,不影响α-螺旋结构中氢键形成。α-螺旋结构如图2.15所示,以虚线代表连接肽链骨架的酰胺氢和羰基氧之间的氢键。

蛋白质含有不同数量的α-螺旋结构。由于所有氨基氢和羰基氧通过氢键连接,因此α-螺旋结构具有增加强度和降低水溶性的性质。多个α-螺旋肽链还可以相互缠绕形成原纤维,如肌肉中的肌球蛋白。

脯氨酸没有亚氨基,所以不能形成链内氢键,只要蛋白质肽链中有脯氨酸,α-螺旋即中断,因此除了脯氨酸外,所有氨基酸都可以存在于α-螺旋结构中。

（2）β-折叠 在β-折叠中,肽骨架几乎是完全伸展的（称为β-链）,氢键垂直于多肽链。氢键存在于单链的不同部分,包括本身对折（链内的键）和不同链间的键（链间的键）,导致了反复曲折的结构（见图2.16）。β-折叠可以是平行的（β-链在同一方向上）,或反平行的（β-链在相反的方向上）。平行式的β-折叠的双面角是 $\phi = -119°$ 和 $\psi = +113°$,反平行β-折叠的双面角是 $\phi = -139°$ 和 $\psi = 135°$。

（3）β-转角 β-转角本质上是多肽链上发卡式的转弯,使肽链转向反方向。β-转角中,第一个氨基酸上的羰基氧和第四个氨基酸上的酰胺质子之间形成氢键。脯氨酸和甘氨酸容易出现在β-转角结构中。蛋白质中的β-转角占到1/4~1/3,通常连接反平行β-折叠的两条肽链。

（4）胶原蛋白三股螺旋 胶原蛋白是骨骼和结缔组织的组成部分,组织成为具有抗张强度的水不溶性纤维。它具有独特的周期性结构,由三个以X-脯氨酸-甘氨酸或X-羟脯氨酸-甘氨酸（其中X可以是任何氨基酸）为重复序列的多肽链彼此缠绕而成。脯氨酸和羟脯氨酸占胶原蛋白残基的30%,也存在羟赖氨酸。在胶原蛋白的三股螺旋结构中,每隔两个氨基酸残基即有一个甘氨酸,这是因为每隔两个氨基酸残基后的氨基酸残基必须处于三股螺旋结构内部,而只有甘氨酸足够小能够进入。

每条胶原蛋白链也呈螺旋结构,三条胶原蛋白链通过羟脯氨酸和羟赖氨酸残基之间的氢键而缠绕在一起,其分子质量大约是300000u,由大约800个氨基酸残基组成。分子内和分子间化学交联起到稳定胶原蛋白三股螺旋结构的作用,特别是赖氨酸和组氨酸之间的共价键。交联程度随着年龄的增长而增加。维生素C(L-抗坏血酸)一个重要作用就是在体内辅助形成胶原:胶原中脯氨酸和赖氨酸的主要作用是在体内形成胶原,维生素能够使胶原中的脯氨酸和赖氨酸转化为4-羟脯氨酸和5-羟赖氨酸。坏血病是由于机体缺乏维生

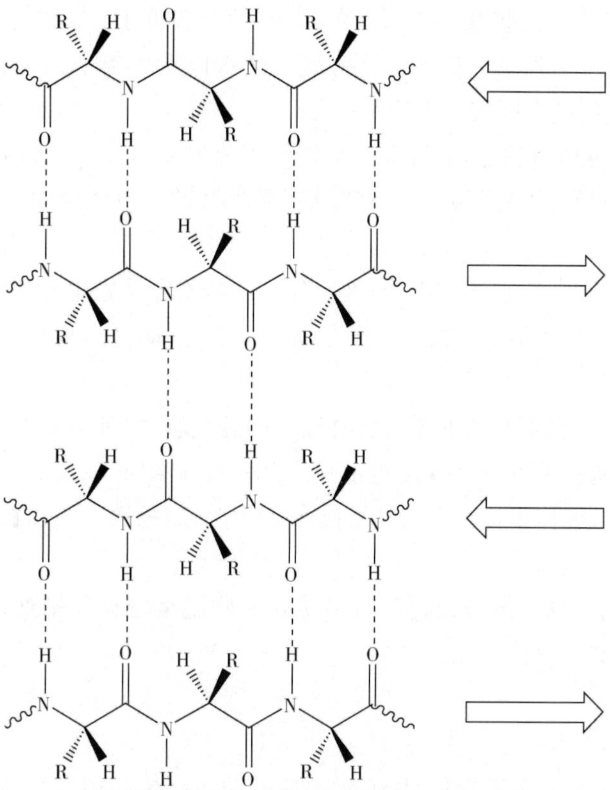

图 2.16 反平行 β – 折叠构象中的氢键作用（箭头表示多肽链的方向）

素 C 而引起的疾病，常伴随出现皮肤损伤、牙龈出血和血管脆化等生理现象。

2.3.2.3 三级结构

蛋白质的三级结构是指多肽链在螺旋和折叠结构的进一步排列和相互作用的基础上形成的三维空间分子结构。三级结构会减少溶剂与反极性氨基酸残基的相互作用使体系自由能降到最低，以保持蛋白质结构的稳定性。因此，在水溶液中蛋白质的疏水性氨基酸残基一般会排列分布在蛋白质结构内部，亲水性氨基酸残基会暴露在蛋白质表面。

蛋白质三级结构可分为以下两类：

■ 纤维状蛋白：蛋白质呈现长杆状且机械强度大，通常起到结构蛋白作用；不溶于水，受温度和 pH 影响不大。

■ 球状蛋白：由螺旋和折叠结构相互折返形成；其侧链间的相互作用对蛋白质折叠过程非常重要，使得极性氨基酸残基暴露在蛋白质表面与溶剂相互作用，而非极性氨基酸残基排布在蛋白质内部；相比纤维状蛋白，球状蛋白结构更易受温度和 pH 的影响。

蛋白质的三级结构是通过侧链之间的非共价或共价相互作用而形成的。非共价相互作用主要包括静电相互作用（离子键、盐桥和离子对）、氢键、疏水相互作用以及范德华力。蛋白质结构中的共价键主要是指半胱氨酸残基之间的二硫键（双硫桥），也含有少量其他类型的共价键。

(1)静电相互作用　某些氨基酸如天冬氨酸、谷氨酸分子中多一个羧基,或如赖氨酸、精氨酸、组氨酸等分子中多一个氨基。这些氨基酸可以发生离子化,因此在正负基团之间形成离子键,使不同肽链之间相互靠近并折叠。

(2)氢键　大多数氨基酸侧链具有羟基氢原子或氨基氢原子,蛋白质氨基酸残基的侧链之间形成氢键。例如,丝氨酸侧链含有羟基,因此氢键可在肽链中不同部位的两个丝氨酸残基之间形成。

(3)疏水相互作用　在水溶液中,非极性分子或基团容易发生疏水作用而聚集在一起。疏水相互作用的驱动力并不是非极性分子之间的吸引力,而是与水分子之间氢键强度相关的熵因素。

(4)范德华力　一些氨基酸的侧链含有较大的烃类基团,如亮氨酸、异亮氨酸和苯丙氨酸。基团中波动的偶极子可以诱导附近肽链上另一个基团形成相反的偶极子。虽然范德华力与静电作用和氢键作用相比更弱且缺乏专一性,但是色散力足以稳定蛋白质折叠形成的三维空间结构。

(5)二硫键　由于肽链折叠使得两个半胱氨酸侧链呈现相邻排列,它们可以发生共价交联形成二硫键或称双硫桥。

2.3.2.4　四级结构

并不是所有蛋白质都具有四级结构,蛋白质的四级结构是指含有一条以上多肽链蛋白质的空间排列。蛋白质通常以肽链的二聚体、三聚体、四聚体等低聚体形式存在,低聚体中每条肽链称为亚基。血红蛋白具有四级结构,含有 α - 亚基和 β - 亚基各两个。类似于肌红蛋白和血红蛋白,通过正协同作用同样能够结合 4 个氧原子。

2.3.3　蛋白质的变性

某些物理化学作用将破坏稳定蛋白质二级、三级和四级结构的各种吸引和排斥相互作用的平衡状态,使蛋白质结构构象发生不同程度的改变,这一过程定义为蛋白质变性。蛋白质变性是食品加工中可能发生的一个重要过程。变性作用使得蛋白质的理化性质和生物活性改变,但不引起肽键断裂。通常认为蛋白质变性是蛋白质分子的去折叠过程,由有序结构展开为随机排列的肽链。以球状蛋白质为例,变性过程使蛋白质内部疏水残基暴露在水溶液中,引起蛋白质聚集。

蛋白质变性对蛋白质理化性质和生物活性都有很大的影响,发生的变化主要有以下几个方面:

■ 某些生物蛋白质的生物活性丧失,如酶活。

■ 蛋白质溶解性降低及结合水的能力发生改变。

■ 蛋白质分散体系的黏度增加。

■ 蛋白质对酶水解的敏感性增加。

蛋白质变性,一般认为是可逆的;然而蛋白质如果在变性过程中发生二硫键断裂,通常属于不可逆变性。蛋白质变性程度与其结构密不可分,不同蛋白质具有不同的变性程度。

影响蛋白质变性的因素可分为物理因素和化学因素。

物理因素包括热、机械处理、静水压、辐射和界面吸附。热是蛋白质变性最常见的物理因素，能够引起蛋白质分子中静电作用、氢键和范德华力的变化。热变性在食品加工过程中十分重要，可以改善食品感官性质和蛋白质消化率，并可用于调控食品的泡沫性质和乳化性质。加热也能促使蛋白质参与美拉德反应，从而导致赖氨酸等必需氨基酸营养价值的损失。

化学因素包括酸、碱、金属离子、有机溶剂及各种有机化合物。蛋白质经过酸碱处理（如改变 pH），将影响蛋白质的总净电荷量，从而改变静电相互作用程度，包括静电引力和静电斥力。大多数蛋白质当 pH 在等电点（净电荷为零）附近时比较稳定，并且酸或碱引起的蛋白质变性大多数是可逆的。

有机溶剂使得蛋白质非极性侧链溶解性增加，削弱了蛋白质分子之间的疏水相互作用。有机物能显著影响蛋白质分子的稳定性，具有多种影响机制。例如，尿素通过破坏水的结构、水与蛋白质之间的相互作用而引起蛋白质发生去折叠变性。十二烷基硫酸钠（SDS）是一种阴离子表面活性剂，能与蛋白质分子内带电基团发生不可逆结合，产生大量净负电荷，增加静电斥力，引起蛋白质分子结构去折叠。还原剂如巯基乙醇和二硫苏糖醇则是通过破坏蛋白质分子中的二硫键使得蛋白质变性。

2.3.4 翻译后修饰

蛋白质的翻译后修饰是指人体合成蛋白质后，对蛋白质上个别氨基酸残基进行共价修饰的过程。通过翻译后修饰过程在氨基酸侧链上连接生化活性基团，产生一系列具有新功能的蛋白质衍生物，如磷酸化（磷蛋白）、脂基化（脂蛋白）和糖基化（糖蛋白）。氨基酸侧链也会进行一些简单的化学修饰，例如在维生素 C 作用下，胶原蛋白中的赖氨酸和脯氨酸发生羟基化反应。

酶也会使蛋白质发生翻译后修饰，如特异性蛋白酶进行肽键水解。食品生产中一个特别相关的例子就是在干酪制作过程中凝乳酶对酪蛋白的作用。凝乳酶催化水解 κ - 酪蛋白中苯丙氨酸和甲硫氨酸残基之间的肽键，产生大量沉淀而形成凝乳。

2.3.5 蛋白质的营养性质

食品蛋白质具有重要的营养价值，主要用于供给机体自身合成蛋白质所需要的氮元素及氨基酸。在胃肠道中，水解酶能够将食品蛋白质分解为氨基酸残基，用于合成其他物质。肝脏通常起到平衡氨基酸供给与基体蛋白质合成的作用。

从营养价值的角度来看，蛋白质可以根据非必需氨基酸和必需氨基酸的含量进行分类。只要有充足的氨基氮源和碳水化合物供给，机体就可以合成非必需氨基酸。但是，人类不能合成某些必需氨基酸，这些氨基酸只能通过日常饮食摄取，包括组氨酸、异亮氨酸、亮氨酸、赖氨酸、甲硫氨酸、苯丙氨酸、苏氨酸、色氨酸和缬氨酸。

蛋白质效率（PER）通常作为衡量食品蛋白质提供必需氨基酸多少的指标。以人类母乳为标准，其 PER 值定义为 100%。通常动物蛋白食品，如鸡蛋、牛奶和肉类，是非常有效的必需氨基酸供给来源；而植物蛋白食品往往缺乏赖氨酸和甲硫氨酸，使得效率比较低。因此,素食者需要均衡饮食,从而保证必需氨基酸的充分摄入。

2.4 脂类

脂类是构成生命细胞的一大类化合物,也是生物体内重要的贮存能量形式。膳食脂类具有重要的营养价值,可供给能量和必需脂肪酸,也作为脂溶性维生素载体并改善食品的风味。脂类通常微溶于水,能溶于非极性有机溶剂。膳食脂类一般具有油和脂肪两种形式。食用植物油在室温下呈液态;而动物脂肪在室温下呈固态或半固态。植物油和动物脂肪等脂类的化学结构复杂多样,但主要是长链脂肪酸酯。食品中还存在一些其他类型的脂肪酸及其衍生物,如甘油三酯、磷脂、甾醇和维生素 E。

脂类可大致分为以下三种类型:

■ 简单脂类:简单脂类是由脂肪酸和醇类形成的酯,水解时生成两种产物。例如,甘油酯(酰基甘油)水解产生甘油和脂肪酸。

■ 复合脂类:复合脂类是指单纯脂类的衍生物,水解时生成三种或三种以上的产物。例如,磷脂水解产生醇、脂肪酸和磷酸。

■ 衍生脂类:衍生脂类由单纯脂类或复合脂类衍生而来,且无法水解,如甾醇、维生素 E 和维生素 A。

2.4.1 脂类的结构和命名

2.4.1.1 脂肪酸

脂肪酸是指一端含有一个羧基且无分支的长脂肪族碳氢链,化学上可以描述为脂肪族单羧酸。根据分子中烃基是否饱和,脂肪酸可以分为饱和脂肪酸(不含有碳碳双键)和不饱和脂肪酸(含有一个或多个碳碳双键)。饱和脂肪酸的化学通式为 $CH_3(CH_2)_{n-2}CO_2H$,通常含有偶数个碳原子,$n = 4 \sim 20$。不饱和脂肪酸的双键有顺式和反式两种构型,如图 2.17 所示。根据含有双键的数目,不饱和脂肪酸可分为单不饱和脂肪酸和多不饱和脂肪酸。

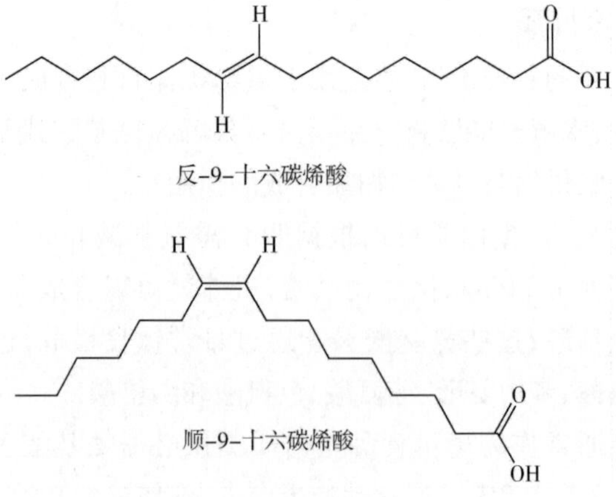

反-9-十六碳烯酸

顺-9-十六碳烯酸

图 2.17 顺式和反式脂肪酸的双键构型

脂肪酸可用多种方法命名,常用系统命名法和普通命名法。脂肪酸也可用简单的数字表示,简化形式为 C:D,其中 C 表示碳原子数,D 表示双键数。由于不饱和脂肪酸双键位置没有给出,数字命名法并不适用于所有的不饱和脂肪酸。因此,采用 Δ^n 代表不饱和键的位置,从脂肪酸末端起,双键位置在第 n 个碳碳键上;并在每个双键之前缀上 cis – 或 trans – 来表示双键的顺反构型。食品中常见脂肪酸的命名见表 2.4。

表 2.4 常见脂肪酸的命名

系统命名	俗名	数字命名
丁酸	酪酸	4:0
己酸	羊油酸	6:0
辛酸	亚羊脂酸	8:0
癸酸	羊蜡酸	10:0
十二烷酸	月桂酸	12:0
十四烷酸	肉豆蔻酸	14:0
十六烷酸	棕榈酸	16:0
顺式 – 9 – 十六碳烯酸	棕榈油酸	$16:1, cis – \Delta^9$
十八烷酸	硬脂酸	18:0
顺 – 9 – 十八碳烯酸	油酸	$18:1, cis – \Delta^9$
顺,顺 – 9,12 – 十八碳二烯酸	亚油酸	$18:2, cis, cis – \Delta^{9,12}$
全 – 顺 – 9,12,15 – 十八碳三烯酸	亚麻酸	$18:3, cis, cis, cis – \Delta^{9,12,15}$
二十烷酸	花生酸	20:0
全 – 顺 – 5,8,11,14 – 二十碳四烯酸	花生四烯酸	$20:4, cis, cis, cis, cis – \Delta^{5,8,11,14}$
顺 – 13 – 二十二碳烯酸	芥子酸	$22:1, cis – \Delta^{13}$

2.4.1.2 甘油三酯

油脂主要是由脂肪酸构成的甘油三酯组成的。甘油三酯也称三酰基甘油酯,是甘油和三个脂肪酸形成的酯,如图 2.18 所示。如果三个脂肪酸完全相同,称为单纯甘油酯;不完全相同时,则称为混合甘油酯。天然油脂由于来源不同,通常具有不同的脂肪酸。例如,鱼油富含能达到六个双键的长链多不饱和脂肪酸(PUFAs),而很多植物油富含油酸和亚油酸。亚油酸是一种重要的前列腺素前体物质,而前列腺素是与炎症和平滑肌收缩生理活动密切相关的一类激素。然而人体无法合成亚油酸,因此日常饮食摄入一定量的植物油非常重要。

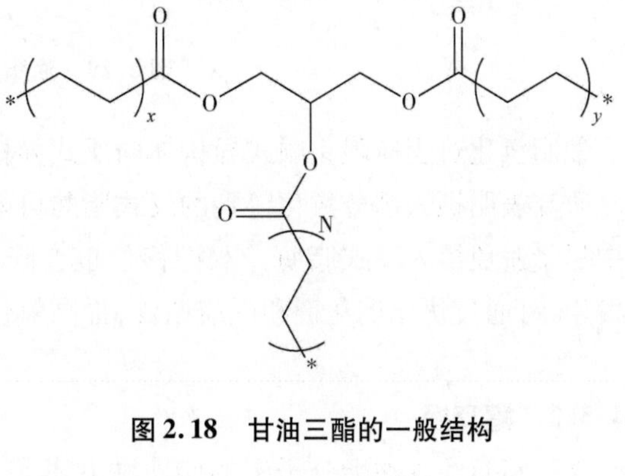

图 2.18 甘油三酯的一般结构

2.4.2　同质多晶

同质多晶是甘油三酯结晶的一个重要性质,影响甘油三酯的熔化性质。同质多晶是指物质化学组成相同而晶体结构不同。每种同质多晶型具有特定熔点,主要可分为三类:α、β 和 β'。在同质多晶型物中,β 晶型最稳定,α 晶型最不稳定,β' 晶型具有中等程度稳定性,并且这些同质多晶型可以同时存在。β' 晶体形状较小且呈针尖状,因此比其他两种晶型具有更好的乳化性。

脂肪的同质多晶型之间可以相互转变。例如,将甘油三酯熔化后迅速冷却会得到 α 晶型,而缓慢加热会使液体油脂转变成 β' 晶型,而 β' 晶型继续加热到其熔点则发生熔融并转变成稳定的 β 晶型。

2.4.3　油脂加工

2.4.3.1　油脂氢化

氢化在油脂工业中很重要,可以将液态油转化为半固态脂,用来生产人造黄油和起酥油等产品。油脂氢化将不饱和脂肪酸转变为饱和脂肪酸,还可以提高油脂的抗氧化稳定性。氢化过程中油脂在一定条件下[催化剂镍、温度 150～180℃、压力 2～10atm(1atm = 1.01325 × 10^5Pa)]与氢气发生加成反应。油脂氢化的主要反应如图 2.19 所示,同时还可能发生异构化和双键位移两个副反应。

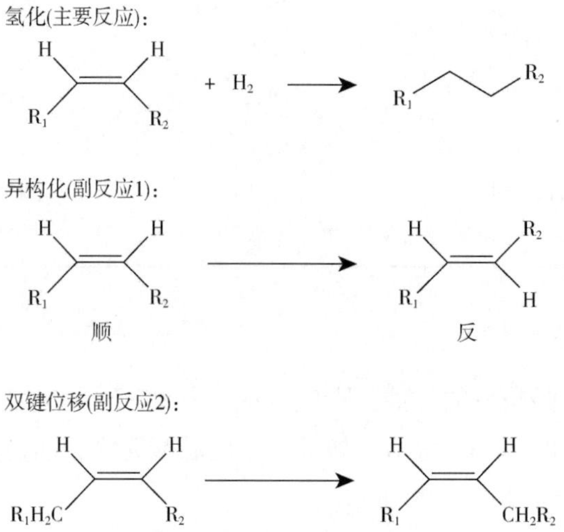

图 2.19　油脂氢化反应

油脂氢化过程应阻止顺式异构体向反式异构体的转变,反式异构体从营养上说是不利的。研究表明摄入部分氢化得到的反式脂肪可能导致冠心病发病率增加,因此提倡日常饮食中尽量避免摄入反式脂肪。双键移位也会降低油脂的营养品质。为了减少上述副反应的发生,可通过优化催化剂和反应条件,提高氢化反应的选择性。

2.4.3.2　酯交换

天然脂肪的甘油酯分子中的脂肪酸并不是随机分布的。脂肪的物理性质不但依赖于脂肪酸的总体性质,而且还取决于它们在甘油三酯分子中的分布。可以利用酯交换反应重新排布脂肪酸,使得它们在甘油三酯分子中随机分布,从而提高脂肪的稠度和加工适用性。

脂肪在较高温度下(<200℃)进行长时间加热,可以发生酯交换反应,但若使用催化剂通常能在50℃短时间内(30min)完成。碱金属与烷基化碱金属是有效的低温催化剂,其中甲醇钠使用最为普遍,如图2.20所示。

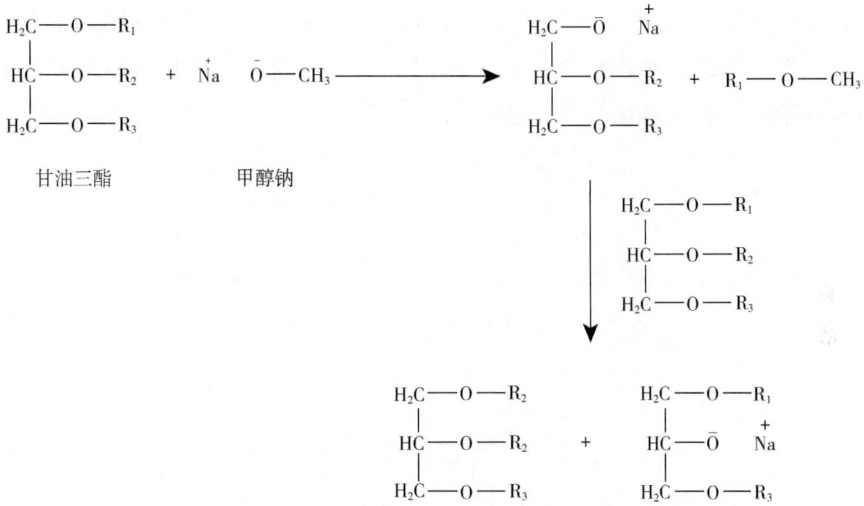

图2.20 甲醇钠催化的酯交换反应

除了化学法催化酯交换反应,还可以使用生物酶催化酯基转移。例如,利用真菌脂酶催化富含1,3-二棕榈酰-2-油酰-sn-甘油酯(POP)的棕榈油,产生由POP、1-棕榈酰-2-油酰-3-硬脂酰-sn-甘油酯(POS)和1,3-二硬脂酰-2-油酰-甘油酯(SOS)等一系列甘油三酯组成的混合物,用于生产附加值更高的代可可脂。

2.4.4 油脂氧化

脂类氧化是食品变质的主要原因之一,它能导致油脂及含脂食品产生不良风味和气味,一般称为酸败。脂类氧化的基本原理是自动氧化,包括引发、传递和终止3个阶段,如图2.21所示。引发阶段产生大量的活性自由基(分子中含有未配对电子),它们与大气中的氧发生反应生成过氧自由基(ROO·),不断进行链传递反应。一旦这些自由基相互结合生成稳定的非自由基产物,则链反应终止。

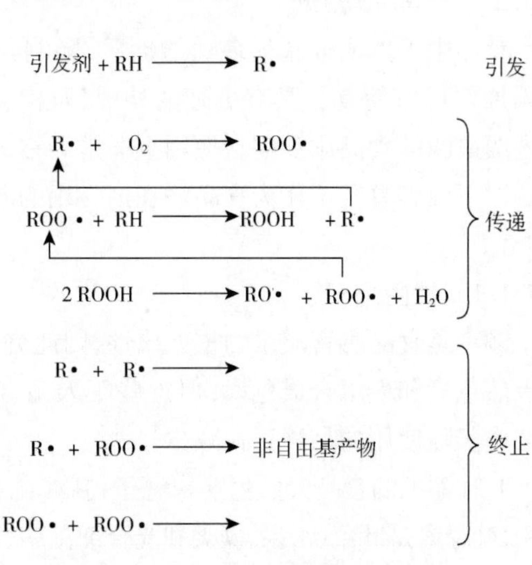

图2.21 脂类自动氧化的3个阶段

在高温和高脂肪酸不饱和度的条件下,脂类的自动氧化速率明显加快。自动氧化对低浓度的抗氧化剂或助氧化剂也非常敏感。助氧化剂主要是一些具有合适的氧化还原电位的 2 价或多价过渡金属离子,如铁等,可通过引发自由基、促进氢过氧化物分解或活化氧分子产生单线态氧和过氧化自由基,增加脂类氧化速率。

2.4.5　抗氧化剂

抗氧化剂是指能延缓和减慢油脂氧化速率的物质,天然和合成的抗氧化剂主要是含有各种环取代基的酚类物质,均可作为食品添加剂使用。抗氧化剂作用机制,特别是植物中含量丰富的天然多酚的抗氧化机制一直是热门的研究课题。大多数合成抗氧化剂是作为自由基清除剂来阻止自动氧化的反应过程(见图 2.22)。

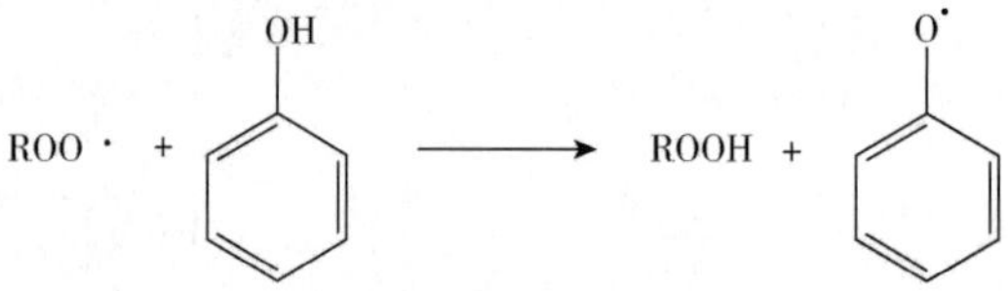

抗氧化剂清除自由基中间产物

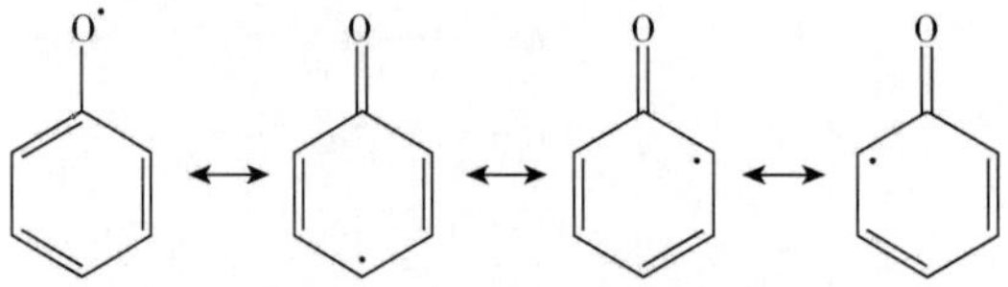

通过共振杂化轨道稳定抗氧化剂自由基

图 2.22　酚类的自由基清除机制

2.5　食品中的微量成分

2.5.1　食品添加剂

食品中天然成分有很多功能性质,影响整个产品的质量。然而,有目的地加入一些食品添加剂可以使食品具有更好的外观、质构、风味、营养价值或货架期。食品添加剂,尤其是合成来源的食品添加剂在使用上非常严格,必须按照国家食品添加剂的相关法规进行添加。以下内容总结了作为食品添加剂常用的着色剂和防腐剂。

2.5.1.1　着色剂

颜色是食品感官质量的重要属性,因此许多加工食品均添加少量的着色剂。着色剂包括天然色素和人工合成色素,但近些年人工合成色素的安全性问题日益受到消费者重视,生产中实际使用的品种正在减少。

几种常见的食品天然色素来源于植物、昆虫和细菌,包括叶绿素、类胡萝卜素和花色苷。其中,叶绿素是叶菜、水果、藻类和光合细菌中含有的一类绿色色素。叶绿素对热不稳定且不溶于水;而叶绿素衍生物,如叶绿素铜色泽鲜亮,对光和热较稳定,因此用作食品着色剂。

类胡萝卜素是一类使水果和蔬菜显现黄色和橘红色的脂溶性色素,大致可分为胡萝卜素(烃类)和叶黄素(含氧)。例如,β-胡萝卜素使胡萝卜显橙色,番茄红素是番茄的主要色素,而鲑鱼肉中粉色素为虾青素。除了改变食品颜色,大多数类胡萝卜素也具有抗氧化作用,因而受到人们的普遍关注。

花色苷是在鲜花、水果和蔬菜中发现的多酚类化合物,呈现红色、紫色和蓝色。水果如黑醋栗、黑莓、蓝莓、树莓、草莓和葡萄中富含花色苷。花色苷是花青素的糖苷形式,与类胡萝卜素类似,也具有显著的抗氧化活性。花色苷作为食品着色剂广泛用于糖果和饮料的加工,但是在酸性 pH 之外,花色苷稳定性较差,从而限制了其应用范围。

合成色素或人工食品着色剂大多是偶氮染料,如酸性红、苋菜红等,其颜色主要来源于偶氮基团 R_1—N=N—R_2 的存在。其中 R 通常为芳香基团,从而形成共轭双键体系,呈现一系列颜色,包括黄色、橙色、红色和棕色。其他合成染料还有三芳基甲烷类(食用绿 S、亮蓝 FCF)、氧杂蒽类(赤藓红)以及喹啉类(喹啉黄)。

2.5.1.2 防腐剂

防腐剂是一类能防止食品酸败或抑制微生物增殖,从而延长食品保存期的食品添加剂。抗氧化剂按来源可分为天然的和人工合成的,食品中常用的合成抗氧化剂包括丁基羟基茴香醚(BHA)、二丁基羟基甲苯(BHT)和没食子酸丙酯。抑菌剂用于防止由细菌、酵母和霉菌引起的食品腐败,包括二氧化硫及其亚硫酸盐、苯甲酸及其钠盐、山梨酸及其钾盐、尼生素(多肽类抗生素)和亚硝酸盐。

2.5.2 维生素

维生素是一类有机营养素的总称,不能在人体内合成或合成量不足,所以必须从食物中摄取。由于维生素化学结构复杂且生理活性各异,对它们的分类无法采用结构分类法,也无法根据其生理活性和化学性质进行分类。每种维生素具有一组化学结构相似并具有特定维生素生物活性的同效维生素。一般根据维生素溶解度将维生素大致分为两类:水溶性维生素和脂溶性维生素(见表 2.5)。人体容易吸收和代谢水溶性维生素;脂溶性维生素则需要在肠道中脂类的帮助下完成吸收。

表 2.5 维生素的分类

水溶性维生素	脂溶性维生素
硫胺素(维生素 B_1)	视黄醇(维生素 A)
核黄素(维生素 B_2)	胆钙化醇(维生素 D)
烟酸(尼克酸、烟酰胺)	α-生育酚(维生素 E)
泛酸(维生素 B_5)	叶绿醌(甲基萘醌类,维生素 K)
吡哆醇(维生素 B_6)	
生物素(维生素 B_7)	
叶酸(维生素 B_9)	
钴胺素(维生素 B_{12})	
L-抗坏血酸(维生素 C)	

维生素具有多种生理功能,具有激素和抗氧化剂、细胞信号传导和促进组织生长等作用。大多数维生素作为辅酶或辅酶前体,在代谢中起到辅助催化剂和底物的作用。当维生素与酶结合作为催化剂的一部分时,称为辅基。

2.5.3 矿物质

食品中的矿物质是维持生命活动所必需的无机元素,这些生命活动包括骨骼和牙齿生长、神经信号传导、食物能量转化以及维生素生物合成等。矿物质包含了除 C、H、O、N 以外所有的基本营养元素,它们大多以无机态的形式存在。矿物质广泛存在于各种食品中且含量各异,如肉类、鱼类、牛奶及乳制品、蔬菜、水果和坚果等。根据人体的需求量,可将矿物质分为常量元素和微量元素。常量元素人体每日需求量大于 200mg,而微量元素人体每日需求量小于 200mg,摄入过多会有危险。

常量元素主要有钙、氯、镁、磷、钾和钠;微量元素主要有钴、铜、氟、碘、铁、锰、钼、镍、硒、硫和锌。以下列举了一些矿物质的重要食物来源:含钙的乳制品和叶菜,含镁的坚果、大豆和可可,含钠的食盐、橄榄、牛奶和菠菜,含钾的豆类、马铃薯皮、西红柿和香蕉,含氯的食盐,含硫的肉、蛋和豆类,含铁的红肉、叶菜、鱼类、蛋类、干果、豆类和全谷类食物。

2.6 食品中的水

2.6.1 水分活度

水是食品中含量最多的组成成分,对大多数食品的稳定性有重要意义。食品中水分含量与食品微生物腐败存在一定的关系,也影响食品的物理化学稳定性。因此,控制食品中水分含量是常用的保藏技术,如喷雾干燥和冷冻干燥。

针对食品原料及产品,一个重要的工业分析就是水分含量或含水量的测定。总水分的定量测定方法有干燥法、卡尔·费歇尔滴定法、近红外光谱、核磁共振光谱等。然而不同类型的食品虽然含水量相同,但是水分子与其他物质结合强度不同,使食品的性质显著不同,所以仅通过测定含水量并不能有效地预测食品中微生物的生长和各种化学变化。

微生物不能利用化学结合水,所以仅以含水量作为评价微生物或食品品质(如流变性)的指标是不全面的。因此,用"水分活度"A_w 比含水量能更可靠地反映水分对食品品质的影响。水分活度是指食品中水的反应活性,表示食品中水与非水组分结构缔合和化学键连的强度。水分活度是与溶液中水的化学势(吉布斯自由能,μ_w)相关的一个热力学概念。纯水的化学势用 μ_w° 表示,气体常数 $R = 8.314$ J/(mol·K),温度为 T,各物理量之间存在如下关系:

$$\mu_w = \mu_w^\circ + RT \ln A_w$$

溶液中非结合水或自由水的化学势与纯水化学势相等,此时 $\ln A_w = 0$,那么 $A_w = 1$。水分活度范围为 $0 \leqslant A_w \leqslant 1$,且无量纲。由于水分活度是一个热力学量,测量 A_w 时要求:体系应处于平衡状态,给出测量温度,且必须说明标准态,例如以纯水作为标准态。

水分活度无法直接测定,但是还可以将 A_w 简单地定义为食品中水的蒸气压(p)与同温下纯水的饱和蒸气压(p_0)的比值:

$$A_w = \frac{p}{p_0}$$

因此，A_w值可以通过测定密闭室中样品周围空气的平衡相对湿度（ERH,%）来确定。可用以下公式表示：

$$A_w = \frac{ERH}{100}$$

通过相对湿度传感器中传感器材料电阻或电容的变化测定 ERH。

2.6.2　水与食品稳定性的关系

水分活度对微生物生长、化学反应和食品品质有很大的影响，因此在食品工业领域中对 A_w 的控制非常重要。水分活度低于 0.91 时，大多数细菌的生长会受到抑制，包括致病性沙门菌、大肠杆菌和梭状芽孢杆菌；水分活度低于 0.87 时，大多数酵母的生长受到抑制；当水分活度低于 0.8 时，大多数霉菌的生长受到抑制；而当水分活度低于 0.6 时，绝大多数微生物都不能生长繁殖。此外，发现高度易腐败的食品（水果、蔬菜、肉类、鱼类和牛奶）的水分活度大于 0.95。

在化学反应中，水可以作为溶剂或反应物，还能通过改变溶液黏度使反应物流动性发生变化，从而影响非酶褐变、脂类氧化、维生素降解、酶水解、蛋白质变性、淀粉糊化和老化等反应变化。在不同的 A_w 条件下，食品中各类反应的相对反应速率不同；在特定的 A_w 范围内，某些反应占据优势。由图 2.23 可以看出，酶水解、脂类氧化和褐变在不同 A_w 范围内具有不同的反应速率。

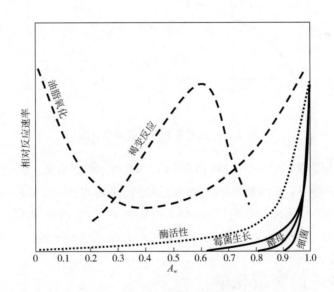

图 2.23　水分活度与食品稳定性间的关系

水分活度除了影响微生物生长和化学反应以外，还可以影响食品的质构。不同水分活度的食品质地具有很大差异。高 A_w 的食品一般湿润、多汁、嫩或耐嚼；如果降低 A_w，食品就会产生不良的质构，如变硬、变干、变陈和变韧。低 A_w 的食品一般具有酥脆性；在提高 A_w 后，食品将失去酥脆性。因此,水分活度是食品感官评价的一个重要影响因素。

2.6.3　水分吸着等温线

食品水分吸着作用包括吸附和吸收两个过程。吸附是通过物理黏附和化学键合连到其他分子或材料表面的一种界面现象。吸收是物质从一种状态结合到另一不同状态中,如液体可以被固体吸收、液体可以吸收气体等。

吸着等温线反映了在一定温度条件下,食品含水量($g\ H_2O/g$ 干物质)和水分活度之间的关系。需要注意的是,吸着等温线随温度而改变。图 2.24 所示为水分吸着等温线的示意图,显示大多数食品的吸着等温线形状为典型的 S 形。同时,也表明水分的解吸(去除水)和回吸之间(吸着水)之间存在滞后现象,这是食品去除或吸着水时所发生的典型的物理变化。在实际过程中,食品 A_w 一定时,解吸过程中的食品含水量大于回吸过程中的食品含水量。

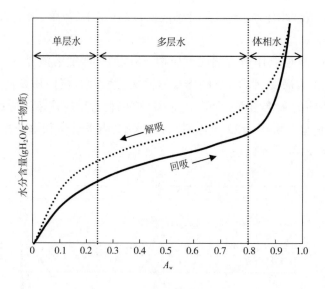

图 2.24　水分吸着等温线的示意图

水分吸着等温线可分为 3 个区域(图 2.24):单层水,水依靠水 - 离子或水 - 偶极相互作用强烈地吸附在极易接近的食品表面的极性位置;多层水,主要靠水 - 水分子间氢键作用在极性基团周围形成额外的吸附层;体相水也称游离水,水的结合最不牢固且在食品中容易移动,因此体相水最容易从食品中去除,通常在食品中作为溶剂。

2.7　分散体系的物理化学

物理化学在食品中具有广泛而深远的应用,物理化学和食品物理化学的教材已经介绍了所涉及的热力学平衡、化学交联、相互作用力和反应动力学等重要概念。本章其他部分介绍了食品大分子如多糖和蛋白质的结构或功能关系等方面内容,本节主要探讨溶液及分散体系的物理化学。

2.7.1　溶液

溶液是由至少两种物质组成的均一、稳定的混合物。最简单的溶液就是一种溶质溶于一种溶剂。常见的例子为固体溶于液体中,如盐溶于水。此外,气体也可以溶于液体,如水中溶解 CO_2;液体可溶于其他液体中,如乙醇溶解于水中。几乎所有食品中都含有溶液,或者食品本身就以溶液的形式存在。这种溶质溶解于溶剂的性质称为溶解度。

2.7.1.1　溶剂

液体溶剂可分为极性溶剂和非极性溶剂。极性溶剂含有偶极,通过电负性的原子如氧或氮吸引电子作用而形成。水是最常见的极性溶剂,而烷烃类化合物如正己烷等是典型的非极性溶剂。通常极性溶质更容易溶于极性溶剂,而在非极性溶剂中不能溶解或溶解很少。类似地,非极性溶质在非极性溶剂中溶解度最大。

2.7.1.2　溶剂化作用

溶剂化作用包括不同类型的分子间相互作用力,如氢键、离子－偶极作用、偶极－偶极作用或范德华力等。氢键、离子－偶极作用及偶极－偶极相互作用仅发生在极性溶剂中,所以离子溶质如盐等只能溶于极性溶剂中。如果溶液体系自由能降低,那么溶剂化过程将从热力学角度上自发进行;或者说溶剂必须能够稳定溶质分子才会发生溶剂化作用,即溶质分子优先被溶剂分子包围而不是被其他溶质分子包围。

如果溶剂是水,该溶剂化过程称为水合。一般来说,离子或离子盐最容易溶于水,通过离子－偶极相互作用高度水合。极性化合物特别是能够形成氢键的物质也呈亲水性,虽然没有离子型化合物那样强烈,也会发生高度的水合。非极性化合物呈疏水性,不能参与形成氢键,同时它们的存在还会打断氢键,使体系能量升高,从能量角度来说是非常不利的,所以将导致溶质聚集以减少溶质对氢键的断裂作用。这就是为什么变性蛋白质疏水基团暴露会发生聚集和沉淀的原因。

2.7.1.3　溶解度影响因素

当溶质不能继续溶解时所得到的就是饱和溶液。溶解度是溶液在平衡状态下的一个热力学性质。因此,饱和溶液浓度会受到不同环境因素的显著影响,如温度和压力。其中,压力对固体和液体等凝聚相溶解度的影响通常可以忽略不计。如果溶液中存在其他溶质,溶解度也会明显变化。

固体溶质的溶解度一般随溶液温度的升高而增加,所以可以通过提高温度溶解更多的溶质来制备过饱和溶液。气体随着温度的升高变得很难溶。与固体和气体相比,温度对液体溶解度的影响较小。

2.7.1.4　分配

食品中经常存在无法互溶的溶剂或相,溶质在不同溶剂中的溶解度不同,例如水和油。这对风味分子溶质和各种食品添加剂来说非常普遍。溶质在两种溶剂之间的分配采用分配系数来定义：

$$K_D = \frac{c_1}{c_2}$$

c_1 和 c_2 分别是溶质在相1和相2中的浓度。也就是说，与相2相比，溶质在相1中的溶解度越高，分配系数越大。分配的概念广泛用于分析化学中，特别是在利用色谱分离复杂化学混合物的方面，经常用到分配系数。

2.7.2　分散体系

绝大部分食品都属于分散体系，它们是非均相混合体系。分散体系的性质也不能简单地由体系的化学组成来推测，它们还取决于体系的物理结构。即使体系化学组成完全相同，由于形成过程不同，分散体系的物理结构也可以差别很大。分散体系一般由一个或多个分散相和一个连续相组成。分散相可以是粒子、晶体、纤维或粒子聚集体。如果分散粒子比小分子（比如溶剂分子）大但又不能被肉眼可见，粒子尺寸在 $10^{-8} \sim 10^{-5}$ m，这样的分散体系称为胶体。

分散体系包括亲水性和疏水性两种。亲水分散体系处于热力学平衡且自发进行混合，包括大分子溶液如多糖或蛋白质以及缔合胶体如表面活性剂胶束。通常小分子为了更好地与溶剂相互作用会聚集在一起形成更大的胶束结构。

疏水分散体系不能自发形成，必须输入外界的能量。在疏水分散体系中，分散相和连续相是不相混溶的。食品中存在很多典型的疏水分散体系，例如泡沫是气体分散在液体或固体中；乳液是液体分散在液体中；而凝胶是固体分散在液体中。疏水分散体系的稳定性取决于胶体相互作用和界面的稳定性，将在下面的章节中进行讨论。

2.7.2.1　胶体相互作用

胶体相互作用力垂直作用于粒子的表面。本质上胶体粒子是不能重叠的硬粒子，它们之间的作用力为空间排斥作用。另外，还存在范德华吸引作用和静电排斥作用影响胶体粒子之间的相互作用和稳定性。为了表述胶体稳定性，出现了第一个重要的 DLVO（Deryagin – Landau – Verwey – Overbeek）理论。

分子之间的范德华作用力是普遍存在的，两个永久偶极或诱导偶极之间都可以产生作用。以诱导偶极 – 诱导偶极之间的相互作用为例，电子密度的波动将诱导粒子产生暂时偶极，从而诱导相邻的粒子也产生诱导偶极。该暂时偶极和诱导偶极通过色散力（或称伦敦力）相互作用吸引在一起。范德华作用力较弱，并且属于短程作用力。

大多数离子在水溶液中都带有电荷或表面静电势，使得一层带有相反电荷的离子即反离子聚集在液体表面，形成所谓的双电层。双电层的电势通常定义为 Zeta 电势。当水溶液中的两个粒子相互接近时双电层出现交叠，此时将产生静电排斥力。

根据 DLVO 理论，胶体体系的稳定性取决于范德华吸引力和静电排斥力的共同作用，如图 2.25 所示。静电排斥力产生能量壁垒阻止两个粒子相互靠近而附着在一起；但是如果粒子碰撞有足够的能量来克服这个能量壁垒时，范德华吸引力将促使两个粒子结合。因此,当胶体粒子之间存在很高的静电排斥作用时,胶体体系比较稳定且不会发生絮凝;而静电排斥作用很弱或没有时,胶体体系将发生絮凝,变得不稳定。可以通过在溶液中加入盐或调节 pH 中和表面电位来削弱静电排斥作用。

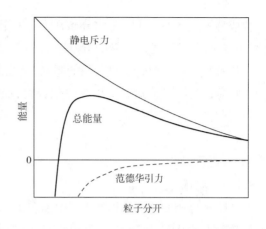

图 2.25　基于 DLVO 理论的粒子分开的自由能变化

2.7.2.2　泡沫和乳液

泡沫和乳液可能是食品中最常遇到的疏水分散体系。泡沫由气体分散在液体中而形成。食品中的泡沫通常是由水和空气组成的分散体系。乳液是由两种不互溶的液体组成的分散体系。在食品中常见的乳液有两种:水包油(O/W)型(如牛奶、稀奶油、蛋黄酱)和油包水(W/O)型(如奶油、人造奶油)。

制备一种泡沫或乳液需要外加能量,这是因为增加不能互溶的两相之间的界面,界面自由能和表面张力也随之增加。界面自由能的增加使得泡沫和乳液体系变得不稳定,通过加入乳化剂能够降低表面张力,从而稳定泡沫或乳液体系。

表面张力是一种能使不互溶的两相之间的界面面积降至最小的作用力。正因为表面张力的存在,水滴才能呈球形,在一定体积下球形表面积最小。小液滴可以聚结成大液滴也是因为表面张力的存在。表面张力的定义为单位长度的力,用 γ 表示(单位 N/m)。表面张力相对于界面作用方向一致。界面自由能相当于表面张力,是指增加界面面积所需要的能量,单位为 J/m^2。由于 $1J = 1 N \cdot m$,表面张力和界面自由能是相同的物理量。

表面活性剂对泡沫和乳液的形成至关重要,它们可以降低界面自由能或表面张力。表面活性剂是两亲性的,同一个分子内既含有疏水基团,也含有亲水基团。这种两亲性质使得它们倾向于吸附在界面上,即具有表面活性。表面活性剂通常是小分子表面活性剂,也称为去污剂或乳化剂;但蛋白质这一类大分子也可以作为表面活性剂,它们能够通过分子间结合来稳定表面膜,因此常用于泡沫和乳液体系。

表面活性剂的作用采用亲水亲油平衡值(HLB)表征。规定 HLB = 0 时亲油性最大,HLB = 20 时亲水性最大。HLB 可以用来预测表面活性剂的性能。HLB 为 4 ~ 6 的乳化剂有利于形成 W/O 型乳状液,如脱水山梨醇单硬脂酸酯;而 HLB 为 8 ~ 18 的乳化剂有利于形成 O/W 型乳状液,如乳酰单棕榈酯、失水山梨醇月桂酸酯、卵磷脂、聚氧乙烯山梨醇酐单油酸酯。

2.8　风味物质

2.8.1　味觉和嗅觉

味觉一般认为是呈味物质作用于味蕾而产生的一种化学感受,将化学信号转换为动作电位或称神经脉冲。味蕾集中分布在舌头的上表面,每个味蕾含有大约 100 个味觉感受细胞,主要感受甜味、苦味、酸味和咸味。

味觉只是口腔内味蕾对食品的感受,食品的气味或芳香是由鼻子中的嗅觉感受器感知的。嗅觉感受器可感知挥发性芳香化合物,而味觉感受的化合物通常是极性、水溶性和非挥发性的。

2.8.2　基本味

2.8.2.1　甜味

甜味化合物的分子结构特点是具有呈甜味基团,能够与舌头上跨膜 G - 蛋白结合。根据甜味产生的 AH - B 理论,呈甜味基团必须包含一个氢键供体(AH)和一个距该氢键供体 0.3nm 的刘易斯碱(B)。人体的甜味感受器内也存在着类似的 AH - B 结构单元,呈味物质的这两类基团必须满足立体化学要求,才能与人体的甜味感受器的相应部位匹配而产生甜味。AH - B 甜味理论能够解释大多数糖类的呈甜机理,而随后修改的 AH - B - X 甜味理论进一步解释了其他类型的甜味物质,尤其是氨基酸和非糖类甜味剂的疏水性和甜味之间的关系。因此,AH - B - X 甜味理论提出甜味剂分子中必须含有第三个结合位点,可以通过伦敦色散力与甜味感受器上的疏水位点相结合。

2.8.2.2　苦味

苦味多被认为是不愉快的味觉。苦味食品和饮料有咖啡、黑巧克力、啤酒、柑橘皮以及卷心菜等许多十字花科植物。奎宁是最有代表性的苦味物质,常用于生产奎宁水。尼古丁、咖啡因和可可碱与奎宁一样,均属于生物碱并呈苦味。许多生物碱有较强的毒性,因此对苦味的感觉可能是机体对外界的一种防御反应。研究表明 II 型味觉受体 TAS2Rs 与 G - 蛋白结合介导苦味信号。

2.8.2.3　酸味

酸味与酸度相关,是经舌头上的氢离子通道传感而产生的味感,主要原理为通过氢离子通道检测口腔中酸和水形成的水合氢离子浓度。

2.8.2.4　咸味

咸味主要来源于钠盐,虽然一些碱金属化合物也具有咸味,但是金属离子越大,咸味越低。钾离子与钠离子大小最相近,在咸味感受上也最为接近,因此 KCl 是最主要的盐替代物。咸味是通过舌头上的离子通道传感盐离子而产生的味觉。

2.8.3　其他味觉

2.8.3.1　鲜味

鲜味是一种复杂的味觉,由肉类、干酪和酱油中存在的鲜味物质如谷氨酸盐等产生。鲜味的形成是由于鲜味物质与舌头上相应的感受器结合。例如,味精是一种具有强烈肉类鲜味的食品添加剂。除了谷氨酸型物质可以呈鲜味,还有核苷酸型鲜味剂,包括5′-肌苷酸(IMP)和5′-鸟苷酸(GMP),这些化合物广泛存在于富含蛋白质的食物中。

2.8.3.2 涩味

涩味使人口腔产生干燥的感觉。食品中广泛存在的多酚化合物是主要的涩味化合物。多酚分子易于同唾液中富含脯氨酸的蛋白质分子结合形成沉淀,产生涩感。食品中红酒和茶与涩味最为相关。

2.8.3.3 辣味

辣味是由一些物质如乙醇和辣椒素诱导刺激神经反应所引起的灼烧感觉。辣味本质上是一种化学刺激。

参考文献

1. Belitz,H.-D. and Grosch,W. (1999) *Food Chemistry*,2nd edn. Springer,Berlin.

2. Coultate,T. P. (2002) *Food:The Chemistry of its Components*,4th edn. The Royal Society of Chemistry,Cambridge.

3. Damodaran,S.,Parkin,K. L. and Fennema,O. R. (2007) *Fennema's Food Chemistry*,4th edn. CRC Press,Boca Raton.

4. Walstra,P. (2003) *Physical Chemistry of Foods*. Marcel Dekker,New York.

补充资料见 www. wiley. com/go/campbellplatt

食品分析

Heinz – Dieter Isengard , Dietmar Breithaupt

要点

■ 概述食品基本性质的测定方法和重要的仪器分析方法。

■ 采用凯氏定氮法和杜马斯方法测定食品中的氮来估计蛋白质含量。从基质中提取脂肪并测定脂肪含量,索氏抽提是经典的测定脂肪含量的方法。对食品来说,干物质和水分含量特别重要,本章概括地讨论测定它们性质的方法。

■ 介绍各种滴定法,包括酸碱性、氧化还原、络合和沉淀技术、pH 测量以及酶法分析。

■ 色谱技术是利用混合物中待分离的不同组分与固定相和流动相亲和力的差异,实现混合物的分离。主要的色谱技术包括:纸层析法(PC)、薄层色谱法(TLC)、高效液相色谱法(HPLC)、离子色谱法(IC)、气相色谱法(GC)和毛细管电泳(CE)。

■ 光谱法是利用光与物质之间的相互作用进行分析。本章将简介紫外和可见光谱(UV/vis)、荧光、红外(IR)和近红外(NIR)光谱、微波共振光谱、原子吸收光谱(AAS)和核磁共振光谱(NMR),讨论上述方法的交互作用。同位素比率质谱一节将介绍同一元素的不同同位素的鉴别。

■ 介绍食品热值的测量(量热法)。

3.1 宏观分析

3.1.1 抽样技术

检测食品物料时,在大多数情况下,不进行整体分析,特别是如果检测后该物料发生改变,将不能再用于其他用途。通常从整体中进行抽样检测,该分析的结果应对整体有效,因此对于物料来说样品具有代表性很重要。假如样品采集本身不改变物料成分,均质的物料具有代表性。然而,许多食品物料都是异质性的,因此,"抽样"是分析重要的第一步。如果样品并不代表测试物料,即使分析的精密度和准确度很好,结果也可能是错误和不准确的。

由于食品会发生不同形式的变化,因此没有适用于各种情况的统一操作,只能做出如下的提示。

待测的物料应尽可能均匀一致。液体取样前应先均质。固体的粒度应尽可能小,例如先通过研磨,然后彻底混合样品。然而,这些操作必须保持物料的成分不变。因为研磨可能造成挥发性物质的损失,含水量也可能改变,即使含水量本身并不是分析的一部分,因为浓度或质量浓度通常是指原始质量(制备样品改变了原始质量),其他的分析结果也将发生错误。样品的一些组分可能与容器反应或吸附到容器表面。

采集样品时应从待测物料的不同位置取样。样品量必须满足所有实验,包括重复实验。如果样品不能立即分析,必须在不改变其成分的条件下保存。如果留作证明,样品必须密封保存。

从标准差可以得出样品能否代表整体的结论。如果单个样品的重复结果的标准差与不同样品平均值的标准差在相同的数量级,则样品结果有代表性。如果物料的非均质性非常高,则需要抽取更多的样品。

3.1.2 凯氏定氮法测定氮

凯氏法(Kjeldahl method)可以测定"粗蛋白"。"粗"意味着结果仅是近似的,并不能反映样品确切的蛋白质含量。该方法始于样品的消化,蛋白质中的氮转化为铵离子,然后测定其含量,从该结果重新计算样品的蛋白质含量。

消化是在特制的装置中进行(见彩图1)。样品与浓硫酸和硫酸钾在400℃下进行反应。为了加快反应,可添加催化剂如硫酸铜或二氧化钛。这些催化剂通常添加到样品中与硫酸钾混合,例如 $3gTiO_2 + 3gCuSO_4 + 100gK_2SO_4$。碳和氢被氧化,而样品中大部分的氮还原为铵,特别是肽键、氨基和酰胺基团的氮。

消化结束后,溶液应该清澈,颜色为蓝色或绿色,溶液冷却到室温后小心用水稀释。将全部溶液或一等份转移到蒸馏装置。添加氢氧化钠溶液(大约50%)。生成的氨形成蒸汽与蒸馏瓶中过量的酸中和,该酸为已知数量的强酸的标准溶液,如盐酸。未与NH_3进行中和的酸用碱的标准溶液滴定,从差值中计算氨的量。另一种可能性是使用弱硼酸吸收氨:

$$NH_3 + H_3BO_3 \rightarrow NH_4^+ + H_2BO_3^- \tag{3.1}$$

通过与强酸如盐酸标准溶液滴定进行量化:

$$H_2BO_3^- + H_3O^+ + Cl^- \rightarrow H_3BO_3 + H_2O + Cl^- \tag{3.2}$$

式(3.1)和式(3.2)相加为:

$$NH_3 + H_3O^+ \rightarrow NH_4^+ + H_2O \tag{3.3}$$

因此可以从标准酸溶液的消耗计算氨的量。

分析的目的是测定样品的蛋白质含量,必须建立氨的量(来自样品)与样品的蛋白质含量之间的关系。

氮的质量分数在不同的蛋白质中非常相似,约为16%。可通过含氮量计算样品的蛋白质含量,将氮值乘以转换因子6.25,即为粗蛋白的含量。对于许多蛋白质,这是一个被广泛接受的平均值,例如肉类、鱼和鸡蛋。然而,与平均值相比,蛋白质含有的氨基酸有的含有高比例的氮,如赖氨酸、精氨酸或天冬酰胺,有的氨基酸中含氮的比例较低,如亮氨酸、酪氨酸或谷氨酸,转换因子将需要相应地调低或调高。例如,明胶的转换因子是 5.55,而牛乳和乳制品的转换因子是 6.38。

"正确"选择转换因子对于凯氏定氮法并不是唯一的不确定性。除了蛋白质中的氮,其他化合物也可能通过消化转化为铵离子。这种转化涉及铵盐、游离氨基酸、核酸、核苷酸、维生素等。除了定量"粗蛋白"外,凯氏定氮的结果因此经常作为"总氮,计算蛋白质"并应用转换系数表示。然而,因为样品中一些含氮化合物不会转化成氨,这也可能出现误差,例如,硝基和偶氮组。但通常这些化合物罕见,误差不会非常显著。

杜马斯法是另一项测定蛋白质含量的技术,见 3.2.11。

3.1.3　测定脂质的索氏提取法和盖勃乳脂测定法

3.1.3.1　索氏提取法

索氏法(Soxhlet method)是从样品中连续提取测量粗脂质含量的方法。在多孔的索氏套管中放置定量的样品,在索氏提取器中放置套管(见彩图2)。加入萃取溶剂前,先称重干式蒸馏烧瓶,溶剂通常为石油醚或二乙酯醚等非极性溶剂,在烧瓶中加热溶剂,蒸汽在回流冷凝器中冷凝,冷凝的液体滴到从样品提取脂类的套管中。套管容器连接虹吸蒸馏烧瓶。当从样品中提取脂质的套管容器中的液体达到一定的水平时,液体流回蒸馏烧瓶。脂质保存在蒸馏烧瓶中,而溶剂不断蒸馏到套管。因此提取过程重复几次。当认为提取结束时,分离蒸馏烧瓶中溶于提取液的脂质。分离旋转蒸发仪中的溶剂,烧瓶中残留着脂质,冷却后称重。两个干重之差就是从样品萃取的脂质的量。该质量和样品质量之比是相对粗脂质含量,乘以 100% 是样品中粗脂肪质量分数。

上面描述的方法检测的是可以直接提取的游离脂质。然而,如果要测定结合蛋白质或碳水化合物的脂质,必须在消化之前提取这些脂质。Weibull – Stoldt 法中,首先用 12% ~ 14% 盐酸加热消化样品,趁热使用润湿折叠的滤纸过滤消化液,然后以索氏提取法从滤纸提取脂质。应该注意,如果在消化过程中水解,脂质将很有可能发生改变。索氏提取获得的脂质与原始组成不相同。

3.1.3.2　盖勃乳脂测定法

盖勃法(Gerber method)是测定乳制品脂类含量的特定方法。浓硫酸放置在特殊设计并校准,称之为盖勃管或奶油计的玻璃管中,添加样品后小心晃动,浓硫酸使温度上升,脂质溶解。如果有必要,可以额外进行加热。为了形成更好的分离相,可以加入 1 – 戊醇或异戊醇。混合物进行离心后,将管加热到标准温度[(65 ±2)℃]。脂质位于上层。可以从刻度读出脂类的体积。由于盖勃管经校准,该体积与脂质含量直接相关。

3.1.4　干重和水分含量

从含水量极低的干制品到含水量极高的饮料,每种食品都含水。水分含量在许多方面都很重要,物理性质如电导率、热电流、密度,特别是流变行为,取决于产品的水分含量,这影响工艺流程的设计。作为一种物质,水分含量随着时间的推移而发生变化,水分含量的数据通常与干物质有关。很明显,干物质中水分含量的正确数据取决于水分含量的精确分析。自由水为生命所必需。微生物和大多数酶的活动通过水分活度影响食品的稳定性和保质期。产品的存储容量和质量、运输成本也同样取决于水。水相对便宜,从商业的角度来看,水的存在尤其是在昂贵的产品中很令人感兴趣。由于这样和那样的原因,对于水分含量存在一定的法律规定和限制。标准物质需要保证其含有的某些成分具有一定质量或浓度,而这些数值取决于物料的水分含量,因此水分含量的测定必须具备高度的准确度和精确度。因此,水分含量的测定是食品物料检测中应用最频繁的分析方法。

测定食品的水分含量现有不同类型的方法。直接法定量测定水分本身。该法应用物理技术使样品中水分与其他成分分离,测定获得的水分的质量或样品的质量损失。化学方法则基于样品中水分的选择性反应。间接法测定取决于水分含量的宏观特性或者测定样品的水分子对于物理干预的反应。

3.1.4.1　直接分离水分的物理方法

把样品置于装有吸湿物质如五氧化二磷或分子筛的干燥器中,样品中的水分会与其他成分分离,样品分离前后的质量差值就是水分转移的质量。当然,由于样品和吸湿物质竞争干燥器中的水分以及干燥器空间的大小不同,该过程仅使水分分布呈现基本的平衡,因此一部分水会滞留在样品之中。

水分也可以通过蒸馏分离。经常使用甲苯或二甲苯等化合物与水形成共沸混合物,缩合后再分离,通常测定获得水分的体积。

测定加热样品过程中的质量损失是最常用的方法。普通烘箱干燥和真空烘箱干燥都应用对流干燥的技术。应当注意,加热干燥技术不能直接测量水分含量,而是在加热条件下根据质量损失计算水分含量。因为可以自由选择加热条件,因此结果也存在可变性。甚至某些设定参数的官方方法的结果也只是定义的约定,不一定反映真实的水分含量。尽管往往必须恒定干燥样品的质量,但只是在极少数情况下才能实现真正的恒定性。

结合水难以检测,而且通常也不能区别"自由"水和"结合"水。不仅是水,也包括在原样品中或加热的过程中产生的所有挥发性物质都会造成质量损失。应用低压真空的烘箱可以降低产生挥发性化合物的误差,但不能区别水和原样品中已经存在的其他挥发性物质。由干燥方法获得的结果不应称为水分含量,最恰当的术语是干燥质量损失(提及干燥条件),但约定俗成地记做水分含量或含水率。

为缩短对流加热法的测定时间,在烘干器中可应用更加高效的加热源。在这类干燥器中,样品被放在内置的平衡盘中,以红外线和微波辐射进行干燥,记录质量的损失值。与常规的烘干器相比,这种加热方式更加强烈,更容易使样品发生分解反应,产生挥发性物质,特别是水含量较高的样品,结果会有所不同。因此,测定结果根据所应用的干燥方法和参数存在很大差异。

然而,这两种方法检测的水分损失可以相互对照,特别是可通过调整适当的参数进行参考。在某些情况下,可能出现两个误差。一个是一部分水未被检测到,另一个是其他挥发性物质被当作水。因此应用上述快速检测技术必须进行相关的校准,而且每一种类型的产品都应以一个特定的方式进行校正。所有的参数,如干燥模式或程序包括温度和时间,停止测定的标准,样品大小,样品在平衡盘分布,在某些情况下,甚至在连续测量之间的时间间隔都必须加以考虑。

3.1.4.2　基于化学反应的直接费歇尔滴定法

到目前为止,卡尔·费歇尔滴定法(Karl Fischer titration)是最重要的化学测定方法,它是基于两步反应。在第一步中二氧化硫酯化醇 ROH(通常是甲醇),为了定量,碱"Z"中和酯产生烷基亚硫酸盐[式(3.4)]。现代的咪唑类试剂已经取代了"经典"的吡啶。第二步在需要水的反应中,碘氧化烷基亚硫酸盐生成烷基硫酸盐,该碱再次提供定量反应[式(3.5)]。

$$ROH + SO_2 + Z \rightarrow ZH^+ + ROSO_2^- \tag{3.4}$$

$$ZH^+ + ROSO_2^- + I_2 + H_2O + 2Z \rightarrow 3ZH^+ + ROSO_3^- + 2I^- \tag{3.5}$$

总反应:

$$3Z + ROH + I_2 + H_2O \rightarrow 3ZH^+ + ROSO_3^- + 2I^- \tag{3.6}$$

卡尔·费歇尔滴定法测定电量的变化,滴定烧杯中的碘化物通过阳极氧化形成碘,然后测定碘的消耗量。食品分析更关注容积变动,所以将碘加入一种溶液中。在滴定烧杯中加入样品,滴定烧杯中装有在加入样品前已滴定水分的工作介质。在所谓的单组分技术中,该工作介质由甲醇和滴定溶液组成,滴定溶液包括溶解在适当的溶剂中的所有其他化学组分,碘、二氧化硫和碱。在所谓的双组分技术中,工作介质包括二氧化硫和溶解在甲醇中的碱;滴定剂是碘的甲醇溶液。由已知水量的滴定标准溶液测定相应被滴定液体的水分当量。

库仑法和容量法两种方法的终点指示剂均基于电化学反应。两个铂电极浸没在滴定烧杯的工作介质之中(见彩图3和彩图4),由恒定电流(极化电位或电位法)或由恒定的电压(双电流技术)极化,并检测维持此情况的电压或电流。当样品的水消耗后,碘不再反应,出现氧化还原反应偶联的碘/碘化物,导致相应的氧化反应减少。这使保持恒定的电压突然下降(伏安法)或突然上升(双安培技术)。这突然的变化表示反应终点出现。当电压低于(或高于当前)特定值一定时间后,测定完毕(见图3.1)。因为可能不能立即进行水的检测,为了检测水,这种所谓的停止延迟时间是很重要的,特别是分析完全或不完全溶于工作介质的样品时。在这些情况下,水分达到工作介质的扩散和提取过程有一定的延迟。

费歇尔滴定法需要水直接接触试剂,对不溶性样品可能引起问题。然而,以下若干措施可以帮助进行几乎完整的水分检测:

- 较长的停止、延迟时间;
- 外部提取水和滴定等分溶液;
- 开始滴定之前在滴定烧杯内提取;
- 制备外部样品时,在滴定烧杯中使用匀浆器降低粒度(见彩图4);
- 提高工作温度,甚至达到工作介质的沸点;
- 在工作介质中添加溶剂;

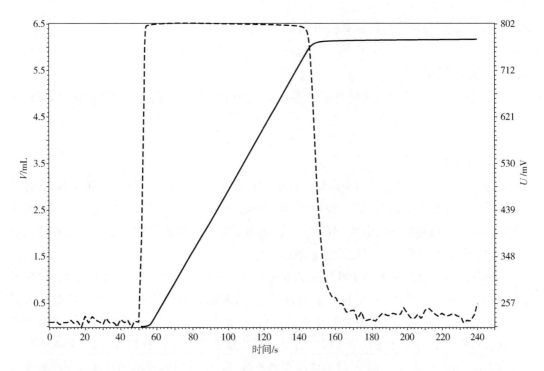

图 3.1 费歇尔滴定曲线（用伏安法）显示电压随时间（U/t）（虚线）和体积（V/t）（实线）的变化

■ 为了改变极性用其他醇替换甲醇。

当选好参数防止样品溶解到工作介质后，可以选择性地决定表面的水量。在接下来的第二次试验中，设好条件使样品完全溶解或者通过适当的技术使水呈自由状态，即可测定样品总的含水量。两次实验的差值即样品"内部"或"结合"水的量。

使用自动样品转换器可以进行自动滴定。

3.1.4.3 测量宏观试样水分含量的间接方法

水分含量影响样品的各种属性，例如密度。如果只要求近似结果，而且产品组成成分很简单，只有含水量不同，可以根据密度校准含水量。同样，在只有水分含量不同的样品中，偏振测定和屈光计检查也可以测定水分含量。应用样品的电属性衡量其水分含量具有广泛的应用领域。这些技术包括电导率、电阻、电容和介电常数的测定。然而，这些属性不仅仅依赖于产品的水分含量，因此必须进行校准。

通过产品特异的吸着等温线，水分含量和水分活度二者相互联系。如果已知待检测产品的等温线，并可以测量水分活度，则可以从等温线读取水分含量。

3.1.4.4 水分子响应物理影响的间接测量方法

低分辨率（或时域）核磁共振（见 3.2.8）、近红外（near infrared，NIR）（见 3.2.1.4）和微波（microwave，MW）（见 3.2.1.5）光谱都是极其快速的方法，甚至可以适合作为在线应用技术。然而，在一个给定的产品中，每个水分子的反应可能依赖其不同的结合状态。水分子的结合状态因产品而异，有必要建立针对特定产品和相关方法的校准方法。近红外光谱非常复杂。因此,为评价它们需要应用化学计量学。

3.1.5　灰分测定

为了获得食品的矿物质含量有必要测定食品中的灰分。测定过程中涉及两个原理:干灰化和湿灰化。

3.1.5.1　干灰化

样品盛放于石英、陶瓷或白金坩埚中称重。石英脆弱且不耐碱、氢氟酸和磷酸,有较低的热传导性。瓷器有相似的属性,但对于温度变化十分敏感,可以释放硅化合物。铂对于大多影响具有机械和化学稳定性,但一些金属元素可能对其造成腐蚀。铂金坩埚在特别热时,不能用手接触金属表面,只能用铂钳触碰。

液体样品可以加热到大约100℃以浓缩其体积。马福炉中,坩埚与样品可在大约550℃加热数小时。有机物质燃烧,无机元素特别是金属,转化为氧化物和盐类如碳酸盐或磷酸盐。冷却后对坩埚称重,质量差值就是灰分或者说"矿物质含量"。当然,样品中没有包括在灰化过程中形成的化合物。质量损失有时与干物质有关。在这种情况下,也要考虑和测定水分含量(见3.1.4)。可以通过向样品添加乙醇或过氧化氢溶液加速灰化。现已证实在肉类样品中添加醋酸镁有利于加速灰化,但是因为添加醋酸镁导致了氧化镁形成,所以在结果分析时必须平行分析有相同醋酸镁含量的空白样品。

细面粉在900℃灰化,测定每100g干物质的灰分毫克数,用以定义面粉类型,这是测定灰分的特殊应用。

在某些情况下,灰化的优势是产生硫酸盐灰分。例如,如果铅不能生成氯化铅的形式(可能在标准程序下形成),在这种情况下每5g样品添加5mL10%的硫酸。灰分冷却后,添加2～3mL的10%硫酸并在550℃加热,重复该步骤,直到质量不变。

灰分类型。(水)可溶性灰分是可溶于热水的部分,(水)不溶性灰分是剩余的部分。酸溶性的灰分是用稀盐酸加热灰分后的残留物。因为它包括很多二氧化硅,通常称为"砂子"。

灰分具有"碱性"特征,果汁或葡萄酒的碱性可能与此有关。用该值可以评估水果内含物。把一定量标准酸溶液,例如0.1mol/L盐酸,添加到灰分中,加热混合物到沸腾,冷却后用标准氢氧化物溶液滴定。灰分碱度是指消耗氢氧化钠的毫升数,该值与溶解或分散在0.1mol/L盐酸的灰分的基本成分有关。

灰分通常是进行元素分析的起始物质。

3.1.5.2　湿灰化或湿消化

与测定灰分或矿物质相比较,这种技术更多用于消化有机物。样品在密闭的容器内通过回流或在一定压力下加热生成挥发性氧化物。通过添加试剂量计算实验结果。同时需做没有添加样品的空白的分析。

化学试剂四氟乙烯具有腐蚀性,必须非常谨慎地操作装有四氟乙烯的容器,以避免爆炸。常见的氧化剂有:浓硫酸和浓硝酸的混合物(有时额外加入高锰酸钾或加入50%过氧化氢溶液),浓硫酸和浓硝酸的混合物,60%高氯酸混合物和浓硝酸,高氯酸和盐酸的混合物,硝酸和浓硝酸。在某些情况下,紫外线辐射足以致使氢气过氧化。微波的应用也非常有效。浓缩测定灰分的液体至干燥。因为在灰化过程中的化学反应不同,测定湿灰分得到的值与干灰分法测得的灰分值不同。

3.1.6　pH 和电位法

3.1.6.1　pH

酸碱值定义为

$$pH = -\log[H_3O^+] \tag{3.7}$$

这是一个衡量酸性或碱性的水系统。每一个水系统平衡均存在:

$$2H_2O \rightleftharpoons H_3O^+ + OH^- \tag{3.8}$$

多数情况下水分子以离子的形式存在。应用守恒定律并考虑水的浓度,在同一个水系统,水浓度可作为一个常数,发现其离子积为

$$[H_3O^+] \cdot [OH^-] = 10^{-14} \, mol^2/L^2 \tag{3.9}$$

在中性水溶液中,水合氢离子和氢氧根离子浓度相等:

$$[H_3O^+] = [OH^-] = 10^{-7} \, mol/L \tag{3.10}$$

因此中性水溶液体系的 pH 是 7。酸溶液的特点是$[H_3O^+] > [OH^-]$,因此 pH < 7,碱溶液的特点是$[H_3O^+] < [OH^-]$,因此 pH > 7。

3.1.6.2　pH 测量

通过测量两个玻璃电极之间的电位差测量 pH,其中一个电极的电位恒定并且已知,称为参比电极。另一个玻璃电极的电位是真正意义上的电位,它称为指示电极。其电位随溶液中水合氢离子浓度而变化,即电极周围介质的 pH。在仪器中组合应用两个电极(见彩图6),两个电极浸没在待分析 pH 的溶液中。电位恒定的参比电极是一根浸泡在高浓度或饱和氯化钾溶液和氯化银溶液的银导线,银导线连接在电位计上。指示电极含有和参比电极相同的金属(银)和相同的电解质。指示电极的金属丝也连接到电位计上。指示电极的表面是非常薄的球形玻璃膜,膜在水环境中膨胀形成凝胶。溶液中存在几个电位(内部溶液、水合凝胶层内部、玻璃、水合凝胶层外部、外部溶液)。参比电极的基准电位 E 值取决于要测量样品的 pH:

$$E = E_0 + \frac{R \cdot T}{n \cdot F} \cdot (pH_i - pH)$$
$$= E_0 + 0.059 \cdot (pH_i - pH)(室温) \tag{3.11}$$

式中　E_0——各层电位的总和;

R——常规气体常数[8.314J/(K·mol)];

T——温度($T = 298K$,因子是 0.059);

F——法拉第常数(96485A·s/mol);

n——参与分子反应的电子数量(在本例中参与氧化或还原反应的氢离子);

pH$_i$——玻璃电极所处溶液的 pH。

E_0 是给定的仪器的电位值(而且通常接近 0V)。pH$_i$ 也是常数,因此,电位值只取决于 pH。通过测量已知的 pH(标准缓冲液)可以确立 E_0 和 pH 之间的关系。用玻璃电极进行测量前必须校准。

3.1.7　滴定

滴定技术是通过向样品中添加某试剂的标准溶液(在本章中称为滴定剂),测量滴加试剂的容量来测定分析物质的浓度或质量,因此这项技术也称容量分析(见图 3.7)。应用这种方法应满足下列条件:已知进行分析的试剂所进行的化学反应;反应实际上是定量反应;反应速率高,可以清楚指示反应终点。根据试剂和分析物之间的不同反应类型,滴定方法有所不同。

使用样品转换器,可以自动滴定几个样品(见彩图 7)。

3.1.7.1　酸碱滴定或中和滴定

本法用于分析酸或碱的量或浓度。滴定过程中随着添加试剂体积的变化,pH 发生改变(见 3.1.6)。所谓的中立状态曲线(pH 和体积)有一个拐点反应等价点。在等价点,随着试剂的添加,pH 变化最快,曲线斜率最大。可以用 pH 电极检测 pH(见 3.1.6)。

酸碱指示剂可以指示反应的终点。指示剂的结构随 pH 的变化发生改变。例如,指示剂分子 HX 可以解离出一个质子形成 X$^-$,X$^-$ 发生电子系统的重排,使 X$^-$ 显示与 HX 不同的颜色,在视觉上可以区分指示剂的两种形式。HX 和 X$^-$ 相互依赖于 pH 的平衡,因而:

$$HX(颜色 I) + H_2O \Longleftrightarrow H_3O^+ + X^-(颜色 II) \tag{3.12}$$

水合氢离子浓度高的水溶液中(低 pH)颜色 I 占主导,而颜色 II 见于水合氢离子浓度较低的溶液中。在颜色变化的溶液中的 pH,取决于指示剂的离解常数 K_{Ind},因此也称为指示剂常数:

$$K_{Ind} = \frac{[H_3O^+] \cdot [X^-]}{[HX]} \tag{3.13}$$

[H$_3$O$^+$]值较高时,[X$^-$]一定低,[HX]一定高,因此可观察到颜色 I。当[H$_3$O$^+$]值较低时,可见到颜色 II。在颜色变化点或拐点,[X$^-$] = [HX],此时,水合氢离子浓度[H$_3$O$^+$]与指示剂常数相对应的数值不变。临界点的 pH 与指示剂的解离常数(K)的负对数 pK_{Ind} 一致($pK_{Ind} = -\log K_{Ind}$)。要形成肉眼可区别的两种颜色,一种样品的浓度应该大约是另一种的 10 倍。这意味着在约两个 pH 单位的区间内发生颜色变化。这通常可以实现,因为 pH 曲线的斜率(pH 对应滴加试剂的容积)在临界点显著变化(如上所述)。然而,在某种程度上,所选指示剂常数必须接近于等当点附近的水合氢离子的浓度。

强酸用氢氧化钠溶液滴定,反之亦然。因为化学反应在所有情况下都是相同的,它们的中和曲线在等当点(拐点)变化非常显著,并与 pH7 相对应。因而,任何 pK 在 $4 \sim 10$ 的酸碱指示剂均可以使用。

$$H_3O^+ + OH^- \rightarrow 2H_2O \tag{3.14}$$

用氢氧化钠溶液滴定弱酸或用强酸滴定弱碱,必须注意指示剂的选择。等当点的 pH 不再是 7,中和曲线变化不显著。这是由于弱酸(碱)和相应阴离子(阳离子)如 CH_3COOH/CH_3COO^- 或 NH_3/NH_4^+ 具有缓冲能力。指示剂必须更好地适应具体的情况。氢氧化钠溶液滴定弱酸时,等当点变为碱性 pH。

酸碱滴定在食品领域的应用:

■ 根据凯氏定氮法测定粗蛋白(见 3.1.2);

■ 测定面粉、牛奶、麦芽汁和葡萄汁的酸度;

■ 测定脂肪和油的皂化值;

■ 测定脂肪和油的酸值。

3.1.7.2 氧化还原滴定

氧化还原滴定可以测定可氧化的或可还原的物质。以下可以指示测定结果:

■ 如果在氧化还原反应后试剂或分析物发生颜色变化;

■ 测量与参比电极的电位差;

■ 氧化还原指示剂与所涉及的系统之间存在氧化还原电位,指示剂的还原和氧化形式具有不同的颜色。

对于氧化还原反应,能斯特方程具有基本的重要性:

$$E = E'_0 + \frac{R \cdot T}{n \cdot F} \cdot \ln \frac{\prod_i c_i^{v_i}(\text{ox})}{\prod_j c_j^{v_j}(\text{red})} \tag{3.15}$$

或常见的对数形式(十进制):

$$E = E_0 + \frac{R \cdot T}{n \cdot F} \cdot \log \frac{\prod_i c_i^{v_i}(\text{ox})}{\prod_j c_j^{v_j}(\text{red})} \tag{3.16}$$

式中　E——导体的电位,该导体浸没在进行氧化还原反应的溶液中(导体本身可能参与反应);

　　E_0'——系统的所谓正常(自然)电位(当所有的 c_i 和 c_j 为 1mol/L 时,对数函数的参数为 1);

　　E_0——相应的(十进制)正常电位,使用普通(十进制)对数(含重算因子从 ln 变成 log);

　　R——气体常数[8.314J/(K · mol)];

　　T——温度(K);

　　F——法拉第常数(96485 A · s/mol);

　　n——在分子水平上反应物电极反应中得失的电子数;

　　c_i——反应物 i 的浓度;

　　c_j——反应物 j 的浓度;

　　v_i——反应物 i 在反应方程的氧化侧的化学计量数;

　　v_j——反应物 j 在反应方程的还原侧的化学计量数。

下面用一个例子说明式(3.16)的应用。

在酸性溶液中,高锰酸盐离子可以还原为锰(Ⅱ)离子:

$$MnO_4^- + 8H_3O^+ + 5e^- \rightleftharpoons Mn^{2+} + 12H_2O \tag{3.17}$$

该系统的能斯特方程为:

$$E_{MnO_4^-} = E_{0,MnO_4^-} + \frac{R \cdot T}{5 \cdot F} \cdot \log \frac{[MnO_4^-] \cdot [H_3O^+]^8}{[Mn^{2+}]} \tag{3.18}$$

有 H^+、OH^- 参与时,当 H^+、OH^- 出现在氧化侧时,H^+、OH^- 写式(3.18)的分子中,H^+、OH^- 出现在还原侧时,H^+、OH^- 写在式(3.18)的分母中。

通常认为,对数分母应该包括因子 $[H_2O]^{12}$,然而,在稀释的水系统中,水的浓度被视为常数并包括在标准电位 E_0,E_{0,MnO_4^-},之中,该值为 1.51V。从方程看,高锰酸盐的氧化还原电位在很大程度上取决于该溶液的 pH。

碘可以氧化成氧化碘:

$$2I^- \rightleftharpoons I_2 + 2e^- \tag{3.19}$$

该系统的能斯特方程是:

$$E_{I_2} = E_{0,I_2} + \frac{R \cdot T}{2 \cdot F} \cdot \log \frac{[I_2]}{[I^-]^2} \tag{3.20}$$

E_{0,I_2} 的值为 0.58V,只要浓度处于"正常"范围内,高锰酸盐系统的氧化还原电位就高于碘系统。这意味着方程均衡的位置显然是在右边,在酸溶液中高锰酸盐可以氧化碘。几乎不可能发生逆反应。

$$2MnO_4^- + 16H_3O + 10I^- \rightleftharpoons 2Mn^{2+} + 5I_2 + 24H_2O \tag{3.21}$$

然而,因为 $E_{0,S_4O_6^{2-}}$ 只有 0.08V,根据方程,碘能氧化硫代硫酸盐产生连四硫酸盐。

$$I_2 + 2S_2O_3^{2-} \rightleftharpoons 2I^- + S_4O_6^{2-} \tag{3.22}$$

氧化还原滴定在食品领域的应用包括:

■ 脂肪和油碘值的测定;

■ 脂肪和油的过氧化值的测定;

■ 还原糖的测定。

3.1.7.3 络合滴定

络合滴定基于金属络合物具有不同的稳定性,通常用于测定水溶液中的金属离子。

开始滴定前,将络合剂例如 X,添加到被滴定的溶液中,这将形成一个有金属离子的络合物,例如 Me^{2+}。试剂和络合体必须有不同的颜色:

$$Me^{2+} + X(颜色Ⅰ) \rightleftharpoons [MeX]^{2+}(颜色Ⅱ) \tag{3.23}$$

X 可能有一个电荷,也有很多络合剂可能与金属离子结合。该络合物将有一个与式(3.23)不同的电荷。反应在方程式右边平衡,因此在开始滴定前,溶液呈颜色Ⅱ。

该溶液用另一种无色的标准络合物试剂滴定,形成比金属 X 络合物更稳定的无色络合物。通常使用乙二胺四乙酸,主要是其二钠盐,Na_2H_2EDTA:

$$Me^{2+} + H_2EDTA^{2-}(无色) + 2H_2O \rightleftharpoons [MeEDTA]^{2-}(无色) + 2H_3O^+ \tag{3.24}$$

实际上,反应几乎完全在右边达到平衡。随着金属离子形成新的络合物,根据式(3.

23），为维持平衡而释放与 X 结合的金属离子。根据式（3.24），通过持续的反应过程，形成新的络合物。MeX^{2+} 络合物最终消失，X 脱离释放。这导致溶液颜色从 Ⅱ 变成 Ⅰ。这表明所有的金属离子被 EDTA 结合。

钙离子和镁离子的浓度决定水的硬度，因而该技术可以用来测量水的硬度。

3.1.7.4　沉淀滴定

在沉淀滴定中，通过加入含有离子的标准溶液与被测物反应形成沉淀的方式测定离子浓度。被测物实际全部沉淀后加入与试剂反应的指示剂。

因此，氯离子能用硝酸银标准溶液滴定。加入几滴作为指示剂的铬酸钠溶液，这是莫尔法。氯化物几乎不溶，氯化银无色：

$$Cl^- + Ag^+ \rightarrow AgCl \downarrow \tag{3.25}$$

当几乎所有的氯离子沉淀，另外添加银离子会与铬酸盐反应形成红褐色铬酸银沉淀：

$$Ag^+ + CrO_4^{2-} \rightarrow Ag_2CrO_4 \downarrow \tag{3.26}$$

另一种可能性是根据伏哈德法滴定。该法加入过量硝酸银标准溶液，用碱金属或硫氰酸铵标准溶液滴定过量硝酸银，产生硫氰酸银沉淀物：

$$Ag^+ + SCN^- \rightarrow AgSCN \downarrow \tag{3.27}$$

溶液加入几滴铁离子指示剂（Ⅲ）。当银实际上几乎已经完全沉淀时，硫氰酸盐首先过量导致生成红色的铁（Ⅲ）络合物：

$$[Fe(H_2O)_6]^{3+} + 3SCN^- \rightarrow [Fe(H_2O)_3(SCN)_3] + 3H_2O \tag{3.28}$$

3.1.8　比色法

比色法是基于比较溶液的方法。比色皿中已知浓度的溶液作为对照标准，与未知浓度的溶液进行比较。改变未知溶液的厚度或光学路径长度，直到颜色在视觉上与标准溶液相对应。通过使用楔形比色皿或通过将玻璃物体插入比色皿以缩短光学路径长度来实现这种变化。被测样品溶液与标准样品对比颜色后，根据 Lambert‑Beer 定律以标准样品的浓度和两个光程计算被测样品的浓度（见 3.2.1.1 紫外/可见光谱法）。

定量测定光吸收值的分光光度法实际上完全取代了可视化的比色法。3.2.1.1 中描述了分光光度法。

3.1.9　酶法分析

酶是某些特定反应的催化剂，可用于某些物质的分析。酶不改变反应的平衡常数。无论在哪一方面，它们只能加快达到平衡的速度。酶以实际反应产物命名。酶的命名依据一定的原则，对于双向反应也只有一个名字（只有一个酶时），即使平衡极端偏于反应的一侧。根据这种原则，所有的平衡反应中，酶被分为六组，不论在何种特殊情况下反应达到平衡，酶在命名时只考虑一种。

这导致一种现象，酶根据没有发生或者最低程度发生的反应命名，而实际经常发生相反的反应。下面这种情况就是一个样例。

酶法分析经常使用的原则是测定还原或氧化物质与烟酰胺腺嘌呤二核苷酸或相应磷酸盐的氧化反应的物质（NAD^+、$NADP^+$）或其还原反应的形式（$NADH + H^+$、$NADPH + H^+$）。氧化和还原反应产物可以简单地通过光度法进行鉴别和定量（见 3.2.1.1）。NAD^+ 和 $NADP^+$ 在 260nm 都有一个最大吸收峰，由于烟酰胺还原形成醌型结构元素，还原型 NADH 和 NADPH 在 340nm 还有一个额外的吸收峰。应用醇脱氢酶（ADH）测定乙醇是应用酶法的样例：

$$CH_3CH_2OH + NAD^+ \rightarrow CH_3CHO + NADH + H^+（通过 ADH 催化）\qquad(3.29)$$

因为乙醇和 NADH 的分子比是已知的（1:1），乙醇样品的初始浓度容易从 NADH 形成的浓度计算。为此，必须建立校准曲线（与 NADH 浓度在 340nm 处的吸收值相对应）。

该原理也可用于间接分析，例如，柠檬酸结构的测定。用柠檬酸裂解酶（CL）为催化剂［式（3.30）］，柠檬酸先分解成草酰乙酸和丙酮酸。在苹果酸脱氢酶（MDH）［式（3.31）］存在下，草酰乙酸还原成苹果酸。一部分草酰乙酸脱羧产生丙酮酸［式（3.32）］。在乳酸脱氢酶（LDH）的催化下还原成乳酸盐［式（3.33）］。

$$^-OOC - CH_2 - C(OH)(COO^-) - CH_2 - COO^- \rightarrow {}^-OOC - CH_2 - CO - COO^- + CH_3 - COO \qquad(3.30)$$
$$（通过 CL 催化）$$

$$^-OOC - CH_2 - CO - COO^- + NADH + H^+ \rightarrow {}^-OOC - CH_2 - CHOH - COO^- + NAD^+ \qquad(3.31)$$
$$（通过 MDH 催化）$$

$$^-OOC - CH_2 - C(OH)(COO^-) - CH_2 - COO^- + H^+ \rightarrow CH_3 - CO - COO^- \qquad(3.32)$$

$$CH_3 - CO - COO^- + NADH + H^+ \rightarrow CH_3 - CHOH - COO^- + NAD^+ \qquad(3.33)$$
$$（通过 LDH 催化）$$

由于 NADH 的损失，在 340nm 处吸收值减小，已在分析前添加过 NADH，因而可以计算原始柠檬酸浓度。

MDH 和 LDH 催化的反应称为逆向反应。通常 NAD^+ 视为氢的受体，在氧化还原酶的作用下，反应中作为质子和电子的供体物质被氧化，即使该反应的方向在实际上是相反的（见上文）。氧化还原酶是上述六组酶之一。

3.2 仪器分析方法

3.2.1 光谱法

光谱法利用物理化学中电磁辐射与分子或原子的相互作用。光谱法只有对特定波长才具有重要性。通常，波长（λ）以纳米（10^{-9}m）为单位，范围是 200 ~ 780nm，能量吸收均导致分子中电子跃迁（紫外/可见光谱）。在红外区域，波长在 800 ~ 10^6 nm 的辐射吸收，可引起分子的振动。因此在红外光谱，特性分子振动光谱可用来识别特定的官能团。10^6 ~ 10^9 nm（微波）的波长可引起分子的转动。因此，有机分子的总能量是由电子、振动和转动能量组成的。

3.2.1.1 紫外/可见光谱法

紫外/可见光（UV/vis）是基于分子吸收紫外线（200 ~ 400nm）或可见光（400 ~ 780nm）

导致分子的外层电子跃迁。紫外光能够提供足够的能量激发 σ 电子或者是无约束的负电子使其处于激发状态[例如 σ – σ* 跃迁(130nm)或 n – σ* 电子(200nm)]，而可见光与电子共轭体系中 n 电子或 Π 电子吸收光波能量后的跃迁有关(例如 Π→Π* 跃迁或 n→Π* 跃迁)。其结果是，分子中不具有无约束力的电子(例如，氧、氮或卤素原子的缺失)或没有双键(如烷烃)的大多不适于使用紫外/可见光谱识别或检测。

根据 Lambert – Beer 定律定量，该定律能够把分光光度计上的读数(吸光度 A)和化合物的物理化学特性(ε_λ = 摩尔消光系数，由一个特定的波长决定)以及浓度(c)联系起来。

$$A = \log I_0/I = \varepsilon_\lambda \left[\text{L}/(\text{mol} \cdot \text{cm}) \right] \cdot c(\text{mol/L}) \cdot d(\text{cm}) \tag{3.34}$$

式中　d——光度计比色皿的长度；
　　　I_0——入射光的强度；
　　　I——透射光的强度。

在各种情况下，具有适当能量的光子使分子从稳定的基态跃迁到不稳定的高能态，即激发态。电子跃迁现象形成了包括一个或多个吸收带的典型吸收光谱。波长 λ 对应吸光度即可绘制各自的吸收光谱(见图 3.2)。其最大值和形状的特征对于应用光谱图库鉴定化合物很有用，并可以为进行色谱分析的光度法检测器找到合适的波长。

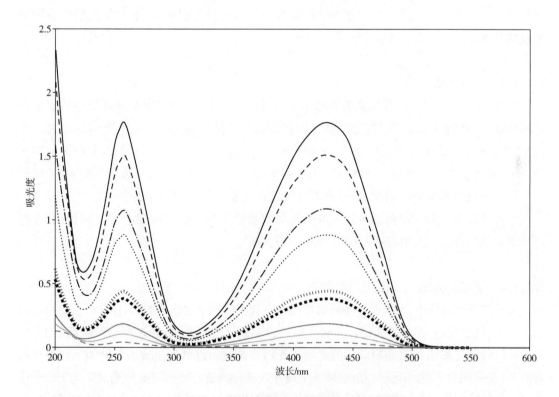

图3.2　不同浓度的柠檬黄溶液的吸收光谱

UV/vis 分光光度法是食品分析最广泛使用的技术之一。例如，氨基酸与茚三酮反应后可生成蓝色衍生产物用于检测。葡萄糖、果糖和蔗糖可以经薄层色谱法分离后，通过与二苯胺/苯胺衍生化生成能检测到的褐色或蓝色的斑点。矿物质的反应具有高敏感度：铁是天然水中的典型成分,可在 510nm 处用光度计检测到 1,10 - 邻二氮菲 - 铁(Ⅱ)络合物。紫外光谱可用于检测 NADH(340nm),NADH 是有机酸、乙醇、糖和其他食品成分酶法分析的典型产物(见3.1.9)。

3.2.1.2　荧光

荧光是分子在能量升高状态放射光出现的现象。在高水平的电子必须在单线态(S_1),即一对非结合电子中的一个电子围绕另一个电子进行旋转。伴随着荧光的发射,电子从激发态松弛到基态(S_0)。在一般情况下,所发射的光的波长(对应于一个较低的能量)要比电子激发态光的波长更长。

一般情况下,发射荧光的分子不具弹性,没有可能通过振动弛豫("松开螺栓效应")回到基态。它们大多包括一个提供电子的基团或者多个共轭双键(例如 PAKs)。存在收回电子(硝基)的基团通常会破坏荧光。

因为只有荧光成分可以被识别,所以荧光光谱灵敏度很高。荧光检测的灵敏度是紫外/可见法的 1000 倍。因此,将非荧光化合物转化为荧光衍生物是测定食品成分的常规方法(如通过氧化将维生素 B_1 转化为发荧光的硫胺)。没有衍生处理即可显示明显荧光的典型化合物包括奎宁、核黄素(维生素 B_2)和曲霉产生的几种黄曲霉毒素,以及坚果和谷物中发现的其他霉菌产生的毒素。

3.2.1.3　红外光谱

红外(Infrared,IR)辐射提供的能量不足以使电子跃迁,但分子吸收红外辐射后发生振动和转动能级的跃迁,主要引起分子键的拉伸和收缩及键角的变化。红外光谱划分为三个区域:近红外(near infrared,NIR,800 ~ 2500nm),中红外(mid infrared,MIR,$2.5 \times 10^3 \sim 50 \times 10^3$ nm)和远红外(far infrared,FIR,$50 \times 10^3 \sim 10^6$nm)。除了同核双原子分子(如 O_2)外的所有分子均吸收红外辐射。因此,红外光谱是在分析化学中最适用的方法之一。

中红外是分析分子结构的工具。可将样品的光谱与参考物质的光谱进行比较,它还可以用来检测密度,测定物质的真伪和组分(见彩图8)。

3.2.1.4　近红外光谱

在近红外光谱法中,可以通过溶液的发送状态或固体的反射模式测定分散体,甚至可以是二者的组合(透反射)的光吸光值。光吸光值可以通过比色皿测量,通过容器的侧壁[如玻璃瓶、盘子底部(见彩图9)或塑料袋],或者用导光纤维连接近红外光谱仪的探针测定仪器外的被测物(见彩图10),因而可以在危险环境中或在线进行测量。"经典"红外光谱是基于分子中的第一个化学键的谐波振荡,近红外光谱可以记录并组合这些振荡。这些信号很弱,因此近红外光谱不需要像红外光谱那样需要非常薄的表层或者稀释率非常高。它的缺点是在该波长区域中条带数目很多,不能被分离成单一的峰。虽然水在 1450nm 和 1940nm 产生信号,但实际上,样品中的每一个组分都可形成近红外光谱,大量峰重叠形成了或多或少的连续峰,该峰不能准确地区分某一成分的叠加层。同时该测量还受到温度和样品颜色与粒径的影响。因此,可在预期的整个水分含量范围内进行大量的单体测定的基础上建立参考方法,以此校准专一样品的分析。

最初,NIR 光谱仪带有几个波长滤波器的工作模式,现在仍然是广泛使用的技术,特别是应用于测定食品中的水分。对每个波长获得的值,都有通过经验数学获得的与结果近似匹配的统计权重(这些值的总和,再加上一个常数因子)。随着所使用的滤波器数量增加,评估值增加。整个近红外波长范围内的 Fourier 变换近红外光谱(Fourier‐transform NIR,FT‐NIR)的应用程序和使用化学计量学评价方法的开发使光谱法向前迈出了重要一步。近红外光谱仪的优点在于,可以同时测量样品的不同组分和性质(各自校准之后)。

近红外光谱技术可用于定性分析,例如对质量或物料的真实性控制(见彩图 11)和定量分析,以测量样品的特定组分或特性。

3.2.1.5　微波波谱

微波的速度取决于其穿越物料的介电性能。随着物料介电常数的增大,波长和传播速度变小。水分子的偶极子很容易地在快速振荡电磁场中取向。这导致介电常数非常高,表明水对微波波长有很大的影响。水分子不能完全地随该电磁场振荡。短时间滞后引起场能部分转换为平移运动能量,因而水分子在微波中的振幅逐渐衰减。

样品放置在发射器和微波接收器之间。由于物理原因,在微波所及之处必须保证没有金属或其他导电性高的物质。微波穿过样品后,测量微波波长的偏移和能量振幅的衰减,可以测定样品的水分含量。可以快速连续用几个波长检测同一样品。这些测量的平均值比用单一波长所获得的结果更加可靠。测定效果取决于微波与水分子的相互作用和微波的数目。这意味着测量依赖于水的浓度以及产品层的厚度和密度。因此这些属性或者必须保持不变(作为校准参数)或者必须测量和核算。

只有自由移动的水才可以准确地计量,而结晶或紧密结合的水分子不能用相同方法测定。由于存在不同的中间状态,校准必须包括各种状态。

微波谐振器方法的原理与微波光谱法相同,同样需要检测微波波长偏移和能量衰减。不同的是,微波谐振器方法在产生驻波微波的谐振腔中测量,驻波的频率等于谐振腔的谐振频率。二极管测量信号对于频率作图在谐振频率的最大值处出现细长的最高峰。样品一经送入谐振腔,驻波频率立即发生变化,变化量随样品中水分含量而变,同时峰值变低、变宽。通过数学计算,可分别求出样品水分含量和填充密度,同样,也必须进行样品均一性的校准(见彩图 12)。

3.2.2　色谱

3.2.2.1　概述

色谱法的目的在于分离混合物的组分。它利用混合物组分对两个不同分离相的不同亲和力进行分离。其中一个是固定相(固体或液体),另一个是流动相(液体或气体)。流动相通过或流过固定相并在运送样品中将样品组分分离,从而进行分析。现有多种分离技术。不同组分对两相的亲和力不同,对固定相亲合力高的组分保留得越多,移动越慢。流动相通过固定相经过较短路径或花费较长的时间,这决定在给定的时间内能否完成分析,如薄层色谱法(见3.2.2.2);或者所有组分都通过固定相,如高效液相色谱法(见3.2.2.3)和气相色谱法(见3.2.4),对流动相具有较高的"偏好"的组分以较高的流速通过分析装置。

不同的色谱技术有不同的标准。例如,根据固定相的性质,有滤纸层析(paper chromatography,PC)或薄层色谱(thin layer chromatography,TLC)。气相色谱(gas chromatography,GC)的流动相是气体。柱层析(column chromatography,CC)是发生在柱里的分离过程。这两相的聚集状态也用来区分不同的技术。首先,因流动相不同,有液 – 固(liquid – solid chromatography,LSC)、液 – 液(liquid – liquid chromatography,LLC)、气体 – 固体(gaseous – liquid chromatography,GSC)和气 – 液(gaseous – solid chromatography,GLC)色谱法。

不同命名法同样源自不同组分对两相的亲和力的差异,有吸附色谱法(分离的标准是固定相的不同吸附值)、分配色谱法(分析物在流动相和液体固定相之间有不同的分配)、离子色谱法(两相之间的分配,包括离子相互作用)、手性色谱法(光学异构体在固定相保留不同)和亲和层析(利用酶与底物或抗原与抗体的特异性相互作用)。上述分离标准出现重叠,一定的气相色谱技术可包括柱层析、GLC 和分配色谱。

在分离过程的终端可以识别样品的组分。比较标准样品与被测组分通过色谱仪的时间,即所谓的保留时间,可以获得定量的鉴定。该技术适用于所有的组分都通过色谱仪的情况。然而,如果在分析时,经过一段时间后停止分析,需要比较被测的组分与标准样品通过色谱仪的距离。如果滞留时间或通过的距离分别与标准样品相同,那么就有很高的概率,这两种物质是相同的。使用安装在色谱系统的终端的检测器进行定量分析。检测器发射出与通过检测器的组分的量或浓度成正比的信号。在标准样品浓度的基础上建立信号和浓度之间的关系,即可得到标准曲线(通常是直线)。

3.2.2.2 薄层色谱(TLC)和滤纸色谱法(PC)

PC 上的固定相是一种特殊的纸。TLC 固定相是玻璃板或金属箔(通常是铝)上支承的薄层。大小通常是在 20cm×20cm(厚度约 0.25mm),固定相材料通常是(粒径约 12μm,孔径约为 6nm)纤维素、氧化铝或硅胶。这些物料的表面有一定极性,因此,流动相液体极性较小或不具极性。这一组合是所谓的正相技术。然而,固定相的表面可以由膜表面的 OH 基团通过卤烷基硅烷反应改性。通过缩合(释放卤化氢),固定相表面覆盖上烷基链而变成非极性,然后流动相将变成更富有极性的液体。这是反相(RP)技术。根据烷基链的长度,使用如 RP8 或 RP18 的术语。

用毛细管把待测溶液(大约 1μL)滴加到固定相距底部 1~2cm 基线上,成为小斑点。其中一些溶液可能是已知的物质的溶液。将纸、板或箔放入含有流动相的密闭槽内。该溶剂系统可以是几种组分的混合物,以毛细管力移动进入并通过该薄层的流动相。它达到滴加被测样品的基线,然后以取决于单个化合物与固定相和流动相的相对亲和力的速度输送各组分。当溶剂前锋几乎到达板或箔的上端时,从密闭槽取出固定相,停止分析并标记溶剂前端。原来的斑点已经移动了一定的距离。如果溶液含有几种物质,将在一条垂直线上出现不同的斑点。

为了求出未知物 X 的特征,需要用到检测斑点到基线的距离 d_X 和溶剂体系的相对距离 d_S。这是保留因子 R_f,见式(3.35):

$$R_f(X) = \frac{d_X}{d_S} \tag{3.35}$$

式中　$R_f(X)$——溶质迁移距离与流动相迁移距离之比;

　　　　d_X——原点到斑点中心的距离;

　　　　d_S——原点到溶剂前沿的距离。

当然,R_f 值强烈依赖于所用的固定相和流动相。通过该方法测定的化合物特征只依存于该固定相和流动相。R_f 值介于 0(物质绝对不溶于溶剂系统)和 1(理想的物质是水溶性的,对于固定相没有亲和力)的范围内。为了获得良好的分离,应该选择在 0 到 1 范围内的 R_f 值。R_f 值可用于定性分析。

在大多数情况下,要分离的化合物是不可见的。在某些情况下,它们具有荧光性,并可以通过紫外灯观察。在其他情况下,为获得有色的衍生物,必须进行物质的衍生化。这可以通过用试剂溶液喷雾含有反应物的干燥的纸、板或箔片来完成。一个例子是氨基酸与茚三酮,通过反应得到蓝色的斑点反应(但对于脯氨酸和羟脯氨酸会得到黄色的衍生物)。另一种可能是分析物的前衍生物。氨基酸与丹磺酰氯反应得到的荧光衍生物,其可通过在紫外灯下进行色谱观察。当然,该衍生物的 R_f 值与原来的被分析物不同。

通过密度计来测量斑点的颜色可定量分析物质的浓度。这种方法必须以已知量的物质进行斑点的校准。另一种可能性是从反应板剥离斑点并通过传统的方法定量地分析它们。

3.2.2.3　高效液相色谱(HPLC)

高效液相色谱(high performance liquid gaseous – liquid chromatography,HPLC)应用于分离液体混合物或可完全溶解的混合物。固定相类似于在薄层色谱上使用的固定相。粒子大小通常在 $3\sim10\mu m$ 的范围内。它装在内径一般约 5mm,长 $10\sim75cm$(一般约 25cm)的玻璃或金属柱内(见彩图 13 和彩图 14)。在这种技术中流动相通常称为洗脱剂,泵送通过该柱。因为固定相的粒径小,需要较高压力($3\sim40MPa$)。样品溶液通过阀喷射进入洗脱液。为避免过柱样品因分散的颗粒堵塞,注入的样品必须是澄清液体,而且注射前样品应进行膜过滤。

许多目标化合物挥发性差(脂质、维生素、抗氧化剂),不能采用气相色谱技术,因此液相色谱在现代食品分析中发挥重要作用。现代的 HPLC 使用高压强制溶剂通过填充吸附材料的柱。原则上,两种不同系统可以通过不同固定相(柱)和流动相(溶剂)来区分:正相色谱采用极性固定相(SiO_2 或 Al_2O_3)和非极性流动相(己烷、乙酸乙酯),而反相(RP)色谱使用非极性固定相(RP – 8、RP – 18、RP – 30)和相对极性的流动相(甲醇、乙腈、水)。实际上,RP 系统可用于分析大多数食品成分。

所用检测器的类型取决于所研究的分析物(见图 3.3)。如果分析物吸收光在紫外/可见光区可使用紫外检测器或二极管阵列检测器(diode array detector,DAD)。如果分析物显示有或无荧光衍生化,则可使用荧光检测器进行检测。此外,折射率(refractive index,RI)检测器,适用于所有改变溶剂折射率的化合物,但是,这种检测器的灵敏度相当差。高效液相色谱法实际应用于测定糖(RI 检测器)、防腐剂(UV 检测器)、食用色素(UV/vis 检测器)、甜味剂(UV 检测器)和其他非挥发性食品添加剂。

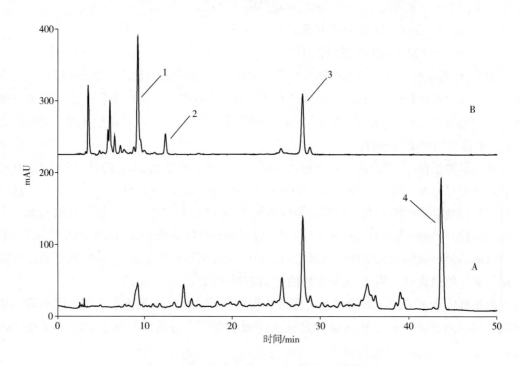

图 3.3 高效液相色谱法分离植物营养素的示例

代表性高效液相色谱(二极管阵列检测器,DAD,450nm)使用 RP – C30 – 柱和甲醇,叔丁基甲基醚和水的梯度分离番茄(A)和菠菜(B)的提取物。主要类胡萝卜素的峰值对应如下:

1—叶黄素 2—玉米黄素 3—β - 胡萝卜素 4—番茄红素

分离和纯化蛋白质的色谱方法被归纳为"快速蛋白液相色谱法"(fast protein liquid chromatography,FPLC)。以下是使用的特殊 FPLC 技术:

空间排阻色谱法(size – exclusion chromatography,SEC)应用于分离不同分子质量和形状的蛋白质。小分子进入色谱柱树脂的孔隙而保留,大分子洗脱较早而不保留。

疏水层析(hydrophobic interaction chromatography,HIC)是基于固定相和蛋白质之间的疏水作用。通常,蛋白质溶解于含有高浓度硫酸铵的缓冲液。蛋白质随缓冲液盐浓度的降低而洗脱。

离子交换层析(ion – exchange chromatography,IEX)分离蛋白质是基于其 pH 依赖总电荷的差异。各种蛋白质必须具有与附着在固定相上的官能团相反的电荷。通过提高洗脱液的离子强度,破坏离子交联反应,可以实现洗脱。

3.2.2.4 离子色谱法

离子色谱法(ion chromatography,IC)是特殊类型的液相色谱法。它使用阳离子或阴离子材料充填交换柱。离子基团结合到聚苯乙烯、纤维素或硅胶等惰性物料上(见彩图15)。羧基或磺基团是典型的交换阳离子的基团,季胺是交换阴离子的基团。离子分析物通过交换柱时,由于静电相互作用结合到固定相,离子的保留取决于所带电荷的强度,从而实现了离子的分离。电导率检测器可以用于定量检测。洗脱液的初始电导率由于抑制柱的中和作用而降低。离子色谱法在食品化学中主要用于定量测定饮用水中的离子如 Na^+、K^+、Mg^{2+}、Ca^{2+}、Cl^-、NO_2^-、NO_3^- 或 SO_4^{2-} 或作为制备样品时有效的纯化步骤。

3.2.3　毛细管电泳

电场中带有相反电荷的电极吸引带电分子是电泳技术的基本原理。阴离子(-)移向阳极,而阳离子(+)移向阴极。带电荷的分子,如蛋白质、肽、核酸和其他生物聚合物迁移到各自的电极,并通过染料(如考马斯亮蓝)或银离子染色形成可见的条带。

微量规模运用电泳分离原理推动了毛细管电泳(capillary electrophoresis,CE)的开发,它使用未经处理或涂层的、充满适当缓冲溶液或凝胶的石英毛细管作为分离器,选择紫外光谱、荧光或电导仪等作为检测器。例如,在硼酸缓冲液中可以分离 DNA 片段并在260nm 检测。近年来,可以通过 CE 分离中性分子。添加表面活性剂如十二烷基硫酸钠,形成胶团,在其核心埋入疏水性中性分析物,在胶团表面则排列着亲水性带负电荷的表面活性剂分子。可以根据电泳原理分离这些微胶粒,这种技术称为毛细管胶束电动力学色谱(MECC)。

3.2.4　气相色谱和质谱分析(检测和结构分析)

气相色谱(gas chromatography,GC)技术,通过惰性气体(氢气、氦气、氮气、氩气)运输挥发性分析物通过色谱柱,色谱柱通常放置在加热器炉内。其升温程序为50 ~ 300℃。食品分析的色谱柱有两种类型:填充柱和毛细管柱。为获得更高的分离效率,实际上大多数设备使用后者。典型的毛细管柱的固定相是各种材料构成的非极性或极性的薄膜(0.3 ~ 2μm),分布在狭窄的二氧化硅柱的内侧。

现已开发出多种检测系统。最通用的检测器是火焰离子检测器,能够检测含有 C—H 或 C—C 键的所有化合物。在混合的氢气和空气中燃烧从色谱柱洗脱出来的载体气,由电场中放置的计数电极检测该过程产生的电子。另一种广泛应用的检测器是电子捕获检测器,可以灵敏检测包括含有卤素、硫或硝基取代基团的化合物(特别是农药)。检测原理基于捕获从 Ni^{63} 等放射源(β - 辐射体)发射的电子。近年来,耦合气相色谱质谱联用(GC with mass spectrometry,GC - MS)已成为同时进行结构分析和选择性化合物检测的重要工具。现已开发了从 GC 柱除去过量洗脱载气的洗脱载气特殊接口,可用于几种类型的质谱仪(例如四极质谱或飞行时间的质谱)(见彩图16)。

离子源以电子流(能量为70eV)轰击 GC 柱上的分析物,形成带正电荷的游离基离子(M^+·),M^+· 进一步衰减或碎裂成各种离子碎片。这种碎片化模式允许以文库搜索的方式进行结构解析。选择确切的质量也允许进行定量测定。

气相色谱在食品分析中的主要应用之一是测定脂肪酸,三酸甘油酯经水解和三氟化硼－甲醇衍生化,生成用于 GC 的脂肪酸甲酯。脂肪酸模式能够鉴定掺假的脂肪和油。未来有望应用 GC 技术进行农药和香味化合物的分析。

3.2.5 同位素比率质谱

同位素比率质谱(isotope ratio－mass spectrometry,IR－MS)是一种测量少数元素的相对稳定同位素丰度的技术。因为样品在热解接口燃烧,IR－MS 分析实际上测定一些气体分子的同位素组成的微小变化。通常,$^{13}C/^{12}C$ 比值测量为 CO_2,$^{15}N/^{14}N$ 比值测量为 N_2,D/H 为 D_2/H_2 和 $^{18}O/^{16}O$ 为 CO_2 或 CO。相对于市售的参照材料的值,结果表示为 δ 值(例如 PDB,Pee Dee Belemnite,矿物质 $CaCO_3$)。式(3.36)用于测定 $^{13}C/^{12}C$ 比值:

$$\delta^{13}C_{PDB} = \left[(R_S/R_{SD}) - 1 \right] \times 1000(‰) \tag{3.36}$$

符号"R"的定义为未知样品(S)相对于标准样品(SD)的同位素比值。IR－MS 可以测定同位素的天然丰度水平,或者检测某种富含一种同位素的人工分子的同位素比值。后一种技术在生物化学研究中应用最多。在食品化学中,IR－MS 用于测定食品(酒、牛奶、奶油、乳酪)的地理来源,人工和天然化合物(口味)的区分或土壤和废水环境污染物的可能来源。例如,在苹果汁中测定的同位素比值可以鉴别掺假的玉米糖浆。还可以鉴别朗姆酒所用的乙醇是甘蔗乙醇还是来自欧洲的甜菜乙醇,从而验证朗姆酒的出产地。将 $^{13}C/^{12}C$、$^{15}N/^{14}N$ 和其他值比较,可用来指示生物物料如象牙的来源地。国际法规,如食品的欧盟标准,最近也将稳定同位素测定法纳入标准。

3.2.6 原子吸收光谱法

原子吸收光谱法(atomic absorption spectroscopy,AAS)提供了测定大部分液体样品基质中微量金属的可能性(见彩图 17)。AAS 基于原子吸收具有特征能量辐射这一事实。如果样品中存在的元素被汽化,由一个灯发射的特定波长的光引起电子升高到激发状态,从而导致初始光强度降低。这种降低与样品的元素浓度成比例,因而可以用于定量测定。可以使用两种类型的灯作为辐射源:空心阴极灯(hollow cathode lamps,HCL)和无极放电灯(electrodeless discharge lamps,EDL)。通常为测定每一种元素必须具备两种灯。多个制造商可以提供测定单个或多个元素的空心阴极灯。这两种类型的灯发射各自的原子种类的特征谱线。如果测定碱金属,则不需要灯激发电子,在电子从激发态回归基态期间,火焰中的原子化提供足够的能量发射可见光。这是简单的火焰光度法的基础(原子发射光谱,atom emission spectroscopy,AES),适用于测定饮用水中碱金属(钠:766.5nm;钾:589.6nm)。

氢化技术的发展使氢化物(砷、锑、硒、碲、锡)的元素易于测定:硼氢化钠($NaBH_4$)还原后,挥发性氢化物被加热皿中的惰性气体清除,并可根据原子吸收光谱法进行分析。由于汞具有较高的蒸气压,其是唯一可在液态形式检测的金属元素。

3.2.7 "联用的方法"

两个甚至更多不同的分析技术,通过适当组合建立新的方法,例如 GC－MS(气相色谱－质谱法）、LC－MS(液相色谱 – 质谱法)、LC－IR(液相色谱 – 红外光谱)和 LC－NMR(液相色谱 – 核磁共振)。联用的目的是要准确地检测由各个色谱技术分离出的化合物。此外,它能够测定关于分析物的附加信息。现在 GC－MS 在所有联用技术中应用最为普遍,因为它结合了 GC 的分离效率与 MS 所提供的高度的结构信息。质谱作为气相色谱的检测器,具有应用同位素标记的化合物作为内标的优势,促进了同位素稀释分析方法的应用。GC－MS 和 LC－MS 是在复杂基质中识别农药或环境污染物[多氯联苯(PCBs)和多环芳烃(PAHs)]的不可缺少的技术。

3.2.8 核磁共振(NMR)(结构分析,水和脂肪的状态)

样品化合物的氢原子核具有核自旋。将它们放置在磁场中,氢原子核围绕具有所谓的拉莫尔(Larmor) 频率的磁场轴旋转,该旋转依赖于核的性质并与磁场强度呈正比。使用短促、强烈的射频脉冲可以激发自旋,从而产生振荡磁场,感应出交变电压,产生核磁共振(nuclear magnetic resonance,NMR)信号。振荡的幅度与样品中原子数量呈正比,因而可以测量。关闭射频脉冲之后,核自旋回落到其起始状态而呈现弛豫,产生核磁共振信号的衰减。衰减速率在很大程度上取决于周围的氢原子。在固体环境中,振荡严重衰减,并且衰减非常迅速。经过约 $70\mu s$,NMR 信号消失。然而,在液体环境,NMR 信号在同样的时间内振幅可能仍然为初始值的 99%。根据不同衰减时间,可以区分固体、油和水并测定样品中这些不同组分的质量(见彩图 18)。

食品中的水分不用这样的方法检测,但在特定环境中的氢原子可以应用该方法。自由水很容易检测,而结合水则不能用这种方法。所有过渡状态都有可能发生。这就需要产品专一的校准,根据参考方法修正 NMR 的结果。由于自由水的氢原子核弛豫时间长等实际原因,水分含量应当降低 15%。单面核磁共振波谱仪也得到了发展。它们不使用均质磁场而直接放入宏观样品。

3.2.9 免疫分析和 ELISA 技术

免疫化学方法是一种基于抗体抗原的非共价结合的技术。通过活生物(大鼠、兔、马、山羊)肌肉注射外来分子(化学结合到蛋白质上的分析物)商业化生产抗体(免疫球蛋白)。粗血浆的抗体或分离的抗体本身识别分析物,并且可以作为对各分析物具有高度特异性的检测物质。

由于检测原理不同,荧光免疫系统(FIA)、放射免疫系统(RIA)和酶联免疫测定(EIA)等免疫系统有所区别。在以前的系统中,放射性标记的分子用于检测抗原 – 抗体络合物(放射免疫测定法)。然而,使用放射性示踪剂使这个系统更加复杂。所谓的竞争性酶联免疫吸附测定法(enzyme－linked immunoabsorbent assay,ELISA),先将抗体固定在固体载体上,再加入酶联抗原和样品的游离抗原。酶联抗原和游离抗原竞争自由结合位点。样品中的抗原浓度越高,和载体上固定的抗体结合的酶联抗原就越少。根据随后的酶促反应(如辣根过氧化物酶、碱性磷酸酶)进行定量,其中,只有结合的抗原 – 抗体酶络合物将加入的底物转化为可以用光度法测定的呈色物质。

目前,已开发了多种多样的酶联免疫吸附方法,并用于食品分析。免疫化学技术可以灵敏地检测食品包装未标示的微量坚果蛋白质。由于存在外源蛋白质,可以通过定性和定量的方法检测掺假的食品(如山羊乳乳酪掺入牛乳蛋白质)。此外,在市场上可以买到检测黄曲霉毒素、农药(阿特拉津)和维生素(叶酸)的敏感即用型试剂盒。

3.2.10　热分析(弹式量热法,差示扫描量热法)

食品的总能量可以通过两种不同的方法测定。第一种是在主食品成分(脂肪、蛋白质、碳水化合物、有机酸、乙醇)定量分析的基础上计算总能量。第二种是直接方法,通过实验测定总能量:食品的等分试样在高压氧条件下,在可密封的金属管或所谓的爆炸高压罐中氧化(烧掉)(见彩图 19),形成 CO_2、水和低分子质量的其他气体。通过金属管周围的水温上升计算总能量(弹式量热法)。然而,这种方法可能氧化正常生理情况下在人体中不能消化的食品成分(如膳食纤维)。必须区分食品的物理热值或总热值和生理热值。因此,不是所有的国家都接受这种方法。

等温和绝热方法是常见的与弹式量热法不同的技术。已经开发在无水环境工作的特别技术,即周边等温(或“双干”)方法。

差示扫描量热法(differential scanning calorimetry,DSC)测量在炉中加热的食品样品与对照化合物所需的加热功率的差异,要保持两个样品温度相同。连续改变温度,并测定热效应。为了实现相同的温度,需要两个加热器。DSC 最常见的用途是药品的纯度分析。由于不同的熔点或转变温度,DSC 还用来表征废塑料混合物的特征。这种方法也用来衡量不同状态的能量和温度转换,如聚集态、晶体形态、不同的水合物、玻璃化转变、脱羧或其他降解反应的状态。该技术可以与质量测量(热重分析,thermogravi – metric analysis,TGA)和质谱分析(MS)联合应用(TGA / MS)。

3.2.11　燃烧氮法(杜马斯法)

测定氮浓度可以用于计算食品中的蛋白质含量。杜马斯法 (Dumas)测定含氮化合物的食品高温燃烧产生的氮。整个样品在 900℃ O_2 中燃烧产生蒸气,产生氮(氮氧化物)、水、二氧化硫和二氧化碳等。氮气作为载气输送各种燃烧产物,在热铜催化剂的作用下氮被还原后,通过吸附除去燃烧产生的副产物,应用热导检测器检测氮氧化物。目前,有若干自动化系统可供选用。该方法有可能取代传统的测定蛋白质的凯氏定氮法。现已使用这种方法测定动物饲料中的氮。

参考文献

1. Baltes, W. (ed.) (1990) *Rapid Methods for Food and Food Raw Material*. Behr's, Hamburg.

2. Barker, P. J. (1990) Low – resolution NMR. In: *Rapid Methods for Food and Food Raw Material* (ed. W. Baltes). Behr's, Hamburg.

3. Burns, D. A. and Ciurczak, E. W. (eds) (1992) *Handbook of Near - Infrared Analysis*. Marcel Dekker, New York.

4. Engelhardt, H. (ed.) (1986) *Practice of High Performance Liquid Chromatography, Applications, Equipment and Quantitative Analysis*. Springer, Berlin.

5. Field, L. D. (1989)*Analytical NMR*. John Wiley, New York.

6. Fried, B. and Sherma, J. (1999) *Thin - Layer Chromatography*, 4th edn. Marcel Dekker, New York.

7. Fritz, J. S. and Gjerde, D. T. (2000)*Ion Chromatography*. Wiley - VCH, Weinheim.

8. Fung, D. Y. C. and Matthews, R. F. (1991)*Instrumental Methods for Quality Assurance in Foods*. Marcel Dekker, New York.

9. Goldsby, R. A. , Kindt, T. J. , Osborne, B. A. and Kuby, J. (2004) *Immunology*. W. H. Freeman, New York.

10. Gordon, M. H. (ed.) (1990)*Principles and Applications of Gas Chromatography in Food Analysis*. Ellis Horwood, New York.

11. Gruenwedel, D. W. and Whitaker, J. R. (1984 - 1987) *Food Analysis, Principles and Techniques* (8 volumes). Marcel Dekker, New York.

12. Grüunke, S. and Wünsch, G. (2000) Kinetics and stoichiometry in the Karl Fischer solution. *Fresenius' Journal of Analytical Chemistry*, 368, 139 - 47.

13. Guthausen, G. ,Todt, H. ,Burk, W. ,Schmalbein, D. ,Guthausen, A. and Kamlowski, A. (2006a) Singlesided NMR in foods. In：*Modern Magnetic Resonance* (ed. G. A. Webb), pp. 1873 - 5. Springer, Berlin.

14. Guthausen, G. ,Todt,H. ,Burk,W. ,Schmalbein,D. And Kamlowski,A. (2006b) Time - domain NMR in quality control：more advanced methods. In：*Modern Magnetic Resonance* (ed. G. A. Webb) ,pp. 1713 - 16. Springer,Berlin.

15. Handley, A. J. and Adland, E. R. (2001) *Gas Chromatographic Techniques and Applications*. Sheffield Academic Press,Sheffield.

16. Hauschild,T. (2005) Density and moisture measurements using microwave resonators. In：*Electromagnetic Aquametry,Electromagnetic Wave Interaction with Water and Moist Substances* (ed. K. Kupfer). Springer,Heidelberg.

17. Heinze,P. and Isengard,H. - D. (2001) Determination of the water content in different sugar syrups by halogen drying. *Food Control*,12,483 - 6.

18. Hirschfeld,T. B. and Stark,E. W. (1984) *Near Infrared Analysis of Foodstuffs - Analysis of Food and Beverages*. Academic Press,New York.

19. International Union of Biochemistry and Molecular Biology (IUBMB) (1992) *Enzyme Nomenclature* 1992. Academic Press,New York.

20. Isengard,H. - D. (1995) Rapid water determination in foodstuffs. *Trends in Food Science and echnology*,6,155 - 62.

21. Isengard, H. – D. (2001) Water content, one of the most important properties of food. *Food Control*, 12, 395 – 400.

22. Isengard, H. – D. (2008) Water determination – scientific and economic dimensions. *Food Chemistry*, 106, 1379 – 84.

23. Isengard, H. – D. (2008) The influence of reference methods on the calibration of indirect methods. In: *Nondestructive Testing of Food Quality* (eds J. Irudayaraj and C. Reh), pp. 33 – 43. Blackwell Publishing, Oxford, and the Institute of Food Technologists (IFT Press), Ames, Iowa.

24. Isengard, H. – D. and Färber, J. – M. (1999) Hidden parameters of infrared drying for determining low water contents in instant powders. *Talanta*, 50, 239 – 46.

25. Isengard, H. – D. and Heinze, P. (2003) Determination of total water and surface water in sugars. *Food Chemistry*, 82, 169 – 72.

26. Isengard, H. – D. and Nowotny, M. (1991) Dispergierung als Vorbereitung für die Karl – Fischer – Titration. *Deutsche Lebensmittel – Rundschau*, 87, 176 – 80.

27. Isengard, H. – D. and Präger, H. (2003) Water determination in products with high sugar content by infrared drying. *Food Chemistry*, 82, 161 – 7.

28. Isengard, H. – D. and Schmitt, K. (1995) Karl Fischer titration at elevated temperatures. *Mikrochimica Acta*, 120, 329 – 37.

29. Isengard, H. – D. and Striffler, U. (1992) Karl Fischer titration in boiling methanol. *Fresenius' Journal of Analytical Chemistry*, 342, 287 – 91.

30. Isengard, H. – D. and Walter, M. (1998) Can the true water content in dairy products be determined accurately by microwave drying? *Zeitschrift für Lebensmittel – Untersuchung und – Forschung*, 207, 377 – 80.

31. Isengard, H. – D., Kling, R. and Reh, C. T. (2006) Proposal of a new reference method to determine the water content of dried dairy products. *Food Chemistry*, 96, 418 – 22.

32. James, C. S. (1995) *Analytical Chemistry of Foods*. Chapman & Hall, Glasgow.

33. Kellner, R., Mermet, J. – M., Otto, M. and Widmer, H. M. (1998) *Analytical Chemistry*. Wiley – VCH, Weinheim.

34. Köstler, M. and Isengard, H. – D. (2001) Quality control of raw materials using NIR spectroscopy in the food industry. *G. I. T. Laboratory Journal*, 5, 162 – 4.

35. Kraszewski, A. (1980) Microwave aquametry. *Journal of Microwave Power*, 15, 207 – 310.

36. Kress – Rogers, E. and Kent, M. (1987) Microwave measurement of powder moisture and density. *Journal of Food Engineering*, 6, 345 – 76.

37. Lough, W. J. and Wainer, I. W. (1995) *High Performance Liquid Chromatography, Fundamental Principles and Practice*. Blackie Academic & Professional, Glasgow.

38. Matissek, R. and Wittkowski, R. (eds) (1992) *High Performance Liquid Chromatography in Food Control and Research*. Behr's, Hamburg.

39. Matissek, R. , Schnepel, F. – M. and Steiner, G. (2006) *Lebensmittelanalytik*, 3rd edn. Springer, Berlin.

40. Meyer, W. and Schilz, W. (1980) A microwave method for density – independent determination of moisture content of solids. *Journal of Physics D: Applied Physics*, 13, 1823 – 30.

41. Nielsen, S. S. (1998) *Food Analysis*, 2nd edn. Aspen, Gaithersburg, Maryland.

42. Osborne, B. G. and Fearn, T. (1988) *Near Infrared Spectroscopy in Food Analysis*. Longman Scientific & Technical, New York.

43. Paré, J. R. C. and Bélanger, J. M. R. (eds) (1997) *Instrumental Methods in Food Analysis*. Elsevier, Amsterdam.

44. Pomeranz, Y. and Meloan, C. E. (1994) *Food Analysis, Theory and Practice*, 3rd edn. Chapman & Hall, New York.

45. Rückold, S. , Grobecker, K. H. and Isengard, H. – D. (2000) Determination of the contents of water and moisture in milk powder. *Fresenius' Journal of Analytical Chemistry*, 368, 522 – 7.

46. Rückold, S. , Grobecker, K. H. and Isengard, H. – D. (2001a) Water as a source of errors in reference materials. *Fresenius' Journal of Analytical Chemistry*, 370, 189 – 93.

47. Rückold, S. , Grobecker, K. H. and Isengard, H. – D. (2001b) The effects of drying on biological matrices and the consequences for reference materials. *Food Control*, 12, 401 – 407.

48. Rückold, S. , Isengard, H. – D. , Hanss, J. and Grobecker, K. H. (2003) The energy of interaction between water and surfaces of biological reference materials. *Food Chemistry*, 82, 51 – 9.

49. Rudi, T. , Guthausen, G. , Burk, W. , Reh, C. T. and Isengard, H. – D. (2008) Simultaneous determination of fat and water content in caramel using time – domain NMR. *Food Chemistry*, 106, 1379 – 84.

50. Sandra, P. and Bicchi, C. (eds) (1987) *Capillary Gas Chromatography in Essential Oil Analysis*. Dr. Alfred Huethig, Heidelberg.

51. Schmitt, K. and Isengard, H. – D. (1998) Karl Fischer titration a method for determining the true water contentof cereals. *Fresenius Journal of Analytical Chemistry*, 360, 465 – 9.

52. Scholz, E. (1984) *Karl Fischer Titration*. Springer, Berlin. Schwedt, G. (2007) *Taschenatlas der Analytik*, 3rd edn. Wiley – VCH, Weinheim.

53. Sherma, J. and Fried, B. (eds) (2003) *Handbook of Thin – Layer Chromatography*, 3rd edn. Marcel Dekker, New York.

54. Skoog, D. A. , West, D. M. , Holler, F. J. and Crouch, S. R. (2000) *Analytical Chemistry, an Introduction*, 7th edn. Saunders College Publishing, Philadelphia.

55. Tanai, T. (1999) *HPLC, a Practical Guide*. The Royal Society of Chemistry, Cambridge.

56. Todt, H. , Guthausen, G. , Burk, W. , Schmalbein, D. , and Kamlowski, A. (2006) *Time – Domain NMR in Quality Control: Standard Applications in Food*. Springer Netherlands, Dordrecht.

57. Todt, H. , Burk, W. , Guthausen, G. , Guthausen, A. , Kamlowski, and Schmalbein, D.

(2001) Quality control with time – domain NMR. *European Journal of Lipid Science and Technology*,103,835 – 40.

58. Weaver,C. M. and Daniel,J. R. (2003) *The Food Chemistry Laboratory*,*a Manual for Experimental Foods*,*Dietetics*,*and Food Scientists*. CRC Press,Boca Raton.

59. Weston,A. and Brown,P. R. (1997) *HPLC and CE*,*Principles and Practice*. Academic Press,San Diego.

60. Wrolstad,R. E. ,Acree,T. E. ,Decker,E. A. ,*et al*. (2005) *Handbook of Food Analytical Chemistry – Water*,*Proteins*,*Enzymes*,*Lipids*,*and Carbohydrates*. John Wiley,Hoboken,New Jersey.

61. Yazgan,S. ,Bernreuther,A. ,Ulberth,F. and Isengard,H. – D. (2006) Water – an important parameter for the preparation and proper use of certified reference materials. *Food Chemistry*,96,411 – 17.

补充资料见 www. wiley. com/go/campbellplatt

食品生物化学 4

Brian C. Bryksa，Rickey Y. Yada

要点

■ 本章重点介绍食品中的基本物质如碳水化合物、蛋白质、脂质、核酸、酶及其生物化学概念，以及它们对于食品加工和贮存的影响。

■ 碳水化合物在食品加工过程中是很重要的，除作为重要的甜味剂，其对食品加工过程中的凝胶化和乳化反应，褐变反应形成颜色和风味，食品的湿度和水分活度，及食品香味的产生也具有极其重要的影响。

■ 蛋白质由 DNA 编码的遗传信息所决定，主要有球状蛋白质和纤维状蛋白质。球状蛋白质包括酶、转运蛋白和受体蛋白。纤维状蛋白主要是与结构和运动有关的(肌肉)蛋白质。

■ 脂类在食品中担任重要的角色，为人类提供能量、丰富的食品口感和促进饱腹感。食品中 98% 的脂类为甘油三酯。

■ 核酸的研究成果和遗传工程技术的发展，为特定食物的生产过程，及食品特定成分的鉴定提供了可靠和高效的技术保证。

■ 基因工程和基因识别的发展，为定制具有特征标记的特殊食品，并鉴定其真实性提供了技术保证。

■ 食品加工和贮存研究主要用于保存食物的特性，例如颜色、质地、风味和营养价值，并提供化学和微生物安全屏障，延长食品稳定性。

4.1 引言

食品科学由于涉及食品系统的本质，需要微生物学、化学、生物学、生物化学和食品工程等方面知识，是一个多学科综合的研究领域。同时产品开发和风味分析领域对于食品科学的学生充满魅力和吸引力。食品科学是为保证食品的特征和稳定性等诸多方面的要求，而对食品加工过程物质化学变化进行研究和阐释的学科。

本章重点介绍食品的基本组成成分和相关的食品生物化学过程。由于食品生物化学的书籍中已经专门详细论述本章涉及的内容,本章从六个方面扼要介绍食品加工涉及的生物化学的基本概念:碳水化合物、蛋白质、脂类、核酸、酶、食品加工和储存。

4.2 碳水化合物

碳水化合物是四大类生物大分子之一,包括地球上大部分的有机质。专业术语"碳水化合物"的字面意思是"碳的水合物",其基本结构单元为$(CH_2O)_n$。

碳水化合物重要的生理作用包括储存能量(如植物的淀粉、动物的糖原),能量传输[例如三磷酸腺苷(ATP)是许多代谢中间体],作为结构组分(例如植物纤维素、节肢动物几丁质),以及进行细胞内外的信号传递(例如,卵精子的结合、免疫系统的识别)。占陆地植物和海藻干重 3/4 的碳水化合物,是食物(如谷类、水果、蔬菜)的重要成分和主要能量来源,因此碳水化合物作为食品工业的关键原料,用于制造许多配制食品或加工食品。除了作为食品甜味剂,碳水化合物还有多种其他功能,如胶凝作用、乳化作用,形成加工风味和香味,产生褐变反应的色泽和风味,以及控制湿度和水分活度等。

4.2.1 碳水化合物的命名和结构

碳水化合物的基本单元称为单糖。两个单糖结合在一起称为二糖,三个称为三糖等。2~10 个单糖链合统称为低聚糖,而十个或更多的称为多糖。单糖是最简单的碳水化合物,单糖是至少含有 3 个碳原子(三碳糖),同时具有两个或多个羟基(—OH)基团的酮或醛。其中酮糖都带有酮基,醛糖都带有醛基。甘油醛(glyceraldehyde)和二羟基丙酮(dihydroxyacetone)是两个典型的丙糖,图 4.1 所示为 D - 甘油醛和二羟丙酮的结构式。

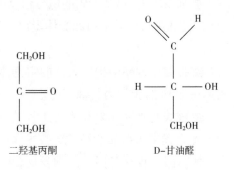

图 4.1 D - 甘油醛和二羟丙酮结构

在系统命名法中,碳原子从羰基开始编码。甘油醛具有一个不对称碳原子,因此存在 D - 和 L - 两种立体异构体作为碳水化合物的结构单元,D - 和 L - 立体构型指远离羰基(酮基或醛基)的不对称碳原子,D - 型和 L - 型甘油醛互为对映异构体。糖类由于单个不对称碳原子构型不同而形成差向异构体,如 D - 甘露糖和 D - 葡萄糖(图 4.2)。

常见的食品相关的单糖如葡萄糖、甘露糖和半乳糖为醛糖;而果糖是具有酮基的酮糖。图 4.2 所示为葡萄糖和甘露糖的开链结构。但是,葡萄糖和果糖等单糖分子以封闭的环结构存在于糖溶液中。醛糖如葡萄糖,环化形成六元环,称为吡喃糖,其结构与环形醚吡喃相类似。酮糖如果糖,环化成五元环,结构与呋喃环相似(图 4.3)。醛糖的醛基可以与醇反应形成半缩醛。环化反应是分子内发生的反应。同样,酮糖的酮也可以与醇反应形成半缩酮。

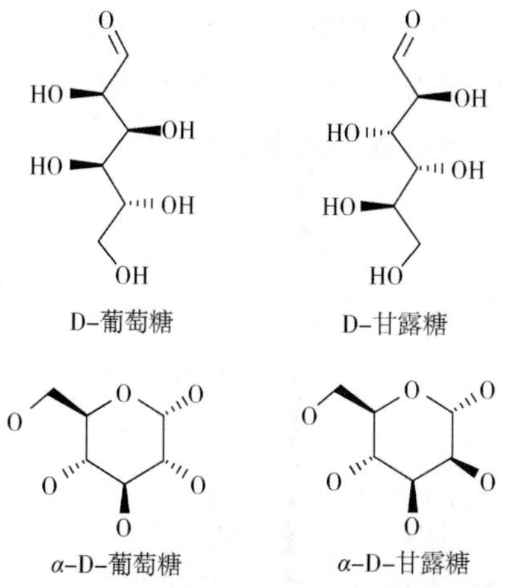

图 4.2 D-葡萄糖和 D-甘露糖各差向异构体的
结构(上部所示的是葡萄糖和甘露糖
线型镜像结构,下部所示的是这两种糖
具有相反构型的不对称中心 C2)

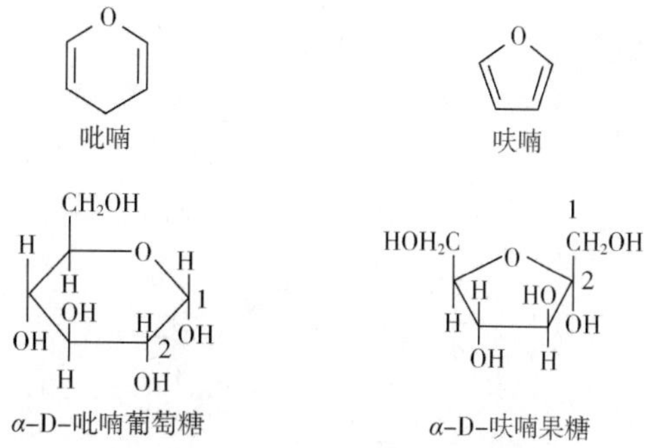

图 4.3 5-碳和 6-碳环结构的
呋喃和吡喃环结构

形成环状结构的戊糖和己糖包含一个额外的不对称碳原子,即在葡萄糖的 C1 羰基碳为环形构型的不对称碳原子,因此允许两种不同的结构形式,称为端基异构体,即 α- 和β-吡喃葡萄糖。α- 和 β- 惯例是指附着于羰基碳上的羟基基团的结构,其中 α- 表示羟基在环结构和平面下方,β- 表示羟基在环的上面,绘制时分别"向下"和"向上"。羰基碳被指定为葡萄糖的 C1 异头碳原子和果糖的 C2 异头碳原子。α- 和 β- 形式之间的相互转换称为变旋。端基异构体之间的转化在开链形式时发生。例如,100% 的 β-D-葡萄糖,或 100% 的 α-D-葡萄糖,溶解在水中时 36% 为 α-D-葡萄糖,64% 为 β-D-葡萄糖,开链结构远小于 1%,通过检测水溶液中偏振光的改变可以测定不同构型的糖。

碳水化合物的结构含有多个羟基(—OH),这个结构特征使其能形成大量氢键,因此碳水化合物具有非常亲水的属性,这使其成为食品加工中控制水分的重要物质。物质结合水的能力称为吸湿性,是糖类用于食品加工最重要的属性之一,它控制水分在食品中的进入和析出。例如,限制水进入可以避免烘焙食品糖衣变黏,麦芽糖和乳糖吸湿性低而用作烘焙的甜味剂,使产品具有酥脆的质构。吸湿的糖能够防止水分损失,如玉米糖浆和转化糖用于焙烤食品,保持食品的湿润。除了羟基基团的存在,吸湿性还与碳水化合物的总体结构有关,葡萄糖和果糖含有羟基的单位数目相同,但是,果糖比葡萄糖能结合更多的水。

4.2.2 糖的衍生物——糖苷

大多数碳水化合物之间通过羟基和羰基发生反应。在酸性条件下,糖的羰基碳可以与甲醇等醇类(木醇)中的羟基反应,形成 α- 和 β- 吡喃葡糖苷(见图 4.4)。甲醇(CH₃—OH)的 R- 基团(甲基,CH₃—)称为糖苷配基。这样的羰基碳-氧键称为 O-糖苷键。淀粉和糖原等多糖的每个单糖残基,都是一个单糖的羰基碳和另一个单糖羟基之间形成 O-糖苷键连接而成。

糖苷键的另外两个重要的例子是糖羰基与胺之间(如 DNA 和 RNA 的组成部分),以及糖羰基键合的磷酸盐(如磷酸化代谢产物)。羰基碳和胺基团(R—NH)的氮原子之间的糖苷键称为 N - 糖苷键,是一种氨基糖苷(图 4.4)。同样,羰基碳与硫醇(R—SH)反应产生硫苷。

图 4.4 (1)为麦芽糖结构,两个葡萄糖单位由 α - 1,4 - 糖苷键连接,是典型 O - 糖苷键;
(2)为 6 - 磷酸葡萄糖,葡萄糖 C6 羟基与磷酸形成糖苷键;(3)为腺嘌呤脱氧核糖,
N - 糖苷键连接脱氧核糖和腺嘌呤碱基 DNA 的组分

4.2.3 食品中的双糖

蔗糖、乳糖和麦芽糖是食品行业常见的三个主要双糖,它们由两个单糖通过糖苷键连接在一起。蔗糖是食品工业的主要原料,可直接用作甜味剂和间接作为发酵碳源,除甘蔗和甜菜外,在大多数植物体内浓度较低,具有重要经济价值。蔗糖由一个葡萄糖和一个果糖组成,通过葡萄糖 C1 和果糖 C2 之间的糖苷键结合形成,糖苷键存在于 α - 葡萄糖和 β - 果糖之间,因此它被写为 α - 吡喃葡萄糖基 -(1 - 2)- β - 呋喃果糖苷。蔗糖与大多数的碳水化合物分子不同,它有两个羰基碳参与形成糖苷键,蔗糖中不存在游离醛,因此蔗糖是一种非还原性糖。蔗糖酶催化蔗糖水解为葡萄糖和果糖。蔗糖经蔗糖酶处理成为转化糖,因为该产品具有相反的或反向的光学活性,从而蔗糖酶也被称为转化酶。

乳糖[β - 吡喃半乳糖基 -(1 - 4)- α - 吡喃葡萄糖]是由半乳糖和葡萄糖由 β - 1,4 糖苷键组成的,通常称为乳糖。其中葡萄糖分子上的 C1 上存在半缩醛羟基,所以乳糖为还原糖。乳糖是婴儿、哺乳动物糖类的主要来源,半乳糖是由哺乳动物乳糖酶或细菌 β - 半乳糖苷酶水解而成,在正常情况下幼龄的哺乳动物产生乳糖酶用于乳糖的消化,然而,大多数人成年后失去产生乳糖酶的能力。所有含乳或牛乳成分的乳制品中都含有乳糖(除非乳糖已经被乳糖酶水解),因此可在发酵乳制品中添加乳糖酶,或在发酵过程中由乳酸菌降解乳糖,大部分乳糖被乳糖酶水解的乳制品具有很好的商业价值。另外,由于发酵乳制品中的乳糖被细菌转化为乳酸,所以其含糖量比原料乳低。例如,成熟的切达干酪几乎没有剩余的乳糖。缺乏乳糖酶会导致人类患乳糖不耐症,临床中发现食用大量乳制品会导致乳糖不耐症的发作。通常,乳糖在小肠中被乳糖酶消化为葡萄糖和半乳糖而被吸收,如果乳糖未被吸收,在小肠中积累的乳糖会导致渗透压增加,细胞液渗出(Lomer 等,2008)。当糖包括

乳糖到达肠道下部,由细菌厌氧发酵产生的气体和短链脂肪酸进一步刺激肠道内壁发生炎症,产生腹胀、腹部绞痛、腹泻等,这些症状与乳糖酶缺乏的程度和乳糖的消耗量成正比。从医学角度考虑,这样的状况不利于肠道营养吸收。通过几千年来的乳牛养殖和食用乳制品,人类已经具有了消化乳糖的能力。

麦芽糖是两个葡萄糖单元由一个 $\alpha-1,4$ 糖苷键连接组成。麦芽糖是淀粉通过用 $\beta-$ 淀粉酶从多聚葡萄糖链的非还原性(C4 呈递)端降解形成。虽然 $\beta-$ 淀粉酶释放麦芽糖使混合物的甜度增加,但是麦芽糖作为甜味剂在食品中的应用仍受到限制。在啤酒制造过程中,麦芽糖从大麦或浸泡在水中的其他谷物中获得。大麦发芽产生 $\beta-$ 淀粉酶,$\beta-$ 淀粉酶水解淀粉产生麦芽糖。由于麦芽糖具有游离半缩醛基,可被 $\alpha-$ 淀粉酶进一步水解,产生游离葡萄糖。

4.2.4　碳水化合物的褐变反应

频繁的褐变反应影响食品,褐变有时有害,有时为获得某种风味和(或)色泽而致褐变。褐变反应可以分为三大类:氧化(酶促)褐变、焦糖化和非氧化(非酶促或美拉德)褐变。氧化褐变或酶促褐变,在4.3.8 节中讨论,后两种类型的褐变涉及碳水化合物反应。

焦糖化作用(caramelization)是一个复杂的群体反应,是碳水化合物特别是糖和糖浆直接加热的结果。其化学本质为脱水反应,形成了吸收不同波长光的双键,以及异头物的变化、环的大小的改变,以及热分解导致糖苷键断裂,脱水形成脱水环或引入双键转化为糖环而形成了呋喃(Eskin,1990)。共轭双键的形成导致光吸收的改变和颜色的产生,不饱和环聚合反应过程中的凝聚反应也会产生需要的颜色和味道。

焦糖在食品工业中的两个重要作用是焦糖风味和颜色的产生、加工,蔗糖溶液加热与酸或酸的铵盐反应生成的焦糖色素广泛用于食品、糖果和饮料行业。目前现有的三个商业类型的焦糖色素分别为:①可乐饮料中使用的耐酸焦糖,由亚硫酸氢铵催化而成;②酿酒的颜色,啤酒中,蔗糖在铵离子存在时反应生成焦糖色素,用于黑啤酒的酿造;③面包的颜色,在烘焙食品时,烧焦的蔗糖直接裂解产生焦糖色素。某些热解反应产生不饱和的环结构,具

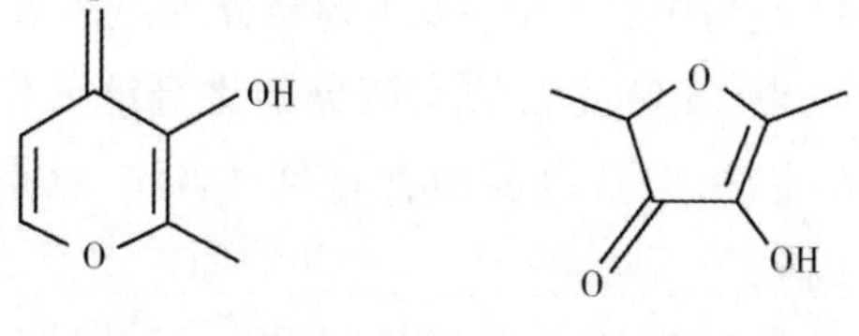

图4.5　麦芽醇(左)和呋喃醇(右)的结构

有独特香气和香味。如热解产物麦芽酚产生"棉花糖"的气味,也是烤面包、咖啡和可可的风味化合物,而呋喃酮赋予"草莓"的气味,有助于牛肉、咖啡等烘焙产品形成特征风味(Ko等,2006),见图4.5。

美拉德反应是食品系统中发生的最重要的反应之一,也称非酶促或非氧化褐变。总体而言,这种类型的褐变涉及还原糖和氨基酸,或其他含氮化合物,反应生成的 $N-$ 糖苷显示红棕色至深棕色的颜色,类似焦糖香味,同时生成胶体和不溶性蛋白黑素。经过一系列复杂的美拉德变化,产生令人满意或令人反感的气味和色泽(BeMiller 和 Whistler,1996)。

美拉德反应是非离子化的氨基化合物(通常是一个游离氨基酸或赖氨酸侧链)与开链

还原糖的羰基碳反应,随后由于失水和闭环形成氨基糖,氨基糖经历 Amadori 重排产生 1 - 氨基 - 2 - 酮糖,如图 4.6 所示。如果最初的糖是酮糖,氨基糖经过反向 Amadori 重排形成 2 - 氨基醛糖。Amadori 化合物以两种方式降解,经过 3 - 脱氧己糖或甲基二羰基产生蛋白黑色素。

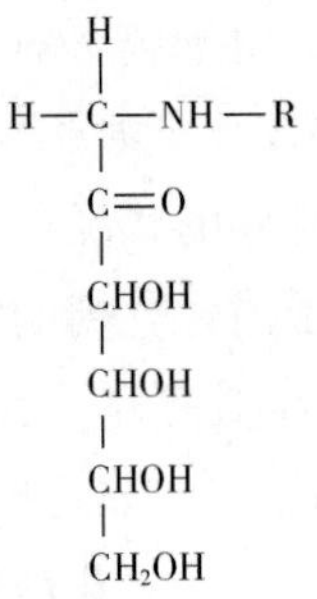

这种与氨基酸发生的糖苷反应不可逆,从而导致反应物的"损失"。这从营

图 4.6　阿马多里重排反应(Amadori reaction)产物
(1 - 氨基 - 1 - 脱氧戊糖,并可能进一步
脱水,脱氨基,而形成各种醛类化合物)

养学的角度来说很重要,因为赖氨酸是必需氨基酸,即使在多肽或蛋白质中,赖氨酸侧链也可以自由地进行美拉德反应。在美拉德反应中也可能损失其他碱性氨基酸如 L - 精氨酸和 L - 组氨酸等。

4.2.5　聚糖

多糖或聚糖是以单糖为单元构成的直链或支链的聚合物。直链淀粉、支链淀粉和纤维素是与食品相关的三大聚糖。这些聚糖都以 D - 葡萄糖为单位,但它们在其各自结构中以不同的糖苷键键合,而且聚合度和分支情况也不同。直链淀粉和支链淀粉是淀粉的两个构成形式,是植物储能分子,而纤维素是植物结构性碳水化合物,为植物提供结构强度。

对于食品,大部分能量来自于淀粉中的碳水化合物,特别是粉质食品,因此淀粉的结构和来源至关重要,淀粉在块茎、谷粒、玉米或水稻等中的含量特别丰富。天然淀粉可以是线性的(直链淀粉)和含支链的(支链淀粉)。直链淀粉的葡萄糖单元仅由 α - 1,4 键连接,它通常含有 200 ~ 3000 个葡萄糖单位,长链形成螺旋,葡萄糖单元的亲水性羟基(—OH)定向到外部,使得内部为亲脂性,外部是亲水性。支链淀粉中含有 α - 1,4 键与分支点的 β - 1,6 糖苷键,每 20 ~ 30 个葡萄糖单位连接处发生分支点,支链淀粉的支链分子比直链淀粉产生更庞大的结构。正常的淀粉含有约 25% 的直链淀粉,但直链淀粉含量高达 85% 也是可能的。相比之下,只含支链淀粉的淀粉称为蜡质淀粉。

淀粉的合成(和动物体内糖原的合成)均是耗能过程(Stryer,1996),因此,葡萄糖分子先转化为活化前体,才能将其加入到淀粉分子的末端。ADP - 葡萄糖焦磷酸化酶(ADP - glucose pyrophosphorylase,AGPase)催化 1 - 磷酸 - 葡萄糖与 ATP 形成 ADP - 葡萄糖,即葡萄糖的活化。随后 ADP - 葡萄糖被淀粉合成酶催化,葡萄糖单元加到增长的聚合物链的末端,同时释放 ADP。淀粉酶水解 α - 1,4 - 糖苷键,并以 α - 1,6 - 糖苷键替换形成引入支链淀粉的分支。蔗糖也是植物能量的储存分子,也是由活化的葡萄糖合成,不同之处在于它与 6 - 磷酸 - 果糖连接,而不是在淀粉端产生二糖。6 - 磷酸 - 蔗糖合成酶催化这个合成反应。

在淀粉的消化过程中,主要存在三种水解淀粉的酶:α - 淀粉酶、β - 淀粉酶和葡糖淀粉酶。α - 淀粉酶在分子中间裂解淀粉,因而它是一种内切酶。如前所述,它随机水解 α - 1,4 糖苷键,但不水解 α - 1,6 糖苷键,它会导致淀粉黏度迅速下降,因此,α - 淀粉酶也称为液化酶。α – 淀粉酶处理淀粉时增加淀粉溶解性，并使大量的淀粉暴露出还原性末端。β – 淀粉酶是一种外切酶，即水解的顺序是从非还原端水解得到麦芽糖单元。因为 β – 淀粉酶水解淀粉获得麦芽糖，增加甜味，因此 β – 淀粉酶称为糖化酶。β – 淀粉酶不水解 α – 1,6 支链淀粉键，裂解到分支点前 2 或 3 个葡萄糖单位处停止，水解产物称为极限糊精。葡糖淀粉酶（脱支酶）可以水解两个 α – 1,4 键和 α – 1,6 键，产生葡萄糖。在食品中，淀粉水解酶最重要的功能包括提供糖类进行发酵，减少非酶褐变的糖类，改变食品质地、口感、湿润度和甜味等。

淀粉存在于称为淀粉颗粒的结构中，积累在称为淀粉体的细胞器内。淀粉颗粒的大小和形状随着植物来源的不同而改变，属性可以被用来确定淀粉的来源。所有淀粉颗粒都含有一种称为脐点的结构，其作为形成淀粉颗粒的核心，使淀粉不断聚集在其周围最终形成植物能量储存器的一部分。淀粉颗粒的大小从 $2 \sim 130\mu m$ 不等，并形成结晶体结构，淀粉分子呈线形整齐排列在结晶结构内。淀粉颗粒这样的球晶系结构由于其内部具有不同方向的线性结构，使得偏振光照射时会产生特异性双折射。

通常淀粉颗粒不溶于冷水。但是，淀粉颗粒可以可逆地吸收水分而略微膨润，如果再干燥可恢复到原来的大小。如果系统或悬浮液的温度升高，淀粉分子的振动加大，使淀粉分子间的键断裂，从而增加其与水分子之间氢键的形成，这一过程使水不断渗透减少了淀粉分子中的结晶区域。继续加热会导致结晶性完全丧失和双折射消失，进而发生不可逆的水吸收，这就是所谓的糊化。直链淀粉分子由于其线性化，可以使颗粒在糊化的早期阶段扩散，形成淀粉颗粒与水溶液之间的末端囊状膨润。

糊化通常发生在一个狭窄的温度范围，此范围取决于淀粉的来源和组成（Zobel 和 Steven，1995）。糊化过程中，淀粉颗粒广泛溶胀，形成黏稠的糊状物，其中几乎所有的水都进入淀粉颗粒。广泛的带有水的氢键造成了溶胀，颗粒相互推动紧靠对方。高度溶胀的颗粒很容易破裂，并在温和搅拌下崩解，导致糊黏度显著下降。待加热的淀粉溶液再冷却，在低分子动能的条件下淀粉聚合物重新交联，淀粉链产生了更有序的结构，形成结晶聚集体和凝胶状质地，称为老化。由于淀粉的直链结构更容易形成氢键，所以直链淀粉往往形成更好的凝胶。当淀粉老化后，一些水分被排除在凝胶结构外，称为脱水收缩或水分析出。

糊化淀粉溶液的黏度和凝胶特性不仅取决于温度，同时取决于淀粉类型和其他成分的含量。虽然水分控制反应和食品中的物理变化，但是重要的不是水分的总量，而是水分活度——水分的可用性，即水分参与这些反应或相互作用的量。如果大量存在盐、糖和其他强水分结合剂，会增加对水分的竞争，降低水分活度，从而限制或抑制凝胶化。高糖浓度条件会降低淀粉糊化率、峰值黏度和凝胶强度。二糖在延缓糊化和降低峰值黏度方面比单糖的影响更大（Gunaratne，2007）。糖通过干扰凝胶结点从而降低凝胶强度，脂质（单酰基甘油、二酰基甘油和三酰基甘油）也影响淀粉糊化，因为脂肪与直链淀粉的结合减缓淀粉颗粒的溶胀。脂肪酸和单酰基甘油脂肪酸成分可以形成直链淀粉的螺旋结构和支链淀粉外部结构的包合物。这些复合物不容易从颗粒溶出，干扰交界区，还可以避免淀粉老化。淀粉在酸性条件下水解，水解后淀粉不能结合水分，因此沙拉酱、水果馅饼等加入酸造成黏度降低。为避免淀粉水解，常使用交联淀粉。

改性淀粉是经化学或物理处理,以便获得所希望属性的淀粉。以下列举几个常见改性淀粉的例子。

预糊化淀粉:为使淀粉均匀分散在冷水中可使用预糊化淀粉,它是以稍低于糊化温度加热制成的淀粉,使颗粒溶胀,但不断裂。鼓风干燥加热的淀粉浆液,得到的产品在热水中黏度较小,可以在冷水中分散。生产方便肉汁和布丁是使用预糊化淀粉的例子。

化学改性也可以改变淀粉的功能特性。抗老化淀粉:通过添加带电荷的基团,阻止形成低聚合物的氢键,防止淀粉分子重新聚合——老化。酸改性的淀粉:在酸性介质中,以低于糊化温度处理淀粉颗粒(在不破坏淀粉颗粒的情况下,酸水解淀粉中的糖苷键),然后干燥。在糖果制造中使用酸改性的淀粉,因为低黏度流体易于倒入模具,冷却或老化,静置成结实的凝胶,例如淀粉凝胶糖果。

交联淀粉通过共价键在相邻的淀粉链之间形成化学桥而产生。交联键防止淀粉颗粒正常膨润或由于热、搅拌以及水解,引起淀粉颗粒破裂,使淀粉颗粒更加稳定。PO_4用来连接不同的淀粉链的羟基基团(—OH)。这些淀粉用于婴儿食品、沙拉酱、水果馅饼馅和奶油风味玉米,它们发挥增稠剂和稳定剂的作用,还能抗胶凝和抗老化,表现出良好的冻融稳定性,不发生脱水收缩。

4.2.6　纤维素

纤维素是地球上最丰富的多糖,占生物圈中全部有机碳的一半左右。从营养和功能方面衡量,尽管淀粉是最重要的食品碳水化合物,但纤维素同样也很重要,因为它是植物细胞壁的主要结构成分,在植物食品和配料中无处不在。纤维素为均一多糖,以$\beta - D -$葡萄糖为单元,通过$\beta - (1,4)$糖苷键形成线性链式结构。高级结构中相邻葡萄糖单元之间,相对于彼此的任何其他残基旋转180°形成氢键,为内部的线性葡萄糖链提供结构刚性和强度(图4.7)。

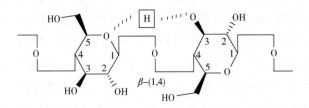

图4.7　纤维素(由葡萄糖残基翻转180°通过$\beta - 1,4$糖苷键连接,链间以O和C3OH氢键结构保证纤维素结构的紧密度)

广泛的氢键形成紧密关联的链条而构成有序的结晶区,无定形区域同样连接到结晶区。纤维素与其他多糖交联从而增强了纤维的强度,例如木材中的木质素。不同来源纤维素的修饰程度不同,从而影响以纤维素为基础的食品配料成分的功能。纤维素的无定形区域是容易被分解区域,溶剂和化学试剂先作用于该区域。微晶纤维素是由于纤维素无定形区域被酸水解后,形成了微小的耐酸的结晶区。这种类型的纤维素不可代谢,在低热量食品中用作填充剂和流变控制剂。

在强碱条件下通过化学修饰获得纤维素衍生物,例如,甲基或丙烯基等取代基发生反应并结合在糖的羟基基团,成为醚(氧桥)连接的糖残基和取代基的衍生物(Coffee等,1995):

$$\text{纤维素—OH} + CH_3Cl \rightarrow \text{纤维素—O—}CH_3 + NaCl + H_2O\text{(在NaOH存在时)}$$

在食品加工中应用的两个重要纤维素衍生物是羧甲基纤维素(CMC)和甲基纤维素(MC)。CMC作为胶性物质,有助于食品中蛋白质,如明胶、酪蛋白和大豆蛋白的溶解。CMC-蛋白质复合物有助于增加食品黏度,因此,CMC作为黏合剂和增稠剂用于馅饼、布丁、奶油蛋羹和乳酪。CMC的水结合能力可以防止冰晶生长,因此可用于冰淇淋及其他冷冻甜点;它也能阻碍糖晶体的生长,可应用于糖果、糖衣和糖浆;CMC还有助于稳定沙拉酱的乳化物;用于营养食品为蔗糖带来丰富饱满的口感;CMC可以保持低热量碳酸饮料CO_2的稳定。CMC主要用于增加黏度,但是黏度随温度的升高而降低。CMC在pH 5~10稳定,在pH 7~9的稳定性最好。

甲基纤维素(MC),是一种纤维素醚衍生物,具有热凝胶性:加热时MC形成的凝胶可以还原、熔化或冷却(Coffee等,1995)。当加热时,黏度开始下降,但随后由于共聚疏水键产生了凝胶,黏度迅速增加。甲基纤维素不易消化,不释放热量。甲基纤维素能增加焙烤食品的吸水性和保水性;减少富含脂肪的油炸食品的油脂吸收;作为营养食品的脱水抑制剂和填充剂;防止冷冻食品脱水收缩;作为沙拉酱乳化物的增稠剂和稳定剂。

半纤维素中包含天然戊糖、葡萄糖醛酸和一些纤维素水解脱氧糖聚合物。半纤维素用于焙烤食品,可提高水与面粉的结合力,延缓焙烤食品老化。虽然半纤维素与面粉的结合会导致部分维生素和矿物质吸收的下降,但它仍然是膳食纤维的重要来源。

4.2.7　果胶

果胶主要由$\alpha-1,4-D-$半乳糖醛酸吡喃糖苷单位构成,多存在于植物细胞的胞间层。果胶的性质对水果和蔬菜的质构发挥主导作用。由于酶分解植物细胞的胞间层物质,包括作为细胞间胶质的果胶,引起成熟过程中质构的变化。果胶在商业上的重要性表现在形成糖和酸或糖和钙的涂抹性凝胶。世界上有多种果胶物质存在,它们在结构上具有差异性,主要是由于甲酯含量或酯化度(DE)不同,DE定义为酯化残留量与D-半乳糖醛酸残留总量之比。果胶酸是原果胶酶和果胶甲酯酶对原果胶的分解作用产生的少量高度甲基化物质。在未成熟的水果果肉和蔬菜中可发现这种果胶物质。非酯化半乳糖醛酸残基的羧酸基团在生理pH负电荷状态下产生电荷排斥现象,酸化后的酸性基团(例如果酱的制作)质子化(电荷中性),从而降低果胶链的排斥力。加入蔗糖(吸湿糖)后果胶链的水合度下降,形成无支链的果胶链而成凝胶。低DE值(低甲氧基)的果胶可在无糖环境中凝胶化,但需要二价钙离子将果胶酯酸链相连。这样的果胶可用于低糖膳食果酱和果冻。

4.2.8　其他胶体

果胶之外的其他胶体是从陆地、海洋植物或微生物中提取的水溶性多糖,可以促进黏合或形成凝胶。例如,瓜尔胶是半乳甘露聚糖与$\beta-(1,4)-D-$甘露糖的主链单元,其中

一半具有单一的 $\alpha - (1,6) - D -$ 半乳糖基单元的分支点。在冷水中的瓜尔胶水合物黏稠，是一种触变性混合物，是天然黏度最高的植物胶体，通常使用量在 1% 或更低。在高温下降解。瓜尔胶用于促进干酪脱水缩合，改进冰淇淋的体态，延长烘焙食品的保质期，改善肉制品中肠衣填充，增加调味汁和酱料的黏度，给人以愉悦的口感。

另一种植物胶体角叉菜胶是由 $D -$ 吡喃半乳糖单元连接而成的，其通过交替的 $\alpha - 1,3$ 键和 $\beta - 1,4$ 糖苷键相连。大多数的半乳糖单元包含 C2 或 C6 位上的硫酸酯。具有商业价值的角叉菜胶由 I 型、K 型、Λ 型三种聚合物组成，前两种在食品工业中有重要作用。用碱提取海藻产生的角叉菜混合物的凝胶性与阳离子相关，例如，钾离子能增加其凝胶度，而钠离子能增加其在水中的溶解性。角叉菜胶可以稳定水与牛奶的悬浮液，与其他植物胶体作用，例如与刺槐豆胶结合，能增加黏度，凝胶强度和凝胶弹性。图 4.8 所示的 $\lambda -$ 角叉菜胶的结构说明了许多食品胶体键结合的复杂性。

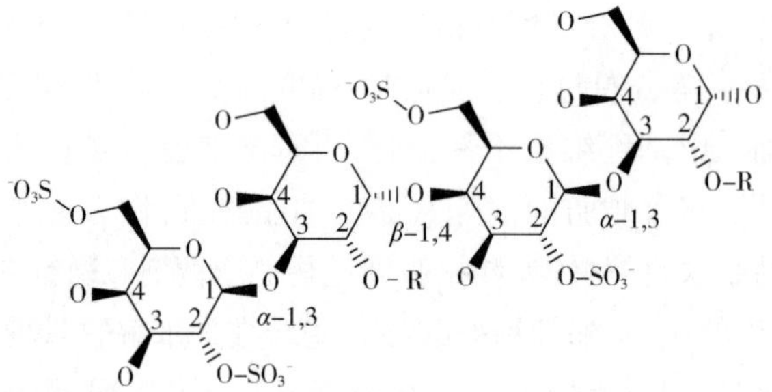

图 4.8　角叉菜胶(由交替的 $\beta -$ 和 $\alpha -$ 半乳糖残基通过 $\alpha - 1,3$ 和 $\beta - 1,4$ 糖苷键交替连接而成，
其中 R 可能是 H 或 SO_3^-)

4.2.9　碳水化合物的新陈代谢

如上所述，碳水化合物的自然状态和作为加工食品组分的状态，决定了食品产品的许多性质。理解碳水化合物的这些特性能生产出更好的食品。从营养角度理解身体如何获取这种最重要的能源非常重要。糖酵解代谢由一系列基本反应组成，其中葡萄糖通过 9 个酶促反应转化生成丙酮酸。每个葡萄糖分子经过糖酵解反应后净生成 2 个 ATP。如下所示，ATP 增加量相对较少，但合成的丙酮酸要通过三羧酸循环(TCA 循环)途径，才能产生另 2 个 ATP。糖酵解途径和 TCA 循环也产生烟酰胺腺嘌呤二核苷酸的完全还原形式(NAD^+ ，NADH)和核黄素腺嘌呤二核苷酸(FAD，$FADH_2$)，同时驱使 ADP 氧化磷酸化，从而为每个最初的葡萄糖进入糖酵解至三羧酸循环净产生 30 个 ATP(Stryer,1996)。

4.2.10　糖酵解

糖酵解中间产物包括 6 个或 3 个碳原子的物质。糖酵解过程中 C6 分子的物质有葡萄糖、磷酸化葡萄糖、磷酸化果糖、双磷酸果糖。糖酵解中 C3 分子的物质有二羟基丙酮、甘油醛、甘油酸或丙酮酸的所有衍生物(图 4.9)。

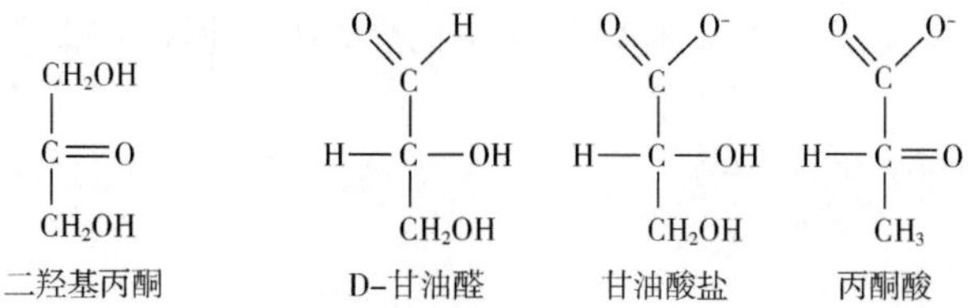

二羟基丙酮　　　　D-甘油醛　　　　甘油酸盐　　　　丙酮酸

图 4.9　糖酵解的 4 个 C 中间体（被分解为 4 个 3 - C 分子：二羟基丙酮，D - 甘油醛，甘油酸盐，丙酮酸。葡萄糖和果糖是 6 - C 中间体的基础分子）

在细胞质中，糖酵解发生的所有代谢途径如图 4.10 所示。初始步骤是葡萄糖通过己糖激酶利用一个 ATP 磷酸化产生 6 - 磷酸葡萄糖。接着，在磷酸异构酶的作用下将其转化为 6 - 磷酸果糖。磷酸果糖激酶催化 6 - 磷酸果糖第二次磷酸化，再利用一个 ATP，最终产生 1,6 - 二磷酸果糖。糖酵解关键控制点是在第二步磷酸化步骤，因为高水平的 ATP、H^+ 浓度和柠檬酸（来自 TCA 循环）抑制磷酸化。到此为止，糖酵解要损失 2 个 ATP。然后，1,6 - 二磷酸果糖分解生成磷酸二羟丙酮（dihydroxyacetone phosphate，DHAP）和 3 - 磷酸甘油醛（glyceraldehyde - 3 - phosphate，GAP）。磷酸二羟丙酮在磷酸丙糖异构酶的作用下转变为 3 - 磷酸甘油醛时产生 DHAP。糖酵解的后续步骤导致某些净能量的产生。3 - 磷酸甘油醛脱氢酶催化的耦合反应中，3 - 磷酸甘油醛进一步与无机磷酸盐和 NAD^+ 磷酸化，被还原得到产物 NADH、H^+ 和 1,3 - 二磷酸甘油酸（1,3 - bisphosphoglycerate，1,3 -

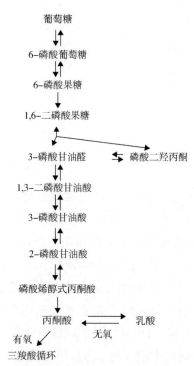

葡萄糖

6-磷酸葡萄糖

6-磷酸果糖

1,6-二磷酸果糖

3-磷酸甘油醛　⇄　磷酸二羟丙酮

1,3-二磷酸甘油酸

3-磷酸甘油酸

2-磷酸甘油酸

磷酸烯醇式丙酮酸

丙酮酸　⇄　乳酸

有氧　　　无氧

三羧酸循环

图 4.10　糖酵解代谢中间物（所有的糖酵解中间产物都被磷酸化。每分子葡萄糖进入糖酵解形成 2 分子 3 - 磷酸甘油醛开始的 3 - C 化合物反应）

BPG）。在磷酸甘油酸激酶的催化下，1,3 - 二磷酸甘油酸生成 3 - 磷酸甘油酸，在磷酸甘油酸变位酶的催化下，3 - 磷酸甘油酸转化生成 2 - 磷酸甘油酸。在烯醇化酶的催化下，2 - 磷酸甘油酸脱水生成磷酸烯醇式丙酮酸（phosphoenol pyruvate，PEP），其在丙酮酸激酶的催化下，磷酸烯醇式丙酮酸上的高能磷酸根转移给 ADP，产生 ATP。磷酸烯醇式丙酮酸又可以自动转变为丙酮酸，丙酮酸随后进入 TCA 循环产生能源。

4.2.11　TCA 循环

在有氧条件下经糖酵解途径的丙酮酸在线粒体内经丙酮酸脱氢酶的作用发生氧化脱羧，丙酮酸的氧化使得电子传递至 NAD^+，辅酶 A（CoA）乙酰化，在 C3 氧化丙酮酸，从而产生乙酰 CoA、二氧化碳和 NADH。许多其他能源物质都被转化为乙酰 CoA，并以该中间产物进入 TCA 循环,并最终完成氧化。TCA 循环的概述及其化谢途径如图 4.11 所示。

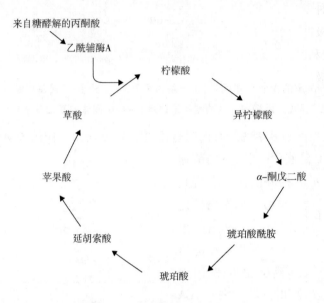

图 4.11 三羧酸解代谢途径

TCA 氧化周期的初始步骤从草酰乙酸(OAA)(C4)与乙酰 CoA(C2)在柠檬酸合成酶催化下生成含有三个羧基的柠檬酸(C6)。柠檬酸在顺乌头酸酶的作用下生成异柠檬酸,异柠檬酸在异柠檬酸脱氢酶的作用下快速脱羧生成 α - 酮戊二酸、NADH 和二氧化碳,接着在 α - 酮戊二酸脱氢酶系的作用下,α - 酮戊二酸氧化脱羧生成琥珀酰辅酶 A、NADH 和二氧化碳,α - 酮戊二酸脱氢酶复合体催化脱氢机制与丙酮酸生成乙酰 CoA,即丙酮酸脱氢酶复合体催化机理相似。然后在琥珀酰硫激酶的作用下生成琥珀酸和 CoA 并偶联底物磷酸反应 GDP 生成 GTP,最终磷酸转移到 ADP 生成 ATP。琥珀酸脱氢酶催化琥珀酸氧化成为延胡索酸,延胡索酸在延胡索酸酶的作用下加水生成苹果酸,最后,苹果酸脱氢酶催化苹果酸氧化成草酰乙酸并伴随 NAD^+ 还原为 NADH,从而完成循环。通过糖酵解途径和 TCA 循环产生的 NADH 和 $FADH_2$ 在随后的氧化磷酸化中把电子转移到 O_2,这一系列电子转移反应的高能量驱动 ADP 磷酸化产生 ATP。

4.3 蛋白质

染色体内的 DNA 编码的遗传信息包含了生物体生长过程中的所有信息,并建立了一类具有独特功能的生物分子:蛋白质。蛋白质是氨基酸的聚合物,共有 20 种氨基酸,氨基酸通过肽键连接,即 X - Y - Z,它不可任意进行旋转或平移。考虑到可能的蛋白质长度、氨基酸顺序和氨基酸组成,因此存在大量潜在的不同蛋白质。

4.3.1 氨基酸

氨基酸是蛋白质的基本单位,都含有 N—C_α—C 骨架,包含了共价结合称为 R 基团或侧链基团的氨基、羧基、氢原子和 20 种取代基的碳原子(C_α)。因此,其通式为 $^+NH_3$—CHR—COO$^-$,代表了 20 种氨基酸中除脯氨酸外的所有 19 种。由于 R 基团的差异性,20 种氨基酸可分为 3 大类:非极性、极性和离子化,如表 4.1 所示。注意,脯氨酸是一个特殊的氨基酸,其侧链与骨架的碳和氮原子都共价连接。在中性 pH 下,大多数游离氨基酸是两性离子,也就是说,它们是偶极离子。

氨基酸通过其主干氨基酸 1 的羧基碳以共价键连接到氨基酸 2 的氨基氮。两个以上的氨基酸连接在一起称为多肽,而一个分子包括一个或多个多肽就称为蛋白质。虽然游离氨基酸的氨基和羧基基团是电离的,但是蛋白质残基以共价键连接在一起,因此不能进行质子交换。可电离的氨基酸 R 基团组成决定该蛋白质的电荷状态,即主要由其中的天冬氨酸、谷氨酸、组氨酸、赖氨酸、精氨酸、半胱氨酸和色氨酸确定。可电离分子的电荷状态由其 pK 值确定,如果存在等量的质子化和去质子化物质,则净电荷为零。如果 pH 高于特定的分子物质的 pK 值,那么分子被去质子,而如果 pH 低于 pK 值,则分子被质子化。表 4.1 所示为每个含有可电离侧链氨基酸的 pK 值。因为酪氨酸、半胱氨酸、天冬氨酸、谷氨酸是酸性氨基酸,所以如果一个给定多肽的 pH 高于上述氨基酸侧链的 pK 值,它们的侧链会去质子化,具有净负电荷(注:酪氨酸和半胱氨酸要求 pH 高于生理 pH),这些酸性残基在低于各自的 pK 值时带中性电荷。相比之下赖氨酸、精氨酸和其他碱性氨基酸,高于各自 pK 值时带中性电荷,但是当 pH 低于 pK 值时,带正电荷。蛋白质净电荷为零的 pH 称为等电点。

表 4.1   **常见 20 种氨基酸及其侧链的 pK 值**

氨基酸	英语缩写	侧链 pK	离子化基团
非极性氨基酸			
丙氨酸	Ala	—	—
缬氨酸	Val	—	—
亮氨酸	Leu	—	—
异亮氨酸	Ile	—	—
苯丙氨酸	Phe	—	—
色氨酸	Trp	—	—
甲硫氨酸	Met	—	—
脯氨酸	Pro	—	—
极性氨基酸		—	
甘氨酸	Gly	—	—
丝氨酸	Ser	—	—
苏氨酸	Thr	—	—
天冬酰胺	Asn	—	—
谷氨酰胺	Gln	—	—
电离氨基酸			
天冬氨酸	Asp	3.9	—COOH

续表

氨基酸	英语缩写	侧链 pK	离子化基团
谷氨酸	Glu	4.4	—COOH
组氨酸	His	6	咪唑—C＝N—
赖氨酸	Lys	10.5	—NH$_2$
精氨酸	Arg	12.5	C＝NH
酪氨酸	Tyr	10.1	苯基＋OH
半胱氨酸	Cys	8.3	—SH

注:酪氨酸和胱氨酸是弱酸,在正常生理条件下不电离。

蛋白质结构的内部往往高度疏水。疏水的微环境抑制质子交换,从而导致侧链的 pK 值可能与溶液中游离氨基酸有很大的差异。重要的是,带正电的侧链可以与带负电的侧链形成盐桥。例如,赖氨酸、天冬氨酸在相同的条件下具有典型的相反电荷,天冬氨酸某一侧链带负电的羧酸盐可以与邻近的带正电的赖氨酸中的铵结合形成盐桥。另一个重要的相互作用是半胱氨酸残基侧链之间形成共价键。在氧化条件下,半胱氨酸侧链基团可以形成硫醇共价键,也称为二硫键。

4.3.2　营养

蛋白质的消化(尤其是动物来源蛋白质)是从烹饪中的加热开始的,加热可以使蛋白质的二级结构展开,从而获得较高的消化率。咀嚼可以使蛋白质因机械运动减小粒度而更易消化。在胃和小肠上部,两类蛋白酶水解饮食中的蛋白质,其中内肽酶裂解多肽链内部的肽键,外肽酶专门切割蛋白质的末端。由于埋没在蛋白质内部的肽键无法在没有外肽酶和内肽酶情况下释放个别氨基酸,蛋白消化过程缺乏某一种蛋白酶就会变得非常低效。在胃中,胃蛋白酶、酸性蛋白酶,在极低的 pH 下水解肌肉和胶原蛋白释放肽,同时小肠上部的丝氨酸蛋白酶、胰蛋白酶和胰凝乳蛋白酶进一步消化肽,产生游离氨基酸并被吸收进入血液(Champe 等,2005)。

在饮食方面,蛋白质摄入体内直接为肌肉提供氨基酸,也可以通过 TCA 循环为机体提供能量,或某些生糖氨基酸通过糖异生作用生成葡萄糖。氨基酸中有 8 种对肌肉纤维的维持和生长至关重要,这 8 种氨基酸为赖氨酸、甲硫氨酸、苯丙氨酸、苏氨酸、色氨酸、缬氨酸、亮氨酸和异亮氨酸,称为必需氨基酸,因为人类不能自己合成此类氨基酸。婴儿食品中除了补充上述必需的 8 种氨基酸,还需要在饮食中添加组氨酸。必需氨基酸的数量也很重要,因为每个人身体的需求量不同。最小量的必需氨基酸称为限制性氨基酸。在人类的饮食中,来源于动物的蛋白质提供所有必需氨基酸,鸡蛋蛋白质的评分较为理想,其蛋白质的分布与数量符合最佳的人类饮食需求。相比之下,大多数谷物中缺乏赖氨酸,而油籽和坚果缺乏赖氨酸和甲硫氨酸。

4.3.3　蛋白质的合成

虽然 DNA 只有四种碱基(A、T、C、G),但是不同的三种碱基能组合出 64 种遗传密码。

基因对应的 DNA 序列通过转录将遗传信息传递给信使 RNA(从 DNA 转录合成的带有遗传信息的一类单链 RNA,mRNA)。信使 RNA 携带遗传信息,在蛋白质合成时充当模板 RNA,决定肽链氨基酸的排列顺序。转运氨基酸时利用转运 RNA(tRNA),它在自由羟基端(3′)携带特定的氨基酸,每一个转运 RNA 还包含一个反密码子环,其特异性结合于 mRNA 的密码子。当 tRNA 依次结合在核糖体时,就形成了肽链。肽链形成的关键是氨基酸主链羧基的状态:氨基酸和 tRNA 的连接需要各种合成酶,包括氨基酸的羧基被 ATP 活化,因此其能够被连接到上一个相邻氨基酸的氨基端。由于氨基酸的一级结构主要决定了蛋白质的物理化学性质,其侧链基团的改变能较大地改变大分子物质的功能。因此,人们所了解的蛋白质修饰通常是翻译后的修饰。蛋白质可以在许多方面发生改变,包括化学与结构上的改变,如精氨酸生成瓜氨酸,谷氨酰胺生成谷氨酸,天冬酰胺生成天冬氨酸。在营养方面,氨基酸修饰是很重要的,因为被修饰的氨基酸的生物利用率会降低。

4.3.4　蛋白质结构

多肽折叠能使自由能最小化。疏水基团被水环境隔离时,处于较低的能量状态,接近蛋白质内部的其他疏水侧链。脂肪族和芳香族基团通过疏水键的相互作用,处于能量较低的状态。

蛋白质结构包括:一级、二级、三级和四级结构。一级结构是主要结构,指的是氨基酸的序列,而二级结构是氨基酸链形成的结构,例如,α - 螺旋、β - 折叠、随机卷曲。蛋白质的三级结构是指在二级结构的基础上,进一步折叠的空间三维结构。四级结构与三级结构有关,例如,四级结构由具有独立多肽链的亚单位连接而成。

多肽链折叠的方式由氨基酸而定。例如,α - 螺旋的形成需要侧链残基肽链之间的扭曲,因此,肽键之间必须有容纳残基的角度。在 β - 折叠中,两条以上氨基酸链(肽链),或同一条肽链之间的不同部分形成平行或反平行排列,成为"股"。股与股之间通过氢键固定而成折叠的片层。氨基酸的组成与顺序通过盐桥与二硫键影响蛋白质的三级和四级结构,这种相互作用主要发生在一级结构不同区域间的残基上,从而影响三级或四级结构的整体折叠。

蛋白质结构可大体分为球状和纤维状。球状蛋白包括酶、转运蛋白和受体蛋白。它们形成一个紧凑的整体球形结构,具有相对较低的长宽比率。球状蛋白折叠在一起,呈现紧凑的蛋白质结构,通常是高度可溶的二级结构的混合物。纤维状蛋白质相比于球状蛋白简单,结构较长,主要包括结构型蛋白(如毛发的角蛋白)和运动型蛋白(如肌肉的肌球蛋白)。在水中的蛋白质具有亲水性,但是,也有的蛋白既具有亲水性又具有疏水性,例如膜蛋白。机体膜系统结构的磷脂双分子层,形成稳定而又活跃的结构,膜由 18% ~75% 的蛋白质构成。这些蛋白可以贯穿膜结构,因此,在膜中具有较大的疏水性区域。膜蛋白的提取通常需要使用温和的清洁剂,以保持膜的固态结构和稳定的疏水性结构区域。

4.3.5　蛋白质的变性、聚合与沉淀

在自然条件下,蛋白质的三维结构称为其天然结构。改变蛋白质的天然结构(无肽键裂解)形成新结构或构象,称为变性,如果它不可能恢复原生结构,则此变性为不可逆变性。

一般来说,各种蛋白质展开折叠,由于疏水核心的暴露,都会不同程度地损失溶解性。疏水区域的暴露使疏水键相互作用,导致聚合和随后的沉淀。此外,每种蛋白质都有与维持其外部溶解性相关的临界含水量。当满足蛋白质所需要的水,即水化膜(或溶剂化层)含有结合水,就可以抑制蛋白质之间的吸引力,保持溶解性。当可溶性蛋白质进入有机溶剂,就会从其溶剂化层剥离水。即使蛋白质重新进入水环境,如果水化膜被永久破坏,也不可能恢复其溶解性,蛋白质将保持沉淀。

用高于蛋白质熔化温度(T_m)加热或改变 pH 至某一特定值会引起蛋白质变性,从而导致其不稳定。加热提供热能,使得保持天然构象的低能键(氢键和范德华相互作用)断裂,从而使蛋白质展开。加热还可以使某些氨基酸的侧链基团断裂,如二硫键通过加热释放硫化氢,丝氨酸脱水,谷氨酰胺和天冬酰胺脱酰氨基。

暴露的蛋白质会产生电荷排斥现象,使侧链电离的 pH 处于较低的能量状态,从而引发构象变化,这个过程称为 pH 变性。例如,胃蛋白酶在酸性条件下稳定,在中性条件下,它的结构包含多个离子化(去质子化)的天冬氨酸,出现不可逆的构象变化。主要由于离子化侧链的再质子化本身就不是获得恢复天然状态的驱动力。另一种变性出现在因降低 pH(—S—S—→—SH)或因暴露于还原剂而使二硫键还原时(断裂)。通常天然构象含有二硫键的蛋白质因其二硫键的还原,其变性为不可逆的。

机械处理是使蛋白质变性的另一个重要方法,在食品工业中应用尤为广泛。当蛋白质受到剧烈剪切力时,具有螯合能力的基团暴露于蛋白质表面,导致蛋白质发生变性。滚揉烘焙食品的面团和搅打泡沫使蛋白质的螺旋结构断裂而发生变性。

蛋白质变性也可能发生在界面处,其中两个相位之间的高能量的边界驱动解折叠蛋白质分子,从而降低系统的总能量。例如,泡沫包括水相与空气相,而乳化物具有水相与油相。但这里的相界面不稳定,因为空气相与油相不相容。图 4.12 所示为疏水蛋白质吸附于乳脂肪球的表面。蛋白质更加倾向于迁移到界面,使得亲水部分趋向于水相,疏水部分暴露于空气和油脂,这会降低系统的能量。

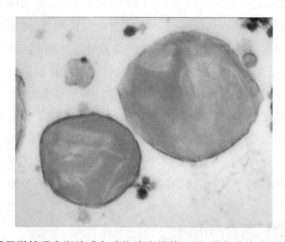

图 4.12　透射电子显微镜观察脂肪球在乳化液中的截面图,黑色外缘为蛋白质膜,由部分疏水蛋白质聚集在脂肪球表面形成。脂肪球直径近似 1μm,蛋白质膜厚约 10nm

(源自:Prof. H. D. Goff,University of Guelph)

蛋白质变性因素还包括辐射、添加有机溶剂、加入重金属、引入或排除金属离子。此外，某些蛋白质，特别是酶，离子是其发挥最佳作用的必要条件。

4.3.6 蛋白质纯化

蛋白质的纯化是研究食品蛋白质结构和功能的关键。通常利用蛋白质具有不同的生物化学性质，例如电荷、等电点、质量、分子形状和大小、疏水性、配体亲和力、酶活力等，从多达几百或几千种蛋白质复杂混合物中分离出特定的蛋白质。

常用蛋白质纯化的方法有两种：一是离子交换，二是分子排阻。在实际操作中，色谱是重要的纯化技术。制备型色谱根据流动相中溶解的蛋白质能与固定相相互作用而使蛋白分离。流动相可以是疏水的（有机溶剂）或亲水的（水缓冲液）。固定相可以是疏水性的，或者是亲水性的，或是带电荷或中性的，或是一个配基，或是对于蛋白质有特别亲和力的分子。最简单的色谱法基于离子交换的原理，固定相为装入交换柱的固定带电分子的固体聚合物。如果目标蛋白在给定的 pH 下带负电荷，蛋白质混合物通过含有正电荷的固定相，将结合并保留靶蛋白，而阳性、中性的蛋白质会流出阴离子交换柱。提高洗脱液负离子浓度，争夺该固定相的正电荷，可以洗脱交换柱结合负离子的蛋白。结合较弱的蛋白可用低浓度洗脱液洗脱，结合较强的蛋白质则用高浓度的洗脱液竞争性洗脱。因而，蛋白质的分离要根据其各自对于固定相的结合力，可以在离子交换单一运行中分离非常大量的蛋白质到非常小量的蛋白质，这取决于设备规模的选择。

分子排阻色谱法中，载体填充具有特定孔径的惰性球形填料球。蛋白质分子能穿过孔的最高分子质量称为排阻极限。质量超过极限，会限制在填充材料周围，而质量较小的蛋白分子会走较长的路后分离出来。因此，较大的蛋白质先被分离出来，而较小的蛋白质后被分离出来。通常，色谱技术的分离是毫克级的，而过滤装置具有特定的孔径大小。例如，超滤可用于批量分离，得到其中的蛋白质与滞留物，每次能处理得到大量的蛋白质。

4.3.7 蛋白质分析技术

蛋白质最基本类型的分析是测定蛋白质的总含量。这种测量方法是基于蛋白质平均氮含量为 16% 进行计算的。有机氮（包括蛋白质）与浓硫酸反应时放热，产生硫酸铵。然后硫酸铵转化为氢氧化铵，可以滴定测量，确定氮含量。要确定蛋白质的大小，就要使用电泳。简单来说，当蛋白质通过聚丙烯酰胺凝胶时，较小蛋白质移动速度比较大蛋白质快，从而使得它们得到分离。

对蛋白质通过的凝胶施加电压，使带负电的分子向阳极迁移，这种技术称为聚丙烯酰胺凝胶电泳（PAGE）。如果电荷量和蛋白质大小都有变化，那么就不可能确定蛋白质的分子质量。分离中，蛋白质分子大小是唯一的变量，溶液中添加强洗涤剂十二烷基硫酸钠（SDS），能使蛋白质完全展开，并使其达到正常化的荷质比。添加还原剂巯基乙醇，也可减少二硫键，有助于蛋白质的完全展开。如图 4.13 所示，1、2、4、8 泳道表示天冬氨酸蛋白酶的纯化分级。已知分子质量的蛋白质组成了标准泳道，能用其确定样品氨基酸分子质量的大小。泳道 3 和 9 为标准蛋白质分子质量的条带，通过与标准蛋白质分子条带对比推测未知蛋白质分子质量。

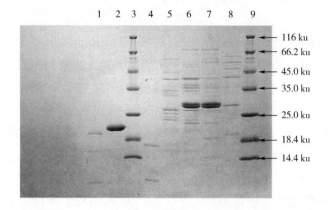

图 4.13 以考马斯亮蓝 **R -250**（一种与蛋白质结合的染料）染色的 **12%** 丙烯酰胺 **SDS - PAGE**
蛋白质电泳，第 **3** 和第 **9** 泳道是标准分子质量，以此确定未知样品电泳带的分子质量

4.3.8 氧化褐变

氧化褐变或酶促褐变，例如鲜切苹果、香蕉、梨、莴苣的褐变涉及多酚氧化酶（PPO）氧化。因为切割细胞内的多酚氧化酶酚环与 O_2 发生初始化反应，并作用于酪氨酸残基引起褐变的发生。在商业中，特别是蔬菜和水果，由机械创伤引起变质的褐变反应非常重要。其他酚类化合物也会通过氧化产生沉积在产品中的褐色物质，例如李子、枣、苹果酒和茶。

4.4 脂类

脂类是三种主要生物大分子之一，这是一类不溶于水而溶于脂溶性溶剂的化合物，是所有生物体的生物膜结构的重要组分，是所有动物的能量储存形式，并作为取代基与蛋白质结合成脂蛋白。脂类以其不溶性在身体中以膜和脂肪细胞的形式形成间隔，在液体环境输送则需要结合可溶性载体蛋白质或者附着极性化合物，以增加整体的溶解性。

4.4.1 脂肪酸

简单脂肪酸的结构是一端连接羧酸基团 $CH_3(CH_2)_n$—COOH 的碳氢化合物链。脂肪酸根据烃链长度命名。例如，四碳的脂肪酸是正丁酸，五碳脂肪酸是戊酸，六碳脂肪酸是己酸等。其中 4:0、5:0、6:0，比号左边数字表示碳原子的数量，右边数字代表双键的数量，具有一个双键的脂肪酸中（即不饱和）是用 - enoic 来表示替代 - anoic。例如，棕榈酸（hexadecanoic acid，16:0）变成十六碳烯酸（hexadecenoic acid，16:1），hexadecadienoic acid（16:2）称为十六碳二烯酸，有两个双键，hexadecatrienoic acid（16:3）称为十六碳三烯酸，如果 16:1 其双键在 C7 和 C8 之间，则写成 7 - 十六碳烯酸（7 - hexadecenoic acid），碳数从羧基端（C1）开始计算。

甲基在脂肪酸最后端的称为 ω 碳(omega carbon,ω),因此,含有 ω 碳的不饱和脂肪酸,
9,12-十八碳二烯酸(9,12-octadecadienoic acid,18:2)也写成 18:2 ω-6,因为第一个双键
是从 ω 碳开始数的第六个碳,表4.2所示为一些常见的脂肪酸及其长度和双键的特征。

表4.2 部分脂肪酸的名称、链长和双键位置

脂肪酸名称	脂肪酸系统命名	碳原子数	缩写
酪酸	丁酸	4	4:0
月桂酸	十二(烷)酸	12	12:0
豆蔻酸	十四烷酸	14	14:0
棕榈酸	十六烷酸	16	16:0
硬脂酸	十八(烷)酸	18	18:0
油酸	十八碳烯酸	18	18:1$(n-9)$
亚油酸	十八碳二烯酸	18	18:2$(n-6)$
α-亚麻酸	9,12,15-十八碳三烯酸	18	18:3$(n-3)$
花生酸	二十酸	20	20:0
花生烯酸	二十碳四烯酸	20	20:4$(n-6)$
EPA	二十碳五烯酸	20	20:5$(n-3)$
DHA	二十二碳六烯酸	22	22:6$(n-6)$

源自:Nawar(1996)。

被一个或多个亚甲基分开的双键称为非结合双键,而没有被亚甲基分开的双键,如
(...—CH=CH—CH=CH—...)称为共轭双键。双键结构可以是顺式也可以是反式的
(图4.14)。几何上,顺式构型是天然形成的,比反式更容易氧化。反式构型有一种三维结
构的线性构型,表现得更像一条饱和链,在自然界中尚未发现。人体由于缺乏催化脂肪链
C9 处双键的酶,因此不能合成亚油酸(18:2)和亚麻酸(18:3)。

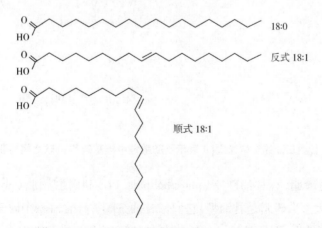

图4.14 硬脂酸、顺式油酸和反式油酸结构式(反式脂肪酸比顺式脂肪
酸立体结构空间位阻低,更容易实现不饱和油脂的加氢)

　　脂肪酸链的长度和不饱和程度(双键数目)决定了脂肪酸的熔点和稳定性,这两点决定了脂质在食品加工过程中的属性。短链脂肪酸或者具有更多双键的脂肪酸的熔点低。如硬脂酸(18:0),其熔化温度(70℃)比油酸(18:1)高13℃。此外,反式脂肪酸的熔点比顺式脂肪酸高,因为它们的立体空间位阻低。从稳定性上看,双键更容易发生氧化反应,因此其稳定性随着不饱和度的增加而降低。

4.4.2　甘油三酯和磷脂

　　甘油三酯(TG)是脂质形式,在室温条件形成固体脂肪和液态油。食品油脂中的98%是甘油三酯,存在于动物体内和植物种子中,是主要的储存能量的形式。甘油三酯所包含的能量大约是相同质量糖原和淀粉的六倍,主要在脂肪细胞中以液滴的形式存储。在食品方面,甘油三酯是重要的能源,有助于改善口感和提供饱腹感。脂溶性维生素 A、维生素 D、维生素 E 和维生素 K 需要消耗大量的脂肪来满足其溶解吸收。同时,甘油三酯在高脂肪食品,例如冰淇淋、巧克力中发挥重要作用。在冰淇淋制作过程中,液态脂肪球部分聚合,形成连续的网络(部分聚合),最后凝固成为固体成品。部分游离的甘油三酯小球不能完全聚合,由于脂肪结晶网络的作用彼此黏合在球状体界面(Goff,1997)。

　　甘油三酯是由一个丙三醇作为主干通过酯键连接三个脂肪酸而形成的分子,因此,它也称为三酰基甘油(triacylglycerols)。甘油三酯可能具有两个或三个相同的脂肪酸或三个不同的脂肪酸,因而甘油三酯之间存在广泛的属性差异,脂肪酸附在丙三醇骨架上的顺序也各不相同,例如,菜籽油通常含有的不饱和脂肪酸连接在 $sn-2$ 位置,而饱和脂肪酸几乎只存在于外层的位置。动物脂肪含有更多的在 $sn-2$ 位置的饱和脂肪酸,它们通常包含16:0在 $sn-1$ 的,14:0 在 $sn-2$ 的位置(Nawar,1996)。如图 4.15 所示,存在于甘油三酯中的脂肪酸根据它们相对于甘油骨干的立体定向位置,分配每个脂肪酸一个立体定向号码:$sn-1,sn-2,sn-3$。$sn-2$ 位置按照惯例在分子的最左侧。

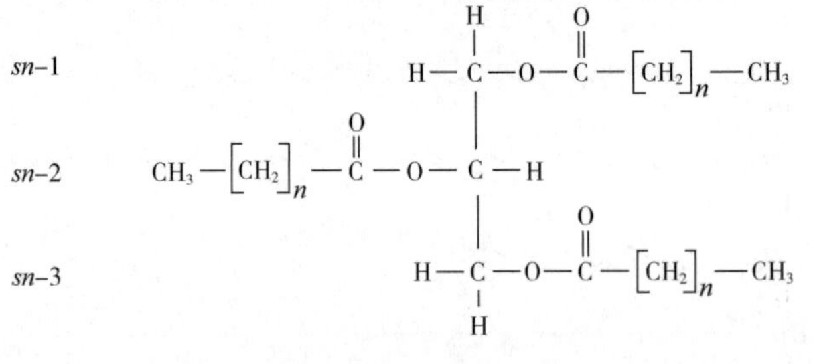

图 4.15　甘油三酯的结构通式(n 表示脂肪酸链中羧基碳和 ω 碳之间的亚甲基数)

　　另一类脂质是磷脂,有甘油磷脂(phospholipids,PL)和磷酸鞘脂(glycerophospholipids,GPL)两种类型。大多数磷脂是甘油型,它们像甘油三酯一样含有一个丙三醇主干。磷酸鞘脂包含一个鞘氨醇骨干,而不是甘油。磷脂和甘油三酯在结构和功能上有所不同,磷脂只包含两个脂肪链(甘油二酯),第三取代的位置包含的是一个磷酸二酯桥,通过 PO_4^- 连接各种取代基,如丝氨酸、胆碱和乙醇胺。图 4.16 所示为两种具有代表性的磷脂的基本结构。

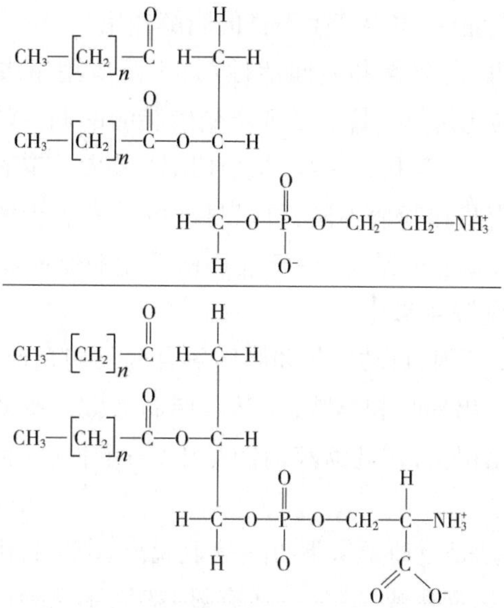

图 4.16   两种典型磷脂结构(其中 n 是可变的)

磷脂是两性分子,一端是高度极性(亲水)的磷酸基团,另一端或尾部为高度疏水(亲油)的脂肪酸长链,朝向液态环境中的其他脂肪酸。磷脂分子亲水端相互靠近,疏水端相互靠近,常与蛋白质、糖脂、胆固醇等其他分子共同构成系统能量最小化的脂双分子层,即细胞膜的结构。在双分子层膜内部的烃链之间的疏水性和范德华力使这个结构非常稳定。双分子层结构是所有已知的生命形式的基本结构,是所有生物膜结构的基础。具有疏水性的磷酯基团对水的排斥力有利于形成称为脂质体的脂囊泡。脂囊泡在体内自发形成,而在体外形成需要借助磷脂在水中的高频搅拌。脂质体可用于研究膜的性质和物质的渗透率,如药物输送,就食品而言,用于研究食品添加剂的微脂囊化。在铜、赖氨酸、抗坏血酸盐氧化酶等降解因素存在的情况下,微脂囊化的抗坏血酸通过物理屏障防止降解反应的发生,可以显著延长保质期大约 2 个月。易挥发的食品成分可以进行微脂囊化,微脂囊能够在可控的温度(磷脂的熔点)熔化,释放其中包埋的挥发性成分(Gouin,2004)。

4.4.3   食品脂质的降解

食品中甘油三酯的降解主要是因为细胞溶解和氧化作用。脂类分解主要指其主干丙三醇和脂肪酸之间的水解,从而释放出游离的脂肪酸。脂肪酶从甘油三酯主干丙三醇外部的($sn-1$ 和 $sn-3$)位置水解脂肪酸。游离的脂肪酸很容易氧化,它们作为甘油三酯的一部分从丙三醇上脱离以后更加不稳定,更容易挥发。在活的动物肌肉中很少存在游离的脂肪酸,因为它们很快就会被脂肪酶分解。要降低脂肪酶的活性,必须控制脂肪降解的温度和时间。油料种子采收之前就存在正常的脂类分解过程,种子中含有大量的游离脂肪酸。从种子中提取的油含有过多的脂肪酸,必须用氢氧化钠中和。在乳酪和酸乳等乳制品以及面包等的制作过程中,通过微生物和内源性脂酶,进行脂类的控制性分解,产生所需的风味和口味。然而,由于短链脂肪酸的释放,脂解作用还会引起牛乳酸败。油炸加工时,由于高温和制作过程中食品中的水分渗入油中,也会产生不良的脂解作用。

磷脂也称卵磷脂,是一种天然乳化剂和表面活性剂,广泛应用于多种食品加工领域。特定卵磷脂的来源会影响磷脂的比例及其特性。磷脂受磷脂酶的调控,在磷酸二酯上有四个磷脂酶切割位点:$sn-1$、$sn-2$、$sn-3$ 和 $sn-4$。每个切割位点都有其特异性,都能释放一个脂肪酸或者磷酸取代基。磷脂酶和脂酶不同,可以打通丙三醇主干的中间位置,从而释放 $sn-2$ 脂肪酸。例如,磷脂酶 A2 通过释放 $sn-2$ 脂肪酸产生脱脂酸卵磷脂(羟基在 $sn-2$),释放的 $sn-2$ 脂肪酸随后可能发生氧化反应。

脂肪氧化是食品变质的主要原因,自动氧化和脂肪氧合酶作用是产生脂肪氧化的两个主要途径。脂肪氧化的副产物发出异味和臭味,尤其是脂肪酸败。此外,必需脂肪酸的氧化降低了食品的营养价值。与此相反,在乳酪和肉制品中,一定程度的氧化可以产生令人欢迎的风味。

自动氧化分为三个步骤:开始是氢原子从脂肪酸链上脱离,产生自由基,从热力学上讲这是一个不利的过程,需要由金属催化或光照(单线态氧)等因子诱导产生。接下来,脂肪酸的自由基与氧分子反应,生成一个过氧自由基(ROO·)。第二步是自动传输的,过氧自由基与其他脂肪酸形成更多的自由基,发生连锁反应。最终,反应通过与其他自由基形成稳定化合物而得以终止。由于双键易于形成自由基,所以不饱和脂肪酸最容易自氧化,如亚油酸(18:2)比油酸(18:1)容易氧化 20 倍。

为了防止或减缓脂类物质的氧化,在食品中添加抗氧化剂。从本质上讲,抗氧化剂自身发挥自由基作用,抗氧化剂代替分子氧与其他自由基反应而被氧化,从而防止自由基的连锁反应。Laguerre 和他的同事们发表了关于食品抗氧化剂效果和作用方式的综述(Laguerre 等,2007)。

脂氧合酶(lipoxygenases,LOX)催化脂质氧化,是豆类和谷物中最重要的反应。类似于非酶氧化,脂质氧化的第一步是形成脂肪酸的自由基。总反应的第二步是自由基与氧反应产生氢过氧化物(Klinman,2007)。大豆中的脂氧合酶特异催化亚油酸的 11 碳(双键),产生 9 - 氢过氧化物和 13 - 氢过氧化物。除了酸败异味,脂氧合酶也会对维生素和颜色产生不利的影响。

4.4.4　甘油三酯代谢

脂肪细胞中的甘油三酯是能量的主要来源,其代谢过程称为 β - 氧化反应(β - oxidation)。首先脂肪细胞中的甘油三酯主干在脂肪酶作用下释放三种脂肪酸,剩下的丙三醇被转化成糖酵解中间体之一。消化系统中甘油三酯在胰脂酶作用下分解释放 $sn-1$ 和 $sn-3$ 位置的脂肪酸,游离的脂肪酸和剩下的单酰基甘油,被肠黏膜细胞吸收再合成为甘油三酯,然后转化为乳糜微粒释放到血液之中。一旦组织需要能量,脂蛋白酶就会分解脂肪形成三个脂肪酸,这类似于上述的脂肪细胞反应。在乙酰辅酶 A 合成酶消耗 ATP 的催化下,游离脂肪酸连接到辅酶 A 上而激活。在线粒体膜上,脂肪酸从酯酰辅酶 A 转移到肉毒碱(一种赖氨酸衍生物),形成新的复合物——酰基肉毒碱,然后经过线粒体膜转送到线粒体中,在线粒体基质中脂肪酸重新转移到辅酶 A 上。经过一系列连续的氧化过程,导致电子载体对电子的转移,例如 NADH、$FADH_2$,随后进入电子传递链产生大量 ATP,如棕榈酸的代谢,ATP 净产量为 109。

4.4.5 胆固醇

胆固醇是最重要的脂质结构之一,它控制膜的流动性,是所有类固醇激素的前体。所有真核生物都能合成胆固醇,但是其只存在于动物细胞中。植物中所含的是植物固醇,与胆固醇有高度相似的分子结构,在很多营养食品中有所应用(Kritchevsky 和 Chen,2005)。胆固醇是一个由相邻的碳环组成的 27 碳结构,由一个二碳从乙酰辅酶 A 开始通过肝脏合成路径,进而连续聚合、环化形成。胆固醇不溶于水,必须以脂蛋白的形式通过血液运输。脂蛋白的密度差异很大,低密度脂蛋白代谢失衡是引起心脏病的关键因素。

4.4.6 类固醇激素和前列腺素

类固醇激素和前列腺素是重要的脂质类型,是激素,但一般与食品科学无关。激素是第二信使分子,主要以多肽或脂质形式存在于所有的植物和动物体内,控制大量细胞和器官的生命过程。具体来说,类固醇激素和前列腺素是脂溶性激素,其中一些人为添加到动物饲料之中。此外,这些主要来自生物体的食品的分子可以通过非食品用途释放到环境中。脂溶性分子稳定,可以积聚在脂肪组织,从而产生在生物体内积累放大的可能性。这种现象可以是一种直接的方式,如类固醇雌激素的化合物在食用动物中的积累(Moutsatsou,2007),也可以是间接积累有机化合物从而改变激素的产生,影响生物体的激素水平(Verreault 等,2004)。前列腺素是一个 20 碳的脂质分子,包含 5 个环,具有相对较短的半衰期,可以控制炎症和血压。膳食脂肪酸对于前列腺素的生物合成至关重要,例如,花生四烯酸(20:4)是前列腺素的直接前体,含有两个非环状双键。前列腺素中的前列腺素 E2 受到环氧酶(COX)的调控。前列腺素在维持健康方面凸显了重要的作用,因此要注意必需脂肪酸的摄入,以及在食品生产中避免必需脂肪酸(Moreno 等,2001)和抗氧化剂(Boehme 和 Branen,1977)的降解。

4.4.7 萜类化合物

萜类是与香料、药草和水果香味等气味相关的脂质化合物,其由多样和复杂的基团组成。与类固醇一样,大多数萜类化合物是多环化合物,通过连续聚合、环化反应产生。所有的萜类化合物都来自异戊二烯,异戊二烯是一个包含两个双键的五碳烃。萜类化合物,特别是 C10(单萜)和 C15(倍半萜烯),是大多数软质水果各种浓度下的风味成分(Maarse,1991)。在一些水果中,如柑橘和芒果等,它们对特征性风味和香气有重要作用(Aharoni 等,2004)。

4.5 核酸

4.5.1 DNA 结构

DNA(脱氧核糖核酸)和 RNA(核糖核酸)由含氮碱基、五碳糖和磷酸组成。仅此四种形式就构成生命所有信息的基础代码,而糖(核糖或脱氧核糖)和磷酸盐起到结构作用。这四个基本形式分别由两种形式的嘌呤和嘧啶的衍生物组成:腺嘌呤(A)和鸟嘌呤(G)是嘌呤,胸腺嘧啶(T)和胞嘧啶(C)是嘧啶。核苷是一种由嘌呤或嘧啶分子结合成的糖,DNA由脱氧腺苷、脱氧鸟苷、脱氧胸苷和脱氧胞苷的聚合物组成(图4.17)。核苷连接一个或多个磷酸基团构成核苷酸,如脱氧腺苷5′-三磷酸盐(dATP)。此DNA的四个构件dATP、dGTP、dTTP、dCTP由DNA聚合酶结合到一起,使3′末端的一个核苷酸与另外一个核苷酸的5′末端相结合形成磷酸二酯键。DNA分子是嘌呤和嘧啶以氢键互补的形式形成的双螺旋结构。DNA分子非常长,包含成千上万的碱基对,分子质量达数百万甚至数十亿道尔顿,而最大的已知蛋白质仅为300万u。为特定蛋白质编码的DNA片段称为基因。由三个特定核苷酸组成的单位称为密码子,每个密码子编码一个特定的氨基酸,因此基因是一连串的密码子。当生物体需要更多的特定蛋白质时,启动转录,该DNA以信使RNA的形式(基因)复制,然后在核糖体中作为转录模板,根据DNA的密码子序列合成多肽。

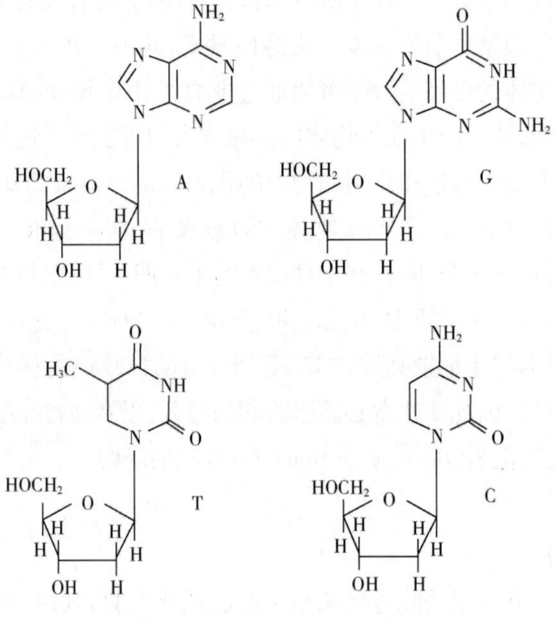

图4.17 构成DNA的四个糖基(脱氧腺嘌呤核苷(A),脱氧鸟嘌呤核苷(G),脱氧胸腺嘧啶核苷(T)和脱氧胞嘧啶核苷(C),在自然界每个基因由这四个核苷编码。"脱氧"指的是脱氧核糖环C2位缺乏一个羟基)

4.5.2 食品DNA处理

在20世纪下半叶,人类巨大的成就是了解DNA如何编码蛋白质,如何控制整个蛋白质合成过程和如何操作编码信息,并最终根据DNA遗传特性,利用基因工程手段更好地解决人类的粮食需求。基因工程的发展解决了DNA结构、序列及特定密码子的改变问题。此外,核酸内切酶和连接酶的分离和商业化,实现了特定位点 DNA 的切割或 DNA 片段的连接。从而发展了两个现代食品科学领域:蛋白质工程和基于 DNA 的食品认证。

蛋白质工程是研究蛋白质结构和功能之间关系的学科。聚合酶链式反应(PCR)的发明使 DNA 任何特定区域都能够被扩增,在 DNA 聚合酶和引物存在的情况下,通过温度循环进行 DNA 扩增。从本质上讲,DNA 链是由引物在聚合酶作用下扩增的复制产物。扩增是为了获得更大的和更多的可用副本,通过 PCR 循环扩增,可以使副本数量呈指数级增长。现在,已经可以进行成本较低的商业化引物合成。

如果在 PCR 引物中引入突变体(即另一种核苷酸),使密码子编码替代的氨基酸,则产物 DNA 会编码特定位点氨基酸发生变化的蛋白质。应用工程核酸酶在与商业载体切割位点一致的 cDNA 末端进行切割,可以操纵 cDNA,即将重组基因从一个生物转移到另一个生物中。复制 DNA(突变体)连接到表达载体后所得到的 DNA 构建体称为重组子。DNA 表达载体通常是环状质粒,可在细菌和简单的真核生物如酵母中复制。在选定的生物体中进行重组表达后,可以分离目标蛋白,进一步研究其结构和功能。

除研究蛋白质结构和功能关系之外,还开展了转基因食品植物的研究,其中最成功的典型食品是 1994 年上市的番茄 Flavrsavr™(Martineau,2001)。本质上,该工程化番茄包含一个所谓的无意义基因,该基因编码的 mRNA 将碱基配对匹配到多聚半乳糖基因,即与细胞壁成分成熟过程相关的分解酶的天然 mRNA。天然多聚半乳糖 mRNA 和无意义的重组基因表达并彼此结合,这将在生理上防止多聚半乳糖 mRNA 在核糖体的翻译,从而使生产者可以收获植株上成熟的工程番茄,并减缓了其在运输和销售过程中的腐败变质,工程番茄与为避免运输损失而绿熟采收的天然番茄相比,具有优异的风味和外观。遗传修饰的番茄 Flavr savr™,其微量元素和大量营养素、pH、酸度和糖含量相对于非转基因番茄没有显著变化。

食品身份识别是 DNA 技术为食品科学做出贡献的另一领域。DNA 探针与样品检测特征区域的 DAN 片段互补,所以 DNA 探针可以识别样品的 DNA 片段。在探针上连接荧光基团或其他特定的反应基团,或与放射性(^{32}P)DNA 合成探针,可以实现探针检测。待检作物或食品成分的 DNA 固定在硝化纤维上(印迹法),待检的 DNA 片段与印记中的 DNA 探针互补。根据已知片段特征确定互补片段。使用 DNA 技术进行成分检验的早期例子是试图区分熟的鸡肉、猪肉、山羊肉、绵羊肉和牛肉,主要是通过不同动物的 DNA 来区分(Chicuni 等,1990)。结果是,猪和鸡是以上物种中的特例,反刍动物的 DNA 可交叉反应。这个结果说明至少在一定范围内,可以使用 DNA 技术区分熟肉制品和排除特定成分存在的可能性。上述方法的一个局限是,反刍动物存在匹配的 DNA 序列,从而降低了检测的分辨率。现代提高物种鉴定分辨率的方法是进行 PCR 扩增和 DNA 序列分析,比较测试样品序列变异度与对照序列已知变异度的差异。这种"遗传距离"测试已属于常规操作,金枪鱼种类鉴别是其应用的一个例证(Michelini 等,2007)。目前可以以较低的成本使用高热处理的样品,进行这样的测试,并且可以自动化快速收集样本。这些验证测试的信息有助于操作过程中的质量控制。

4.6 酶学

4.6.1 酶反应简介

酶的基本定义:是一种蛋白质,通过其本身和反应物之间相互作用,实现一个特定的相对速率非常快的反应。酶蛋白催化生命系统大部分的化学反应。酶通过定向选择底物和酶之间形成的临时键,降低反应的能量障碍,从而加快反应速率。酶可以在极性环境(细胞质、细胞外空间)、非极性环境(组织、膜)及其相应的结构中发挥作用。酶遵循4.3节中列出的变性原则,会因为pH变化、温度增加、紫外线照射等因素失活。

4.6.2 酶反应活力的基础

在恒压下,自由能是反映内部系统能量和熵变化的函数。即使产能比反应能高,反应也能自发进行,因为热量可以被周围环境所吸收,因此,系统能量不能预测整个反应过程。此外,不容易直接测量熵。而使用生物化学反应来描述主动的自由能变化。由于自由能抑制障碍过大而不容易克服和平衡,反应不能自发进行。此时,平衡常数 $K_{eq}=[$ 生成物 $]/[$ 反应物 $]$,将有利于反应物或没有作用。过渡时期是从反应物到产品的最高自由能状态。这一步是最重要的障碍,限制了反应速率,酶能加速这个特定的反应。自由能净减少的反应可以自发进行,自由能的变化只取决于产品自由能和反应物自由能之间的不同,自由能不依赖中间反应或其他形式的改变。

对于大多数反应,酶催化反应的初始形式是酶 – 底物复合物(ES),E 和 S 与 ES 平衡,反应是可逆的。酶分子中直接与底物结合,并和酶催化作用直接有关的区域称为酶的活性中心,活性部位的氨基酸称为催化残基。酶催化的第二个步骤一般是产物(P)的形成和酶的释放,这是不可逆反应,在第二步中,酶的供应没有限制。总的来说,酶促反应过程为:

$$E + S \leftrightarrow ES \rightarrow E + P$$

4.6.3 反应速率

反应速率是由反应物消耗的比率与产物产出的比率决定的,通常用分光光度计法测量不同时期的底物浓度。反应的速率由米氏方程决定:

$$V = \frac{[V_{max}][S]}{[S]+[K_m]}$$

式中　V——反应速率;

　　　V_{max}——底物浓度无穷大时的最大反应速率;

　　　　S——底物浓度;

　　　K_m——当 V_{max} 达到一半时的底物浓度。

K_m是表示底物与酶相对亲和力的指标,称为结合常数。低 K_m 值表明酶与底物具有高亲和力。如果对已知的 V 和 S 作图,通过非线性回归计算可以直接得出速率或者进行其他线性转换求取。如果底物充足,那么酶反应只遵循米氏方程,因此,必须在每个底物浓度反应开始时测量速度,并且[E]≪[S],从而保证 ES→E + S 这一不可逆步骤是速度限制步骤。

4.6.4 抑制作用

酶催化反应速率影响因素包括存在竞争性抑制剂,抑制剂分子结合在酶的活性位点,但不能转换成产品,从而直接与底物竞争酶活性位点,减缓或停止催化底物。天冬氨酸蛋白酶(AP)是一类不可逆抑制剂,它是一类在动物胃中水解多肽和蛋白质的酶,也用于乳酪制作等其他用途。胃蛋白酶抑制剂结合与胃蛋白酶相似的天冬氨酸蛋白酶的活性位点,与酶的催化残基形成高度稳定不可水解的复合体(Tanaka 和 Yada,2004)。非竞争性抑制剂与竞争性抑制剂明显不同,它通过改变最优的酶结构来抑制最大反应速率从而降低反应速率。第三种抑制模式是变构抑制,底物与酶的多个活性位点之一结合,或一个独立的调节性分子结合在非活性位点,导致酶对于底物亲和力的改变。变构酶不遵循米氏方程(Stryer,1996)。

4.6.5 催化溶剂

许多酶属于可溶性蛋白,在没有变性剂存在的情况下可以纯化保存,并在体外以活跃的形式单独用于研究。某些水解食品的酶,例如脂肪酶在高浓度有机溶剂中活性依然很高。在无水的环境中,酶活力发生的特异性变化与在正常情况下所表现的不一样。对脂肪酶进行化学修饰,可以改变其疏水性,提高脂肪酶活性和稳定性,并改变其在有机溶剂中的特异性(Salleh 等,2002)。实际食品应用进一步证实了这个结果,例如,以甘油三酸酯和丙二醇为原料生产乳化剂时,在有机溶剂中使用脂肪酶作为催化剂,同时用固定化酶来提高催化速率(Liu 等,1998),这种技术有利于提高乳化剂的得率并获得高度一致的成分。

4.6.6 生物传感器

生物传感器是综合使用生理、生物化学成分变化进行检测的技术。生物元件可以是组织、微生物、细胞器、细胞受体、酶、抗体、核酸或者天然产品。传感器的性质涉及光学、电化学、温度、电压、磁或微机械。酶、抗体、核酸是三种主要用于生物传感器的生物元件(Lazcka等,2007)。复杂混合物中的农药残留是生物传感器在食品领域主要的检测对象。有机磷水解酶是催化水解有机磷的酶制剂,有机磷常用于杀虫剂和农药,但目前已限制使用。固定化有机磷水解酶交联到 pH 电极表面成为酶生物传感器,通过测量电压的变化来检测有机磷,这种酶生物传感器是可以重复利用的(Mulchandani 等,1998)。酶生物传感器中所使用的酶成本高昂,很难获得。为了解决这个问题,人们开发了一种可以重组、表达、纯化,继而固定化的酶,为制备酶生物传感器提供可靠的酶源(Lei 等,2006)。

4.7 食品加工和储存实例

前面已经在各自章节讨论了加热、pH、光照和氧等生物化学因素对食品成分的影响。

本节选择食品的加工和储存进行讨论。食品加工和储存的目的在于保证食品材料或产品的适用性质,保证加工食品的安全,达到预期的食品保质期。处理、包装和储存必须尽可能地保护食品的性质如色泽、质地、风味和营养价值。

4.7.1 辐照

食品辐照可以大量减少微生物和害虫的污染,同时对食物中重要营养成分的变化影响很小。关于食品辐照存在一些争议和质疑,因此,为了确保消费者的认同和信心,研究和应用了可靠和敏感的检测方法。辐照食品可以区别于那些为了对照验证而没有辐照的食品,因而保证了辐照食品标签的准确性。对辐照食品采用了多种方法进行检测,如电子自旋共振光谱、发光色谱、荧光色谱、气相色谱法和基于 DNA 的方法。鸡肉、猪肉、牛肉辐照处理后产生脂肪酸碎片(Delincee,2002),如由棕榈酸烃链的断裂而成的 1 - 十四碳烯和十五烷,源自油酸的 1 - 十六碳十烯和十七碳烯(Rahman 等,1995)。应用气相色谱可以测定这些化合物。气相色谱是一种能从非常复杂的混合物中分离并分析出不同成分的技术。在气相色谱分析法中,注入的气体或液体样品在惰性载气(流动相)带动下通过色谱柱(固定相)。气相色谱有多种色谱柱,样品的组分与固定相发生不同的交联反应,从而得到分离。气相色谱法中可以使用多种检测器,火焰电离检测器(FID)适用于检测碳氢化合物,因为其灵敏度可以达到纳克级。

4.7.2 活性包装

活性包装(AP)具有传统包装以外的功能。活性包装的功能包括:清除 O_2、控制水分、产生 CO_2 和乙醇以及抑菌等(Suppakul 等,2003)。为避免召回食品,预防食源性病原体增长至关重要,其关键在于后期处理。包装能有效帮助减少微生物或病原体污染,这点早已成为共识。一种包装肉制品的薄膜新产品具有可食性和抑菌性。该可食用膜以低 pH 下分离的乳清蛋白为原料,含有 0.5% ~1.5% 的对氨基苯甲酸或山梨酸。乳清蛋白中添加醋酸和乳酸使 pH 降到 5.2,并热变性,使乳清蛋白分子之间形成疏水键,暴露了内部 SH 和疏水基团,产生二硫键、氢键,因而形成了乳清蛋白膜(Cagri 等,2001)。氨基苯甲酸或山梨酸都具有很好的抑菌活性,并且该活性随浓度的升高而增强。

4.8 总结

了解食品成分包括食品和它们的生物化学组成,对于理解食品加工过程至关重要。通过调控蛋白质的表达,实现生命信息的编码。控制生物的呼吸作用,改进新鲜农产品的保存和发酵产品的培养。某些氨基酸和脂肪酸,被指定为"必需品",因为人体不能自己合成,必须通过饮食摄取。独特的口味和颜色是由常见的碳水化合物通过化学或酶反应产生的。供给能量的最重要的食品来源是由碳水化合物通过其糖酵解作用产生的,然而除了脂类、氨基酸合成的能源外,三羧酸循环、氧化磷酸化负责大部分能源生产。结构和基于函数的研究对于识别关键氨基酸、整个基因及食品蛋白质的功能具有重要意义。功能蛋白可以作为生物传感器和包装材料,以达到延长食品保质期和提高产品质量的目的。因此,食品生物化学对于食品领域十分重要,而且普遍影响着食品加工的各个过程。

参考文献

1. Aharoni, A., Giri, A. P., Verstappen, F. W. A., *et al.* (2004) Gain and loss of fruit flavor compounds produced by wild and cultivated strawberry species. *The Plant Cell*, 16, 3110 – 31.

2. BeMiller, J. N. and Whistler, R. L. (1996) Carbohydrates. In: *Food Chemistry*, 3rd edn (ed. O. R. Fennema), pp. 216 – 17. Marcel Dekker, New York.

3. Boehme, M. A. and Branen, A. L. (1977) Effects of food antioxidants on prostaglandin biosynthesis. *Journal of Food Science*, 42, 1243 – 6.

4. Cagri, A., Ustunol, Z. and Ryser, E. T. (2001) Antimicrobial, mechanical, and moisture barrier properties of low pH whey protein – based edible films containing p – aminobenzoic or sorbic acids. *Journal of Food Science*, 66, 865 – 70.

5. Champe, P. C., Harvey, R. A. and Ferrier, D. R. (2005) *Biochemistry*, 3rd edn, pp. 243 – 51. Lippincott Williams and Wilkins, Baltimore.

6. Chicuni, K., Ozutzumi, K., Koishikawa, T. and Kato, S. (1990) Species identification of cooked meats by DNA hybridization assay. *Meat Science*, 27, 119 – 28.

7. Coffee, D. G., Bell, D. A. and Henderson, A. (1995) Cellulose and cellulose derivatives. In: *Food Polysaccharides and their Applications* (ed. A. M. Steven), pp. 127 – 39. Marcel Dekker, New York.

8. Delincee, H. (2002) Analytical methods to identify irradiated food – a review. *Radiation Physics and Chemistry*, 63, 455 – 8.

9. Edman, P. (1970) Sequence determination. *Molecular Biology, Biochemistry, and Biophysics*, 8, 211 – 55.

10. Eskin, N. (1990) *Biochemistry of Foods*, 2nd edn, pp. 268 – 72. Academic Press, San Diego.

11. Goff, H. D. (1997) Partial coalescence and structure formationin dairy emulsions. In: *Food Proteins and Lipids* (ed. S. Damodran), pp. 137 – 47. Plenum Press, New York.

12. Gouin, S. (2004) Microencapsulation: industrial appraisalof existing technologies andtrends. *Trends in Food Science and Technology*, 15, 330 – 47.

13. Gunaratne, A., Ranaweera, S. and Corke, H. (2007) Thermal, pasting, and gelling properties of wheat and potato starches in the presence of sucrose, glucose, glycerol, and hydroxypropyl beta – cyclodextrin. *Carbohydrate Polymers*, 70, 112 – 22.

14. Kays, S. J. (1991) *Postharvest Physiology of Perishable Plant Products*. Van Nostrand Reinhold, New York.

15. Klinman, J. (2007) How do enzymes activate oxygen without inactivating themselves? *Accounts of Chemical Research*, 40, 325 – 33.

16. Ko, H. S. , Kim, T. H. , Cho, I. H. , Yang, J. , Kim, Y. and Lee, H. J. (2006) Aroma active compounds of bulgogi. *Journal of Food Science*, 70, 517 – 22.

17. Kritchevsky, D. and Chen, S. C. (2005) Phytosterols – health benefits and potential concerns: a review. *Nutrition Research*, 25, 413 – 28.

18. Laguerre, M. , Lecomte, J. and Villeneuve, P. (2007) Evaluation of the ability of antioxidants to counteract lipid oxidation: existing methods, new trends and challenges. *Progress in Lipid Research*, 46, 244 – 82.

19. Lazcka, O. , Del Campo, F. J. and Munoz, F. X. (2007) Pathogen detection: a perspective of traditional methods and biosensors. *Biosensors and Bioelectronics*, 22, 1205 – 17.

20. Lei, Y. , Chen W. and Mulchandani, A. (2006) Microbial biosensors. *Analytica Chimica Acta*, 568, 200 – 210.

21. Liu, K. , Chen, S. and Shaw, J. (1998) Lipase – catalyzed transesterification of propylene glycol with triglyceride in organic solvents. *Journal of Agriculture and Food Chemistry*, 46, 3835 – 8.

22. Lomer, M. , Parkes, G. and Sanderson, J. (2008) Review article: lactose intolerance in clinical practice – myths and realities. *Alimentary Pharmacology and Therapeutics*, 27(2), 93 – 103.

23. Maarse, H. (1991) *Volatile Compounds in Foods and Beverages*. Marcel Dekker, New York.

24. Martineau, B. (2001) *First Fruit: The Creation of the Flavr savr*TM *Tomato and the Birth of Genetically Engineered Food*. McGraw – Hill, New York.

25. Michelini, E. , Cevenini, L. , Mezzanotte, L. , *et al.* (2007) One – step triplex – polymerase chain reaction assay for the authentication of yellowfin (*Thunnus albacares*), bigeye (*Thunnus obesus*), and skipjack (*Katsuwonus pelamis*) tuna DNA from fresh, frozen, and canned tuna samples. *Journal of Agriculture and Food Chemistry*, 55, 7638 – 47.

26. Moreno, J. J. , Carbonell, T. , Sánchez, T. , Miret, S. and Mitjavila, M. T. (2001) Olive oil decreases both oxidative stress and the production of arachidonic acid metabolites by the prostaglandin G/H synthase pathway in rat macrophages. *Journal of Nutrition*, 131, 2145 – 9.

27. Moutsatsou, P. (2007) The spectrum of phytoestrogens in nature: our knowledge is expanding. *Hormones(Athens)*, 6, 173 – 93.

28. Mulchandani, A. , Mulchandani, P. and Chen, W. (1998) Enzyme biosensor for determination of organophosphates. *Field Analytical Chemistry and Technology*, 2, 363 – 9.

29. Nawar, W. W. (1996) Lipids. In: *Food Chemistry*, 3rd edn (ed. O. R. Fennema), pp. 237 – 43. Marcel Dekker, New York.

30. Nesvizhskii, A. I. (2007) Protein identification by tandem mass spectrometry and sequence database searching. *Methods in Molecular Biology*, 367, 87 – 119.

31. Rahman, R. , Haque, A. K. M. M. and Sumar, S. (1995) Chemical and biological methods for the identification of irradiated foodstuffs. *Nutrition and Food Science*, 95, 4 – 11.

32. Salleh, A. B. , Basri, M. , Taib, M. , *et al.* (2002) Modified enzymes for reactions in

organic solvents. *Applied Biochemistry and Biotechnology*, 102, 349 − 57.

33. Steven, A. M. (1995) *Food Polysaccharides and their Applications*. Marcel Dekker, New York.

34. Stryer, L. (1996) *Biochemistry*, 4th edn. W. H. Freeman, New York.

35. Suppakul, P., Miltz, J., Sonneveld, K. and Bigger, S. W. (2003) Active packaging technologies with an emphasison antimicrobial packaging and its applications. *Journal of Food Science*, 68, 408 − 20.

36. Tanaka, T. and Yada, R. Y. (2004) Redesign of catalytic center of an enzyme: aspartic to serine proteinase. *Biochemical Biophysical Research Communications*, 323, 947 − 53.

37. Verreault, J., Skaare, J. U., Jenssen, B. M. and Gabrielsen, G. W. (2004) Effects of organochlorine contaminants on thyroid hormone levels in Arctic breeding glaucousgulls, *Larus hyperboreus. Environmental Health Perspectives*, 112, 532 − 7.

38. Voet, D. and Voet, J. G. (1995) *Biochemistry*, 3rd edn. JohnWiley, Hoboken.

39. Zobel, H. F. and Steven, A. M. (1995) Starch: structure, analysis, and application. In: *Food Polysaccharides and their Applications* (ed. A. M. Steven), pp. 27 − 31. Marcel Dekker, New York.

补充资料见 www. wiley. com/go/campbellplatt

食品生物技术 5

Cherl – Ho Lee

要点

■ 传统食品生物技术:酒精发酵、有机酸发酵、面包发酵、氨基酸发酵和肽类发酵。

■ 当代食品生物工业技术:酶技术、氨基酸、核苷酸和有机酸。

■ 现代食品生物技术基础:基因工程和组织培养。

5.1 食品生物技术的历史

生物技术广义上是利用生物衍生的分子、结构、细胞或组织执行具体的工艺过程。许多传统的食品加工技术,特别是酿造和发酵工业,就是利用微生物和生物活性分子。几千年前,在特定的环境条件下,人们通过自然界微生物的作用,加工酒精饮料、乳酪、酸乳、泡菜、豆酱和鱼露。在人类对酶化学还一无所知的时候,就已经开始用麦芽酿酒了。

传统食品发酵技术源于自然界微生物对食品原料的利用,食品原料被微生物分解代谢后若仍能食用,这种食品则称为发酵食品;否则,此种食品就是腐败变质的食品。经过长时间的发展,在世界不同地区,人们已经掌握了发酵技术,在特定的环境中,用不同的原料可针对性地发酵生产特定的产品。果酒可能是人类的第一个发酵产品,自然界的酵母菌利用水果中的糖分产生酒精。后来人们开发了更为复杂的利用谷物进行酒精发酵的技术,如古埃及的啤酒和东北亚的米酒都出现在公元前 4000 年左右。公元前 4000 年的啤酒是有文字记载的最古老的发酵酒。巴比伦人利用大麦、小麦和蜂蜜制造了 16 种啤酒。中国的诗经(公元前 1100—公元前 600 年)记载,公元前 2300 年的尧帝时期就有上千种酒。显然,在农耕时代之前的陶器时代,东北亚地区就出现了发酵技术(Lee,2001)。

在 17 世纪工业革命以前,食品的干制和发酵是世界上两种最重要的食品保藏技术。在安东尼·范·列文虎克(Antonie van Leeuwenhoek,1632—1723)发明显微镜后,人们开始认识微生物的世界。路易·巴斯德(Louis Pasteur,1822—1895)发现优质葡萄酒和劣质葡萄酒中微生物的差别,葡萄汁在 63℃加热 30 min 后可杀灭有害微生物,冷却后接入优质葡萄汁,可以酿成优质葡萄酒。这个发现后来应用于乳品杀菌中,有效地改善了食品的卫生状况。

在 17 世纪早期,人们认识了生物催化剂——酶在消化和发酵过程中的作用。然而,直到 1926 年,人们才首次分离得到了脲酶的晶体。随后,人们陆续从植物、动物和微生物中分离出了淀粉酶、胃蛋白酶等。随着酶技术的发展,微生物酶逐渐取代了植物酶和动物酶。基因工程技术在 19 世纪 70 年代发展后,食品酶的生产是转基因在食品上的第一个应用。

人们利用转基因微生物生产了很多高活性的、可用于食品工业的酶,并具有更宽泛的工作条件,如高温。利用生物技术种植的作物,特别是玉米和大豆,自从 1995 年首次进入市场以来,产量迅速增加。2007 年统计的 23 个国家中,转基因作物的种植面积超过了 1.2 亿 hm^2(James,2007)。表 5.1 所示为食品生物技术在历史上的重大事件。

表 5.1   食品生物技术的里程碑

时间	食品生物技术的重要阶段
公元前 6000 年	在东北亚地区,利用陶器烹饪并存储食物 在中东地区,利用酵母酿制葡萄酒和啤酒
公元前 4000 年	在埃及,用酵母发酵制作发酵面包 在东北亚地区,在陶器中利用真菌发酵谷物 腌制发酵水产品和植物 在中东地区,利用皮囊凝结动物乳制作乳酪
公元前 2000 年	利用霉菌酒曲发酵生产米酒,中国尧时代制作了多种米酒 中国东北南部和朝鲜半岛制作大豆食物
公元前 200 年	利用枯草芽孢杆菌发酵豆豉
1680 年	Antonie van Leeuwenhoek 发明显微镜,并发现了微生物
1857 年	Louis Pasteur 发现厌氧发酵,开发巴氏杀菌技术
1876 年	Louis Pasteur 证明啤酒发酵过程中微生物的作用
1897 年	Buchner 发现,酵母液中的酶将糖转化为酒精
1904 年	日本开发了纯培养发酵的酒曲
1912 年	从细菌发酵获得了化工原料(丙酮、丁醇、甘油)
1928 年	Alexander Fleming 发现了青霉素
1953 年	由土壤分离细菌,工业化生产谷氨酸 Watson 和 Crick 发现了 DNA 的双螺旋结构
1960 年	通过微生物生产酶
1965 年	Borlaug 发起绿色革命
1973 年	Cohen 和 Boyer 开发 DNA 重组技术
1975 年	首次制备产生单克隆抗体的杂交瘤细胞

续表

时间	食品生物技术的重要阶段
1976 年	美国国家卫生研究院公布遗传工程的指导方针
1982 年	美国和英国批准基因工程胰岛素用于糖尿病患者
	首次允许转基因微生物释放到环境中
1994 年	卡尔基因(Calgene)公司的转基因风味番茄投放市场
	孟山都(Monsanto)公司培育抗除草剂转基因大豆
1996 年	市场上出现抗除草剂和抗虫转基因玉米(YieldGard)
2000 年	开发黄金稻米

5.2 传统发酵技术

世界上传统的食品发酵可以按产物分为酒精发酵、酸发酵、CO_2(面包)发酵和氨基酸或多肽发酵等。每一类又可根据原料分为多种发酵食品。例如,酒精发酵中,以葡萄为原料酿制葡萄酒,以苹果为原料酿制苹果酒,以大麦或玉米为原料酿制啤酒,以稻米为原料酿制米酒,以马乳为原料酿制马乳酒等。并且通过蒸馏制造出白兰地、金酒、伏特加、威士忌和白(烧)酒。

通过各地的发酵食品可以区分社会文化,如中东、欧洲和北非的乳酪、酸乳文化,东南亚的鱼酱文化和东北亚的酱油文化。这些产品的味道是蛋白质分解后产生氨基酸和多肽的鲜(肉)味,形成了当地膳食和调味品的基本风味,反映了这些区域不同的饮食文化。

5.2.1 酒精发酵

在东西方社会中,酒精饮料在人类的精神文化生活中发挥了重要作用。原产于欧洲和中东的酒精饮料多以水果为原料,而亚太地区的酒精饮料多以谷物为原料。欧洲的啤酒以大麦芽为主要原料;在亚洲,主要是以霉菌酒曲和酵母构成发酵剂,以稻米或小麦为原料,发酵生产酒精饮料。

酿酒酵母发酵葡萄糖产生酒精。1810 年 Gay – Lussac(盖 – 吕萨克)建立了发酵公式:

$$C_6H_{12}O_6 \rightarrow 2C_2H_5OH + 2CO_2$$

葡萄酒、啤酒和米酒的酒精发酵过程如下:

$$果汁 \xrightarrow{酵母} 果酒$$

$$大麦 \xrightarrow{发芽} 麦芽 \xrightarrow{酵母} 啤酒$$

$$大米 \xrightarrow{霉菌} 曲 \xrightarrow{酵母} 米酒$$

麦芽所含的淀粉酶可将淀粉酶解成可发酵糖。一种发酵剂,如朝鲜酒曲(nuruk),就是将霉菌接种于生或熟的谷物上制成的,它可以将淀粉分解为可发酵糖,供酵母利用产生酒精,因此米酒发酵包含了两步发酵过程。表5.2 所示为亚太地区谷物发酵剂的名称、成分和所含的微生物。

表 5.2   谷物发酵剂在不同国家的名称和主要成分（Lee,1998）

国家	名称	主要成分	形状	微生物
中国	酒曲	小麦、大麦、小米、稻米（整谷粒、碎谷粒、面粉或面饼）	颗粒状	根霉、淀粉酶
朝鲜	酒曲（nuruk）	小麦、稻米、大麦（整谷粒、碎谷粒或面粉）	大块状	曲霉、根霉、酵母
日本	酒曲（koji）	小麦、稻米（整谷粒、碎谷粒或面粉）	颗粒状	曲霉
印度尼西亚	酒曲（ragi）	稻米（米粉）	小块状	淀粉酶、拟内孢霉
马来西亚	酒曲（ragi）	稻米（米粉）	小块状	—
菲律宾	酒曲（bubod）	稻米、糯米（米粉）	小块状	毛霉、根霉、酵母属
泰国	酒曲（loogpang）	米粉、麸皮	粉状	淀粉酶、曲霉
印度	酒曲（marchaa）	稻米	扁块状	汉逊酵母、毛霉、根霉

5.2.1.1　葡萄酒

葡萄酒是以葡萄（主要是欧洲葡萄）为原料酿制的酒类产品,以其他水果,如苹果、草莓、桃甚至草药的提取液发酵酿制的产品统称为果酒。不同的原料组成、发酵过程和陈化处理赋予果酒不同的特性。不论有无马斯喀特风味,含过量 CO_2 的佐餐葡萄酒包括白葡萄酒、粉红色和红色起泡葡萄酒,如香槟、斯珀曼特和萨克特等。非起泡佐餐白葡萄酒可分为干酒和甜酒,根据不同品种的葡萄和产地命名（如雷司令、霞多丽、夏布利酒、苏特恩等）。粉色和红色佐餐葡萄酒的产量和消费量更高,根据不同的葡萄品种和产地命名（如赤霞珠、黑比诺、波尔多、勃艮第等）。也有一些佐餐葡萄酒根据葡萄品种、产地、加工过程和添加的草药或香料命名（Amerine 等,1980）。

葡萄酒有多种不同的生产方式。通常,葡萄经过清洗、去梗、破碎和浸渍后,在发酵罐中发酵葡萄汁。成熟的葡萄有正常菌群,酿酒车间的环境也有足够的酵母菌进行发酵,酿酒工厂通常还会添加纯培养的酵母菌或活性干酵母进行酒精发酵,现在也有很多商品化的葡萄酒酿酒酵母。为了防止杂菌污染,在添加酵母菌的前 2h,需添加 25 ~ 100mg/L 的二氧化硫（以焦亚硫酸钾的形式）。二氧化硫具有选择性抑菌作用,可以有效抑制细菌和野生酵母菌的生长,同时有利于添加的纯培养酿酒酵母的快速生长。

红白葡萄酒的最适发酵温度不同,红葡萄酒的发酵温度高达 26.7℃,白葡萄酒的发酵温度为 15℃。为了最大程度地提取表皮色素,红葡萄酒通常发酵 5 ~ 10d,再用压滤机分离发酵果渣和酒液。白葡萄酒低温发酵可能持续几周。在大型酿酒厂中,常用板框过滤机或威尔默斯过滤机进行过滤。在滤液中加入明胶溶液或蛋清,用以结合并沉淀单宁和相关的化合物。为了除去过量的钾酸和酒石酸,在 -2℃ 左右储存葡萄酒,然后分离形成的酒石酸结晶,得到澄清的葡萄酒。灌装后在低温储存并进行熟化。

葡萄品种和葡萄种植地的气候决定了成熟期葡萄能够积累的最大糖分。大多数品种的葡萄果汁的糖分达到15%～25%,晚收葡萄的糖分达到30%～40%。成品酒的酒精度不仅取决于葡萄汁(压碎葡萄)的糖分,也取决于发酵的程度。酿制甜酒时,在发酵中或发酵后期要添加酒精,至少要添加体积比为9%的酒精,以防止成品酒快速酸化。当葡萄含糖量太低不能达到酒精发酵的比例时(依据发酵规律,1%的糖产生0.55%的酒精),需要添加糖或者葡萄浓缩汁。在气候凉爽的地区,加糖是合法的操作(美国东部、德国、法国勃艮第等地),但在其他地区则被禁止(加利福尼亚、西班牙、意大利等地)。

5.2.1.2　啤酒

啤酒是用大麦,也可以用其他谷物(稻米、玉米、高粱和小麦)发酵,具有啤酒花香味的酒精饮料。大麦芽分三步制成:浸泡、发芽和干燥。在潮湿黑暗的地方浸渍大麦(45%水分)4～6d,大麦发芽,产生裂解淀粉的酶,α-淀粉酶和β-淀粉酶、蛋白酶和纤维素酶。当发芽完成后,烘干麦芽。干燥的麦芽可以全年稳定地供应,在任何地方,甚至不产大麦的地方,都可以使用干燥的麦芽生产啤酒。这与葡萄酒不同,葡萄酒的生产具有季节性而且只能在葡萄种植地酿制。

啤酒生产包括三个不同的过程:酿制、发酵和精制。粉碎麦芽和谷物,提取麦芽汁,这步需要4～10h,在50℃左右进行,这一过程通常称为酿制。酿制过程包括糖化,糖化是使不溶性淀粉转化为可发酵糖,如麦芽糖和葡萄糖,蛋白质分解成多肽和氨基酸的过程。糖化的温度和时间随糖化系统而变。过滤转化后的麦芽浆,分离成麦芽汁和不溶性的啤酒糟。在锅中煮沸澄清的麦芽汁,并添加啤酒花。不溶的啤酒花经历化学重排形成可溶性的异草酮,并赋予啤酒一种清理味蕾的苦味,这种苦味成为啤酒特有的品质之一(Owades,1992)。

第二阶段是发酵,冷却的麦芽汁含有氧、可发酵糖和氨基酸等多种营养成分,在麦芽汁中添加加酵母,酵母将麦芽汁转化成啤酒。啤酒主要分为两种类型,底部发酵啤酒和顶部发酵啤酒,它们由不同的酵母菌株发酵而成。生产底部发酵啤酒,使用葡萄汁酵母(酵母),在7～15℃发酵,发酵结束时,酵母絮凝和聚集在发酵罐的底部。生产顶部发酵啤酒,使用顶部发酵酵母(酿酒酵母),在18～22℃发酵,酿酒酵母再利用麦芽汁的表面发酵,较少絮凝和聚集(Russell和Stewart,1995)。随着垂直锥底发酵罐和离心机的使用,底部发酵啤酒和顶部发酵啤酒的差异已经不十分明显了。

虽然发酵啤酒的精制有多种方法,但最简单和最普遍使用的方法是"静置"。静置前,将生啤酒用泵输送到另一个储罐,途中冷却,然后低温保持7～14d,沉淀酒中仍然悬浮的酵母,并脱除刺激性的硫黄味和具有其他不良风味的化合物,特别是双乙酰。静置后,以硅藻土为过滤介质,低温澄清啤酒。为了除去所有的酵母和乳酸菌,可以采用另一种硅藻土过滤机、棉纤维过滤机、超滤膜过滤机或陶瓷过滤器进行无菌过滤。因为啤酒是多种微生物的培养基,如果灌装的啤酒未经无菌过滤,就必须进行巴氏杀菌。巴氏杀菌既可以在灌装之前连续进行,也可以在灌装之后在隧道中用热水喷淋进行杀菌(隧道巴氏杀菌)。连续巴氏杀菌大约需要1min,隧道巴氏杀菌大约需要1h。

5.2.1.3 米酒

在东亚,米酒是由谷物(主要是稻米)发酵制成的酒精饮料的通称。这些传统的酒精饮料存在显著的差异,或为晶莹澄清的液体,或为浑浊的液体,或为稠厚的粥糊。澄清的液体米酒有中国的绍兴酒、朝鲜的米酒(chongju)和日本的清酒(sake),约含15%的酒精;浑浊的米酒包括朝鲜的浊酒(takju)和菲律宾的稠酒(tapuy),由于悬浮着不溶性固体和活酵母,也称稻米啤酒,酒精含量低于8%。亚太地区谷物酒精饮料举例见表5.3(Lee,2001)。

表5.3   **亚太地区谷物酒精饮料举例(Lee,2001)**

产品	国家	主要原料	微生物	外观和使用
米酒				
绍兴酒	中国	稻米	酵母	澄清的液体
米酒(chongju)	朝鲜	稻米	酵母	澄清的液体
清酒(sake)	日本	稻米	清酒酵母	澄清的液体
浊酒(takju)	朝鲜	稻米、小麦	乳酸菌、酵母	浑浊的液体
稠酒(tapuy)	菲律宾	稻米、糯米	酿酒酵母、毛霉、根霉 曲霉、明串珠菌、植物乳杆菌	酸甜的液体、糊状
米酒(brem bali)	印度尼西亚	糯米	印度毛霉、假丝酵母	暗褐色液体、含酒精
稠酒(khaomak)	泰国	糯米	根霉、毛霉、酿酒酵母	半固态甜酒
稠酒(tapai pulut)	马来西亚	糯米	厚垣毛霉、汉逊酵母属	半固态甜酒
稠酒(tape－ketan)	印度尼西亚	糯米	鲁氏毛霉、覆膜酵母菌、伯顿酵母	甜或酸、糊状
醪糟				
酒酿	中国	稻米	根霉、鲁氏毛霉	糊状、含酒精
料酒(mirin)	日本	稻米、酒	米曲菌、宇佐美曲霉	澄清的液体

使用酒曲,以谷物为原料的酒精发酵包括两步:①将霉菌接种于生或熟的谷物上,固态发酵制得酒曲;②将酒曲拌入谷物原料,同时接入酵母发酵产生酒精。粉末状的霉菌酒曲加水低温储藏几天,制作母液。在此期间,微生物淀粉酶和蛋白酶将淀粉转化为糖。曲中的产酸菌产生有机酸,使pH降低到4.5以下。在母液中添加(2~3):1(体积比)的熟谷物和水,制作第一次发酵醪。再次将熟谷物和水添加到发酵醪中,增加产量,提升酒精浓度和成品质量。据文献记载,在发酵醪中多次添加熟谷物可以进行重复酿制(Yoon,1993)。

在每一步发酵过程中添加刚蒸熟的谷物,根据发酵温度的不同,每一步的发酵时间从2d到1个月不等。在10℃的低温下发酵可以改善米酒的口味和质量。在远东地区,常在深秋或早春时节酿制传统米酒,此时的环境温度低于10℃。出酒量大约与原粮量相等(Lee等,2003)。

在20世纪初,日本引进了欧洲的酿造技术,采用纯种发酵剂,工业化生产传统米酒。随后这种技术传到了朝鲜和中国。工业化生产传统米酒主要包括:①在蒸熟的精米中接种米曲霉或白曲霉,25~30℃培养2~3d,获得工业化纯培养酒曲(米曲);②混合米曲、发酵醪和水,在20℃发酵3～4d,制成母曲;③添加10倍体积蒸熟的稻米和水,发酵2～3周;④过滤发酵醪获得清液,在低温下成熟1～2周;⑤再次过滤、装瓶并进行巴氏杀菌(Lee等,2003)。

稻米啤酒通常在较高的温度下发酵(20℃)。混合发酵剂、熟谷物(稻米、小麦、大麦、玉米)和水,在约20℃下发酵2～3d,然后通过细孔筛或滤布,过滤澄清发酵液。酿制这种啤酒通常进行一次或二次发酵。谷物啤酒营养丰富,富含发酵期间形成的B族维生素、酒精及部分水解多糖,能够快速补充能量(Lee,1998)。

5.2.2　有机酸发酵

乳酸发酵是人类最早发现的有益微生物发酵过程之一(Lee,1988)。古代人们进行面团、牛乳、谷物和蔬菜的酸发酵,以保持食物的品质和风味。近100多年来,欧洲对乳制品发酵进行了广泛研究,并且实现了发酵过程高度的标准化和工业化,有效地保证了生产安全营养的食品。高加索酸乳和中东乳酪在欧洲、美洲和大洋洲已经成为人们的日常食品,但它们在亚洲和非洲仍被视为富人的美食。对于亚非地区其他发酵食品的科学研究很少,而这些发酵食品对中亚和非洲人的饮食却具有重大的影响(Lee等,1994)。

乳酸菌是产酸发酵食品中最重要的微生物,并且根据其差异性分为四个属:链球菌属(*Streptococcus*)、片球菌属(*Pediococcus*)、乳酸杆菌属(*Lactobacillus*)和明串珠菌属(*Leuconostoc*)。此外,属于放线菌目的双歧杆菌对于乳制品也很重要。链球菌、片球菌和一些乳酸杆菌进行同型乳酸发酵,而明串珠菌和双歧杆菌进行异型乳酸发酵。乳酸菌对于葡萄糖的代谢存在不同的途径:糖酵解途径、双歧杆菌发酵途径和6-P-葡萄糖酸盐途径。

糖酵解:

$$葡萄糖 \xrightarrow{\text{同型乳酸菌}} 2\text{乳酸}$$

双歧杆菌发酵途径:

$$葡萄糖 \xrightarrow{\text{双歧杆菌}} 乳酸 + 醋酸$$

6-P-葡萄糖酸盐途径:

$$葡萄糖 \xrightarrow{\text{异型乳酸菌}} 乳酸 + 醋酸(乙酸) + 二氧化碳$$

5.2.2.1　乳酸发酵乳制品

发酵乳制品是利用各种微生物培养物对牛乳进行乳酸发酵得到的产品。发酵乳制品起源于近东地区,然后传播至欧洲南部和东部,现在各种发酵乳制品已经遍及整个世界。由于发酵剂和操作规则不同,发酵乳制品也存在很大的差异。但是,大多数发酵乳制品的生产都有以下的基本操作步骤:

①制备发酵剂;

②处理原料,如巴氏杀菌、分离和均质;

③接种发酵菌株;

④发酵;

⑤搅拌和冷却;

⑥包装。

表 5.4 所示为世界上主要的发酵乳制品,包括产品、产地和使用的发酵菌(McGregor,1992)。

表 5.4　　　　　　　　　　　　发酵乳制品的例子(McGregor,1992)

产品	产地	发酵菌
嗜酸乳杆菌乳	欧洲、北美	嗜酸乳杆菌、双歧杆菌
保加利亚酪乳	欧洲	保加利亚乳杆菌
酪乳	北美洲、欧洲、中东、北美、非洲、印度次大陆、大洋洲	乳酸乳球菌乳脂亚种、乳酸乳球菌双乙酰亚种、乳脂明串珠菌
北欧发酵乳	欧洲	乳酸乳球菌乳脂亚种、乳酸乳球菌、乳酸乳球菌双乙酰亚种、乳脂明串珠菌、白地霉
布丁	欧洲、南非	自然存在的乳酸菌
酥油	印度次大陆、中东、南非、东南亚	链球菌、乳酸杆菌和明串珠菌
凝乳甜食	欧洲	乳球菌、乳酸杆菌
克非尔	中东、欧洲、北非	乳球菌、乳杆菌、链球菌、明串珠菌、乳酒假丝酵母、克鲁维脆壁酵母
谷物酸乳混合发酵产品	北非、中东、欧洲、南亚、东亚	链球菌、乳酸杆菌和明串珠菌
酸乳油饼干	中东、欧洲	乳酸乳球菌、乳酸乳球菌乳脂亚种、乳酸乳球菌亚种乳酸乳球菌双乙酰亚种、酿酒酵母
酸马乳	欧洲、中东、东亚	乳酸乳球菌、保加利亚乳杆菌、乳酒假丝酵母、球拟酵母
酸牦牛乳	北非、中东、南亚、东亚	乳酸菌、乳球菌、乳酸酵母、青霉
酸乳	东南亚、中东、北非、南非、欧洲	保加利亚乳杆菌、嗜热链球菌、酵母
发酵乳清	欧洲	链球菌、乳酸杆菌
酸乳油	欧洲、北美、南亚、中东	乳酸乳球菌乳脂亚种、乳球菌双乙酰亚种
养乐多	东亚	干酪乳杆菌
酸乳	全世界	保加利亚乳杆菌、嗜热链球菌

5.2.2.2　乳酸发酵谷物和含淀粉块茎

面团的乳酸发酵过程可以提高焙烤产品的品质和风味,同样也可以改善劣质面粉和其他谷物制作面包的适用性。发酵面包和面饼是非洲、部分欧洲和亚洲地区人们重要的主食之一(Lee,1994)。中国使用面粉和米粉发酵蒸制或烘焙的食品有馒头(mantou)、包子(baozi)和饼(pancake)等(Chen Dongsheng,Zhang Yan,2005)。酸面包是德国人的典型食物,斯堪的纳维亚黑麦面包备受北欧人的喜爱。印度蒸糕(idli、dosa、dhokla 和 khaman)是印度人和斯里兰卡人的重要主食,他们每周都会食用三四次。idli 是一种白色的发酵小蒸糕,由细菌发酵稻米粉和去壳黑豆粉的黏稠面糊蒸制而成。与此相似,菲律宾的蒸糕(puto)和朝鲜蒸糕(kichudok)都是用稻米制成的产品。puto 用陈年稻米制作,发酵过程中产酸,用碱中和其酸性面糊,产生 CO_2 气体而形成松软结构。斯里兰卡蒸糕或烙饼(hopper)是用稻米或小麦粉和椰子汁制作的面团发酵而成,发酵过程中需要添加大量的面包酵母培养物或含有产酸菌的椰子棕榈酒。表 5.5 所示为不同地区不同种类的发酵面包、面饼、粥和淀粉原料制作的食品。

表 5.5 发酵面制品的例子

产品	国家	主要原料	微生物	应用方法
馒头、蒸糕、包子、饼	中国	小麦、稻米	乳酸菌、酵母	蒸制、烘焙
酸面包(sourbread)	德国	小麦	乳酸菌、酵母	烘焙
黑麦面包(ryebread)	丹麦	黑麦	乳酸菌、酵母	烘焙
蒸糕(idli)	印度、斯里兰卡	稻米、黑豆	明串珠菌、粪肠球菌	蒸制
蒸糕(puto)	菲律宾	稻米	明串珠菌、粪肠球菌	蒸制
蒸糕(kichudok)	朝鲜	稻米	酵母	蒸制
面饼(enjera)	埃塞俄比亚	画眉草籽粉或其他谷物	明串珠菌、啤酒片球菌、植物乳杆菌、酿酒酵母	烘焙
面饼(kisra)	苏丹	高粱、小米	乳酸菌、醋酸菌、酿酒酵母	烘焙
酸乳面粉(kishk)	埃及	小麦、牛乳	干酪乳杆菌、短乳杆菌、植物乳杆菌、酿酒酵母	发酵、干燥
蒸糕或烙饼(Hopper)	斯里兰卡	稻米、椰子、水	酵母、乳酸菌	蒸制、烘焙

世界上有些地区,特别是非洲地区,由谷物制成的酸粥可能是当地基本的代表性饮食(表5.6)。尼日利亚的 ogi、肯尼亚的 uji、加纳的 kenkey,这些都是发酵酸粥的代表性食品,它们以玉米、高粱、小米、木薯为原料进行发酵,再经过湿磨、湿筛和煮沸制成。

表 5.6 发酵酸粥和非酒精饮料

产品	国家	主要原料	微生物	应用
酸粥(ogi)	尼日利亚	玉米、高粱或小米	植物乳杆菌、棒状杆菌、醋酸菌、酵母	酸粥、婴儿食品、主食
酸粥(uji)	肯尼亚、乌干达、坦桑尼亚	玉米、高粱、小米或木薯粉	明串珠菌、植物乳杆菌	酸粥、主食
饮料(mahewu)	南非	玉米、小麦粉	链球菌、乳酸菌	8% ~10%固形物的饮料
饮料(hulumur)	苏丹	红高粱	乳酸杆菌	澄清饮料
饮料(busa)	土耳其	稻米、小米	乳酸杆菌	澄清饮料

产酸发酵同样可用于制造淀粉类食品,以延长其贮藏时间、抑制腐败微生物生长以及改善风味。尼日利亚的木薯淀粉制品(gari)、埃塞俄比亚的熟麦粉(kocho)、中国的绿豆淀

粉和墨西哥的玉米片和饮料(pozol)都是产酸发酵淀粉原料的代表食品(表5.7)。

表 5.7 <td colspan>产酸发酵淀粉成分实例</td>

产品	国家	主要原料	微生物	应用
发酵淀粉(gari)	尼日利亚	木薯	明串珠菌、产碱杆菌、棒状杆菌、乳酸菌	主食、饼、粥
绿豆淀粉	中国、泰国、朝鲜、日本	绿豆	明串珠菌、干酪乳杆菌、纤维二糖乳杆菌、发酵乳杆菌	粉丝
米粉(khanom – jeen)	泰国	稻米	乳酸菌、链球菌	米粉
玉米片、饮料(pozol)	墨西哥	玉米	乳酸菌、假丝酵母	玉米片、饮料、粥
调味品(me)	越南	稻米	乳酸菌	酸味食品成分

亚洲大多数国家生产绿豆淀粉,绿豆淀粉粉丝是中国的配菜原料之一。绿豆淀粉的生产工艺过程包括乳酸发酵。绿豆在乳酸发酵的水中连续浸泡12 h,其主要的微生物是肠膜明串珠菌、干酪乳杆菌、纤维二糖乳杆菌和发酵乳杆菌。乳酸发酵使 pH 降低至4.0,避免了绿豆在研磨成浆的过程中发生腐败变质(Steinkraus,1983)。

泰国米粉(khanom jeen)也是由稻米经产酸发酵制得的,将稻米浸泡沥干,研磨前至少发酵 3d,发酵菌群包括乳酸杆菌和链球菌。

5.2.2.3 产酸发酵蔬菜

产酸发酵的蔬菜是维生素和矿物质的重要来源。研究发现,肠膜明串珠菌在很多蔬菜发酵的初始阶段很重要,如卷心菜、白菜、萝卜、花椰菜、豆角、绿西红柿、黄瓜、橄榄和青贮甜菜等。在发酵蔬菜中肠膜明串珠菌迅速生长,并且比其他乳酸菌适应的温度和盐度范围更宽。肠膜明串珠菌产生 CO_2 和酸,可以快速降低 pH,进而抑制其他微生物的繁殖,抑制果胶酶活性,避免蔬菜变软。CO_2 可以取代空气,这种厌氧环境有利于保持抗坏血酸的稳定性并且对蔬菜起到护色作用。肠膜明串珠菌的生长改变了环境,有利于其他乳酸菌的生长。这些菌株会产生较高的酸度,抑制肠膜明串珠菌的生长。肠膜明串珠菌将葡萄糖转化成左旋 D – 乳酸(约45%)、CO_2(25%)、乙酸(25%)和乙醇。部分果糖转变为甘露糖醇,甘露糖醇很容易发酵生成等分子数量的乳酸和乙酸。这些酸和醇反应能够产生酯类,可以改善食品的风味。

表5.8 所示为世界各地的酸发酵蔬菜的代表食品。不同的最佳发酵终点是德国酸白菜(sauerkraut)和朝鲜辣白菜(kimchi)之间的主要差异。朝鲜辣白菜的最佳风味出现在短乳杆菌和植物乳杆菌过度生长之前,即最适 pH4.5 之前,短乳杆菌和植物乳杆菌的过度繁殖会降低产品的质量,而德国酸白菜则依靠这些微生物。二者都是通过盐浓度和温度控制发酵。德国酸白菜的最适盐含量为 0.7%,盐用量大约为3.0%,而朝鲜辣白菜的盐含量3.0%,盐用量约为 5.0%(Lee,1994)。

表5.8 世界各地产酸发酵蔬菜产品实例

产品	国家	主要原料	微生物	应用
酸白菜(sauerkraut)	德国	卷心菜、盐	明串珠菌、短乳杆菌	沙拉、配菜
辣白菜(kimchi)	朝鲜	朝鲜白菜、萝卜、其他蔬菜、盐	明串珠菌、短乳杆菌 植物乳杆菌	沙拉、配菜
泡菜(dhamuoi)	越南	卷心菜、其他蔬菜	明串珠菌、植物乳杆菌	沙拉、配菜
泡菜(dakguadong)	泰国	芥菜叶	植物乳杆菌	沙拉、配菜
泡菜(burong mustala)	菲律宾	芥菜叶	短乳杆菌、酵母	沙拉、配菜

5.2.2.4 产酸发酵鱼和肉制品

加入盐和糖可以发酵易腐败的鱼和肉,以延长其贮存时间。在斯堪的纳维亚地区,大多数传统的低盐发酵鱼制品现在转变为醋渍制品,这些产品需要低温冷藏。而大多数亚洲产品则加入谷物后进行乳酸发酵,如表5.9所示。

表5.9 产酸发酵海产品和肉制品实例(Lee,1994)

产品	国家	主要原料	微生物	应用
咸鱼(sikhae)	朝鲜	海鱼、熟小米、盐	明串珠菌、植物乳杆菌	配菜
咸鱼(narezushi)	日本	海鱼、熟小米、盐	明串珠菌、植物乳杆菌	配菜
咸鱼(burong-isda)	菲律宾	淡水鱼、稻米、盐	短乳杆菌、链球菌	配菜
咸鱼(pla-ra)	泰国	淡水鱼、盐、炒米饭	片球菌	配菜
鱼虾酱(balao-balao)	菲律宾	虾、鱼、稻米、盐	明串珠菌、啤酒片球菌	调料
虾酱(kungchao)	泰国	虾、盐、甜饭	啤酒片球菌	配菜
香蕉叶包的腌猪肉(nham)	泰国	猪肉、蒜、盐、稻米	啤酒片球菌、植物乳杆菌、短乳杆菌	配菜
发酵香肠(sai-krok-prieo)	泰国	猪肉、稻米、大蒜、盐	植物乳杆菌、唾液乳杆菌、戊糖片球菌	配菜
发酵香肠(nem-chua)	越南	猪肉、盐、熟米饭	片球菌、乳酸菌	配菜

产酸发酵常用的糖源是蒸熟和炒熟的稻米,也使用其他糖源,如小米。有的还加入水果或蔬菜,如在印度尼西亚的咸鱼(bekasam)中加入酸豆角以降低pH;在朝鲜的咸鱼(sikhae)中加入大蒜和胡椒等进行调味并防腐。在乳酸发酵鱼制品中,已证明大蒜具有抑制腐败微生物如芽孢杆菌的作用(souane等,1987)。

发酵香肠制品,如欧洲的意大利腊肠、泰国的香蕉叶腌肉(nham)和越南的发酵香肠(nem-chua),都是由乳酸菌发酵而成的。从朝鲜和其他亚洲国家的发酵鱼制品中,也分离得到了意大利腊肠的发酵微生物(Lee,2001)。

5.2.2.5 醋

醋与酒一样古老,因为暴露在空气中的天然酒精都会发酵产生乙酸。

$$水果、酒、棕榈酒、米酒中的乙醇 \xrightarrow{\text{醋酸杆菌}} 乙酸$$

在欧洲用水果发酵生产醋;在亚太地区用热带水果,如椰子、甘蔗和菠萝生产;在东北亚地区用谷物生产。用谷物发酵的醋可以分为三类:米醋、米酒滤饼醋和麦芽醋。原始酿醋是用醋酸菌在好氧条件下自然或自发发酵酒精底物的过程。传统上,家庭作坊使用低等或劣质酒精发酵生产劣质醋。现在,高质量标准的醋都是工业化生产的产品。

远东地区的国家使用米酒滤饼酿制商业食醋。从米酒工厂收集的滤饼在贮藏池中压实储存 1～2 年。滤饼中含有大量没有被转化的糖和蛋白质,它们在贮藏过程中,由本身的微生物和酶进一步水解生成酒精与其他营养物质和风味物质。在过滤前向滤饼中加入 2～3 倍体积的水打浆过滤,将滤液加热至 70℃,再加入新醋醪液,将滤液冷却至 36～38℃,加入醋酸菌发酵 1～3 个月,然后在室温下熟化 3～6 个月,过滤得到澄清的醋(Lee,2001)。

5.2.3　面包发酵

烘焙和酿造葡萄酒都取决于酵母利用糖进行厌氧发酵产生 CO_2 和酒精的能力。在葡萄酒的酿造过程中,酒精是最有价值的产品;在烘焙时,发酵过程中产生的 CO_2 的蓬松效果最为重要。面包主要分为两类,即发酵面包和不发酵面包。传统的发酵是由酵母进行发酵,并产生 CO_2 和酒精得到产品。虽然食品酸和苏打(碳酸氢钠)生成 CO_2 的化学醒发剂可以代替酵母发酵,但是生物发酵可以改进面包的物理化学性质并产生风味。

最初,由于没有商业面包酵母,人们必须使用酸面团(面肥)制作各种类型的面包。20世纪初期,面包酵母开始进入市场。工业生产酵母利用糖浆,在有氧条件下,分批补料,得到发酵效率最高的酿酒酵母菌株。它的最佳发酵温度为 28～32℃,最适 pH 在 4～5 之间。在发酵过程中,酵母的添加量是发酵面团质量的 1%～6%。更具体的百分比数据取决于原料配方、发酵过程、面粉和酵母的质量和发酵条件(Spicher 和 Brummer,1995)。

烘焙食品的生产包括原料处理、面团形成(揉制、成熟)、面团加工(发酵、醒发、切割、入模、成型)、烤炉焙烤和最后加工(切片、包装)等过程。面包生面团经过足够长的时间发酵,酵母与碳水化合物充分反应,进而将它们转化为 CO_2 和酒精等主要的终产物。在醒发终点,面包的水相为 CO_2 所饱和,CO_2 扩散成为气泡,由于 CO_2 压力的作用,面团体积增加了一倍。在烘焙的开始阶段,由于加热的作用,空气和蒸汽膨胀使面包体积继续增加(烤炉容积允许),然后在某个温度下,面团形成框架,停止膨胀,淀粉糊化,外皮着色并产生风味。烤炉容积的大小取决于两个因素:①气体的产生和扩散;②面包在形成框架前膨胀所需要的时间。第一个因素主要是体现酵母发酵的能力;第二个因素受面团成分的影响,如起酥油、表面活性剂、面筋蛋白质和面粉脂质等(Stauffer,1992)。

5.2.4　氨基酸或肽的发酵

蛋白质发酵食品因其在发酵过程中形成了醇香的口感和刺激食欲的风味,所以主要用于制造增加风味的调味品。特定的气候和当地可用的原材料决定了传统蛋白质发酵食物的主要类型。以动物为主要食物资源的中东地区、欧美国家和大洋洲国家是乳酪的主要产区;东亚国家主要制作发酵豆酱产品,例如酱油和酱;亚太地区主要制作发酵鱼产品。

5.2.4.1 乳酪

全世界乳酪品种的数量多达 500 种,并且有多种分类方法。从广义来讲,乳酪可以分为成熟乳酪和新鲜乳酪两大类。从质构上,乳酪可以分为:特硬质乳酪,如帕玛森(parmesan)和罗马诺(romano);硬质乳酪,如切达(cheddar)和瑞士(swiss);半软质乳酪,如砖形(brick)、门斯特(muenster)、蓝纹(blue)和哈瓦提(harvarti);软质乳酪,如布里(brie)、卡门贝尔(camembert)和费塔(feta);酸性乳酪,如农家(cottage)、奶油(cream)和瑞考塔(ricotta)。乳酪也可以按照加工技术分类,如根据凝乳方法分类:凝乳酶乳酪,如切达、砖形和门斯特;酸乳酪,如农家、夸克(quarg)、奶油;加热酸乳酪,如瑞考塔、绿色(sapsago);浓缩结晶乳酪,如挪威乳清(mysost)(nuath 等,1992)。

乳酪是牛乳通过凝乳、搅拌、加热、排除乳清、收集并挤压凝乳而成的产品。乳酪的特征风味和质感主要取决于其在成熟期的发酵剂和微生物的种类以及凝固剂和腌制的方法。根据品种的不同,牛乳巴氏杀菌(通常为 72℃,16s)后,在 30~36℃ 时将乳酸菌发酵剂添加到牛乳中,发酵 30~60 min,乳酸菌产生足够的酶将乳糖转化为乳酸。牛乳酸化后,加入牛乳凝乳酶。如果生产蓝纹乳酪(blue cheese),还要在牛乳或凝乳中添加霉菌(青霉)。

发酵剂包括链球菌、明串珠菌、乳酸杆菌、嗜热链球菌,还包括丙酸杆菌、短杆菌和青霉菌属。后一类微生物与乳酸菌协同作用,可制作特殊的乳酪。如瑞士乳酪中出现的小孔就是丙酸杆菌产气的结果;枯草芽孢杆菌会使砖形乳酪呈现黄颜色和典型的风味。

凝乳是乳酪制作必不可少的步骤。大部分蛋白水解酶都能够凝固牛乳。犊牛凝乳酶(凝乳酶,EC3.4.23.4)广泛应用于乳酪的制作。由于犊牛凝乳酶的缺乏,商业凝乳酶中还混合了其他动物的胃蛋白酶,如猪胃蛋白酶。从米赫毛霉、微小毛霉和栗疫菌中提取的微生物凝乳酶具有相似的功能。虽然人们都知道植物蛋白酶也可以凝结牛乳,但是它不能用于生产商业乳酪。

5.2.4.2 鱼露和鱼酱

因产地和季节捕捞的限制,淡水和海洋动物产品极易腐败。发酵是一种保藏鱼的古老技术(Ruddle,1993),它随着盐的使用和非游牧生活方式的出现而得到发展。在世界范围内,发酵鱼类制品与食用谷物,特别是稻米和蔬菜,有很大的相关性(Ishige,1993)。虽然目前仅限于东亚和东南亚地区食用发酵鱼制品,但是追溯历史可以发现,鱼的发酵贯穿了古代人类文明。

鱼在缸中或其他陶器中长时间腌制,其肠道中的酶和体内的嗜盐微生物分解鱼肉而渗出的液体(蛋白水解物)就是鱼露。这些水解产物主要由氨基酸和多肽类物质组成,形成了鱼露特征性的肉味。朝鲜的鱼虾酱(jeotkal)含盐量 20%,由于片球菌和嗜盐杆菌的作用,在发酵的前 40d 内细胞增殖。可溶性氮和氨基氮的浓度在前 60d 稳定增长。挥发性盐基氮的增加分为两个阶段:前 60d 是第一阶段,这时刚好呈现最佳风味;在第二个阶段中,挥发性盐基氮的增加引起风味的劣变,这与酵母菌的最大生长量有关(Lee 等,1993)。

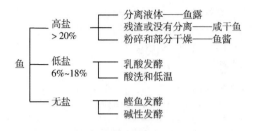

图 5.1　发酵鱼产品的分类

根据加盐量不同,可分为高盐(> 20%)、低盐(6% ~ 18%)和无盐产品,见图 5.1。当盐浓度超过总重的 20% 时,致病菌和腐败菌均不能生长,产品无需用其他方法保存。水解度可以作为主要标准来细分这类产品,它受到发酵时间、温度、酶添加量和含水量的影响。鱼露是完全水解的产品;而咸鱼则代表了部分水解的发酵鱼制品。咸鱼在腌制渗出液中浸泡,仍能保持完整的形状,常用于米饭的配菜;鱼酱是咸鱼适度脱水以限制其水解,再磨细均质的固体调味品。每一种产品可以根据原材料再进一步细分,如鱼的种类和鱼的部位,因此,可以得到很多不同种类的产品(Lee,1989)。

许多亚洲国家都加工咸鱼和干鱼制品,如泰国的咸鱼(plakem)、印度尼西亚的咸鱼(jambalroti)、斯里兰卡的干鱼(maldive fish)和朝鲜的咸干鱼(gulbi)等。但是人们还不能完全理解发酵在这些产品中的作用。鱼的无盐发酵是一种非常规性的加工方法。在某些具地方特色的发酵制品中,有半腐鱼或在多叶植物灰烬中发酵的碱性鱼类制品。在日本,霉菌发酵干鲣鱼是无盐发酵鱼的代表。

东亚和东南亚的大多数国家都生产鱼露,但风味、物理特性和使用的原材料明显不同。根据水解度或发酵时间和分离方法的不同,鱼露可分为两种类型:澄清型和浑浊型。ngan - pya - ye、nuoc - man、nampla、shottsuru 和 yu - lu 都属于澄清型鱼露,而 budu、patis、ketjapikan 和 jeotkuk 则属于浑浊型鱼露。某些浑浊型鱼露是鱼在腌制发酵时渗出的液体,如在菲律宾,从鱼虾酱(bagoong)产品中制备鱼露(patis),在朝鲜,从鱼虾酱(jeotkal)产品中制备鱼露(jeotkuk)。在东北亚地区,咸干鱼制品比鱼露更为重要,而由虾和浮游动物(如 seinsangapy、belacan、trassi、prahoc 和 kapi)制成的虾酱则广泛地用于东南亚饮食之中。

5.2.4.3　豆酱产品

在大豆加工利用的早期阶段,东北亚人最先发明了"豉",豉是一种发酵豆制品。在制作豆酱的过程中,先把蒸熟的大豆放在缸中或陶罐里发酵,继而在盐水里浸渍长了霉菌和细菌的熟豆,滤出蛋白水解物,液体部分为酱油,固体部分为豆酱。

根据发酵原料的不同,传统的发酵豆制品可分为三种类型:由松散型发酵大豆制成的豉;由结块大豆制成的酱和大豆与小麦等谷物混合制成的酱。在东北亚地区主要是中国、朝鲜和日本流行这些产品,它们的演变如图 5.2 所示。根据 S. W. Lee(1990)的研究,中国在公元前 1 世纪和日本在公元 6 世纪出现发酵大豆制品。历史上,许多产品得到发展,同时许多产品也在消失。

朝鲜酱油和豆酱

酱曲(meju)由熟大豆制备。在朝鲜豆酱的制造过程中,大豆在水中浸泡过夜后蒸煮 2 ~ 3h,捣碎后置于阳光下晾干,几天后制成块状酱曲或球状酱曲。在酱曲表面生长的霉菌,主要是米曲霉。在酱曲内部生长的具有代表性的细菌是枯草芽孢杆菌。霉菌和枯草芽

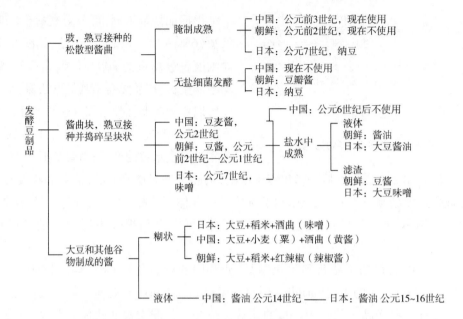

图5.2 发酵的豆制品在东亚的起源和交替(Lee,1990)

孢杆菌释放出酶,将大豆蛋白水解为氨基酸,将多糖转化为单糖和有机酸。氨基酸和糖引起褐变反应,形成特征性的深褐色和肉味。在盐水瓦罐中浸渍充分发酵的酱曲,并成熟几个月,其特征性的深褐色和肉味融入盐水之中。在此期间,耐盐酵母特别是鲁氏酵母在醪液中生长,产生酱油的香味。分离醪液,液体部分是酱油,沉淀部分是豆酱。豆酱蒸煮后可在瓦罐中长年贮存。就像葡萄酒的味道会随着陈化时间延长而更加醇香一样,酱油的味道随着储存时间的延长而更加丰富,在朝鲜,家庭发酵豆制品的味道决定了这个家庭膳食的味道。

日本酱油和味噌

20世纪初,日本人使用从传统发酵分离出来的纯培养的霉菌控制发酵,改进了酱曲的制备方法(Shettleff 和 Aoyaki,1976)。在蒸熟的稻米和小麦碎粒中加入以米曲霉为主的霉菌纯培养物,制备酒曲。将其与熟大豆混合进一步发酵,并在浓盐水中成熟,分别制作味噌(miso)和酱油(shoyu)。制作酱油时,酒曲与脱脂熟大豆片和小麦碎粒混合,在盐水中熟化,经过4~6个月的熟化,过滤得到酱油并除去固体残渣。味噌是用酒曲发酵,以熟稻米或其他谷物为原料,加入熟大豆和盐,捣碎成糊,成熟后得到的产品。这些生产工艺都可以很容易地实现产品工业化制造。相对于朝鲜的产品,日本的酱油和味噌口感更温和。朝鲜人比较喜欢口味浓烈的传统酱油和豆酱,这与欧洲人对羊乳蓝纹乳酪(roquefort)和再制切达乳酪(cheddar cheese)的感受很相似。

朝鲜的豆瓣酱和日本的纳豆

在朝鲜豆瓣酱(chongkukjang)的生产中,用草垫或布覆盖蒸熟的大豆,放在温暖的石板上发酵,如暖炕,3~4d之后形成丝状黏液,再放入姜末、蒜末和盐轻轻搅拌,直到豆粒分成两半,放入坛中储存。姜和蒜的味道会掩盖大豆发酵的异味,并产生特征性的豆瓣酱风味。制作辛辣的豆瓣酱需要成熟3~4d,而普通的豆酱,如用酱曲作为发酵剂,需要6个月的成熟期。在这方面,豆瓣酱是一种快速的发酵方法,此时得到的豆酱中的黏稠物质实质是枯草芽孢杆菌产生的肽类多糖。

日本纳豆(natto)是一种改良的豆酱制品。用枯草芽孢杆菌发酵蒸熟的大豆可以得到纳豆——带有丝状黏液的发酵大豆产品。如果不做进一步处理,纳豆就是无盐发酵的产品。而朝鲜人并不接受纳豆,朝鲜豆酱总是加入香料用作烹饪调味品。膳食中加入豆瓣酱可以很好地补充蛋白质。在过去,豆瓣酱也称为jeonkukjang。"chongkuk"是指中国清王朝,"jeonkuk"的意思是"战争中的国家"或"战场"。所有这些名字都意味着它们是在特定环境中生产的食品,如在战争时期或饥荒年代,人们迫切需要营养美味的食品,而环境又不具备长期发酵的条件。

朝鲜的辣椒酱

欧洲人的基本口味是甜、酸、苦、咸,日本人在此基础上增加了鲜味和肉味,朝鲜人又增加了辛辣味。朝鲜饭菜与邻居日本和中国饭菜的明显区别就是红辣椒的辛辣味更重一些。

朝鲜的辣椒酱(kochujang)是一种独特的辣豆酱,在朝鲜很受欢迎。它由发酵的大豆、酱油和麦芽等作为原料发酵制成。麦芽与糯米、稻米混合在一起发酵,麦芽中的酶将淀粉水解成糖,在糊状混合物中加入酱曲粉、红辣椒粉和盐,充分混合,形成团块后放在瓦罐内,瓦罐顶部用盐封好以防止杂菌生长,把瓦罐放在阳光充足的地方进一步发酵。此时,蛋白质水解为氨基酸,增加了醇香味。在发酵过程中,水解蛋白的醇香味、水解淀粉的甜味与辣椒味和盐味恰当结合,形成了朝鲜膳食中刺激食欲的新的特色风味。

印度尼西亚的豆酵饼

在印度尼西亚的所有地区都能看到豆酵饼(tempe),特别在爪哇和巴厘岛更为明显,新加坡和马来西亚的一些村庄也加工生产。大豆去皮、浸润、蒸至半熟后经真菌发酵,长满霉菌的白色块状物就是豆酵饼(Steinkraus,1983)。豆酵饼用枯萎的香蕉叶包装后在市场上销售。制作豆酵饼的基本步骤包括清洗豆子、用水浸泡、去壳以及半蒸熟去壳大豆。去皮对霉菌在大豆子叶表面的生长很重要。大豆不用蒸煮完熟,因为接下来霉菌的繁殖能够使大豆变软。在热带地区的自然条件下,豆酵饼的生产包括两步不同的发酵:浸泡过程中大豆细菌酸化,和在熟大豆子叶上增殖霉菌。在1kg蒸煮或沥干的大豆子叶上,撒上前一批产生孢子的豆酵饼或晒干的豆酵饼粉末(1~3g),充分混合,使霉菌孢子在大豆表面完全扩散。豆酵饼霉菌主要为根霉菌属真菌,菌株NRRL2710或CBS338.62的纯培养物可以作为接种菌株。

用枯萎的香蕉叶或其他较大的叶子包裹接种后的大豆。这些叶子能够在发酵过程中使大豆子叶保持湿润并进行气体交换,在25~30℃进行保温。保温温度越高,豆酵饼的霉菌生长得越快。例如,25℃时需要保温80h,28℃时需要保温26h,37℃时需要保温22h。当大豆子叶完全被霉菌覆盖时就可以制得豆酵饼,并压成致密而柔软的块状物(而不是橡胶状)。此时,pH升高到6.5左右。

豆酵饼以新鲜或油炸的形式销售,制成后应当立即销售,因为在非冷藏状态下豆酵饼只能储存1~2d。如果不能立刻销售,就要油炸处理使豆酵饼保持稳定状态,或者蒸汽加热并冷藏。也可以经脱水、晒干或热干燥后放在塑料袋里保存。后续的保存效果较好,因为在使用霉菌生产豆酵饼时生成了一种强抗氧化剂能够抑制酸败。

中国的腐乳

中国的腐乳是生长了毛霉和根霉的豆腐在浓盐水和米酒的混合物中发酵而成的凝块，呈奶油色而且风味浓厚（Lee 和 Lee,2002）。在西方国家,腐乳被称为中国乳酪。商品化的腐乳一般为 2~4cm^2、厚度为 1~2cm 的红色或白色块状物。白色腐乳不经过处理,而红色腐乳是利用中国红曲米着色的。制作腐乳的过程包括五个步骤:制备豆腐、豆腐分割成型（坯）、腌制、放在盐水和米酒里发酵、加工和包装。

大豆洗净,浸泡后磨成豆浆。豆浆加热煮沸后用纱布过滤,弃去残渣。过滤后的豆浆添加凝结剂（氯化钙、硫酸钙或二者的混合物）制成豆腐。生产腐乳时凝结剂的添加量比生产普通豆腐时多 20%。此外,需要用力把凝结的蛋白凝胶破碎成小块,10min 内完成凝结过程。这一过程降低了豆腐的含水量,使其结构更加硬实。如果含水量超过 60%,则推迟接种真菌,直到残留在凝乳表面的水分因干燥而减少。

腐乳坯会长满毛霉、根霉。这些真菌是稻草中常见的污染物。传统的接种是把豆腐放在稻草上,但是这种方法会使豆腐被其他有害的微生物污染,造成产品质量下降。在春季或秋季,环境温度 10~20℃时,经过 3~7d,就可以在豆腐坯表面看到白色真菌的菌丝体,此时要立刻将腐乳坯放置在大型容器里腌制。每放一层腐乳坯撒上一层盐,经过 3~4d,盐分被吸收后,取出腐乳坯,洗净后放在另一个容器里进行调味和熟化处理。

各种类型的腐乳都放在坛子中,对腐乳坯进行调味处理。制作红色腐乳时,需要加入红曲和酱醪;发酵制作米腐乳时,需要加入发酵的米醪;制作广式腐乳时不仅需要加入盐和红曲酒曲,还要加入红辣椒和茴香。腐乳坯和调味品要装满整个坛子体积的 80%,然后加入约含 20% 氯化钠的盐水,最后,用竹笋鞘叶包裹坛子口并用黏土密封。经过 3~6 个月的发酵和熟化,腐乳就可以销售和食用了（Steinkraus,1983）。

5.2.5 其他发酵产品

中国红米（红曲）

红曲也称作红曲米或者红米,通常在中国大陆、台湾、菲律宾、泰国和印度尼西亚使用,用于给鱼、米酒、红腐乳、泡菜和腌肉等食品着色（Lee 和 Lee,2002）。它是利用红曲霉菌发酵稻米的产品。很多国家逐渐采用这种天然色素来代替煤焦油色素,煤焦油色素可能会致癌。使用红曲的优点在于生产原料易得、产量高、颜色均匀稳定、色素为水溶性、没有任何毒性和致癌性。

在台湾,已经工业化生产红曲。将 1450kg 稻米洗净,蒸 60min,用 180L 水喷洒在稻米上继续蒸煮 30min。将蒸熟的米饭和 32L 红曲培养液混合,冷却至 36℃,放置在通风的发酵室里。当米饭温度升至 42℃时,将其摊放在木板上降温,在保温期内润湿米饭三次,干燥后制成红曲。1450kg 稻米可以生产 700kg 红曲。

红曲霉菌的色素通过菌丝的尖端渗出颗粒状流体,这种现象比较罕见。在培养初期,新鲜的液体是无色的,然后逐渐变成红黄色和紫红色。不仅是在渗出的颗粒流体中产生了红色素,在菌丝内部也产生了。红色素充满了整个基质,这种深红色色素包括两种:红曲霉红素（C$_{22}$H$_{24}$O$_5$）和红曲霉黄素（C$_{17}$H$_{22}$O$_4$）。红曲霉的生产菌株必须适应较低的水分含量,这样才不会引起水合导致米粒变形,而且还能以深红色色素浸渍米粒。

5.3 酶技术

在食品加工中,酶的应用是生物技术的一个重要分支。酶的本质是蛋白质,在生物系统中能够催化几乎所有的化学反应,目前已经知道几千种酶的性质和名称,其中对于食品工业重要的酶,包括:能够生产果葡糖浆的葡萄糖异构酶;在烘焙和酿制中糖化淀粉的淀粉酶;澄清果汁的纤维素酶和果胶酶;生产低乳糖牛乳的乳糖分解酶;生产乳酪的凝乳酶;嫩化肉质的蛋白酶,如木瓜蛋白酶、菠萝蛋白酶、无花果蛋白酶。液化含油谷物细胞壁组分的细胞壁降解酶(半纤维素酶和纤维素酶)可以提取水相中的植物油(橄榄油和菜籽油)。表5.10 所示为一些重要的食用酶及其来源、反应特异性和在食品加工中的应用。

表 5.10 一些重要的食用酶及其应用

名称	来源	作用模式	应用
α-淀粉酶	麦芽、曲霉、芽孢杆菌	直链淀粉和支链淀粉的 α-1,4 糖苷键	淀粉改性,酿制助剂,降低面团黏度,防止老化
β-淀粉酶	麦芽、霉菌、细菌	从淀粉的非还原端断裂 β-麦芽糖	麦芽糖浆的生产,酿制和焙烤助剂
糖化酶	曲霉、根霉	逐步水解淀粉的 α-1,4 糖苷键	生产葡萄糖,分析食物的淀粉含量
葡萄糖异构酶	链霉菌、游动放线菌、芽孢杆菌	转化葡萄糖为果糖	应用固定化形式,生产高果糖玉米糖浆
支链淀粉酶	克雷伯菌、肺炎链球菌	水解支链淀粉 α-1,6 键	生产麦芽糖和麦芽三糖,为生产高酒精度的啤酒脱除极限糊精
转化酶 (β-呋喃果糖苷酶)	酿酒酵母、念珠菌	水解蔗糖为葡萄糖和果糖	制备转化糖浆,蔗糖糖果表面涂覆的巧克力,废糖回收,制备人造蜂蜜,保湿剂
β-葡聚糖	枯草芽孢杆菌、黑曲霉	β-D-葡聚糖的 β-1,3 键或 β-1,4 键	在酿制中溶解大麦胶,降低麦芽汁黏度
纤维素酶	里氏木霉	内切纤维素酶分离 β-1,4 键,外切纤维素酶、纤维二糖酶	转化纤维素为葡萄糖,生产乙醇;水解纤维素为 β-糊精和葡萄糖
果胶酶(PG,PL,PE)	曲霉	水解果胶的糖苷键,内切或外切	提取和澄清果汁
乳糖酶 (β-半乳糖苷酶)	克鲁维脆壁酵母、黑曲霉	乳糖水解为葡萄糖和半乳糖	制备低乳糖乳制品,防止炼乳的乳糖结晶
凝乳酶(皱胃酶、胃蛋白酶)	犊牛胃、栗疫菌、毛霉	水解 κ-酪蛋白,使酪蛋白胶束失稳	在乳酪制作中凝乳
蛋白酶	植物(木瓜蛋白酶、无花果蛋白酶)、动物(胰蛋白酶)、黑曲霉、芽孢杆菌	水解肽键,酯酶活性	嫩肉粉,啤酒防寒,回收肉和鱼渣,面筋改性,红细胞脱色
脂肪酶	毛霉、根霉、曲霉	水解甘油三酯的酯键	加速乳酪成熟,产生乳酪风味

本章将会详细讨论酶法改性淀粉和蛋白水解。

5.3.1　酶法改性淀粉

淀粉的转化主要包括液化、糖化和异构化。在液化过程中直链淀粉和支链淀粉之间的 $\alpha-1,4$ 糖苷键被内切 $\alpha-$ 淀粉酶随意破坏。这可降低淀粉糊化时的黏度,并增加葡萄糖当量(DE),葡萄糖当量可以衡量淀粉的水解程度。对于淀粉的糖化作用,DE 通常在 $8\sim12$ 之间,能够得到的最大 DE 约为 40(Olsen,1995)。

$\beta-$ 淀粉酶是外切酶,它作用于淀粉链末端,在非还原性末端产生麦芽糖,作用于支链淀粉时,切断至 $\alpha-1,6$ 键前面的 $2\sim3$ 个葡萄糖单元时,反应就停止了。异淀粉酶和支链淀粉酶水解淀粉中的 $\alpha-1,6$ 糖苷键。用支链淀粉酶水解直链淀粉就会得到线性的直链淀粉片段。

淀粉液化产生的麦芽糊精(DE 为 $15\sim25$)因其流变性能而具有商业价值。在食品工业中广泛使用麦芽糊精作为填充剂、稳定剂、增稠剂、糊化剂和交联剂等。当用淀粉葡萄糖苷酶和真菌 $\alpha-$ 淀粉酶进一步水解糖化时,可以得到 DE 在 $40\sim45$ 之间的各种甜味剂(如麦芽糖,DE 为 $50\sim55$ 的高麦芽糖和 DE 为 $55\sim70$ 的高转化糖浆)。

5.3.2　蛋白质的酶法修饰

食品蛋白质经酶法修饰,获得更好的功能和营养特性。牛乳转化为乳酪是蛋白酶的作用。可以应用牛乳蛋白酶生产非过敏和低过敏性牛乳产品,这些产品可供婴儿和需要高度可消化蛋白质的病人食用。

修饰蛋白结构可以提高其溶解度、乳化性、起泡性、凝胶作用和质构性质。与化学反应比较,酶反应过程有如下优点:反应条件温和,反应速率快,具有高度的专一性。

蛋白酶根据其来源(动物、植物、微生物)、催化作用(内 - 肽酶或外 - 肽酶)和催化部位的性质来分类。基于活性位点、催化残基和三维结构的比较,被确认的主要有四个蛋白酶家族:丝氨酸、硫醇、天冬氨酸和金属蛋白酶。丝氨酸蛋白酶家族包括两个亚组:胰凝乳蛋白酶和枯草杆菌蛋白酶。很多重要的工业蛋白酶是不同蛋白酶的混合物,特别是胰酶、木瓜蛋白酶(天然)和从枯草芽孢杆菌、曲霉、青霉中得到的蛋白酶(Olsen,1995)。

酶处理蛋白质的水解程度(DH)决定了其在相关食品应用中的性质。用 pH 自动滴定仪测定水解程度(Adler - Nissen,1986)。其原理是:在中性到碱性条件下水解时,在水解过程中自动用碱滴定以保持 pH 恒定。在滴定的基础上计算水解程度的方程式如下:

$$DH = \frac{h}{h_{\text{tot}}} \times 100\%$$

$$DH = B \times Nb \times \frac{1}{a} \times \frac{1}{MP} \times \frac{1}{h_{\text{tot}}} \times 100\%$$

式中　B——消耗的碱溶液体积;

　　　Nb——碱的当量浓度;

　　　a——NH_2 基团分解的平均值;

　　MP——蛋白质的质量;

　　h——每 1000g 蛋白质断裂的等价的肽键;

　　h_{tot}——蛋白质底物中肽键总数。

　　蛋白酶催化肽链水解降解。当蛋白酶作用在蛋白质底物时,催化反应包括三个连续的反应:

　　(1)在原始肽链(底物)和酶之间形成米氏复合物;

　　(2)肽键断裂一分为二;

　　(3)亲核攻击化合物的残基,断裂肽链并重组游离态的酶。

　　酰基化反应是该反应的限速部分,用化学速率常数 k_{+2} 表示。

　　牛乳蛋白和大豆蛋白的酶促水解反应通常会产生苦味肽类(Kim 等,2003)。可以通过选择适当的反应参数和酶的种类控制这种不愉快的苦味。苦味是一个复杂的问题,受到很多因素的影响,如因在水解过程中暴露出氨基酸侧链的疏水基团,增加底物的疏水性而产生苦味。水解程度(DH)与蛋白水解产物的苦味密切相关。

5.3.3　酶反应动力学

　　酶的活性由很多因素决定,如酶、底物、辅助因子的浓度、离子强度、pH 和温度。在酶的作用下从底物转变为产物的反应可以用以下式子简单表示:

$$e + S \xrightarrow{k_s} ES \xrightarrow{K_{cat}} E + P$$

　　反应速率用米氏方程表示:

$$V = \frac{k_{cat}[E][S]}{K_m + [S]}$$

式中,K_m 是当反应速率 V 等于最大反应速度 V_{max} 一半时的底物浓度,如图 5.3 表示。

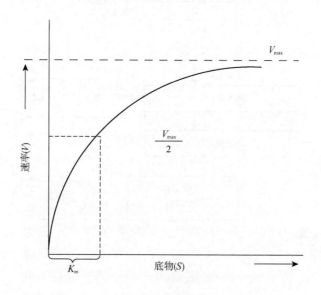

图 5.3　酶促反应

方程对时间积分,得到:

$$V_{max} = K_m \ln\left(\frac{[S]}{[S_t]}\right) + ([S] - [S_t])$$

S 和 S_t 是当时间分别为 0 时和 t 时的底物浓度。该方程在指导工业化生产反应接近完成或达到平衡时尤为有用。通过上述方程的线性化可以得到 K_m 和 V_{max},并生成双倒数曲线(Karel 和 Lund,2003)。

$$\frac{1}{V} = \frac{1}{V_{max}} + \frac{K_m}{V_{max}[S]}$$

5.4 现代生物技术

传统发酵技术和酶技术的发展,为 20 世纪氨基酸、核苷酸、有机酸和抗生素的工业化生产铺平了道路。发酵法生产精细化学品比化学合成法具有更多的优点。它的反应条件更温和、更安全、对环境更友好、生产效率更高,并可产生更广泛的各种各样的生理活性物质。在 20 世纪 50 年代的日本,现代生物技术最初用于大规模生产风味增强剂,如谷氨酸和谷氨酸钠(MSG),随后用于商业化生产其他氨基酸、核酸的相关产物和抗生素。现代发酵过程使用微生物菌株在密闭的发酵罐中进行无菌发酵生产有用的物质,并根据需要通过酶法或化学改性将其转换成高附加值的化学产品(图 5.4)。所谓联合技术就是将生物技术结合发酵技术和化学/酶改性技术,在食品和精细化工等工业中已得到认可(Lim,1999)。

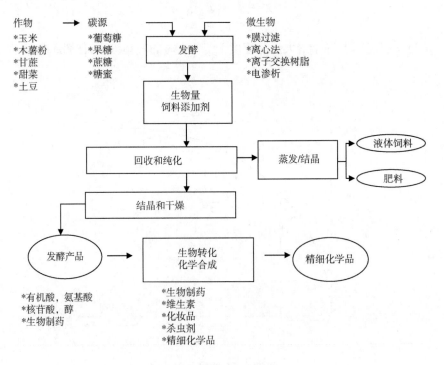

图 5.4 发酵产业流程图

5.4.1 氨基酸的生产

氨基酸具有许多有用的功能,不仅可以作为营养物质,也可以作为预防性药物。世界市场对天然 L - 氨基酸的需求,带动了谷氨酸盐(MSG)、赖氨酸、苯丙氨酸、甲硫氨酸和甘氨酸的生产。用于味精和饲料添加剂的氨基酸(赖氨酸、甲硫氨酸、苏氨酸、色氨酸)占市场份额的 98%。苯丙氨酸是用于合成甜味剂的重要原材料。

在谷氨酸棒杆菌或发酵短乳杆菌的细胞中,葡萄糖通过糖酵解途径(EMP)和柠檬酸循环过程产生谷氨酸,如图 5.5 所示。

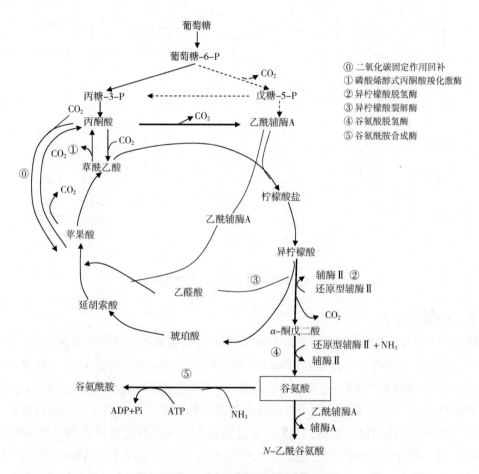

图 5.5　谷氨酸的生物代谢途径

为了将葡萄糖转变成氨基酸氮源(NH_4^+),需要能量(NADP)和 O_2:

$$C_{12}H_{12}O_6 + NH_3 + O_2 \rightarrow C_5H_9O_4N + CO_2 + 3H_2O$$

1mol 葡萄糖产生 1mol 谷氨酸,但是在大型发酵罐中产生的谷氨酸为理论值的 60% ~ 67%。

味精的生产过程包括发酵、回收、纯化、结晶、干燥和包装等步骤(图 5.6)。

谷氨酸棒杆菌或黄色短杆菌及它们的突变体可以生产其他氨基酸,如赖氨酸。大肠杆菌、枯草芽孢杆菌和短杆菌可以生产芳香族氨基酸,主要是苯丙氨酸。

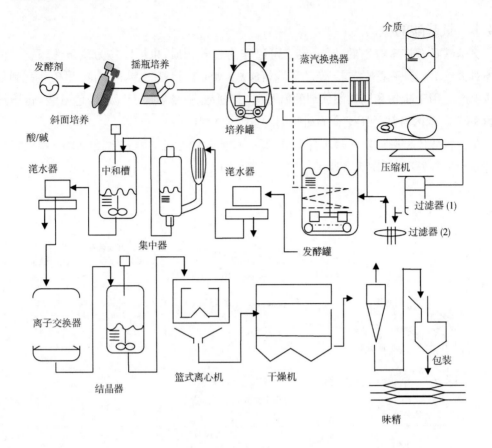

图 5.6 谷氨酸盐的工业生产流程图

5.4.2 核酸的生产

核酸是由戊糖(核糖或脱氧核糖)、磷酸和一个基本单位组成的多核苷酸,基本单位包括嘌呤(腺嘌呤、鸟嘌呤和次黄嘌呤)和嘧啶(胸腺嘧啶、胞嘧啶和尿嘧啶)。在核酸相关物质中,5′-IMP(肌苷酸)和 5′-GMP(鸟苷磷酸)对于增强风味有着重要作用,特别是与谷氨酸共同作用,效果尤为显著。核酸可以通过很多不同的方式来增强风味。从酵母细胞中可以提取并通过化学或酶促方法得到 RNA,经过脱氨作用或磷酸化作用可以产生 IMP、GMP和 AMP。另一种方法是在枯草芽孢杆菌中,由碳水化合物产生肌苷和鸟嘌呤,再经去磷酸化作用得到 IMP 和 GMP。直接发酵过程包括短杆菌对碳源的利用。图 5.7 所示为工业生产核酸的不同方法。

5.4.3 有机酸的生产

有机酸可以通过工业发酵工艺或化学合成的方法制备。工业发酵工艺可以制备超过70 种有机酸。表 5.11 所示为用于生产有机酸的微生物菌株以及它们利用不同碳源的有机酸产率。

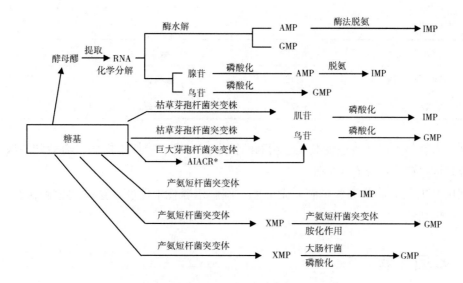

图 5.7　风味增强剂核酸的工业生产方法

*：AIACR 指 5 – 氨基 – 4 – 咪唑 – 甲酰胺核苷

表 5.11	微生物菌株和工业有机酸的产率		
酸	微生物	碳源	产率/%
醋酸	醋酸菌	乙醇	95
丙酸	丙酸杆菌	葡萄糖	69
丙酮酸	铜绿假单胞菌	葡萄糖	50
乳酸	德氏乳杆菌	葡萄糖	90
丁二酸	琥珀酸噬纤维菌	苹果酸	57
酒石酸	弱氧化葡萄糖酸杆菌	葡萄糖	27
延胡索酸	根霉	葡萄糖	58
苹果酸	短乳杆菌	葡萄糖	100
衣康酸	土曲霉	葡萄糖	60
α – 酮戊二酸	延胡索酸假丝酵母	正构烷烃	84
柠檬酸	黑曲霉	葡萄糖	85
	解脂假丝酵母	正构烷烃	140
L(+) – 异柠檬酸	假丝酵母	葡萄糖	28
L(–) – 异柠檬酸	产紫青霉	葡萄糖	40
葡萄糖酸	黑曲霉	葡萄糖	95
2 – 酮基 – D – 葡萄糖酸	荧光假单胞菌	葡萄糖	90

续表

酸	微生物	碳源	产率/%
D-阿拉伯抗坏血酸	青霉	葡萄糖	45
曲酸	米曲霉	葡萄糖	50

酶技术就是生产和改进食品工业用酶的技术。现代生物技术提供了有效的手段，能够从传统发酵过程中选择有用的酶。

利用 PCR 技术很容易鉴定新开发的酶。细胞培养技术能够筛选并快速确认新型食品成分的生理功能。

5.5　基因工程

现代生物技术以转基因生物的生产及其在生物产业中的应用为代表。自从 20 世纪 80 年代引入转基因食品后，食品供应体系的变革悄然进行。2001 年，世界上 46% 的大豆耕地和 7% 的玉米耕地种植了转基因作物（国际农业生物技术应用服务组织，2002）。在 150 种生产食品的微生物酶中，转基因微生物生产了超过 40 种食用酶。

5.5.1　DNA 转录

每个蛋白质可由一段脱氧核糖核苷酸（DNA）编码，DNA 即通常所说的基因。在大多数情况下，DNA 位于染色体上，但是在某些细菌中的染色体外成分——质粒上也会发现重要的 DNA。在植物中，线粒体 DNA 和叶绿体 DNA 与核 DNA 同样重要。DNA 由核苷酸碱基的线状链组成，腺嘌呤与胸腺嘧啶配对（A-T），鸟嘌呤与胞嘧啶配对（G-C）。在 DNA 双螺旋结构中，两条核苷酸链相互缠绕，糖-磷酸-糖形成的主链在螺旋外侧。

DNA 的复制是破坏每条链之间的碱基键，再利用细胞中游离的碱基分别形成两条新的核苷酸链。这个过程发生在两条母链之间，从而形成与起始链相同的两条 DNA 链。这种特殊的配对方式保证了复制的精确性。DNA 链分离，然后 mRNA 分子根据 DNA 链中的信息而建立。在 DNA 中，C 和 G 配对，但是在 mRNA 中则有不同的碱基配对，尿嘧啶（U）代替了胸腺嘧啶 T 和腺嘌呤 A 配对。当 mRNA 分子形成时，它离开 DNA 模板，移动到蛋白装配单元"核糖体"上。核糖体是由若干种蛋白质加上核糖体 RNA 建立起来的。一旦 mRNA 结合到核糖体上，第三种类型的 RNA，即转运 RNA（tRNA）就会开始工作。

tRNA 的种类很多，每一种都能识别特定的密码子。此外，每一种 tRNA 携带特定的氨基酸。遗传密码的翻译依赖于 tRNA，一端识别特定的密码子，另一端携带特定的氨基酸。mRNA 沿着核糖体移动到下一个缺口，暴露出下一个密码子，继续进行此过程。这个过程就是转录和翻译。

图 5.8 所示为蛋白质合成的 mRNA 翻译过程（Prentis，1984）。

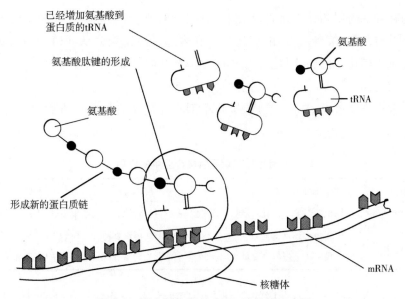

图 5.8 蛋白质合成的 DNA 转录的示意图

5.5.2 DNA 重组技术

DNA 重组是将一种有机体内的特定基因插入到另一种有机体内。基因转移技术的发展需要精确地敲除和插入基因。20 世纪 70 年代,从细菌中发现的限制性内切酶和连接酶使敲除和插入基因技术成为可能。限制性内切酶可以在特定的位点切割 DNA,连接酶可以连接 DNA 片段。

图 5.9 所示为简单的细菌系统中的基因克隆(Harlander,1987)。将基因导入宿主细胞

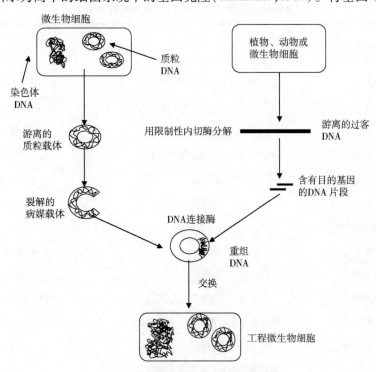

图 5.9 简单细菌系统内的基因克隆

的过程称为转导。需要测试以确认转化基因的正确表达或功能。一些简单的细菌和单细胞真菌,如大肠杆菌和酵母,它们的转化过程和表达已经得到公认。植物和丝状真菌比细菌或酵母更难于转化,部分原因是它们中的染色体和 DNA 的数量增多,以及转录和翻译的调控机制要求更高。

基因工程在作物改良、高产、抗病、抗除草剂和提高储藏品质等方面得到了广泛应用,见表 5.12。

表 5.12   **基因工程在食品供应行业中的应用**

行业	应用
农业技术中的应用	昆虫的保护、抗病性、耐除草剂、抗病毒性、抗真菌病害、耐贮害虫、抗冻抗风、固氮能气
食品技术中的应用	产酶微生物菌种改良、果蔬成熟改性、淀粉的增产和改性、油脂的增产和改性、提高蛋白质含量和改进蛋白质质量、提高维生素和矿物质含量、降低氰苷、改进质量/加工特性

基因工程在食品技术中最直接的应用是在乳制品、烘焙和酿造等工业中。现已分离出犊牛凝乳酶的基因并克隆到酵母和真菌微生物中,生产犊牛凝乳酶。大肠杆菌利用乳糖的基因已克隆到酵母、黄单胞菌和其他微生物中,这样可以将乳清中的乳糖转化为乙醇、单细胞蛋白或黄原胶。物种间的基因转移和蛋白质工程已经应用于微生物酶的修饰中,如耐热淀粉酶的生产。

表 5.13 所示为市场上转基因微生物生产的酶(Robinson,2001)。然而还没有转基因微生物直接在食品生产中应用。

表 5.13   **从转基因微生物中得到商业食用酶的例子**

酶	产酶菌株	食品中的应用
α - 乙酰乳酸脱羧酶	解淀粉芽孢杆菌或枯草芽孢杆菌	饮料
α - 淀粉酶	解淀粉芽孢杆菌或枯草芽孢杆菌	焙烤食品、饮料
氨肽酶	里氏木霉或长梗木霉	乳酪、乳制品
阿拉伯呋喃糖酶	黑曲霉	饮料
β - 葡聚糖酶	解淀粉芽孢杆菌或枯草芽孢杆菌	饮料
过氧化氢酶	黑曲霉	蛋类产品
凝乳酶	黑曲霉	乳酪
环糊精葡萄糖基转移酶	地衣芽孢杆菌	淀粉
糖化酶	黑曲霉	饮料、焙烤食品
葡萄糖异构酶	链霉菌	淀粉
葡萄糖氧化酶	黑曲霉	焙烤食品、饮料
半纤维素酶	解淀粉芽孢杆菌或枯草芽孢杆菌	焙烤食品、淀粉
脂肪酶、三酰甘油	米曲霉	脂肪
麦芽淀粉酶	解淀粉芽孢杆菌或枯草芽孢杆菌	焙烤食品、淀粉

续表

酶	产酶菌株	食品中的应用
果胶裂解酶	黑曲霉	饮料
果胶酯酶	里氏木霉或长梗木霉	饮料
磷脂酶 A	里氏木霉或长梗木霉	焙烤食品、脂肪
磷脂酶 B	里氏木霉或长梗木霉	焙烤食品、淀粉
多聚半乳糖醛酸酶	里氏木霉或长梗木霉	饮料
蛋白酶	米曲霉	乳酪
支链淀粉酶	地衣芽孢杆菌	淀粉
木聚糖酶	黑曲霉	焙烤食品、饮料

5.6　组织培养

植物组织培养,即在无菌培养基内培养植物组织,广泛地应用于食品和原料的生产中(Wasserman 等,1988)。图 5.10 所示为植物组织的培养过程(Harlander,1987)。植物组织培养节省时间,因此在植物研究,尤其是植物基因工程研究中发挥了重要作用。将新基因导入植物组织中需要单个植物细胞或原生质体。遗传物质导入后,原生质体在组织培养中生长,最终从单细胞长成整株植物。两种不同基因的原生质体再生后融合往往产生特性理想的植物。

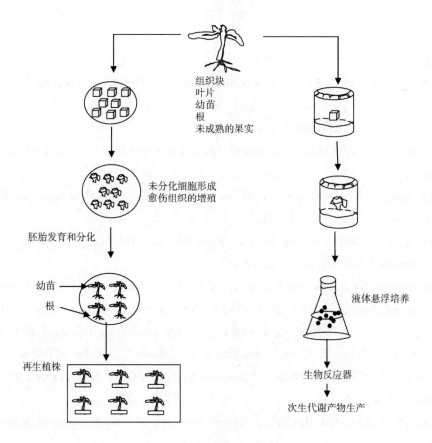

图 5.10　组织培养示意图

　　香料、色素、防腐剂和营养补充剂等高价值的天然产品均可采用组织培养的技术进行有效的生物合成。比如,香兰素可从香草豆中提取,而世界上香草豆的供给并不能满足人们对香兰素的需求,而香兰素的体外生物合成可以缓解这一问题(Moshy,1986)。植物细胞培养产物的产量往往是那些自然植物产物的许多倍。实现这一目标的技术包括:变异、营养和激素水平的调节、添加适当的代谢前体和植物细胞的固定化(Knorr 和 Sinskey,1985)。

5.7　展望

　　我们见证了 20 世纪生物技术的发展,采用生物技术可以通过特定反应加工食品,并生产具有特定功能的食品。基因工程在农业上应用最早,如使作物抗除草剂和杀虫剂,缩短生长周期并增加产量等。目前基因工程的焦点逐渐转移到改变品质性状方面,以生产更具营养价值和质量更高的产品。尽管在市场上还没有发现食品中直接使用的转基因微生物,但转基因微生物所生产的有价值的酶已广泛用于食品加工。通过了解主要粮食作物的遗传图谱和蛋白质的氨基酸序列,已经可能利用生物转化和生物催化生产具有特定功能的食品添加剂(Lee,2003)。

　　现代生物技术可以从传统发酵过程中高效地筛选有用的酶。利用 PCR 技术,可以容易地鉴定新开发的酶。利用细胞培养技术能够快速地筛选和确定新型食品添加剂的生理功能。

参考文献

1. Adler – Nissen,J. (1986) *Enzymic Hydrolysis of Food Proteins*. Applied Science,London.

2. Amerine, M. A. , Kunkee, R. E. and Singleton, V. L. (1980) *The Technology of Wine Making*. AVI Publishing,Westport,Connecticut.

3. Barnes,G. L. (1993) *China*,*Korea and Japan. The Riseof Civilization in East Asia*. Thames and Hudson,London.

4. Harlander, S. K. (1987) Biotechnology;emerging and expanding opportunities for the food industry. *NutritionToday*,22(4),21.

5. Huang, H. T. (2001) *Science and Civilization in China*,Vol. VI:5,*Fermentations and Food Science*. Cambridge University Press,Cambridge.

6. International Service for the Acquisition of Agribiotech Applications (2002) *Global Review of Commercialized Transgenic Crops*:2001. ISAAA,Metro Manila.

7. Ishige,N. (1993) Cultural aspect of fermented fish productsin Asia. In:*Fish Fermentation Technology* (eds C. H. Lee,K. H. Steinkraus and P. J. A. Reilly). UNU Press,Tokyo.

8. James,C. (2007)*Global Status of Commercialized Biotech/GM Crops*. ISAAA Brief No. 37. ISAAA,Ithaca,New York.

9. Karel,M. and Lund,d. B. (2003)*Physical Principles of Food Preservation*. Marceldekker, New York.

10. Kim, M. - R. , Kawamura, Y. and Lee, C. H. (2003) Isolation and identification of bitter peptides of tryptic hydrolysates of soybean 11S glycinin by reverse - phase HPLC. *Journal of Food Science*, 68(8), 2416 - 22.

11. Knochel, S. (1993) Processing and properties of North European pickled fish products. In: *Fish Fermentation Technology* (eds C. H. Lee, K. H. Steinkraus and P. J. A. Reilly). UNU Press, Tokyo.

12. Knorr, d. and Sinskey, A. J. (1985) Biotechnology in food production and processing. *Science*, 229, 1224.

13. Lee, C. H. (1989) Fish fermentation technology. *KoreanJournal of Applied Microbiology and Bioengineering*, 17, 645.

14. Lee, C. H. (1994) Importance of lactic acid bacteria in non - dairy food fermentation. In: *Lactic Acid Fermentation of Non - dairy Food and Beverages* (eds C. H. Lee, J. Adler - Nissen and G. Barwald). Harnlimwon, Seoul, pp. 8 - 25.

15. Lee, C. H. (1997) Lactic acid fermented foods and their benefits in Asia. *Food Control*, 9 (5/6), 259 - 69.

16. Lee, C. H. (1998) Cereal fermentations in the countries of the Asia - Pacific region. In: *ermented Cereals - AGlobal Perspective* (eds N. F. Haard, S. A. Odunfa, C. H. Lee and R. Quintero - Ramirez). *FAO Agricultural Service Bulletin*, 138, 63 - 97.

17. Lee, C. H. (2001) *Fermentation Technology in Korea*. Korea University Press, Seoul.

18. Lee, C. H. (2003) *The role of biotechnology in modern food production*. Proceedings 12th IUFoSTWorld Congress, 16 - 20 July, Chicago.

19. Lee, C. H. and Kim, K. M. (1993) Korean rice - wine, the types and processing methods in old Korean literatures. *Bioindustry*, 6(4), 6 - 23.

20. Lee, C. H. and Lee, S. S. (2002) Cereal fermentation by fungi. *Applied Mycology and Biotechnology*, 2, 151 - 70.

21. Lee, C. H. , Adler - Nissen, J. and Barwald, G. (1994) *Lactic Acid Fermentation of Non - Dairy Food and Beverages*. Harnlimwon, Seoul.

22. Lee, S. W. (1990) A study on the origin and interchange of dujang (also known as soybean sauce) in ancient Asia. *Korean Journal of dietary Culture*, 5(3), 313.

23. Lim, B. S. (1999) *Present status and prospect of Korean bioindustry*. Symposium of 3rd Inauguration Anniversary for Institute of Bioscience and Biotechnology, Korea University.

24. McGregor, J. A. (1992) Cultured milk products. In: *Encyclopedia of Food Science and Technology* (ed. Y. H. Hui). John Wiley, New York.

25. Moshy, R. (1986) Biotechnology; its potential impacton traditional food processing. In: *Biotechnology in Food Processing* (eds S. K. Harlander and T. P. Labuza). Noyes Publications, Park Ridge, New Jersey.

26. Nuath, K. R. , Hynes, J. T. and Harris, R. D. (1992) Cheese. In: *Encyclopedia of Food*

Science and Technology (ed. Y. H. Hui). John Wiley, New York.

27. Olsen, H. S. (1995) Enzymes in food processing. In: *Biotechnology*, *Vol.* 9 (eds H. - J. Rehm and G. Reed). VCM, Weinheim.

28. Owades, J. L. (1992) Beer. In: *Encyclopedia of Food Scienceand Technology*, *Vol.* 1 (ed. Y. H. Hui). John Wiley, NewYork.

29. Prentis, S. (1984) *Biotechnology: A New Industrial Revolution*. G. Braziller, New York.

30. Rhee, S. J., Lee, C. Y. J., Kim, K. K. and Lee, C. H. (2003) Comparison of the traditional (Samhaeju) and industrial (Chongju) rice - wine brewing in Korea. *Food Science Biotechnology*, 12 (3), 242 - 7.

31. Robinson, C. (2001) *Genetic Modification Technology and Food*. ILSI Europe, Brussels.

32. Ruddle, K. (1993) The availability and supply of fish for fermentation in Southeast Asia. In: *Fish Fermentation Technology* (eds C. H. Lee, K. H. Steinkraus and P. J. A. Reilly). UNU Press, Tokyo.

33. Russell, J. and Stewart, G. G. (1995) Brewing. In: *Biotechnology*, *Vol.* 9 (eds H. - J. Rehm and G. Reed). VCM, Weinheim.

34. Shettleff, W. and Aoyaki, A. (1976) *The Book of Miso*. Autumn Press, Berkeley, California.

35. Souane, M., Kim, Y. B. and Lee, C. H. (1987) Microbial characterization of *gajami sikhae* fermentation. *Korean Journal of Applied Microbiology Bioengineering*, 15 (3), 150.

36. Spicher, G. and Brummer, J. - M. (1995) Baked goods. In: *Biotechnology*, *Vol.* 9 (eds H. - J. Rehm and G. Reed). VCM, Weinheim.

37. Stauffer, C. E. (1992) Bakery leavening agents. In: *Encyclopediaof Food Science and Technology* (ed. Y. H. Hui). John Wiley, New York.

38. Steinkraus, K. H. (1983) *Handbook of Indigenous Fermented Foods*. Marceldekker, New York.

39. Steinkraus, K. H. (1993) Comparison of fermented foods of the East and West. In: *Fish Fermentation Technology* (eds C. H. Lee, K. H. Steinkrause and P. J. A. Reilly). UNU Press, Tokyo, pp. 1 - 12.

40. Wasserman, B. P., Montville, T. J. and Korwek, E. L. (1988) Food biotechnology, a scientific status summary by IFT. *Food Technology*, January.

41. Yoon, S. S. (1993) *Cheminyosul*. A translation of *Chiminyaosu* in Korean. Mineumsa, Seoul.

补充资料见 www. wiley. com/go/campbellplatt

食品微生物 6

Tim Aldsworth，Christine E. R. Dodd，Will Waites

> **要点**
> ■ 食品工业中重要的微生物包括病毒、细菌、酵母、原生动物和蠕虫。
> ■ 微生物的生长和测定方法。
> ■ 食物中毒的细菌媒介：肉毒梭状芽孢杆菌、金黄色葡萄球菌、蜡样芽孢杆菌、弧菌某些种、小肠结肠炎耶尔森菌、产气荚膜梭状芽孢杆菌、沙门菌、志贺菌、大肠杆菌、弯曲杆菌、分枝杆菌和单核细胞增生李斯特菌。
> ■ 食物中毒的非细菌媒介：真菌毒素、原生动物、寄生虫、绦虫、旋毛虫、弓形体、羊瘙痒病、疯牛病、库鲁病和克鲁－雅克氏病。
> ■ 食物中毒的发病特点与案例。
> ■ 水和致病源的关系。
> ■ 传统与新型微生物检测的方法与取样设计、有害物分析关键控制点系统。
> ■ 微生物发酵食品的制造：啤酒、葡萄酒、清酒、面包、乳酪、酸乳、开菲尔、咸鱼、蔬菜、豆酱、酱油、味噌和纳豆等。

6.1　引言

　　人们一般关注的微生物包括细菌、酵母菌、真菌以及一些原生动物，其中酵母菌和真菌特别是细菌，无所不在。在自然界和人工环境中，从冰冷的南极洲、1～5℃的人工制冷环境到处于沸点（100℃）的地热温泉，到高压造成160℃以上高温的深海海底火山口，随处可以发现生长着不同种类的细菌。另外，一些细菌会形成休眠体，称为内生芽孢，或者简称为芽孢（见彩图 20）。无法观察到芽孢的新陈代谢，一些菌种的芽孢甚至在 1.01325×10^5 Pa（1atm）加热到132℃仍可以存活。它们同样也可以耐受紫外线（Warriner 等，2000；Waites 和 Warriner，2005）、消毒剂和酶类等化学物质（Setlow 和 Johnson，2007）。据说芽孢可以存活 2500 万年(Cano 和 Borucki,1995),甚至 2 亿 5000 万年(Wreeland 等,2000),然而,当接触到一些例如 L - 丙氨酸而不是 D - 丙氨酸(L - 丙氨酸的一种竞争性抑制剂)这样特殊而简单的化学物质时,芽孢便会萌发,并在 1 ~ 2min 内开始新陈代谢。

由于包括产芽孢细菌在内的一些微生物会产生毒素,摄入其他一些微生物后也会造成疾病,因而这些微生物在食品中会产生重大隐患。有些微生物造成食物腐坏,而某些微生物,特别是细菌,通常是乳杆菌属的一些成员,可以通过发酵过程,例如发酵牛乳生产乳酪(参见 6.18.4.1),抑制引起食物中毒和腐坏的微生物生长。这可明显地改变食品,如食品的风味、结构和可消化性。也可以通过相同的方式将有毒化合物的浓度,例如重要经济作物木薯中存在的氰化物,降低到无毒害的水平。

6.2　微生物对食品工业的重要性

食品科学家感兴趣的微生物包括大部分的细菌、酵母菌、真菌和一些原生动物,甚至蠕虫和病毒。从名字不难知道这些生物非常小(表 6.1),这是微生物检测和计数困难的主要原因。如其他众多的生物一样,在这里尺度很重要。

表6.1		微生物的尺度	
微生物	尺度	微生物	尺度
病毒	0.065 μm(或65nm)	原生动物	5 ~ 20 μm
杆菌	1 ~ 5 μm	旋毛虫	0.1 ~ 4mm
酵母菌	3 ~ 8 μm		

细菌由细胞壁、细胞膜和细胞质组成,而且胞内没有任何细胞器。然而酵母菌、真菌和包括原生动物在内的动物细胞,都具有被称为细胞产能单元的线粒体。酵母菌和真菌都具有像细菌一样坚固的细胞壁。病毒小得多,它具有蛋白质外层(衣壳),而且内含 DNA 或者 RNA 作为延续它们特性的基质。有趣的是细菌可以被称为噬菌体的病毒感染,就像感染动物和植物那样,这些噬菌体也很有针对性,通常只能感染特定细菌种内的部分菌株。因而使用它们对不同菌株和种属之间进行分型(噬菌体分型)。另外,人们已经努力改良它们并用于快速检测方法(Rees 和 Loessner,2005)。它们快速生长的能力是其存在的主要因素之一。细菌中的产气荚膜梭状芽孢杆菌(*Clostridium perfringens*)可以形成芽孢并引起食物中毒,现已在无氧条件下检测出其倍增时间为 7.1min。对其竞争性的微生物而言,更不利的是,在营养充足的条件下,它们一直保持这种倍增速率,直到细胞产生的代谢产物过多而抑制自身的生长。虽然一个细菌的质量仅有 1×10^{-12} g,但是营养充足时每 30min 倍增一次,这将导致 48h 内细菌达到地球一样的质量。显然不会发生这种事情,但是这却清晰地告诉我们,如果不加以控制,微生物的繁殖速度将非常快。

6.3 微生物的显微形态

从显微镜中可以清楚地看到一种细菌的细胞形态与其他种类的不同,它们的生长也可能不同。例如,肠杆菌属中的大肠杆菌(见彩图 21)和肠道沙门菌长成短杆状,巨大芽孢杆菌(见彩图 22)、产气荚膜梭状芽孢杆菌(见彩图 25)和肉毒梭状芽孢杆菌(肉毒梭状芽孢杆菌)呈长杆状,细胞呈球形链状排列的链球菌称为球菌,而同时金黄色葡萄球菌则以球形的细胞生长成团块(见彩图 26),造成肉类腐败的热杀索丝菌的形状可以贴切地描述为被猫玩过的羊毛线球。

美蓝染色是观察微生物的最简单方法,应用普通光学显微镜很容易观察到微生物细胞。革兰染色法(表 6.2)对加热固定在载玻片上的细胞染色;不同于美蓝染色法,它不需要使用盖玻片。更好的方法是利用相差显微镜,由于不需要染色就可以观察到细胞,因而也不需要通过加热将细胞固定在载玻片上,这种方法可以确定细胞的移动性。然而与之相比,革兰染色的优点是可以把细菌分成革兰阳性[蓝黑色或紫色,如芽孢杆菌(见彩图 24)、梭状芽孢杆菌(见彩图 25)和葡萄球菌(见彩图 26)]和革兰阴性(红色,例如大肠杆菌、沙门菌和假单胞菌)。由于革兰染色在传统的细菌鉴定方法中通常作为鉴定的第一步,这样的分类显得很重要。

表 6.2 细菌的革兰染色

革兰阳性	革兰阴性	革兰阳性	革兰阴性
芽孢杆菌	大肠杆菌	李斯特菌	放线杆菌
梭状芽孢杆菌	沙门菌	链球菌	志贺菌
葡萄球菌	假单胞菌	乳杆菌	弧菌
乳球菌	弯曲杆菌	肠球菌	耶尔森菌

6.4 微生物的培养

6.4.1 细菌的培养

微生物,如细菌,可在营养丰富的琼脂培养皿或液体培养基中生长,培养基必须为厌氧菌除去氧,或为好氧菌保持通氧。液体培养有两种形式,即分批培养和连续培养。通常分批培养在含有液体培养基的无菌摇瓶中或试管中进行,在最适温度、pH 和营养物质条件下的振荡培养不仅能提高摄氧量,而且使容器不同部位的细胞均衡生长。如前所述(参见6.2),作为生长速率记录创造者,产气荚膜梭状芽孢杆菌的倍增时间为 7.1min。在分批培养条件下不会添加更多的营养物质,虽然可能由于测定而取样,但要注意任何被取样品应该和剩余培养物完全相同。然而,一旦生长开始,由于利用营养物质并且产生代谢物质,培养基成分就会发生变化。一些代谢产物分泌到生长培养基中,例如由于产酸造成 pH 下降。

如果样品相同,实验的可重复性尤为重要,培养和取样的时间和条件从始到终应完全相同。连续培养可以提供这样的条件,在后面会详细讨论。

为了预测未来的生长,培养基浊度等生长参数结合时间坐标可以绘制曲线。然而,细菌指数增长的本质意味着应使用指数或半对数作图而不是对结果进行算术作图。对于处于对数生长期的微生物培养物,其图呈现为一条直线。这种方法还有一个优点,假如指数增长是持续的,可以用来计算生长率并预测特定的增长点。也许对实验室研究人员来说最重要的是,它为计算培养时间节约了时间。而算术作图无法提供这样的条件。

利用半对数坐标图和分批培养可以显示出微生物的生长阶段,接种经过适应期之后开始增长。至少在实验室纯培养的条件下(只有一种微生物生长),改变营养物质或其他条件,如pH,可以限制其进入指数期。最终,当新细胞的增长和分裂与细胞的死亡相等时,生长进入稳定期。要比较这些因素,必须确保每个实验都使用同样的测定方法。

这似乎显而易见,但是相关细节却值得思考。如果采用细胞的某个组分作为生长的指标,那么在生长周期中的不同时间点就会合成或消耗更多的这种组分。同样,在生长结束时,细胞链可以分离成单个细胞,其菌落个数呈现明显增加,而像ATP这类的化合物的含量测定值会明显下降,但使用分光光度计测量的浊度却不会下降,直到细胞分解(裂解)开始时才会下降。在裂解时,细胞很可能在一段时间内不再存活。通常生长曲线中的稳定期结束后,细胞数目呈指数下降,但重要的是要认识到稳定期可以持续一段时间,例如,在水分活度(A_w)低的巧克力中,沙门菌可以存活数月而不进行生长或分裂,并且在细胞数量下降后可能出现新的生长阶段,这是由于部分细胞虽然失去活力,但其裂解并释放养分,可以帮助少数存活细胞的生长和分裂(Vulic和Kolter,2001)。因此,把指数与稳定期结束后细胞数量的改变看作是细胞数量半对数性降低是粗略的简化。分批培养的最后一点,重要的是要认识到,如在土壤这种自然环境中,很可能由于缺乏营养物质和(或)水分活度低使细菌一年中只能进行四次倍增。

半对数作图在制作杀灭曲线时也很重要,它可以用来测定十倍致死时间。十倍致死时间是特定摄氏温度下存活微生物数量减少90%时所需的时间,用下标温度的分钟数来表示。由此,肉毒梭状芽孢杆菌芽孢的D_{121}是0.21min,表明在121℃下,其数量减少90%的时间是0.21min。但作为腐败菌的生孢梭状芽孢杆菌的芽孢比肉毒梭状芽孢杆菌的芽孢对湿热的耐热性更高,因而用它作为指示菌。当变质率小于$1/10^6$罐时,肉毒梭状芽孢杆菌芽孢的D值约大于24。综上所述,细菌芽孢是迄今发现的最具耐受性的存在状态,它们具有如此耐受性,以至于人们提出它们是最早在这个星球生存的生物。然而,芽孢看起来像是一种广泛的、通过进化而来的生命形式,由于芽孢的到来使生命形式得到很大的进化;它们极其耐热,嗜热菌如嗜热脂肪芽孢杆菌芽孢的D_{121}为5.0min,而A型和B型肉毒梭状芽孢杆菌的D_{121}值是0.2min,不产芽孢的大肠杆菌营养细胞的D_{65}值为0.1min,空肠弯曲杆菌的D_{55}值为1.1min。然而作为腐败菌的一些微球菌的营养细胞能够在75℃的温度下存活,其65℃的D值为1~2h。表6.3所示为一些营养细胞和芽孢的耐热性。

有趣的是,嗜热脂肪芽孢杆菌的芽孢耐热性非常强,以至于大部分罐头食品即使含有极少的活性嗜热芽孢,在45℃左右即可萌发和生长。因此罐头食品在很多环境温度高达40℃以上的地区和国家中通常冷藏。如果在澳大利亚部分地区、沙特阿拉伯甚至西班牙南部等国家,初始加工过程的环境温度就很高,还能成功生产罐头食品吗?

如前所述,使用恒化器连续培养是培养微生物的另一种方法。这在企业中可能极其复杂,但是最简单的实验装置是包括入口管和出口管的发酵容器。限制供应的单一营养物液体培养基从储罐进入容器,由于进液管和出料管的排布,从发酵容器中流出同体积的液体,收集排出液用于测试。如果没有污染微生物进入发酵容器,连续培养应该完全连续,处于同一生长阶段的细胞,不论昨天、上周甚至是去年的细胞,都具有相同的生理和生化条件。人们可能期望,通过搅拌培养物,使各个部分处于均一状态的连续培养系统,具有 pH 控制,以频繁添加化学物质防止产生泡沫。本来应该在工业发酵中广泛应用,但是,事实恰恰相反,因为连续培养物同样需要几天时间才能达到稳态,工业上更加广泛地应用分批培养。此外,如果条件设置过于接近饥饿状态,生长太慢,就不能维持培养容器中微生物的生存。反之,如果来自培养基储罐的流量过大,微生物就无法快速分裂,而会被冲洗出培养容器。

表 6.3		营养细胞和芽孢的耐热性	
芽孢	D_{121}/min	营养细胞	D_{65}/min
嗜热脂肪芽孢杆菌	5.0	金黄色葡萄球菌	2.0
生孢梭状芽孢杆菌	1.5	山夫登堡沙门菌	1.0
A 型肉毒梭状芽孢杆菌	0.2	大肠杆菌	0.1
凝结芽孢杆菌	0.1	空肠变曲杆菌	D_{55}1.1min

6.4.2　酵母菌与真菌的培养

酵母细胞要比迄今发现的细菌细胞大很多(约大 10 倍)。另外,虽然一些酵母菌通过和细菌同样的二分分裂方式产生两个大小相同的子细胞,但是其他酵母菌均为出芽生殖。后者在纯培养条件下十分容易区分,因为相同培养条件下细胞的尺度差异十分明显。相比之下,真菌普遍长有长菌丝并产生大子实体,蘑菇就是显而易见的例子。在另一个极端,植物与动物病毒以及噬菌体由于太小只能在电子显微镜下才能观察到,因此在观察时,它们已经失活。需要明确的是,病毒只能在特定的宿主体内生长。

6.5　微生物的生长

在自然环境中,微生物通常为生长在生物膜内的混合培养物(Lappin‐Scott 和 Costerton,2003),这就意味着微生物附着于物体表面并且不易被流体冲去,在一些人为环境下也不会被流体或例如刷子这样的机械清理系统所清理。在实验室中,尽管生物膜的研究进展迅速,但是习惯上依然使用液体培养基以悬浮式纯培养的方式培养细胞。尽管我们不太清楚什么是简单的系统,但应用它可以测定微生物的生长需求、生物化学、生理学以及生长速率。一般加入琼脂凝固液体培养基,这样可以通过微生物生长产生的菌落对单个细胞计数。然而,金黄色葡萄球菌(图 6.7)等微生物会产生块状物,在许多方法中,这是一种近似和替代的测量生长的方法,与其他方法有所差别,但是可以提供准确的结果。

人类与微生物竞争的困难之一是许多微生物与我们利用相同的营养素,因此出现食品腐败和食物中毒等主要问题。然而,如果微生物难以利用这些营养素,那么植物和动物的尸体就不会被分解,同时碳元素、硫元素、氮元素和其他元素的自然循环就会停止。另外,可以通过外表的改变、味道与(或)气味以及新产生的挥发性化学物质检测到腐坏和有些毒素的产生。不幸的是,包括肉毒梭状芽孢杆菌(*Clostridium botulinum*)在内的一些微生物引起疾病,却不产生腐败物质,也不能通过味道或气味的改变而感知。某些疾病,如帕金森综合征等渐进性神经疾病,其患者无法感觉到食物气味和味道的改变,因此,比较帕金森综合征患者与对照组的食物中毒风险的差异,将是有意义的研究。有时,消费者接受并利用食品微生物造成的变化,例如酸乳、乳酪、啤酒、葡萄酒和发酵香肠(参见6.18,发酵食品)。而由枯草芽孢杆菌(*Bacillus subtilis*)污染面包引起的轻微食物中毒案例有不同的反应(6.8.1.3),消费者对这种面包的评价一致为"嗯,我知道它和一般的面包尝起来不同,但是我认为这是一种新口味面包——这是葡萄柚的味道!"。

6.6　测定生长的方法

6.6.1　显微镜

　　使用光学显微镜是测定微生物的生长最直观的方法。对于细菌,总体上需要放大至少200倍,通常1000~1200倍才能清楚地区分不同形态的微生物。可以使用具有网格结构的血球计数板计量一定体积内的微生物数目。尽管某些染料可以用于区分活菌和死菌,但对于它们区分活菌数目的相同程度仍有疑问。微生物的计数还存在其他问题,包括得到统计学上精确的数据所需的时间,对于操作者来说该过程乏味(1个8h的工作日可以处理约20个样品)而且灵敏度差,在菌悬液中至少需要 $5 \times 10^6 \sim 1 \times 10^7/mL$ 的细胞浓度才能够保证在显微镜下充分观察,并提供有统计学意义的计数结果。

6.6.2　活细胞计数

　　由于通常活细胞(即可以生长与繁殖的细胞)的数量非常重要,或在某些情况下产生毒素,因而活菌计数很可能是了解细胞生长的最佳方式。总活菌数(TVC)的术语在过去经常使用,而现在有时用来描述琼脂平板上的菌落数。细想一下这种方法是不准确的,例如,将平板在空气中培养,那些在无氧环境下生长的厌氧菌则不会生长,这里应使用总好氧菌计数(TAC)来描述。然而,有些微生物可能在70℃生长得最好,在37℃则不会生长,也可能在1℃下生长但在45℃不生长。除此之外,有些微生物需要培养基中没有的一些特殊营养物。最好的计数方法是利用活菌数(VC)这一术语来描述,同时标明培养条件。最好的结果描述方式是菌落形成单位(CFU/g 或 CFU/mL)。最后,如大肠杆菌 O157∶H7 等细菌 10 个细胞就足以致病,并可能混杂在 10^6 个细胞/mL 的其他微生物群落中。结论很明显,利用简单的活菌计数方法不可能对大肠杆菌计数,很多其他菌体的细胞生长或者遮盖大肠杆菌的存在,即使菌落看起来不一样。

　　选择性富集培养是解决这个问题的一种方法。在这个方法中,在培养基中加入抑制大部分其他微生物生长而对大肠杆菌无影响的化学物质。该过程需要在液体培养基中先接种培养再涂布到选择性琼脂培养基。

通常需要在非选择性培养基中进行预培养,因为选择性培养基中存在选择性试剂,可能阻止需要计数的受损微生物细胞的生长,甚至是将其杀灭。在食品工业中,食品或者食品加工单元操作的过程中,由于细胞受到药物消毒、热处理与干燥等的破坏,因此对于选择性试剂非常敏感。

关于活菌计数的另一个关键点是在培养基平板上获得具有统计学意义的计数结果所需要的菌落数。在早期的文献记载中,常引用 30~300 个菌落数,而近年的论文则建议 25~250 个菌落数更具有实际意义。总之,一些如蜡状芽孢杆菌(图 6.7)的微生物,尤其是真菌,会沿着琼脂表面扩散生长,并且彼此相连,以至于难以找到可以进行菌落计数的平板。当对霉菌进行菌落计数时,可以利用化学试剂来防止菌体长成一片。或者,可以在 37℃ 下培养使大多数霉菌的生长减慢从而促使细菌生长。更低的温度 30℃ 常用于促进人类病原细菌的生长,同时也可以减少选择剂对于所要计数的微生物的影响。对于有害微生物,特别在温带国家或者是在寒冷环境下取样时,可以选择 15℃ 的低温。

对于厌氧微生物的计数,常用氮气(N_2)、CO_2、氢气(H_2)等不同气体组成的各种混合气体来排除 O_2。例如,对于空肠弯曲杆菌和乳酸菌计数,常用在 CO_2 混合低水平 O_2 的条件下培养。最后,通常假设每个菌落均由单个细胞产生,当然考虑到之前所讨论的细胞成链和结块生长,这是一种理想化的假设,但是这种方法的确给出了一些大致结果,但和其他一些通过测量细胞生化指标进行计数的方法(如一些基于 ATP 或 DNA 的方法)所产生的结果有所不同。

6.7 微生物的生化和代谢

与具有柔软表面的动物细胞不同,细菌、真菌、酵母和藻类的细胞质和质膜周围包裹了坚硬的细胞壁。细胞壁保护细胞质免受机械损伤,但是不同的微生物具有不同的细胞壁结构。革兰阳性细菌的细胞壁(30~50nm)比革兰阴性细菌(20~25nm)厚,革兰阳性细菌的细胞壁大部分为肽聚糖,占细胞壁 20~40nm 的厚度,而且肽聚糖链与细胞表面相平行。革兰阳性菌的细胞壁由肽聚糖和包括磷壁酸在内的其他聚合物组成,而革兰阴性菌的细胞壁主要由脂多糖构成,革兰阴性菌的细胞壁具有由 6% 的肽聚糖组成的分层结构,其最内侧的细胞壁内层和(最外侧的)细胞外膜与肽聚糖共价相连。真菌细胞壁则主要包括多糖如几丁质和纤维素。不同微生物利用营养物的能力差异很大,即使消毒剂稀释到使用浓度后储存也可能被微生物降解。显然,全面涵盖所有微生物的生长和代谢机能会远远超出本章的范围,所以本章仅涉及一些对食物中毒、食物腐败以及发酵食品生产非常重要的微生物。

6.8 食物中毒的媒介

以下微生物是食物中毒最常见的媒介(见英国 2007 年度人兽共患病报告),当然这里列出的微生物也不是很详尽。

值得注意的是,在认为是含有导致食物中毒微生物的样品中,只有10%是阳性的,这种情况即使在像英国这样高度发达的国家也不例外。因此,这说明仍然缺少检测方法,或除了已研究的媒介,其他媒介也与此有关。

6.8.1 细菌

细菌与两种食物中毒有关,第一类,进食细菌毒素污染的食物,如肉毒梭状芽孢杆菌、金黄色葡萄球菌、蜡样芽孢杆菌(这是特例,因为它既引起感染也产生毒素)。第二类,能引起感染,如空肠弯曲杆菌、沙门菌某些种、大肠杆菌(尤其是 O157:H7)、单核细胞增生李斯特菌、产气荚膜梭状芽孢杆菌、弧菌属某些种、小肠结肠炎耶尔森菌和蜡样芽孢杆菌。以后将讨论其他食源性传播的重要微生物,如原生动物和蠕虫。就英国食品标准局而言,前五种不能产生毒素的细菌更受关注。这是根据产生疾病的严重性,以及疾病发作和案例报道数目得出的结论。

我们首先探讨引起食物中毒的微生物,因为在某种程度上来说,它们的作用更容易理解。

6.8.1.1 肉毒梭状芽孢杆菌

肉毒梭状芽孢杆菌能产生 8 种不同类型的神经毒素:A、B、C_1、C_2、D、E、F 和 G,尽管它们极少引起疾病,但因为对人的致死量大约是 10^{-8} g,因此这个毒素是烈性的。它的发病特征是引起颅神经病变和退行性软瘫。这种细菌通过周生鞭毛运动,产芽孢,严格厌氧,为直的或稍弯曲杆菌,长度 210 μm。这 8 种毒素被血清学区分,C_2 毒素不同寻常,因为它并非神经毒素,这些毒素已经被武器化了,并且被美国疾病控制和预防中心(CCDC)列入生物制剂 A 类目录。A、B 和 E 型导致大多数肉毒梭状芽孢杆菌毒素中毒(Gupta 等,2005),相比之下,对 F 型毒素的了解甚少。在 1992—2005 年期间,英国只报道了 62 个案例,而在 1981—2002 年间,CCDC 报道 1269 个在美国发生肉毒梭状芽孢杆菌毒素中毒案例,这些案例中,仅有 13 个(1%)是 F 型毒素引起的中毒,但没有一个病情发作。自从在 9 个案例中发现了产毒素的巴氏梭状芽孢杆菌并检测到一株产毒素丁酸梭状芽孢杆菌,情况变得复杂了。

肉毒梭状芽孢杆菌分为四个组,通过 DNA 同源性和核糖体 RNA 序列分析确定了它们的生理区别。

肉毒梭状芽孢杆菌的一些主要生理区别见表6.4。

表 6.4　　　　　　　　　　肉毒梭状芽孢杆菌的生理差别

组	毒素	致病性	耐热性	最低生长温度/℃	蛋白水解	糖与脂肪分解	最低生长水分活度(A_w)
I	A、B 或 F	人	D_{121} 0.1~0.24min	10~12	+	+	0.94
II	B、E 或 F	人	D_{80} 0.6~3.3min	3~5	–	+	0.975
III	C_1、C_2 或 D	鸟和其他动物	高或低	15	–	+	3%
IV	G	人	?	12	+	–	>3%

组 I 中的菌株与不产毒素的生孢梭状芽孢杆菌（*Clostridium sporogenes*）类似,虽然这些菌株极易水解蛋白并产生轻微的腐臭,但是它们产生的毒素活性极高,仅进食一点食物并随即吐出,摄入量都足以致病。组 I 中的菌株会产生耐热性更高的芽孢,因此需要设计出完整的热处理过程才能杀灭它们(详见 6.4.1 热致死时间),但是这些菌株不能在冷藏温度生长。组 II 中的菌株可以在冷藏食品中生长,并可在低至 3℃ 的温度下生长(并产生毒素)。然而它们产生的芽孢的耐热性远低于组 I。如表 6.4 所示,组 III 菌株对鸟类和其他动物具有致病性,而在食品中尚未发现组 IV 的菌株。温度、水分活度和存在的酸(或添加酸降低 pH)决定了生长的最低 pH。研究表明,菌株可以在 pH 4.0 生长并产生毒素,但仅在高蛋白培养基中才能出现,大多数权威观点认为,pH 4.5 已经足够低,可以同时抑制菌株生长和毒素的产生。

在摄入后 12~48h 期间经常发生肉毒中毒的最初临床症状,但也会在 8h 内迅速发病或者潜伏 8d 之后才出现症状。临床症状包括重影、呕吐、便秘、口干舌燥以及说话困难。患者在 1~7d 后会由于心脏或呼吸衰竭造成死亡,幸存的患者会在最迟 12 个月内痊愈。毒素结合在神经 – 肌肉连接处神经末梢阻止释放传递刺激的乙酰胆碱而导致瘫痪。

特定的食物、摄入量和毒素类型很重要,毒素 A 的致死率似乎高于其他毒素,即使在设备先进的医院进行快速治疗的条件下,死亡率依然可以高达 20%,这些毒素在 80℃ 下加热 10min 可以失活。

除了上述的那些典型中毒之外,还有一种由婴儿肠道中细菌生长细胞产生毒素引起的幼儿肉毒中毒(Johnson 等,2005)。此时,婴儿生长迟缓并且难以进食或抬头。这种疾病在美国更为常见,频繁地感染 2 周到 6 个月的婴儿。普遍认为婴儿的肠道菌群没有完全发育,没有能力排出肉毒梭状芽孢杆菌并抑制其生长。摄入的芽孢可能来自于蜂蜜(这也是英国之外部分欧洲国家面临的问题),或接触土壤等非食物来源也可能引发疾病。这类肉毒中毒如果及时处理,死亡率很低,然而在美国的婴儿猝死综合征中,它依然占据约 4% 的比例。

虽然肉毒中毒由于其毒素活性高而被认为是主要问题,但是食品工业显然有能力杀灭这种细菌,而且大部分病例源自非商业食品,"疾病暴发"一节(6.9)中将描述商业食品引起的食物中毒暴发的病例。自 1988 年之后的多数年份里,英格兰和威尔士没有出现肉毒中毒病例(McLauchlin 等,2006)。1989 年是一次例外,由于酸乳中加入了未彻底加热处理的榛子酱,使得肉毒梭状芽孢杆菌产生 B 型毒素,从而引起 27 人生病并有 1 人死亡(O'Mahony 等,1990)。这个病例中不同寻常的是,其他梭状芽孢杆菌属可能代谢产生了大量的气体,可以检测到明显的腐败。其他国家也出现了更严峻的问题,意大利在 1987 年以来每年至少出现 12 例该类病例,1988 年、1989 年与 1996 年至少出现了 50 例。另外德国在过去的 1988—1998 年 11 年间,每年病例数在 4~39 例之间(Therre,1999),美国在 1981—2002 年 22 年间,每年报道的平均病例为 59 起。

也许人类只为证明能够利用万物,也把肉毒毒素开发成为美容用品在脸部注射微量以去除皱纹。虽然这看似微不足道,但是通过相同的方法可以治疗儿童肌肉萎缩症等疾病。不幸的是,特别是在美国,因为注射毒素而造成的伤口性肉毒梭状芽孢杆菌症尤为严重(Hunter 和 Poxton,2002)。此外,2004 年美国出现了 4 起因为未经许可进行面部除皱美容手术造成严重的肉毒中毒案例。

由于土壤中存在微生物并产生具有耐热性的芽孢,这种形式的食物中毒大部分发生在农村。毫无疑问,美国家庭的罐藏食物是该问题的根源,尤其是在20世纪早期,应用错误的加热指南致使1899—1981年间共发生522起与家庭罐藏食品有关的传染病,其中432起与罐藏蔬菜有关。在欧洲,过去的主要问题是肉制品。另外,美国在1985年和1989年有两次因为阿拉斯加州本地发酵食品造成食物中毒暴发,以及1994年烤马铃薯、2001年辣椒酱引发的传染病,分别增加到49、28、49和38起。

肉毒梭状芽孢杆菌的分离和鉴定充满困难,部分原因是带有毒素基因的细菌代谢具有多样性(Hatheway,1990),另外也因为它们仅代表小部分菌群。一种方法是先在肉汤培养基中,37℃富集7 d,然后在蛋黄或新鲜马血琼脂上划线分离,并在厌氧条件下培养3d,形成表面光滑、直径2~3mm、边缘粗糙无规则的菌落。与G型不同的是,菌落在蛋黄琼脂培养基上表现出可以分解脂肪的活力,再把疑似菌落转接到肉汤培养基中,通过免疫分析或者小鼠检测其毒素,致死剂量为皮克(pg),而不是毫克(mg),检测试验必须包含一项能够中和毒素的特异性抗体检测。

6.8.1.2 金黄色葡萄球菌

金黄色葡萄球菌,尤其是甲氧霉素抗性的金黄色葡萄球菌(MRSA),是重要的人类致病菌,可以带来人类疾病或死亡。然而,其通常是指金黄色葡萄球菌作为一种主要致病菌的感染源,在食物中它并不会造成严重危害。

葡萄球菌属包含了20类以上的菌种,均为定殖在人类等温血动物的皮肤和上呼吸道的菌群。它们为革兰阳性、具有过氧化氢酶活性的兼性厌氧球菌,这是区分它与著名的链球菌属、肠球菌属和乳酸菌属等革兰阳性球菌的特征。从食品角度而言,金黄色葡萄球菌是葡萄球菌属中唯一重要的致病菌,通常具有凝固酶阳性的凝固血浆的能力,以此可与表皮葡萄球菌、产色葡萄球菌以及木糖葡萄球菌等凝固酶阴性菌种(CNS)区分。金黄色葡萄球菌不是唯一具有凝血功能的菌种,中间葡萄球菌同样表现为凝固酶阳性,但是这是一种动物细菌,从食物中几乎不曾分离出来。然而,在检查环境中的分离种群时必须考虑任何可能性,尤其是有害菌可能存在的地方。

金黄色葡萄球菌通常不需要富集就可使用亚碲酸钾丙酮酸钠琼脂(Baird – Parker)培养基分离,培养基中的甘氨酸、锂元素和亚碲酸盐作为选择剂,而且亚碲酸盐混合卵黄乳液可以作为检测特征菌落的诊断剂。葡萄球菌因为还原亚碲酸盐而呈现黑色菌落,而金黄色葡萄球菌由于其蛋白质水解作用,会在24h内在蛋黄培养基上的菌落周围形成透明圈;由于脂肪酶的水解,形成一个不透明的内侧环晕圈。因为其他菌种也可产生环晕圈,所以培养时间很重要,如果使用凝固酶实验确定金黄色葡萄球菌菌种,延长培养时间后的结果可能逆转,这时就需要更准确的鉴定。

如前所述,金黄色葡萄球菌是一种重要的致病菌,而且主要通过感染致病。诸如蛋白酶与脂肪酶之类的致病因子介导其致病力,但毒素介导某些综合征。早期称为肠毒素F的中毒性休克综合征毒素1(TSST – 1)介导了中毒性休克综合征。尤为严重的是,20世纪80

年代,美国的健康女性月经来潮时使用一种特制的卫生棉会引发这种综合征。然而,这种综合征也常见于刚结束的外科手术(尤其是进行过伤口包扎)或由皮肤感染引发。其临床症状包括高烧、头痛、类似晒伤的皮疹、咽喉痛、腹泻以及呕吐,进而引起低血压性休克和致命性的器官衰竭。典型的是在发病 1~2 周后,感染区域出现脱皮,尤其是手掌和脚底。英国一年内发生的大约 40 起病例中,有 2~3 例(5%)死亡。

表皮脱落毒素引起烫伤样皮肤综合征。这会造成皮肤水泡样结痂,常见于婴儿和幼儿群体。在极端病例中,表皮(角质层)脱落会暴露出潮湿白亮的内皮层。这种病在儿童中的死亡率是 1%~5%,而在成年人中则更高(20%~50% 以上)。

如前所述,由于微生物生长时在食物中产生毒素引起食物中毒。尽管大多数开发的试剂盒只能用于区分更好描述的毒素 A~D,但是可以在血清学上区分结构类似的肠毒素家族(A、B、C_1、C_2、C_3、D、E、G-I 型)。毒素 E 会与毒素 A 的抗血清产生交叉反应。现已应用基于特异性引物的 PCR 鉴定近期描述的肠毒素,并比较了传统分类方法和分子分类方法(Tenover 等,1994,1997)。肠毒素是一类热稳定性(126℃,90min 破坏)和 pH 稳定性非常好的球状单链蛋白质,能够耐受凝乳酶、胰蛋白酶和胃蛋白酶等的水解。这便意味着普通的烹饪处理不能破坏食物中存在的毒素,并且它耐受 pH 和消化酶的能力,使之可以穿过肠道的抵御。一般认为致病的最小毒素剂量是 90ng 以上(1μg 毒素 A),大约等于 10^5 个(细菌)细胞。临床表现为迅速产生恶心(摄入 2~6h 内)、呕吐、腹部痉挛性痉挛和腹泻并持续约 24h。这种疾病具有自限性而且极少致死。虽然称为肠毒素,但是作用机理并不像经典的肠毒素(参见弧菌)(见 6.8.1.4)那样直接作用于肠道细胞。事实上,它们是刺激腹部脏器上受体的神经毒素。这种刺激会通过迷走神经和交感神经系统到达呕吐中心而产生反应。

常见细菌的最低生长温度为 6℃,水分活度为 0.85。然而,在 10℃ 低温与水分活度 0.9 的最低产生毒素的条件下,细菌在整个生长阶段并不产生毒素。因此采用合理的冷藏措施可以有效抑制毒素的产生。被食品加工员工污染并且冷藏不当的肉类食品和熟食通常造成食品运输过程中的污染。

1988 年 6 月发生了由金黄色葡萄球菌引发食物中毒的典型案例,感染群体为一群日本商人。这件案例发生在伦敦的一处商业区,并传染到多家医院。42 人在午饭后 2~6h 发作,到医院时伴有腹泻、呕吐和腹痛的症状;该症状持续的时间是 3~6h,但是部分病人可以持续 12~24h。所有的病人都食用了预先包装好的日式便当,其中有煎蛋、荷兰豆、盐渍鲱鱼子和米饭。61 位吃了这些食物的人中有 44 位生病,患病率达到 72%,表明该疾病与这种食物之间存在很显著的关联。检疫人员收集并检验了 22 份样品(配好的或单独的原料)。所有样品中均发现了葡萄球菌肠毒素 A,金黄色葡萄球菌肠毒素产生菌的数量是($7×10^6$~$5×10^9$)个/g,而蜡样芽孢杆菌为($1×10^6$~$1.5×10^8$)个/g。调查食物加工后发现,加工场所是一间夜间租用的旅馆地下室,而且据称“卫生标准十分差”。加工场所中 5 位食物加工人员均未受过培训,而且从其中一人的鼻腔里分离出产肠毒素 A 的金黄色葡萄球菌。加工米饭、鸡蛋和肉等食品均为大批量烹饪,而且在打包前一直置于室温下。食物包装在带盖的金属饭盒中,在室温下保存约 5h 后送货。大约生产后 6h,也就是早上 9 时 30 分,第一批食物装在不保温的运动包中送出,最后一批在大约加工后的 9h,也就是 12 时 30 分送出。

从一位受感染的员工到未冷藏的烹饪食物,完全具备发生交叉感染所需的条件,因此微生物可以生长并产生毒素,从而导致中毒事件的发生。

6.8.1.3 蜡样芽孢杆菌

表 6.5 所示为蜡样芽孢杆菌及其近缘种的特征。蜡样芽孢杆菌是产芽孢的杆状革兰阳性菌(细胞长度在 $1 \sim 5 \mu m$)。细菌的生长呈链状,是一种生长温度范围在 $8 \sim 55℃$ 的兼性厌氧微生物,其最适生长温度在 $28 \sim 35℃$ 之间,在水分活度约 0.95 和 pH 5.0 的条件下生长缓慢。其芽孢 D_{95} 在 $1 \sim 36min$ 之间变化,因此蜡样芽孢杆菌可能是自然界中最常见的细菌。如前所述,这种细菌可以引起两种不同的食物传染病。起初似乎由不同的菌株导致这两种传染病,但是随后发现至少部分菌株可以导致这两种疾病。在感染剂量为 $10^5 \sim 10^8$ 个/g 时,$0.5 \sim 5h$ 的潜伏期内出现急性发作的呕吐性中毒症状,伴有恶心呕吐并持续发病 $6 \sim 24h$。这与金黄色葡萄球菌的中毒现象很相似。该细菌在 $8 \sim 16h$ 的潜伏期内也会导致腹泻,在 $12 \sim 24h$ 内发病并伴有腹痛、水样腹泻和里急后重。这种疾病和产气荚膜梭状芽孢杆菌引起的病症相似。这种呕吐型毒素为分子质量 1.2ku 的环肽型致吐毒素,在食物中在指数生长后期和稳定期前期时产生,可能通过刺激迷走神经产生作用。这种毒素非常耐热,只有在 $126℃$ 下加热 90min 才能灭活,所以普通的烹饪过程难以杀灭,而且它在 pH $2 \sim 11$ 之间仍具有活性,也可以抗蛋白酶分解。

表 6.5   蜡样芽孢杆菌及其近缘种的特性

特性	蜡样芽孢杆菌	苏云金芽孢杆菌	蕈状芽孢杆菌	炭疽芽孢杆菌	巨大芽孢杆菌
革兰染色	1	1	1	1	1
过氧化氢酶	1	1	1	1	1
运动性	2	2	3	4	2
硝酸盐还原	1	1	1	1	4
分解酪氨酸	1	1	2	4	2
溶菌酶抗性	1	1	1	1	3
蛋黄反应	1	1	1	1	3
厌氧利用葡萄糖	1	1	1	1	3
VP 反应	1	1	1	1	3
甘露醇产酸	3	3	3	3	1
绵羊红细胞溶血	1	1	1	4	3
显著特征	肠毒素	内毒素晶体 对昆虫的致病性	产生假根	对动物及人的致病性	—

注:1—90% ~100% 的细胞呈阳性;2—50% 的细胞呈阳性;3—90% ~100% 的细胞呈阴性;4—大多数菌株呈阴性。
源自:Rhodelamel 和 Harmon (1998).

腹泻症状的产生是由于摄入 $10^5 \sim 10^6$ 个细胞后在小肠内产生了毒素。至少有两种肠毒素(其中一种具有溶血性)可以粘附在上皮细胞,在细菌生长的指数期末期或稳定期早期破坏其细胞膜,它们对蛋白质水解酶敏感,在56℃下加热5min即可失活。

呕吐型疾病还经常与食用米饭和面条有关。这在英国称为"中国餐馆综合征",在那里米饭受热充足从而刺激芽孢萌发为营养细胞。如果米饭没有迅速冷却,细菌就会继续生长。米饭虽然完全加热,但是常常未达到使毒素失活的126℃。与腹泻病例相关的食物很多,肉类、蔬菜、汤类、牛乳以及调味酱都有关系。

想要知道致病细菌的细胞数,通常并不采用富集的方法,使用添加多黏菌素抑制革兰阴性细菌生长的血液琼脂培养基即可检测。37℃下培养24h,蜡状芽孢杆菌形成大(直径3~7mm)而平滑的灰绿色菌落,具有磨砂玻璃质感,在其周围有溶血现象。经常使用含有多黏菌素/丙酮酸盐/蛋黄/甘露醇/溴麝香草酚蓝琼脂的选择培养基(PEMBA),有时也使用放线菌酮来抑制霉菌和酵母菌的生长。蜡状芽孢杆菌的菌落呈青绿色(溴麝香草酚蓝的颜色),边缘呈锯齿状,不能发酵甘露醇,产生黄色,但是周围有卵磷脂酶产生的蛋黄沉淀。丙酮酸盐会促进这种沉淀,而低浓度的蛋白胨会促进芽孢的形成。因为只有蜡状芽孢杆菌可以利用葡萄糖产生酸,而不能利用甘露醇、木糖或阿拉伯糖,所以在含有葡萄糖、甘露醇、木糖和阿拉伯糖的培养基上检测其生长并进行鉴定。现在已经出现了诊断用的实时PCR分析法来检测致吐病菌(Fricker等,2007)。

虽然贮存温度过高时,蜡状芽孢杆菌会使牛乳变质,并形成"碎凝乳",但是在发达国家至今没有报道过食用这种"碎凝乳"导致食物中毒的事例(Mabbit等,1987),可能是因为牛乳不适合发酵产生毒素,或者更简单地说,食物已经明显变质,没有人食用它们。

包括枯草芽孢杆菌的芽孢杆菌属其他菌种,已经知道会造成食物传染病,枯草芽孢杆菌可以使面包腐败,形成内部黏滑的"陈腐面包"。如果食用,会产生轻度中毒现象。

6.8.1.4　弧菌

弧菌属(Kaysner和DePaola,2004)中包含了很多人类的致病菌,尤其容易发生在伤口感染处。另外,霍乱弧菌(导致霍乱病)和副溶血弧菌对水质和食品工业十分重要。它们是革兰阴性菌,多形态(弧形或直线形),是短小可动的杆菌,极性端(细胞末端)多为单一的鞭毛,兼性厌氧,氧化酶和过氧化氢酶呈阳性。NaCl会刺激弧菌生长,副溶血弧菌在NaCl含量0.5%~8%与最小水分活度0.937~0.986之间均可生长,而NaCl质量浓度为3%时生长最好。生长温度的范围最低为5℃,最高为43℃,最适生长温度为37℃。溶血性弧菌的最适生长pH在7.5~8.5之间,但是上至pH 11.0,下至pH 4.5也可以生长。霍乱弧菌是一种海洋微生物,而副溶血弧菌生长在沿海水域,当温度低于15℃时可以在泥土中过冬。大多数菌株是非致病菌。

霍乱有1~3d的潜伏期,发病时会威胁到生命。其感染剂量为10^3~10^4个细胞。细胞生长在肠道内腔并产生肠毒素,会引起Na^+、K^+、Cl^-和碳酸氢盐分泌过多。上述物质分泌过多分别引起脱水、无力和含有黏液碎片的水样腹泻,称为淘米泔水样便,每天最多可以达到20L,每毫升呕吐秽物中含有的细菌数量最高可达10^8个,但是没有发烧和恶心的症状。不经治疗(补充液体和电解质)会使血液减少,从而导致血黏度增加、肾衰竭、循环衰竭,并在数日内死亡。使用电解质或葡萄糖溶液的快速治疗会将死亡率从50%减少到1%。在印度次大陆,20世纪共有2000万人死于霍乱。在19世纪,霍乱以每天大约8 km的速度蔓延,它穿过欧洲,1831年抵达英格兰,并在1848年出现了第二次大暴发,于1866年到达纽约。其结果是说服当局开始改善水质与下水道系统。

相比之下,虽然副溶血弧菌($V. parahaemolyticus$)在条件允许时传代时间仅为11min,但在人类历史上的影响没有霍乱弧菌的地位重要。该疾病的潜伏期普遍是9~20h,但是有时也会达到2~4d甚至持续8d。同样伴有频繁的水样腹泻,但是没有出血或出现黏液、腹痛、呕吐或者发烧。然而这种细菌比霍乱弧菌更具有肠侵袭性。副溶血弧菌会产生一种耐热的溶血素,作用相当于心脏毒素、细胞毒素和肠毒素。

首选的选择性琼脂是TCBS(硫代硫酸盐、柠檬酸盐、胆酸盐、蔗糖琼脂),霍乱弧菌在其上生长时会发酵蔗糖产生黄色菌落,然而其他弧菌包括副溶血弧菌不能发酵利用蔗糖,产生绿色菌落。实时PCR技术可以用于检测,PCR也可以用于检测霍乱毒素基因(Koch等,1995)。

霍乱弧菌来自于水,所以用受污染的水清洗食物是突出的问题。副溶血弧菌引起食品传染病是食用甲壳类动物和其他鱼类以及大量食用生鱼肉的结果。这曾经是日本的主要问题之一,由于食用鱼类导致副溶血弧菌交叉感染或肠胃炎的暴发率达到45%~70%。另外,在美国也曾出现过食用鱼类导致的疾病暴发。

6.8.1.5　小肠结肠炎耶尔森菌

小肠结肠炎耶尔森菌属于肠杆菌科,是一种革兰阴性短杆菌[(0.5~1.0)μm×(1~2)μm]。该菌兼性厌氧,过氧化氢酶阳性但氧化酶阴性,此外它还是兼性嗜冷菌,虽然其最适生长温度大约在29℃,但是在-1~40℃及以上时也可以缓慢生长。在30℃以下它可以用周生鞭毛运动,但是在37℃时不具有运动性。其$D_{62.8}$值为0.7~57.6 s。其生长的pH范围为4.1~8,最适生长pH在7~8。

从淡水、土壤和动物肠道内可以分离该菌,英国的调查表明它在许多牛、羊和猪的肠道内定殖。已经从肉类(尤其是猪肉)、禽类、鱼类、甲壳类动物、牛乳、水果和蔬菜等食物中分离出了该菌。

大多数从食物中分离出的菌株是非致病菌,而且在发病时主要感染7岁以下的儿童。潜伏期为1~11d,病症一般持续5~14d,并伴有腹痛、腹泻和轻度发烧。病痛可能是局部性的,因而会被误诊为阑尾炎。对于成人,尤其是成年女性,会引起并发症(关节炎和皮肤发红),在欧洲的血清型菌株引发这种并发症更为常见。细菌细胞黏附在肠道淋巴组织的黏膜细胞上。严重的疾病极少,但是在免疫功能不全的病人身上会引发败血症和死亡。

所有的致病性菌株均有一个40~48Mu的质粒,可以编码细菌外膜的蛋白质,而入侵功能则由染色体基因控制。可以使用CIN(头孢磺啶、氯苯酚、新生霉素)琼脂进行选择性分离,其中含有作为碳源的甘露醇、脱氧胆酸盐、结晶紫(选择剂)以及抗生素。28℃下培养24h,典型的菌落具有暗红色中心,边缘透明。每年在英格兰和威尔士大约发生300例,但是由于错误的诊断可能漏报。只有猪携带主要的致病生物型(McNally等,2004)。

在一头健康猪的舌头和扁桃体上分离出这种细菌,但是疾病的暴发并不总是与猪有关。然而如果你饲养了一只宠物猪,最好不要用亲吻表示喜爱,尤其是舌头!

值得关注的是,另一种相关的细菌,鼠疫耶尔森菌(*Yersinia pestis*)引发黑死病,并在14世纪导致欧洲25%人口的死亡,造成劳动力如此稀缺,以致曾有一段时间使劳动阶层在农民和地主的关系中占据上风。

6.8.1.6 产气荚膜梭状芽孢杆菌

产气荚膜梭状芽孢杆菌不仅能够引起食源性疾病,在美国重要的食源性疾病致病菌中排第三位,而且和炭疽病、一战中的战壕足病以及羊的髓样肾等有关。产气荚膜梭状芽孢杆菌是兼性厌氧的革兰阳性杆菌,菌体末端有椭圆形芽孢,菌体较大(约 $1\mu m$ 宽,$3\sim9\mu m$ 长),一般来说是非运动性的。但是最新的研究表明这些细胞可以发射出丝状物,这样它们就可以借以像某些革兰阴性菌那样在表面拉动自身。有趣的是分子生物学的研究还发现,其他荚膜梭状芽孢杆菌如肉毒梭状芽孢杆菌、艰难梭状芽孢杆菌和破伤风梭状芽孢杆菌也携带有这些基因,这表明这些菌的细胞可能具有在琼脂表面滑动的能力(Varga 等,2006),这就为在支持物表面的菌体细胞提供了一个明显的进化优势。尽管没有过氧化氢酶活性,产气荚膜梭状芽孢杆菌的细胞依然能够在有氧条件下,在合适的琼脂培养基上充分生长成为可见的菌落,该菌的生长在 $12\sim50℃$ 之间进行(但在 $20℃$ 下生长极为缓慢),最适生长温度在 $43\sim47℃$ 之间。令人难以置信的是,在 $41℃$ 下,菌体的传代时间经测定竟达到7.1min。这些细胞在 pH 5.0 下可以生长,但最佳 pH 在 $6.0\sim7.5$ 之间,最佳水分活度在 $0.95\sim0.97$ 之间。但是 6% 的氯化钠抑制其生长。

营养体细胞具有相对的耐热性,$60℃$ 下的 D 值长达几分钟,但是一些菌株的芽孢却出乎意料地不具备特别的耐热性,D_{100} 为 $0.31\sim38min$。菌体产生 4 种主要的外毒素和 8 种其他外毒素,据此将该菌划分为五种类型(A~E 型)。其中 A 型会导致食物中毒和气性坏疽,并产生与气性坏疽而不是食物中毒有关的卵磷脂酶(主要是 α 毒素)。

产 α 毒素和 β 毒素的 C 型会导致一种很严重的坏死性肠炎,其中 β 毒素能致使肠黏膜发生坏死,巴布亚新几内亚常发生这种坏死性肠炎,那里的青少年们获准首次参加一种庆典时,食用当地不洁圈养并篝火烘烤的猪肉,其中产气荚膜梭状芽孢杆菌的芽孢含量很高,并且青少年们从未这样暴露于大量的菌体环境之中。尽管蛋白酶可以降解含量较大的毒素,但是由于人们素食为主的习惯而使疾病问题变得更加严重,因为植物食物中含有大量的蛋白酶抑制剂。在这样的情况下,菌体引起腹痛和血样腹泻,严重者甚至导致肠道感染后的溃烂和死亡。

B、C、D 和 E 型通常被认为是动物疾病的致病菌,但是 A 型分布广泛,并且常被认为是食物中毒和气性坏疽的来源。其在土壤中的含量为 $10^3\sim10^4$ 个/g,同时从生鲜和加工食物以及溪水和河流的污泥中也能分离得到 A 型,其在健康人体粪便中的含量达到 $10^3\sim10^4$ 个/g。

食源性疾病的一般特点是在摄取食物(通常含有 7×10^5/g 菌)8~24h 出现后恶心、腹痛和腹泻,这种疾病在具有正常免疫功能的人体内通常需要 1~2d 发病,很明显是那些营养细胞进入小肠内生长、形成芽孢,产生的肠毒素则随着母体细胞的溶解而扩散出来,肠毒素蛋白在60℃加热10min失活,也能够被蛋白酶降解。它作用于人体细胞膜上,改变水、钠离子和氯离子通过肠上皮细胞的流向,导致其大量分泌而无法吸收,最终通过细胞膜穿孔而导致细胞死亡。

产气荚膜梭状芽孢杆菌的检测常用含有抗生素选择剂的平板培养基[如胰蛋白胨、亚硫酸盐、环丝氨酸-TSC琼脂基础或竹桃霉素、多黏菌素、磺胺嘧啶、产气荚膜梭状芽孢杆菌(OPSP)],接种后的平板在37℃下培养24h,由于亚硫酸盐的还原,在倾注的平板培养基内会产生黑色菌落,在涂布平板培养基中菌落呈白色。其鉴定还可以通过乳糖发酵、明胶液化、硝酸盐还原、分子生物学手段(Keto-Timonen等,2006)以及没有运动鞭毛来判断(参照前面的产气荚膜梭状芽孢杆菌运动性的讨论,6.8.1.6)。通常在肉类消费时,特别是在完成加工到食用之前没有适当冷藏的情况下发生问题。由于加热过程中盐和亚硝酸盐的共同作用,熟肉通常不是疾病发生的主要来源。许多食源性疾病发生在大规模的餐饮场所,不幸的是,通常是免疫力低下的易感人群集中的医院、养老院等。最近一项由英国食品标准局(FSA)资助的研究工作表明在肉类冷藏的过程中,可以在不同温度、pH、水分活度、无机盐和亚硝酸盐水平等条件下预测该菌的生长(Peck和Baranyi等,2007)。位于英国诺里奇科尔尼的英国食品研究所可以用产气荚膜梭状芽孢杆菌预测仪来实现以上过程。(http://www.ifr.ac.uk/safety/growthpredictor/perfringens/predictor.zip)。

6.8.1.7　沙门菌

沙门菌是肠杆菌科家族的一员,像埃希杆菌属和鼠疫耶尔森菌一样,是一种兼性厌氧的革兰阴性杆菌,最适培养温度为37℃,具有胆酸盐耐受性。主要在受感染人体和动物的消化道系统和粪便中发现,而粪便主要是动物类食品的传播途径。与大肠杆菌不同,沙门菌不发酵乳糖所以不是大肠菌。耐受胆酸盐和利用乳糖是选择培养基的主要依据,据此区别产气菌科的不同成员(麦康凯琼脂培养基见6.8.1.14)。沙门菌分类的特征使其具有很多种不同的命名方法(大约2200种),根据Kauffman-White方案,以血清方法进行分类。

血清型或血清变种定义为细菌种内的一个抗原性可区别的成员。在肠杆菌科,有许多抗原被用于区分血清型:其中最主要的抗原是细菌细胞壁上的脂多糖(O抗原或菌体抗原),多糖成分的变化产生不同的O抗原;第二个抗原成分是鞭毛抗原(H抗原);大多数沙门菌分离株含有两种替代性机制,称为1相和2相。第三个抗原只在沙门菌中发现,称为荚膜抗原或Vi抗原。尽管O和H抗原用于大肠杆菌和其他肠杆菌科的血清型分型,但这些除了血清型名称外没有具体的名字:大肠杆菌O157:H7是一种带有O抗原157和H抗原7的特定血清型的大肠杆菌。根据用于沙门菌分类的Kauffman-White方案,这些抗原的不同组合为区分特定血清型和菌种命名提供依据,这也是导致沙门菌的菌种之间差别非常微小的原因:

鼠伤寒沙门菌 O1, 4, (5), 12:Hi;1,2

拉古什沙门菌 O1, 4, (5), 12:Hi;1,5

由于以上方法并不符合现代分类思想,人们制定了另一种沙门菌的分类方法。在这个重新评估系统中,引起食源性疾病的大多数沙门菌是肠道沙门菌的血清型,且为肠道沙门菌肠道亚种的成员。这样,鼠伤寒沙门菌的完整命名法应该是肠道沙门菌肠道亚种鼠伤寒血清型。

沙门菌的致病性

沙门菌血清型对人和动物的致病性存在很重要的差异,一项数据证实了这种在特定宿主内引起严重疾病的特异的适应性。发生独立水平基因转移成为获得几乎所有致病因子的必要条件,而获得特定的致病基因,正好解释了宿主适应性发生了改变。

人体适应性血清型沙门菌包括伤寒沙门菌和 A、B、C 型副伤寒沙门菌。这类菌表达 Vi 抗原,引起伤寒或副伤寒性发热,一种以头痛、食欲不振、腹痛、腹泻(伤寒沙门菌感染以便秘为主要症状)和持续发热为代表症状的系统性伤寒疾病。摄入的细菌细胞从肠道侵入淋巴结引起疾病,从这里开始,细菌从巨噬细胞进入血液循环,散布到身体各个器官(包括肝脏,特别是胆囊、脾脏和骨髓),出现更多的细胞增殖和脱落。24~72h 以后,在胆汁的作用下肠道会发生再次感染,感染 8~15d 会产生溃疡,此时如果不经任何治疗,死亡率将高达 10%~15%。

在其他动物体内同样存在宿主适应性菌种,例如鸡伤寒沙门菌、雏鸡白痢沙门菌、羊流产沙门菌、猪霍乱沙门菌和牛都柏林沙门菌。其中后两种同样是人体致病菌。其中猪霍乱沙门菌能在人体内引起败血症、肺炎、骨髓炎和脑膜炎等疾病。其他血清型沙门菌,包括鼠伤寒沙门菌和肠炎沙门菌在内的大多数人致病性血清型沙门菌,被认为是不具有宿主适应性。

肠胃炎由于摄入的细菌吸附或侵入小肠上皮细胞,杀灭上皮细胞引发积水而致腹泻。但是即使感染的是这些非宿主适应性血清型,仍有可能发生系统性感染。这些由血清型沙门菌引起的非系统性肠胃病称为沙门菌病,症状包括腹泻、呕吐和低烧。潜伏期一般为 12~48h,最少 8h,最多 4d。持续时间一般 1~7d,死亡率较低,约为 0.1%。补充液体和电解质是唯一需要的治疗方法,仅当出现全身性疾病时才使用抗生素。

产生肠胃疾病感染的剂量一般 $>10^5$ 个细胞,但是实验表明发生疾病还依赖于以下一些因素。首先宿主很重要,引起易感人群(如老人和儿童)患病的细菌数量较少。其次细菌传播的食物载体也很有影响,例如巧克力携带的病菌数量约为 1 个/g,而乳酪携带致病菌估计为 1.5~9.1 个/100 g。一些特别的血清型沙门菌具有更高的致病性,如噬菌体限制性鼠伤寒沙门菌 DT(特定噬菌体型)104 是一种多重抗生素耐受性的分离株,特别能抗氨苄青霉素、氯霉素、链霉素、磺胺类抗生素和四环素。而对于不需要使用抗生素的治疗过程,这通常不是主要的问题。但这种菌株带有剧毒,更容易引发全身性疾病,所以需要抗生素治疗,因此与此株细菌有关的死亡率较高,达到约 5%。

可以通过感染的病人粪便传播活菌,但即使没有这条途径,非宿主适应性菌株也能在感染人体后无症状性携带长达 5 周;极少数情况下可以在感染人体内持续存在 1 年,在儿童体内更是长达 5 年。粪便样品三个连续阴性可以证明人体未感染致病细菌,这项检查对于食品加工人员非常重要,此外,由于动物可以在无症状的情况下携带和传播致病菌,家禽无症状携带检查也显得尤为重要。

伤寒沙门菌的携带期可以延长,据了解最长的潜伏期可以达到52年之久,胆囊是携带这些细菌的典型器官,细菌逐渐随胆汁分泌到小肠。由于有人认为抗生素使病情更加复杂,这方面的治疗仍备受争议。

沙门菌的食物来源

沙门菌是热敏感型菌株(Barrile 和 Cone,1970),因此食物污染沙门菌通常是加热不足或者是熟食与生食接触所致。沙门菌病的食物传播载体是未经加工的禽类和禽类产品,如鸡蛋、肉和肉制品、生牛乳及其制品,如生牛乳乳酪会带有该细菌,但巴氏杀菌的牛乳和乳酪是安全的,除非生产过程出现问题。包括菜叶和豆芽在内的蔬菜沙拉越来越成为沙门菌病的主要传播者,这些产品多为预制而生食,因此不易清除残留的细菌。前面已经讨论过食品内细菌内化的问题,这里不再赘述,此外,巧克力是另一种导致沙门菌类疾病的食物。

沙门菌的分离

沙门菌通常在食物中含量极低,但是仍有必要检测,在加工食品中,25 g食品中沙门菌的含量应不超过1个。分离沙门菌的程序复杂,包括在低营养培养基上如蛋白胨缓冲液,进行样品的预富集培养,接下来进行选择性富集和选择性平板培养以及血清型鉴定。整个分离过程持续4d,选择培养基包含胆汁盐和乳糖作为主要的选择剂和诊断剂。经典的培养基为马康基氏琼脂培养基,其中胆汁盐和结晶紫为主要的选择剂,诊断剂为中性红(pH 指示剂)和乳糖。这些大肠杆菌科的微生物能够发酵乳糖产生酸,培养基呈现红色,而不利用乳糖的菌株(如沙门菌、志贺杆菌、耶尔菌)的培养基则呈无色,此外,人们也设计出沙门菌特异性培养基,如木糖赖氨酸脱氧胆酸盐培养基(XLD)、亮绿琼脂培养基,但这些都还要依赖于胆汁盐和乳糖的利用,此外 DNA 杂交技术也有发展(D'Aoust,1998)。

6.8.1.8 埃希杆菌属

埃希菌和沙门菌一样,是肠杆菌科的一员,也是一种兼性厌氧的革兰阴性杆菌,多存在于恒温动物的粪便里,和沙门菌不同的是,埃希杆菌能够发酵乳糖,因此,是一种大肠菌。大肠杆菌是该属中的关键一员,这个种属的微生物形成了人、农业和饲养动物肠道中的正常菌群,因此它在血液和水源中的含量常作为粪便污染的重要指标。

大肠杆菌尽管常被人们认为是肠道共生菌,但近年来的研究使我们不得不承认它存在着致病性。这种菌(导致腹泻的菌株)所致疾病的特征使得它与埃希杆菌相近的志贺杆菌属颇为相像。与志贺菌一样,致腹泻大肠杆菌大部分是乳糖阴性菌株,或为乳糖缓慢发酵菌株,培养至第14d 时才开始利用乳糖。一些菌株如肠侵袭性菌株(EIEC)通常为非运动性的,并且有时发酵糖类后不产生气体,这一点也和志贺菌更相似。此外,在致病性和传播途径上,两者也有许多相似之处。

6.8.1.9 志贺杆菌

志贺菌属的所有成员均能够在人体内引起杆菌状痢疾(志贺菌病),严重程度为从英国地方性疾病(宋内志贺菌)独有的轻度腹泻到以发烧、腹部疼痛性痉挛、频繁的常带血的水样便等症状,感染12～50h 内发病的典型痢疾各不相同。严重的时候经常持续3～4d 或

10 ~ 14d,此时只要保证补充体液和电解质,这种疾病就没有致命危险。在没有动物传染源的情况下,该疾病通过水源和人际传播,也有食物中毒暴发的案例,但是最根本的来源还是受到传染的食品加工者或食品加工水源。导致传染的剂量为 10 ~ 10⁴个细胞,具体因菌种而异,志贺菌的致病机制是通过侵入结肠上皮细胞,这一能力由它携带的一种特殊质粒(大小为 120 ~ 140Mu)所决定。尽管遗传决定机制不同,志贺菌属进入上皮细胞和细胞内传播的机制与单核细胞增生李斯特菌类似。

一些志贺菌也产生志贺毒素,一种在肠道内产生的有效蛋白外毒素,该毒素含有裂解细胞的能力,其活性的一个关键方法是与宿主细胞的 60S 核糖体结合并阻止其活动,从而阻止蛋白合成并杀灭细胞。志贺菌外毒素在 I 型痢疾志贺菌体内含量较高,而在其他产志贺毒素类的细胞毒素的志贺菌血清型菌株中的含量较低,当然也会涉及其他类型外毒素,但尚未研究清楚其具体的作用。

6.8.1.10 致病性大肠杆菌

致病性大肠杆菌的多种致病机制归结为如下几点:肠侵袭性大肠杆菌(EIEC)、产肠毒素大肠杆菌(EIEC)、肠集聚性大肠杆菌(EAEC)、弥散黏附性大肠杆菌(DAEC)、肠致病性大肠杆菌(EPEC)和肠出血性大肠杆菌(EHEC)。通过一系列获取的确定基因,如质粒、噬菌体或者致病岛,得到这些能力。除了肠出血性大肠杆菌,所有大肠杆菌的传播都与水源和人际传播有关,EHEC 是主要的食物传播的致病菌。

6.8.1.11 肠侵袭性大肠杆菌

肠侵袭性大肠杆菌(EIEC)和志贺菌的侵入机制非常类似,综上所述,两者在具体表型特征上相似,EIEC 像志贺菌那样侵入并破坏上皮细胞,使结肠产生褶皱,这与志贺菌的侵入机制相同。它们还能导致和志贺菌病一样的临床表现,从轻度到严重的典型痢疾样的症状,而且它们的致病性来源于一种大小为 140Mu 的质粒上的一段决定性基因,这也与志贺菌相似。但是二者的主要区别在于引起疾病的细胞数,EIEC 细胞数达 10⁹才可引发感染。

6.8.1.12 产肠毒素大肠杆菌

产肠毒素大肠杆菌(ETEC)通过定殖到小肠细胞表面,原地释放毒素引起疾病。导致不同程度的腹泻,典型症状是产生不带血和黏液的水样便,一般突发并且伴随腹部疼痛性痉挛和腹泻,这也是婴儿和游客腹泻的主要病因。EIEC 感染所需细胞数较多,可以产生一种热稳定性(ST)毒素或一种热不稳定性(LT)毒素或者两者均有,同样其感染也是一种质粒基因决定的疾病。

这种热不稳定性毒素与细胞靶标为腺苷酸环化酶的霍乱毒素有关,过度刺激可以导致氯离子的净分泌从而抑制氯化钠的摄取,使水流入内脏导致腹泻。热稳定性毒素的作用机制与之类似,只是细胞靶标的作用位点是鸟苷酸环化酶。此外,菌体会产生菌毛黏菌素,为同一质粒上的基因编码的毒素,这些黏菌素具有宿主特异性,如猪的特异性菌株 K88、小牛和羊羔的 K99、人的 CFA1 和 CFA2。这些特异性的存在保证了细菌对宿主细胞的黏附和毒素的分泌,黏菌素的存在加剧了病情的严重性,在小猪等 ETEC 易感的幼龄动物断奶阶段,家畜腹泻病可以迅速感染并传播,不治疗则会导致死亡。

6.8.1.13　肠致病性大肠杆菌

肠致病性大肠杆菌(EPEC)引起水样腹泻,常伴有呕吐和低烧。严重程度为温和到重度。持续时间较长并且带有致命性危险是婴儿腹泻的主要特点,成人的致病细菌量为$10^8 \sim 10^9$个细胞。其致病机制是具有吸附 – 清除能力的复杂体系,最初的黏附是质粒基因编码产生黏附性菌毛并缠绕成束的结果。染色体致病岛(eae)决定随后的紧密接触和基座的形成。它们能编码产生紧密黏附素和信号通路所需的其他物质,引起细胞骨架的改变,引起底部附着细菌的多聚肌动蛋白的积累,从而形成基座,并出现刷毛缘的特征性病变。

6.8.1.14　肠出血性大肠杆菌

肠出血性大肠杆菌(EHEC)是产志贺样毒素大肠杆菌群(VTEC)的组成部分,和某种血清型大肠杆菌有关,特别是大肠杆菌 O157:H7。大肠杆菌 O157:H7 可导致一系列并发症并且比其他血清型大肠杆菌的致病性更强。出血性结肠炎是以严重腹泻、水样腹泻和出血性腹泻为主要特征的肠胃疾病,一般很少发热,并发症受到自限,8d 即可分辨,但对于成人来说这种病是致命的,特别是对于老人,其伴随的中风和心脏病常引发死亡。致病菌在感染29d 左右会排出体外,但在不同人体中这个时间 11 ~ 57d 不等,且常在年幼的儿童体内存留时间较长。由于致病剂量较低(见下文),这种疾病在人际间传播的风险较大。

在约 7% 的案例中,溶血性结肠炎伴随发生溶血性尿毒综合征(HUS)。典型的症状包括急性肾衰竭、血小板减少和溶血性贫血(红细胞减少),并且疾病多发于儿童。令人感到意外的是,抗生素的使用会使病情加重,单独暴发的死亡率在 6% ~ 31% 之间,长期肾功能损伤是这种病的典型后果。值得关注的是,痢疾杆菌 1 也能导致 HUS,这也为探究该病的发生原因提供了线索。

溶血性尿毒综合征的另外一些症状有:形成血栓、血小板减少性紫癜,这些都与 HUS 有关,还会产生发热和躁动、头痛、定向障碍等神经性症状,并且会迅速发展到轻度偏瘫、癫痫、昏迷乃至死亡,这种疾病的关键特征是血小板凝集并且在实现血浆置换疗法前,其致死率达 90%。

EHEC 和 EPEC 菌株具有相似的吸附和消除基座的能力,此外,它们(以及所有的 VTEC 菌株)还能产生称为志贺样毒素的细胞毒素,志贺样毒素 I(VTI)和志贺样毒素 II(VTII)表现出和志贺毒素极强的相关性,因此又称为类志贺毒素 I 和类志贺毒素 II(SLTI 和 SLTII),VTI 与志贺毒素几乎相同,只在序列中存在一个氨基酸差异,VTII 和志贺菌毒素具有 60% 同源性。两种志贺样毒素均由一个染色体插入型温和噬菌体编码,是一种与 HUS 有关的流通毒素,以杀灭肾脏细胞为主要目标。在这种噬菌体中,抗生素被认为可以诱导毒素基因的表达,因此抗生素治疗的病人往往症状加重。这种致病菌的感染剂量很低,大约 10 个细胞即可致病,并且可能是气溶胶传播,因此,英国危险致病菌咨询委员会(Advisory Committee on Dangerous Pathogens,ACDP)在 1998 年将其列入对人类最危险的 ACDP 3 级致病菌。

在 20 世纪 80 年代,EHEC O157:H7 成为主要致病菌,这引起了人们对 EPEC 菌株来源的关注,事实上,它是带有溶原性噬菌体的 EPEC 菌株,EPEC O55:H7 和大肠杆菌 O157:H7 均具有肠黏附能力和其他共同的致病因子,因此它可能是 O157:H7 的祖先形式。

最初的大肠杆菌 O157:H7 主要与牛肉及其制品有关,现在流行更为广泛而且常与其他动物制品相关。蔬菜沙拉现在成为一种主要的疾病传播载体,尤其是菠菜和生菜引发了大量的此类疾病。但是食物只占疾病来源的 50%,与此同时,动物制品加工处理过程中的直接接触和粪便传播是主要的其他来源。

大肠杆菌 O157:H7 是一种非山梨醇发酵型细菌,这可作为在山梨醇麦康凯琼脂(SMAC)培养基上的鉴别特点。这种在麦康凯培养基基础上变化而来的培养基仍包含胆汁盐和结晶紫两种成分来阻止革兰阳性菌生长,同时补加了头孢克肟亚碲酸钾(CT)来增加对于大肠杆菌 O157:H7 的选择性。该培养基以山梨醇作碳源,中性红为 pH 指示剂,山梨醇阳性菌落培养基呈红色,山梨醇阴性菌落培养基无色。此外,分子生物学手段也用于大肠杆菌 O157:H7 的鉴别(Zhao 等,2000)。

6.8.1.15 非 O157 型产毒素大肠杆菌

尽管 O157:H7 是欧洲和美洲最为重要的 EHEC 菌株,其个别血清组的重要性却因具体国家差异而各不相同,在一些国家流行的血清型菌株,在另一些国家可能并不存在或者不占主导地位。还有另外一些血清型菌株同样是欧洲和美洲疾病暴发的主要原因。这些重要的血清型菌株包括 O26、O103 和 O111。O26 和 O103 能够产生 O157:H7 那样的特异性黏附擦拭损伤,因而被认为属于 EHEC。尽管与 O157 菌株相比,染色体致病岛(eae)的插入位点不同,但也可通过独立转移事件实现其发病机制。这些血清型分离株的主要来源是牛的粪便,同时绵羊和山羊也能够携带这种菌株。这种非 O157VTEC 菌株的分离频率高于 O157 菌株本身,加拿大学者的研究表明,非 O157 菌株在牛粪便中的含量分别为 17% 和 45%,而 O157 菌株的比例仅占不到 1%。德国的类似研究发现,非 O157 VTEC 菌株的分离频率大约是 O157 菌株的 10 倍,但是,非 O157 VTEC 菌株的致病率(可引起出血性和非出血性腹泻及 HUS)却远远低于 O157 菌株。这反映出 O157 菌株和 VTEC 血清型菌株的致病力存在很大差异,或者说疾病发生频率的检测手段还不够强大,致使检测到的疾病发生率偏低。志贺毒素存在于非 O157:H7 VTEC 的噬菌体中,但在没有其他致病因素的情况下,单独的志贺毒素似乎不足以引起显著的疾病。

6.8.1.16 肠聚集性和弥散黏附型大肠杆菌

与其他致病性菌株不同的是,肠聚集性大肠杆菌(EAEC)通过质粒相编码的束状纤毛而引起疾病,这会导致菌体细胞在宿主上皮细胞表面形成叠砖状聚集,进而产生自身凝集作用,并在此产细胞毒素;黏液增多会固定细菌,有助于长久的滞留,这些细菌均可能引起持续性腹泻并会持续 14d 以上。弥散黏附型大肠杆菌(DAEC)通过自身产生的菌毛,可诱导宿主细胞产生手指状突起,并在此处相互聚集。

6.8.1.17 弯曲杆菌

虽然弯曲杆菌(*Campylobacter*)是目前在工业化国家中造成主要公共健康问题和经济负担的细菌性食源性疾病的主要起因,但其却是近期才被鉴定的食源性致病菌。在20世纪70年代,这种微生物被确定是引起人类急性小肠结肠炎的病因,同时也被认定为引发英国、欧洲其他国家和美国腹泻最普遍的病因。

空肠弯曲杆菌是一种最常见的致病菌,能造成目前报道的大约90%的食源性疾病。但这也可能是受到了从其他菌中专门鉴定空肠弯曲杆菌的影响。引起人类疾病的其他重要菌种包括结肠弯曲杆菌(*C. coli*)、海鸥弯曲杆菌(*C. lari* 或 *C. laridis*)、乌普萨拉弯曲杆菌(*C. upsaliensis*)与猪肠弯曲杆菌(*C. hyointestinalis*)。弓形杆菌属(*Arcobacter*)可以用弯曲杆菌属相同的方法分离,并且很难与其区分,但是它们更耐受空气中的O_2。虽然不如弯曲杆菌常见,它们也能引起腹泻。已开发了一种PCR方法可以区分出两者。

弯曲杆菌是一种细长的革兰阴性、氧化酶阳性的螺旋状杆菌,$0.5 \sim 0.8 \mu m$长,$0.2 \sim 0.5 \mu m$宽。但是在胁迫条件下,例如放在水中,它可以变为球菌状。它具有一个无鞘的极端鞭毛,且能运动自如。它的细胞壁有一个特殊的结构,其脂低聚糖(LOS)以松弛结合到脂多糖荚层的方式连接到脂质A。其微需氧性是与其他食源性致病菌区别的另一个特征:这就意味着该菌株需要一个低于大气压的氧水平,在5%的O_2即可最适生长。它同样嗜CO_2并且在高CO_2水平时生长更好。因此,5%的O_2、10%的CO_2和85%的氮气是其生长的典型环境。虽然其所有菌种均可在37℃生长,但一些菌种(空肠弯曲杆菌、结肠弯曲杆菌和海鸥弯曲杆菌)在42℃最适生长,因此可认定为嗜热菌,虽然按照严格的定义并不是嗜热菌。生长的低限被认定为30℃,但是某些菌种也可在25℃下生长。该属的菌种在pH低于5.9并高于9时对pH敏感,并对干燥与温度敏感,这些是通过在50℃下7.3min和55℃下1.1min中得到的D值来衡量的。马尿酸盐水解是结肠弯曲杆菌的一个典型特征,并且是区分其他弯曲杆菌的唯一常规检测方法。

在工业化国家中,弯曲杆菌引起的典型小肠结肠炎通常包括急性腹痛、发烧、头痛、头晕和恶心等症状,并伴随带血或不带血的大量水样腹泻,少数急性传染包括轻度腹泻。在发展中国家,该疾病通常为少数急性发作或者导致无症状排泄。尽管常见复发(大约25%),但是潜伏周期一般为2~7d,平均3.2d,持续时间是7~10d。传染通常是自限性的,但可以延长并且严重情况需要抗生素治疗,红霉素是目前常用的抗生素。很少报道出现菌血症,引起传染病的菌数可以少至500个,但是还有待考证实验的准确性。

对弯曲杆菌引起腹泻的研究不断深入,最初怀疑是霍乱样肠毒素,但是从来没发现这种毒素,并且弯曲杆菌基因组的测序没有发现相应的同源基因。这种细菌因能引起感染并能在下胃肠道黏膜上定殖而被关注,其运动性则是这种现象的关键因素。鞭毛对此极其重要,鞭毛的旋转使菌体穿过肠黏膜进入上皮细胞。丝氨酸、黏液素和海藻糖是化学趋化剂,而胆汁酸是化学拒斥剂,因此鞭毛和趋化性突变株的定殖能力受到损害。多种黏液素也被认为发挥作用。CadF是一种外膜结合蛋白,它可以与纤维结合蛋白连接进而促进与肠道细胞的结合。编码CadF蛋白的基因在所测试的空肠弯曲菌和结肠弯曲菌中普遍存在保守性,这说明了该基因对于致病性至关重要。之前有假说认为导致肠道细胞被破坏的罪魁祸首是炎症性肠炎和一类在与哺乳动物细胞共培养时可以产生的分泌蛋白——弯曲杆菌侵袭抗原（Cia）。侵袭培养的细胞还需要 CiaB 蛋白，缺少此蛋白的菌株不具有入侵能力。（http://molecular. biosciences. wsu. edu/faculty/konkel. html）。

格-巴二氏综合征（GBS）是弯曲杆菌感染更加严重的后果，这是一种严重的自身免疫疾病和神经性疾病，发病率为弯曲杆菌病的 1/1000（Yuki 等，2004）。症状是上行性麻痹，导致呼吸肌肉麻痹而死亡；然而，特别护理的病人可以在几周后恢复。8% ～50% 的格-巴二氏综合征病例正在经历培养呈阳性的弯曲杆菌的感染，该综合征病人的弯曲杆菌血清学感染的证据是正常人的 5 倍，这说明了弯曲杆菌与该综合征的关联。而且，这种综合征是通过弯曲杆菌的脂低聚糖引起的，脂低聚糖的结构与人类神经节苷脂分子结构相似。对弯曲杆菌脂低聚糖反应产生的抗体也攻击神经，从而导致自身性免疫疾病。

弯曲杆菌病的发病率由于很多零星发病而持续增加。这种病在 4 个月以下的婴儿和年轻人中（在男性中较多）有较高的发病率；在发展中国家通常发生在儿童身上，而成人感染后并无病症。

毒力与特定的血清型没有什么联系，不同的人在相同致病菌株感染下也可能发生不同程度的病症，这表明了在疾病发生过程中宿主因素的重要性。大部分的野生动物和家畜（猪、牛以及特别是小狗、小猫等宠物）的肠道菌群中也可能携带这种无病症的细菌。鸡肉是主要的食物媒介，可以通过未熟透的鸡肉或者交叉感染到其他食物。大量的调查表明比例很高的零售肉制品携带这种致病菌，烤肉的问题更加显著。与感染个体或者少量人群的零星病例相比，偶然的大暴发则显得不那么重要。大暴发与未处理的水和牛乳有关。虽然巴氏杀菌可以杀灭其中的微生物，生牛乳仍然是潜在的细菌源。送货到门的牛乳和感染有一定关系，这是由于初夏鸟类啄食瓶口，显然减少运送距离与前者相比不具有显著的作用。

弯曲杆菌的分离

弯曲杆菌的微需氧特性是其生长和分离的核心。微需氧的气调环境必不可少，既可以使用具有充入混合气体气袋的厌氧罐，也可以使用气调环境的培养箱。典型的气体环境是 10% 的 CO_2、6% 的 O_2 和 82% 的 N_2（体积分数），这些是分离筛选的必要条件。

为了形成低氧水平环境，设计了含有血液或者活性炭的培养基。使用抗生素例如利福平、多黏菌素 B 和三甲氧苄二氨嘧啶进行选择，但是特定的组合用于特殊琼脂，例如 Preston 琼脂含有三种抗生素和环十二碳三烯，Exeter 培养基含有前三种加上两性霉素和头孢哌酮。此外，通过增加补充剂来提高该细菌的耐氧性，这些补充剂有硫酸亚铁、丙酮酸钠和焦亚硫酸钠。最广泛应用的无血培养基是改进的弯曲杆菌无血筛选基础琼脂（CCDA），它以 Preston 琼脂为基础并含有代替血液的活性炭和头孢哌酮抗生素。

温度也是筛选的关键因素，因为三种嗜热菌种空肠弯曲杆菌、结肠弯曲杆菌和海鸥弯曲杆菌最适生长温度为 42℃（鸟的体温，有利于细菌定殖）；因此许多弯曲杆菌的分离鉴定程序用这一温度作为筛选温度，但是必须记住不是所有的弯曲杆菌都在此温度下生长。

一种替代的策略是利用该菌的较小尺度，在非选择的血琼脂表面上放置一个 0.45μm 孔隙度的滤膜并在上面滴加一滴样品。弯曲杆菌会游过孔隙，培养前即可丢弃滤膜。

6.8.1.18 分枝杆菌

结核分枝杆菌和牛结核分枝杆菌

19 世纪由结核分枝杆菌(*Mycobacterium tuberculosis*)引起的结核病造成了 30% 的 50 岁以下欧洲人的死亡。尽管在 20 世纪明显地降低了发病率,但是到 1980 年,耐药菌株的出现以及像艾滋病人等易感染人群的增加,增加了发展中国家的发病率,导致其快速增长。到 1990 年,伴随着每年 700 万~800 万新增病例的出现,据推测已传染了世界上 1/3 的人口。

结核分枝杆菌通过空气来完成个人之间的传播,而牛结核分枝杆菌(*M. bovis*)则引起牛和人以及其他动物的结核病,并且也是通过空气传播。但是它也能通过被感染的牛乳或者食用感染的肉类传播,后者概率较低。在 20 世纪 30 年代,英格兰和威尔士每年有多达 3000 名儿童因喝过受污染的牛乳而被感染。这类细菌是革兰阳性多形态的好氧细菌,长度为 1~4μm。它们的细胞壁是高度疏水性的,因而营养吸收、生长和分裂的速度非常慢。结果,在琼脂培养基上需要 7d 的生长才能用肉眼观察到。这种细菌耐干旱并能在恶劣环境中存活很长时间。其细胞抗酸,也就是说,它们的染色速度很慢,但是一旦被染色便很难脱色。

饮用市售牛乳可能摄入牛结核杆菌,发达国家定期检测奶牛体内的微生物,并宰杀感染呈阳性的牲畜。在 20 世纪 30 年代的英格兰和威尔士,污染的牛乳多达 12%。由于发达国家采用牛乳的巴氏杀菌法,使病例明显减少。不止一个微生物学家表示,除非他们了解农场的农民和奶牛,否则他们不喝未经巴氏杀菌的牛乳,不食用未经巴氏杀菌牛乳做的乳酪。Richmond 报告也推荐只能饮用巴氏杀菌牛乳。尽管如此,英国仍有许多人钟情未经巴氏杀菌的乳制品,而在少数发达国家,还不太清楚广泛销售的非巴氏杀菌的牛乳制品和污染的肉类的状况。

6.8.1.19 单核细胞增生李斯特菌

单核细胞增生李斯特菌是革兰阳性的兼性厌氧菌。它是一种最长可达 2μm 的球状杆菌,过氧化氢酶阳性,而氧化酶阴性。当该菌株在 20℃ 或更低温度下生长时,它具有周生鞭毛并呈特征性的翻滚运动,但是在 37℃ 生长时,它并不产生鞭毛。在胰蛋白胨琼脂上侧光照明下观察,菌落呈现蓝绿色光泽。其最适生长温度在 30~35℃ 之间,但是该菌株的生长温度范围在 0~42℃。它生长的最低 pH 为 5.5。单核细胞增生李斯特菌能在 NaCl 浓度为 16%(质量浓度)的环境下最多存活达一年,并可在 NaCl 浓度为 10%(质量浓度)的环境下生长。这样看来该菌株可以在大多数环境下分离出来,包括青贮饲料和其他蔬菜、土壤、污水,甚至是食品生产单位的排污沟,并且在淡水和海水中也能分离,而且它可以存活几个月。单核细胞增生李斯特菌可以产一种 58ku 的 β 溶血素和一种李斯特溶血素 O。这种溶血素在血琼脂培养基中与金黄色葡萄球菌溶血素协同作用,产生更强的溶血作用。这种方法可以用于从英诺克李斯特菌中分离出单核细胞增生李斯特菌(CAMP 实验)。

出现症状前潜伏期可以达到 90d。症状呈一种温和的流感症状,但是对于幼儿、孕妇、老年人和免疫功能不全的人,这种感染能导致脑膜炎,致使孕妇流产、早产或死产。也会引起婴儿脓肿和肺炎,但是出生几天后发生脑膜炎的可能性更大。

　　在传染过程中,鞭毛还没形成时,该细菌会利用宿主的肌动蛋白移动到全身。菌体移动系统通过宿主的肌动蛋白聚合到细菌表面,菌体进入新宿主细胞之前在宿主细胞间绕过。这使单核细胞增生李斯特菌免受宿主免疫系统的破坏。下一步,菌体细胞到达肠系膜的淋巴结并进入血液时,宿主允许它们通过全身并且最后进入中枢神经系统或者孕妇的胎盘。除非传染停止,否则这将导致成年人的死亡率达到34%。肝脏的症状很显著,其炎症反应导致肝细胞的感染,伴随着细菌的释放并杀灭肝细胞。分离方法采用含有氯化锂、无水甘氨酸、苯乙醇和抗生素的选择培养基。随后采用糖发酵试验从其他李斯特菌属中分离单核细胞增生李斯特菌。

　　研究表明单核细胞增生李斯特菌有13种血清型,但是能感染人类的绝大多数病例只有三种(1/2a、1/2b 和 4b)(Lyytikäinen,2000)。食物源包括乳酪,尤其是软质乳酪、鹅肝酱、牛乳、速冻熟鸡肉和凉拌卷心菜,在法国肉冻中的猪舌也能引起4b 血清型传染,这种情况在1992 年已经报道了 279 例,其中 63 例死亡,22 例流产。此外,1985 年在加利福尼亚,墨西哥式软质乳酪造成了 142 例中 34% 的死亡率(见 6.9 疾病暴发)。在欧洲,瑞士硬乳酪在1983—1987 年造成了 122 个病例和 31 例死亡。

　　Vatanyoopaisarn 等(2000)发现,当该菌在 25℃ 或 37℃ 生长时,无鞭毛突变体的细胞不会附着在不锈钢制品的表面,然而,长有鞭毛的出发菌株在 30℃ 能很好地附着,但是 37℃ 则不行。这表明鞭毛在菌体细胞接触到宿主细胞表面和允许附着的最初阶段是非常重要的。

　　近来在英国,有关单核细胞增生李斯特菌案例的报道迅速增长。已经在老年人中发生了多个案例,但是到目前为止,还不很清楚这种增长的驱动因素。

6.8.2　食源性病毒

　　如前所述,那些感染植物、动物和细菌的病毒都非常微小(25～30nm)。它们由一个蛋白质衣壳构成外壳,里面包裹着 DNA 或 RNA。通常它们无法在宿主细胞外生长或分裂,并且噬菌体具有高度专一性,在某些情况下只能感染某些菌种的特定菌株。所以,它们用以区分细菌菌株。然而,不同种类的病毒能引起人类的胃肠病,诸如病毒引起代表性胃肠病。该病发生呕吐和腹泻时,病毒已经开始潜伏了 15～50h。病症会持续 1～2d。速发喷射性呕吐急症可增加病毒快速传播的可能性,尤其在没有任何抵抗力的 5 岁以下儿童、缺乏卫生意识并且在人相对密集的场合,例如游艇和养老院。

　　上海在 1988 年报道了食源性传染疾病最大的暴发事件,甲型肝炎污染的蛤类造成了300000 人发病。澳大利亚、英国和美国也发生过这种大暴发。甲壳类动物生长在靠近海岸的海水中,污水容易污染这里的海水。更糟糕的是,用过滤的海水养殖甲壳类动物会使它们体内富集高浓度的细菌和病毒。甲壳类动物可以放在未被污染的海水中净化,2d 就可以排除细菌,但是看来需要更长时间才能去除病毒,并且有些时候还会有所变化。在英国,烹饪蛤类要求中心温度达到 85℃,保持 1.5min 以上,但是,牡蛎是生吃的。

　　甲型肝炎引起疾病的一个原因是食用包括草莓在内的水果、生菜色拉和牛乳,但是这些暴发与甲壳类动物不同,通常是被感染的加工者在制作食品过程中传播疾病。在出现排便赤黄和黄疸明显的肝损伤症状前,其潜伏期长达 6 周。

6.8.3　霉菌毒素

霉菌毒素由真菌产生,在体外和人以外动物实验已经证明它们的突变或致癌作用。尽管它们对人类的作用还难以完全确认,但是据称摄入 0.5~2.0 mg/kg 的黄曲霉毒素就足以致人死亡。所有的霉菌毒素定义为次级代谢产物,而初级代谢产物是生长所必需的化合物。

霉菌毒素是小分子质量的化合物,通常在对数生长期结束时产生。在英国疾病暴发时它最先得到充分的研究,1959 年在饲喂受污染的花生后,至少 100000 只火鸡死亡。主要诱发因素是黄曲霉(*Aspergillus flavus*)产生的黄曲霉毒素。寄生曲霉(*A. parasiticus*)也能合成黄曲霉毒素,25℃是其最佳的产生温度。在木薯、玉米、小麦、棉籽油、稻米、葡萄干、可可豆、大豆粉和其他食物中发现黄曲霉毒素。尽管相比之下,并非所有的动物对其非常敏感,但是 1974 年在印度,人们吃了发霉的玉米后,大约 1000 人发病并有 100 多人主要因重度肝病而致死亡(Moss,1987)。2004 年在肯尼亚,人们在食用了含有黄曲霉毒素的玉米后导致 317 人发病,125 人死亡(Lewis 等,2005)。

另一种霉菌毒素是赭曲霉毒素 A,它是一种强力的肾毒素(Jørgensen,2005；Leong 等,2007)。赭曲霉(*A. ochraceus*)和鲜绿青霉(*Penicillium verrucosum*)在温带国家的大麦中产生,能损害肾功能,并会在啮齿动物中导致肝肿瘤高发病率(Rached 等,2006)。另一种曲霉毒素是由变色曲霉(*A. versicolar*)产生的杂色曲霉素,也已经从杂色曲霉素中分离真菌毒素。意大利青霉(*P. italicum*)和指状青霉(*P. digitatum*)通常是指产生在橙、柠檬和葡萄柚上的青绿色霉菌。另外,在食用了发霉的面包后,紫色麦角菌(*C. purpurea*)引起人类疾病——麦角中毒或者丹毒。病人会产生幻觉或者灼烧感,这是霉菌产生的生物碱使外周毛细血管收缩,进而导致手指和脚趾坏疽。此外,其他相关的霉菌代谢产物能影响中枢神经系统,引起平滑肌兴奋。从公元 1500 年起的 300 多年里,在欧洲有 65 种以上的流行病,并且推测 17 世纪末在美国 Salem 镇的巫婆审判的诱因是食用麦角碱污染黑麦制作的面包产生了幻觉。

6.8.4　食物传播的动物寄生虫——原生动物、扁形虫(蠕虫)、蛔虫(线虫)、肝吸虫(片吸虫)和条虫(绦虫)

与细菌不同的是,除了自身的宿主,动物寄生虫通常不能在食物和环境中生长和繁殖。同样地,它们也不能生长在富集培养基或者选择性培养基上,通常通过特异性抗体、生物染色或者通过其动物宿主实验来确诊它们。

6.8.4.1　原生动物

原生动物属于原生生物门(藻类和带鞭毛的霉菌同属于此类),它们被认为是最原始和最小的动物,食物和水中重要的有隐孢子虫(*Cryptosporidium*)、肠贾第虫(*Giardia intestinalis*)、痢疾变形虫(*Entamoeba histolytica*)和弓浆虫(*Toxoplasma*)(Georgiev,1994)。

隐孢子虫

全世界有 1%~4% 的腹泻病由小球隐孢子虫(*Cryptosporidium parvum*)引起(Tzipori,

1988），并且这个比例还在不断增长。在某些医院，艾滋病病人的感染率达到 38%。然而，在免疫正常的人群中，该疾病是自限性的。最初的感染通常是饮用了受污染的水，但是用这种水冲洗食物也会导致污染，最终感染到人。然而，在许多国家中，粪 – 口传播途径看来是最重要的传播途径。微小隐孢子虫的细胞（卵囊）呈椭圆或球形，尺度大约为 $5\mu m$，每个孢子化卵囊含有 4 个孢子体，在寒冷和潮湿的环境中孢子会存活数月（Current，1988）。卵囊对次氯酸盐和臭氧在内的消毒剂具有耐受性。在免疫正常个体中，原虫附着在肠上皮组织上，在潜伏 6～14d 后会导致其腹泻并持续 9～23d。原虫在一个宿主中只有一个生命周期，厚壁的卵囊在小肠脱囊，释放孢子虫，然后穿过宿主肠管囊泡的微细绒毛区域。有性生殖形成受精卵并在人类宿主中形成孢子。然后卵母细胞在宿主细胞中形成孢子，并随粪便排出，被其他宿主吞食。

可用抗体检测活的或死的孢囊细胞。当然，正如在细菌检测章节（6.14）中讨论过的，科学家通常只对活菌感兴趣，而且活体染色可以帮助检测。此外，尽管已经描述过微小隐孢子虫的问题，但是有必要区分这种原虫及其近缘种群，因为其他种类的隐孢子虫还没有浸染人类宿主。

肠贾第虫

肠贾第虫是一种有鞭毛的原生动物，产生的孢囊 $20\mu m$ 长、$12\mu m$ 宽。被摄入后，该虫在小肠上端脱囊。水是该疾病的公共源，在美国，麝鼠和海狸是主要的传染源，在新泽西州的一项研究中，70% 的麝鼠分泌囊孢（Kirkpatrick 和 Benson，1987）。在美国可能有 15% 以上的人口曾经被这种原生动物感染过（Osterholm 等，1981）。它的潜伏期少则 7d，多则 13d，在 3～4 周后的排便中出现孢囊（Piekarski，1989），并且存在一年左右。病人每天大约能排出多达 9×10^8 个孢囊，而感染剂量则小于 10 个（Rendtorff，1954），并且它们能在污水中存活 3 个月（Barnard 和 Jackson，1984）。该病非常容易通过接触感染，感染率可达到 67.5%（Chen，1986），通常会导致腹泻、肌肉绞痛、发烧、呕吐和体重下降。与通常的原生动物不同，兰伯贾第虫能在无菌条件下生长，酶联免疫吸附试验可以应用于商业检测。孢囊具有抗氯性，但在烹饪温度下死亡。

痢疾变形虫

痢疾变形虫会引起阿米巴痢疾，并能通过粪 – 口途径和水或者是用受污染的水洗过的食物传播。这种原虫没有线粒体，是一种耐氧的兼性厌氧生物。其细胞可长达 $60\mu m$，而孢囊很小（最大 $20\mu m$）。细胞（不包括孢囊）能运动。病人每天大约可排泄出 5.0×10^7 个囊孢（Barnard 和 Jackson，1984），它们能在污水中存活 3 个月（Barnard 和 Jackson，1984）。美国部分地区多达 36.4% 的居民可能已被感染（Chen，1986），并且世界上每年大约出现一亿患者（Walsh，1986）。世界上许多发展中国家的感染具有地方性，但是在像英国这样的发达国家，发病率正在逐渐降低，但这种疾病可能存在许多年。

6.8.4.2　肝吸虫

成熟的肝吸虫是 $2.5cm \times 1cm$。在进入宿主后，肝吸虫在到达胆管其他部位之前在肝脏中取食。在产卵（$90\mu m \times 150\mu m$）之前，它在这里成熟。它们一端有盖，能隐藏在粪便之中。在水中孵化受精卵,产生游动细胞,这种细胞不能感染宿主但能感染水蜗牛,其间它们经过多次脱离和包在囊中,能在环境中存活一年。主要宿主是羊、牛或人,尤其是食用未经烹饪的豆瓣菜的人。

6.8.4.3　绦虫

绦虫与猪肉(或人类)和牛肉密切相关。幼虫可以引起猪或者牛的肌肉产生点状突起,但是成熟的绦虫只在人类的肠道中发育,在虚弱者或者年轻人中产生严重的症状。感染会对肠道产生机械刺激,一般症状包括贫血、恶心和腹痛。这种刺激可以严重到产生逆向的肠胃蠕动,导致绦虫的部分节片进入胃中,在此释放的节片随后入侵其他组织,入侵中枢神经系统可导致死亡。

6.8.4.4　蛔虫(线虫)

对人类来说值得注意的蛔虫只有旋毛线虫(*Trichinella spiralis*)。它能从宿主到宿主传播,因为它不能独立生存。不幸的是,它的宿主是多种哺乳动物,包括人类和猪,并且生猪肉或者不熟的猪肉是重要的传播源,这也可能是许多宗教的信仰者不吃猪肉的原因之一。蛔虫的幼虫能引起恶心和腹泻,并且有时候在食用了幼虫卵后可能引起死亡。在活体宿主中,孢囊能存活许多年,但是在食用的幼虫接触胃中的消化酶后将从孢囊中得到释放。此后,它们将生长到3~4mm。成虫不会引起症状,但是一条雌虫能产生1000多个幼虫,它们可以穿透肠道壁进入肌肉,在这里它们能长到1mm,在被包囊之前会引起肌肉痛或发烧。

尽管振荡、烟熏和腌制能杀灭孢囊,但是美国农业部(USDA)建议所有的猪肉制品需要加热到76.7℃,以消除这些问题。一些包括犬旋毛虫在内的其他种类线虫可以在海象和北极熊体内生长,可能在当地的因纽特人中致病。目前还不是很清楚任何宗教团体是否禁止食用北极熊和海象,可以确定的是早期人类由于熟制大型动物的肉而可以长期生存,逐步进化。继而控制旋毛虫的特殊方法应运而生(Gamble等,2000)。

6.8.4.5　刚地弓形虫

弓形虫是一种几乎可以感染所有真核细胞的原生动物(Miller等,1972)。它的首要宿主是猫,但人和其他动物也可以被粪便携带的卵母细胞感染。所以,食肉动物外的其他动物也可通过进食含有带菌粪便的草而被感染。动物组织被感染后,终身带有传染性,据估计50%的美国人成年后带有刚地弓形虫(*T. gondii*)的循环抗体(Plorde,1984)。弓形虫病通常没有自己的症状,或者常成为流行性感冒等类似疾病的来源。对于这种疾病,药物治疗非常重要(Georgiev,1994)。不幸的是,对于那些免疫功能不全的病人来说,感染会更加严重,对于艾滋病人来说,这种致病菌常成为脑部感染的诱因。

6.8.5　羊瘙痒症、牛海绵状脑病(BSE)、库鲁病和克雅氏病(CJD)

克雅氏病是一种罕见的致死性的全球性疾病,人类发病率为一百万到两百万分之一。1985年在英国首次检测到克雅氏病菌的一个变种,截至2007年6月,该病已导致英国165

人死亡和其他国家 6 人死亡,所有这些传染性的海绵状脑病(TSE)都能在脑部产生病变,出现的微小空泡导致脑灰质呈海绵状,患有海绵状脑病的动物会伴有神经学症状,具有攻击性、神经质、表现焦虑,并最终难以站立。

6.8.5.1　羊瘙痒病

最早在 18 世纪发现羊瘙痒症,除新西兰和澳大利亚外,在几乎所有国家的绵羊及山羊中都有发现,但在新西兰和澳大利亚,该病在人群中的发病率跟在其他国家人的发病率大致相同。此外,在有羊瘙痒病的其他国家中,即使是对于一些以羊脑为美食的国家,人患病率也与此并无差异。因此,某地人感染羊瘙痒病与该地区食用绵羊与山羊的数量看来没有关系。

由于这些疾病从感染到发病相隔时间较长,它们通常被称为慢性病毒(Collinge 等,2006)。即使 Manuelidis(2007)发现了病毒,但是并未在感染羊瘙痒症和克雅氏病的神经组织内发现蛋白质感染因子,目前仍鲜有证据表明该病是由细菌或病毒引起的。取而代之的是,这些传染因子被称为朊病毒。朊病毒无法培养并且不会导致宿主细胞产生抗体,更糟糕的是,朊病毒无法被电子显微镜观察到,并且对化学物质、热源和辐射具有极强的抵抗力。详细的研究还发现,羊瘙痒症既可以水平传播(兄弟姐妹间),又可以垂直传播(父母与子女间),同时还可以通过小脑注射的方式感染羊群,以及猴子、猫在内的许多其他易感物种。

6.8.5.2　库鲁病

库鲁病是多年来研究最为深入的海绵状脑病,并且被认为是导致巴布亚新几内亚地区富雷族(Fore tribe)女性死亡的主要病因。不考虑食物来源的话,库鲁病和克雅氏病很可能是同一种疾病,至少二者的感染源都是动物蛋白。富雷族有一种习俗是要求女性和孩子进食死亡动物的脑组织作为一种尊敬的象征,最终取消了这项活动。在后来 50 年的时间里,库鲁病的发病率也随之降低。

6.8.5.3　牛海绵状脑病

牛海绵状脑病(疯牛病)最早于 1985 年在英国牛群中暴发,因而常认为是一种英国病。在实施应对措施前,大约 482000 只感染疯牛病的动物进入了英国人的食物链。人们认为由于给牛喂食高浓度感染羊瘙痒病的羊下脚料的饲料,导致羊瘙痒病跨越了物种间障碍而产生疯牛病。此外,由于食品工业不再需要动物脂肪,而不从羊肉中大量剔除脂肪,加之羊肉加工的温度较低,推测由于动物脂肪的保护,使传染因子在食品加热过程中得以存活。

6.8.5.4　克雅氏病

有些科学家认为,英国的死亡人数将会超过 100000,并且从其长期潜伏时间来看,很可能会继续增加。出于这些考虑,以及世界其他地区纷纷抵制进口英国牛肉,为此英国关于牛肉生产的法律也出现了一些变化,具体包括:

■ 禁止出售超过六月龄的牛内脏。

■ 禁止将反刍动物的蛋白用作其他反刍动物的饲料。

■ 禁止宰杀超过 30 月龄的动物作为食用肉类。

■ 此外,在 1996 年,禁止所有哺乳动物来源的蛋白用于饲喂农场动物。

简而言之,朊病毒含有一种蛋白称为 PrP^{sc},PrP^{sc} 是产生于神经元的蛋白(PrP^c)的一个变体。这种蛋白与"正常"蛋白几乎具有相同的结构,但三级结构上略有差异,导致它具有蛋白酶抗性,使得其无法在合适的时候从脑内去除,当 PrP^{sc} 颗粒与 PrP^c 接触时,PrP^c 变成了 PrP^{sc}。该过程不可逆并且会导致上面所述的临床症状。最终这些病症导致宿主死亡。

6.9 疾病暴发

为了更加深入地理解疾病传播以及导致死亡原因,下文讨论了一些广为人知的食品源疾病。更多案例详见 Pawsey(2002)的文献。

6.9.1 苏格兰威肖的肉馅饼

1996 年,在苏格兰的威肖,一顿肉中含有大肠杆菌 O157:H7 的教堂礼拜者的午餐导致 496 例 70 岁以上老人发病,其中 21 例死亡。当年的 11 月 17 日,81 位 70 岁以上的老人食用了这种肉馅饼,20 日开始出现明显的肠胃症状,有时伴随出血性腹泻。在最初的 81 人中,45 人发病,8 人最终死亡。22 日,公共卫生局发现这一情况并成立了疫情控制小组,很快证实了肉馅饼是疾病暴发的源头,这些问题肉馅饼来自威肖的约翰·巴尔父子的肉店,这家肉店还曾被评选为苏格兰年度最佳肉店。23 日,一家养老院在巴尔的店里订购了一些熟肉和夹肉三明治,24 日养老院里年纪较大的老人们食用了这些食物,不久就出现了病症,巴尔的肉店于 27 日自愿停业。

在调查中,疫情控制小组发现,巴尔雇佣了 40 名工人,其中大部分是兼职工人,他还获准经营一家面包店。检验苏格兰中部地区 85 家其他商店提供的肉制品,发现从病人和肉店环境中均可以分离得到具有肠产毒性的噬菌体 2 型的大肠杆菌。11 月 16 日巴尔给教堂送去两包炖汤、与馅饼配用的面点和汤用生肉,这些食物在 17 日午餐加热之前没有放入冰箱里过夜。工人们分掉的剩余肉汤中一周后也发现大肠杆菌 O157 阳性。

调查得出结论,巴尔肉店明显具有以下违规行为:

■ 缺乏明确的肉制品加工过程的规定;

■ 缺乏书面材料;

■ 缺乏对 85 名消费者档案资料的记录;

■ 没有考虑到热加工过程中生肉尺寸差异的可能性;

■ 没有测量加工用水的温度及肉制品加工温度。

在巴尔肉店柜台上,肉汤里以及病人体内发现同一种致病菌。

1997 年 10 月 27 日,约翰·巴尔因粗鲁轻率地提供加工食物被判有罪,1998 年 1 月约翰和他的儿子因违反卫生法被处罚金 2250 英镑,但是约翰本人却免除了所有罪责。

6.9.2　北美洲的三文鱼

这是一个国际贸易导致棘手问题的案例,出现食品安全问题的国家与产地相距很远。1978 年,英国伯明翰的四位退伍老兵购买了一批加拿大产的三文鱼罐头。他们未经加热食用后,其中两人因肉毒梭状芽孢杆菌导致的食物中毒身亡。经过仔细的调查发现,罐头厂生产线设计为马蹄形而非直线形,负责清洗去皮的工人可能穿过罐头杀菌后的冷却工段,并将又湿又脏的工作服覆盖在罐头上以加速晾干。不幸的是,装罐操作的错误导致某些罐头穿孔,而且被标签遮盖。

很明显,罐头工厂的错误如下:

- 最初的车间设计错误;
- 操作工管理不规范;
- 生产线效能检查不利。

6.9.3　美国加利福尼亚的墨西哥式软质乳酪

1987 年 1 月 1 日至 8 月 15 日,加利福尼亚地区报道了 142 例李斯特菌病,其中 93 例病人为孕妇和孩子,包括 20 例胎儿和 10 例新生婴儿。所有患者中共有 48 人死亡,其原因是进食了墨西哥式软质乳酪。用于生产墨西哥乳酪的牛乳经过巴氏杀菌,但是乳酪制造工段还同时存在一条为改善乳酪风味的非巴氏杀菌牛乳管道。其错误如下:

- 车间设计不合理;
- 乳酪检验不完善。

6.9.4　日本大阪的萝卜芽菜

据报道,日本曾发生过超过 1000 人的食物中毒,其中多数为儿童,由于进食了污染大肠杆菌 O157:H7 的白萝卜芽菜而患病,动物粪便污染是很明显的感染源。其错误如下:

- 污染隔离无效。

6.9.5　苏格兰阿伯丁的咸牛肉

1964 年,487 人因食用一听咸牛肉而患伤寒入院,可悲的是,居然一位阿伯丁人仅用一听咸牛肉就造成了如此多的病患!事实上,这是一听集体餐饮级的咸牛肉罐头,并在肉铺切片,造成细菌扩散。其错误在于:

- 罐头厂使用阿根廷普拉特河污染动物粪便的河水冷却罐头,随着罐头冷却,冷却水沿着罐头缝隙进入内容物。

6.9.6　西北英格兰酸乳中的肉毒梭状芽孢杆菌

1989 年西北英格兰有 27 人因食用榛子酸乳而中毒,其中 1 人死亡,24 人严重损害未来的健康。部分患者而不是全部感觉到滋味不正常。据调查显示,加入酸乳中的榛子酱中含有肉毒梭状芽孢杆菌 B 毒素(O'Mahoney 等,1990),在病人家发现的两盒打开的和 15 盒未打开的酸乳中均检测出肉毒梭状芽孢杆菌 B 毒素。此外,在 1989 年 7 月 13 日,同一批的其他酸乳中也检测到肉毒梭状芽孢杆菌的产 B 毒素的活细胞。

有 76 罐榛子酱没有使用糖而添加阿斯巴甜。制造商 1988 年 7 月生产了这些罐头并于室温下保存。随后发现胀罐,并在 1988 年 10 月添加山梨酸钾以抑制酵母菌生长。很明显,制造者应该采用以下组合的措施保证榛子酱的安全生产:

■ 降低 pH;

■ 降低水分活度;

■ 加热处理。

然而制造者把蔗糖换成阿斯巴甜,提高了水分活度,为肉毒梭状芽孢杆菌和酵母菌提供了生长条件,因此肉毒梭状芽孢杆菌的芽孢可以在加热过程中生存,进而发芽和生长。

6.9.7   肉毒梭状芽孢杆菌与苏格兰野鸭酱

1922 年 8 月,苏格兰马里船闸附近的旅馆中,有 8 人食用了野鸭酱后死亡。由于当时的英国还不知道肉毒中毒的病理,所以几天内一直没有查明 8 人的死因。事故发生情况如下。

8 月 14 日将含有三明治的盒装午餐分发给了 35 人,其中:

■ 17 名服务员;

■ 13 名渔夫;

■ 2 名主妇;

■ 3 名登山者。

食用后 2d 内有 8 人出现病症,随后全部死亡。病症初发于 15 日凌晨 3 点,随后其余几位也出现病症,并接受了当地医生的检查。15 日多名病人的情况恶化,当地专家 Munro 教授在当日午夜赶到时,已经有一名病人死亡。

一名服务员在 Munro 教授赶到时出现病症,然而就在教授检查这名服务员时,另一位病人死亡,在第 16d 出现了第三位死者。这一事件上报了当地政府。尽管如此,死亡人数迅速达到了 8 人。

在分析病因时,人们很快怀疑是食物中毒,因为服务员与旅客共同摄入的食物只有 14 日的午餐。此外,病人头脑清醒并可以口头表达,因而真相很快浮出水面:食用由瓶装野鸭酱制作的三明治引起了中毒。已经查明有两瓶野鸭酱用来制作三明治,根据瓶子的大小知道最多可以制作 12 个三明治。病人都有极相似的临床症状,但是没有头痛、疼痛、面部神经瘫痪、失聪、发烧、括约肌失调和腹泻,对心理活动也没有影响。它的症状包括头晕和重影,伴有口齿不清和吞咽障碍,之后出现麻痹和死亡。经过仔细检验表明,野鸭酱中含有一种可以中和 A 型抗毒素的毒素,大头针尖大小的酱所含毒素的剂量足以杀死 2000 只老鼠。

比较各个国家中发生的肉毒中毒事件,彼此的来源都不相同。例如:

- 在日本,99% 的病例都和鱼有关;
- 在法国,84% 的病例与肉类有关;
- 在德国,75% 以上的病例与肉类有关;
- 在美国,60% 的病例与蔬菜有关,其中大多是家庭罐藏蔬菜。

这种差异的部分原因不仅是各自的饮食习惯不同,而且制备食物的方式也不尽相同(例如美国家庭罐藏蔬菜引发的大量食物中毒)。

如今已经难以考证当时野鸭酱制作上的错误。然而,其后追溯苏格兰疫情暴发事件可以发现,食品物料在牛乳中加热,随后在沸点以下在敞口器皿中再次加热"灭菌",并室温下贮存。该过程存在的问题如下:

- 在敞口器皿中加热会导致污染,而且温度并不会达到 100℃;
- A 型肉毒梭状芽孢杆菌属于 I 组,温度需要达到 100℃ 以上才能杀灭其芽孢。目前使用 121℃ 保持 3min 或 100℃ 加热 25min 灭菌;
- 贮存在室温环境下会使任何存活的芽孢发芽、生长并产生毒素,因为该菌株的最低生长温度是 10 ~ 12℃。

6.10 没有暴发的暴发!

1995 年苏格兰的拉纳克郡,一个霉菌催熟的生羊乳半软质乳酪的生产商(Lanark Blue),由于在其乳酪样品中检测出单核细胞增生李斯特菌被告上法庭。尽管据称细菌数量达到 1000 CFU/g,幸运的是没有人在这次事件中发病。同样值得注意的是,美国在 1995 年规定,如果在 25g 食品中检测出该细菌,即停止销售这种食品。

当时,人类李斯特菌病患者多集中于检测到的 13 种血清型中的 3 种,尽管部分为 1/2a 和 1/2b 血清型,但 4b 血清型是目前为止最常见的李斯特菌病病因。从该乳酪中分离出的 3a 菌株,只有一个与李斯特菌病有关(Lyytikäinen,2000)。然而,一些微生物学家相信,李斯特菌属中任何菌株的存在都表明单核细胞增生李斯特菌致病菌株可能生长并引发李斯特菌病。

切片熟肉、成熟软质乳酪和真空包装肉酱等食品在任何时间都与李斯特菌病的疫情有关。这些食品均在冷藏环境中储藏很长时间,因为单核细胞增生李斯特菌可以在这种温度下生长,所以无论数量多少都应引起重视。除应用简单的平板检测外,还应当使用富集培养法检测(Oravcová 等,2006)。

6.11 食物中毒的发生率

需要根据饮食习惯、检测精度和涉及的微生物,比较各个国家的食源性疾病的致病菌或食物源。素食者与杂食者有完全不同的食物源是典型的例子。另外,产毒素的金黄色葡萄球菌比单核细胞增生李斯特菌更可能被检测出来,前者可以在 6h 内致病,而后者的症状需要几周时间才能显现。另外,两个患者病症发作较上百名患者发病的情况少有报道,当然,除非这两个人都病故了。

在这种背景下,Hughes 等(2007)调查了 1992—2003 年间居住在英格兰和威尔士的 5000 万居民的食物中毒发病率。他们估计发生 1729 例食物疫情,有 39625 人感染,1573 人住院,68 人死亡。其中有过半的病例(57%)感染(57%)和住院(53%)与沙门菌有关,而且是主要死因(82%)。位居其次的是产气梭状芽孢杆菌,引起了 12% 的病例,还有病毒(7%)、弯曲杆菌(4%)和产 VT 毒素大肠杆菌(VTEC)O157(3%),但是值得注意的是报告中混合/其他/未知的分组也引发了 14% 的病例。之所以重视 VTEC O157 是因为它引起了 11% 的患者住院治疗并有 7% 死亡。最常见的发病场所是商业性的餐饮场所(55%)、住宅区(军事基地、度假村和养老院)(13%)和私人住宅(12%)。然而,令人失望的是住宅区没有细分群组,因为军营的士兵不能与老人和免疫功能不全者同样比较。

最常见引起疾病的食物有:家禽(24%)、红肉(20%)、鱼和贝类(14%)以及沙拉、水果和蔬菜(8%),尽管这段时期内食品尤其是家禽和红肉引起的疾病暴发逐渐减少,但它们仍是最普遍的类别。进一步分析信息表明,甜点、家禽、红肉和鸡蛋引起了 75% 以上的沙门菌感染,而红肉和家禽是引起产气荚膜梭状芽孢杆菌感染的主要原因。家禽、牛乳及其加工产品是引起大部分弯曲杆菌感染的主要原因。VTEC O157 的感染主要与畜肉和牛乳有关。

Adak 等(2002,2005,2007)调查了英格兰和威尔士在 1992—2000 年间的摄入性食物中毒和死亡病例。在 1995 年,他们估计有 2365909 起病例,21138 人住院,718 人死亡。但是到 2000 年,这个数字下降到了 1338772 例,20759 人住院,408 人死亡。

尽管一些作者已经报道,自从 1950 年,随着禽肉消费水平的提高,英国的食物中毒事件数量也逐渐增加,电视收看许可证的增加也呈相同的趋势。这表明这些变化虽然似乎有意义,但是也可能会引起极大的误导。

澳大利亚于 2000 年进行了一项为期 1 年的研究。在这个有 2000 万人口的国家里,以病原性大肠杆菌为首,接下来依次是诺如病毒、弯曲杆菌和非伤寒型沙门菌引发主要的疾病,有 148 万人被感染,15000 人住院治疗,45 人死亡。美国的调查(Mead 等,1999)则显示,在这个 3 亿人口的国家里每年约有 760 万人发病,325000 人住院治疗,并有 5000 人死亡。3 种已知的致病菌(沙门菌、李斯特菌和弓形虫)共造成了 1500 人死亡,其中 75% 以上的病例都是由已知的致病菌引起的。

将数据换算成每 100 万人口发病率可以发现,高度发达国家之间甚至连死亡人数,引起食物中毒的主要微生物都存在极大的差别。

6.12 关于食品微生物安全的里士满报告

虽然该报告的第 I 和第 II 部分分别于 1990 年 6 月和 11 月提交给了英国政府,但是他们得出的评论和建议至今意义深远。委员会得出的结论是,食物中毒在美国和西欧国家中同样普遍。导致此类事件增加的因素有:

■ 报告水平和宣传增强;

■ 技术和其应急控制能力;

- 生活方式和习惯的改变;
- 卫生意识;
- 国际旅行。

委员会认为家禽及其加工产品是食物引发的肠胃感染的最主要原因。据记载,大部分的整鸡肉都被沙门菌和弯曲杆菌污染,而其产下的鸡蛋可能是沙门菌的来源。另外,食品制造商传统上一直依赖于微生物检测。不管怎样,委员会认为,用来保障安全的危害分析和关键控制点(HACCP)方法应当应用于食品工业的各个节点。至于生活方式的改变,委员会认为正式餐可以减少感染几率,而快餐会增加感染几率。另外,家禽肉类的消费量持续增高,从1978—1980年的774000t到1988年的1488000t,增幅达到41%。委员会同样提出,现在缺少对微生物学和食品卫生的基本了解,也缺少有效的训练应对此类事件。

虽然食品行业已经开始大范围地实施HACCP,但是只重视在小销售网点实施的效果不尽如人意。此外,家禽沙门菌的携带率持续降低,而弯曲杆菌则未见减少。发芽种子、叶菜和蔬菜的食物中毒的数量没有发生最终的积极变化。为了降低风险,USDA劝告免疫功能不全者远离这些产品。

6.13　经水传播疾病

我们每个人身体中有85%的水,因此水对于我们特别重要,碳基生命要在另一个星球殖民开拓新"世界"所面临的最大困难就是缺乏液态水。毫无疑问,饮用水中不能存在致病微生物,但是世界卫生组织(WHO)统计指出每8s就有一名儿童死于水源性疾病(WHO,2002)。

在20世纪,仅霍乱(霍乱弧菌引起)横行就造成2000万死亡。虽然伤寒热(伤寒沙门菌引起)可以通过人与人之间或食物传播,但最普遍的方式是通过水传播。另外,痢疾杆菌(菌痢的病因)没有已知的动物宿主,其通过污水或者在人与人之间传播。需要明确的是水不仅仅是用来饮用(以及制冰),水同样可以洗涤衣物、洗浴以及清洗处理食物。然而,据估计粪便污染的饮用水可以造成80%的死亡率。

过去开发啤酒和其他低酒精度饮料至少有部分原因是其中的微生物污染水平低于当时的未处理的水。在英格兰和威尔士大多数家庭都自行酿造啤酒,其他国家则主要生产威士忌或类似饮料。除了威胁生命的水源性疾病外,较温和的胃肠道传染病同样可以通过污染的水源传播。所谓旅行者腹泻,认为是由当地的非致病性的大肠杆菌引起的。当未曾接触过这类细菌的外来旅客与它们接触时,就会生病。因此,当欧洲人到达南美洲时,即遭受这类感染,称为"蒙特祖玛的复仇"。同样,南美洲人到达北欧时也发现自己对这种新细菌的抵抗力更低,极易出现和前者类似的症状。本章的作者之一在墨西哥城旅游时因感染这类疾病而没有注意到地震。

无论如何,如一名闻名的微生物学家宣称的那样,为避免食物中毒和(或)水源性疾病,带一整箱巧克力棒到南亚次大陆,则显得有些过分。

除了细菌之外,隐孢子虫、肠贾第虫、痢疾变形虫等原生动物类也是难题,尤其是当它们形成存活时间长并耐受极端温度的休眠体(孢囊)时。在一些发达国家如英国,供水系统管道已安装了 100 多年,管道的磨损和破裂会造成崩溃,而且到消费者水龙头时的水量会损失 1/4 或 1/3。由于泄漏造成的污染会进入供水系统,而修理这些管道会造成更加严重的污染,尤其是在一些形成沉淀物的地方。最大的一次疫情是由于供水污染了隐孢子虫引起的胃肠道疾病,在美国的明尼阿波里斯市和圣保罗孪生双城中有 30 万人得这种病。

检测粪便污染的水非常重要。目前用于检验的对象包括粪大肠菌群、大肠杆菌、耐热肠菌等大肠杆菌,以及粪链球菌、大肠杆菌噬菌体和硫酸盐还原菌的孢子。大肠杆菌比其他细菌更有专一性,而一般认为噬菌体和孢子存活时间更长,因此,应该考虑样品污染的历史因素。

苏格兰的一次对水处理厂的微生物数量的详细调查报告显示,1995—1999 年,大肠杆菌菌群的百分比从 1.8% 降到 0.17%,而粪便大肠杆菌菌群的阳性百分比从 1.0% 降到 0.37%。研究表明小水处理厂出现最大的问题。2004 年爱尔兰的一项相似调查报告表明,只有 84.6% 的公用自来水完全没有粪便污染。

此外,如上所述,伤寒沙门菌通常通过水传播。但是,在发达国家,通过对饮用水进行氯化处理,伤寒病已经得到控制,在水中加入浓度为 0.6mg/kg 的游离氯可以杀灭动物病毒,是处理水很有效的方法。

世界卫生组织(WHO)声明,在供水中任何水平的粪便大肠杆菌菌群都违反饮用水法规。受污染的灌溉水也是一个难题,尤其是最近的研究表明,大肠杆菌也造成多叶草本植物和蔬菜的内部污染。这一章节描述的疫情证明了由于污染水的灌溉传播到食品的问题。例如,水是河床工厂冷却咸牛肉罐头造成污染的直接原因,还有日本的萝卜芽菜使用饮用水无法清洗干净,北美三文鱼的汁液可能污染冷藏的罐头。

大多数发达国家都依赖具有氯化作用的供水系统,即使是大肠杆菌 O157∶H7(在水中不常见)用这种方法还没有发现能引起很大的问题。在饮用水中浓度为 0.6mg/kg 的游离氯能基本全部清除有生长力的细菌细胞和病毒。瓶装水是应用氯化作用的另一对象,瓶装水的成本比自来水高 1000 倍。在 1999—2004 年间,美国消耗了绝大多数的瓶装水,意大利人均消耗的瓶装水是中国的二倍,印度的三倍。不幸的是,瓶装水可以滋生细菌生长并且含有活菌,已经发现每毫升的苏打水含有 10000 个活细菌,而蒸馏水含有的细菌数是苏打水的 100 倍甚至更高。更糟糕的是,1974 年在葡萄牙由于供水系统被粪便中的霍乱菌污染而暴发了霍乱,随即导致了海鲜、其他食物和瓶装水的污染。

美国费城出现的伤寒病是这一途径传播的有利证据,从 1880—1890 年,每年约出现2000 个病例,之后数量一直在上升,在 1906 年达到了大约 10000 例。该市考虑到水污染的因素,引进了水过滤装置,在 1914 年急剧降到了 2000 例,引进氯化处理后,1926 年迅速降到了 200 例,其他的水源性疾病也呈现相同的下降趋势。

在许多方面,我们不太清楚全球性警告对我们星球的影响,如海平面会上升,可能导致淡水中混入咸水,饮用水本来就不足,加上自然灾害(例如火山暴发和地震)对供水系统的破坏,将使饮用水的供应快速下降。在可利用水源上,农民早已争议过,现在政府也加入了,毫无疑问,情况会变得更糟,将来水完全有可能和石油一样变成稀缺商品。

6.14　传统和现代微生物检测方法

6.14.1　平板计数

在食品工业,平板涂布法仍然是细菌、霉菌和酵母菌计数的方法,在含有合适营养成分的琼脂表面上涂复0.1mL的含菌稀释液,每个样品稀释液至少要涂两个平板,生长培养基通常装于灭菌的平皿内,平皿放在合适的温度培养,直至细胞充分倍增,长出肉眼可见的菌落。对于一些快速生长的微生物大约需要16h,而对一些生长缓慢的微生物可能需要数周,因而迫切需要更加快速灵敏的检测微生物方法,例如,需要快速检测25g食品中含1个沙门菌细胞的方法。理论上,涂布平板可检测 1 CFU/0.1mL,可能实际应用的底线是 10^2 CFU/mL。这与利用显微镜观察透明液体实现 1×10^7 CFU/mL 的最低计数相比,具有更高的应用价值。Spiral Plate Maker 公司用阿基米德螺旋线自动涂板是涂板技术的进步,这样同样体积能得到更大的涂板面积,因此达到稀释的效果,虽然平时使用这种方法有难度,但是它能节省培养基和工作时间。

6.14.2　显微计数

显微镜计数利用血球计数板,血球计数板上有正方形的载玻片,数出每个正方形中细胞的个数,得出有意义的统计结果,这种计数方法不能区分活细胞和死细胞,即使现在的染色技术能使活细胞染色,而不能使死细胞显色(见直接荧光显微镜技术,6.14.7)。然而,重要的是要认识到,与那些能吸收特定染料的细胞相比,识别能生长和分裂的细胞可能比较困难。细胞经紫外线或 X – 射线照射之后,可能会失去分裂能力,但活体染色后能观察到并且也含有 ATP(见 ATP 作为测定生长的方法,6.14.6)。

6.14.3　阻抗微生物学

阻抗微生物学已被应用多年,实验室设备制造商也已生产了电阻抗系统。Don Whitley 公司制造了第一个商业应用系统(Silley,1991)。所有的系统都通过微生物的生长引起的培养基中电导率的变化,确定样品中是否存在微生物并估计活菌数。尽管经常需要手动加样,但是每一个系统都是半自动的并且使用电脑采集数据。然而,系统因生长容器和培养室的不同也存在差异,这一章节不详细描述不同的系统,仅概述其操作原理。

6.14.3.1　直接阻抗技术

所有的阻抗微生物学系统都能测定微生物生长引起的培养基电导率的变化。在阴极和阳极之间存在某种形式的电桥时就会产生电流的流动,通常对微生物培养基来说,这种电桥媒介就是添加含有不同营养素的水。水的电导率依赖其中的离子数量以及这些离子的迁移率。纯水由于含有的离子数量相对较少,其电导率较弱,往水中加入一些分子如糖,其不分解为带电离子,不能增加电导率。然而,在水中加一些盐、酸和碱,可以分解为离子,就能增加水的电导率。

因此,对于已知化学成分的微生物生长培养基,只要其化学成分保持恒定,就有恒定的电导率,如果活菌接种到培养基中,它们利用其中的营养成分新陈代谢,可能发酵产生酸、CO_2 和酒精,或者呼吸释放 CO_2 和水,产酸的微生物能通过直接电阻抗检测,因为酸分子分解为酸根阴离子和质子影响了培养基的电导率。因此,给定成分的培养基具有给定的电导率,除非添加了能利用其营养成分的微生物。随着微生物的生长、发酵和分泌酸,电导率随着酸根阴离子的增加而稳步增加。另一方面,乙醇和 CO_2 不能分解为带电的离子,所以就不能影响培养基的电导率,因此,微生物只呼吸或者只产生乙醇,就不能通过直接阻抗系统检测,但是可以应用一种称为间接阻抗系统(见下文)的替代技术。

水溶液的电导率依赖于其中离子的运动性,离子的运动性与溶液的温度直接关联,升高温度能增加离子的运动性,反之亦然。因此必须严格控制阻抗微生物学装置的温度,温度每变化 1℃ 电导率会变化 1.8%。电阻抗微生物学系统则力争将温差控制在 0.1℃ 之内,不同的系统采取不同的温控方法,例如 Don Whitley RABIT 和 SyLab BacTrac 系统利用大型铝培养器热块提供热缓冲,而 BioMérieux Bactometer 系统则利用一个恒温控制的烘箱式的培养器,而不连续的 Malthus 系统利用一个恒温控制的水浴槽。每个系统用的样品容器存在着物理差异,虽然实质上都是有效的非传导容器,其中两个突出的电极插入生长培养基中并与之接触。

直接阻抗样品室的示意图见图 6.1,RABIT 和 BacTrac 系统使用塑料管,顶部有盖,底部有穿过插座的电极。与之相反的是,Bactometer 系统利用有很多小孔的卡板,每个卡板底部有电极。

6.14.3.2 间接阻抗技术

微生物分泌 CO_2 或乙醇之类的分子对阻抗微生物学提出一些难题,因为这些分子不能分解,也不能改变培养基的阻抗。然而,有可能间接估计细胞的数目,因为所有能呼吸的微生物,包括产乙醇的微生物,都会分泌 CO_2,CO_2 能通过与 KOH 反应而通过阻抗定量检测。氢氧化钾(KOH)溶液悬浮于琼脂并包裹在样品池的电极上,KOH 分解为高迁移性的 K^+ 和 OH^- 离子,导致低阻抗。同时,CO_2 可扩散到琼脂内,最初形成碳酸(H_2CO_3),随即分解为质子(H^+)和碳酸氢根离子,碳酸氢根离子与 K^+ 形成 $KHCO_3$,$KHCO_3$ 相对稳定,与 KOH 相比,不太可能分解为带电离子,从而增加了培养基的阻抗。H^+ 和 OH^- 形成水,与成分中的离子相比,水的迁移性较低,这也增加了培养基的阻抗。

在间接阻抗技术中,微生物培养物接种到插入到主样品室的第二个小样品室,在电极和 KOH_{aq} 桥上悬浮,样品室的顶部被紧密地密封起来防止气体逸出。在培养过程中,细胞代谢将分泌的 CO_2 扩散到含 KOH 的琼脂中增加阻抗,图 6.2 所示为间接阻抗样品室的示意图。

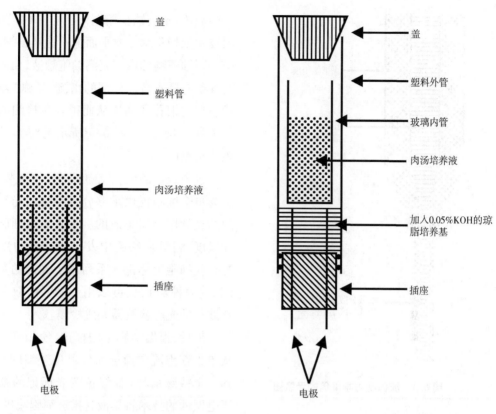

图 6.1　RABIT 和 BacTrac 直接阻抗培养装置的示意图　　图 6.2　间接阻抗样品室的示意图

6.14.3.3　阻抗微生物学的应用

阻抗微生物学已用于乳品工业等测定总体种群密度(即微生物卫生方面),这项技术能很好并快速地估计样品中微生物的种群密度,而在同一时间允许对大量的样品进行自动分析。从历史上看,阻抗微生物学致力于解决特殊种群(如致病菌)快速计数的问题,因为选择培养基(如 Baird - Parker 和 XLD 琼脂)包含盐和离子,这些盐和离子能掩盖由细菌产生的离子化分子(酸类)。然而,阻抗微生物系统制造商已经在努力解决这一问题,现在的选择培养基已经能用来对样品中的特殊种群(致病菌)进行计数。

6.14.4　流式细胞术

细胞计数法的文字含义是"测量细胞",可在显微镜下目视完成细胞的数目、大小和特征的测量,但是这种方法相对较慢,并且这种手工过程使人疲劳时容易出错。流式细胞术(FCM)自动完成,这种方法更快并且不容易因操作者手动操作疲劳而出错。20 世纪 40 年代,开始研发流式细胞术的原型技术,但是很多年来仅作为理论上的技术。20 世纪 70 年代,Becton Dickinson 公司研发了世界上第一台商业化流式细胞仪,其商品名"荧光辅助细胞分选系统(FACS)",现在与流式细胞术是同义词。

实际上,FCM 包括利用微生物的细胞悬浮液产生液态流体,在这个流体里分离微生物细胞,随后通过这个流体,以某种形式检测和测量单个细胞。为了在一定体积中创建单个

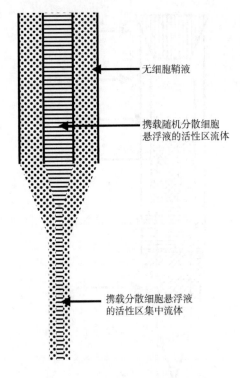

无细胞鞘液

携载随机分散细胞
悬浮液的活性区流体

携载分散细胞悬浮液
的活性区集中流体

图 6.3 流体动力学聚焦的示意图

细胞流体,不可缺少"流体动力学聚焦"技术,这项技术依赖于水在海平面上不能被压缩的事实,两个同轴喷嘴的内部充满细胞悬液,而同轴喷嘴的外部充满水流。外部的水流,又称"外壳",通过喷嘴的细孔径加速从而得到更精细的细胞悬液流,即"核心"。图 6.3 所示为流体动力学聚焦的示意图。

这个聚集的细胞流随后通过检测装置,它是由为单个细胞提供足够分辨率的激光源和一系列的光学探测器组成的。为了测定细胞的数目和尺度,测量从细胞中发出的高低角度的散射光。在细胞上标记一系列用于表征的荧光标签(如菌的种类),也可以用一系列的双色镜和特殊波长的光电检测器完成检测。

最后,根据细胞上的标记,使用一系列技术从单个细胞流中筛选和分离单个细胞。当监测到一个特殊信号(如绿色荧光标记的细胞)时,压电振动的技术将集液管推进细胞流中,细胞的荧光特性使细胞携带不同的电荷,这个细胞流随后从阴极和阳极之间穿过,细胞由于其携带的电荷发生偏移,而被收集于分离容器。

利用这种类型的荧光辅助分类筛选技术,能够对具有特征的细胞计数并根据这些特征收集大量细胞,流式细胞仪以对每秒 100 ~ 10000 个细胞的速度进行操作,还可以分析细胞相关的多达 5 ~ 10 个参数。

6.14.5 抗体

抗体是身体抵抗微生物入侵的防御系统,它们对微生物中结构特殊的抗原极其敏感,从而成为检测样品致病菌的理想工具。但是,获得足够的、适合检测个别物种的抗体在技术上具有很大的挑战性,因为当一个哺乳动物系统受到一种微生物的攻击时,对这个微生物携带的不同抗原会产生一系列的抗体。这一系列抗体被称为多克隆抗体,只有其中的一部分抗体以致病菌的独特抗原结构作为目标,然而,多克隆抗体中的其他抗体可能以其属内其他不同的物种或整个属的通用抗原作为目标。

为利用抗体特异性以充分发挥其潜力,必须筛选和繁殖只对一种抗原起作用的抗体,即单克隆抗体。这很耗费时间,因为一个哺乳动物宿主,例如小鼠或者兔子要接受选择的致病菌的攻击,并且对致病菌产生一系列的免疫应答。独特的 B 细胞产生抗体,然后与骨髓瘤细胞融合达到永生化,最后在组织培养中收集抗体。生产的单克隆抗体需要检测其对所选择的致病菌的特异性,换句话说要确保它不与其他微生物发生交叉反应,以免产生假阳性。此外,也应该检测抗体对所选致病菌的敏感性,因为刺激产生的抗体可能不能稳定存在抗表面抗原(如荚膜多糖成分或鞭毛之类的衍生构造),换句话说,应确保在各种环境条件下尽可能检测特定的致病菌,而避免产生假阴性。

虽然经过免疫激发、筛选、繁殖和纯化获得了高度特异性与灵敏度的单克隆抗体,但在某种意义上仍然需要检测抗体与特定致病菌的相互作用。历史上采用了许多方法,例如在琼脂糖凝胶上进行的简单免疫沉淀反应(Ouchterlony 分析)和放射免疫分析法的放射性标记(RIA)。目前,两大类方法似乎更普遍地应用在基于抗体的食源性病原菌的检测系统中。第一种方法是用一个报告分子(如酶或荧光分子)标记抗体使其容易检测,另一种方法是将抗体附着于微珠上,由于微珠被抗原交联(如反向被动乳胶凝集或 RPLA),抗体就会在胶状悬浮液上沉淀出来,或者捕捉抗原并且促进它在多成分混合物(如免疫磁分离或 IMS,6.14.5.1 有更详细的描述)中的提取。

分子标记抗体大部分用于多种形式的酶联免疫吸附(ELISA)测定,ELISA 检测最简单的形式是夹心酶联免疫分析,这样称谓的原因是目标抗原被一个捕获抗体(固定在固相基质)和标签标记的受体抗体夹在中间,如图 6.4 所示。夹心式 ELISA 用于直接检测混合种群的目标抗原,例如检测食物产品标本中的沙门菌。

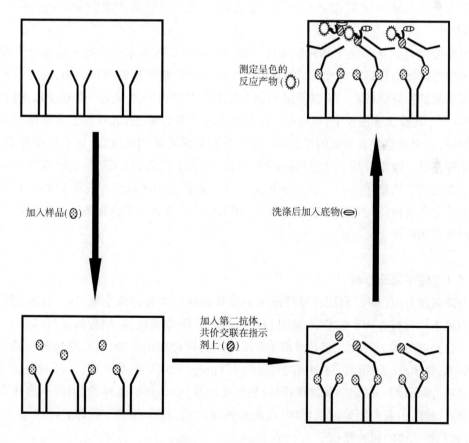

图 6.4 夹心式 ELISA

间接 ELISA 法比直接 ELISA 法稍微复杂,它不常用于食品工业。间接 ELISA 检测法是将目标抗原固定在固相基质上,包含目标抗原抗体的样品液体可以与固定化抗原吸附,然后加入针对第一抗体的标记抗体,继而检测信号。医学微生物实验室经常使用这种类型的ELISA法。

ELISA检测与传统培养方法相比最大的优势是能快速检测样品中的致病菌,并且能在最大程度上使检测实现小型化。此外,ELISA检测在操作和检测上可以半定量,对样品进行一系列的稀释来测定不能检测的稀释度,这就是样品的滴度。当样品有较大滴度时,样品在信号消失之前需要一定的稀释,而当样品有较低的滴度时,样品在信号消失之前只能进行少许稀释。夹心ELISA法可以在微量滴定板孔上进行,即微孔检测,而且捕获抗体也能被吸附到可移动的表面上,即试纸检测,这能使ELISA法在实验室之外和工厂生产线得到理想的应用,并且在食品卫生标准方面提供快速而具体的信息,制造商可以提供各种微孔检测和试纸检测的ELISA试剂。

ELISA在食品工业应用中的一个难题是它的最低检测极限相对较高,为 $10^4 \sim 10^6$ CFU,换句话说,为了出现ELISA阳性结果,食品样品必须含有大量的目标抗原,因为有些致病菌如大肠杆菌O157的感染量大约为数百个细胞,这可以证明是有问题的!采用简单的预富集的方法,尽可能地提高存在的目标抗原量,有可能部分地解决最低检测限的问题。食品工业中应用ELISA的另一个难题是食品中的某些成分会干扰抗体对抗原的吸附。

抗体可以与广泛的化学结构特异性结合,所以蛋白质、碳水化合物和脂质分子都可以成为单独的抗体的目标。这意味着抗体不仅可以检测细菌细胞的物理结构,还可以检测细菌分泌释放的物质如毒素。可以使用ELISA检测毒素,而RPLA是另一种检测毒素的方法。在RPLA中,乳胶珠直径极小,可以稳定地保持在胶体悬浮液中,乳胶珠上涂覆待测特定毒素的抗体,一个疑似含有毒素的样品与RPLA检测悬浮液柔和地混合,如果存在毒素,乳胶珠凝集并在悬浮液中沉淀,呈现明显的颗粒状外观;如果没有目标毒素,乳胶珠则不凝集而存在于光亮均质的悬浮液中。混合必须轻柔,剧烈振荡会破坏沉淀。应用ELISA,食品里的某些成分会干扰抗体与抗原的结合,而利用RPLA可以检测金黄色葡萄球菌的肠毒素以及链球菌表面抗原等。

6.14.5.1 免疫磁珠分离

免疫磁珠分离(IMS)利用特异型抗体锁定并捕获感兴趣的微生物,这一技术随着不断改进而越来越流行。IMS技术中,针对目标抗原制备单克隆抗体,然后通过抗体的 F_c 组分共价结合到顺磁珠上,而 F_{Ab} 组分游离于介质之中。顺磁珠由陶瓷、玻璃或聚苯乙烯等的外壳里的 Fe_2O_3 和 Fe_3O_4 组成,对细菌的直径约 $2.8\mu m$。磁珠均一的尺度、表面积和化学成分意味着它们具有均一的化学和物理特性,最重要的是,磁珠是顺磁性的,但并不意味着它们本身带有磁性,但它们能受磁场影响,在施加磁场之前,磁珠存在于胶体悬浮液里,而在磁场中,它们被磁体的极性吸引。

在食品的微生物混合物中应用免疫磁性分离目标微生物:首先均质食品样品,使其成为可以自由流动的液体,如果存在的微生物数目不多,在此阶段进行预富集步骤,然后将涂被抗体的顺磁珠加入悬浮液中,混匀分散并培养一段时间,使其结合到目标细胞上,在样品管中引入磁场,然后在磁极端收集磁珠,用无菌稀释剂小心地清洗样品,除去食品基质和未吸附的细胞(非目标细胞)。已经发明了使用抗体的新方法(Rao 等,2006)。最后,对磁珠进行必要的分析,以确定是否存在细胞。平板计数、ATP - 生物发光、ELISA 和直接荧光技术(DEFT)均适用于验证。

免疫磁珠分离是非常快速的技术,虽然预富集和(或)定量平板计数步骤会稍微慢一些,但是能在 1h 内定性地输出存在或不存在的数据。筛选合适的单克隆抗体可使 IMS 技术对单个致病菌种类具有特异性,但是,研制并筛选出合适的单克隆抗体,开始时很费时间,现已有很多商用 IMS 试剂盒,这意味着使用 IMS 试剂盒可以分离很多食源性致病菌。此外,在市场上已经出现自动系统,这意味着可在试管中加入食品样品,然后让该装置自动加入磁珠、洗涤并确定磁珠是否捕获了目标微生物。如果食品中含有大量颗粒状固形物,使用 IMS 时会出现困难,因为它们会干扰磁珠在磁极的聚集,在吸附或洗涤过程中会损失磁珠,信号会显著减弱,并且,过度洗涤也会冲走磁珠并使信号变弱。最后,食品中的化学成分会降低抗体 - 抗原的结合效率,从而使信号减弱(当使用 ELISA 时)。

6.14.6 ATP - 生物发光

三磷酸腺苷(ATP)是细胞内的能量货币,它在活细胞内不断地产生并为体内代谢反应提供能量。但是,死亡的细胞体内并不生成任何新 ATP,同时之前生成的高能、不稳定的 ATP 也被快速水解。由于只有活细胞能产生 ATP,同时每个细胞中的 ATP 含量大致相同(下面有说明),因此细胞样品中的 ATP 含量能很好地反映样品中活细胞的数量。

萤火虫荧光素酶催化产生光,当由 ATP 提供能量同时还有 O_2 存在时,催化底物萤光素产生荧光。因而,当将萤火虫荧光素酶和荧光素混合物与新鲜的活细胞(含有 ATP)裂解物混合时,在 O_2 的存在下会产生光猝发。假如荧光素、O_2 和萤火虫荧光素酶的含量过量,由细胞中释放出来的 ATP 含量成为限制因素,因而产生的光强度直接与 ATP 含量成正比。在样品中每 1 个 ATP 分子激发出 1 个光子的光。由于样品中每个细胞的 ATP 含量大致相同,从而用荧光的强度能够评估原始样品中活细胞数。

ATP - 生物发光是表面卫生检测的快速技术(Davidson 等,1999)。该技术快捷简单,仅需要从表面用棉签采样,在裂解剂中乳化任何细胞使得胞内的 ATP 释放出来,接着加入萤火虫荧光素酶或荧光素,培养几分钟即可测定生物荧光。实际上,该技术已经充分简化:已经生产出类似交通灯(绿灯表示安全等)的手持光度计,使得清洁工不需要任何复杂的训练即可用来评价清洁的质量。这项技术也可以提供样品中微生物污染水平的半定量数据。

然而,ATP - 生物荧光技术还有很多缺陷。首先,最低检测限相对较高(可能为 10^4 $CFU/100cm^2$),以至于不能检测少量细胞;如果这些细胞是剧毒的致病菌,这将是一个严重的问题。其次,这项技术不能区分致病和非致病细胞,它们都含有大致相同的 ATP 含量。最后,样品中同时有原核细胞和真核细胞时会混淆检测。真核细胞含有的 ATP 含量大约为原核细胞的 100 多倍。因此,对于一个给定的光级,不得不提出问题:"这是表示存在大量的细菌还是表示少量的酵母菌细胞?"

6.14.7 直接荧光显微镜技术

直接荧光显微镜技术(DEFT),是直接在显微镜下观察样品的技术。被观察的样品用一种荧光染料染色,染料包括荧光素和碘化丙啶。当用蓝光(488nm)激发用荧光素染色的细胞时,细胞会发射出绿光(520nm)。用绿光(536nm)激发用碘化丙啶染色的细胞时会发射出橘红色光(620nm)。其他荧光染料可对应其他激发和发射光谱。

DEFT 所用到的显微镜不仅需要一个能提供合适所用染料的激发波长的光源,同时还需要合适的滤光片,可以透过所用染料的发射波长并阻止不需要的波长(例如激发光)透过,因为这些不需要的光能遮盖被染色的样品发射出的光。通常用分光镜过滤不需要的光,其通常仅允许通过狭窄的波长范围,同时反射掉其他所有波长。图 6.5 所示为 DEFT 技术中光源、荧光样品和分光镜在显微镜观察中的协同操作。

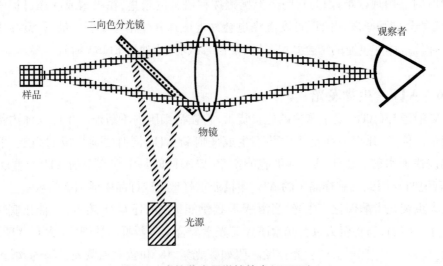

图 6.5 直接荧光显微镜技术(DEFT)

严格地说,DEFT 技术只是对荧光染料染色的样品中细胞的直接观察。然而,通常实验室使用 DEFT 技术观察液体样品,其样品需要通过过滤的步骤来收集细胞。因此,液体样品中的细胞通常需要经过黑色疏水滤膜过滤,滤膜和细胞放置在显微镜载片上,细胞加入荧光染料,随后观察。对于一个操作者,DEFT 技术的主要优势为,在黑色背景下用眼睛观察和计数荧光细胞比在明亮的背景下观察和计数容易得多(与在革兰染色中能观察到的一样)。

DEFT 技术十分适用于细胞总体计数,特别是扩散的液体样品如饮用水,因为大量的水能通过膜而显著地浓缩细胞。然而,样品中的颗粒容易阻塞滤膜。另外,这个基本技术不能作为判定观察细胞的活性或鉴定的指标。现在有多种商品染料试剂盒,它们在一定程度上解决了活菌和鉴定的问题。例如,Molecular Probes 公司的 BacLight LIVE/DEAD 试剂盒可以从死细胞中区分活细胞。由于所选抗体分子的特异性,可以用特定荧光指示剂分子标记特异性抗体作为菌种鉴定的指标。最终,通过在大肠杆菌而不是其他杆菌科发现的葡萄糖醛酸酶(Feng 和 Hartman,1982)可将 4 - 甲基伞形酮 - β - D - 葡萄糖苷酸(MUG)裂解为荧光分子 4 - 甲基伞形酮。这意味着将 MUG 溶液加入含有大肠杆菌的细胞混合物中,MUG

会扩散到所有细胞中。但是仅在大肠杆菌中分解产生荧光,即只有大肠杆菌带有荧光。

最后,一些制造商还开发了新的固相细胞计数技术,它类似于将流式细胞术和 DEFT 技术的结合。细胞样品固定在固体表面(例如滤膜),用荧光染料染色,将其在激光光栅下用显微镜进行鉴别,荧光用连接电脑的 CCD 照相机检测。数据能够储存在电脑里,也可以用于自动化表征分析,例如细胞总数,即在大量细胞中具有特定荧光的细胞数。

6.15　微生物采样方案

6.15.1　引言

食品制造商为了确保产品的微生物安全和产品质量,需要消耗一部分样品用于产品检验。如果为了确保一批产品完全没有致病菌或毒素而测试所有的产品,显而易见,这对于盈利会产生重大的负面影响,因此,从整批产品中抽取一部分样品用来测试,并由样品的检测结果推测整批产品的检测结果。如果要依据概率统计由样品检测结果成功地外推到整批产品,需要考虑下列因素:

■ 污染物在整批产品中的分布方式;

■ 从整批产品中取出的样品含有污染物的可能性。

从整批产品中取出的样品数越多,这些样品中含某种污染物的可能性就越大。

理论上微生物或毒素在食品中的分布有三种模式:

(1)有规律的分布　在这一模式中,每 1 个污染物单位(细胞或是毒素分子)在每批产品中的空间距离是相同的。例如,从假设的 1L 含有 1000 个细胞群体的产品中取出的 1mL 样品含有 1 个细胞;数据的统计汇总表明平均值为 1,方差为 0(即 $s^2 < x$, s 为方差, x 为平均值)。

(2)随机分布　在这一分布中每 1 个污染物单位在产品中的分布没有特定的模式。一些可能在空间上很接近,另一些可能相距比较远。从假设的 1L 产品取出的每 1mL 的样品可能含有 0～1000 个中任何数量的细胞,然而更有可能的是在每个样品含有适量的数目。数据的统计汇总表明平均值仍为 1,但是方差比规律分布更大,例如 $s^2 = x$。

(3)不均匀分布　在这种分布方式中,污染物单位是存在于产品之间的大距离(未受污染)的离散团块。如果证实污染单位为不均匀分布,由假设的 1L 的产品中取出的大多数 1mL 样品几乎不含污染物单位,而少量的样品却可能含有大量的污染物单位。假设样品的数据统计汇总平均数也为 1,但是此时的方差甚至比随机分布还要大(即: $s^2 > x$)。

事实上大多数的食品在显微水平上并非真正的均质,因此,微生物在每一批次中的分布倾向于随机分布,或更可能为不均匀分布。食品中的某些部位可能含有对于微生物细胞致命的防腐剂、盐或是水分活度。食品的其他部位可能只含有抑菌剂,同时另外的部位可能含有极少量的抑菌剂和充足的水分而使细菌得以生长。这是不均匀分布的结果。由于微生物采样的目的在于准确地评估某一产品批次中微生物和毒素的存在和含量,在消耗最低数量的产品的同时,很有必要收集可能最具有代表性的样品,从而给予合理的评估。显而易见,样品的分布方式与分布规律相差越远,那么从整批产品中就要抽取足量的样品,以确保所抽取的样品中确实含有某些污染物。

国际食品微生物规范委员会(ICMSF)已经颁布了一系列涉及食品安全和微生物含量的标准化术语。这些术语包括:食品安全目标,是由政府给定的要达到的食品安全水平,但是由制造商自己决定如何实现;性能目标,是食品制造商寻求的由消费者完成最后制备的食品(例如一块肉)中污染物的目标水平;微生物指标,微生物指标可能来自微生物标准(法律或法规要求)、微生物规范(合同规定的条款)或者微生物指南(生产目标)。

微生物指标有很多内容,设计采样方案时须考虑以下内容:

(1)说明评估的食品类型,因为不同类型的食品倾向于污染不同的微生物种类;

(2)最有可能造成给定食品成为卫生或腐败危害产品的微生物或者它们的毒素;

(3)对于预计的微生物是否有合适的微生物指示剂;

(4)从一个批次中采集样品的大小和数量或是加工过程中特定的采样点;

(5)详细描述使用的检测微生物或毒素的方法(最好已被证实);

(6)食品中适当的微生物限度(用 m、M、n 和 c 这些参数表述,这些将在下面讨论)。

所选择的要采集的样品大小、数量和合适的微生物限量会受到食品中污染物的统计分布及其性质影响。污染物是否致病?污染物是否在一些条件下而不是所有条件下都产生毒素?污染物是否会使食品腐败?因此,有三种类型的采样方案是可行的:两类属性方案、三类属性方案和变量验收型抽样,在某些特定的情况下每种方案都比其他的更合适。

6.15.2   两类属性采样方案

两类属性采样方案仅有简单的通过或未通过两种界限;两类属性为该产品在检查中"通过"或是"失败"。两类属性方案可能仅仅是存在或不存在的测试,例如,沙门菌的存在将会导致产品检测不合格,而若不存在沙门菌则认为产品在检测中合格。另一方面,两类属性方案可以指定一个微生物数界限,所有样品不能超过此界限。例如,规定每个样品中的菌落数不能超过 10^5 CFU,任何超过此界限的产品都认为不合格。国际食品微生物规范委员会用小写字母"m"表示合格或不合格的界限。值得注意的是,两类属性方案在界限限定方面没有那么复杂,对于每个样品的菌落数 $m = 1 \times 10^5$ CFU,每个样品的菌落数为 1×10^2 CFU 或 9.5×10^4 CFU 认为样品合格,而菌落数为 1.1×10^5 则认为不合格。国际食品微生物规范委员会为适用于两类属性采样方案的食品以及微生物污染物或毒素提供指导。

6.15.3   三类属性采样方案

三类属性采样方案在应用中的复杂度较高,除了"不接受"会直接认定产品不合格,还有一个更低的要求:"略可以接受"。"略可以接受"不会直接认定产品不合格,但是其暗示着产品生产过程中污染物开始失去控制,亟需采取相应的措施。在认定该批次产品不合格之前"略可以接受"的样品数量是有限制的。ICMSF 使用大写字母"M"表示"不合格","略可以接受"采用小写字母"m"表示。例如,如果在正常的 GMP 规范操作下,不合格的界限为每个样品中菌落数 10^7 CFU,而"略可以接受"的界限为每个样品中的菌落数为 10^5 CFU。

6.15.4 采样方案的严格性

对于两类和三类属性采样方案,抽取的样品数和错误样品的公差将会影响受污染的产品批次被认为是不合格的可能性——测试的严格性。同样国际食品微生物规范委员会使用字母来表示各种术语;用小写字母"n"表示抽取的样品数。不合格的公差用小写字母"c"表示。因而抽取的样品数与检测的严格性存在着直接的关系,被检测样品越多,检测越严格,检测到污染物的概率也就越大。注意,重要的是检测的样品的数目而非抽取的样品数目。另一方面,污染的样品的公差与检测的严格性存在着相反的关系——检测者的公差值越大,从整批产品中发现导致产品不合格的问题样品的可能性就越小。

6.15.5 采样方案的应用

Roberts 等(1996)已经讨论了采样方案的应用。两类和三类属性采样方案在不了解某食品的整个加工处理过程时是十分有用的,例如由海外快递到飞机场或是港口的货物。每批样品需要被分成几个抽象的区块,用来代表潜在的样品,例如货运平台上单独的包裹或是在液体集装箱使用三维坐标采样。按照事先确定的随机模式抽取数目足够的样品。必须从每个单独的批次中抽取所需的样品数,因为这将会影响发现污染物的统计学可能性。样品需按照采样方案中说明的方法检测预先确定的污染微生物或毒素。

产品的性质及其预期的用途将影响选取哪一种最有利的采样方案。无须进一步加工(例如消费者要否进行烹饪)或是储存在可能有利于微生物生长的环境中(例如高温)的产品比那些将要进行进一步加工或储存在不利于微生物生存环境(例如冷冻或低水分活度)的产品需要更加严格的采样方案。实际上,猪肉酱的检测要比鸡胸肉更严格,因为猪肉酱通常不需要进一步的加工。

产品的最终消费者也会影响所需要采样方案的严格性。比起健康的成人,婴儿和年老者或免疫功能不全者更容易遭受如沙门菌等肠道致病菌的严重感染。因此,婴儿乳粉比整块牛肉采样要更加严格。最后,加工者去除特定致病菌的实际能力,也会影响采样的严格性,特别是消费者需要对产品进行进一步加工时。例如,对于整鸡来说采样并不需要这么严格,因为虽然大多数整鸡都含有沙门菌和弯曲杆菌属,但是消费者对其进一步的处理和烹饪会使这种危害减少到最小。国际食品微生物规范委员会根据产品及其可能的加工与用途,制定了一系列不同的采样方案。

6.15.6 操作特性曲线

对两类属性采样方案,当从产品中取出一批,该批符合二项分布时,样品的统计学属性分为"不合格"或"合格"两类(即超过"m"或者其他)。但是,在两类属性采样方案中,样品只能是接受或是不接受,所以所选样品是合格或其他的概率总和必须总计为1:

$$a + u = 1$$

式中　a——每批次样品中合格的样品比例;

u——每批样品中不合格的样品的比例。

在简单的通过或失败实验中,例如在罐头食品中存在肉毒毒素,不能容忍,不被接受的

样品,或是失败($c=0$),这意味着:

$$P\% = (1 - u)^n$$

式中 $P\%$——样品被认为合格的概率;

　　n——取出的样品数。

相反地,

$$R\% = 1 - (1 - u)^n$$

式中 $R\%$——产品被认为不合格的概率。

换言之,当从一批产品中取出一定数目的、含有不同程度污染的样品时,认为样品合格的概率与样品中的污染程度成反比,如表6.6所示。

表 6.6　　　　　　　　一批产品对于给定污染水平合格或不合格的概率

污染水平	检测 50 个样品结果的概率		污染水平	检测 50 个样品结果的概率	
	合格/%	不合格/%		合格/%	不合格/%
0.01	99.5	0.5	1	60.5	39.5
0.025	98.75	0.25	2	36.4	63.6
0.1	95.1	4.9	5	7.7	92.3
0.25	88.2	11.8	10	0.5	99.5
0.5	77.8	22.2			

如果将样品合格或是不合格的概率对污染物增加的百分比作图,就会观察到很明显的正弦曲线(图6.6),这条曲线称为操作特性曲线。所取的样品数"n"越多,越有可能检测到

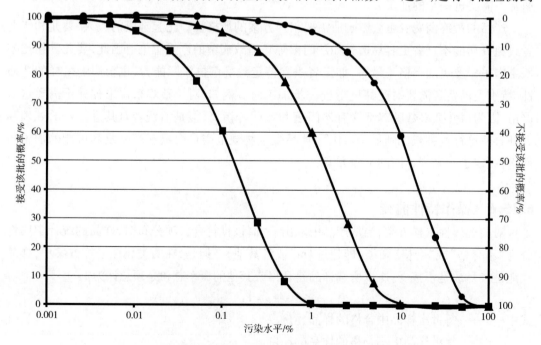

图 6.6　随检测样品数(n)减少而严格性下降的操作特征曲线

■ $n=500$　▲ $n=50$　● $n=5$

给定水平的污染物,该批次的产品会被认为质量不合格。当允许有问题样品的比例的情况下降低有问题样品的公差"c",会产生相同的效果。发现污染并拒绝污染批次产品的可能性称为抽样方案的严格性,因此,增加"n"并减少"c",可以使抽样方案更为严格,作用在特性曲线是使正弦曲线向左推。相反,如果抽样方案不太严格,通过减小"n"并增加"c",曲线将被向右推,会使一批样品合格概率增大而不合格概率减小。在三类属性抽样方案中改变"n"和"c"将产生和两类属性抽样方案同样的效果。在理想情况下,该操作曲线对于生产厂家是非常重要的,它可以帮助制造商拒绝受污染批次并接受未被污染批次。然而,这在实践中是不可能的,因此消费者接受污染批次对于健康的风险和制造商拒绝无污染批次的经济风险都必须容忍,但是应该最小化。

6.15.7 变量验收型抽样

第三类可行的抽样方法是变量验收型抽样方案,这种抽样方法更适合于已知制作过程的产品。该方法适用于检验食品中的呈对数正态分布的微生物,因为它需要先选定一个产品中可以接受的微生物数量的检测下限。对于一个假定数量无限大的食品批次,其中的呈对数正态分布的微生物群落可以用平均值 μ 和标准差 σ 描述。如果从这批产品中抽取样本并测定活菌数 V 值,那么该批次产品中其余样品的菌数有可能大于或者小于这个数值。而且,如果被检测产品总体的平均值 μ 和标准差 σ 已知,那么剩余总体中所含的菌落数会比 V 值更高。用于计算样品菌落数 V 的公式为:

$$V = \mu + K\sigma$$

式中　μ——总体的平均值;

　　　K——一个常数,样本标准差;

　　　σ——总体标准差。

如果将 V 值定义为安全线,这个方法就可以用来判断一批食品中的菌落数是否达标。正如同三类属性抽样方案中的 M 值,K 是指能承受的超出菌落数 V 时的样品数,类似于属性抽样方案中的 c 值。

μ 和 σ 是大宗样品的假设值。实际上,x 和 s 值可以通过测定一批实际样品中的菌落数并取对数值获得,而 K 值是在发布的列表中估计并作为 k_1 值。k_1 值代表当菌落数超过安全限制 V 值时,拒绝某批次产品的最小概率。所以,当被检测样品符合以下条件时被认为合格:

$$V \geqslant x + k_1 s$$

如果满足以下条件被认为不合格:

$$V < x + k_1 s$$

k_1 表示拒绝一个含有不可接受菌落数批次的最小概率,k_1 的减小会降低变量验收型方案的严格性,因为拒绝一个含有不可接受菌落数批次的概率将减小。

此外,对于 k_1 值来说,它确定了一个批次食品的安全限度,而 k_2 值用来确定 GMP 条件下应达到的检测限度。在这种情况下,V 值被确定为微生物数量限量,k_2 表示一批样品中菌落数低于 V 值被接受的最小概率值,它的作用和 m 值在三类属性抽样方案中一样。表达式可以写成：

$$V > x + k_2 s$$

在使用三类属性抽样方案时，符合第二个方程并不自动表示这批样品不符合要求，但是在 GMP 存在错误的情况下，如果不采取矫正措施，那么不可接受的污染有可能发生。

6.15.8　小结

抽样方案为食品生产厂家和食品销售地区的监管机构提供了按标准化或商定程序评估一批食品是否安全的方法，这种抽样检测过程不会破坏样品的整体性。属性抽样方案更适合于微生物分布不清楚的产品。与此相反，变量验收型抽样方案更适合于微生物分布清楚的产品批次。每一种类型的抽样方案用来估算一批食品中含有的生物体数量或毒素的计量超过安全限度的可能性。因此，每一类型的抽样检测方案都可以绘制出一个已知的操作特征曲线，该曲线显示在给定的污染水平下拒绝或接受该批次的概率。换句话说没有一个抽样检测方法可以提供完全准确的方法找出被污染的产品批次，这就是为什么在设计具体产品的 HACCP 方案时排除污染的概率是如此重要。

6.16　危害分析与关键控制点

6.16.1　引言

在 20 世纪 70 年代，美国国家航空航天局（NASA）和美国军队与 Pillsbury 公司合作创立了危害分析和关键控制点（HACCP）体系，其目的是设计一种食品质量管理体系，以便从开始就去除任何潜在的健康威胁，换句话说，这是一个"无缺陷"的理念。该系统最初是为太空计划而设计的，因为长时间的太空旅行需要很好地保存食品，太空中任何食物中毒都会造成不可想象的影响。最初有远见的食品制造商制定了该系统，之后它成为了美国（从 1997 年起）和欧盟（852 - 854/2004 法规，见 Untermann，1999）对食品生产企业的强制性要求。

制定食品的 HACCP 体系需要对食品的配方、制造过程以及从中间产品到最终产品的任何一步中可能存在的潜在危险进行系统分析。HACCP 体系自身是由 HACCP 小组制定并实施，食品法典委员会制定这一体系依据的七项指导原则，该委员会是由联合国的世界粮农组织（FAO）和世界卫生组织（WHO）共同组成的咨询机构。然而，HACCP 计划需要每一位工厂员工全身心地投入才能成功，因为它是一个整体的制造理念。关于 HACCP 小组组成的简要指南以及随后建立 HACCP 计划的过程如下（Mortimore 和 Wallace，1994）。

6.16.2　危害分析和关键控制点团队

HACCP 体系的第一步是要组建覆盖生产过程的专家团队。该团队的成员包括微生物学家、工程师、生产经理和生产人员、质量保证经理和董事长。关键的一点是所有成员都具有丰富的经验,并勇于表达和发表意见;董事长的任务是确保所有意见得到充分的表达和公开(Dillon 和 Griffith,1996)。

6.16.3 国际食品法典委员会的原则

针对特定食品实施 HACCP 计划,需要遵循国际食品法典委员会制定的七个阶段:

(1)进行危害分析;

(2)确定关键控制点(CCP);

(3)建立关键控制点的标准;

(4)关键控制点的监控步骤;

(5)关键控制点的纠正措施;

(6)保存记录;

(7)验证。

6.16.4 危害分析

危害分析使用流程图描述从原料到达工厂直至成品到消费者餐盘的整个详细过程。危害分析会确定所有与食品有关的潜在危害:微生物(如致病微生物或它们的毒素)、物理(如骨碎片或玻璃)或化学方面(如消毒的残留物)。危害分析还将评估每项危险相关风险的严重程度和水平。例如,肉毒梭状芽孢杆菌毒素是比蜡样芽孢杆菌肠毒素更严重的危险,它的摄入更加致命。但在露天存放的产品中,发现肉毒梭状芽孢杆菌毒素的可能性或风险远小于来自芽孢杆菌的肠毒素,因为肉毒梭状芽孢杆菌是严格厌氧菌,而蜡样芽孢杆菌是一种好氧菌。因此,与危害分析相关的三个重要术语是:危险———一种可能导致损害消费者的物质;危险的严重程度——换句话说,即可能会引起多少伤害;风险——特定的食品实际发生特定危险的可能性。

6.16.5 关键控制点的识别

下一步,必须确定工艺流程中的关键控制点(CCPs)。这通过 CCP 判断树来完成,它一方面在生产每个阶段提出一系列的逻辑问题,同时也确保每个过程方法的一致性。它也促进结构化思维,并鼓励所有的团队成员参与讨论。尽管国际食品法典委员会认为决策树并非适合所有的情况,并允许采用其他方法,但仍发表了一个决策树的例子帮助识别关键控制点。

6.16.6 建立关键控制点的指标

下一步是建立关键控制点指标(Khandke 和 Mayes,1998)。关键控制点指标可确定产品的一些要点,例如,控制微生物风险的温度和作用时间(例如 121℃,15min),或它们可能定义为产品中允许颗粒的最大尺度(如 X 射线下的颗粒直径不大于 3mm)。然而,关键控制点指标也可以规定冷却罐中的填料深度(因为填料深度可以影响冷却速率,进而影响微生物增长的概率），或冷却罐水中游离氯的浓度（氯不足时可能导致微生物污染，而且有可能通过焊缝进入罐头）。理想情况下，原料供应商向制造厂家提供"供应商保证书"，保证原材料符合指定的标准，，然而仍然要明智地执行检查。最后，HACCP团队还必须明确用于制造商指导零售商和消费者的安全存储与应用的售后过程（例如"保持冷冻"或"使用日期"）。在这一过程中的一些中间步骤有可能比原料或成品更容易产生危害（如在巴氏灭菌前的去壳全蛋液），因而制造商必须为安全处理这些中间产品制定合适的标准。

6.16.7　CCP偏差的监控和协议

确定了关键控制点及其标准，必须确保实施控制，制造商必须建立严格的控制方法和操作规则。例如，在上述时间和温度的例子中，在产品的适当位置插入带有参数记录器的热电偶，参数记录器记录测定的温度及其持续时间。制造商还必须实施让员工们遵守的关键控制点标准的操作规则，以应对关键控制点过程的误差。例如，如果没有达到所需的温度或保持时间不够长，这批产品是否需要安全地重新加工，或合并到下一批产品中是否安全，或是否应该销毁。这由制造商做出决定，但是必须遵循科学的原理。

6.16.8　保持记录和验证

根据欧盟HACCP法规，要求制造商在"适当时期"内保持记录所有CCP检测数据（852/2005 第4c条）。数据记录"尽职程度调查"可以在制造商被起诉时帮助其做基本的辩护。最后，制造商应该常规性地验证HACCP计划操作对有问题产品的有效性，并要求所有的监控设备在允许偏差范围内正常运转（Anonymous，2006）。

6.16.9　改变产品配方

制造商应为每种产品制定HACCP计划，因为材料和加工阶段或方法的差异可以影响每个产品的相关风险和潜在危害的严重程度。此外，若HACCP计划实施之后产品的成分发生变化，HACCP团队应该重新评估该产品及其工艺，因为即使是很小的成分变化也可能对风险和危险的严重程度产生主要的作用（见6.9.6中酸乳中肉毒梭状芽孢杆菌的相关内容）。

6.16.10　小结

由于HACCP应用于世界上越来越多的国家的食品生产过程，因而它更多地成为一种生产理念。国际食品法典委员会提出了七个基本的原则要求（见上文）。由多位专家组成的团队聚集在一起，遵循这七个原则，评估具体产品的生产过程，并且设计出HACCP计划。如果产品配方有任何改变，那么HACCP团队需重新评估产品及其生产过程，以确保安全。最终，必须重视经常使用分子生物学方法区分相同的菌种的不同菌株（Zabeau 和 Vos，1993）。

6.17 卫生工厂设计

卫生工厂设计对食品安全生产至关重要。这是一个很大的话题，本身就可能是一本教材。然而，最根本的原则相对简单，基本上包括车间和厂区建筑材料的选择、工厂和厂房的建设，并尽量减小污染物的堆积，避免害虫污染，并且方便清洁（Anonymous，2003，2004a ~ c，2006；Cole，2004）。

6.17.1　车间建筑材料

制造商有必要了解食品的化学和物理性质，同时还要了解它们与建筑材料产生的交互作用，以此来选择合适的车间建筑材料。例如，虽然不锈钢不容易腐蚀，但实际上它对氯离子非常敏感，同时如果高盐产品（如盐水）长时间地接触很可能腐蚀不锈钢表面。腐蚀斑可能会形成难以清除的瘢痕，滋生生物膜中的微生物，继而污染产品。同样，如果使用错误的配方，高脂肪或高油产品有可能从与其接触的塑料表面溶出增塑剂。

6.17.2　工厂建筑材料

食品工厂建筑材料可能暴露于灰尘、湿气中，受到与其接触的产品的影响，还可能出现自然磨损，例如加工车间不适宜使用裸露的混凝土、"焦渣石"或砖，因为它们的表面相对粗糙，容易聚集尘土而污染产品。这些材料如果没有涂覆或保护，也不适合用于有大量物流的地方，例如在通道（地面或墙壁），手推车或运货车可能与墙壁碰撞，导致墙体材料落入产品，而且会增加灰尘的聚集。最后，裸露的混凝土也不适合作为地坪的材料，液体可能滴到上面并浸入内部，进而促进微生物的生长。

6.17.3　车间设计

车间设计应确保没有可能聚集食品物料和生长微生物的位置，避免污染后续多批产品。管线应没有死角，液体罐应在最低点排出液体，泵输送流体清洗整个装置，阀门应该具有弹簧手柄，管道接头应间隙最小（如使用 IDF 型环连接或环焊缝）。此外，如果在管道中需要安装三通，它们的深度应该最小，而且其位置应能促进流体清洗，弯头应光滑，半径应平缓，管道应该逐渐变径，不能出现大小管径突变引起的肩部。所有的管线死角都可以聚集液体，成为微生物生长的培养地，进而污染产品。设备的外观表面应适度倾斜或呈曲面，尽量减少尘土和污染物的聚集。

设备的位置应该保证容易清洗，例如设备下面有足够的空间，允许刷子进入清洗，有可安全移动的盖子允许员工进入密闭空间。理想情况下，车间应该具有符合逻辑的加工流程，从进入的原材料到成品的储存库或分销区，都要防止原料混入成品的加工路径，造成潜在的污染（见三文鱼罐头的肉毒梭状芽孢杆菌污染，6.9.2）。许多生产液体产品的工厂为其车间设计了在线清洗系统，该车间主管道旁安装另一条支路，专供清洁剂和漂洗剂循环。

6.17.4　建筑物设计

工厂建筑物设计也应该容易清洗,表面应光滑无孔,以减少灰尘沉积。此外,窗台和必要的水、汽、冷配套管线应易于清洁。理想情况下,管线应封闭在顶部空间,为使技术人员不进入食品加工区域,应在封闭的顶部空间检修或清洁配套管线。灯具应该安装在不易破碎的塑料灯罩内,并且只能从顶部管线空间进行维修,以防止碎玻璃落入生产线。最后,厂房应防止害虫进入(如昆虫和啮齿动物),因此工厂建筑在生产区内应没有可以打开的窗户,以防止暴露原料、中间产品和成品。所有的门都应密封连接。

6.17.5　总结

这不是对工厂卫生设计的详尽描述,仅说明工厂卫生设计各种因素的相互作用。有效的工厂卫生设计的目的是:使用最具备成本效益的材料,同时在这种情况下避免污染物聚集并进入食品,最大限度地避免对消费者造成危害。更多的细节见 Arvanitoyannis 等(2005)的文献。

6.18　微生物发酵

6.18.1　食品

6.18.1.1　概述

发酵在食品防腐以及使食品在感官方面发生有利的变化等方面已应用了上千年。众所周知,发酵可能起源于苏美尔人时代,同时埃及人在法老时代发酵谷物来酿造"boozah"(啤酒)。希腊人和罗马人都发酵葡萄生产葡萄酒,而有争议的是哪个国家最早应用蒸馏,中国在公元 8 世纪首先使用冷冻蒸馏,而穆斯林的炼金士在 9 世纪可能首先使用了加热蒸馏。在 14 世纪,欧洲逐渐开发了饮用蒸馏酒。当水质很差时,生产的啤酒和葡萄酒提供了安全的饮料,因为啤酒酿造中加热原料水,啤酒和葡萄酒中的酒精都会阻碍致病微生物的生长。同时酒精产品能使人的情绪发生变化可能也是酿造啤酒和葡萄酒的原因。

大约 8000 年前出现最早的乳酪,埃及人记录 4000 年前开始乳酪的制作。大约 5000 年前,保加利亚人用动物皮囊发酵牛乳制作酸乳制品,这可能是在常温下储存牛乳的尝试。在没有发明冷藏技术之前,制作乳酪和酸乳等发酵乳制品可能是延长牛乳保质期的方法,否则牛乳在几天之内就会变得非常难闻或不安全。牛乳发酵很明显地改变了其自身风味,通常形成固形物和凝胶,酸度显著增加,使它更加美味,而且使不耐受乳糖的消费者更易消化牛乳。

发酵肉制品,尤其是香肠,似乎也有古老的历史,最初肯定是古希腊人和古罗马人发明了发酵肉制品。肉类的乳酸发酵对产品安全产生重大的影响,很多肉源性致病菌对有机酸相对敏感。单核细胞增生李斯特菌格外值得注意,因为它对有机酸有相当强的抵抗能力,因而在发酵肉制品导致的疾病暴发中更为常见。在不能冷藏的历史背景下,以发酵方式储存肉制品,增强了制品在保质期的安全。此外,如乳制品一样,肉制品发酵改变了感官品质。鱼也可以发酵成调味品,产生强烈风味,用以改善清淡的饮食,同时引进人体可能缺乏的必需氨基酸。

许多国家把发酵蔬菜作为延长蔬菜保质期、保证非季节性供应和改变膳食品种的有效方法。发酵蔬菜逐渐成为传统的发酵,例如,大豆发酵生产酱油、豆豉和味噌,此外,可可、咖啡和茶也是通过发酵制备的。本节概述了这些类型的产品。

也可参见 Doyle 等(2001)的文献。

6.18.2　酒精发酵产品

简单来说,啤酒的生产是由酿酒酵母发酵谷物糖类完成的,但实际上,由于谷物糖类淀粉是聚合物,这个过程有些复杂,酿酒酵母发酵菌株缺少淀粉酶而不能分解淀粉。传统意义上,谷物加工成麦芽,以使其水解成为更简单的利于酵母菌发酵的单糖或双糖。在麦芽制备过程中,谷物发芽,在糊粉层产生淀粉酶,通过烘烤来结束发芽,烘烤的时间决定了麦芽的色泽和风味。

短时间烘烤至浅黄颜色且有很淡味道的麦芽用于酿造淡色啤酒,例如拉格尔(lager)。而长时间烘烤具有较深颜色和焦香味的麦芽用于酿造烈性啤酒,如艾尔(ale)啤酒、苦啤(与威士忌同类的苦味)和黑啤。麦芽经粗磨形成"酿造碎麦芽",运往酿酒厂和(或)储存起来。碎麦芽浸泡在65℃的水中约1h,成为"含糖的麦芽汁",经过"糖化"从碎麦芽中提取出来可发酵的糖。用大麦外壳作为滤床从碎麦芽中过滤提取"麦芽汁"。在此阶段,在麦芽汁中添加啤酒花或经过加工的啤酒花,煮沸数小时提取啤酒花树酯,同时使麦芽汁体积减少5%~15%,达到浓缩的目的。此外,煮沸有助于杀灭麦芽汁中的污染细菌。在煮沸的情况下提取的啤酒花树酯也有抗菌作用,同时平衡了麦芽汁内在的过甜的风味。

最终,根据不同的啤酒类型,在8~18℃之间冷却麦芽汁,接种酵母,传统上是使用上次发酵收集的酵母菌,进行长达10d的发酵,具体时间因啤酒种类而异,直到酵母絮凝时发酵周期结束,称为"底部发酵"。制作麦芽用水的质量对啤酒的最终质量具有明显的影响。传统啤酒酿造之乡爱丁堡波顿镇和伦敦的水具有一定钙离子含量,能沉淀磷酸盐,并且可以提供相对较低的 pH 环境,非常适合提高大麦淀粉酶活力,并能抑制糊精酶活力。

拉格尔啤酒发酵一般控制在8~12℃的低温环境下,发酵8~10d,并且在发酵结束时,拉格尔啤酒酵母会发生絮凝而沉积到发酵罐的底部,因而被称为"底部发酵"。相反,艾尔啤酒发酵温度较高(12~18℃),发酵时间也相对较短(5~7d)。在发酵结束的时候,艾尔啤酒酵母会絮凝并漂浮于发酵罐顶部,称为"顶部发酵"。在这个阶段发酵之后,由于除了酒精外,还存在一系列的酵母次级代谢产物,新酿的生啤酒一般不会很美味,因此啤酒还需要经过"成熟"过程,各种次级代谢产物相互发生化学反应,从而形成啤酒独特的风味。

历史记载有多种酵母菌曾用于各类啤酒的发酵,酿酒酵母用于生产艾尔啤酒和苦啤酒,而卡氏酵母(*Saccharomycescarlsbergensis*)作为拉格尔啤酒的酵母,据信其与葡萄汁酵母(*Saccharomyces uvarum*)具有亲缘关系。近年来,酵母菌的分类学经历了一些变革,葡萄酒酵母曾被取消了种属资格,但现在又得到了恢复。

在啤酒酿造中,由酵母菌在厌氧发酵中发生主要生物化学变化。其中 1 分子的葡萄糖产生 2 分子的乙醇与 2 分子的 CO_2。由于啤酒酵母需要 O_2 用于甾醇的合成,因此在厌氧条件下无法进行生长和细胞分裂。但幸运的是,啤酒酵母可以通过发酵,满足其部分能量需求。因此,在啤酒酿造的"前酵"阶段,接种后立刻进行好氧发酵,以促使酵母接种物繁殖并高强度工作。随后,发酵液转入厌氧发酵,以最大化地产生酒精。

酿造商也可以使用通常称为"高浓度酿造"的工艺。该工艺使用浓缩的麦芽汁发酵产生高浓度的酒精,然后用水稀释至所需的酒精浓度(按酒精的体积或酒精度)。这是有技术难度的工艺,但是,如果控制得当,可有效地在特定的有限发酵车间中生产大批量的啤酒。

麦芽汁的煮沸以及酒花酸和酒精的存在,意味着完工的啤酒对许多微生物不那么适宜生长,特别是食源性致病菌。

有害微生物造成的后处理污染是啤酒的更大风险,尤其是醋酸杆菌(*Acetobacter*)和葡萄糖杆菌(*Gluconobacter*),能将酒精转化为乙酸(醋)。其他污染啤酒的有害微生物包括乳酸菌和片球菌属,它们能产生胞外多糖导致"黏稠状"啤酒产生。肠杆菌科的微生物可能偶尔污染早期阶段发酵,导致变味和臭味,但这相对少见。酵母菌和霉菌可能在酿造中产生问题,二者都会污染麦芽,例如镰刀菌在谷物中生长,会导致啤酒的"喷涌",通过污染已接种的酵母,会导致发酵中麦芽汁的腐坏。假丝酵母(*Candida*)、酵母、结合酵母(*Zygosaccharomyces*)、毕赤酵母、酒香酵母(*Brettanomyces*)、有孢圆酵母(*Torulospora*)和德巴利酵母(*Debaryomyces*)可能导致麦芽汁变质。另一方面,虽然不太可能,但是霉菌毒素的存在也会影响健康,尤其是黄曲霉毒素。如果收获的谷物存储在潮湿条件下,会生长米曲霉和青霉等霉菌。

"野生酵母"在啤酒的酿造过程中造成主要危害,不是酿酒师有意添加的任何一株酵母菌株都是野生酵母。野生酵母的污染会造成很多问题,生长上有可能超越酿酒师使用的酵母,导致不可预知的发酵而且很可能产生不受欢迎的口味。通常这会改变客户们对产品质量的看法,而产品质量正是主导品牌在正常情况下建立的可预期的产品特色。换句话说"品牌 x"啤酒品尝起来今天和以前一样吗?应注意,对于少数"手工"啤酒,鼓励使用野生酵母。在比利时生产的"兰比克"是"天然"发酵的结果,在该过程中麦芽汁暴露在空气中,酵母菌可以在其中定殖,并启动发酵过程。与其他啤酒相比,这种方法酿造的啤酒具有更多的水果味和复杂的风味。

在酿造过程中面临的另一个潜在问题可能是"嗜杀酵母",它分泌一种对其他酵母菌具有毒害作用的致死因子。如果一批发酵啤酒污染了嗜杀酵母,它会杀灭啤酒酵母,并占据发酵罐,导致难以预知的发酵,产生不良风味。除了不产致死因子的菌株,还有 90 多种嗜杀酵母。

一些啤酒制造商试图通过选择一些适于发酵并产香味的嗜杀酵母菌株（酿酒酵母），以克服酿造中野生酵母和嗜杀酵母的问题。用该嗜杀酵母菌株酿造能排除野生酵母和其他嗜杀酵母菌株（Buzzini 等，2007）。

6.18.2.1　葡萄酒

酿造葡萄酒的基本原理和酿造啤酒的相同，糖通过酿酒酵母的作用转化为乙醇。在这里，糖的来源是酿酒用的葡萄。一个葡萄糖或果糖分子通过酿酒酵母转化为 2 分子乙醇和 2 分子 CO_2。传统上，酿酒师允许葡萄上的天然酵母菌群批量发酵葡萄汁，而且仍然有人这样做。在葡萄皮上有各种各样的酵母菌，克勒克酵母（*Kloeckera*）和有孢汉逊酵母（*Hanseniospora*）最为普遍，酵母菌属比较少。相比之下，酒厂设备的表面一般存在酵母菌群，酵母菌占主导地位，这可能是这些菌种的主要来源。或者，在发酵初期必须接种冷冻干燥的葡萄酒酵母启动发酵。此外，与啤酒相同的是，葡萄酒酿造的过程起始阶段可以进行有氧发酵，以获得足够的酵母菌细胞数，然后进行厌氧下的主发酵使酒精产量最大化。

最常用于商业化生产葡萄酒的酵母菌株为葡萄汁酵母和巴斯德酵母（Nguyen 和 Gaillardin，2005）。这两种酵母比啤酒酵母菌株拥有更大的酒精耐受力，这意味着发酵过程可以更长，产生的酒精浓度更高，相比于啤酒菌种约8%，它们可高达15%。

对红葡萄酒生产过程来讲，葡萄压碎后，皮和葡萄汁必须一起发酵，以提取使红葡萄酒具特有颜色的花青素。红葡萄酒通常是在 25～30℃发酵 4～10d。相比之下，生产白葡萄酒，果皮与葡萄汁必须立即分开，然后浅色的葡萄汁在 10～15℃下发酵 4～10d。与红葡萄酒相比，生产红玫瑰葡萄酒时，葡萄汁与果皮仅接触一段较短时间便分开。在发酵结束时，絮凝的酵母和其他颗粒物能沉降到葡萄酒罐的底部，但在灌装前必须"榨出"，使饮用的瓶装酒澄清。

香槟等起泡酒的生产经历了非常有趣的二次发酵过程。最初的发酵与其他葡萄酒相同。经初期的发酵后，将酒转移到厚壁耐压的瓶子中，接入少量酵母菌和糖液，然后安装一个临时瓶帽。加料后的酒在瓶中倒置一定的角度后培养，按一定的时间间隔翻转，使酵母菌细胞吸附在瓶帽上。香槟发酵好时，冷冻瓶子的颈部以冻结瓶塞。然后轻轻地打开瓶盖释放瓶中的 CO_2 之后，塞入软木塞，为防止随后意外的弹射需加上铁丝网笼。

6.18.2.2　清酒

清酒的生产应用啤酒和白酒的酿酒酵母，将谷物中的糖转化成酒精。然而，清酒的生产却采用其他的方法提供酵母发酵所需的碳水化合物。用大米来生产制造清酒的原料——淀粉，霉菌米曲霉的淀粉酶水解淀粉。通过多个步骤在稻米中接种米曲霉菌丝体。第一步将稻米蒸熟至糊化，其中的一部分接种米曲霉孢子，35℃好氧培养 7d 使孢子萌发，新长出的菌丝体产生淀粉酶。然后这种酒曲与更多的稻米和酿酒酵母清酒菌株混合来生产"醪",醪与剩余的稻米和水混合成"醪汁",在 13～18℃下继续培养 21d,即得清酒。

6.18.3　面包的生产

发酵面包的生产利用酿酒酵母来增加 CO_2 而不是酒精的产量。发酵的过程涉及单糖变为 CO_2 和酒精,但是大部分的酒精在烘焙的过程中蒸发掉了。然而和啤酒不同,谷物一般不会产生内源性淀粉酶,因此其自身产生发酵所需的糖。相反,少量的蔗糖添加到干的混合物中或者是酵母菌接种物中,这为生产面包产生 CO_2 提供了足够的糖。

并非所有的面包都是通过酵母菌产生 CO_2,有些面包使用酵头发酵。在酵头发酵过程中,从前一批的面团留下一小部分发酵的面团用于后续批次的面包发酵,酵头发酵过程中的主要微生物种群为乳酸菌(LAB),糖通过乳酸菌发酵产生 CO_2,这使生面团发酵,并且乳酸成分赋予了面包特有的风味。另外,一些面包的制作使用了化学膨松剂,例如泡打粉,但是这超出了本章的范围。

6.18.4　发酵乳制品

6.18.4.1　乳酪

乳酪的种类

世界上有很多种乳酪。牛乳的种类、发酵剂、培养条件、发酵和成熟的条件以及二次接种都在乳酪分类中发挥了重要作用。不管怎样,现已建立了乳酪分类体系,并得到了一定程度的认可。乳酪可以分为硬质、半软质和软质的类型,该分类适用于对乳酪性状的一般说明。

硬质乳酪

硬质乳酪的制作过程经历了最长的时间,通常固形物含水量最少。为了制作硬质乳酪,通常加热牛乳,然后再冷却至大约 30℃(例如英国的切达乳酪)。发酵剂包括嗜温的乳酸乳球菌(*Lactococcus lactis*)或者是嗜热的乳杆菌[德氏乳杆菌保加利亚亚种(*Lactobacillus delbrueckii* ssp. *bulgaricus*)],干酪乳杆菌(*Lb. casei*)或嗜热链球菌(*Str. thermophilus*),以混合或者是单一纯种接种到牛乳中,30℃培养大约 45min,产生乳酸,降低 pH,然后加入不同来源的凝乳酶(来自小牛皱胃或真菌——虽然这样不太可能生产高质量的乳酪,或来自重组大肠杆菌),降解 κ-酪蛋白中的大肽链,从而产生副 κ-酪蛋白,并造成酪蛋白胶团的凝结。继续在约 30℃下培养 30～45min,生成更多的乳酸,并且从乳清液体中沉淀出固态凝乳。然后将凝乳切成小方块,排出乳清。之后凝乳可加热到约 40℃,促进凝乳进一步收缩,排出更多的乳清。即使是在生产最硬质乳酪的更高温度下,例如帕玛森干酪和罗马诺羊乳酪,嗜热菌菌种在加热过程中还可以继续发挥作用。

对于各种硬质乳酪加入盐后,用模具压制凝乳粒,以便进一步排出乳清,并生产出圆盘状或圆柱状的乳酪。最后,大部分硬质乳酪进入长期的成熟阶段,在此阶段通过内源性酶的活性与非发酵剂乳酸菌的代谢产生的次级代谢产物进一步改变风味。在一些品种的乳酪中,由费氏丙酸杆菌谢氏变种(*Propionibacterium freudenreichii* ssp. *shermanii*)代谢乳酸,产

生丙酸和 CO_2,形成令人愉快的坚果味,并在瑞士大孔乳酪(emmenthal)和格鲁耶尔乳酪(gruyere)中形成典型的孔洞。

半软质乳酪

半软质乳酪遵循相同的步骤,并且和硬质乳酪生产的基本发酵阶段使用相同的细菌菌株。然而,有些细节可能不同,例如加热的温度可能低一些,压榨的乳清较少。同样,可能不会使用机械压榨凝乳粒排出乳清,只需置于圆型模具中简单的压制成型自然干燥。与硬质乳酪相比,半软质乳酪需要的成熟过程较短,但是成熟过程需要其他微生物而不是细菌。例如,蓝纹乳酪、斯蒂尔顿乳酪(stilton)和戈尔根朱勒乳酪(gorgonzola)都需要借助娄地青霉(*Penicillium roqueforti*)与光孢青霉(*P. glabrum*)发酵进行成熟。由于霉菌的蛋白水解和释放的铵离子中和乳酸,霉菌发酵的成熟乳酪比细菌发酵的成熟乳酪 pH 高。此外,霉菌的脂肪分解作用形成的复杂脂肪酸混合物产生蓝纹乳酪的辛辣味。高达(gouda)和埃达姆乳酪(Edam)等通过细菌发酵成熟的半软质乳酪通过盐水浸泡产生咸味,而不是将凝乳碎块与盐混合。其他细菌发酵成熟的半固体乳酪,如林堡乳酪、砖型以及波特撒鲁特乳酪(Port Salut),通过涂抹在表面的细菌和霉菌发酵成熟(Deetae 等,2007)。在表面涂抹的菌种范围较广,如亚麻短杆菌(*Brevibacterium linens*)、变形杆菌(*Proteus vulgaris*)、马胃葡萄球菌(*Staphylococcus equorum*)和白地霉(*Geotrichum candidum*),并可能产生一些非常刺鼻的产物(Arfi 等,2003)。

软质乳酪

总而言之,软质乳酪与硬质、半软质乳酪使用基本相同的制作方法和发酵剂。但是,一些软质乳酪并不使用发酵剂,仅依靠原乳中的天然菌群进行发酵:一个典型的例子就是墨西哥白乳酪(Mexican queso blanco)。然而,20 世纪 80 年代南加利福尼亚州出现生产不当的乳酪引发的李斯特菌病,已经证明由原乳制造的如此高水分活度和低盐的产品存在着隐患。软质乳酪最重要的特点是部分分离乳清,在农家乳酪中则基本没有分离,所以其水分活度在所有乳酪中最高。与更硬质的和水分活度更低的乳酪相比,它的保质期最短。

有些软质乳酪需要成熟,例如卡门贝尔乳酪和布里乳酪都是成熟乳酪,它们都使用诸如卡门贝尔青霉(*Penicillium camemberti*)、酪生青霉(*P. caseicolum*)和白地霉(*G. candidum*)等霉菌发酵。尽管霉菌的效果相似,但是在卡门贝尔乳酪和布里乳酪的成熟过程中,霉菌生长在乳酪的表面而不是像斯蒂尔顿乳酪一样生长在内部。在这两种情况下,蛋白质水解释放出的铵离子和脂肪分解释放出的脂肪酸导致 pH 升高,香味和风味强度也随之增加。由于这些乳酪具有较高的水分活度,霉菌发酵成熟过程中 pH 的增高可能带来腐败和致病微生物存活等问题。羊乳乳酪等软质乳酪在盐水中腌渍。新鲜马苏里拉乳酪等是不经过成熟的乳酪,马苏里拉乳酪的凝乳块在乳清或热水中加热,拉伸形成纤维束,并混揉成球或条块。同理,印度乳酪(paneer)是通过混合柠檬汁和牛乳,形成酪蛋白微粒沉淀,然后分离凝乳而制成。这种乳酪不经成熟,可以立即食用。

6.18.4.2 酸乳

酸乳通过德氏乳杆菌德氏亚种(*Lactobacillus delbrueckii* ssp. *delbrueckii*)和嗜热链球菌(*Streptococcus thermophilus*)发酵牛乳制成。这两类菌种在牛乳中发酵乳糖产生主要的终产物——乳酸。少量的次要成分如乙醛、双乙酰和丙酮等是产生香味的重要因素。

虽然乳杆菌和链球菌都能发酵乳糖成乳酸,但牛乳中其他营养物质的水平限制这些菌种的需求。因此,与两种乳酸菌的混合发酵相比,在牛乳中单独培养这两种菌不会产生显著或快速的 pH 改变,这将会影响酸乳的质量和安全,因为凝胶化抑菌作用不大,pH 的降低也未必能达到抑制如沙门菌等肠道致病菌的程度。

当这两种菌同时接入牛乳时,链球菌启动发酵,并将乳糖发酵成一些乳酸、甲酸和 CO_2。然而,嗜热链球菌缺少蛋白酶,虽然它产生的肽酶能水解牛乳蛋白质生成有限的肽类,但是不能获得足够的氮源来维持旺盛的生长。在发酵初期,乳杆菌的生长不旺盛,但嗜热链球菌产生的甲酸和 CO_2 会刺激它更快地生长。德氏乳杆菌德氏亚种也产生蛋白酶,可以水解牛乳蛋白质生成肽类,这样链球菌就可以充分水解肽生成氨基酸并被这两种菌充分利用。在发酵后期,乳酸菌占主要优势并主导发酵,使得发酵 pH 下降到低于链球菌可以忍受的限度。链球菌的最适生长温度是 39℃,乳酸菌是 45℃。因此,酸乳的发酵温度通常在 40 ~ 42℃之间,以允许这两种微生物同时生长。

6.18.4.3 开菲尔

开菲尔是起源于俄罗斯东部草原的一种酸性、有气泡并略含酒精的牛乳饮品(Lopitz - Otsoa 等,2006)。通过微生物混合发酵,酵母和细菌通过多糖连在一起形成开菲尔多糖,由其形成的片状或颗粒状的开菲尔粒再添加到牛乳中。开菲尔粒中的微生物种类很多,但最常见的是各种乳杆菌,如开菲尔粒乳杆菌(*Lb. kefirofaciens*)、开菲尔乳杆菌(*Lb. kefiri*)、嗜酸乳杆菌(*Lb. acidophilus*)、德氏乳杆菌保加利亚亚种和酵母菌[如开菲尔假丝酵母(*Candida kefir*)和酿酒酵母]。商业上,开菲尔的生产过程是:将牛乳在 85 ~ 95℃下加热 3 ~ 10min,冷却至 22℃,加入约 5%(质量浓度)的开菲尔粒,22℃发酵 8 ~ 12h,之后将混合物冷却至 8℃再培养 10 ~ 12h。

6.18.5 发酵鱼制品

发酵鱼制品(Thapa 等,2004)往往用作味道浓烈的添加物加入菜肴中,从而使原来较清淡的饮食更有滋味。发酵的鱼也富含营养物质,可在以全素食为主的饮食中补充可能缺乏的维生素和必需氨基酸等营养成分。

发酵鱼制品大致可分为两种形式:鱼酱和鱼露。大多数的发酵鱼产品并非严格的微生物发酵,而是内源性酶对鱼产生自溶作用的结果。在这些发酵中,整条鱼在高盐环境中堆装入容器(高达 25% 的盐和 75% 的鱼),几乎抑制所有微生物的生长,容器的材料也不含足够的碳水化合物允许微生物明显生长。真正的发酵鱼制品需要外源性碳水化合物来促进天然存在的微生物菌群的发酵,已在"发酵"的鱼类中发现的微生物包括乳杆菌、乳球菌、微球菌、葡萄球菌、莫拉细菌和耐盐的芽孢杆菌。

6.18.6　发酵蔬菜制品

很多蔬菜都可以发酵,但卷心菜和白菜也许是最广为人知的发酵蔬菜产品(德国酸菜或韩国泡菜)。虽然发酵方法的细节在产品之间各有不同,但其基本过程相同,即植物糖类进行乳酸发酵。加工酸菜时,在大容器中堆叠洗净切丝的卷心菜,在各层间加入2%~3%的盐之后,在卷心菜上覆盖重物,防止卷心菜上浮,并压出液汁。盐发挥了对许多细菌,特别是肠道致病菌的抑制作用,盐还促进植物细胞排出水分,所以要创造和保持盐水的环境。乳杆菌比其他许多菌种更加耐受盐的作用。从卷心菜叶的切面释放出一些糖分,可供乳杆菌生长并发酵,产生乳酸。酸菜 pH 降低,结合较高浓度盐水的作用,明显地延长了卷心菜的保质期。

酸菜通常不接种发酵剂,而是依赖于卷心菜叶和发酵容器的天然菌群,酸菜生产中占主导地位的菌种包括肠膜明串珠菌(*Leuconostoc mesenteroides*)和植物乳杆菌(*Lactobacillus plantarum*)。如果操作正确的话,泡菜在低 pH 和高盐浓度下基本不存在微生物污染的问题。偶而发现的污染酸菜的致病菌单核细胞增生李斯特菌比大多数肠道致病菌具有更高的耐酸性和耐盐性。此外,酵母和霉菌偶尔也引起腐坏问题,也是由于它们具有更高的耐酸性和耐盐性。

韩国泡菜的生产方式和德国酸菜相似,用切碎的白菜和盐。但是,韩国泡菜的发酵在20℃进行2~3d,即不再发酵。较短的腌制时间意味着微生物不能以与德国泡菜完全相同的方式生长。韩国泡菜生产中的优势菌种是肠膜明串珠菌。

其他用发酵来提高贮存质量和(或)口感等的蔬菜包括橄榄、黄瓜、菜花、辣椒和大头菜。通常大多数发酵的原理与酸菜的生产原理相同,换言之,蔬菜和盐或盐水的混合,可以除去很多致病菌和腐败菌,但不包括耐盐乳酸菌。乳酸菌可发酵植物细胞释放到卤水中的糖类产生乳酸,低 pH 结合高盐浓度抑制致病菌和腐败菌,使得这类产品比原料的保存时间更长。

可可豆是另一个使用发酵工艺加工植物的有趣例子(Ardhana 和 Fleet,2003)。从食品技术和微生物的角度看,这都很有趣,目前尚无法准确地人工合成可可豆的风味。混合菌种参与形成完整的可可风味,并且这种混合菌种必须经过菌群更替才能产生完整的可可风味。从可可树上收获的成熟可可豆荚主要有两个品种,弗拉斯特罗(forastero)和克里奥罗(criollo)。普遍认为用克里奥罗种子制成的可可比用弗拉斯特罗制成的质量更好,但克里奥罗树不如弗拉斯特罗树耐寒而且易得病。

收获果实后,手工剥开可可豆荚,用采集器从豆荚中取出种子和胶质鞘,随即放入发酵罐。这是加工过程中发酵接种的关键阶段,主要的菌种来自收割机、农具和发酵容器。原料可可种子更准确地说包括其周边的黏液留在一起静置发酵。可可豆在阳光下于带支架的盘中摊成薄层,或在地上堆放,或者放置于约 1m³ 的木质容器中。

可可豆及其附着黏液在发酵过程中经历不同微生物和生化反应阶段。在发酵的初期为需氧阶段(通常达到 24~48h),假丝酵母、酿酒酵母、克勒克酵母、毕赤酵母和克鲁维酵母(*Kluyveromyces*)等很多酵母菌是优势菌种,大约占菌群的一半,最高时可达到90%。酵母菌降解发酵黏液中的碳水化合物,生成的主要代谢产物是乙醇和曲。酵母也代谢可可浆中的柠檬酸,降低其水平从而提高 pH。由于开始处于有氧条件,醋酸菌将乙醇氧化为少量的乙酸。随着发酵的进行,发酵环境变成厌氧,醋酸的产生造成 pH 下降。在这个阶段,乳酸菌如乳杆菌、片球菌、乳球菌和明串珠菌在数量上占主导地位,而早期的优势菌比例下降。

发酵过程第二阶段的主要代谢产物是乳酸、乙酸、乙偶姻和 CO_2。随着发酵第二阶段的进行,乳酸和乙酸开始杀灭乳酸菌,而周期性的翻堆放热引入 O_2,促进在第二发酵阶段中最终微生物的增殖。中间厌氧发酵之后是最终的有氧发酵阶段。高品质的克里奥罗可可豆在几天之内完成发酵,而弗拉斯特罗可可豆需要多达 7d 来完成全部的发酵阶段。

可可发酵最后阶段的主要微生物是醋酸杆菌和葡萄糖杆菌。尽管对于芽孢杆菌在整个过程中对可可最终质量的作用还存在争议,但其数量在发酵的最后阶段显著增加。发酵终期微生物的主要代谢产物是将反应堆积物中的乙醇生成乙酸。乙醇氧化为乙酸的反应高度放热,致使反应堆内的温度显著上升,可以使可可豆失活并杀灭部分微生物。此时的可可豆类已经没有黏液并最终被烘干磨碎。

已经有人尝试从发酵的可可菌群中筛选出最重要的微生物群落,并用这些筛选出来的菌种作为发酵剂提高发酵的重现性,这些研究取得不同程度的成功。但是,利用这些菌群作为发酵剂的可可的品质全面低于利用野生菌群发酵的可可。此外,尽管已经确定可可豆中的主要风味物质,但合成的组合物的风味并没有野生菌群发酵的可可的风味好。

6.18.7 传统发酵产品

传统发酵产品是一个"包罗万象"的术语,它们不一定是全球化的产品,但无论是作为食品调味品或是食品保存手段对当地都相当重要。传统的发酵产品种类很多,以致无法在本书的范围内详细描述,本书选取了一部分人们较熟知的传统发酵产品。

大豆类制品或许是人们最为熟知的传统发酵产品。大豆发酵制品有豆豉、味噌、纳豆和酱油。大豆发酵制品的最大优势是增加豆类的营养价值,因为未发酵的豆类不含有人类所需的全部必需氨基酸。

印尼豆酵饼的生产工艺包括:在大约两倍体积的水中浸泡大豆,软化脱壳,在浸泡过的大豆中接种前面批次的豆豉或接种市售发酵剂,在 30~38℃培养 1~2d。传统上豆豉用香蕉叶包裹起来,也可以在带孔的塑料袋中制成品质相同的成品。在半封闭环境中的发酵可以减少水分流失并控制 O_2 和 CO_2 的交换。这对于混合物不形成厌氧环境或是让腐败微生物生长很重要,也不会使得混合物由于温度过高而抑制或杀灭一些必要的微生物。细菌和酵母菌的混合物参与豆豉的发酵,已经分离得到干酪乳杆菌(*Lactobacillus casei*)、乳球菌、伯顿毕赤酵母(*Pichia burtonii*)、迪丹斯假丝酵母(*Candida diddensiae*)、黏质红酵母(*Rhodotorula mucilagenosa*)和少孢根霉(*Rhizopus oligosporus*),其菌体都和最终的产品黏附在一起。印尼豆酵饼的保质期大约为 1d,随后大豆的营养物质发生变化:葡萄糖浓度降低,纤维含量增加,尽管氨基酸的含量范围不会改变,但游离的氨基酸浓度显著增加。

　　味噌也是大豆发酵制品,但是它呈黏稠的糊状,而不同于硬实和饼状的印尼豆酵饼(Onda 等,2002)。味噌的配方主要有三种:米味噌,主要原料为稻米、大豆和盐;麦味噌,原料为麦、大豆和盐;豆味噌,只用大豆和盐。对于每一个配方,制备头曲或发酵剂的工艺与清酒相同,熟化的稻米、大麦或者大豆添加米曲霉孢子的种曲,在 30 ~ 35℃培养 40 ~ 50h。培养后加入盐防止米曲霉菌丝体过度生长。在制备种曲的同时,大豆先在水中浸泡 18 ~ 22h,然后在 115℃下蒸煮 20min。熟化的大豆冷却后与种曲和少量上批次发酵的味噌混合;在厌氧容器中装入这种混合物,依据制备的味噌类型和不同的发酵阶段在 25 ~ 30℃下发酵。豆味噌的颜色越深味道越浓,色泽最深、风味最浓的豆味噌发酵周期超过 1 年。加盐味噌发酵 1 ~ 3 个月,而白味噌的颜色越浅,风味越鲜美,发酵约 1 周。

　　种曲中的曲霉产生的蛋白酶水解大豆的蛋白质。然而,特别是鲁氏酵母(*Zygomyces rouxii*)、球拟酵母(*Torulopsis*)和嗜盐片球菌等其他微生物也是味噌发酵的重要微生物。由于盐分高和大豆的初期熟化,微生物群落变化引起问题的可能性不大,但偶尔乳酸片球菌(*Pediococcus acidilactici*)、枯草芽孢杆菌、植物乳杆菌、食果糖乳杆菌(*Lb. fructivorans*)、微球菌和梭状芽孢杆菌会引起一些问题。

　　纳豆也是大豆制品,但大豆颗粒包裹着黏性物质。常见的纳豆的制备是将豆子浸泡后蒸煮约 15min,接种纳豆芽孢杆菌(*Bacillus natto*),40 ~ 45℃发酵 18 ~ 20h。包裹在大豆周围的黏性物质是纳豆芽孢杆菌的胞外产物,聚 - DL - 谷氨酸。其他形式的纳豆是将普通纳豆与加入生姜盐水的米曲或小麦和大麦混合曲混合,进行更长时间发酵。与米曲混合后,将纳豆在 25 ~ 30℃下培养 2 周。与加有生姜盐水的混合曲混合发酵 20h,干燥后将其置于生姜盐水中储存 6 ~ 12 个月。

6.18.8　小结

　　发酵食品和饮料产品的范围广泛,通常借助微生物制备,许多发酵产品的起源已经追溯不到最早的时间。牛乳发酵制品的例子有乳酪和酸乳,谷物制品有面包和啤酒,水果制品有葡萄酒,蔬菜制品有酸菜、可可粉、味噌和纳豆。这些产品原始的发酵过程很可能来源于偶然的发现,它们延长了这些易腐败食品物料的储存寿命。此外,发酵产生诱人的风味变化,有些风味可以影响人的情绪。然而在某些产品中出现的风味变化可能需要仔细品评,甚至少影响着现代人的味觉!无论是增加其他稀缺营养成分的含量(如必需氨基酸或维生素)或是减少有潜在隐患成分的含量(例如降低乳酪中乳糖的含量以减少对乳糖不耐症人群的影响),发酵终究有益于营养和健康。关于这点,Campbell - Platt(1987)已经发表了一篇关于发酵食品深入详实的综述。

致谢

　　作者感谢 Judith Arris 和 Dave Fowler,特别感谢 Babs Perkins,没有这些人的辛勤工作和努力,就不可能完成本章。

参考文献

1. Adak, G. K., Long, S. M. and O'Brien, S. J. (2002) Trends in indigenous foodborne

disease and deaths, England and Wales: 1992 to 2000. *Gut*, 51, 832 – 41.

2. Adak, G. K., Meakins, S. M., Yip, H., Lopman, B. A. and O' Brien, S. (2005) Disease risks from foods, England and Wales: 1996 to 2000. *Emerging Infectious Disease*, 11, 365 – 72.

3. Adak, G. K., Long, S. M. and O' Brien, S. J. (2007) Foodborne transmission of infectious intestinal disease in England and Wales 1992 – 2003. *Food Control*, 18, 766 – 72.

4. Adams, M. R. and Moss, M. O. (1997) *Food Microbiology*, pp. 252 – 302, 323 – 36. The Royal Society of Chemistry, Cambridge.

5. Anonymous (1994) Commission on Tropical Diseases of the International League Against Epilepsy. Relationship between epilepsy and tropical diseases. *Epilepsia*, 35, 89 – 93.

6. Anonymous (2003) *Recommended International Code of Practice – General Principles of Food Hygiene. CAC/RCP* 1 – 1969, *Revision* 4 – 2003. Food and Agriculture Organisation of the United Nations, Rome.

7. Anonymous (2004a) Regulation (EC) No. 852/2004 of the European Parliament and of the Council of 29 April 2004 on the hygiene of foodstuffs. *Official Journal of the European Union*, L226 47, 3 – 21.

8. Anonymous (2004b) Regulation (EC) No. 853/2004 of the European Parliament and of the Council of 29 April 2004 on the hygiene of foodstuffs. *Official Journal of the European Union*, L226 47, 22 – 82.

9. Anonymous (2004c) Regulation (EC) No. 854/2004 of the European Parliament and of the Council of 29 April 2004 on the hygiene of foodstuffs. *Official Journal of the European Union*, L226 47, 83 – 127.

10. Anonymous (2006) *A Simplified Guide to Understanding and Using Food Safety Objectives and Performance Objectives*. International Commission on Microbiological Specifications for Foods. Kluwer Academic, Dordrecht/Plenum Press, New York.

11. Arvanitoyannis, I. S., Choreftaki, S. and Tserkezou, P. (2005) An update of EU legislation (Directives and Regulations) on food – related issues (Safety, Hygiene, Packaging, Technology, GMOs, Additives, Radiation, Labelling): presentation and comments. *International Journal of Food Science and Technology*, 40, 1021 – 112.

12. Ardhana, M. M. and Fleet, G. H. (2003) The microbial ecology of cocoa bean fermentations in Indonesia. *International Journal of Food Microbiology*, 86, 87 – 99.

13. Arfi, K., Amarita, F., Spinnler, H. E. and Bonnarme, P. (2003) Catabolism of volatile sulfur compound precursors by *Brevibacterium linens* and *Geotrichum candidum*, two microorganisms of the cheese ecosystem. *Journal of Biotechnology*, 105, 245 – 53.

14. Barnard, R. J. and Jackson, G. J. (1984) *Giardia lamblia*: the transfer of human infections by foods. In: *Giardia* and *Giardiasis Diseases*: *Biology*, *Pathogenesis and Epidemiology* (eds S. L. Erlandsen and E. A. Meyer), pp. 365 – 78. Plenum Press, New York.

15. Barrile, J. C. and Cone, J. F. (1970) Effect of added moisture on the heat resistance of

Salmonella anatum in milk chocolate. *Applied Microbiology*, 19, 177 – 8.

16. Buzzini, P. , Turchetti, B. and Vaughan – Martini, A. E. (2007) The use of killer sensitivity patterns for biotyping yeast strains: the state of the art, potentialities and limitations. *FEMS Yeast Research*, 7, 749 – 60.

17. Campbell – Platt, G. (1987) *Fermented Foods of the World: A Dictionary and Guide*. Butterworths, London.

18. Cano, R. J. and Borucki, M. K. (1995) Revival and identification of bacterial spores in 25 – 40 million year old Dominican amber. *Science*, 268, 1060 – 64.

19. Chen, T. C. (1986) *General Parasitology*, 2nd edn. Academic Press, New York.

20. Cole, M. (2004) Food safety objectives – concept and current status. *Mitteilungen aus Lebensmitteluntersuchung und Hygiene*, 95, 13 – 20.

21. Collinge, J. , Whitfield, J. , Mckintosh, E. , et al. (2006) Kuru in the 21st century – an acquired human prion disease with very long incubation periods. *Lancet*, 367, 2068 – 74.

22. Current, W. L. (1988) The biology of *Cryptosporidium*. *American Society of Microbiology News*, 54, 605 – 611.

23. D' Aoust, J. Y. (1998) *Detection of Salmonella spp. in Foodand Agricultural Products by the Gene – trak© DNA Hybridisation Method*. Health Protection Agency, Government of Canada, MFLP – 5.

24. Davidson, C. A. , Griffith, C. J. , Peters, A. C. and Fielding L. M. (1999) Evaluation of two methods for monitoring surface cleanliness – ATP bioluminescence and traditional hygiene swabbing. *Journal of Bioluminescence and Chemiluminescence*, 14, 33 – 8.

25. Deetae, P. , Bonnarme, P. , Spinnler, H. E. and Helinck, S. (2007) Production of volatile aroma compounds by bacterial strains isolated from different surface – ripenedFrench cheeses. *Applied Microbiology and Biotechnology*, 76(5), 1161 – 71.

26. Dillon, M. and Griffith, L. (1996) *How to HACCP*, 2nd edn. M. D. Associates, Cleethorpes.

27. Doyle, M. P. , Beuchat, L. R. and Montville, T. J. (2001) Food fermentations. In: *Food Microbiology: Fundamentals and Frontiers*, 2nd edn, pp. 651 – 772. ASM Press, Washington.

28. Feng, P. C. S. and Hartman, P. A. (1982) Fluorogenic Assays for immediate confirmation of *Escherichia coli*. *Applied and Environmental Microbiology*, 43, 1320 – 1329.

29. Fricker, M. , Messelhäußer, U. , Busch, U. , Scherer, S. and Ehling – Schulz, M. (2007) Diagnostic real – time PCR assays for the detection of emetic *Bacillus cereus* strains in foods and recent foodborne outbreaks. *Applied Environmental Microbiology*, 73, 3092 – 8.

30. Gamble, H. R. , Bessonov, A. S. , Cuperlovic, K. , et al. (2000) Recommendations on methods for the control of *Trichinella* in domestic and wild animals intended for human consumption. *Veterinary Parasitology*, 93, 393 – 408.

31. Georgiev, V. S. (1994) Management of toxoplasmosis. *Drugs*, 48, 179 – 88.

32. Gupta, A. , Sumner, C. J. , Castor, M. , Maslanka, S. and Sobel, J. (2005) Adult botulism type F in the United States, 1981 – 2002. *Neurology*, 13(65), 1694 – 700.

33. Hatheway, C. L. (1990) Toxigenic clostridia. *Clinical Microbiology Review*, 3, 66 – 98.

34. Hughes, C. , Gillespie, I. A. , O'Brien, S. J. , *et al*. (2007) Foodborne transmission of infectious intestinal disease in England and Wales, 1992 – 2003. *Food Control*, 18, 766 – 72.

35. Hunter, L. C. and Poxton, I. R. (2002) *Clostridium botulinum* types C and D and the closely related *Clostridium novyi*. *Reviews in Medical Microbiology*, 13, 75 – 90.

36. Johnson, E. A. , Tepp, W. H. , Bradshaw, M. , Gilbert, R. J. , Cook, P. E. and McKintosh, E. D. G. (2005) Characterization of *Clostridium botulinum* strains associated with an infant botulism case in the United Kingdom. *Journal of Clinical Microbiology*, 43, 2602 – 7.

37. Jørgensen, K. (2005) Occurrence of ochratoxin in commodities and processed food – a review of EU occurrence data. *Food Additive and Contaminants*, 22, 26 – 30.

38. Kaysner, C. A. and DePaola, A. J. (2004) *Vibrio cholerae*, *V. parahaemolyticus*, *V. vulnificus* and other *Vibrio* spp. In: *FDA Bacteriological Analytical Manual* 2004, 8th edn, Chapter 9. AOAC International, Gaithersburg.

39. Keto – Timonen, R. , Heikinheimo, A. , Eerola, E. andKorkeala, H. (2006) Identification of *Clostridium* species and DNA fingerprinting of *Clostridium perfringens* by amplified fragment length polymorphism analysis. *Journal of Clinical Microbiology*, 44, 4057 – 65.

40. Khandke, S. S. and Mayes, T. (1998) HACCP implementation: a practical guide to the implementation of the HACCP plan. *Food Control*, 9, 103 – 109.

41. Kirkpatrick, C. E. and Benson, C. E. (1987) Presence of *Giardia* spp and absence of *Salmonella* spp in New Jersey muskrats (*Ondatra zibethicus*). *Applied and Environmental Microbiology*, 53, 1790 – 92.

42. Koch, W. H. , Payne, W. L. and Cebula, T. A. (1995) Detection of enterotoxigenic *Vibrio cholerae* in foods by the polymerase chain method. In: *FDA Bacteriological Analytical Manual* 1995, 8th edn, pp. 28.01 – 28.09. AOAC International, Gaithersburg.

43. Lappin – Scott, H. M. and Costerton, J. W. (2003) *Microbial Biofilms*. Cambridge University Press, Cambridge.

44. Leighton, G. (1923) *Botulism and Food Preservation* (*The Loch Maree Tragedy*). Collins, London.

45. Leong, S. C. , Hien, L. T. , An, T. V. , Trang, N. T. , Hocking, A. D. and Scott, E. S. (2007) Ochratoxin A – producing Aspergilli in Vietnamese green coffee beans. *Letters in Applied Microbiology*, 45, 301 – 306.

46. Lewis, L. , Onsongo, M. , Njapau, H. , *et al*. (2005) Aflatoxin contamination of commercial maize products during an outbreak of acute aflatoxicosis in Eastern and Central Kenya. *Environmental Health Perspectives*, 113, 1763 – 7.

47. Lopitz – Otsoa, F. , Rementeria, A. , Elguezebal, N. and Garaizar, J. (2006) Kefir: a

symbiotic east – bacteria community with alleged healthy capabilities. *Revista Iberoamericana de Micrologia* ,23 ,67 – 74.

48. Lyytikäinen ,O. (2000) An outbreak of *Listeria monocytogenes* serotype 3a infections from butter in Finland. *Journal of Infectious Diseases* ,181 ,1838 – 41.

49. Mabbit ,L. A. , Davies , F. L. , Law , B. A. and Marshall , V. M. (1987) Microbiology of milk and milk products. In : *Essays in Agricultural and Food Microbiology* (eds J. R. Norris and G. L. Petiffer) ,pp. 135 – 66. Wiley ,Chichester.

50. Manuelidis ,L. (2007) Viruses in the frame for prion diseases. *New Scientist* ,12 February 2007. Accessed 25 September 2007.

51. McLauchlin , J. , Grant , K. A. and Little , C. L. (2006) Food – borne botulism in the United Kingdom. *Journal of Public Health* ,28 ,337 – 42.

52. McNally , A. , Cheasty , T. , Fearnley , C. , *et al.* (2004) Comparison of the biotype of *Yersinia enterocolitica* isolated from pigs , cattle and sheep and slaughter and from humans with yersiniosis in Great Britain during 1999 – 2000. *Letters in Applied Microbiology* ,399 ,103 – 108.

53. Mead ,P. S. ,Slutsker ,L. ,Dietz ,V. ,*et al.* (1999) Food related illness and death in the United States. *Emerging Infectious Disease* ,5 ,605 – 27.

54. Miller ,N. L. , Frenkel ,J. K. and Dubey ,J. B. (1972) Oral infections with *Toxoplasma* cysts and oocysts in felines ,other mammals and in birds. *Journal of Parasitology* ,58 ,928 – 37.

55. Mortimore , S. and Wallace , C. (1994) *HACCP – A Practical Approach*. Chapman and Hall ,London.

56. Moss , M. O. (1987) Microbial food poisoning. In : *Essays in Agricultural and Food Microbiology* (eds J. R. Norrisand G. L. Pettifer) ,pp. 369 – 400. Wiley ,Chichester.

57. Nguyen , H. – V. and Gaillardin , C. (2005) Evolutionary relationships between the former species *Saccharomyces uvarum* and the hybrids *Saccharomyces bayanus* and *Saccharomyces pastorianus* ; reinstatement of *Saccharomyces uvarum* (Beijerinck) as a distinct species. *FEMS Yeast Research* ,5 ,471 – 83.

58. O' Mahony M. , Mitchell E. , Gilbert R. J. , *et al.* (1990) An outbreak of foodborne botulism associated with contaminated hazelnut yoghurt. *Epidemiology Infection* ,104 ,389 – 95.

59. Onda, T. , Yanagida, F. , Uchimura, T. , *et al.* (2002) Widespread distribution of thebacteriocin – producing lactic acid cocci in Miso – paste products. *Journal of Applied Microbiology* , 92 ,695 – 705.

60. Oravcová, K. , Kacliková, E. , Krascsenicsova, K. , *et al.* (2006) Detection and quantification of *Listeria monocytogenes* by 5' – nuclease polymerase chain reaction targetingthe Act A gene. *Letters in Applied Microbiology* ,42 ,15 – 18.

61. Osterholm ,M. T. ,Forfang ,J. C. ,Ristinen ,T. L. ,*et al.* (1981) An outbreak of foodborne giardiasis. *New England Journal of Medicine* ,304 ,24 – 8.

62. Pawsey ,R. K. (2002) *Case Studies in Food Microbiology for Food Safety and Quality*.

Royal Society of Chemistry, Cambridge.

63. Peck, M. and Baranyi, J. (2007) *Perfringens Predictor*. Accessed 11 September 2007. Institute of Food Research, Colney Lane, Norwich. http://www. ifr. ac. uk/safety/growthpredictor/perfringens/predictor. zip.

64. Piekarski, G. (1989) *Medical Parasitology*. Springer, NewYork.

65. Plorde, J. J. (1984) Sporozoan infections. In: *Medical Microbiology: An Introduction to Infectious Diseases* (edsJ. C. Sherris, *et al.*), pp. 469 – 83. Elsevier, New York.

66. Rached, E. , Pfeiffer, E. , Dekant, W. and Mally, A. (2006) Ochratoxin A: apoptosis and aberrant exit from mitosis due to perturbation of microtubule dynamics. *Toxicological Sciences*, 92, 78 – 86.

67. Rao, V. K. , Sharma, M. K. , Goel, A. K. , Singh, L. and Sekhar, K. (2006) Amperometric immunosensor for the detection of *Vibrio cholerae* O1 using disposable screen – printed electrodes. *Analytical Sciences*, 22, 1207 – 11.

68. Rees, C. E. D. and Loessner, M. (2005) Phage for the detection of pathogenic bacteria. In: *Bacteriophages Biology and Applications* (eds E. Kutter and A. Sulakvelidze), pp. 267 – 84. CRC Press, Boca Raton.

69. Rendtorff, R. C. (1954) The experimental transmission of human intestinal protozoan parasites II *Giardia lamblia* cysts given in capsules. *American Journal of Hygiene*, 58, 209 – 220.

70. Rhodelamel, E. J. and Harmon, S. M. (1998) *FDA Bacteriological Analytical Manual*, 8th edn, Chapter 14. Revision AOAC International, Gaithersburg.

71. Richmond, M. (1990) *The Microbiological Safety of Food. Parts I and Part II*. HMSO, London.

72. Roberts, T. A. (ed.) (1996) *Microorganisms in Foods* 5. *Microbiological Specifications of Food Pathogens*. ICMSF, Blackie, London.

73. Rood, J. I. (1998) Virulence genes of *Clostridium perfringens*. *Annual Reviews of Microbiology*, 52, 333 – 60.

74. Setlow, P. and Johnson, E. A. (2007) Spores and their significance. In: *Food Microbiology: Fundamentals and Frontiers* (eds M. P. Doyle and L. R. Beuchat), pp. 35 – 68. ASM Press, Washington, DC.

75. Silley, P. (1991) Rapid automated bacterial impedance technique (RABIT). *SGM Quarterly*, 18, 48 – 52.

76. Stanley, E. C. , Mole, R. J. , Smith, R. J. , *et al.* (2001) Development of a new, combined rapid method using phage and PCR for detection and identification of viable *Mycobacterium paratuberculosis* bacteria within48 hours. *Applied and Environmental Microbiology*, 73, 1851 – 7.

77. Tenover, F. C. , Abeit, R. D. , Archer, G. , Biddles, J. , *et al.* (1994) Comparison of traditional and molecular methods of typing isolates of *Staphylococcus aureus*. *Journalof Clinical Microbiology*, 32, 407 – 15.

78. Tenover, F. C. , Abeit, R. D. and Goering R. N. (1997) Howto select and interpret molecular strain typing methods for epidemiological studies of bacterial infections. A review for healthcare epidemiologists. *Infectious Control in Hospital* ,18 ,426 – 39.

79. Thapa , N. , Pal , J. and Tamang , J. P. (2004) Microbial diversityin ngari , hentak and tungtap , fermented fish products of North – East India. *World Journal of Microbiology and Biotechnology* ,20 ,599 – 607.

80. Therre , H. (1999) Botulism in the European Union. *Eurosurveillance Monthly* ,4 ,2 – 7.

81. Tzipori , S. (1988) Cryptosporidiosis in perspective. *Advances in Parasitology* , 27 , 63 – 129.

82. Untermann , F. (1999) Food safety management and misinterpretation of HACCP. *Food Control* ,10 ,161 – 7.

83. Varga , J. J. , Nguyen , V. , O' Brien , D. K. , Rodgers , K. , Walker , R. A. and Melville , S. B. (2006) Type IV pili – dependent gliding motility in the Gram – positive pathogen *Clostridium perfringens* and other clostridia. *Molecular Microbiology* ,62 ,680 – 94.

84. Vatanyoopaisarn , S. , Nazli , A. , Dodd , C. E. R. , Rees , C. E. D. and Waites , W. M. (2000) Effect of flagella oninitial attachment of *Listeria monocytogenes* to stainless steel. *Applied and Environmental Microbiology* ,66(2) ,860 – 63.

85. Vulic , M. and Kolter , R. (2001) Evolutionary cheating in *Escherichia coli* stationary phase cultures. *Genetics* ,158 ,519 – 26.

86. Waites , W. M. and Warriner , K. (2005) Ultraviolet sterilization of food packaging. *Culture* ,26 ,1 – 4.

87. Walsh , J. A. (1986) Problems in recognition and diagnosis of amebiasis. Estimation of the global magnitude of morbidity and mortality. *Review of Infectious Diseases* ,8 ,228 – 38.

88. Warriner , K. , Rysstad , G. , Murden , A. , Rumsby , P. , Thomas , D. and Waites , W. M. (2000) Inactivation of *Bacillus subtilis* spores on aluminium and polyethylene preformed cartons by uv – excimer laser irradiation. *Journal of Food Protection* ,63 ,753 – 7.

89. WHO (2002) *Fact Sheet No. 237 Revised January 2002. Food Safety and Foodborne Illness*. http://www. who. int/mediacentre/factsheets/Fs237/en/. Accessed 18 December2006.

90. Wreeland , R. H. , Rosenzweig , W. D. and Powers , D. W. (2000) Isolation of a 250 million – year – old halotolerant bacterium from a primary salt crystal. *Nature* ,407 ,897 – 900.

91. Yuki , N. , Susuki , K. , Koga , M. , *et al*. (2004) Carbohydrate mimicry between human ganglioside GM1 and *Campylobacter jejuni* lipopolysaccharide causes Guillain – Barr'e syndrome. *PNAS* ,101 ,1404 – 409.

92. Zabeau , M. and Vos , P. (1993) *Selective Restriction Fragment Amplification: A General Method for DNA Fingerprinting*. European Patent Office Publication 534 858A1 , Bulletin 93/13.

93. Zhao , S. , Mitchell , S. E. Meng , J. , *et al*. (2000) Genomic typing of *Escherichia coli* O157:H7 by semi – automatedf luorescent AFLP analysis. *Microbes and Infection* ,2 ,107 – 113.

94. Zoonoses Report UK （2007） http：//defraweb/animal/diseases/zoonoses/zoonosesreports/zoonoses2005. Patt. Accessed July 2007.

补充材料见 www. wiley. com/go/campbellplatt

微积分 7

R. Paul Singh

要点

■ 在食品加工过程中经常使用以时间为变量的函数,微积分是主要的数学知识和方法。

■ 本章阐述微积分,以期读者选择合适的数学方法解决遇到的问题。

食品科学与工程中,我们经常关心的问题是变量随时间推移的变化。例如,在储存过程中食品的颜色可能会发生变化。微积分帮助我们去描述这种变化(Browne 和 Mukhopadhyay,2004)。对于我们理解这种变量的变化,微积分中的微分和积分都是最基本的知识。

7.1 导数

7.1.1 常见函数的导数

函数 $f(x)$ 描述变量的变化,那么它的导数(df/dx)经过求导得到,则给出函数的变化率。表 7.1 所示为函数的求导公式。

表 7.1 常见函数的导数

函数 $f(x)$	导数(df/dx)	函数 $f(x)$	导数(df/dx)
常数	0	x^n	nx^{n-1}
$\sin x$	$\cos x$	e^x	e^x
$\cos x$	$-\sin x$	$\ln x$	$1/x$

例如,要得到 X^5 的导数,使用表 7.1 得到 x^n 的导数是 nx^{n-1},因此,X^5 的导数是 $5X^{5-1}$ 即 $5X^4$。如果画出函数图,图的斜率就是函数的导数。

对于组合函数,应该使用如下的导数运算法则。设有两个函数 f 和 h:

加法求导法则:

$$\frac{\mathrm{d}}{\mathrm{d}x}(f+h) = \frac{\mathrm{d}f}{\mathrm{d}x} + \frac{\mathrm{d}h}{\mathrm{d}x} \tag{7.1}$$

乘法求导法则:

$$\frac{\mathrm{d}}{\mathrm{d}x}(f \cdot h) = f\frac{\mathrm{d}h}{\mathrm{d}x} + h\frac{\mathrm{d}f}{\mathrm{d}x} \tag{7.2}$$

商的求导法则:

$$\frac{\mathrm{d}}{\mathrm{d}x}\left(\frac{f}{h}\right) = \frac{h\dfrac{\mathrm{d}f}{\mathrm{d}x} - f\dfrac{\mathrm{d}h}{\mathrm{d}x}}{h^2} \tag{7.3}$$

复合函数的求导法则:

$$\frac{\mathrm{d}}{\mathrm{d}x}[f(h)] = \frac{\mathrm{d}f}{\mathrm{d}h} \cdot \frac{\mathrm{d}h}{\mathrm{d}x} \tag{7.4}$$

下面的例子说明这些法则的运用。

例 7.1 求导数 $f = (4x-7)(x-8)$。

首先把上式右端展开得到:

$$f = 4x^2 - 39x + 56$$

然后,使用表 7.1 中的函数 x^n 的求导法则得到:

$$\frac{\mathrm{d}f}{\mathrm{d}x} = 8x - 39$$

例 7.2 求导数 $f = \dfrac{7x-2}{3x+5}$。

使用商的求导法则得到:

$$\frac{\mathrm{d}f}{\mathrm{d}x} = \frac{7(3x+5) - 3(7x-2)}{(3x+5)^2}$$

或者

$$\frac{\mathrm{d}f}{\mathrm{d}x} = \frac{41}{(3x+5)^2}$$

例 7.3 求导数 $f = \sin(x^2+5)$。

使用表 7.1 中三角函数的求导法则得到

$$\frac{\mathrm{d}f}{\mathrm{d}x} = 2x\cos(x^2+5)$$

例 7.4 求导数 $f = (2x^3+3)^5$。

这是一个复合函数,因此需要使用式(7.4)给出的求导法则。

为了计算 $\dfrac{\mathrm{d}f}{\mathrm{d}x}$,首先设

$$u = 2x^3 + 3$$

则

$$f = u^5$$

因此,我们有

$$\frac{\mathrm{d}f}{\mathrm{d}u} = 5u^4$$

并且

$$\frac{\mathrm{d}u}{\mathrm{d}x} = 6x^2$$

$$\frac{\mathrm{d}f}{\mathrm{d}x} = 5u^4 \cdot 6x^2$$

$$\frac{\mathrm{d}f}{\mathrm{d}x} = 5\left(2x^3 + 3\right)^4 \cdot 6x^2$$

$$\frac{\mathrm{d}f}{\mathrm{d}x} = 30x^2\left(2x^3 + 3\right)^4$$

7.1.2　对数求导数

在某些情况下,普通的求导法则不适用。在许多情况下,对数求导法则非常有用。利用下面例子我们得出对数求导方法。

例 7.5　已知 $f = x^x$,求导数 $\dfrac{\mathrm{d}f}{\mathrm{d}x}$。

首先,两边取自然对数

$$\ln f = \ln x^x = x\ln x$$

式子左边使用链式法则,因为 f 是 x 的函数,式子右边使用乘法求导法则,得到

$$\frac{1}{f}\frac{\mathrm{d}f}{\mathrm{d}x} = x\frac{1}{x} + \ln x = 1 + \ln x$$

或者

$$\frac{\mathrm{d}f}{\mathrm{d}x} = f(1 + \ln x) = x^x(1 + \ln x)$$

7.1.3　偏导数

在许多情况下,一个函数可能会涉及多个变量,只需要对其中的一个变量求导数。在这种情况下,我们使用偏导数,其中的函数是相对于一个变量求导数,而第二个变量看做是常数。我们通常使用符号 ∂ 代替 d。在下面的例子中我们求解偏导数。

例 7.6　已知 $f(x,z) = 2x^2z^3 + 4xz^2$,求函数 f 对 x 的偏导数。

我们将 z 视为常数,对变量 x 求导数,得到

$$\frac{\partial f}{\partial x} = 4xz^3 + 4z^2$$

如果我们想求 $\dfrac{\partial f}{\partial z}$,则将 x 视为常数,得到

$$\frac{\partial f}{\partial z} = 6x^2z^2 + 8zx$$

7.1.4 二阶导数

有时我们需要求函数的导数的导数。在数学上,称为求函数的二阶导数。对于函数 $f(x)$,二阶导数定义如下:

$$\frac{\mathrm{d}^2 f}{\mathrm{d}x^2} = \frac{\mathrm{d}}{\mathrm{d}x}\left(\frac{\mathrm{d}f}{\mathrm{d}x}\right) \tag{7.5}$$

下面我们考虑用二阶导数确定函数的最大值和最小值。

设函数 $f(x)$ 连续,定义区间是 $a < x < b$ 。函数描述曲线上最大和最小的点,这些点被称为最大值或最小值。在这些点上的切线是水平的。换言之,曲线的梯度为零。因此,我们可以使用导数来确定局部的极大值和极小值:

$$\frac{\mathrm{d}f}{\mathrm{d}x} = 0 \tag{7.6}$$

因为在局部极大值点,二阶导数一定小于等于零。同理,如果在极小值点,二阶导数一定大于等于零。因此,我们可以写出满足局部极大值的条件:

$$\frac{\mathrm{d}f}{\mathrm{d}x} = 0, \frac{\mathrm{d}^2 f}{\mathrm{d}x^2} \leq 0 \tag{7.7}$$

满足局部极小值的条件是:

$$\frac{\mathrm{d}f}{\mathrm{d}x} = 0, \frac{\mathrm{d}^2 f}{\mathrm{d}x^2} \geq 0 \tag{7.8}$$

例 7.7 一个圆柱形食品包装,体积是 $0.1\mathrm{m}^3$,为了减小辐射传热,使包装的表面积最小,需要计算得到合适的半径。

设包装的半径为 $r\mathrm{m}$,高度是 $h\mathrm{m}$,表面积是 $A\mathrm{m}^2$,体积是 $V\mathrm{m}^3$,因为包装壳是圆柱形的,所以

$$A = 2\pi r^2 + 2\pi rh \tag{7.9}$$
$$V = \pi r^2 h = 0.1 \tag{7.10}$$

所以

$$h = \frac{0.1}{\pi r^2} \tag{7.11}$$

将 h 代入式(7.9)得到

$$A = 2\pi r^2 + \frac{0.2\pi r}{\pi r^2} \tag{7.12}$$

或者

$$A = 2\pi r^2 + \frac{0.2}{r} \tag{7.13}$$

因为我们想获得最小的体积,并求出半径 r ,因此将上面方程对半径 r 求导数,并令导数等于零:

$$\frac{\mathrm{d}A}{\mathrm{d}r} = 4\pi r - \frac{0.2}{r^2} = 0 \tag{7.14}$$

因此,得到

$$r = \sqrt[3]{\frac{1}{20\pi}} = 0.251\mathrm{m} \tag{7.15}$$

接着,为了得到最小的表面积,表面积对变量 r ,求二阶导数,

$$\frac{d^2A}{dr^2} = 4\pi + \frac{0.4}{r^3} \tag{7.16}$$

因为 $r = 0.251$,所以式7.16的右端是正数。因此,所选择的半径能够得到最小表面积。因此,这个包装的尺寸是:半径 $= 0.252\mathrm{m}$,高度 $= 0.503\mathrm{m}$ 。

7.2 积分

7.2.1 积分的概念

积分是求导的逆运算。积分的步骤与求导数类似,但顺序相反。因此,我们可以认为积分是导数的逆运算。例如,如果一个函数的导数是一个常数,则知道 $\frac{dy}{dx} = A$,那么,原来的函数表达式一定是 $y = Ax$ 。另外,也可以在原来方程中增加一个常数项,即 $y = Ax + B$ 就是方程 $\frac{dy}{dx} = A$ 的解。我们可以使用相同的方法来确定导数运算的逆运算。

$$\frac{dy}{dx} = 4x - 3$$

则原始的表达是

$$y = 2x^2 - 3x + c$$

积分的运算符为

$$\int y dx$$

表示函数对变量 x 进行积分。表7.2所示为积分运算的主要法则。另外,如果函数 f 和函数 g 都是 x 的函数,则

$$\int (df + dg) = \int df + \int dg \tag{7.17}$$

表7.2　　　　　　　　　　　　　　积分公式

$f(x)$	$\int f(x)dx$	$f(x)$	$\int f(x)dx$
常数 K	$Kx + c$	e^{Ax}	$\frac{e^{Ax}}{A} + c$
x^n ,其中 $n \neq -1$	$\frac{x^{n+1}}{n+1} + c$	$\sin x$	$-\cos x + c$
$\frac{1}{x}$	$\ln x + c$	$\cos x$	$\sin x + c$

7.2.2 定积分

定积分与前面讨论的不定积分类似,在定积分中,在积分符号中有一个上下限。计算定积分时积分上下限起到关键作用。通过下面的例子来计算定积分。

例7.8 计算以下定积分:

$$y = \int_3^6 2x^4 \mathrm{d}x$$

计算得到

$$y = \frac{2}{4+1}x^{4+1} \Big|_3^6$$

$$y = \frac{2}{5}x^5 \Big|_3^6$$

$$y = \frac{2(6^5 - 3^5)}{5} = \frac{2(7776 - 243)}{5} = 3013.2$$

7.2.3 梯形法则

定积分的一个重要的应用就是计算曲边梯形的面积。我们可以把曲边梯形近似地分割成许多小的曲边梯形,通过对小曲边梯形的面积求和得到总的曲边梯形的面积。

考虑图 7.1,其中曲线的表达式是函数 $y = f(x)$,曲线的两个端点分别是点 a 和点 b。

对于每个小曲边梯形的面积,通过高度和宽度先计算出来。如图 7.1 所示,小曲边梯形的高度是 $\dfrac{y_n + y_{n+1}}{2}$,它的宽度是 $x_{n+1} - x_n$。

如果我们在区间 $[a,b]$ 内插入 n 个分点,则小曲边梯形的宽度是

$$宽度 = \frac{b-a}{n}$$

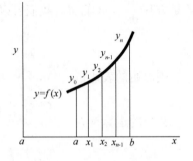

图 7.1 函数 $f(x)$ 的曲线

因此,小曲边梯形的面积是

$$A = \left(\frac{b-a}{n}\right)\left(\frac{y_n + y_{n+1}}{2}\right)$$

如果我们把分割数 n 变得很大,则曲边梯形的面积的精度会提高。

用这种通用的方法,我们能够计算整个曲边梯形的面积为

$$A = \left(\frac{b-a}{2n}\right)(y_0 + 2y_1 + 2y_2 + \cdots + 2y_{n-1} + y_n)$$

例 7.9 计算曲边梯形的面积,曲线方程是 $y = x^3 + 2$,x 的变换范围是 2 和 4 之间。在这个例子中,我们选择 $n = 5$。

梯形的宽度被确定为 $\dfrac{4-2}{5} = 0.4$

接下来我们需要确定随着 x 的增加对应的 y 的值,建立表格如下:

x	y	x	y
2	10	3.2	34.768
2.4	15.824	3.6	48.656
2.8	23.952	4.0	66

利用梯形法则

$$A = \left(\frac{b-a}{2n}\right)(y_0 + 2y_1 + 2y_2 + \cdots + 2y_{n-1} + y_n)$$

得到整个曲边梯形的面积如下：

$$A = \left(\frac{4-2}{2 \times 5}\right)(10 + 2 \times 15.824 + 2 \times 23.952 + 2 \times 34.768 + 2 \times 48.656 + 66)$$

$$A = 64.48$$

这个问题也可以用定积分来解决：

$$A = \int_2^4 (x^3 + 2)\,dx$$

$$A = \left(\frac{x^4}{4} + 2x\right)\Big|_2^4$$

$$A = \frac{4^4 - 2^4}{4} + 2 \times 4 - 2 \times 2$$

$$A = 64$$

因此，通过使用定积分求出的精确解答是64，而我们利用梯形法则，得到的五个小曲边梯形的面积和是64.48。通过使用更多的增量，可以进一步提高梯形法则的精度。

7.2.4 辛普森法则

我们在图7.1中看到，在梯形法则的情况下，每个梯形顶部曲线近似为一条直线。辛普森法则是近似的梯形法则，只是顶端曲线近似为抛物线。

根据辛普森法则：

$$面积 = \int_a^b f(x)\,dx \approx \frac{\Delta x}{3}(y_0 + 4y_1 + 2y_2 + 4y_3 + 2y_4 + \cdots + 4y_{n-1} + y_n) \tag{7.18}$$

在辛普森的规则，n 必须是偶数。

让我们用辛普森法则解决前面的例子：

$$\Delta x = \frac{4-2}{4} = 0.5$$

$$y_0 = f(a) = f(2) = 2^3 + 2 = 10$$

$$y_1 = f(a + \Delta x) = f(2.5) = 2.5^3 + 2 = 17.625$$

$$y_2 = f(a + 2\Delta x) = f(3) = 3^3 + 2 = 29$$

$$y_3 = f(a + 3\Delta x) = f(3.5) = 3.5^3 + 2 = 44.875$$

$$y_4 = f(b) = f(4) = 4^3 + 2 = 66$$

$$面积 = \frac{0.5}{3}\big[10 + 4(17.625) + 2(29) + 4(44.875) + 66\big]$$

$$面积 = 64.0$$

使用辛普森法则计算的面积和求解定积分得到相同的结果。

7.3 微分方程

微分方程用来模拟相对独立的连续变化的变量。在微分方程中,含有形如 $\dfrac{\mathrm{d}y}{\mathrm{d}x}$ 的导数项,其中 x 是独立变量,y 随着 x 的变化而变化。同理,导数项 $\dfrac{\mathrm{d}y}{\mathrm{d}t}$ 描述变量 y 随着独立变量 t 的变化而变化。如果在一个方程中含有两个独立变量,我们要使用偏导数,例如,变量 y 是 x 和 t 的函数,记偏导数项为 $\dfrac{\partial y}{\partial x}$ 和 $\dfrac{\partial y}{\partial t}$。如果在方程中的导数是一阶导数,则方程成为一阶方程,反之,如果含有高阶导数项如 $\dfrac{\partial^2 y}{\partial x^2}$,则方程称为高阶方程。

求解微分方程,我们需要知道与自变量对应的因变量的值,例如,当 $x = 0$ 时,$y = 5$。这些值称为边界条件。解微分方程需要的边界条件由方程的阶数确定,一阶微分方程需要一个边界条件。如果方程含有时间变量,我们需要知道在哪个时间对应的变量的值,通常这个时间记为 0,这个条件称为初始条件。

我们将考虑求解一阶微分方程,这个方程用来描述固体的热传导过程。

$$q = -kA\frac{\mathrm{d}T}{\mathrm{d}x} \tag{7.19}$$

这个方程也称傅里叶方程。在方程中,q 是热传导的速率,k 是热导率,A 是垂直于热流的面积,T 是温度,x 是沿着 x 轴的坐标位置。

由于 $\dfrac{\mathrm{d}T}{\mathrm{d}x}$ 是一阶导数,方程是一阶微分方程,求解这个方程需要知道一个边界条件。

求解时首先要分离变量,在方程中,q、k、A 都是常数,温度 T 和位置 x 是变量。因此,我们把这两个变量分别移动到方程的两边,得到:

$$q\mathrm{d}x = -kA\mathrm{d}T \tag{7.20}$$

接着,两边进行积分:

$$q\int \mathrm{d}x = -kA\int \mathrm{d}T \tag{7.21}$$

注意,因为 q、k 和 A 都是常数,因此我们把它们放在积分号的外面。

对式(7.21)进行积分,我们需要知道边界条件。在这个方程中,
当 $x = x_1$ 时,$T = T_1$
并且,当 $x = x_2$ 时,$T = T_2$
因此,考虑边界条件,我们得到:

$$q\int_{x_1}^{x_2}\mathrm{d}x = -kA\int_{T_1}^{T_2}\mathrm{d}T \tag{7.22}$$

继续计算积分得到:

$$qx\Big|_{x_1}^{x_2} = -kAT\Big|_{T_1}^{T_2} \tag{7.23}$$

或者

$$q(x_2 - x_1) = -kA(T_2 - T_1) \tag{7.24}$$

我们也可以变形得到一个热传导率的表达式

$$q = \frac{-kA(T_2 - T_1)}{(x_2 - x_1)} \tag{7.25}$$

这个例子是对于微分方程的简单介绍。分离变量的方法是求解一阶微分方程常用的方法,高阶方程或者偏微分方程等复杂的方程需要用其他特殊的方法求解。

参考文献

1. Browne, R. and Mukhopadhyay, S. (2004) *Mathematics for Engineers and Technologists*, 2nd edn. Pearson Education New Zealand, Auckland.

2. Hartel, R. W., Howell, T. A. Jr. and Hyslop, D. B. (1997) *Math Concepts for Food Engineering*. Technomic, Lancaster, Pennsylvania.

3. Singh, R. P. and Heldman, D. R. (2009) *Introduction to Food Engineering*, 4th edn. Elsevier, London.

补充资料见 www. wiley. com/go/campbellplatt

食品物理学

Keshavan Niranjan，Gustavo Fidel Gutiérrez – López

要点

■ 普通物理学中与食品物料相关的基本概念。

■ 食品物理、材料和界面性质之间的相互关系。

■ 阐述食品在口腔的感觉、在消化道降解的基本物理学原理和食品的物理性质，以利于食品产品开发、食品加工和质量控制。

■ 除食品主要物理性质之外，讨论与特殊食品和工艺流程相关的其他物理性质。

8.1 物理学原理

8.1.1 物理学的量纲和单位

为了统一各种单位制测量的结果，便于所有人接受，第 11 届国际计量大会于 1960 年推荐各国采用十进制的国际单位制（来自法语：SystèmeInternational d'Unités），简称为 SI。

采用国际单位制，要将其他单位制测量的数据转换为国际单位制的数据后再进行运算和处理。通常，单位（如千克、米、秒）是物理量（质量、长度、时间）的基本计量单位，而这些基本物理量也可构成量纲。

在国际单位制中，物理量分为两类：基本量和导出量。所谓导出量是由基本量组合导出的量。虽然国际单位制有七个基本量（见表 8.1），但在食品科学与技术中经常用到的三个物理量及其单位是：质量（千克）、长度（米）和时间（秒）。为了提高物理单位的精度，每个单位都给以精确的定义，并经常检验和更新。1 米定义为光在 1/299 792 458/秒的持续时间内在真空中传播行经的长度（Bird 等，2002）。因此，米的定义用到了秒这个单位和真空中的光速这个普适常数。而秒的定义是铯 133 原子基态的两个超精细能级间跃迁对应辐射的 9 192 631 770 个周期的持续时间。秒的定义参照了结构稳定的原子的电磁辐射。在定义千克这个单位时,当初是有些随意地选择了现存于巴黎的一块金属的质量(Fishbane 等,1996)作为 1 千克。

表 8.1 　　　　　　　　　　　　　七个基本量的国际基本单位

物理量	单位名称	符号	物理量	单位名称	符号
长度	米	m	物质的量	摩[尔]	mol
质量	千克	kg	温度	开[尔文]	K
时间	秒	s	发光强度	坎[德拉]	cd
电流强度	安[培]	A			

为了全面了解国际单位制中的基本单位,表 8.1 给出了其余四个基本物理量及其单位(Bloomfield 和 Stephens,1996;Sandler,1999;Chang,2005;Spencer 等,2006)。

摩尔(mol)这个单位用来表示物质包含基本单元的数目,1mol 对应 12g 碳 12 中包含的碳原子的数目,所谓的物质包含的基本单元指原子、分子、离子或特定的粒子团。1mol 特定单元对应的数目是阿佛加德罗常数,因此 1mol 物质的质量指的是包含 6.02×10^{23} 个特定的单元粒子的物质的质量(常以克计量)。

开[尔文](K)是温度的单位,1K 被定义为水的三相点的温度的 1/273.16。以开[尔文]为单位进行测量时,水的三相点(水在标准气压和温度状态下实际的凝结点)的温度是273.16K,值得注意的是,1K 在量值上与 1℃ 相等,开[尔文]计量温度和摄氏度计量温度的不同,在于两种单位对温度零点的设定不同。因此可以通过把摄氏度表示的温度在数值上加上 273 得到近似的开尔文表示的温度。

安[培](A)是电流的单位,当两根忽略横截面积的通有相同电流、无限长的导线置于真空中相距 1m 时,若作用在导线上单位长度的力是 $2 \times 10^{-7} N$ 时,此时对应的电流为 1A。注意静电学中电量的单位库仑(C)不是基本单位,库仑和安培间的关系是:1A $=$ 1C/s。

坎[德拉](cd)是光源发光强度的单位,如果光源向外发出频率为 $540 \times 10^{12} Hz$ 的单色光辐射时,沿着每个球面度的辐射强度为 1/683W 时,称光源的发光强度为 1cd,这里球面度是指沿着某一方向测量的立体角的国际单位(Bloomfield 和 Stephens,1996)。

应该记住表 8.1 中各个单位的缩写和符号,包括字母的大写或小写。使用其他符号都不正确,例如用 sec 表示秒是不正确的。

表 8.2 所示为常用的导出量和相应的国际单位(Sandler,1999;Chang,2005;Spencer 等,2006)。物理量的定义确定了导出量和导出单位之间的关系,不必强记导出量的单位。

表 8.2 　　　　　　　　　　　食品科学中常用的导出量及其单位

物理量	由基本单位形成的单位	国际单位名称(如果存在)	国际单位符号
面积	平方米		
体积	立方米		
速率/速度	米/秒		

续表

物理量	由基本单位形成的单位	国际单位名称(如果存在)	国际单位符号
加速度	米/秒^2		
力	千克·米/秒^2	牛[顿]	N
压强/剪应力	千克/(米·秒^2)	帕[斯卡]	Pa
能量/功	千克·米^2/秒^2	焦[耳]	J
功率	千克·米^2/秒^3	瓦[特]	W
密度	千克/米^3		
表面张力	千克/秒^2		N/m
黏度	千克/(米·秒)		Pa·s
热导率	千克·米/(秒^3·开[尔文])		W/(m·K)
传热系数	千克/(秒^3·开[尔文])		W/(m^2·K)
电荷	安[培]·秒	库[仑]	C
频率	秒$^{-1}$	赫[兹]	Hz

通过在单位前加上适当的前缀,国际单位制可以改变一个量的单位的大小,例如表8.2中功率的单位,瓦[特]对于日常生活而言是一个有些小的单位,所以常以千瓦作为功率的单位,即10^3瓦[特](kW)。同样,国际单位制中的长度单位米,对于表示微生物的大小而言是太大了,因此常用微米这个单位来表示微生物的尺寸,1微米等于10^{-6}米。每一个前缀都和一个数量级对应,表8.3所示为食品科学技术中常用的前缀和与其对应的符号或缩写,以及每个前缀对应的乘积因子。

表8.3 国际单位前缀

倍数	前缀	符号	倍数	前缀	符号
10^{-1}	deci	d	10	deca	da
10^{-2}	centi	c	10^2	hecto	h
10^{-3}	milli	m	10^3	kilo	k
10^{-6}	micro	μ	10^6	Mega	M
10^{-9}	nano	n	10^9	giga	G
10^{-12}	pico	p	10^{12}	tera	T
10^{-15}	femto	f	10^{15}	peta	P
10^{-18}	atto	a	10^{18}	exa	E

8.1.2 常用物理量的解释

重要的物理概念的定义和解释对理解物理定律非常重要,下面是一些常用的术语和概念。

面积(m^2)用来表示一个面的大小,表面积是一个物体暴露在外的面的面积。

体积(m^3)用来度量一个物体占据了多少空间,一维物体(线)和二维物体(面)占据的空间指定为零,即在三维空间中的体积为零。规则形状的物体(如物体的边都是直线的情况)的体积可直接由相应公式计算,而弯曲形状的物体的体积要用微积分的方法进行计算。

　　体密度是一个物体的质量与这个物体的体积之比,物体的体积包括组成物体的粒子之间的体积,也包括组成物质本身的粒子的体积。由于物质装入容器的方式不同,体密度会发生变化。例如,谷物倒进一个圆柱状的容器会有一个体密度,如果拍打这个容器,谷物颗粒移动而间距减小,谷物的体积减小,体密度就随之增加。因此,粉末状物质的体密度常有自然放置体密度和压实体密度之分(所谓压实体密度是指物质经过特定的压实处理过程,通常是通过振动容器让物质变得致密以后的体密度)。相对密度这个术语指的是物质密度对水密度的比率。

　　体积流量这个术语经常出现在流体力学中,在研究液体状和颗粒状的食品原料的加工时具有重要的作用,体积流量表示单位时间通过某一个面的流体的体积,其在国际单位制中的单位是立方米/秒(m^3/s)。

　　通常一个物理量对时间的变化率的单位是那个物理量的单位与秒的倒数($1/s$)之积。若没有指明物体运动的方向,物体通过的路程对时间的变化率被称为速率,若已经指明物体运动的方向,此时物体通过的路程对时间的变化率称为速度。因为这两个量都是对时间的变化率,因此两者的单位都是米/秒(m/s),与此类似,速度对时间的变化率称为加速度,加速度的单位是速度的单位乘以秒的倒数($1/s$)或米/秒^2(m/s^2)。自由落体做一定的匀加速运动,加速度约为$9.8m/s^2$。另外,如果粒子具有非竖直方向的初速度,粒子的运动在竖直方向上会受到重力加速度的影响,相应的轨迹,即所谓的抛体轨迹是抛物线。一个粒子只要抛出时不是沿着竖直的方向,都可以观察到抛体运动。

　　力是两个相似实体间的相互作用。所谓的两个相似实体可以是两个物体,两个静电荷,两个核子,或两个磁极。相似实体间的相互作用就是力,力产生加速度,力和加速度之间的关系遵循牛顿第二运动定律,物体受到的力等于物体的质量乘以其加速度。可以推论出力的单位是质量的单位和加速度单位的乘积,即千克·米/秒^2。力的单位也称牛[顿],其缩写为英文大写字母 N(注意,只有当单位是以科学家的名字命名的时候才缩写为大写字母,如千克的单位写成 kg,而不写为 Kg)。

　　牛顿第二运动定律也定义了动量这个概念,动量是物体运动过程中与质量相关的一个量,表示为质量和速度的乘积($kg·m/s$)。既然力是质量和加速度的乘积,动量是质量和速度的乘积,结合加速度的定义,我们可以知道力是动量的变化率(事实上,这才是牛顿第二定律的表述)。值得注意的是,动量是一个具有普遍守恒性的物理量。在诸如碰撞和流动这样的过程中,动量由一个质点传递给另一个质点,但从整体上讲,动量是明确守恒的。

　　流体流动以动量传递为基础。当一个力垂直作用于一个给定区域时,称为施加压强,压强等于力除以受力面积,换言之,压强的单位是 N/m^2,也就是所谓的帕[斯卡](Pa)。如果施加的力不是垂直作用于一个区域而是沿着区域所在平面的方向(即力平行于该平面),称之为剪应力。剪应力也等于力除以受力面积,因此剪应力和压强具有相同的单位。食品物料常在标准大气压以上或真空状态下加工,在这样的加工过程中,通常用表压这个术语表示在标准大气压以上或以下的压强值。

　　巴(bar)是实际中常用的表示压强的单位,1bar 约等于 10^5Pa,当物料在高于标准大气压的状态下加工时,压强可以用绝对压强值表示,即以巴,或者以 barg 这个单位来表示 1bar以上的压强值。

如前所述,力与加速度紧密联系。如果一个物体加速(即物体的速度大小改变,方向改变或大小方向同时改变),物体一定受到一个净力。如果没有净力作用在质点上,质点的速度保持不变,沿着直线以恒定的速率(或速度)运动。当物体以一定的速度沿着直线运动,如果沿着物体运动的直线方向施加一个净力,如图8.1(1)所示,物体加速运动,速度的大小发生变化,但不会改变速度的方向,物体仍沿直线方向运动。若净力的方向始终沿着与物体原来运动直线垂直的方向,则如前解释,物体将偏离原来的路线,沿着抛物线的轨迹运动,如图8.1(2)所示。

现在考虑第三种情况,物体初始时沿着直线匀速运动,受到一个与其运动方向垂直并恒定指向一个不在物体原来的运动直线上的净力,如图8.1(3)所示,物体速度的大小,即其速率,将不会改变。另一方面,运动的方向持续地改变,物体做圆周运动。这种使物体做圆周运动的力称为向心力。

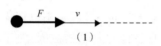

（1）

质点受到的恒力 F 和速度 v 都沿着同一直线方向,则运动质点的轨迹(－－－－－)将继续保持为直线

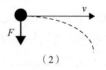

（2）

质点受到与其初速度 v 方向垂直的恒力 F,则质点的轨迹(－－－－－)为抛物线

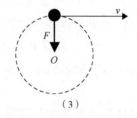

（3）

质点受到指向一个固定点、大小不变的力 F,且力 F 的方向始终与物体速度 v 的方向垂直,则质点的轨迹(－－－－－)为匀速圆周运动的圆周。力 F 称为向心力

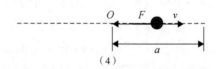

（4）

质点受到与一个固定点 O 距离成正比的变力,质点的轨迹(－－－－－)表示振幅为 a 的简谐振动

图8.1　质点受力的轨迹图

由牛顿第三定律的重要结论可知,做圆周运动的物体受到与向心力方向相反、大小相等的力(即力沿着圆周半径远离圆心的方向),称为离心力。一般而言,物体做圆周运动时受到的离心力可以达到重力的数倍,在离心力作用下,物体向外抛出,远离圆周运动的中心,这构成了离心分离的理论基础。质点做圆周运动时,质点和圆心连线对应的圆周运动的半径每秒转过的弧度,称为角速度,记为 ω ,即弧度/秒(rad/s),做圆周运动的物体每秒转过的圈数称为频率,记为 ν(1/s)。相应的有,周期 $T = 1/\nu = 2\pi/\omega$ 。角速度 ω 和线速度 v 之间的关系是 $v = r\omega$ 。进而可知,施加在一个质量为 m 的质点上的离心力的大小为:

$$F = \frac{mv^2}{r} = mr\omega^2 \qquad (8.1)$$

利用离心分离的方法把小液滴从乳浊液中或把小颗粒从悬浊液中分离出来需要很高的离心加速度,这可由离心机实现,离心机可以产生比重力大几个数量级的离心力。

最后,如果初始做匀速直线运动的物体受到一个始终指向物体运动所在直线上的一个固定点,这个固定点也称平衡位置,并且力的大小和物体离那个固定点的距离成正比,并且与物体对该固定点的位移反向(译者注),物体就会做所谓的简谐运动,如图8.1(4)所示。也就是说,物体会以固定点为中心往复地振动,在固定点的某一侧,物体对该点的位移增大到一个最大值以后会停止下来,转而向相反方向运动,这个位移的最大值称为振幅。圆周运动和简谐运动都是周期运动,即物体做重复性的运动,每隔一定的时间间隔物体就会以同样的速度出现在相同的位置,物体重复出现相同运动状态的时间间隔就是周期运动的周期(T)。应该注意的是,振动中周期(T)和频率(ν)的关系与圆周运动中周期和频率的关系是一样的,都是 $T = 1/\nu$。

8.1.3 波动

物质可视为由许多质点组成,物质中质点的振动状态会全部或部分传递给与之临近的其他质点,振动状态由近及远地传播形成机械波。机械波可以在物质(固体、液体或气体)中传播,相应的物质称为介质或媒质,机械波在介质中传递的速度由介质的弹性和惯性决定(Bodner 和 Pardue,1995)。

机械波分为两类:纵波和横波。对纵波而言,介质中的质点的位移方向和波的传播方向平行,介质中的质点仅在各自的平衡位置前后振动,由于质点间具有相互作用力,所以形成了介质中不同区域处质点压缩的和稀疏的状态,如图8.2(1)所示。声波在空气中传播时,空气分子沿着声波的传播方向做往复运动,声波是一种典型的纵波。

横波的特征是当其在介质中传播时,介质中的质点的运动方向垂直于波动的传播方向,形成波峰和波谷,如图8.2(2)所示。弦乐器的弦上传播的波是一种典型的横波。横波无法在气体和液体中传播,因为气体和液体的物理结构导致气体、液体中不能出现质点沿着垂直于波动传播方向振动的情况。

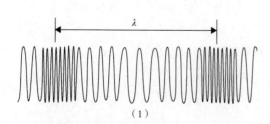

（1）

以弹簧沿水平方向振动演示纵波(波动的传播方向为由左到右)

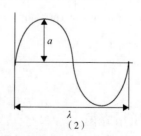

（2）

横波的一个完整周期(波动的传播方向是从左到右,质点的振动方向为竖直方向)

图8.2 纵波和横波的演示说明

波的振幅定义为波传播过程中介质中质点振动时偏离平衡位置的最大位移量。振幅是波动能量的量度。一般而言，波的能量与波的振幅的平方成正比。对声波而言，声波的振幅表示了声音的响度，而对可见光波段的光波而言，波的振幅表征了光的强度（Bonder 和 Pardue，1995）。波长这个概念是指波动过程中两个波峰（或波谷）或两个压缩区（或稀疏区）间的距离，如图 8.2(1)和图 8.2(2)所示。波动过程中，介质中的质点都在做周期性运动，此时质点振动的周期也定义为波动的周期，即波动的周期等于质点做一次往复运动所用的时间。由此，波长也可定义为在一个完整周期内波向前传播的距离，以符号 λ 表示波长。波在介质中传播时，介质中的质点做周期运动，波的频率指在 1s 内质点做周期运动的次数，以赫［兹］(Hz)为单位。1Hz 指波动时介质中的质点在 1s 内做一次往复运动。可见，波动周期是指波动时质点做一次往复运动所用的时间，结合波的频率和周期的定义可知，与简谐运动和圆周运动一样，波的周期与波的频率也互为倒数。波动学中的一个重要公式反映了波动频率，波长和波速之间的关系，即：

$$v = \nu\lambda \tag{8.2}$$

机械波的传播需要有介质存在，机械波只能在介质存在的情况下传播，而电磁波却可以不依赖介质自行传播，电磁波包含电场分量和磁场分量。电磁波也称电磁辐射，波长不同的电磁波，频率也不同，但所有的电磁波在真空中的速度是相同的，都以真空中的光速（约 3×10^8 m/s）传播。可见光的颜色随频率的不同而变化，介于红光（频率 4×10^{14} Hz）和紫光（频率 8.5×10^{14} Hz）之间。处于波谱（见图 8.3）红外区域的辐射可以被物质以显热的形式直接吸收。波谱中其他频率部分的辐射（见图 8.3），特别是处于无线电波和微波频域的电磁波，被物质吸收后，由于物质的介电性质将使其转化成热能，微波加热食品的原理就来自于此。物体温度的细微改变都会使物体发出的电磁辐射发生变化，温度和电磁辐射间有十分敏感的依赖关系，这个特性对食品的仪器分析和加工极为重要。

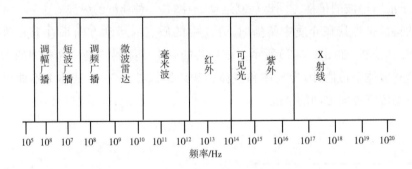

图 8.3   电磁波谱

8.1.4   质量守恒

质量是物质的一种属性，用于确定一个物体包含多少物质。质量守恒定律表述为，不管加工过程如何，在一个封闭系统内物质的质量保持不变。这意味着，对于封闭系统内进行的任何物质加工过程，加工开始时的物质总质量必然等于加工结束时的物质总质量。质量守恒是经典物理学或者说是牛顿物理学的一个基本原理。

输入一个系统的物质,要么从这个系统输出,要么在系统内部累积。质量平衡(也称物质平衡)是对输入和输出一个系统的物质质量的核算。质量平衡常用于设计优化和评估加工设备的性能,如烤炉、干燥器和搅拌器。质量平衡常用于核算输入或输出系统的所有物质,也可以针对加工的某一种物质的成分。当给出的是某一成分的质量平衡而非整个系统的质量平衡时,需要引入一个乘积项,如描述化学反应速率的乘积项,求出产出和消耗的差别(这个项可正可负,正如在系统内的累积可正可负一样)。

对图8.4所设定的受控体,检查其输入和输出,可以写出两种类型的质量平衡关系:①一定时间间隔内的质量平衡;②在某一瞬间的质量平衡。在某段时间间隔内,如果 m_1、m_2 和 m_3 是进入受控体的质量(以 kg 为单位),p_1 和 p_2 是从加工体输出产品的质量,由质量守恒定律可知,输入的物质质量一定等于输出产品的质量与累积在受控体内的物质质量之和。即:

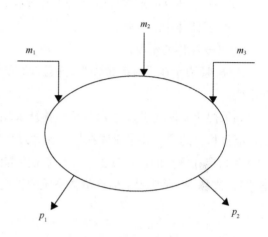

$$m_1 + m_2 + m_3 = p_1 + p_2 + m_{累积} \qquad (8.3)$$

图8.4 受控体的质量平衡

对于另外一种情况,如果物质连续地输入和输出受控体,则要写出瞬时质量平衡方程,这个方程本质上与式(8.3)是一样的,将 m_1、m_2、m_3、p_1 和 p_2 替换为质量流率,将累积质量项换为质量累积速率,即可写出瞬时质量平衡方程。如果输入和输出的质量流率相同,在受控体内就不会出现净的质量累积,说明加工系统处于稳定运行状态。

8.1.5 能量

能量可以定义为力做的功,功等于力与力引起的位移的乘积。由此可知,功和能量的单位是力的单位和位移单位的乘积,即 N·m,称为焦[耳](J)。做功或能量消耗(或获得)的速率称为功率,同样的道理,功率的单位是 J/s,也称瓦[特](W)。

能量守恒定律的表述为:能量不能被创生,也不能被消灭,但可以从一种形式转化为另一种形式。因此,对于孤立系统,各种形式能量的总量保持为常量,即使不同形式的能量之间发生转化,系统中各种形式的能量(机械能、电能、磁能、热能、化学能、核能)的和依然保持不变。

势能和动能是机械能的两种普通形式。势能是与物体在重力场中位置有关的能量,其值等于 mgh,这里 m 是物体的质量,g 是重力加速度,h 是物体处于重力场中时相对于零势能点的高度。动能是与物体运动相关的能量,如果物体的质量为 m,运动的速度为 v,则物体的动能等于 $1/2mv^2$。在研究流体流动时,机械能还具有第三种形式,这种形式的机械能与流体的压强相关,其值等于压强和体积的乘积。可以看到,Pa × m³ 在量纲上与 J 相同。在许多加工过程中,大体上可以认为机械能守恒。例如,在空气和水流动过程中,机械能守恒定律是有效的。数学上以伯努利(Bernoulli)方程表示,该方程表明,流体流动过程中系统处于图 8.5 所示的条件 1 和条件 2 时,流体系统的机械能相同,伯努利方程如式(8.4)所示（Landau 和 Lifshitz,1987；Acheson,1990）：

$$\frac{v_1^2}{2} + gh_1 + \frac{p_1}{\rho} = \frac{v_2^2}{2} + gh_2 + \frac{p_2}{\rho} \tag{8.4}$$

式中　v——流体的速度；

　　　g——重力加速度；

　　　h——所研究的那部分流体对于参考点的高度；

　　　p——流体中的压强；

　　　ρ——流体的密度。

式(8.4)表示在没有能量损失,并且没有能量输入或输出的情况下,系统的能量保持平衡不变。

如果初始流体处于条件 1,其后流体从泵端获得能量,则在式(8.4)左端要加上一个与获得能量相应的项。如果流体在导管流动过程中,由于摩擦力(F)损失了能量,也必须修正式(8.4),要在等式的左边减去一个反映损失能量的修正项(或在等式的右边加上相应的修正项)。式(8.4)通常用于估算流体系统的输送能量。

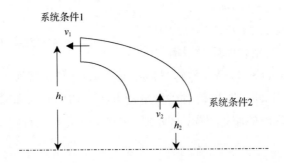

图 8.5　流体在具有系统条件 1 和系统条件 2 的任意管道内的流动[式(8.4)]

8.1.6　热能

热能本质上是分子、原子级别的粒子所具有的机械能。热量,是指从一个物体转移到另一个物体上的物体内在的热能。严格讲,热量不同于系统的总内能或焓,热量仅仅指的是转移的能量。然而,在实际的运用中,热量和焓常作为同义词使用,在本章中视两个词为同义词,使用时不加区分。

前面解释了热量与能的单位相同,热量的基本单位是焦[耳](J)。然而,热量有时也采用卡这个单位,尤其在表示我们消耗的食品产生的能量时常用到卡(cal)这个单位。1cal 的热量等于 1g 水温度升高 1℃需要吸收的热量,或 1g 水温度降低 1℃时放出的热量。但是 1cal 表示的热量值是很小的,大多数人熟悉的是食品卡(dietary Calorie,注意,此处卡这个单词的首字母大写)这个单位,食品卡在量值上等于千卡(kcal)。另外,温度决定了两个物体间内能流动的方向,同时,温度也体现了物体分子平均动能的高低(Fishbane 等,1996；Sandler,1999)。

物体间传递的热能可以分为两种类型。一种与物体吸收（或释放）的使物体温度升高（或降低）的热量相关，这种热被称为显热。1kg 某种物质温度升高（或降低）1K 需要吸收（或放出）的热量被称为这种物质的比热容（C_p），其单位表示为 kJ/(kg·K)，m kg 的物质温度改变 ΔT 时吸收或放出的显热为 $m C_p \Delta T$。第二种形式的热能被称为潜热。潜热是 1kg 的物质物理状态发生变化时需要的热量。例如，从固态变为液态，或从液态变为气态或反向的状态变化。m kg 的物质物理状态发生变化时的净潜热的量值为 mL，此处 L 为潜热，其单位通常表示为 kJ/kg。

可见，任何物质所具有的热能不是一个有绝对意义的值，具体取值与基准温度有关。如果 T_0 是基准温度，物质是固态的并且温度也为 T_0，则该物质在温度 T 且为气态时的热能（焓），可以通过计算 1kg 该物质温度由 T_0 经熔点温度 T_f 和沸点温度 T_b 达到温度 T 的过程中吸收的能量得到。该过程中焓的变化由式（8.5）（Beiser，1991；Brown，1994）给出：

$$\Delta H = C_{PS}(T_f - T_0) + L_f + C_{PL}(T_b - T_f) + L_b + C_{PV}(T_b - T) \tag{8.5}$$

式中　C_{PS}、C_{PL} 和 C_{PV}——物质在固态、液态和气态的比热容；

　　　L_f 和 L_b——物质熔化和汽化时的潜热。

热力学第一定律的应用十分广泛，体现了能量守恒定律，说明了热能和机械能间的转化关系（American Society of Heating，Refrigeration and Air - Conditioning Engineers，1997；Sandler，1999；Moran，2001；Fleisher，2002）。热力学第一定律指出，外界供给系统（例如热机中的工作气体可以认为是一个系统）的热量（Q），一部分使系统的内能（ΔE，实际运用中也采用焓的概念）发生改变，其余的部分转化为系统的机械功，可由式（8.6）表示：

$$Q = \Delta E + W \tag{8.6}$$

如果是外界对系统做功而非系统对外界做功，W 取为负值；如果是系统对外界做功，则 W 取正值。

热力学第二定律指出，一个热力学系统的熵倾向于取最大值，即系统的状态向熵增加的方向演化，可由式（8.7）表示：

$$\int \frac{\partial Q}{T} = S \geqslant 0 \tag{8.7}$$

上面对热力学第二定律的文字叙述和数学表示看起来很抽象，但熵本质上是系统的能量自发耗散的量度，反映了在某一过程中或某一温度下能量发散的程度。因此，某一温度下熵的改变量（ΔS）为 Q/T。在式（8.6）中，W 也可以表示为系统的压力和系统体积变化量的乘积（$P\Delta V$），且由于 $Q = T\Delta S$，式（8.6）可以写为：

$$\Delta E = T\Delta S - P\Delta V \tag{8.8}$$

式（8.8）体现了热力学第一定律和第二定律两方面的内容，阐明了能量转化过程中的限制，即不是所有系统中的能量都可以转化为机械能，在热力学过程中有能量的耗散，反映了系统结构上的改变。

8.1.7　热能的传递

大多数食品加工过程向食品原料传递热量或从食品原料吸收热量。烤箱、干燥器、火炉、水浴槽、烫漂设备用于向产品传递热量，而冷却和冷冻设备用于吸收产品的热量而降低产品的温度。不同温度的颗粒物,无论直接接触或被动接触,或仅仅彼此裸露,都将发生热量的传递。传导、对流和辐射是三种热量传递的方式(Beiser,1991;Brown,1994)。传导指同一物体内物质颗粒间热量的传递,热量传递时物体内颗粒整体不动,即物质内部没有体运动。这种类型的热传递通常发生在固体中,也在高黏度的液体的传热中起决定性的作用,因为在高黏度的液体中,物质体运动不明显。例如,在烤箱烤肉时,热量通过传导的方式从肉的表面向内部渗入,一定体积的肉在整块肉中不会发生对其他部分的相对运动,即无体运动。

以对流方式进行热量传递时,物体中一定体积的物质会发生整体运动,使不同温度的颗粒聚集在一起发生热传递。温度差将引起物质整体的运动(物体内一定体积物质的整体运动,或对流)。例如,用电热元件加热锅里的水,与加热元件接触的水被加热,温度升高,从而与周围的水产生温度差。不同温度的水还将出现密度差,致使远离加热元件的高密度水移动,接近并取代加热器附近低的密度水,进而形成环流或称为对流。由于密度差形成的对流称为自发对流,例如大气对流是自发的。食品和其他物质处于液态时,也可能在外力驱动下运动,例如对物质进行搅拌和泵送时的运动。实际生产中常会出现这种情况,这种在外力驱动下的体运动称为受迫对流。当不同温度的物质混合时,会有自发的或受迫的对流,从而形成热量的传递,称为自发或受迫对流热传递(Beiser,1991;Brown,1994)。

用烘箱烘烤是一个对流传热的例子。烘箱通常有两个加热元件,一个在顶部,一个在底部。烘烤时,底部的加热元件使烘箱内底部的空气受热上升,形成环流,使热量传到整个烘箱。烘箱内的大部件容易阻断这种自发的对流,使烘箱内各处的温度不一致。对流烘箱内部加装风扇,驱动气体流动,形成受迫对流,提高了烘箱内温度的均匀程度,减少了烘烤时间。

物质中的颗粒以传导和对流的方式进行热量传递时,需要颗粒间有直接的接触,与以上两种热量传递方式不同,辐射这种热量传递方式不需要物质颗粒间直接接触。不同温度的颗粒,不论在其间是否有其他介质,只要颗粒间是彼此暴露的,就可以通过辐射的方式传递热量。例如,从太阳到行星的热量传递是以辐射的方式进行的。在食品加工中,辐射传热也能发挥重要的作用,例如,在烤箱中烤肉时,大部分的热量以辐射的方式从加热元件传递到肉上。

以上三种热量传递的方式,有两点需要注意,其一,存在温度差是物体间有净热量传递的前提条件;其二,在任何实际的加工过程中都不会只有一种热量传递方式单独发挥作用。例如,在烤炉中烤肉时,热量以辐射和对流的方式从加热元件传递到肉体的表面,并以热传导的方式从表面向肉的内部传递热量。虽然三种热量传递方式同时存在,但对肉中心部分温度上升速率起决定性作用的可能只有一种。如果温度上升的速率受制于相继发生的两个传热过程,例如,热量先以辐射和空气对流的方式从加热元件传递到物体表面,再以热传导方式继续向物体内部传播热量,由于热传导传递热量的速度远小于辐射和对流,所以,热传导大体上控制了整个温度上升的速率。应该注意的是,在一系列影响食品加工速率的步骤中,速率最慢的步骤控制着整体的速率。

8.2　材料性质

8.2.1　弹性

弹性是指物体在应力(应力的定义见8.1.2)的作用下发生形变或应变,在应力消失后物体完全恢复成原来的形状的特性。弹性定律阐明了应力和应变之间的关系。一般而言,弹性物体受力后伸缩的长度(x)和物体受到的力(F)成比例。如果应力和应变之间的关系是线性的,则胡克定律成立,即:

$$F = kx \tag{8.9}$$

式中　k——杨氏模量,是对物体刚度的度量。

胡克定律通常在x值较小的时候成立。对很多材料而言,尤其是当F和x值很大时,F和x间的关系不是线性关系。换言之,在物体形变期间,k不是常数。当力F足够大时,应力和应变间的关系曲线会达到一个临界点,越过这个临界点后,物体变形后无法再恢复成原样,即形成永久的形变。

8.2.2　流变学性质

简而言之,流变学研究材料对剪应力作用的响应。食品物料的流变学特性在食品的处理操作过程中发挥重要的作用,例如,它影响到流体通过管道的输送,混合操作,以及食品质地、口感、食用者的感官反应等。值得注意的是,流变学这个词可用于描述物体的各种状态,既包括固体、液体,也包括气体。实际上,材料的流变性质有助于识别在给定条件下材料所处的状态。

剪应力对流体(通常指液体和气体)的影响是使流体产生剪切应变,常见的许多流体,如空气和水遵从牛顿黏性定律,即剪应力与剪切速率成正比。前者通常用符号τ表示,单位是Pa,后者用符号γ表示,单位是1/s。根据牛顿黏性定律,可得

$$\tau \propto \gamma,\text{或}\tau = \mu\gamma \tag{8.10}$$

式中　μ——比例常数,即动力黏度,表示流体黏性的大小。

由式(8.10)可得黏度μ的单位是Pa·s。需要指出,水在环境温度(大约18℃)下的动力黏度约为10^{-3}Pa·s,或1mPa·s。

并非所有的流体都满足牛顿黏性定律,许多"生物学"意义上的流体并不严格遵循上述关系,而呈现出非牛顿性质,称为非牛顿流体。通常,非牛顿流体的黏度不是常数,与剪切力的大小有关(de Nerves,2005)。这种数值变化的黏度称为表观黏度或有效黏度,可用式(8.11)表示:

$$\mu_a(\gamma) = \frac{\tau}{\gamma} \tag{8.11}$$

必须注意,黏度主要决定于剪切力的大小,此外黏度还与时间有关。许多流体除具有黏性外,还具有某种结构,当受力作用时,呈现出类似固体所具有的弹性。这种流体即为黏弹性流体,许多聚合物溶液表现出这种性质。黏弹性导致许多材料在被挤出时呈现所谓

"挤出胀大"效应。

材料的非牛顿性质多种多样,但简单来说,可将其归纳为:①时间无关性;②不计弹性效应时的时间相关性,以及线性黏弹性。具有时间无关性质的非牛顿流体,表观黏度 μ_a 仅仅依赖剪切速率 γ。当 μ_a 随着 γ 的减小而减小时,流体的流动为剪切变稀或假塑性。另一方面,当 μ_a 随 γ 的增加而增加时,流动为剪切增稠或膨胀。许多浓缩悬浮液表现出剪切增稠性质(例如玉米淀粉糊)。从数学上来讲,幂律模型能够用于描述与时间无关的性质,即

$$\tau = k\gamma^n \tag{8.12}$$

式中 k——黏度指数;

n——幂率指数(或流动性指数)。

显然,当 $n = 1$ 时,该式得以简化,可用于描述牛顿流体;当 $n < 1$ 时,用于描述剪切变稀;$n > 1$ 时,用于描述剪切增稠。牛顿流体和幂律流体的剪应力与剪切速率之间的关系可用图形表示,如图 8.6 所示。

以上描述了流体的时间无关性质,此外,有些材料还表现出屈服应力,在受到小于最小切向应力作用时这种材料不会流动。巧克力在加工时就有这种性质。当剪应力大于屈服应力时,如果流体的流动性类似于牛顿流体(见图 8.6,直线 D),则称为宾汉流体,呈现宾汉塑性。

对时间相关性的非牛顿流体,其流变学性质除依赖剪应力的大小外,还依赖于剪应力的持续作用时间。触变性和流凝性是这类流体通常具有的两种特性。蛋黄酱和凝胶是已知有触变特性的两种物质,随着剪切速率的不断增加,出现连续的结构崩塌,导致黏度降低(见图 8.7)。流凝性的产生与流体的剪切增稠有关,通常在低剪切速率时发生。通常,时间无关性的流体的结构具有可恢复性,结构相互作用导致的破坏是可逆的。如前所述,除黏性外,黏弹性流体还具有一定的"构造",在受力作用时,呈现出类似于胡克固体物质具有的弹性。对线性黏弹性流体,其黏性和弹性满足叠加原理。线性黏弹性的数学表达式通常基于麦克斯韦弹簧-阻尼器模型而建立。如图 8.8 所示,某材料在恒定剪应力 τ 作用下,如果用 $\dot{\gamma}_1$ 和 $\dot{\gamma}_2$ 分别表示弹性和黏性应变率,由线性叠加原理可得净应变率为:

$$\dot{\gamma} = \dot{\gamma}_1 + \dot{\gamma}_2 \tag{8.13}$$

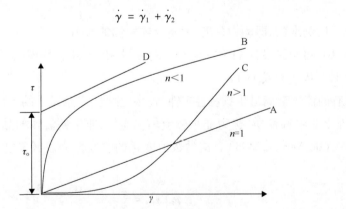

图 8.6 常见剪应力与剪切速率之间的关系

注:A,B 和 C 所表示的流动满足幂律流体模型: $\tau = k\gamma^n$,A 表示 $n = 1$ 时的牛顿流体;B 表示 $n < 1$ 时剪切变稀或假塑性流体;C 表示 $n > 1$ 时剪切增稠或膨胀流体。D 线表示通常的宾汉塑性流体,只有达到最小剪应力(或屈服应力) τ_0 时,流体才开始流动,(剪应力数值)大于 τ_0 时,可观察到类似于牛顿流体的性质

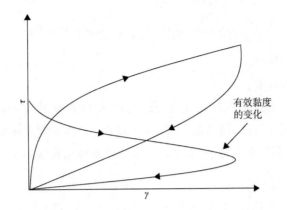

图8.7 触变性——斜面瞬态试验过程中由于结构被持续破坏,
流体黏度不断降低,如蛋黄酱,凝胶等

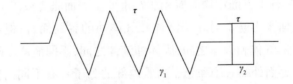

图8.8 黏弹性问题中麦克斯韦弹簧和阻尼器模型

根据牛顿定律 $\dot{\gamma}_2 = \tau/\mu$,此处, μ 是材料的动力黏度,而虎克定律给出 $\gamma_1 = \tau/G$,于是

$$\dot{\gamma}_1 = \frac{1}{G} \cdot \frac{\mathrm{d}\tau}{\mathrm{d}t} \tag{8.14}$$

式中 G——为材料的弹性模量。

将式(8.14)代入式(8.13),消去 $\dot{\gamma}_1$ 和 $\dot{\gamma}_2$ 后,有

$$\frac{\mathrm{d}\tau}{\mathrm{d}t} + \frac{\tau}{\lambda} = G\dot{\gamma} \tag{8.15}$$

式中 λ—— μ/G ,弛豫时间。

式(8.15)的微分方程,也称麦克斯韦方程,求解该方程可得一表达式,可将应力与净应变相关联,即

$$\tau(t) = G \int_{-\infty}^{t} \exp\left(-\frac{t-t'}{\lambda}\right) \dot{\gamma}(t') \mathrm{d}t' \tag{8.16}$$

式(8.16)即为黏弹性流体的本构方程,类似适用于牛顿流体或幂律流体的流动方程。显然,任意时刻 t 的剪应力与流体的流动过程有关,也就是说,总时间 t' 从 $-\infty$ 到当前时刻 t 。所以,如果已知材料的弛豫时间和黏度,而应变速率随着时间变化,相应的剪应力便可确定。如果应变按照已确定的函数关系变化,与其相对的应力可通过试验求得。于是,材料的属性、弛豫时间、黏度可以随之确定,由此形成流变仪的工作原理。剪切速率通常按式(8.17)的正弦函数规律变化,即

$$\dot{\gamma}(t') = \lambda_0 \sin\omega t' \tag{8.17}$$

将式(8.17)代入式(8.16),整理后可得

$$\tau(t) = \frac{G\lambda^2\omega^2}{(1+\lambda^2\omega^2)}\gamma_0\sin\omega t + \frac{G\lambda\omega}{(1+\lambda^2\omega^2)}\gamma_0\cos\omega t = G'\gamma_0\sin\omega t + G''\gamma_0\cos\omega t \tag{8.18}$$

式中　G'——为储能模量;

　　　G''——为损耗模量。

因此,如果剪切速率按正弦规律变化,按照式(8.18),显然应力响应也呈正弦规律变化,而且两者频率相同,但有一相位差 δ , $\tan\delta = G''/G'$ 。在对食品流变学特性的描述中,储能模量和损耗模量是非常重要的,常用于表征食品的质地结构和口感。

8.2.3　界面性质

大多数食品是复杂的多相系统,食品的性质和生产都受到界面性质的影响。物质在界面处表现出与在物质内部时不同的性质,因此认识界面的性质和构成是十分必要的。食品加工过程可能把物料加工成泡沫、乳液或小颗粒悬浮液,还可能进行漂洗或原位清洗(CIP)。在这些加工过程中界面性质的应用非常重要。表面张力或界面张力是界面所具有的最基本的性质。表面张力通常对介于液体和气体间的界面而言,但广义上,任何两种不同物相的界面处(例如,气体和液体之间,固体和液体之间,不同液体之间)都有表面张力。

两种不同物相分界面处的分子和处于物质内部的分子具有不同的能量状态,这一性质可以解释上述的表面张力或面际张力。物质内部的分子会受到来自其内部其他分子施加的沿各个方向上大小相等的力,处于平衡状态;但处于界面处的分子却只受到指向物质内部的力,所以界面处的分子较物质内部的分子具有更高的能量,并处于拉紧的状态。由上述可知,表面张力(σ)是由于界面处和物质内部的分子处于不同的能量场中而形成的,可以定义为将分子从物质内部迁移到界面处所需的力。表面张力以单位长度上的力来计量,单位为 N/m,通常以字母 σ 表示(Kuhn 和 Försterling,1999)。有趣的是,表面张力的单位 N/m 还可以写成 Nm/m²(可通过将表面张力的单位 N/m 乘以 m/m 得到,并不会使原单位发生任何改变)。因为 Nm 是功的单位焦[耳](J),所以表面张力也可以视为表面(或界面上)单位面积的能量。因此,表面张力既可以视为界面上单位长度的作用力,也可以视为界面上单位面积的能量。

表面张力(或面际张力)可以通过多种实验方法测定,这些方法一般通过测量一个有良好几何特性的界面形成时所需的力和能量来进行。常见的几种实验方法如下(Kuhn 和 Försterling,1999)。

Du Nöuy 环法:通过测量一片液体脱离整个液体时施加在一个圆环上的最大的力来测定。

Wilhelmy 盘法:通过测量液体在浸湿一个竖直悬挂在天平上的圆盘时形成的一片液体施加在圆盘上的力进行测定。

毛细上升法:毛细管的一段浸没在液体中,液体将沿着毛细管上升,通过测量液体在毛细管中上升的高度测定表面张力。

液滴形成法:通过测量忽略重力影响,几何特性已知的液滴形成时所需的力来测定。

气泡测压法:气泡内部的压力超过外部的压力,这种方法是测量气泡内部和外部压力的差值(也被称为拉普拉斯压力),并由式8.18给出的压力差值和气泡半径,以及表面张力的关系式,确定表面张力。

$$\Delta P = \frac{4\sigma}{r} \tag{8.19}$$

Wilhelmy 盘法和毛细上升法利用了液体浸湿固体表面这个现象。当固体分子施加在界面处的液体分子上的力大于液体内部分子施加在界面处的液体分子的力时,就会发生固体表面被浸湿的现象。换言之,界面处分子受到来自于液体内部分子的作用力,表现为受到一种内聚力,这种内聚力是表面张力大小的量度,当固体施加给界面处的液体分子的黏着力大于液体分子受到的内聚力时,固体的表面就会被液体浸湿。如果界面液体分子受到的内聚力大于固体施加给界面液体分子的黏着力(即液体具有很高的表面张力),液体只会形成液滴,不会浸湿固体的表面。如温度计水银泡中的水银不小心流出来时就能看到这种水银不浸湿固体表面的现象。水银表面的分子受到的内聚力非常强,以至于洒落在地板上时只会形成液滴,而不会浸湿地板表面。图8.9所示为三种不同的液体浸湿固体表面的程度。利用毛细上升法测定表面张力时,将同时用到接触角和毛细上升的测量值。

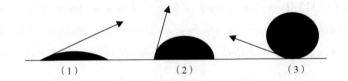

图8.9　液体对固体表面浸湿的情形

注:逆时针测得的取正切值的角称为接触角。(1)液体显著地浸湿了固体表面,接触角很小(当液体高度浸湿固体时,接触角接近于零),(2)液体部分浸湿固体表面,(3)液体没有浸湿固体表面

既具有吸引也具有排斥作用的分子基团表现出表面活性。例如,水中具有表面活性的分子包括亲水基团和疏水基团。换言之,由于亲水基团指向水的内部,疏水基团指向水的外部,两种基团会在界面处很好共存,因此界面处成了非常适宜表面活性分子存在的地方。表面活性剂能明显降低液体的表面张力,能用于稳定界面。例如,发泡剂(如蛋清)分子以占据气液界面减小界面上表面张力的方式稳定泡沫,而乳化剂(如卵磷脂)可以稳定乳液(一种液体分散混合在另一种与之不相溶的液体中),因为乳化剂分子作为活性分子会占据乳液中的液滴形成的界面,相应地使表面张力下降,进而稳定界面和乳液。具有精细的多相分布的物质通常称为胶体,其包括多种复杂的分布,如固体在液体中的分布(溶胶或悬浮液),液体在气体中的分布(气溶胶),固体在气体(固体溶胶)或气体在固体中的分布(固态泡沫)。

界面科学的研究领域最近出现了许多令人兴奋的新颖应用方向,其中最为重要的是操纵单个或小原子分子基团(处于纳米或10^{-9}m 大小范围)的纳米技术。大自然在操纵原子、分子团簇方面表现十分出色,通过这种操纵造就了分子机械,即造就和维持了地球上的各种生命。然而,直到最近人们才获得了"看见"单个分子(单分子成像)和移动分子形成新的组合的能力,即形成新材料的能力。经典界面科学的发展已经极大地促进了纳米技术的发展。

参考文献

1. Acheson, D. J. (1990) *Elementary Fluid Dynamics*. ClarendonPress, Oxford.

2. American Society of Heating, Refrigeration and Air – Conditioning Engineers (1997) *Handbook of Fundamentals*. ASHRAE, Atlanta.

3. Beiser, A. (1991) *Physics*, 5th edn. Addison – Wesley, Upper Saddle River, New Jersey.

4. Bird, R. B., Warren, E. S. and Lightfoot, E. N. (2002) *Transport Phenomena*, 2nd edn. John Wiley, Chichester, pp. 488, 867 – 71.

5. Bloomfield, M. and Stephens, L. J. (1996) *Chemistry and the Living Organism*, 6th edn. John Wiley, Chichester, pp. 12 – 14.

6. Bodner, G. M. and Pardue, H. L. (1995) *Chemistry*, 2nd edn. John Wiley, Chichester, pp. 216 – 217.

7. Brown, W. (1994) *Alternative Sources of Energy*. Chelsea House, New York.

8. Chang, R. (2005) Chemistry. In: *Thermochemistry*, 8th edn. McGraw Hill, Maidenhead.

9. de Nerves, N. (2005) *Fluid Mechanics for Chemical Engineers*. McGraw Hill, Maidenhead, pp. 428 – 31.

10. Fishbane, P. M., Gasiorowicz, S. and Thornton, S. T. (1996) *Physics*, 2nd edn. Prentice Hall, Upper Saddle River, New Jersey.

11. Fleisher, P. (2002) *Matter and Energy: Principles of Matterand Thermodynamics*. Lerner Publications, Minneapolis.

12. Kuhn, H. and Försterling, H. (1999) *Principles of Physical Chemistry*. John Wiley, Chichester, pp. 133 – 6, 732 – 9.

13. Landau, L. D. and Lifshitz, E. M. (1987) *Fluid Mechanics*. Pergamon Press, Oxford.

14. Moran, J. B. (2001) *How Do We Know the Laws of Thermodynamics*? Rosen Publishing, New York.

15. Sandler, S. I. (1999) *Chemical and Engineering Thermodynamics*, 3rd edn. John Wiley, Chichester.

16. Spencer, J. N. Bodner, G. M. and Rickard, L. H. (2006) *Chemistry: Structure and Dynamics*, 3rd edn. John Wiley, Chichester, pp. 17 – 21.

补充材料见 www. wiley. com/go/campbellplatt

食品加工工程

Jianshe Chen, Andrew Rosenthal

> **要点**
>
> ■ 食品加工工程是指通过清洗、分离、粒度降低、混合、加热、冷却和包装等系列操作,将原料转化为高质量、富于营养的产品。
>
> ■ 如果没有食品加工,人们只能依靠本地的时令食物。食品加工延长食品的货架期,丰富商品的种类,提高感官品质。
>
> ■ 食品的物理性质决定其加工特性。一般来说,食品是热的不良导体,这意味着在加工中食品内外难以达到均一的温度。
>
> ■ 未加工的食物通常适合微生物生长,食品保藏技术在加工中减少微生物的数量或者使食品不利于微生物生长,从而延长食品的货架期。

大多数食品来源于动物或者植物。食品科学技术人员主要关注收获后食品的质量、加工和保藏,即控制自然腐败过程,将其从原料加工成高品质、安全和营养的产品以飨消费者。食品科学技术人员并不直接参与收获前的生产(如畜牧业、种植业或渔业),但这些领域也与原材料的质量有关,因此也影响加工产品的质量。

食品加工的原料经常含有生长环境中的非食物污染物。在加工之前需要清除这些污染物。根茎作物(如马铃薯)上经常有泥土和石头。谷物(如小麦)种常有茎秆、叶柄、种子或者植物的其他部位。批发商的原材料可能会有动物粪便、昆虫、啮齿动物的毛发。损坏的食品质量低劣,不适合消费。

根据物理性质的差别分选食品原料,例如重量、粒度、形状、密度、颜色和磁性,分选可以使用机器完成。质量标准是食品原料分级的依据,很多时候需要人力干预分级,如肉眼检查。清理去除污染物可能包括分选和分级操作。应当注意的是这些操作既可能用于清理,也可能用于其他分离过程。9.3.1 将更深入地讨论这些技术。

9.1 流体流动原理

9.1.1 流体性质

流体从本质上来说,是在剪切力作用下持续变形的物质,尽管其变形不大。因此,流体没有自己的形状,而是保持与之接触的固体的形状。流体食品的输送和流动行为与流体的性质直接相关,主要是黏度、密度和压缩性。这些性质是影响流体输送能耗和流动特性的关键因素。

9.1.1.1 密度

密度是单位体积物质的质量。在 SI 单位制中,以每立方米有多少千克来表示(kg/m^3)。流体的密度可以不同的形式来表示:质量密度、相对密度和比体积。质量密度是单位体积物质的质量。相对密度(比重)是某物质的质量密度与标准物质(如水)质量密度的比值,量纲为一。

比体积是单位质量流体的体积,在 SI 单位制中,其单位为 m^3/kg。

流体的密度受温度和溶质或分散颗粒浓度的影响。温度升高时液体的密度降低。例如,水在 4℃ 时的密度为 $1000kg/m^3$,但是在 50℃ 时的密度为 $988kg/m^3$,而在 100℃ 时的密度为 $958kg/m^3$。

9.1.1.2 黏度

黏度是对流体抵抗剪切和流动的度量。流体质点内部的摩擦是黏度产生的原因。假设流体的高度为 z,表面积为 A,把位于两平行板中的流体想象为若干流体层。一旦将力 F 作用于上板,并以一定的速度推动它向前运动,各流体层将以不同的速度向前移动。最上面一层与顶板的速度一样,贴近底板的边界层保持静止(图 9.1)。单位面积受到的力(定义为剪应力 $\sigma = F/A$)和变形速率(定义为剪切速率 $\dot{\gamma} = v/z$)是流体的特性,它们的比值定义为流体的黏度:

$$\eta = \frac{\sigma}{\dot{\gamma}} = \frac{\sigma z}{v} \tag{9.1}$$

图 9.1　流体流动和剪切变形

在 SI 单位制中,黏度的单位是 Pa·s 或 mPa·s。流体的黏度受许多因素的影响,最显著的影响因素有温度、溶质浓度、溶质分子质量和流体中的悬浮物质。一些典型食品的黏度见表 9.1。

表 9.1　一些典型物质的黏度

物质	温度/℃	黏度/(mPa·s)
空气	27	0.0186
水	0	1.792
	20	1.002
	100	0.02818
牛乳	0	3.4
	20	2.0
	50	1.0
	80	0.6
20% 蔗糖溶液	20	1.967
40% 蔗糖溶液	20	6.223
60% 蔗糖溶液	20	56.7

9.1.1.3　可压缩性

严格地说,所有流体在压力作用下都是可压缩的。空气和气体是最明显的例子,当这些流体被压缩时,其密度改变。但是,液体的可压缩性非常小,为了便于计算,将液体视为不可以压缩的流体。

9.1.2　流动型态和雷诺数

由于流体的性质、管子的尺寸和流速不同,管内流动的流体可以是平稳的层流或者是激烈的湍流,湍流有利于混合、传热和传质,而层流所需的输送能量较低。

雷诺(Reynolds)首次在一个简单的实验装置上发现了这两种截然不同的流动型态(图9.2)。玻璃主管中有水流过,一根细管通入其中,其开口在玻璃主管的中心线上。细管中示踪剂的流量与主管流量相比可以忽略。在低流速下,示踪剂沿轴线方向呈直线流动。然而随着主管流速的逐渐提高,当达到某一数值时,示踪剂在径向和轴向上呈随机运动,从而变得模糊。前一种流动型态称为层流,后者称为湍流。层流流动时,相邻层的流体无任何宏观混合(分子运动除外)。而湍流时,各质点做不规则的脉动,无论大小还是方向,均有很大不同。

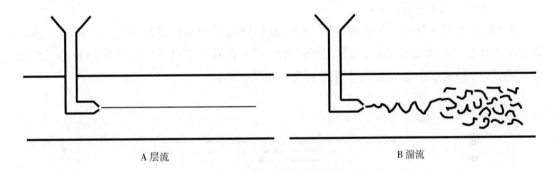

A 层流　　　　　　　　B 湍流

图 9.2　两种流动型态

流动型态是层流还是湍流,取决于作用在流体质点上两种力的平衡:惯性力与黏性力。黏性力来自于质点周围的流体,使得流体质点服从于周围流体的运动。但是,质点受到惯性力的作用,会转移到新的方向上,惯性力又会带动它到另一个方向上。黏性力与惯性力的比值以雷诺数(Re)表示:

$$Re = \frac{\rho d \bar{v}}{\eta} \tag{9.2}$$

式中　ρ ——流体的密度,kg/m^3;

$\bar{v}$ ——平均流速,m/s;

d ——管内径,m;

η ——流体的黏度,Pa·s。

雷诺数为无因次数,在定量描述流体流动型态时非常有用。若雷诺数小于2100,流动型态为层流。若雷诺数超过4000,流动一般都为湍流。而雷诺数介于2100和4000时,流动不稳定,处于一种过渡状态。若无外界条件扰动时,在此区域可以维持层流,但是微小的扰动就可以改变流动型态。

9.1.3 速度分布

流体流动速率可以表示为体积流量 Q，即单位时间的体积（例如 m^3/s）或者平均速度 v（m/s）。二者间的关系可以用式(9.3)表达：

$$v = \frac{Q}{A} = \frac{Q}{\pi r_0^2} \tag{9.3}$$

式中　A——管路的截面积；

　　　r_0——管路的半径。

平均速度的概念是非常重要的，因为流体在管路中各处的速度不是均一的，并且取决于流体质点所处的位置。对于牛顿型流体，在管长为 L、半径为 r_0 的管路内流动的速度分布由式(9.4)描述：

$$u = \frac{\Delta P}{4L\eta}(r_0^2 - r^2) \tag{9.4}$$

式中　ΔP——流体沿管长的压降，Pa；

　　　η——流体的黏度，Pa·s；

　　　u——局部速度，m/s。

式(9.4)表明在管中心的流体速度最大，而管壁附近的流体是层流的（图9.3）。这个静止的流体层也称为层流底层；边界层的厚度在很多食品加工操作中影响传热和传质的效率。将式(9.4)从管中心积分到管壁得到流体的体积流量：

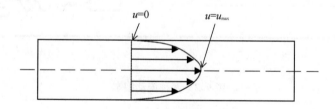

图9.3　流体流动的速度分布

$$Q = 2\pi \int_0^{r_0} ur\,dr = \frac{\Delta P r_0^4}{16L\eta} \tag{9.5}$$

平均速度可以表示为：

$$v = \frac{Q}{A} = \frac{Q}{\pi r_0^2} = \frac{\Delta P r_0^2}{16\pi L\eta} \tag{9.6}$$

9.1.4 质量衡算

质量衡算基于质量守恒定律，它用于建立加工中流体的质量流量的关系。例如，如图9.4所示，输入的流体经加工后分成两股输出，在稳态下，位置1处的质量流量是位置2和位置3处的质量流量之和：

$$\rho_1 A_1 v_1 = \rho_2 A_2 v_2 + \rho_3 A_3 v_3 \tag{9.7}$$

对于不可以压缩性流体（$\rho_1 = \rho_2 = \rho_3$）：

$$A_1 v_1 = A_2 v_2 + A_3 v_3 \tag{9.8}$$

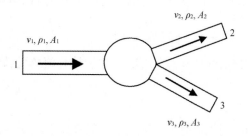

图 9.4 位置 1 处进口质量流量等于位置 2 和位置 3 出口的质量流量之和

9.1.5 稳态流体的能量守恒

能量变化是流体能够从一个位置流动到另一个位置的原因。流体总是从高能量的位置流动到低能量的位置。流体质点的能量可以不同的形式存储或者释放。在不涉及热量交换的前提下，存储于流体的能量形式有位能（E_P）、动能（E_k）和静压能（E_r），它们分别与流体的相对高度、流动速度和压力的变化有关。这三种能量的定义见框 9.1。

框 9.1 流体三种能量的定义

位能 E_P：流体由于具有一定的相对高度所具有的能量，定义为：

$$E_P = zg$$

式中 E_P——1kg 流体的位能，J；

       z——流体高度，m；

       g——重力加速度，9.81m/s²。

动能 E_k：储存于运动着的流体内部的能量，其数值等于使流体从静止到速度 v 所需做的功。

$$E_k = \frac{v^2}{2}$$

式中 E_k——1kg 流体的动能，J；

       v——流体的速度。

静压能 E_r：由于流体在各个截面的静压力发生改变从而需要外界提供或者释放于外界的能量。

$$E_r = \frac{\Delta P}{\rho}$$

式中 E_r——1kg 流体的压力能，J；

       ΔP——压力变化；

       ρ——流体的密度。

流体流经位置 1 和位置 2 间的能量守恒可以表示为：

$$E_{p1} + E_{k1} + E_{r1} = E_{p2} + E_{k2} + E_{r2} - E_c + E_f \tag{9.9}$$

或者

$$z_1 g + \frac{v_1^2}{2} + \frac{\Delta P_1}{\rho_1} = z_2 g + \frac{v_2^2}{2} + \frac{\Delta P_2}{\rho_2} - E_c + E_f \tag{9.10}$$

式中　E_c——输入的机械能(如泵);

　　　　E_f——由于摩擦产生的能量损失。

如果没有机械能输入,摩擦损失可以忽略,则式(9.10)可以简化为:

$$z_1 g + \frac{v_1^2}{2} + \frac{\Delta P_1}{\rho_1} = z_2 g + \frac{v_2^2}{2} + \frac{\Delta P_2}{\rho_2} \tag{9.11}$$

式(9.11)即著名的伯努利(Bernoulli)方程,对于计算流体的流动特性和输送系统的机械能输入非常有用。

9.1.6 摩擦能量损失

摩擦是流体输送过程产生能量损失的主要原因。摩擦力的大小与动能因子及与管路内表面接触的面积成正比:

$$F = f \frac{\rho v^2}{2} A_w = f \frac{\rho v^2}{2} \pi dL \tag{9.12}$$

式中　F——摩擦力;

　　　　f——摩擦因数;

　　　　A_w——流体与壁面的接触面积;

　　　　d——管路的内径;

　　　　L——管长。

管壁摩擦必须靠流体在管中的压降来抵消(图9.5):

$$F = \Delta P A_C = \Delta P \frac{\pi d^2}{4} \tag{9.13}$$

式中　A_C——管路的截面积。

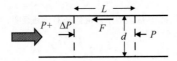

图9.5　流体在管长为 L 和内径为 d 的管路中流动时的摩擦

将式(9.13)代入式(9.12)得到:

$$\Delta P_f = 2f\rho v^2 \left(\frac{L}{d} \right) \tag{9.14}$$

或者

$$E_f = 2f v^2 \left(\frac{L}{d} \right) \tag{9.15}$$

式(9.14)称做范宁(Fanning)式,可以有效地预测管路中流体的压降。摩擦因数 f 取决于流体的性质(雷诺数)和管路的性质(粗糙度)。层流时,摩擦因数可以由雷诺数来计算,即:

$$f = \frac{16}{Re} \tag{9.16}$$

但是,湍流时摩擦因数的估算不像层流时这样明了,人们提出了很多估算模型。图9.6所示为摩擦因数图,它表示摩擦因数与雷诺数和相对粗糙度(粗糙度与管内径的比值)的关系。

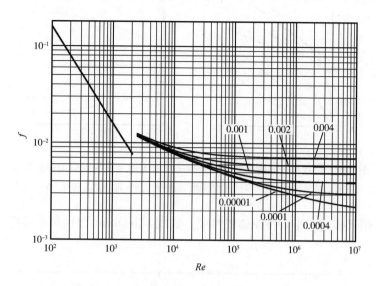

图9.6 摩擦因数图(图中的数字代表管壁的相对粗糙度,e/d)

当流体在管弯曲处或通过各种不同截面积的管件时,流动方向发生改变或扭曲时也会产生能量损失。可以利用管件的摩擦因子 k 来估计这样的能量损失。

$$E_f = k \frac{v^2}{2} \tag{9.17}$$

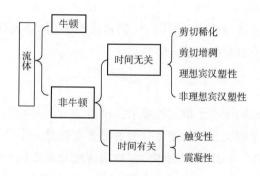

图9.7 流体的分类

9.1.7 非牛顿流体流动

不同流体对所施加应力的响应不同。对牛顿型流体来说,不同剪应力和剪切速率下观测到的黏度是恒定的。而对于非牛顿型流体,与剪切速率或剪切时间有关。图9.7所示为依据流体的流动行为对流体所作分类。图9.8所示为与剪切时间无关的几种类型流体的剪应力和剪切速率的关系。胀塑性流体的黏度随剪切速率的增大而增加(剪切增稠流体),而假塑性流体的黏度随剪切速率增大而减小。由于非牛顿型流体的黏度随剪切速率改变,在比较流体黏度时应特别注意,除非指定测试条件(剪切应力或剪切速率),否则直接对比黏度几乎毫无意义,有时会产生误导。

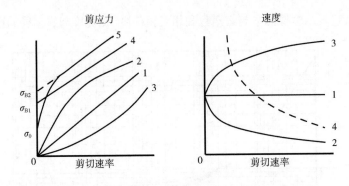

图9.8　剪应力与剪切速率的关系和牛顿型流体与非牛顿型流体的黏度

1—牛顿型　2—剪切稀释(假塑性)　3—剪切增稠(胀塑性)　4—理想宾汉塑性　5—非理想宾汉塑性

多种模型用来描述非牛顿型流体的特征。宾汉(Bingham)方程是描述宾汉塑性流体最好的模型。

$$\sigma = \sigma_0 + \eta_p \dot{\gamma} \tag{9.18}$$

式中　σ_0——屈服应力；

　　　η_p——塑性黏度。

许多食品流体物料具有幂指数模型的流动特性。

$$\sigma = K\dot{\gamma}^n \tag{9.19}$$

式中　K——稠度系数；

　　　n——流动特性指数。

由于非牛顿型流体黏度的改变,采用广义的雷诺准数(Re')表征惯性力与黏性力之间的平衡,用表观黏度 η_a 表示非牛顿型流体的黏度。

$$Re' = \frac{\rho v d}{\eta_a} \tag{9.20}$$

流体对所施加应力的响应对于确定流体的流动行为,乃至流动过程中需要消耗的能量是极其重要的参数。非牛顿型流体的速度分布的显著变化是一个典型的例子。图9.9所示为幂指数液体的流速分布。与牛顿型流体的抛物线速度分布不同($n=1$),幂指数流体的速率分布主要取决于流体的流变性。对于无限剪切增稠流体($n=\infty$),流速与流体所处位置呈线性关系;但是对于无限剪切稀释流体($n=0$),流速与流体所处位置无关,这种类型的速度分布为平直的端线。

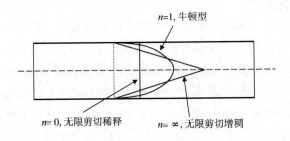

图9.9　幂指数流体的速度分布

9.1.8　流体输送泵

泵是为输送流体提供机械能的设备,离心泵和正位移泵普遍用于食品工业。离心泵把转动能量转换成动能和静压能。离心泵的典型结构见图9.10。电机带动叶轮(B)在密闭泵壳(C)内转动。叶轮的旋转使液体吸入至叶轮的中心(D)然后移动至周边,流体达到最大压力然后通过排出口(E)排出。当流速较高、压力适中时,离心泵输送低黏度的液体最有效;离心泵不适合输送高黏度和剪切增稠的流体。

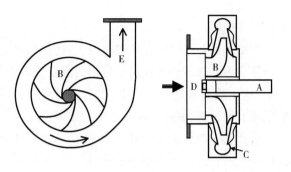

图9.10　离心泵

A—泵轴　B—叶轮　C—外壳　D—吸入侧　E—排出口

正位移泵将流体吸入泵,流体在泵内获得高的压力,然后通过排出口排出。这种类型的泵非常适于输送高黏度的流体。流体的流量由泵的运转速度精确地控制。由于泵内有高压,正位移泵的排出口不能堵塞。典型的正位移泵见图9.11。活塞往复式泵,活塞向上运动时出口管关闭但是进口管打开,流体被吸进泵内,而活塞向下运动时,进口管关闭,出口管打开,将流体排出泵。其他类型的正位移泵包括齿轮泵和旋转泵。

泵的工作系统的性能与泵和输送系统(包括泵和管路)的特性有关,例如,泵提供给流体的能量和流体的体积流量成反比,但是输送系统所需要的能量却随着流量的增加而增加。也就是说,体积流量较高时,泵为流动提供较低的动能,但是输送系统需要更高的能量。因此,对于每一个输送系统,都有最佳的流量,在最佳流量下流体获得的能量满足输送的需要。

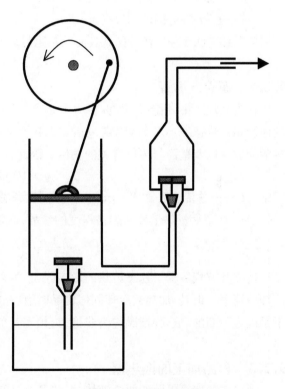

图9.11　往复式活塞泵

离心泵的另一个重要特性是净正吸上高度(NPSH)汽蚀余量。这是泵的重要参数,必须仔细选择泵的安装位置以满足这一需要。如果无法获得最小净正吸上高度,在吸入侧就会发生汽蚀,从而使输送效率大大降低,并可能会损害输送系统。

9.2 传热原理

9.2.1 热阻

食物通常是热的不良导体。但是,传热的速率不仅与热导率有关,实际上,还与热量穿过物质表面的难易程度有关。流体的静止层即边界层产生传热阻力(见9.1.3)。在食品加工中,这一层通常是空气或水,作为保温层,它能防止热量散失。除了降低传热,边界层还能阻碍其他过程,如在干燥过程中的传质。

从食品表面传递于介质的热量和从食品中心向表面传递热量的比值用毕奥数(Biot number)表示:

$$Biot\ number = \frac{xh}{K} \tag{9.21}$$

式中 x——从食品表面到中心的距离,m;

      h——表面的传热系数,W/(m^2 · K);

      K——物质的热导率,W/(m · K)。

毕奥数若大于40,表明食品表面的热阻可以忽略,如蒸汽冷凝的情况。

9.2.2 傅立叶方程

在食品加工中,所有传热的推动力是食品和加热或冷却介质的温度差 $\Delta\theta$(K 或℃)。其他影响传热速率 q(W)的因素包括与加热介质接触的面积 A(m^2),食品、和(或)与食品接触的流体以及壁面与传热有关的物性。因此:

$$q = UA\Delta\theta \tag{9.22}$$

式中 U——总传热系数[W/(m^2 · K)],同时考虑到了食品的热导率和边界层的隔热效果。

由于 U 是衡量热量传递难易程度的参数,通常通过热阻求得:

$$\frac{1}{U} = \frac{x}{K} + \frac{1}{h} \tag{9.23}$$

傅立叶方程解释了稳态传热的影响因素,可以用来预测液体食品流经换热器加热或者冷却的速率。但是,加热或冷却固体食品时,食品本身的温度发生变化,因此推动力的大小不是固定不变的。这种情况称为非稳态,预测其加热速率需要另一种方法。

9.2.3 食品加工的换热器

考虑导热壁面隔开的两个液体,A 和 B。如果 $\theta_A > \theta_B$,根据热力学第零定律,热量将从 A 流向 B,根据傅里叶方程得到传热速率(q)。如果 A 和 B 在各自的壁面以一定的速度流过,则沿着壁面将建立一个温度平衡。这样的系统可以有效地处于稳定状态,即由流体 A 恒定地提供热量,通过壁面不断传递给 B,并被流体 B 带走,这种设备被称为换热器。商业换热器设计传热速率最大,而热量损失速率最小。除了传热效率,食品加工的换热器应该卫生且容易清洗。

换热器有不同的操作方式。并流流动时,两种流体从换热器的同一侧进入。由于热流体的高温侧与冷流体的低温侧相邻,开始时传热速率非常大,但是靠近出口两种流体的温度逐渐接近。因此冷流体的温度绝不会超过热流体的温度(例如在换热器的出口)。相反,换热器也可以逆流操作,热流体和冷流体从换热器相对的两端进入。这种情形下沿换热器的管长两流体间有适度的温差。而且,当冷流体离开换热器时,它与热流体的高温端相邻,出口冷流体的温度可以高于热流体的出口温度。显然,这两种流动形态流体的温度差沿管长都不是定值。但是傅立叶方程考虑的是温差 $\Delta\theta$ 为定值,而换热器中 $\Delta\theta$ 沿管长变化。通过对温差积分,我们得到温差的对数平均值 $\Delta\theta_{lm}$,对数平均温差可以通过测量换热器两端的温差(分别为 $\Delta\theta_1$ 和 $\Delta\theta_2$)计算:

$$\Delta\theta_{lm} = \frac{\Delta\theta_1 - \Delta\theta_2}{\ln\left(\frac{\Delta\theta_1}{\Delta\theta_2}\right)} \tag{9.24}$$

传热速率也可以用热量"流进"或者"流出"两种流体来表示。此时,

$$q = Gc_p(\theta_{warm} - \theta_{cool}) \tag{9.25}$$

式中　　G——某流体的质量流量,kg/s;

　　　　c_p——某个流体的比热容,J/(kg·K);

θ_{warm} 和 θ_{cool}——分别是某流体在换热器热端和冷端的温度。$\theta_{warm} - \theta_{cool}$ 为流体在换热器里的温度升高或温度损失。

测量换热器各种现象的数据是简单的,而总传热系数(U)需要计算求解。当传热速率(q)既可以用式(9.22),也可以用式(9.25)表示时,我们可以得到:

$$U = \frac{Gc_p(\Delta\theta_{warm} - \Delta\theta_{cool})}{A\Delta\theta_{lm}} \tag{9.26}$$

式(9.26)中分子部分是针对两种流体中的某一个做热量衡算。

从式(9.23)可知,U 由不止一个成分构成。实际上,式(9.23)是简化的形式,还应该加上换热壁面随时间变化造成的热阻。许多食品在高温下受到影响,蛋白质变性、矿物质沉积。这些沉积物与食品一样,是热的不良导体,因此成为额外的热阻。这一项以 $\dfrac{1}{h_{fouling}}$ 的形式加到式(9.23)中,表示结垢随时间进行造成的热阻。对于结垢,只能定时停止操作清洗换热面积,而没有真正有效的解决方法。相反,可以通过加强换热器壁面两侧的扰动来减小边界层的影响。

以下内容将介绍食品加工的换热器。

9.2.3.1　板式换热器

板式换热器是一种用于食品加工的常见换热器,由多片钢板构成,钢板被其表面边缘的密封垫圈分隔(图9.12)。

钢板的表面压有花纹,这些花纹有两个作用:①增加板的表面积;②增强两板间流体流动的湍流程度。因此板式换热器对加热或冷却低黏度、无固体颗粒的流体如牛乳是非常理想的。而且它易于拆装,便于彻底清洗。

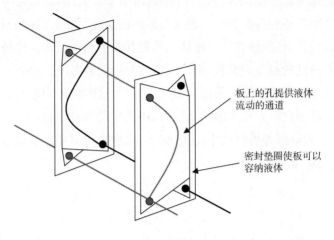

图 9.12　板式换热器

9.2.3.2　刮板式换热器

刮板式换热器由大直径的管体和通入加热或冷却流体的夹套构成。刮板安装在管体中心的转轴上,转动刮过换热表面,并搅拌泵入换热器的食品。因此它可以加热或者冷却带有颗粒的黏性物质,同时还可以处理因加热或者冷却变稠的物料。例如,人造奶油机冷却搅动物料,促进脂肪结晶。制作冰淇淋也应用相似的设备,在冰淇淋机夹套中通入冷却剂,刮刀刮下夹套内壁上凝冻的冰淇淋。

9.2.4　非稳态传热过程的温度预测

与稳态传热不同,非稳态传热时传热的推动力随时间逐渐降低。夹套式换热器是典型的例子,它一般带有夹套罐体,夹套中通入加热或冷却介质(图9.13)。食品加工中广泛使用这种加热器进行小批量、多配方的生产。开始的温差相对较大,当罐内食品的温度接近夹套温度时,温差逐渐变小。对这种情况建模比稳态传热困难,现有许多预测方程。但是,这些方程使用并不方便,要借助高速计算机迭代计算。在便宜高效的计算机出现之前,人们一直用算图求解预测温度(例如 Gurney – Lurie 图),我们将介绍这个方法。

由于最初温差很大,因此定义无温度为:

$$\theta_{lm} = \frac{\theta_\infty - \theta_t}{\theta_\infty - \theta_i} \qquad (9.27)$$

当食品的无温度接近0的时候,它就达到了介质的温度。

我们已经用毕奥数表示食品表面的传热速率与食品自身导热的相对值[式(9.21)]。除了传热速率,置于加热或冷却介质中的食品的温度会发生变化。另一个

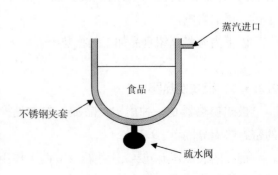

图 9.13　夹套式换热器

有用的关系是比较传热速率与食品吸收热量造成温度升高速率的比值。这个关系表示为另一个无因次数傅立叶数。

$$傅立叶数 = \frac{kt}{\rho c_p x^2} \tag{9.28}$$

显然,吸收的热量依赖于时间,流出的热量也依赖于时间。因此傅立叶数逐步增加。实际情况下,热量从三维流入或流出食品。为了简化,Gurney – Lurie 图只考虑了一维的情况,即将食品放在一个维度无限大的换热器中处理(图9.14)。因此一个无限长的圆柱体径向传热,可以忽略沿管长的热流;一个无限大的平板热量沿厚度方向流动,可以忽略长度和宽度方向的热流。

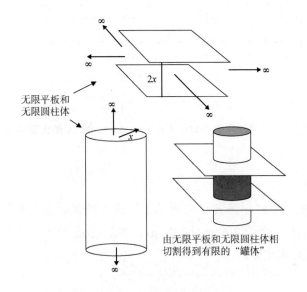

图9.14 无限和有限形体

图9.15 所示为简化的 Gurney – Lurie 图,可以用来预测无限平板(厚度 $2x$)或是无限圆柱体(半径 x)的中心温度。图9.15 适用于无限大毕奥数的情况。对于任何一种食品来说,我们找到它的热导率、密度、比热容、从中心到表面的最短距离(x),然后计算不同时间的傅立叶数,在图中就能查到任何时间的无温度。

通常把对无限物体的温度预测转换成有限物体的温度,如"罐头"。这个物体由与罐头直径一样的一个无限长圆柱体,和厚度与罐头长度相等的无限大平板构成。罐头中心的温度可以通过用圆柱体的无因次温度与平板的无因次温度相乘得到。最后,重新整理式(9.27)可以得到实际温度。

大多数发表的非稳态温度预测图比图9.15 更加全面,使用户可以处理其他毕奥数的情况,也可以预测中心以外其他部位的温度。

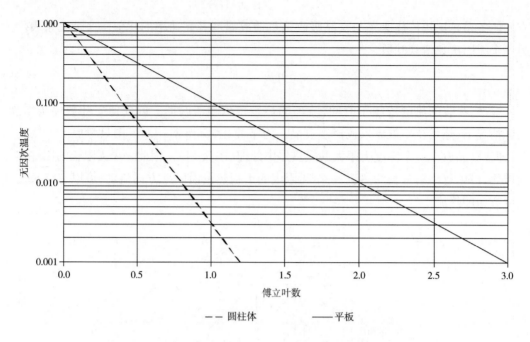

图 9.15 平板和圆柱体的 Gurney – Lurie 图(无限大毕奥数)

9.2.5 电磁辐射

红外和微波能量是电磁加热食品的例子。几种电磁辐射的主要区别在于它的波长和深度。红外辐射的波长介于 400nm 和 400μm,渗透深度很小。相反,微波的波长大约 300mm,渗透深度明显大很多。

9.2.5.1 红外加热

所有的物体都在不同程度上辐射能量,从一个物体向另一物体辐射的能量用式 9.29 计算:

$$q = 5.7 \times 10^{-8} \varepsilon A(\theta_1^4 - \theta_2^4) \tag{9.29}$$

式中　5.7×10^{-8}——斯蒂芬 – 玻尔兹曼(Stefan Boltzmann)常数,$W/(m^{-2} \cdot K^{-4})$;

　　　　ε——常数,物体的发射率(黑体 = 1,高反光表面→0);

　　　　A——面积;

　　　　θ_1 和 θ_2——两个物体的绝对温度。

由于红外能量的渗透深度很小,红外加热食品时,热传导是主要的传热机制。

9.2.5.2 微波加热

微波加热仅在特定的频率(例如在欧洲是 2450MHz)可以使用。在食品中,微波使带有偶极的分子(例如水)发生振荡,产生的能量以热量的形式耗散。微波能量可以渗透到食品内部,当它接触固体物质时,就像可见电磁辐射一样发生衍射。因此,物体的形状造成微波能的非均匀分布,球形物体会在中心聚焦能量,造成过度加热甚至烤焦。

9.3　单元操作

　　食品产品加工经常需要应用不同形式的操作。这些操作的设备在设计、规模、尺寸上有很大的差别,但是很多单个操作的原理非常类似。例如,从牛乳中分离脂肪得到脱脂乳与从原榨果汁中分离果肉纤维得到纯果汁原理相同,都利用离心分离。相同的原理可以用于生产许多不同的食品产品。因此,多种形式的工业操作可以依据其操作原理或目的分类,被称为单元操作。通常用于食品工业的单元操作包括清洗、原料处理、涂布、浓缩、蒸发、干燥、加热或冷却、冷冻、发酵和成型。本节讨论单元操作中的分离、混合、粒度降低和挤压操作。其他单元操作,如热处理、干燥和冷冻,将在9.4节讨论。

9.3.1　分离

　　分离是基于物理/机械原理或者化学平衡原理分离,或是物理性去除食品组分的操作。基于物理/机械原理的分离要对流体应用力场,不同的组分对力场有不同的响应,从而使各组分得以分离。典型的例子有离心、过滤和萃取。溶剂萃取基于组分在固相和流体相之间的相平衡。通过改变两个接触相的相组成,实现组分的分离。本节将讨论离心、过滤和溶剂萃取操作。9.3.1讨论基于粒度、颜色和形状的分离和筛选以及洗涤原料、清除污染物的分离操作。蒸发或者脱水选择性地分离食物中的水分是9.4.3.2的内容。

9.3.1.1　离心

　　离心可以用于分离两种不互溶的液体或者从液体中分离固体颗粒。起到分离作用的是颗粒和流体在圆形路径中运动所产生的离心力。离心力的大小与圆周运动所需加速力的大小相等,方向相反。加速力总是指向半径方向,垂直于瞬时速度,而离心力从中心指向圆周。加速度的大小依赖于旋转半径 r 和旋转速度 v_t。

$$a_{rad} = \frac{v_t^2}{r} \tag{9.30}$$

　　作用于质量为 m 的颗粒的加速力总是向内指向旋转中心(图 9.16),其大小由式(9.31)求解:

$$F = ma_{rad} = m\frac{v_t^2}{r} \tag{9.31}$$

　　当分散系统处于离心力场中,分散颗粒/液滴在离心力的作用下会发生移动。重相(例如牛乳中的水)移动到了离心机的壁面,而轻相(例如牛乳中的脂肪)会移动到内环。密度介于轻相和重相的组分也可以被分离(图 9.17)。一定离心速度下在某个位置形成了轻相和重相的过渡区域,在此处轻相层和重相层的静压力正好相等。这个区域的半径位置依赖于离心机的几何尺寸和两相的密度。

　　若要实现有效的离心分离,提高旋转速度非常重要。两相的密度差也至关重要,密度差越大,离心分离的效率越高。若要分离两相密度非常接近的物料,不应选择离心分离。

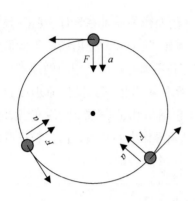

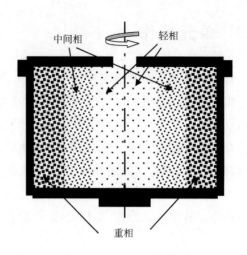

图9.16 圆周运动作用于颗粒上的离心力　　　　**图9.17 离心分离的分区**

　　根据分离的目的,离心分离设备一般可分为:液液分离离心机,例如管式离心机或碟片式离心机[图9.18(1)和图9.18(2)];离心净化机,例如喷嘴离心机[图9.18(3)];离心沉降机,如输送式离心机(卧式螺旋离心机)[图9.18(4)]。不同的离心机及其在食品加工中的应用见表9.2。

表9.2　　　　　　　　　　　　　离心机在食品加工中的应用

离心机类型	颗粒粒度/μm	进料固体含量（质量分数）/%	应用							
			A	B	C	D	E	F	G	H
碟片式离心机	0.5~500	<5	*	*	*					
自清洁离心机	0.5~500	2~10	*	*	*	*	*			*
喷嘴式离心机	0.5~500	5~25		*	*	*	*	*		*
卧螺式离心机	5~50000	3~60		*	*	*	*	*	*	*
篮式离心机	7.5~10000	5~60						*	*	
往复输送式离心机	100~80000	20~75						*	*	

　　注:A 液-液萃取;B 液体混合物分离;C 液体澄清;D 浆液浓缩;E 液-固-液萃取;F 无定性物质脱水;G 结晶食品脱水;H 湿法分级。

　　源自:Fellows(2000)。

9.3.1.2　过滤

　　过滤是使流体流经过滤介质从而将固体颗粒除去的操作。流体可以是气体,也可以是液体。分离颗粒的粒度是决定选择过滤介质最重要的因素,也是过滤技术分类的参数,见表9.3。

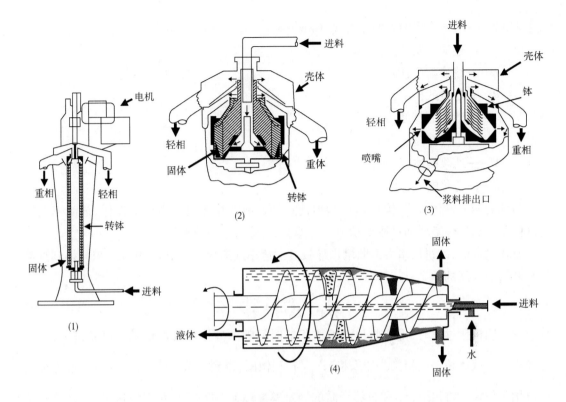

图 9.18　各种离心机

（1）管式离心机　（2）碟片式离心机

（3）喷嘴离心机（McCabe 等,2001）　（4）输送式离心机（卧式螺旋离心机）

［源自 Leniger 和 Beverloo（1975）,Food Processing Engineering,Edidel publishing,Holland］

表 9.3　　　　　　　　　　　　　　　　　　过滤操作分类

过滤操作	颗粒粒度	操作压力	应用
微滤	0.1 ~ 10mm	200 ~ 500kPa	悬浮颗粒,脂肪球
超滤	1 ~ 100nm	350 ~ 1000kPa	胶体,大分子
反	<1nm	1 ~ 10MPa	小分子

　　反渗透用来分离纳米粒度的颗粒或者小分子,例如离子、蔗糖和香味分子。超滤用来分离亚微米颗粒（1 ~ 100nm）,例如酶、病毒、胶质和卵清蛋白。微滤分离适用于大于微米粒度的颗粒的分离,例如乳液中的脂肪球、酵母和细菌。

　　当在分子或胶体水平进行分离时,要借助特殊的分离介质——膜。颗粒越小,对于滤膜的技术要求越高。

　　过滤需要在过滤介质两侧施加压力作为流体流动的推动力。典型的操作压力范围见表 9.3。对抗推动力的是滤饼和过滤介质的阻力。被拦截颗粒的数量越多,滤饼阻力越大。过滤速率 dV/dt（m^3/s）取决于推动力和阻力的比值:

$$\frac{dV}{dt} = \frac{A\Delta P}{\eta R(x_c + x)} = \frac{A\Delta P}{\eta R\left(\dfrac{SV}{A} + x\right)} \tag{9.32}$$

式中　ΔP——过滤介质两侧的压力差,N/m^2;

　　　　A——过滤介质的面积,m^2;

　　　　η——滤液黏度,$Pa \cdot s$;

　　　　R——滤饼的比阻,m^{-2};

　　　　x_c——滤饼的厚度,m;

　　　　x——过滤介质的厚度,m;

　　　　V——滤浆的体积,m^3;

　　　　S——滤浆的固含率。

过滤有两种操作方式:恒压过滤和恒速过滤。前者在恒定压力差下操作,过滤速率随时间降低。后者逐渐增加过滤推动力压力差,从而保持过滤速率恒定。

常压过滤时,滤饼层阻力不断增加导致过滤速率逐渐变小。对式(9.32)积分得到滤液体积和过滤时间的关系:

$$\frac{t}{V/A} = \frac{\eta RSV}{2\Delta PA} + \frac{\eta Rx}{\Delta P} \qquad (9.33)$$

它表明恒压过滤时,得到单位滤液体积的时间随滤液体积线性增长。也就是说,过滤的效率与滤液体积呈负相关。如果将 $\frac{t}{V/A}$ 与 $\frac{V}{A}$ 做图,得到一条直线(图9.19)。这种关系可以用于估算滤饼比阻(R)和过滤介质的当量厚度(x)。类似地,对于恒速过滤,过滤介质两侧的压降与滤液体积呈线性关系:

$$\Delta P = \frac{\eta RSQ}{A^2}V + \frac{\eta RQL}{A} \qquad (9.34)$$

式中　Q——过滤的体积速率。

这个关系表明为了保持恒定的过滤速率,过滤压力必须随滤液体积线性增长(图9.19)。式(9.34)也可以用于计算滤饼比阻(R)和过滤介质的当量厚度(x)。

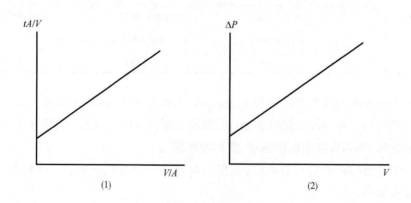

图9.19　过滤图

(1)恒压过滤　(2)恒速过滤

过滤设备可以分为压力式过滤机或真空过滤机。前者利用压力迫使流体流动,而后者利用负压作为推动力。

对于黏性悬浮液,压力式过滤机在过滤介质上游施加很大的压力,实现经济的、快速过滤。压滤机是压力式过滤机的代表[图 9.20(1)]。它包括一套滤板和板框,用来收集固体。滤板表面覆以过滤介质,例如帆布或者滤纸。在过滤室用泵输入压力为 0.3 ~ 1MPa (3 ~ 10atm)的滤浆,滤液流过滤布,进入排出管,在滤框上留下湿滤饼。过滤过程需要定期中断,从相反方向泵入洗涤水,冲洗滤框上的滤饼。

真空过滤机大多设计为连续操作。真空泵连接在过滤机的下游,在过滤介质两侧产生压力差。转鼓过滤机见图 9.20(2),水平放置的转鼓表面覆盖滤布,并与真空泵相连。转鼓转动时浸入滤浆,滤液穿过滤布从管路流出。真空泵吸走滤饼中的液体,滤饼随转鼓转动离开滤浆槽时,经洗涤水冲洗,刮刀卸下滤饼并破坏真空。

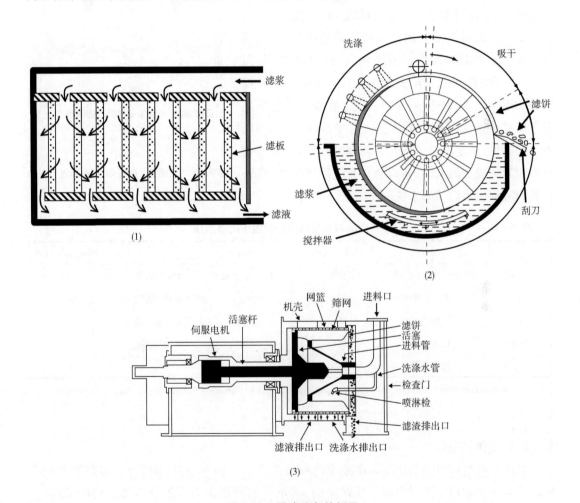

图 9.20 微滤设备的例子

(1)压滤机 (2)转筒真空过滤机(摘自 Leniger 和 Beverlo,1975)

(3)往复式输送离心机(摘自 McCabel 等,2001)

离心与过滤结合可以实现强化微滤。离心过程产生的压力推动液体通过过滤介质并留下固体。往复式输送连续离心过滤机见图 9.20(3),浆料通过进料管进入旋转的网篮,滤液通过网篮的筛网流出,留下滤饼。往复式活塞杆向前运动压榨滤饼,在卸料前滤饼进一步脱水。离心过滤系统与常规过滤技术相比,离心过滤的滤饼水分含量更低。如果过滤的物料需要随后进行热力干燥,这可以显著节约操作成本。

　　超滤也称膜过滤或者膜浓缩。超滤膜的选择层孔隙率高,孔径分布窄,常用截留分子质量来表征超滤膜的性能。大于截留分子质量的分子会被拦截,但是也常见截留部分分子质量范围很宽的分子。超滤最常见的应用是乳品工业的乳清浓缩。其他的应用包括浓缩蔗糖汁和番茄浆;酿造和酒精工业的废水处理;酶、蛋白质或多糖的浓缩和分离;消除蜂蜜和糖浆的混浊。

　　在食品加工中反渗透利用半渗透膜,能够选择性地允许水和小分子通过。溶液的渗透压是反渗透的操作参数。将半透膜置于溶液与水中间,水分子将会通过膜,使得溶液被稀释,直到溶液和水的高度差达到某个数值,这个数值就是溶液的渗透压。

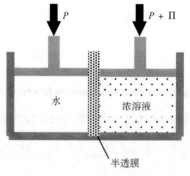

　　反渗透通过对溶液侧施加高于渗透压的压力,使得溶液中的水能够转移到纯水侧,从而浓缩溶液(图9.21)。一些典型食品溶液的渗透压见表9.4,但是反渗透的操作压力(4000~8000kPa)比溶液的渗透压高很多。反渗透主要用于果汁、酶、发酵液体、植物油的浓缩和提纯,小麦淀粉、蛋白、牛乳、咖啡、糖浆、天然提取物和芳香成分的浓缩;葡萄酒和其他酿造酒的澄清;水果和蔬菜脱水以及海水脱盐。

图9.21　反渗透(P为溶液的渗透压)

表9.4　　　　　　　　　　　　一些食品和食品溶液在室温下的渗透压

食品	浓度	渗透压/kPa	食品	浓度	渗透压/kPa
牛乳	9%非脂肪固体	690	咖啡提取物	28%总固体	3450
乳清	6%总固体	690	乳糖	5%质量浓度	380
橙汁	11%总固体	1587	氯化钠	1%质量浓度	862
苹果汁	15%总固体	2070	乳酸	1%质量浓度	552
葡萄汁	16%总固体	2070			

源自:M. Cheryan(1998),*Ultrafiltration and Microfiltration Handbook.* Technomic Publishing Co.,Lancaster,Pennsylvania.

9.3.1.3　溶剂萃取

　　溶剂萃取是利用溶剂从固体食品中提取或分离某一特定组分(溶质)。溶剂萃取的分离基于组分在固相和溶剂相间的化学平衡,溶剂萃取的推动力是组分在两相间的浓度差。一旦固体与溶剂接触,浓度差驱使溶质从固相流动到溶剂相以达到相平衡。浓度差越大,推动力越大,萃取越有效。

　　溶剂萃取不止于一个步骤,还包括食品与溶剂混合、放置一段时间、分离溶剂等操作。后期往往还需要把溶质从溶剂中分离出来,如浓缩和(或)脱水。在食品工业中的应用包括从果仁和油籽中提取烹调油;从水果和蔬菜中提取香味成分、香料和精油;咖啡和茶;从咖啡和茶叶中去除咖啡因。

采用的萃取溶剂应满足在最优条件下具有最大的溶解目标组分的能力。常用的溶剂有水、有机溶剂和超临界流体(表9.5)。水是最方便、最便宜和最环保的溶剂,广泛应用于糖、速溶咖啡和茶的生产。油和脂肪不溶于水,需要有机溶剂来提取。原则上,理想的溶剂应有以下特点:

- 溶质溶解能力高;
- 选择性强,对特定的组分有较大的溶解度而对其他组分的溶解度很小;
- 化学稳定性好,与所接触的成分没有不可逆的反应;
- 无毒,没有腐蚀性,环境友好;
- 黏度较低,便于输送。

溶剂萃取的设备有固定床、移动床或分散固体的形式。固定床是在萃取罐的底部支承固体的多孔板,便于排出溶剂。把固体放入萃取罐,在固体上喷淋溶剂,直到溶质的浓度降低到经济意义上最小的数值,然后排放残渣。这种技术主要用于生产速溶咖啡,提取罐串联在一起形成提取组。罐内放入烘焙的咖啡豆,热水从提取最完全的罐流向可溶性固体含量最高的罐(图9.22)。移动床使装有固体的容器(例如篮子)在大型提取设备中移动,依

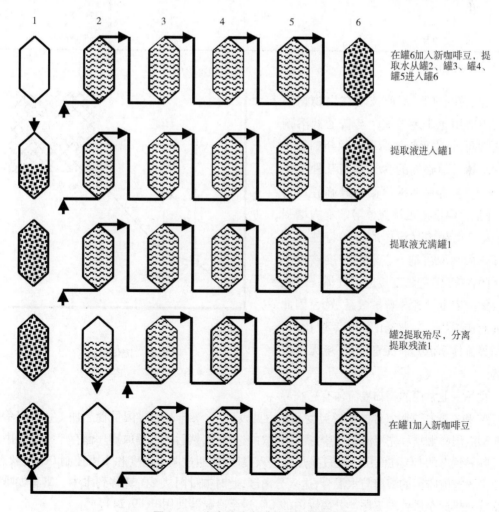

图9.22　生产速溶咖啡的静态提取器组

次经过溶剂喷淋器、排水区、卸料区和进料区。为达到最大的提取率,需要使用大量的溶剂,但这会增加后续浓缩或脱水的操作费用。为提高溶剂萃取的效率,需要提高溶剂的温度和流速。高温可以降低溶剂的黏度,提高组分的溶解度。而提高溶剂流速可以减小固相和流动溶剂间的静止流体层,提高两相的传质速率。

表 9.5   用于萃取食品成分的溶剂

食品	溶剂	温度/℃
脱咖啡因咖啡	超临界 CO_2、水或者亚甲基氯	30 ~ 50(CO_2)
鱼肝、肉类副产品	丙酮或乙醚	30 ~ 50
啤酒花提取物	超临界 CO_2	N/A
速溶咖啡	水	70 ~ 90
速溶茶	水	N/A
橄榄油	二硫化碳	
	己烷	60 ~ 70
籽、豆类和果仁的油	庚烷	90 ~ 99
	环己烷	71 ~ 85
甜菜	水	55 ~ 85

源自:Fellows,2000。

超临界(SCF)萃取技术在生物物料加工中应用越来越普遍。与普通的溶剂萃取不同,超临界流体萃取利用超临界状态的流体。超临界的含义是当某种气体(如 CO_2)被等温压缩至高于其临界压力时,在临界温度附近该流体溶解能力增强(图 9.23),超临界流体的传递特性有利于其作为萃取溶剂。它们的密度接近于液体的密度,但是黏度接近于气体。超临界流体的密度大意味着扩散系数大,因此溶解的速率快。与普通的溶剂萃取比较,超临界流体萃取具有无毒、对环境无害的优势。

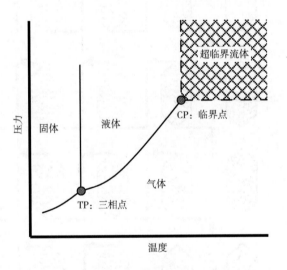

图 9.23 流体相图

TP—三相点 CP—临界点

食品工业常用的超临界流体有超临界 CO_2、N_2 和乙烯。这些气体的临界温度和压力见表9.6。咖啡脱咖啡因是食品加工超临界萃取的典型应用。咖啡豆先浸泡于水中,提高萃取的选择性,然后送入提取罐。储存于冷凝器中的接近临界状态的 CO_2 在高压下经过换热泵进入提取罐,通过调节温度和压力控制 CO_2 的状态。高压下含有咖啡因的溶液与水混合,送入分离罐,此时咖啡因从 CO_2 转移到水中。富集咖啡因的水溶液排放至后处理工序。分离罐内的 CO_2 送至冷凝器回用(图9.24)。

表9.6	一些气体的临界点	
流体	临界点/K	临界压力/MPa
氢	32.97	1.293
氖	44.40	2.76
氮	126.21	3.39
氧	154.59	5.043
二氧化碳	304.13	7.375
甲烷	190.56	4.599
乙烷	282.34	5.041
丙烷	369.83	4.248

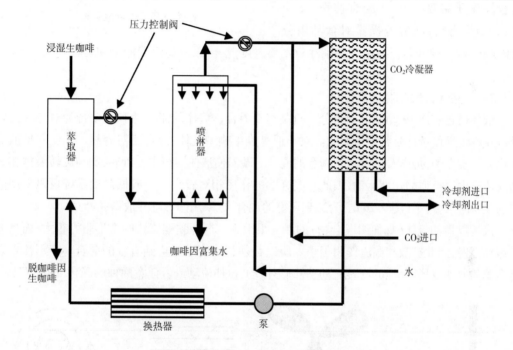

图9.24　脱咖啡因的超临界 CO_2 萃取器

[重绘自 McHugh and Krukonis(1994), *Supercritical Fluid Extraction:Principle and Practice*,

2nd edn, Butterworth – Heinemann, Boston]

9.3.2　混合

　　混合究其本质,是混合一种物料的两个或多个不同的部分,以达到一定程度的物理的或化学的均匀度。混合在食品工业的应用包括:混合各个组分以减少不均匀性,或是降低大批量物料或产品的成分、性质、温度的梯度。混合没有保藏的效果,只是帮助达到某种性质的一致性,改善食品的食用品质。混合不同形式的物料,如液体、固体、固 – 液,涉及不同的机制,需要不同的方法和设备。

　　混合首先考虑的是实现满意的混合,使各个成分能够均匀分布。操作时间、能量消耗和产品的均匀程度都是衡量混合操作或是混合器性能的指标。不同情况下评价指标差别很大。例如,有时候需要非常高的均匀程度,其他情形又需要快速的混合或者很小的能量消耗。

测定产品的浓度变化可以了解混合均匀的程度。分析局部试样在不同时间的浓度并计算标准偏差,将浓度变化与混合时间作图(图9.25),我们能预测某种混合器或特定形式的混合所需的最少时间。混合操作还需要考虑:①混合速率;②能耗;③卫生考虑;④混合操作对食品组分

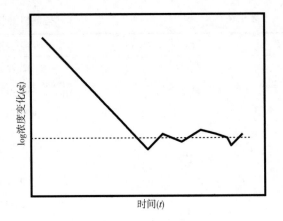

图9.25 混合操作的均匀度测量
(s_b^2 为样品间的标准偏差)

可能的影响。设计混合操作应特别注意不要过度混合,以避免浪费能量和材料。

9.3.2.1 液体介质的混合

液体通过扩散、流动变形和再分布机制实现混合。液体的流变性和流动行为对选择混合设备及确定操作条件是相当重要的。对于低黏度牛顿型流体,混合相对容易。湍流和扩散能强化流体质点的再分布,从而达到满意的混合。漩涡使液体围绕中心旋转,而与旋转液体相邻的液体层也以类似的速度运动,因此对混合起的作用相对较小。一般低黏度系统可以采用简单的桨、叶片和透平(图9.26)。为达到更好的混合,也采用凹形叶片或斜孔叶片。

高度黏稠的流体(如面团混合物)的混合很困难。这种黏稠流体的变形阻力很大,而且分子运动很慢,因此扩散和湍流作用很小。所以必须利用变形流达到有效的混合。变形流可以是简单的剪切变形、单纯的旋转流动、椭圆形流动、拉伸流动或者任意两种的混合(图9.27)。

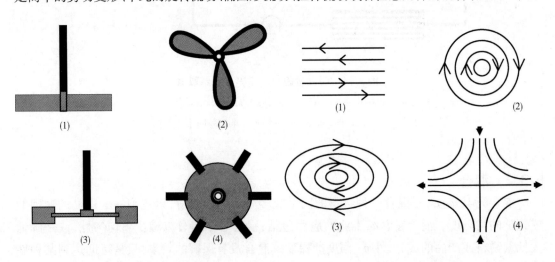

图9.26 混合低黏度液体的设备
(1)搅拌桨 (2)三叶桨
(3)六叶透平的侧视图 (4)六叶透平的俯视图

图9.27 流动类型
(1)简单的剪切流动 (2)单纯的旋转流动
(3)椭圆形流动 (4)拉伸与剪切流混合

这些流动的效果是颗粒或流体质点以不同的速度或不同的方向运动。例如,在简单的剪切流里,流体层在同样的方向上运动,但是速度不同,因为各层之间存在滑动[图9.27 (1)]。图9.27(4)中的混合流使得颗粒和流体质点以不同的方向和速度运动。

各种形式的流动可以由以下方法产生:从管路的喉部吸入流体,挤压流体使其通过狭窄出口,在容器壁面上挤压流体;将未混合部分混入已混合部分(folding);拉伸材料等。黏性流体的高速混合会导致高能耗,并对机器产生应力,因此,不宜采用。黏性材料的过度混合可以使材料的物性和流变性改变,造成最终产品的质地和微结构发生不利的变化。

高度黏稠流体有多种类型的混合设备,最常见的设备包括锚式搅拌桨、Z叶片搅拌器和螺带搅拌桨(图9.28)。

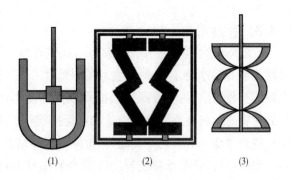

图9.28 搅拌高黏度流体的设备
(1)锚式搅拌桨 (2)双Z叶片搅拌器 (3)双头螺带搅拌桨

9.3.2.2 固体介质的混合

固体介质的混合与液体混合的机制区别明显,如均匀程度、最优混合时间、能量消耗和设备设计等。液体混合依赖于流体流动把未混合的材料传递到靠近混合桨的混合区,但是固体混合没有这样的流动。对于液体材料,均匀程度一般是随着混合时间的延伸而增加。而且,液体与固体"完全混合"的概念也不同。对于液体材料,"完全混合"意味着达到真正均一的液相,任何一个样品都有相同的成分。但是,对于"完全混合"的固体产品(粉末或酱体),随机地少量取样会得到明显不同的成分。要获得具有显著性的结果,任何混合物样品的抽样量必须大于某一临界值,即数倍于混合物中最大单个颗粒的大小。

干燥的食品物料包括面粉、糖、盐、调味品、谷物片、乳粉、干蔬菜和水果。混合非黏性固体材料的主要机制有:对流混合、表面混合和颗粒间渗流。对流混合是一些质点在混合桨的作用下从一个位置移动到另一个位置。表面混合使颗粒滚动到一个自由表面,颗粒在自由表面的随机运动造成了固体成分重新分布。颗粒间渗流是指小颗粒在重力的作用下从变形的大颗粒间的缝隙中移动,这主要是指颗粒在应力下膨胀的情况。以上过程帮助固体材料混合,但如果过度处理,也可能导致分离。影响混合的主要因素有:颗粒粒度、颗粒形状和固相间的密度差。通用的原则是:粒度差和固相间密度差越大,混合越困难,越容易分离。

颗粒材料的混合效果或程度比液体难以评估。通用的方法是在不同的时间局部取样。对非黏性固体计算组分的数量百分数,对黏性固体计算组分的质量百分数作为混合程度的度量,并作为混合的定量度量。混合物中的一个成分随机地分布于另一组分就可以认为是完全混合。混合操作的效率用达到最大混合度所需要的时间、消耗功率和产品质量来评价。

固体介质混合器可以粗略分为以下几种:

■ 有旋转外壳的混合器:双锥形、三维转动、Y 形混合器;

■ 有静止外壳,内有旋转的水平叶片(例如带式、Z 形叶片式)或者旋转螺旋叶片[例如面团(Kenwood)搅拌器、螺旋(Nauta)搅拌器];

■ 流化混合器:空气混合器,杨氏重力搅拌器。

9.3.3 粒度降低

粒度降低的术语应用于所有剪切或破碎物料使之减少粒度的操作。粒度降低对食品保藏几乎不起作用,但是对于食品的一致性和营养价值非常重要。粒度降低对于食品加工主要的有利作用有:①提高比表面积以强化传热和传质;②有利于组分混合。粒度降低对食品主要的影响是改变感官质量和可能造成营养损失。食品的粒度降低后,其质地可能发生本质的改变。对于固体食品,粒度降低可以增加食品的细腻程度,利于水解酶快速释放。对于液体食品,分散颗粒经粒度降低会影响其黏度和口感。但是,因粒度降低引起表面积增加不可避免地增加了食品表面与周围环境(液体或空气)的接触,这样会造成营养成分损失和脂肪酸氧化。

粒度降低操作针对两个主要对象,即液体和固体。对于固体物料,用切割或者研磨;对于液体物料,用乳化或者雾化。

9.3.3.1 固体食品的粉碎

固体食品的粉碎需要使用机械应力。一旦所施加的应力超过屈服值,物料会变形并最终破裂。所施加应力与产生应变的关系与物料的机械性能有关系。如图 9.29 所示,机械强度高的物料(图线 1 和 2)在很高的应力下破裂,但是机械强度差的物料(图线 3、4 和 5)在较小的应力下破裂。坚硬的物料(图线 1、2 和 3)在小应变下破裂,但是柔软的物料(图线 4 和 5)在破裂前应变很大。

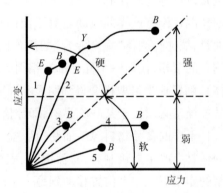

图 9.29　不同固体物料的应力－应变图

E—弹性极限　Y—屈服点　B—破裂点

使固体食品破裂的力是压力、冲击力或者剪切力(摩擦力)。压力用于断裂脆性或者易碎食品(例如果仁、糖晶体、烘焙的咖啡豆),剪切力用来切断有纤维的食品(如肉、蔬菜),冲击力通过运动物体(如锤式粉碎机的锤)与物料的短时间接触来打碎脆性物料(如糖晶体)。固体食品的粒度降低设备可以利用一种力,更多的是利用几种力的组合。

可以根据粒度降低的程度从理论上预测粒度降低所需要的能量:

$$\frac{\mathrm{d}E}{\mathrm{d}D} = cD^{-n_e} \tag{9.35}$$

式中　E——粉碎单位质量固体食品所需的能量;

c 和 n_e——常数。

这个关系可以有三种解释来估算不同粒度降低程度的能量消耗,分别是 Rittinger 定律、Kick 定律和 Bond 定律(表 9.7)。

但是粒度降低的总能量投入远远高于理论预测。这是由于很大一部分的能量都以耗散的形式浪费了。据估算只有 25% ~60% 的能量传给固体,真正用于制造新表面积的能量仅有 1%。根据表 9.7 计算的能量消耗可以用于计算粒度降低操作的能量效率,即用于制造表面积的能量占总能量消耗的比值。

粉碎的设计目标力争降低能量耗散。能量耗散不仅造成能量的浪费,更为重要的是,可能造成热敏性组分的损失(如香味和风味组分)。选择粉碎设备需要考虑的因素有:

- 物料机械性质(硬、脆、软、强、弱等);
- 粉碎程度(大、中、细);
- 设备能量效率。

对于强度高而且柔软的物料(如肉、水果、蔬菜和其他的含纤维物质),应该利用剪切力和压力的设备,例如斩拌机、切片机、切丁机、磨碎机和破碎机。对于硬而脆的物质(例如糖、干燥的淀粉、烘焙的果仁、烘焙的咖啡豆),考虑利用冲击力和压力的设备,如锤磨、球磨、盘磨和辊磨。

表 9.7 固体食品粉碎的能量消耗

定律	假设	n_e	ΔE	应用
Rittinger	所需要的功与新产生的表面积成正比	2	$c_R\left(\frac{1}{D_2}-\frac{1}{D_1}\right)$	适用于表面积增加很多的情况,如细磨碎
Kick	同样的粒度降低比率所需要的功是恒定的	1	$c_K\ln\left(\frac{D_1}{D_2}\right)$	适用于表面积增加不多的情况,如粗磨碎
Bond	所需要的功与产品的面积体积比的平方根成正比	1.5	$c_B\left(\frac{1}{D_2^{0.5}}-\frac{1}{D_1^{0.5}}\right)$	适用于表面积增加适中的情况

9.3.3.2 液体食品的粒度降低

液体食品的粒度降低称为均质或乳化,两种不互溶的液体(例如水与油)以一种液体的小液滴(称为分散相)分散于另一种液体(称为连续相)的形式混合在一起。乳化是这一类分散系统的统称。需要均质操作的食品有奶油、沙拉酱、蛋黄酱、冰淇淋、软饮料和牛乳。其目的不是为了保藏,更大程度是为了改变质地和感官,避免相分离,保持长期的稳定性。

有两种类型的乳液:水包油(O/W)乳液(例如牛乳、冰淇淋)和油包水(W/O)乳液(例如奶油、低脂涂抹食品)。多重乳液,例如水包油包水(W/O/W)或者油包水包油(O/W/O)在食品工业中应用得越来越多,利于风味和营养释放。乳化需要强剪切力击碎液体成粒度为微米或亚微米的小液滴。这个剪切效应可以通过使流体在高压(几百个大气压)下通过一个窄的开口实现。离心力也可以产生剪切作用,典型的例子是用一个旋转盘来实现雾化。高速旋转盘对流过的液体产生高的剪切力。对液体的剪切作用也可以利用超声振动能量,例如超声乳化过程。

液体粒度降低造成两相间和表面能产生了巨大的接触面积。例如,如果 $1m^3$ 的油分散在 $1m^3$ 的水中,液滴直径为 $1\mu m$,乳化的总表面积将是 $3000000m^2$。由于表面能特别高,分散液体通过汇集在一起的趋势以达到低能状态。因此,有必要使用表面活性剂(或乳化剂)降低表面张力,以保证一定时间内乳液稳定。适用于食品的乳化剂有蛋白质(例如牛乳蛋白质、大豆蛋白、鸡蛋白)、磷脂(例如卵磷脂)和各种脂肪酸酯(例如单硬脂酸甘油酯)。多糖和其他亲水胶体(例如果胶、胶质)也经常加入食品乳液中。这些大分子表面活性不高,几乎不会优先吸附到界面上。加入多糖的主要功能是增加连续相的黏度,以此减缓乳液的失稳。

降低液体粒度的设备有高速混合机、高压均质机、胶体磨和超声波均质机。

9.3.4 挤压蒸煮

挤压是食品工业最通用的操作之一,可以将配料转变成中间产品或最终产品。挤压机是通过挤压使配料成形的设备。挤压机可以在室温下工作,也可以在高温下工作。如果挤压机内的食品加热到100℃以上,就是挤压蒸煮(或热挤压)。食品工业的大多数挤压都是高温操作,可以使淀粉糊化,也可以使蛋白质变性。

挤压蒸煮技术在食品工业使用得越来越广泛。挤压蒸煮的主要优点有:

■ 通用性。通过改变配方、加工条件、模具的形状和粒度,挤压蒸煮可以生产多种多样的食品产品,例如谷物类产品(例如通心面制品、膨化食品)、糖果(例如水果软糖、太妃糖)和蛋白质产品(如火腿肠、热狗)。

■ 产量高。连续操作,产量远大于蒸煮/成型系统。

■ 成本低。人工或操作费用和占用空间低于蒸煮/成型系统。

■ 产品质量高。高温短时间操作有助于保留热敏成分。

■ 无废水排出。挤压是低水分操作,不排出废水。

挤压主要是对塑性或者软物料的连续变形操作。挤压蒸煮可以粗略地分为几个阶段:进料、混揉、最终蒸煮和膨化(图9.30)。

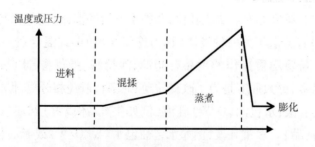

图 9.30　挤压蒸煮的几个阶段

■ 进料。进料区在挤压机的最远端,进料时各个组分是否预先混合并不重要。总的进料速率取决于螺旋的输送能力和总产量。水和其他液体或者和物料一起加入,或者在进料区的下端喷入。在此阶段各个组分发生混合。

■ 混揉。在这一阶段,食品组分进一步向前输送并被压缩。挤压机的这部分螺距变小,原料不再呈颗粒状。密度、压力和温度开始增加。在此阶段后,颗粒状的原料变为黏弹性并且呈现均一的质构,以便进行最终蒸煮。

■ 蒸煮。在此阶段,由于进一步降低螺距,以及存在模具和热夹套,食品的温度和压力都增加得非常快。这一阶段食品原料发生的变化最显著地影响产品的密度、质地、颜色和其他功能性质。

■ 膨化。食品原料被强制通过模具,压力突然降低,温度降低。突然膨胀形成最终产品的微细结构和质地。模具的尺寸和几何特征对于产品的成形、形状和微细结构都起到了非常重要的作用。

单螺旋挤压机内的流动是拖曳流和压力流的组合。拖曳流是由旋转螺旋造成的向前的黏性流,与螺旋速度成正比。但是,压力流是反方向的,是由模具尾部的高压产生的。食品物料的流变性和操作条件(温度、压力、模具开孔直径、螺旋速度等)是影响挤压机内流动的主要因素。对于一个选定的模具,应在产量与模具内的压力之间权衡,选取最优的操作参数。

有两种类型的螺旋挤压机:单螺旋挤压机和双螺旋挤压机。单螺旋挤压机(图9.31)是最简单的食品挤压机,操作非常经济。它的性能可以通过选择不同的模具(不同形状或不同直径)达到不同的目的。但是,单螺旋挤压机只适合生产脂肪含量低于4%、含糖量低于10%和含水量低于30%的产品。脂肪、糖和水分含量高显著降低食品与设备内壁的摩擦力,从而影响食品的流动与混合。双螺旋挤压机包括两个相互交叠的螺旋,可以同方向旋转,也可以反方向旋转。它比单螺旋挤压机的产量高,另一个优点是应用产品种类范围更宽,它可以轻松处理含有高达20%脂肪、40%糖和65%水分的食品。

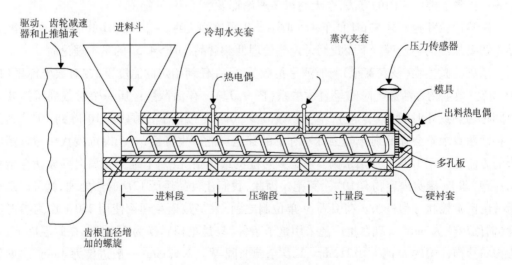

图9.31 典型的单螺旋挤压机

[源自:Harper,J. M. (1978) Food Technology,32,67.]

9.4　食品保藏

来源于生物物料的食品经历生长和采摘,采摘后继续发生变化。这些变化包括:

■ 酶的产生,例如有时果实成熟时离开植株,此时果实自成熟,但是成熟过程中产生一些酶,对食品品质具有不利的影响;

■ 食品脱水;

■ 输送和处理过程导致的物理损伤以及随之而来的酶的变化;

■ 微生物导致的腐败变质;

■ 害虫造成的物理损害,如昆虫、啮齿动物以及相应的微生物损害;

■ 化学变化,例如氧化。

食品保藏目的在于控制自然腐败过程,以获得高质量、安全和营养的食品,延长货架期,从而使消费者能够获得非应季和非产地的食品,扩大他们选择的范围。一些食品保藏的方法能够使食品保持自然状态,还有些方法使食品转变成了产品,例如干燥葡萄生产葡萄干;这两类食品保藏方法各有用处,而且葡萄干不能复水变成葡萄。

9.4.1　高温处理

高温处理用于杀灭酶和微生物,否则食物会发生感官变化或产生毒素。一旦超过临界温度,杀灭酶和微生物的速度与时间呈指数关系。烹调食品的高温引起质量的变化,但是提供了微生物学的安全性。

对于食品制造商来说最重要的就是保证产品的食用安全性。对于罐头食品,需要关注最危险的微生物——肉毒梭状芽孢杆菌($Clostridium\ botulinum$)。在 19 世纪,Tyndall 和 Appert 提出了蒸汽灭菌的方法,今天的很多理论都发源于 19 世纪。

肉毒梭状芽孢杆菌在 pH 低于 4.5 时不产生毒素而无毒性,因此 pH 低于 4.5 的高酸食品不需要强烈的热处理。下面我们讨论热处理低酸食品(pH >4.5)的基本理论。

杀灭的微生物(及其芽孢)与时间呈指数关系,在任何给定的温度下,在对数坐标里(以 10 为底)微生物存活数与时间呈直线关系(图 9.32)。存活菌数经历一个对数周所需要的时间称为热致死时间(或 D 值),微生物数减少 90%,例如,存活菌数从 10^6 降到 10^5。微生物存活菌数永不会降低到 0,这意味着存活的芽孢可能产生毒素,对于肉毒梭状芽孢杆菌解决的方法是采用 $12D$ 的加热杀菌。考虑到可能的最坏情况:一个罐头充满肉毒梭状芽孢杆菌芽孢,即 1g 罐头内容物有 10^{12} 个芽孢。因此,我们让食品经历 $12D$ 的热处理,就可以杀灭所有的肉毒梭状芽孢杆菌。在引入 SI 单位制之前,大多数罐藏理论使用 250 ℉ 作为参考温度(时间单位为 min)。现在也广泛采用这个条件,只是单位转换为 121℃。在此温度下,肉毒梭状芽孢杆菌的 D 值为 0.21min。$12D$ 杀菌时间等于 2.52min(一般进位为 3min)。如果原始菌数在规定的范围内,食品在 121℃ 下保持 3min,即为安全的商业无菌产品。

9.2.4 已经指出,罐头需要一定的时间达到 121℃,而且低于这个温度也可以杀灭食品的芽孢。我们仍利用 $12D$ 的概念,积分其他温度下的微生物致死率。观察不同温

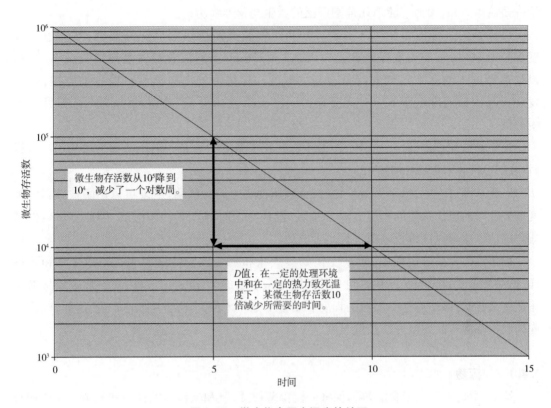

图9.32 微生物在固定温度的杀灭

度下的 D 值,发现 D 值与温度呈指数关系。以 D 值为对数坐标(以 10 为底)对温度作图得到一条直线。Z 值是 D 值减少 1 个对数周所需提高的温度。对肉毒杆菌来说该温度范围为 $10℃$。这样我们可以把任何温度下的致死时间表示为在参考温度下的等效致死时间:

$$\frac{D_\theta}{D_{121}} = 致死率 = 10^{\frac{(\theta-121)}{10}} \tag{9.36}$$

任何温度下 D 值与参考温度下 D 值的比值也称为致死率。它等效于在某个温度处理 1min 的效果相当于在 $121℃$ 时处理的时间。我们把所有温度的致死率加起来得到 $121℃$ 的等效时间,用 F_0 来表示。由于我们需要 $12D$ 致死,对应的 F_0 为 3min,就杀灭肉毒梭状芽孢杆菌而言,如果原始菌数在规定的范围内,这样生产的食品是安全的。

9.4.1.1 烫漂

烫漂是用热水或者蒸汽短时间处理食品。烫漂的确能够减少微生物数量,但其主要的目的是杀灭可能造成食品变质的酶。排除原料中的气体,如 O_2,否则在储存过程中可能会发生化学反应。

9.4.1.2 巴氏杀菌和 HTST

最初为防止牛乳中结核菌的传播而进行巴氏杀菌,这种温和的热处理至今仍然广泛用于许多液体产品,因为它能杀死范围广泛的微生物营养细胞。

巴氏杀菌是将食品在63℃加热30min。食品流经换热器后提高温度,然后进入温度保持管,保持管的长度保证食品在其中停留30min。然后食品流经热回收换热器(用以加热新进入的食品),同时降低自身的温度。保持管的出口温度可以自动监控,如果发现产品出口温度低于63℃,就没有达到巴氏杀菌的要求,产品将自动转移到另一条生产线。

微生物致死理论(9.4.1)建立了微生物致死与温度的关系。巴氏杀菌可以采用高温瞬时(HTST)操作,即72℃加热15s。

巴氏杀菌过程中,当杀灭微生物时,也破坏食物中的一些酶,所以可以用酶被破坏的程度来表征产品巴氏杀菌的程度。对于牛乳,巴氏杀菌时破坏碱性磷酸酶,因此分析碱性磷酸酶的活性就可以评价该杀菌过程是否成功。

加热液体食品的过程中,质量变化如蒸煮味和褐变反应伴随而来。与微生物和酶一样,这些质量变化也与温度和时间有关。就像微生物的 D 和 Z 值一样,通过测定质量的变化速度,我们可以知道食品加热的程度。质量变化的 Z 值高于微生物的 Z 值,因而,较高温度的巴氏杀菌产品质量好于较低温度。

9.4.1.3 罐藏

第11章讨论了用于食品热力保藏的镀锡薄板罐、瓶和软包装的性质和充填。充填和密封的罐头在杀菌釜中,加热一定温度和时间,达到商业无菌。处理罐头食品的杀菌釜主要有以下几种类型:

间歇式杀菌釜是圆柱形的压力容器,利用蒸汽加热。杀菌釜底部着地,开启顶盖,放入装有罐头的杀菌篮后关闭设备,开始加热。

卧式杀菌釜水平放置,一端开启,叉车或者传送系统把杀菌篮送入釜中。卧式间歇杀菌釜可以设计为回转式,其优点是在加热时杀菌篮可以旋转。当杀菌篮旋转时,罐头翻转,密度大的液体不断充斥罐头的顶隙,搅拌罐头内的食品,产生强制对流,对流传热速率快于热传导,因而提高杀菌速率。

连续式杀菌釜的气密系统把罐头连续地从大气环境中送入高压环境。灭菌完成后也通过气密系统送出罐头。连续操作设备——静压连续杀菌机如图9.33所示。该设备是一个塔状容器,内部有三个相同的柱室。设备底部充满水,蒸汽喷入中间的柱室迫使水向上流入两个静压柱室。传送系统带着罐头进入到加热柱室中,然后通过冷却柱室离开杀菌机。

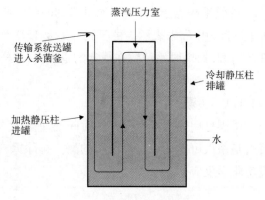

图9.33 静水压连续杀菌机

9.4.2　食品添加剂

本书的第 2 章和第 16 章介绍食品添加剂。我们从食品保藏的角度,现在主要关注防止微生物生长的抗菌剂和防止油脂氧化的抗氧化剂。任何能够以某种形式防止食物变质的添加剂,如稳定剂、抗结剂、防潮剂都可以认为是保藏食物的添加剂。

9.4.3　水分活度控制

控制水分活度有两种方式:提高溶质浓度,或者物理方法去除水分,例如蒸发或者升华。

9.4.3.1　溶质保藏

用于保藏食品的溶质必须是水溶性的,并且足够安全。最常用的溶质是蔗糖和氯化钠,其他的盐还有亚硝酸钠和三聚磷酸钠。每种盐对产品都有特殊的功能贡献。一般采用浓溶液或者饱和溶液,有些时候还让食品直接与干溶质接触。表面水分溶解溶剂,在食品表面形成饱和溶液。食品和溶液间的浓度梯度产生了两种现象:

■ 渗透脱水,细胞周围的溶液吸收组织的水分,由此造成组织脱水。脱水时,其他水溶性物质也随之脱除,如糖、盐、小分子有机酸和水溶性色素。这些水溶性物质最终扩散到周围溶液中,使溶液经过一段时间发生变色和腐败。

■ 盐从周围介质扩散至食品主体,组织内部盐的浓度增加。组织中的水分与溶质结合,其水分活度降低。

溶质保藏的方法用于许多传统产品的制作,如火腿和培根。例如,威特郡熟化法用干盐揉搓肉的表面,盐分经过较长时间渗透至肉的内部。由于饱和氯化钠的浓度大约为 20%,所以干盐方法消耗物料、人力和时间。溶质的扩散速率用 Fick 定律描述。如果是处理大块食物,如肉块,盐渗透至中心需要相当长的时间。一些现代方法可以解决这个问题,如用多个针头向肉块内注射盐溶液,可以极大地缩短扩散时间。

溶质保藏可以作为干燥脱水之前的加工步骤。例如,生产咸鱼时,用盐溶液浸渍去掉内脏的鱼,然后干燥。

9.4.3.2　干燥

干燥是用物理方法脱除水分,如通过传热,在大气压力下蒸发水分干燥食品,或减压(低于水的三相点)下升华水分干燥食品。传统意义上干燥是保藏食品的一种方式,最近开始生产能够复水至原始状态的方便食品。通常液体或浆液干燥的目的是为了方便,如脱水咖啡、乳粉和速食脱水马铃薯泥。相对地,固体食品干燥的目的则是为了保藏。这样区分有些随意性,固体和液体的干燥技术确实存在差别,但是,它们有两个共同的方法:空气干燥和冷冻干燥。有些食品与加热表面接触而干燥,但是由于产品质量不可靠,这种方法的应用越来越少。

空气干燥

固体食品颗粒或食品液滴必须从表面蒸发而失去水分,然后由体相水分扩散至表面并蒸发。正如9.2节所述,食品表面存在层流底层,阻碍了热量和质量传递。空气湍流流动可以促进表面的水分扩散。热风干燥食品开始时,表面水分损失的速度恒定,因为它是表面的自由水分蒸发的过程(图9.34),这个阶段称为恒速干燥阶段,其干燥速度和干燥时间取决于空气流动速度、空气的水分和温度以及食品颗粒的粒度。一旦失去表面的水分,即达到临界水分含量时,蒸发速率取决于水分从食品内部扩散至表面的速率。该扩散速率一般低于恒速阶段的速率,而且到达表面的水分很快蒸发。浓度梯度是水分从内部扩散至表面的推动力,但是当食品越来越干燥时,浓度梯度逐步下降。一旦水分扩散的难易程度主导干燥速度时,脱水速率逐渐降低,这一阶段称为降速阶段。

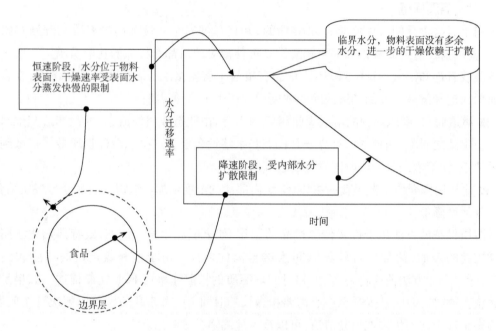

图9.34 食品干燥过程中水分的迁移速率

图9.35中的饱和曲线所示为在不同温度下,空气能够容纳水分的数量关系(比湿度是指单位数量的空气能够容纳水分的质量)。在任意一个温度下,湿度为50%的空气的比湿度是饱和湿度空气的一半。为了让空气能够带走水分,空气必须处于不饱和状态。随着空气的温度升高,其容纳水蒸气的能力提高。因此,如果先把40%的饱和空气(图9.35A点)加热至图9.35B点,则可以将它用于干燥食品。当不饱和热空气流过食品表面,它的热量会使部分水分蒸发,水分因此被带走,空气自身的温度下降。如果食品表面有充足的水分,在恒速干燥过程中,气流将不断带走水分,失去热量直至达到饱和即图9.35C点。当空气达到饱和时,食品的温度达到空气的湿球温度。一旦进入减速干燥阶段,在食品表面不再有充足的水分使空气达到饱和,食品表面的温度开始升高,质量下降随之而来,例如褐变反应和收缩。图9.35实际上是简化的湿度图,可以用于预测食品干燥到指定的湿度所需要的空气质量。

传统干燥技术如日光干燥或烟熏都是空气干燥的衍生方式。食品一般要先在溶质溶

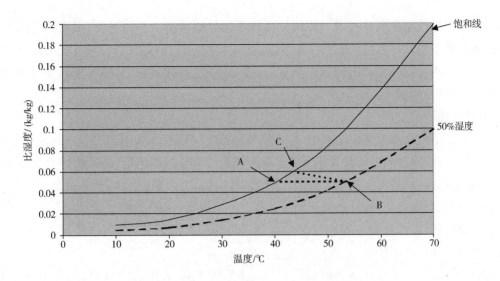

图9.35 在不同环境下空气的持水性

液中进行初步浸泡。然后直接在日光下晾晒或在不完全燃烧锯屑产生的熏烟中进行加热，产生的水蒸气被风带走或熏烟带走。食品周围用来进行干燥的气流或熏烟必须是不饱和的，而且具有一定的流动性。一般来说，这些工艺速度慢，不好控制。

机械烘干机利用风扇使空气产生流动，气流经过食品表面前，已经进行加热，从而为食品干燥创造可以控制的环境。不同类型的机械烘干机的主要区别在于气流相对于食品的流动方向不同。

流化床干燥机利用高速流动的空气，自下而上地经过食品表面。这种干燥机适用于直径约为10mm的小颗粒食品。食品颗粒悬浮在气流中，形成一个约厚100mm的流化床。高速气流引起较大程度的湍流，剥开边界层，在食品表面进行大量的热量传递和质量传递。

隧道式干燥器使用手推车或传送带装载食品通过隧道，气流水平地流过隧道，空气的流动和食品的运动方向一致（并流）。在这种情况下，湿度最大的食品接触最干燥的气流，在隧道的入口处干燥速率最高。但是，气流很快饱和，失去干燥能力，食品很难达到较低的湿度。相反，气流的流动方向与食品的运动方向相反（逆流）。初始的干燥速率比并流低，温度最高的气流与湿度最低的食品接触。干燥往往进入减速阶段，随着食品中的水分蒸发，食品表面的温度可能超过空气的湿球温度。当食品中的水分活度处在0.6~0.8的范围（褐变反应的最佳条件），开始发生褐变反应。混合干燥机先让食品通过并流区域，获得较高的初始干燥速率，然后进入逆流区域以获得充分的干燥。

喷雾干燥器利用热空气干燥液体食品或浆料，食品先制成气溶胶，然后由干燥塔的喷雾器喷入持续吹入热气流的塔中，当食品液滴与热气流接触时，液滴表面的水分开始蒸发。因为液滴非常小，液滴中任意位置的水分的扩散位移很小。如果正确操作，当液滴到达干燥器出口，就被干燥成为粉末。

喷雾装置有压力喷枪和离心式喷雾器，前者能够形成非常细小的液滴，但易发生阻塞；后者不会发生阻塞，但是形成的液滴比较大。空气或者鼓入干燥塔，或者利用负压从中抽出。干燥器的空气流动方式各有不同。在干燥结束时必须利用分离装置从悬浮空气分离固体颗粒,一般使用旋风分离器。旋风分离器不能分离非常细小的颗粒,因而需要使用过滤器,如袋式过滤器。虽然气流的温度可以达到250℃左右,但是食品与热气流的接触时间非常短,一般不会破坏食品中的蛋白质成分。但是在这样的条件下,挥发性芳香气味成分和水分一起蒸发而损失。

冷冻干燥

在冷冻干燥中,水分先冻结成冰,然后使其在低于三相点(640Pa,0.01℃)的条件升华。冷冻操作一般在单独的冷冻装置中实施。在转移到冷冻干燥器之前,通常要使食品冷却到远低于共晶温度,使其完全凝固。一旦干燥器中的食品表面的压力低于三相点处压力,维持低压环境花费昂贵,一般没必要达到绝对真空。干燥器一般在500Pa的环境下工作,食品的温度会逐渐升高。热量一般通过加热板传递给装有食品的托盘,当热量到达冷冻食品时,固态水分开始逐渐升华。

气流干燥时,水分在食品表面蒸发。与气流干燥不同,在冷冻干燥时,随着水分升华,食品形成海绵一样的多孔结构,食品更深处的固态水分继续升华。这就出现一个明显的问题,即在真空条件下,热量如何通过多孔结构到达冰冻层。对于这个问题,答案只能是"慢慢来"。当大多数的冰升华后,为使最后微量的冰升华,需要进一步降低压力。另一个问题是通过升华产生水蒸气,水蒸气造成体系的压力上升。与其不停地使用真空泵抽出气体,不如利用冷凝器除掉水蒸气为好。不过,因为压力小于三相点处压力,蒸汽直接冷凝成固体,而且冷凝器的温度需要远低于0.01℃。

虽然带有复杂的气锁阀的连续系统可以在真空度变动不大的条件下进料和出料,但是冷冻干燥一般采用分批处理方式进行。冷冻干燥的食品比其他方式干燥的食品质量更好。这是因为在加热过程中食品的温度比较低。除此之外,食品没有经过逐步脱水,因而没有使食品的水分活度处于0.6~0.8之间(褐变反应的最佳条件);相反,食品的任一部分完全含水(冻结),或者完全脱水,因为升华线逐步向内部发展,而且低温意味着具有挥发性的芳香性物质不会在干燥过程中挥发。

接触干燥

滚筒干燥机虽然有多种设计,但是本质上都具有金属滚筒,蒸汽加热滚筒内表面。食品浆料接触圆筒表面,有些设计使部分滚筒浸泡在装有浆料的容器中,还有一些是浆料缓缓滴入并分布在滚筒表面上。随着滚筒的旋转,浆料在表面干燥,干燥机上的弹簧刮刀从滚筒表面刮下干燥的食品。

滚筒干燥机难以控制,因此只用于干燥能承受高温的食品,例如淀粉、麦片和需要热变性的食品。

9.4.4　低温保藏

降低食品温度可以降低酶活力、化学活性和微生物活性。食品一般在冷却之前先进行漂烫降低酶的活力,尽管酶的活力减弱,但不会彻底失活。在冷冻和随后的解冻过程中发生的状态变化会破坏食品的结构,引发连锁效应进而对食品质地产生不利的影响。在低温环境中贮藏,尤其是多种保藏技术的结合(例如气调储藏或添加防腐剂),可以提高产品质量。

9.4.4.1　冻结

为了更好地理解冷冻过程中发生的变化,我们需要理解冰晶形成的过程以及影响冰晶形成的因素。在冻结过程中,可能在食品内的非均匀性部位形成冰晶,也可能通过均匀成核形成冰晶。在没有悬浮颗粒的纯水中,表面张力是冰晶形成的阻力。拉普拉斯(Laplace)方程(见本书第8章)阐述了高压作用到非常小的冰晶上的过程,说明形成新的冰晶需要克服一定的活化能。事实上,只有当液体过度冷却,才会达到上述情况——在低于平衡冰点温度时保持液体形式,然后迅速凝固,温度回到冰点,过程中所需要的活化能来自于温度自发性回到冰点所吸收的热量。如果具备上述条件,整个液体内就会形成冰晶。

均匀成核需要较高过冷度,而较高过冷度需要较快的冷却速率。一般通过食品和冷冻剂之间的较大温差来进行快速冷却。如果过冷度不够,冻结也可以发生,在已经存在的不均匀部位优先形成晶体,例如细胞成分(内质网、细胞壁、线粒体等)。由于这些成分并非遍布食品内部,所以形成的晶体也相隔较远。

这两种情况中,随着冰晶生长,冰晶表面进一步沉积固态水。显然,均匀成核有无数的核心,遍布在组织内部,所以冰晶在整个组织中生长。但是当过冷度不够时,核心数量少,只有少数大冰晶。当大冰晶生长时,它分裂了组织,使细胞壁破裂。并且,当分隔的冰晶长大时,它从周围的组织中剥夺水,造成脱水。当这样的食品解冻时,脱水的组织不会再复水,从大冰晶融化的水变成汁液而损失掉,所以产品的质量不如在高过冷度下冻结的。

在冻结的开始阶段,表面冷冻,通过表面的冷冻层损失热量。由于水的潜热比较高,食品冷冻所需要的时间比较长,影响冷冻时间的因素有:食品的潜热 λ (J/kg)、密度、粒度和形状,而且冷冻时间与冻结食品的热导率、食品与冷冻介质间的温差、表面传热系数等成反比。

人们对冷冻时间建模做了许多工作。例如,普兰克(Plank)基于如下假设,提出预测方程:

- 食品到达冰点时没有冻结,即不需要考虑潜热损失;
- 食品在稳态下发生冻结,即冷冻温差保持恒定;
- 食品在冻结过程中冰点维持恒定并且有特定的形状,如球形。

普兰克(Plank)方程用式(9.37)计算冻结时间:

$$t = \frac{\lambda \rho}{\Delta \theta}\left(\frac{0.167x}{h} + \frac{0.042x^2}{k}\right) \tag{9.37}$$

式中　　　　$\Delta \theta$——食品的冰点与冷冻介质的温差;

0.167 和 0.042——对形状特殊球体的常数,其他的形状如无限圆柱体和无限大平板也有各自的常数。

但是这个预测方程的准确程度受到假设的限制。根据普兰克方程,食品在冷冻机中没有发生冻结,与潜热相比,食品的显热很小,实际上这会导致估算值偏低。更大的问题是它假设食品只有一个冰点。纯物质有确定的温度 – 压力关系。当食品中有溶质时,它的冰点下降。而冷冻过程中随着水的冻结,溶质浓度提高,因此冰点不断下降。

这里简单介绍冷冻技术。当物质蒸发时,要从周围环境吸收热量。这种物质称作一级制冷剂,在制冷系统中,制冷剂一般贮存于封闭系统之中,可以压缩成液体。制冷剂蒸发时设备表面温度降低,把热量释放给环境。食品与这样的冷壁面接触而冷却,或者与另一种流动的介质,如空气,接触而冷却,这种物质称为二级制冷剂。食品冻结的方式如下:

平板冷冻机的金属平板隔开食品和一级制冷剂,食品放出的热量经过金属板进入冷却剂。夹在两个冷却板之间的食品接触良好,传热的热阻很小。平板冷冻机节省空间,在船上可以把鱼冻结为块状物,也可以冷冻预包装调理食品。显然,冷冻食品的种类受到板的几何形状的限制。

流化床冷冻机将冷空气垂直向上吹入浅层食品。食品颗粒的粒度小于15mm才可以流化。高速空气剥开边界层,再加上颗粒的粒度比较小,所以冷冻速度很快。

鼓风式冻结使冷空气在装有食品的冷库内流动,处理的食品不受形状和粒度的限制。然而形状和粒度确实影响冷冻时间,长时间接触流动冷空气导致食品表面脱水,即冻结烧,可以通过在食品表面形成一层薄冰(冰衣)尽量避免。

冷媒冷冻是食品直接接触吸热后改变状态的流体。例如,将液氮喷洒在隧道中流动的食品上面,液氮的温度很低,能保证食品迅速冻结,所以冷冻食品的损伤小,解冻后食品的质量好。

9.4.4.2 低温储藏

冷链运输延长新鲜食品的货架期,对其表观性质影响不大。低温延缓但不是阻止微生物和酶腐败。冷藏储藏经常与气调包装结合(见本书第11章)。

尽管低温储藏可以有效地保藏新鲜食品,但是并不是适合所有的食品,一些热带水果如鳄梨,低温会造成酶损伤。

9.4.4.3 栅栏技术

本章提到的一些保藏方法对食品的质量非常重要。深度处理方法不仅杀灭微生物,也影响感官质量。栅栏技术是将几种保藏方式协同运用,包括温和的热处理、冷藏、气调包装和运用少量的食品防腐剂。

9.4.5 辐射

辐射是具有潜在价值的保藏食品的方法。但是,因公众误解和公开指责使其应用受到限制。

粒子的渗透深度和射线的放射衰变具有两种方式:β 粒子(电子)的渗透深度很浅。可以用于薄膜包装材料的杀菌。γ 射线一般是由 ^{60}Co 的衰变产生,可以对暴露于射线下的食品杀菌。钴源应置于结构特殊的迷宫一样的车间内避免射线(以直线形式传播)逃逸。传送装置携带包装食品经过钴源,进行杀菌。由于辐照过的食品与未辐照的难以区分,必须分开辐照过的与未辐照的食品。

尽管辐照是保藏食品的有效方法,但它并不适用于脂肪含量高的食品,会产生氧化酸败。另一个问题是它对许多包装材料的影响,它使包装透明度降低。它的费用较高,提高了产品价格,使其应用受到限制。

9.5 食品加工和流程图

现代食品加工的主要目标和目的是：

■ 生产卫生且货架期长的食品；

■ 丰富食品的品种,方便消费者；

■ 保证产品质量,如营养价值和感官品质；

■ 开发不同的加工方法和技术；

■ 增加制造企业的利润和经济性。

为了达到这些目的,从原材料处理到最终的包装和分销,制造过程的每一步骤都必须精心处理。

开发新产品时,食品技术人员需要研究配方,选择配料。也需要开发加工方法,将原材料转换成高质量的产品,为达到此目的,工业界经常使用流程图。

流程图的主要目的是确定加工过程所需要的单元操作,按正确的顺序排列单元操作。流程图应该综合而简洁,具有技术要点。技术要点(装置、设备、操作条件等)应写在每个单元操作的旁边或者作脚注。

图9.36所示为生产速溶乳粉的流程图,其单元操作包括:储藏、混合、加热、浓缩、粒度降低、干燥、附聚和包装。在每个单元操作旁边都有包括原理、操作条件在内的技术要点。

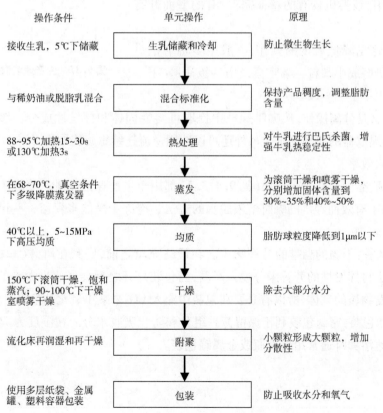

操作条件	单元操作	原理
接收生乳，5℃下储藏	生乳储藏和冷却	防止微生物生长
与稀奶油或脱脂乳混合	混合标准化	保持产品稠度，调整脂肪含量
88~95℃加热15~30s或130℃加热3s	热处理	对牛乳进行巴氏杀菌，增强牛乳热稳定性
在68~70℃，真空条件下多级降膜蒸发器	蒸发	为滚筒干燥和喷雾干燥，分别增加固体含量到30%~35%和40%~50%
40℃以上，5~15MPa下高压均质	均质	脂肪球粒度降低到1μm以下
150℃下滚筒干燥，饱和蒸汽；90~100℃下干燥室喷雾干燥	干燥	除去大部分水分
流化床再润湿和再干燥	附聚	小颗粒形成大颗粒，增加分散性
使用多层纸袋、金属罐、塑料容器包装	包装	防止吸收水分和氧气

图9.36 生产速溶乳粉的流程图

图 9.37 所示为生产速溶咖啡的简单流程图,它只包括基本的单元操作。技术要点描述如下:

■ 原料混合:混合不同来源(地区和季节)的生咖啡豆。混合赋予某个品牌的特有风味,同时也降低单个原料短缺或价格波动的风险。咖啡豆按照重量均匀混合,咖啡豆混合也有益于随后的烘焙。

■ 烘焙:烘焙是产生风味和头香的关键步骤。烘焙分为两个转换阶段:第一阶段占用80%的烘焙时间,咖啡豆释放12%的自由水分,发生膨胀和热解。生咖啡豆逐渐由麦黄色变为浅棕色。第二阶段咖啡豆的颜色迅速由棕变黑,同时产生油烟,发出爆裂声。咖啡豆的化学组分迅速变化,形成多孔微结构,咖啡豆的密度几乎降至最初的一半(从大约 1.3g/mL 降至 0.7g/mL)。烘焙程度是最终产品质量的关键参数,根据烘焙咖啡豆的外部颜色或密度判断烘焙程度。准确控制烘焙操作的温度、热风速度等参数,设定烘焙时间,即可获得预期的烘焙程度。烘焙机有垂直旋转盘式、垂直静止鼓式、卧式转鼓式、流化床式和压力式。卧式转鼓式烘焙机可能最常用,该类机器有的壁面完整,有的壁面开有多孔。

■ 粉碎:这是降低粒度的操作,一般用多辊磨把烘焙的咖啡豆研磨成小颗粒。咖啡豆经历四级研磨,下一级研磨的辊距小于上一级。

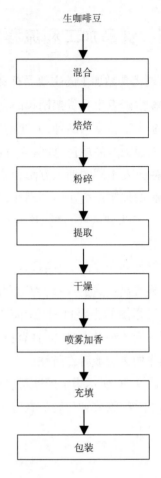

图 9.37　生产速溶咖啡的流程

■ 提取:这是分离操作,从咖啡颗粒中提取可溶性固体和挥发性成分。渗滤提取器组(图 9.22)是提取器的典型例子。另外还可以选用逆流连续螺旋提取机,该机的水压进料系统提高了提取效率。

■ 干燥:喷雾干燥和冷冻干燥(见 9.4.3.2)都用于生产速溶咖啡。喷雾干燥在高温下操作,其提供了有效而经济的咖啡溶液脱水的方法。冷冻干燥能多保留一些风味或芳香组分,但是成本较高。

■ 喷雾加香:干燥的咖啡的芳香味少。在最终充填之前,厂家在研磨(和提取)过程中用不同的方法将挥发性的芳香组分喷入产品,当包装打开之后会释放出咖啡的香味。咖啡油通常是挥发物质的载体,所以有必要在包装中充入 CO_2 来减小氧化的危险。

■ 充填和包装:密封包装利于保留芳香组分和防止吸收水分。在湿度为7%时,速溶咖啡会结块。速溶咖啡通常用玻璃瓶或金属罐包装。

附录 符 号

罗马字母

A	面积(m^2)
c	粒度降低的能量消耗系数
c_p	恒压比热容[$J/(kg \cdot K)$]
D	颗粒直径(m)
D 值	热致死时间(通常用min),某固定温度下微生物或芽孢的数目减少10倍所需的时间。D_{121}的下标是温度(℃)
d	管径(m)
e	表面粗糙度
E	能量

下标：

E_p	单位流体的潜能(J/kg)
E_k	单位流体的动能(J/kg)
E_r	单位流体的静压能(J/kg)
F	力(N)
G	质量流速(kg/s)
g	重力加速度($9.81 m/s^2$)
h	表面传热系数[$W/(m^2 \cdot K)$]
K	热导率[$W/(m \cdot K)$]或者过滤常数(m^2/s)
k	管间的摩擦因数
L	管长(m)
m	质量(kg)
n	幂定律流体的流动特性指数
n_e	粒度降低的能量消耗指数
P	压力(Pa)
Q	体积流量(m^3/s)
q	传热速率(W)
R	滤饼和过滤介质的比阻($1/m^2$)
r_0	管内径(m)
S	滤浆的固含量
t	时间(s)
U	总传热系数[$W/(m^2 \cdot K)$]
V	滤液体积(m^3)
V_e	虚拟滤液体积(m^3)

v	速度(m/s)
x	过滤介质的当量滤饼厚度(m)
x_c	滤饼厚度(m)
z	高度(m)
Z 值	为达到 D 值的 10 倍降低所需的温度范围

希腊字母

Δ	作为前缀表示差分,例如 ΔP 为压力差, $\Delta\theta$ 为温差
ε	发射率
$\dot{\gamma}$	剪切速率(/s)
η	黏度(Pa·s)
K	幂律流体的稠度指数
λ	潜热(J/kg)
π	渗透压(Pa)
θ	温度(K 或℃)

下标：

θ_∞	无限,如无限长时间
θ_t	在一个给定时间
θ_i	起初
$\Delta\theta_{lm}$	对数平均温度差
ρ	密度(kg/m³)
σ	剪应力(Pa)
σ_0	屈服应力(Pa)

参考文献

1. Fellows, P. J. (2000) *Food Processing Technology: Principles and Practice*, 2nd edn. Woodhead, Cambridge.

2. Lindley, J. A. (1991) Mixing process for agricultural and food materials; 1. Fundamentals of mixing; 2. Highly viscous liquids and cohesive materials; 3. Powders and particulates. *Journal of Agricultural Engineering Research*, 48,153 – 70; 48,229 – 47; 49,1 – 19.

3. McCabe, W. L. , Smith, J. C. and Harriott, P. (2001) *Unit Operations of Chemical Engineering*, 6th edn. McGraw – Hill, Boston.

4. McHugh, M. and Krukonis, V. (1994) *Supercritical Fluid Extraction: Principles and Practice*, 2nd edn. Butterworth – Heinemann, Boston

补充资料见 **www. wiley. com/go/campbellplatt**

食品工业工程 10

R. Paul Singh

要点

■ 掌握食品工程,需要深入地学习众多的单元操作,理解与食品加工相关的动量、热量和质量传递的基本原理。

■ 介绍食品加工设备的卫生设计、食品物料的处理与储存、食品加工过程共性控制系统的应用以及食品工厂废水处理方法。

■ 充分而详细地阐述这些主题,以说明工程学在食品加工领域的重要性。

10.1　卫生设计和操作的工程问题

在食品工厂,原材料经多种设备转变或加工成为预期的产品。在设计不同用途的食品加工设备时,工程师必须考虑到加工过程内在的各种标准。例如,在设计热交换器时,必须考虑食品中存在的热传递、流体流动以及各种物理、化学和生物学变化。

此外,卫生设计是设计食品加工设备的基本标准。食品工厂每种设备和产品必须满足一些独特的要求,以确保卫生操作。

大多数设备设计都有几种卫生要求,食品工程师无论设计什么食品加工设备都必须充分考虑这些要求。在本节中,我们将阐述相关内容。

本节主题的更多细节参见 Jowitt(1980)和 Ogrydziak(2004)。

10.1.1　食品加工设备设计

现代化食品工厂设备的卫生设计必不可少。加工食品最重要的是防止微生物污染,而设计不良的设备可能给微生物提供生存和生长环境。这样的设备难以清洗或是清洗时可能需要更长的清洗时间和更多的化学品。卫生设计的主要原则如下:

■ 使用适合食品卫生加工设备的材料；

■ 产品接触表面必须便于检查和清洗；

■ 设计的食品生产设备要有防止微生物聚积和生长的特点。

食品产品接触面对于确保食品加工设备的卫生具有重要的作用。与光滑无孔的表面相比，粗糙或多孔的表面可能积累食品污垢而难以清洗。接触面与食品及其成分不能发生化学反应，无腐蚀，而且与清洗使用的化学品无化学反应。

如果接触面不可见或不可触及，就无法知道它是否被正确清洗。因此，所有的接触面在检查和清洗过程中必须可见或可触及。在某些情况下，检查和清洗时设备可能需要完全拆卸，在有些情况下，根据工厂卫生策略，需要设置检查端口。通常情况下，为了方便检查接触面，设备都有检查门。门紧固件应很容易打开，无须使用工具，首选快拆式紧固件。许多小型设备，如水泵应安装在离地 15cm 以上，而较大的设备应离地 30cm，这样其下方的地面比较容易清洗。放在地上的密封工艺设备应避免密封剂（如填缝的密封剂）随着时间的推移出现裂缝。

非接触面的设计应该防止积累任何固体材料，还应该防止吸收水或其他液体。

用于驱动设备的电机应该放置在所用的润滑油不污染产品的地方。通常优先选择直接驱动系统。虽然可以使用滴盘，但应尽量使用直接驱动系统，避免使用滴盘。轴承是驱动系统的另一个污染源。轴承材料应优先选择食品级材料，如尼龙、密封或自润滑轴承。此外，密封件应无毒、不吸湿。出于方便检查和清洁的目的，密封件应容易移除，排出蒸汽或粉尘的排风罩应易于清洗。用于处理液体食品的液体加工罐应为自排液型。对于装有搅拌器的液体加工罐，搅拌器的润滑剂不应进入产品。

如果直接注入蒸汽，蒸汽用水的任何添加剂必须为食品级。食品表面或接触食品的压缩空气必须没有灰尘、花粉和润滑油，压缩机使用的许多润滑油有毒。有必要在排出口安装过滤器，防止任何灰尘或花粉。使用干燥剂和过滤器除去不符合卫生要求的物质。

10.1.2　制造材料

制造食品加工设备使用许多材料。然而，每一种材料都有优点和局限性，选择材料时应该仔细评估材料性能，还要仔细评估产品接触表面，以及产品与接触面之间的相互作用等。

10.1.2.1　不锈钢

不锈钢是铁和铬的合金，是制造食品加工设备最常见的材料。在铁中加入超过 10% 的铬而具有抗腐蚀性，根据特定目的也加入其他元素。就食品加工设备而言，18 - 8 级（18% 铬和 8% 镍）材料是理想的设备加工材料。18 - 8 级材料因其特殊性能，又分为不同型号：

■ 302 型主要用于外表面装饰；

■ 303 型含有添加物，如硫和硒，主要用于制造轴和铸件，它的析出物有害；

■ 304 型不易受腐蚀，用于管道和可能出现轻度腐蚀的设备；

■ 316 型耐热性高，并且具有良好的耐腐蚀性。预期有严重腐蚀时，316 型是最适合的材料。如果处理设备用于高温加工,316 型更耐用。

用于不锈钢的饰面有不同的类型。作为钢铁公司的标准,平面抛光称为 2B 抛光,而数字 6~8 指高度抛光。

10.1.2.2 钛

钛是一种质量轻(比不锈钢轻约 44%),非常坚固,抗腐蚀的金属。

10.1.2.3 铬镍铁合金

铬镍铁合金,含 77% 镍和 18% 铬,比钢更柔韧,而且抗腐蚀。

10.1.2.4 低碳钢/铁

低碳钢/铁常用于非接触表面或干燥物料和糖浆类的产品。在这些应用中钢铁受到腐蚀。

10.1.2.5 铝

铝与盐酸和苛性碱溶液反应。它是一种软质材料,容易受到剐蹭和磨损。铝可用于某些奶油和干燥产品。不可用于强碱溶液的清洗或与不同类金属产生腐蚀作用的场合。

10.1.2.6 黄铜/铜/青铜

在使用化学清洁剂时这些金属可能受到腐蚀。此外,它们可能向食品传递不良的味道,这可能引起质量问题。因此,黄铜或青铜不能作为产品的接触面或可能接触到清洁溶液的材料表面。然而,它们可以用于非食品接触面。

10.1.2.7 电镀材料

电镀金属的使用应进行仔细评估。例如,镀锌铁不适用于果汁,因为果酸能溶解锌。然而,它可能适用于构架的应用。

10.1.2.8 锡

锡非常抗腐蚀,但质软,容易划损。

10.1.2.9 镉

镉是有毒的,包括紧固件在内的任何表面,都不应镀镉。

10.1.2.10 玻璃

应尽量避免使用玻璃,或者用聚合材料替代。玻璃仅用于表明有功能性需求的场合。在这种情况下,需要使用透明、耐热和抗碎型的玻璃。

10.1.2.11　木材

因为木屑和碎木片可能引起问题,应避免使用木材。

10.1.2.12　电线

电线应是磁性材料,因此使用金属探测器可沿生产线有效地将其除去。

10.1.3　制造特点

在制造设备时,需要特别注意以下构造特点,以避免虫害或产品污染,在清洗过程中难以去除这些危害。

■ 搭接缝:昆虫可能隐藏在细微的裂纹裂缝中,以及一块金属与另一块金属的点焊处。焊接材料应接地,金属旋入端应对接在一起。

■ 壁架:接触区的壁架处可能积聚产品,必须避免。

■ 空穴区:难以清洁到的地方,昆虫可能存于其中,必须消除和密封。

■ 死角:在管道和螺旋输送机的死角可能积累产品,因此必须避免。

■ 轧边:轧边是必要的,以加强金属板的边缘。如果轧边密封不正确,可能滋生细菌。

■ 圆角:角应该为圆角,以便于清洗。

■ 凹圆线脚:拐角焊缝应磨光。

■ 接缝:尽可能连续焊接接头,以避免接缝。

■ 裂缝:应使用连续焊接,在非产品接触表面区域可以使用嵌缝。

■ 框架:为避免过多的灰尘聚集,采用管状框架更好。横向框架构件应至少离地 30cm。

■ 产品区焊接点:这些应该是连续的。牛乳和鸡蛋加工设备饰面需要磨平。

■ 填缝材料:硅胶可用于密封缝隙或外部非产品接触面。产品接触表面不允许使用压胶。

■ 油漆:只有非产品接触表面才可以喷漆。同时产品接触面和非产品接触面会进行水洗的部位,不宜喷漆。

■ 润滑剂:润滑剂可能与食品接触,所以只有美国食品药品监督管理局颁布的联邦法第 21 条第 178~375 页允许的润滑剂才可以使用。例如,在辊筒上涂一层薄薄的矿物油可以防止乳酪的黏附。

■ 饰面:饰面越光滑,越易清洗。将产品接触面打磨或抛光至高度光滑可以防止微生物的黏附。最为推荐的 4 号饰面的 Ra 值为 $0.8\mu m$。Ra 值是用微米表示的粗糙度的平均程度。焊口处也要打磨和抛光到 4 号饰面程度。150 目的碳化硅如果正确应用于不锈钢,可相当于 4 号饰面程度。

■ 垫片:含有垫片的接头处不应有密集的凹陷或凸起的非支持性垫片材料,因为其可能藏有微生物。

■ 紧固件:蝶形螺母、"T"形螺母和掌形螺母比六边螺母或圆顶螺母更适合。紧固件必须便于清洗和拆卸。真空、高压或安全场合不在此列。

10.2　清洗和消毒

在食品工厂,清洗和消毒包括多个步骤。第一步是除去任何可见的污垢,然后用化学试剂除去残留的污垢。接着,用清洗剂冲洗。冲洗之后使用杀菌消毒剂杀灭、除去或抑制各种微生物。如果有必要,最后进行漂洗循环,除去杀菌消毒剂。

温度、清洗时间、化学品的浓度和清洗过程中的机械作用都影响清洗程度。高温有利于清洗脂肪和油脂;然而,温度不可过高,以免蛋白质黏附在设备表面上。

根据水溶解度不同而分的各种类型的食品污垢见表 10.1。污垢的许多特性决定其除去的难易程度,例如,粒径、黏度、表面张力、润湿度、残留液体在固体污垢中的溶解性、与底物的化学反应、黏附于物体表面或包埋于空隙中的污垢,以及一些作用力,如凝聚力、润湿作用或影响粘附物的化学键。

表 10.1　　　来自食品的不同类型的污垢和用于去除它们的清洁剂

	污垢类型(来自食品)	所用清洁剂
溶于水	糖、盐、有机酸	弱碱性清洁剂
部分水溶	高蛋白的食品(肉、鱼和家禽)	碱性氯化物
	淀粉类食品、番茄、水果和蔬菜	弱碱性清洁剂
不溶于水	含脂肪的食品(肥肉、奶油、人造奶油、食用油)可能引起结石的食品:牛乳、啤酒和菠菜的矿物污垢	弱碱或强碱性清洁剂氯化物或弱碱性清洁剂与酸性清洁剂每 5d 交替使用
	热析出的水垢	酸

源自:Katsuyama(1993)。

清洗剂的选择取决于:
- 物体表面上污垢的类型;
- 需要清洁表面的类型;
- 物体表面的污垢量;
- 清洗方法(如浸泡、使用泡沫或就地清洗);
- 清洁剂的类型,液体或粉末;
- 水的质量;
- 清洗循环的时间;
- 化合物的成本。

清洗包括从表面除去污垢和用洗涤剂溶解污垢,并防止污垢在表面上再沉积。

评价洗涤剂效果的依据:
- 渗透和润湿能力;
- 水硬度的控制;
- 去污能力;
- 漂洗难易;

■ 对表面有无腐蚀性。

特定化学物经恰当混合可以提供所需的清洁剂的性质。不同类型的清洁剂和它们的关键特性见表10.2。

表 10.2　　　　　　　　　　清洗食品加工设备使用的各类清洁剂

清洁剂	优点	缺点
水	能有效地溶解糖和盐 高压水(4.137~8.274MPa)能有效除去多种可溶性和不溶性固体	清洗中有局限性
碱性物质	与脂肪发生皂化反应 水解蛋白质,产生可溶性肽	腐蚀铝合金、镀锌金属和锡,不易冲洗 引起硬水中沉淀物析出
强碱(氢氧化钠)	清洁力强 成本低 杀菌能力强	对几乎所有表面有强腐蚀性,包括金属、玻璃和皮肤 不易冲洗 没有缓冲能力 抗絮凝力和乳化力弱
弱碱(碳酸盐、硼酸盐、硅酸盐、磷酸盐)	溶解力中等 比强碱腐蚀性弱	
肥皂(脂肪酸的钠离子或钾离子的盐)	软水洗手效果好	冷水中不易溶解 在食品工厂中的使用有局限性
酸	溶解矿物沉淀、硬水沉淀、啤酒沉淀、乳石和草酸钙 有些酸是多价螯合剂,≤pH2.5(0.5%甲酸)时使用	不能作用于油脂和蛋白质
无机酸(盐酸、硫酸、硝酸、磷酸)	与防腐剂一同使用 磷酸用于瓷砖上的硬水膜	氢离子会腐蚀金属,尤其是不锈钢和镀锌铁
有机酸(乙酸、乳酸、柠檬酸)	比无机酸腐蚀性弱 对皮肤刺激小 柠檬酸、酒石酸和葡糖酸具螯合性 与防腐剂一同使用	

源自:Ogrydziak(2004)。

10.2.1　消毒剂

在食品工业中使用的消毒剂必须达到在 $20℃$、$30s$ 内使 $75×10^6~125×10^6$ 大肠杆菌和金黄色葡萄球菌减少 99.999%(即 5 个对数周期)。使用清洁剂的目的是杀灭清洁表面的病原菌和其他微生物。此外,消毒剂不可对设备和消费者的健康造成影响。

杀菌剂可分为物理杀菌剂和化学杀菌剂。一些在食品加工中常用的物理杀菌剂见表10.3。

表 10.3 在食品加工设备中运用的物理消毒剂

物理消毒剂	典型的处理方法	应用
蒸汽	≥76.6℃,15min ≥93.3℃,5min	
热水	76.6℃,浸泡5min	在实践中,>82.2℃,>15min,用于大型设备
热空气	热风橱>185℃,>20min	测量最冷区域的温度
紫外光	限于半透明流体	处理瓶装水

源自:Ogrydziak(2004)。

在食品加工中使用的物理消毒剂如表10.3所示。现已开发大量专门用于食品工业的化学消毒剂。一些常用的化学消毒剂如下。

■ 次氯酸盐:在食品工业中最广泛使用的消毒剂是液体形式的次氯酸钠,可杀灭微生物。

■ 氯气:氯气注入水中形成次氯酸。由于气体的溶解度随着温度的升高而降低,应仔细检查其在高温应用时的有效性。

■ 二氧化氯:在处理蔬菜和水果用水中广泛应用的二氧化氯气体浓度高达1mg/L。它在高达约pH10的碱性条件下比次氯酸溶液更有效。通常,二氧化氯现配现用,它是一种昂贵的消毒方法。

■ 有机氯化物:有机氯化物以缓慢的速度形成次氯酸。杀灭微生物的速度也很慢。

■ 碘伏:碘伏含有碘和作为溶解助剂的表面活性剂。当与水混合时,它以缓慢的速度释放游离碘。通常情况下,碘伏与磷酸或柠檬酸混合使用,以确保最佳的pH(4.0~4.5)。碘伏对大多数的微生物具有有效的消毒作用,但对孢子和噬菌体效果较差。碘伏可能污染塑料和未清洁的不锈钢表面,其稀溶液无毒。

■ 酸–阴离子表面活性剂化合物:这些化合物包括阴离子表面活性剂和酸(如磷酸或柠檬酸)。它们在高温下稳定,但在pH>3.5时无效。在乳品加工设备中,它们能有效地控制乳石(在乳制品加工过程中形成的碳酸盐),而且对不锈钢无腐蚀性。

■ 脂肪酸的阴离子表面活性剂化合物:脂肪羧酸,如辛酸和癸酸与表面活性剂一起使用,可显著减少泡沫。

■ 过氧乙酸消毒剂:包括过氧化氢、乙酸和过氧乙酸平衡混合物。它们分解成O_2、水和乙酸。它们对广谱微生物包括孢子、病毒和霉菌有效,在低温下也有效。

■ 季铵盐消毒剂:也称"季铵盐",与氯阴离子的阳离子表面活性剂分子结合使用,在高温下稳定,在很宽的pH范围内和存在有机物的情况下有效,不与含氯消毒剂相容。如果季铵化合物浓度低于200mg/L,则处理后不再需要漂洗。

■ 螯合剂:与金属离子形成可溶性络合物,其主要功能是防止在设备和器具上成膜。用于此目的的常用化学品包括焦磷酸四钠、三聚磷酸钠、六偏磷酸钠。磷酸盐在酸溶液中不稳定。

■ 润湿剂:用于润湿表面,可以穿透裂缝和纺织面料。阴离子润湿剂作为乳化剂用于油、脂肪、蜡和颜料,例如肥皂、磺化酰胺和烷基–芳基磺酸盐。有些形成大量泡沫。非离子润湿剂如乙烯氧化脂肪酸缩合物是优良的油脂洗涤剂。它们可能对酸敏感。阳离子型润湿剂如季铵盐化合物具有抗菌作用。它们与阴离子润湿剂不相容。

表 10.4 食品工厂内及其周围与清洁有关的问题

区域	具体项目	清洗过程中需要注意的问题
工厂外面	地面	杂草及害虫,如啮齿动物的栖息处
	停车场	泥土和杂草使植物受污染
	废物处理场	害虫和鼠类的气味、食物源
接收区	集装箱	吸引害虫的任何残留的食品
	筒仓、储罐、储箱	任何残留的有机物和可作为害虫食物的产品
	地面、排水沟、墙壁	任何残留的原料、裂缝或缝隙
	建筑材料	剥落油漆,生锈,腐蚀部位
	装卸码头	污垢、脏物、破木头、塑料、碎片
	冷冻机和冷却机	肮脏的排水沟、墙壁上的裂纹
准备区	流槽	任何产品残余物、生物膜
	皮带、输送机、升降机	任何食品污垢或有机物
	清洗机	污染和残留的食品、污垢、有机物
	去皮机	产品残留物、污垢、有机物
	切片机	产品残留物、脂肪、油和油脂
	地面、排水沟、人行道	污垢、石缝、裂缝
	昆虫和啮齿动物控制	裂缝、准入区、缺口
处理区	输送机	网带的孔隙、传送带之间及传送带下方的空间
	储罐和管道	焊接、CIP 设备维修
	油炸锅	油过滤器、蒸汽罩上的沉积物
	地面、排水沟、水槽、人行道	细菌繁殖
	排风机,过滤网,筛网	污垢
包装	输送机、包装机械	灰尘、污垢
	过滤器	灰尘
	管材、管件、泵	表面的污垢
仓储	托盘	啮齿动物的粪便、昆虫、碎片
	地板和墙壁	啮齿动物的粪便、溢出的产品
	码头	灰尘、溢出的产品
	卡车	脏物、拖车下的蛆虫

源自:Ogrydziak(2004)。

　　食品工厂的清洗包括室内和室外。厂房内不同区域及周边地区需要特殊考虑以保持其清洁。表 10.4 所示为在食品工厂中为保持干净的环境应该考虑的各个问题。

　　由于食品厂需要经常清洗,拆卸设备非常耗时。为了避免长时间停机,现已普遍运用就地清洗技术(CIP)。在就地清洗系统中,水泵输送适当的清洁剂溶液以湍流模式清洗管道。使用喷淋球或旋转喷枪射流清洗塔(箱)、罐等大型容器。这些清洗设备确保容器内的每个角落都能清洗干净。清洁剂溶液清洗后,使用消毒剂消毒内表面。通过适当的过程控制,每个生产班次之后都以完全自动化的方式运行 CIP 系统。

10.3 过程控制

过程控制定义为操纵过程变量以获得所需的产品属性的操作。一个过程中使用的变量对产品的最终性质有显著的影响。因此,适当控制这些变量是食品加工过程中重要的目的之一。

20世纪70年代以来,计算机技术的发展使人们实现了生产过程的自动化。通过控制过程变量,可以实现操作的一致性,同时还可以降低生产成本提高生产安全性。当设备开始偏离所期待的目标时,自动控制提供了高水平的一致性,如果人为干预,往往导致更大的变异性。减少不合格产品,可提高生产效率。自动控制更严格地监控并排除了不安全条件,从而提高了设备的整体安全性。

10.3.1 反馈过程模型

在通过蒸汽换热器泵送果汁的过程中安装一个手动温度控制器,果汁的温度为控制参数,用温度计测定温度,由操作工来决定温度是否过高或过低。使用蒸汽阀来作为调节器,如果果汁温度过高,操作工关闭调节阀。这是一个负反馈控制的例子,因为正误差需要操作工的负调整。起初可能需要操作工作很大的调整,当接近期望设定值时,操作工需要做出更精细的调整。

一个简单的反馈过程模型如图10.1所示。过程变量通过测量并与设定点比较,产生一个误差信号。对于给定的误差信号,应用计算机算法来确定控制响应的类型,通过控制响应来处理控制元素,由此修改控制变量,并循环重复此过程。随着误差减小,控制响应变得越来越小。

信息流过控制回路的各个元件如图10.1所示。控制回路的关键元件描述如下。

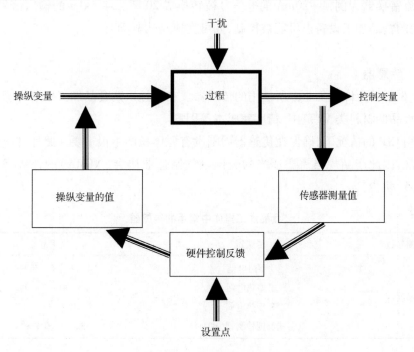

图10.1 反馈控制系统

10.3.1.1 换能器

换能器是检测过程变量的传感元件。它将信号转换成一些可测量的量。通常情况下,可测量的数量是一种电信号。例如,热电偶接收关于温度的信息,并将其转换成毫伏信号。

换能器的输出信号有的可方便地长距离发送,但有的不行。现代控制系统可以容纳各种信号,如频率和电流变化。该输出信号相对于所测量的量有的是线性的,有的是非线性的。

10.3.1.2 变送器

变送器将测量的变量转换成标准化的信号。通常变量对于测得的信号是线性的。典型的输出发射器是4~20mA。往往将一个24V左右的动力源作为直流电源,由电噪声产生的电压通常可以忽略不计,因为测量的只是电流的变化。在电源限制范围内,装置可在4~20mA的回路内驱动。

10.3.1.3 控制器

控制器读取传输信号并与设定值相关联。该控制器能够处理各种电气信号,如电流、电压或频率。在某些电气线路可能造成爆炸等危险的特殊情况下,应使用气动控制器。

数字控制器可以将模拟信号转换为数字信号。数字计算机读取该数字信号,对数据进行处理并计算传输信号与设定值的偏差。然后,数字控制器将从电脑接收到的数字信号转换成4~20mA的模拟信号;但也有可能输出其他信号,该输出信号用来调整控制元件。以气动的电流转换器为例,4~20mA的电信号被转换成20.7~34.5kPa的输出信号。除了控制阀,其他的食品加工设备也可能被控制,如可变速马达驱动泵。

10.3.1.4 传感器

表10.5所示为许多工业中所使用的传感器。在选择采购食品加工所用传感器时,必须考虑接触食品的材料类型、范围、精度和成本等因素。

在应用CIP的情况下,确保在传感器周围没有死体积产生很重要。此外,传感器外壳可能需要清洗,因此产品规格需要适当的美国电气制造业协会(NEMA)的评级:3(防雨)、4(防水)或5(防尘)。

表10.5 食品加工操作中常用的传感器

检测参数	传感器	应用范围
温度	J型热电偶	-195.6~760℃
	T型热电偶	-190~398.9℃
	K型热电偶	-190~1371.1℃
	电阻式温度检测器(RTD)	221.1~648.9℃

续表

检测参数	传感器	应用范围
体积流量	电磁流量计	最低 0.0455L/min
	旋涡流量计	最低 0.0454kg/min
质量流量	科里奥利质量流量计	最低 0.0454kg/min
	热损失	最低 0.5mL/min
密度	振动	最低 0.2g/cm³
	核	最低 0.1g/cm³
压力	应变计	最低 0.908kg
	差压	最低 <249Pa
级别	电容	点水平 >6m
	射频阻抗	点水平 >6m
	超声波	几厘米 ~30m
水分	红外线	1% ~100%
	微波	0 ~ >35%
黏度	振动	0.0001 ~0.106Pa · s

10.3.2　过程动态

每当一个过程进行调整时,某些因素可能造成系统响应前的时间延迟,包括惯性、滞后或死区时间。

惯性往往与机械系统相关,如涉及流体控制的系统。对液体来说,由于惯性作用,其不可压缩的性质最大限度地减少了延迟。

滞后在许多实际应用中相当普遍。例如,在带蒸汽夹套的容器中加热液体食品,当打开蒸汽后,由于容器和产品的固有热阻,产品在开始升温前要消耗一定的时间。典型滞后的一阶方程如式(10.1)所示:

$$\tau \frac{\mathrm{d}y}{\mathrm{d}t} + y = Kx \qquad (10.1)$$

式中　y——时间函数的输出;

　　　x——时间函数的输入;

　　　τ——系统时间常数;

　　　K——常数。

一阶滞后响应是过程控制中最常见的类型。图 10.2 所示为当输入突然变化时系统如何响应。如图 10.2 所示,响应曲线呈指数变化,并以渐近的方式接近新的稳态值。这种系统的响应行为以计算时间常数为特点,经过一个时间常数,系统对输入中 63.2% 的阶跃变化做出响应。

死区时间与设备的设计有关。例如,测量罐中液体的温度时,如果该液体泵入到装有温度检测器的管道,液体需要一定的时间才能到达温度检测器,这将导致延迟。

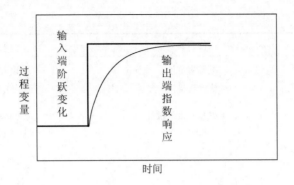

图 10.2 输入阶跃变化的指数响应

10.3.3 过程控制的模式

以含有加热盘管的容器为例来说明不同的过程控制模式(图 10.3)。液体食品从顶部进入容器并在底部输出,热水在加热盘管中循环来加热食品。在输送热水进入盘管的管道中安装阀门,用温度传感器来测量容器内食品的温度,容器内食品的温度保持在某个恒定的理想温度(在该例中,我们假定 50℃)。我们将考虑不同的控制模式来实现这一目标。

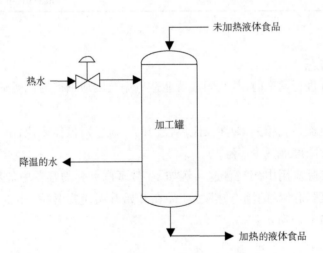

图 10.3 用热水来加热液体食品的加工罐

10.3.3.1 开/关控制

开/关控制是最简单的控制方法。在上例中,为保持果汁的温度为 50℃,操作工需要监视温度传感器,如果温度低于设定点 50℃,阀门将完全打开使热水通过盘管循环流动;当果汁的温度高于设定点 50℃时,阀门则完全关闭。

开/关控制在数学上表示如下:

$$e = P_v - S_p \tag{10.2}$$

式中 e ——误差;

P_v ——过程变量;

S_p——设定值。

该控制算法通过打开或关闭系统来响应误差信号的变化,尽管开/关控制能保持平均温度,但是在设定值附近的温度变化仍然很大。间歇式加热器可以通过充分搅拌来减小温度波动。

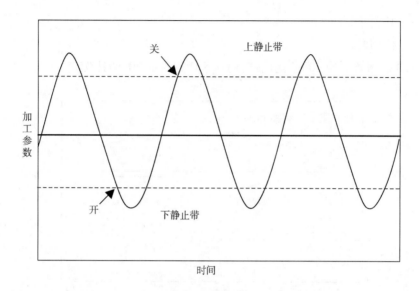

图 10.4　带有静止带的开/关控制(源自:Bresnahan,1997)

使用如图 10.4 所示的静止带可防止过快振荡。在到达下静止带之前开启系统,然后当它到达上静止带时关闭系统。

10.3.3.2　比例控制

在上例中,如果在系统中进行一个简单的能量平衡,会发现有一种理想稳定的热水流速将果汁温度维持在 50℃。然而,对于容器内外不同的果汁流速来说,这种理想的水流速不同。因此,为了控制这个过程,需要完成两个任务:①针对容器内外一些常见的果汁流速,确定将果汁温度维持在 50℃ 的热水流速。②必须允许任何误差(果汁温度与设定值的差)的增加或减少都能使相应的热水流量发生变化。以上两点是比例控制的基础。比例控制可以认为是基于增益的,从数学角度来说,在比例控制算法中,输出由设定值和测得变量之间的误差决定,其关系如式(10.3)所示:

$$C_o = Ge + m \tag{10.3}$$

式中　C_o——控制器输出(如控制阀位置);

　　　G——比例增益;

　　　e——误差;

　　　m——控制器偏差。

该方程表明,误差与控制器输出(或控制器阀的位置)之间有直接的关系。就我们的例子来说,热水调控阀必须可以调整(如电动或气动隔膜驱动器)。对于反向动作控制器,如果正误差较大,则输出会下降;对于正向动作控制器,则相反。

在许多工业控制器中,增益调节机制用比例带表示。比例带表示以输入变化为基础的输出变化百分比。比例带的计算方程如下:

$$B_{\mathrm{p}} = \frac{100}{G} \tag{10.4}$$

式中　B_{p}——比例带;

　　　G——比例增益。

由此,1.0 的增益对应100% 比例带,而0.5 增益对应200% 比例带。

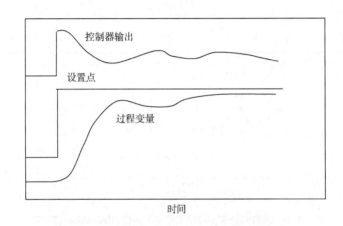

图 10.5　比例控制中过程变量、设置点和控制器输出

仅靠比例控制很难将过程变量维持在设置点附近。如图 10.5 所示,在误差阶跃变化时,控制器的输出也经历阶跃变化。由于控制器的阶跃变化,过程变量也开始响应,从而使误差减少,进而导致控制器的输出减少。经过一段时间,误差减少,继而误差不再有变化。同样,控制器输出也不会变化,因为它是增益和误差变化的产物,误差没有改变会造成输出没有改变,这意味着将会有一个恒定误差或偏差。为了使误差最小化,可增大增益 G。然而,在系统中存在响应滞后的时候,这可能造成极大的振动。在一些应用中,如压力的测量,控制变量响应迅速,高增益的比例控制器比较适合。在流量的测量中,由于噪声相当大,这些控制器都不太适合,因为它们会对噪声和真实信号做出错误的响应。

10.3.3.3　比例积分控制

在比例控制中指出,为了消除偏移误差,一种策略就是调节比例控制器。通过成正比于误差的速度移动阀门,或许可以实现手动复位的自动化。这意味着,如果偏差或误差翻一倍,那么作为快速回应,控制元件将移动两倍。另一方面,如果没有偏差,误差为零,那么控制元件保持静止。

积分作用(或重置)通常与比例控制相结合,称为比例积分(PI)控制。

积分控制涉及利用累计误差确定控制器的输出和控制器比例元件的瞬时响应。因此只需要调节每个设定值的偏差项即可。

以下方程适用于比例积分控制：

$$C_0 = Ge + \frac{G}{t_i}\int edt \tag{10.5}$$

式中　t_i——重置时间调整参数。

积分模式的可调参数是 t_i 或重置时间（单位是每重复一次所用的时间，例如每重复一次所用多少分钟），在一些控制器中，使用 $1/t_i$（称为每单位时间所重复的次数）。当使用上面的方程时，应该认真核对项和单位。

在上面的方程中使用重置时间的意义可以理解为：对于一个给定的误差，重置时间是使积分作用产生的输出变化与比例控制产生的输出变化相同的时间。举例来说，当 $t_i =$ 1min 时，如果在 0 时刻时的误差产生了一个从 0 到 1 的阶跃变化，上述方程右侧的第一项将使方程的输出具有 G 的瞬时幅度。1min 后如果误差在 1 保持不变，那么输出将等于 $2G$（方程比例和积分部分共同作用的结果）。再过 1min，输出再增加 G，以此反复，直到误差消失或控制器达到 0 或 100% 的饱和点。PI 控制的优点是消除偏差。然而，由于积分作用，可能造成系统不稳定。

10.3.3.4　微分控制

将控制器导数加到控制器输出，该输出正比于误差随时间的变化率。在理论的基础上，可以考虑一个仅基于误差变化率的控制器，但实际情况中这意味着，当误差较大但恒定时，将会有一个零控制器输出。因此，需要把比例控制包含在微分控制中。比例、积分和微分（PID）控制的方程可写作：

$$C_0 = Ge + \frac{G}{t_i}\int edt + Gt_d\frac{de}{dt} \tag{10.6}$$

式中　t_d——微分时间调整参数。

通过确定误差与时间曲线的斜率，再乘以微分调整参数可以得到 PID 控制器的额外修正作用。确定微分项的另一种方法，是利用过程变量随时间变化的斜率来预测其新值，从而可以修正过程变量的值，然后用预测的值代替实际的过程变量值来计算误差（Bresnahan，1997）。

PID 控制器的微分作用没有像其他算法一样，出现明显滞后或者偏离设定点的问题。考虑到加热黏性液体时动态响应慢的情况，如果控制器不包含微分作用，那么误差就会改变信号，进而出现相较于设定点很大的超调量，这可能导致产品烧焦或者传热表面结垢。PID 控制器能够减少振荡，通常，当系统响应过快时，不宜采用微分控制。

关于食品工业过程控制更详细的讨论见 Bresnahan（1997）、Murrill（2000）和 Hughes（2002）的报道。

10.4　存储容器

在液体食品加工中，对于短期或者长期储存来说，罐是必不可少的。在现代乳品工厂，罐的大小从 100～150000L 不等。罐的设计必须满足被加工和处理产品的特殊需求。

乳品厂接收的原料乳储存在容量为 25000 ~ 150000L 的立式储罐中。更大的储罐一般安装在户外。储存罐通常是双壁结构,内壁为不锈钢,外壁由金属板焊接制成。在双壁之间,使用至少 70mm 厚矿棉保温。原料乳罐使用螺旋桨搅拌器低速搅拌,防止稀奶油的重力分离(图 10.6)。液位指示仪用于提供液位保护,在搅拌器开启之前确保其浸于液体中。溢流保护用于防止过度进料。空罐指示用于确保罐在冲洗循环前完全排空。在现代化设施中,这些指示仪表获取的数据直接传输到中央控制室。

罐底朝着出口的方向向下倾斜大约 6%,以便于排料(图 10.7)。在进料和排空出现真空时,使用适当的卫生连接和通风,防止产生反压。

牛乳热处理后,通常存储在带有绝热层以维持温度恒定的中间储罐。在这些储罐中,内壁和外壁为不锈钢,在两者之间的空间充满保温的矿棉。这些中间罐也用作缓冲存储;通常情况下,最大缓冲能力为常规操作1.5h 的加工量。生产线中的缓冲罐见图 10.8。

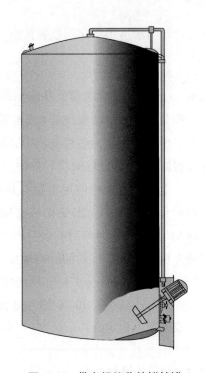

图 10.6 带有螺旋桨的搅拌罐

(源自:*Dairy Processing Handbook*,Tetra Pak)

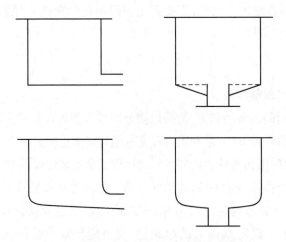

图 10.7 不同的带有斜度有助排料的罐底设计

除了存储罐以外,乳品加工厂还使用其他加工罐,例如,用于加工酸乳等的发酵罐,稀奶油的成熟罐,用于制备发酵产品的发酵剂罐。

设计牛乳、果汁等的液体食品输送系统时,必须考虑某些潜在的问题。例如,为使离心泵正常工作,泵送的产品必须没有空气;进料口的各点压力必须高于液体的蒸汽压,以防止气蚀;如果过程已经不合适,应该重新设计液体流动的方案;为了均匀流动,泵的吸入压力必须保持恒定。为了避免上述问题,平衡罐与泵的吸入侧连接(图 10.9)。平衡罐中的液位总保持在一定的低位,使用浮子在泵的吸入侧提供恒定的压头。

图 10.8　生产线中的缓冲罐

（源自：*Dairy Processing Handbook*，Tetra Pak）

图 10.9　位于泵吸入侧的平衡罐

（源自：*Dairy Processing Handbook*，Tetra Pak）

10.5 加工厂固体食品的处理

工厂的设计和布局,以及在各种加工设备间物料的处理将对生产效率产生关键性影响。食品工厂固体食品的运输主要考虑产品在任何方向(水平或竖直)的移动。多种输送机和升降机用于这一目的,其中包括带式、链条、螺旋、重力、气动输送机和斗式提升机。有些情况下采用叉车和起重机。这些输送机的主要特点描述如下。

10.5.1 带式输送机

加工厂中,在两个或两个以上皮带轮间操作的环形带是无处不在的运输固体食品的输送机(图10.10)。在皮带轮之间,惰轮用来支持带的重量。带式输送机一些关键优缺点如下:

- 负载在抗摩擦轴承上运行,机械效率高。
- 没有相对运动,对产品的损伤最小。
- 运载能力高。
- 长距离运送能力。
- 使用寿命长。
- 初始成本高。
- 所需地面面积大。

在设计带式输送机时,必须考虑驱动器的类型、带、带张力、惰轮以及带的装卸设备。根据产品要求选择带宽范围的带材料。在许多情况下,每班后必须清洗带以保持卫生。驱动器位于带的排料端,带轮与带之间必须有足够的接触面积,以获得正向驱动。

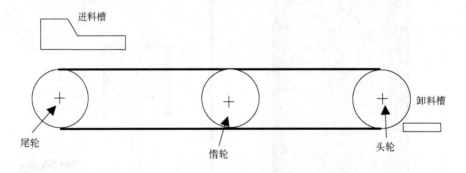

图10.10 带式输送机

带式输送机的输送带可为平面或槽形(图10.11)。槽形带适用于谷物、面粉及其他小颗粒食品。惰辊和水平面之间的角度称为槽角,适用于输送小颗粒粮食的角度为20°~45°。当输送小颗粒时,带速保持低于2.5m/s,以减少泄漏和灰尘。

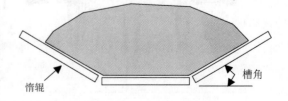

图10.11 槽形带式输送机的横截面

10.5.2 螺旋输送机

螺旋输送机由环形或 U 形槽(图 10.12)内的螺旋转子构成。螺旋输送机适合于处理粉末、黏附性和黏性产品,如花生酱和粒状材料。它们也适用于批量或连续混合。螺旋输送机还用于排空面粉和粉状物料。它们常用作计量装置。

螺旋输送机的结构可由不锈钢在内的多种材料制成。它们的操作功率需求高,用于25m 以下的距离。一个标准的螺旋输送机,螺旋的节距与直径相等。螺旋输送机适用于水平以及倾斜20°输送。水平螺旋输送机使用椭圆形槽,而倾斜螺旋输送机需要使用圆筒形槽。

螺旋输送机的功率取决于以下多种因素:

■ 输送机的长度;

■ 提升的高度;

■ 斜度;

■ 速度;

■ 结构的种类和吊架的类型;

■ 输送材料的重量和特性;

■ 产品与结构及外壳材料之间的摩擦因数。

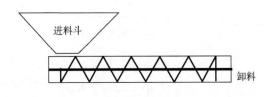

图 10.12　螺旋输送机

螺旋输送机的启动功率需求通常高于连续操作功率。

10.5.3 斗式提升机

斗式提升机由一个带有与之相连料斗的环形带组成。带在两个轮子上运行,上轮称为头,底轮称为脚。斗式提升机因为产品和外壳材料不存在摩擦损失而效率高。斗式提升机封闭在称作腿的单一外壳中;在某些情况下,返回的斗式提升机被封闭在第二只腿中。链或带用于携带具有圆形或者锋利的底部的桶。带或链在两轮间(头和脚)运行。对于更长的长度,安装惰轮防止皮带打滑。

在顶端,当料斗转过头轮时,即卸下所携带的产品,由于离心力作用将该产品卸出。随着料斗转过头轮,其速度必须保持在限度内,保证产品在所希望的区域排出(图 10.13)。

斗式提升机的输送能力取决于产品的密度、带速、料斗大小以及带上料斗间距。斗式提升机的典型应用包括输送谷物、饲料和粉料。斗式提升机运输粮谷的能耗是 0.1 ~ 0.2kW · h/m³。

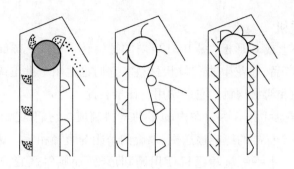

图 10.13 在头轮上有运行料斗的斗式输送机

10.5.4 气力输送机

气力输送机包括风机、输送管道和在入口处将产品吸入管道以及在出口处引出管道的装置(图 10.14)。

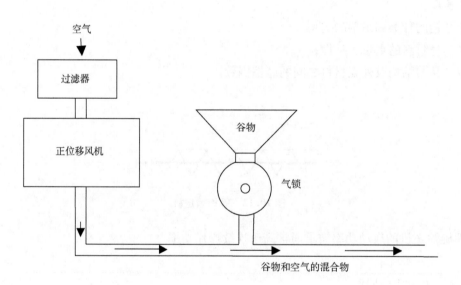

图 10.14 气力输送机

在气力输送设备中,在封闭管道中以高速气流输送粒状食品。气力输送设备操作如下:

■ 在低于大气压的压力下操作抽吸系统;

■ 使用高速、低密度的空气,利用离心风扇供能;

■ 高压系统,使用正向位移鼓风机供能的低速高密度空气;

■ 悬浮系统采用高压、高密度空气低速运送物料。

气力输送机的实例包括从卡车或者货车上卸载谷物的抽吸系统和大型装载货车或者贮罐的压力系统。

一些常用产品气力输送的典型气体流速是:

- 咖啡豆,914 ~ 1067m/min;

- 玉米,152 ~ 2134m/min;

- 燕麦,1372 ~ 1829m/min;

- 盐,1676 ~ 2286m/min;

- 小麦,1524 ~ 2134m/min。

一般根据经验确定气流输送设备的能量需求,在输送机的入口处,颗粒的速度是 0,此时加速产品的能量需求很大。在气流输送中运送颗粒的机制包括气流产生的作用于颗粒的横向力和重力产生的纵向力。当微粒到达管道的底部时,它们滑动和滚动,而且再次由于气流作用而上升;它们也许会和其他颗粒聚结成块,并且一起移动。这些机制给过程理论描述带来复杂性。运送谷物的气流输送机功率需求为 $0.6 \sim 0.7 \text{kW} \cdot \text{h/m}^3$。

气流输送机的优点和缺点包括:

- 初始成本低;

- 机械设计简单,只有一个移动的部件(风机);

- 输送路径随机设置,有许多分支;

- 输送路线改变容易;

- 可输送物料种类多;

- 具有自清洁系统;

- 功率需求高;

- 可能有损产品。

农业和食品加工工业使用的输送系统的更多信息,参见 Labiak 和 Hines(1999)。

10.6 果蔬的贮藏

许多水果和蔬菜极易腐败。因此,在采后管理中,要减少损失必须运用适当的果蔬处理和贮藏技术。果蔬采后的损失达到 5% ~ 50%,甚至更高。在发展中国家,通常由于缺乏充足的基础设施和匮乏的处理实践,果蔬采后损失巨大,种植户和食品生产从业者都遭受巨大的经济损失。而且,这些产品的货架期严重缩短,品质低劣的产品流向了消费者。不幸的是,由于不当的操作导致果蔬采后损失,严重影响由提高果蔬产品产量而获得的收益。

工业化国家,在开发适当的果蔬系统处理方面已取得重大进步。果蔬采后的损失显著减少,而且,产品以最小的质量损失供给消费者。

10.6.1 呼吸作用

果蔬收获后,继续进行生理变化。这些变化大部分是呼吸作用的结果。活跃在呼吸过程中的新陈代谢途径很复杂。由于呼吸作用,植物组织中的淀粉和糖转化成 CO_2 和水。在呼吸过程中,O_2 发挥重要的作用。产品内氧浓度与标准大气压下空气中氧浓度相近。当 O_2 充足时,进行有氧呼吸,如果周围环境中的 O_2 不足,发生无氧呼吸。无氧呼吸产生酮类、醛类和乙醇。这些物质通常对植物组织有毒,且加速它们的衰老和死亡。因此,必须阻止无氧呼吸。另外,为了延长果蔬的货架期,氧的浓度必须控制在允许低速率有氧呼吸的范围内。在商业实践中,控制呼吸过程来延长储存期,已成为重要的贮藏方法之一。伴随有氧呼吸的最终产物 CO_2 和 O_2 的,还有热量的释放。不同的果蔬,由呼吸产生的热量不同,具体见表 10.6。植物的生长部分如叶菜类,比生长终止的植物组织如块茎类的产热比率大。降低贮藏温度可以控制呼吸率。呼吸率以每单位质量产生的 CO_2 量来计量。以呼吸率为基础的商品分类见表 10.7。

表 10.6	所选水果和蔬菜的呼吸热			单位:W/mg
品种	0℃	5℃	10℃	15℃
苹果	10~12	15~21	43~61	41~92
杏	15~17	19~27	33~56	63~101
豆角(绿色,嫩)	—	101~103	161~172	251~276
西蓝花(发芽)	55~63	102~474	—	514~1000
卷心菜	12~40	28~63	36~86	66~169
胡萝卜(根部)	46	58	93	117
大蒜	9~32	17~29	27~29	32~81
豌豆(绿色,带荚)	90~138	163~226		529~599
马铃薯(成熟)	—	17~20	20~30	20~35
小萝卜(根部)	16~17	23~24	45~47	82~97
菠菜	—	136	327	529
草莓	36~52	48~98	145~280	210~273
萝卜(根)	26	28~30	—	63~71

表 10.7	基于呼吸率的果蔬分类	
呼吸率	5℃时 CO_2 产生量 /[mg CO_2/(kg·h)]	商品
非常低	<5	坚果、大枣、果干、蔬菜
低	5~10	苹果、柑橘、葡萄、猕猴桃、大蒜、洋葱、马铃薯(成熟)、甘薯
中等	10~20	杏、香蕉、樱桃、桃、柿、梨、无花果、李子(新鲜)、卷心菜
高	20~40	草莓、黑莓、树莓、菜花、利马豆、鳄梨
非常高	40~60	洋蓟、豆角、青葱、抱子甘蓝
极高	>60	芦笋、西蓝花、香菇、豌豆、菠菜

在果蔬贮藏期,乙烯的产生是一个重要的生理变化。根据乙烯的产生情况,水果分为有呼吸跃变和无呼吸跃变两种。有呼吸跃变的水果在成熟期产生大量的乙烯和 CO_2。表 10.8 所示为一些据此分类的水果。通过改变贮藏温度、大气中的氧含量和 CO_2 浓度可以控

制乙烯的产生。在果蔬成熟过程中乙烯气体产生的结果包括:叶绿素损失引起的绿色变化,花青素和酚类物质变化引起的组织褐变,以及分别由于花青素和类胡萝卜素的变化引起的变黄和变红。

表 10.8		基于成熟期内呼吸行为的果蔬分类	
有呼吸跃变型水果		无呼吸跃变型水果	
苹果	甜瓜	黑莓	橄榄
杏	油桃	可可豆	橙子
鳄梨	木瓜	腰果	辣椒
香蕉	西番莲果	樱桃	菠萝
蓝莓	桃	黄瓜	石榴
面包果	梨	茄	覆盆子
番荔枝	柿	葡萄	温州蜜橘
费约果	车前草	葡萄柚	草莓
无花果	李子	枣	夏季南瓜
番石榴	美果榄	柠檬	树番茄
菠萝蜜	刺果番荔枝	酸橙	柑橘
猕猴桃	番茄	枇杷	
芒果	西瓜	荔枝	

在贮藏期,商品的水分流失引起主要的品质劣变。不仅重量降低,而且质构品质发生变化,造成商品失去脆感和多汁性。

由于不当采后处理,果蔬可能要经历包括冷害、冻害和热伤害在内的三种生理破坏。冷害一般出现在热带和亚热带地区,那里的贮藏温度在冰点以上,5~15℃以下。这种损害引起成熟不均,腐败,表面长霉,产生异味,以及表面和内部的变色。

不当的物理处理方法造成果蔬表面损害和内部损伤。由细菌和真菌引起的生理性破坏加速产品的变质,而物理损伤通常使细菌和真菌更易感染植物组织。因此,为了更好地保护产品,应在处理过程如运输和包装中使物理损伤最小化。

10.6.2 气调贮藏

气调保藏条件对许多果蔬有益。在果蔬的直接环境中降低氧水平、增加 CO_2 含量可减弱呼吸率。在降低呼吸率的情况下,产品的贮藏期将增加。为了增加果蔬的贮藏期,已经开展大量的研究,以确定最适宜的延长果蔬贮藏期的 O_2 和 CO_2 浓度。表 10.9 所示为气体组成的推荐条件说明,气调技术发展较好,对于某些产品如苹果,已在世界各地应用气调贮藏。

表 10.9　果蔬气调（CA）贮藏的推荐条件

常用名	学名	贮藏温度/℃	相对湿度/%	最高冻结温度/℃	乙烯产物	乙烯敏感度	货架期	最佳气调环境
苹果,无冻害敏感品种	Yellow Newtown, Grimes	-1.1	90~95	-1.5	VH	H	3~6月	CA因品种而异
苹果,冻害敏感	Golden, McIntosh	4	90~95	-1.5	VH	H	1~2年	CA因品种而异
杏	Prunus armeniaca	-0.5~0.0	90~95	-1.1	M	H	1~3周	2%~3% O_2+2%~3% CO_2
洋蓟,圆的	Cynara acolymus	0	95~100	-1.2	VL	L	2~3周	2%~3% O_2+3%~5% CO_2
芦笋,绿的,白的	Asparagus officinalis	2.5	95~100	-0.6	VL	M	2~3周	含5%~12%CO_2空气
鳄梨,强壮,哈斯	Persea americana	3~7	85~90	-1.6	H	H	2~4周	2%~5% O_2+3%~10% CO_2
香蕉	Musa paradisiaca var. sapientum	13~15	90~95	-0.8	M	H	1~4周	2%~5% O_2+2%~5% CO_2
菜豆,脆,蜡质,绿的	Phaseolus vulgaris	4~7	95	-0.7	L	M	7~10d	2%~3% O_2+4%~7% CO_2
利马豆	Phaseolus lunatus	5~6	95	-0.6	L	M	5~7d	
草莓	Fragaria spp.	0	90~95	-0.8	L	L	7~10d	5%~10% O_2+15%~20% CO_2
卷心菜,中国,纳帕	Brassica campestris var. perkinensis	0	95~100	-0.9	VL	H	2~3月	1%~2% O_2+0~5% CO_2
胡萝卜,根部	Daucus carota	0	98~100	-1.4	VL	H	6~8月	CA无效果
胡萝卜,束	Daucus carota	0	98~100	-1.4	VL	H	10~14d	产生乙烯导致苦味
番荔枝,南美番荔枝	Annona cherimola	13	90~95	-2.2	H	H	2~4周	3%~5% O_2+5%~10% CO_2
柑橘类,柠檬	Citrus limon	10~13	85~90	-1.4	VL		1~6月	5%~10% O_2+0~10% CO_2
柑橘类,橙	Citrus sinensis, California, dry	3~9	85~90	-0.8	VL	M	3~8周	5%~10% O_2+0~5% CO_2
柑橘类,橙	Citrus sinensis, California, humid	0~2	85~90	-0.8	VL	M	8~12月	5%~10% O_2+0~5% CO_2
奶油菜花	B. oleracea var. botrytis	0	95~98	-0.8	VL	H	3~4周	2%~5% O_2+2%~5% CO_2
黄瓜	Cucumis sativus	10~12	85~90	-0.5	L	H	10~14d	3%~5% O_2+3%~5% CO_2
茄	Solanum melongena	10~12	90~95	-0.8	L	M	1~2周	3%~5% O_2+0% CO_2
蒜	Allium sativum	0	65~70	-0.8	VL	L	6~7月	0.5%~5% O_2+5%~10% CO_2

名称	学名							
姜	Zingiber officinale	13	65		VL	L	6 月	CA 无效果
葡萄	Vitis vinifera	-0.5~0	90~95	-2.7	VL	L	2~8周	2%~5% O_2 +1%~3% CO_2
番石榴	Psidium guajava	5~10	90		L	M	2~3周	
莴苣	Lactuca sativa	0	98~100	-0.2	VL	H	2~3周	2%~5% O_2 +0% CO_2
枇杷	Eriobotrya japonica	0	90	-1.9			3周	
荔枝	Litchi chinensis	1~2	90~95		M	M	3~5周	3%~5% O_2 +3%~5% CO_2
芒果	Mangifera indica	13	85~90	-1.4	M	M	2~3周	3%~5% O_2 +5%~10% CO_2
甜瓜,蜜汁,橘橙果肉	Cucurbita melo	5~10	85~90	-1.1	M	H	3~4周	3%~5% O_2 +5%~10% CO_2
蘑菇	Agaricus	0	90	-0.9	VL	M	7~14d	3%~21% O_2 +5%~15% CO_2
秋葵	Abelmoschus esculentus	7~10	90~95	-1.8	L	M	7~10d	空气 +4%~10% CO_2
番木瓜	Carica papaya	7~13	85~90		H	H	1~3周	2%~5% O_2 +5%~8% CO_2
桃	Prunus persica	-0.5~0	90~95	-0.9	H	L	2~4周	1%~2% O_2 +3%~5% CO_2
胡椒	Capsicum annuum	7~10	95~98	-0.7	L	L	2~3周	2%~5% O_2 +2%~5% CO_2
柿,富裕县	Dispyros kak	7~10	95~98	-0.7	L	L	2~3周	2%~5% O_2 +2%~5% CO_2
柿,八屋	Dispyros kaki	10	90~95	-2.2	L	H	1~3月	
凤梨	Ananas comosus	5	90~95	-2.2	H	H	2~3月	
石榴	Punica granatum	5	90~95	-3.0	H		2~3月	3%~5% O_2 +5%~10% CO_2
马铃薯,早熟	Solanum turbersom	10~15	90~95	-0.8		M	10~14d	
马铃薯,晚熟	Solanum tubersom	4~12	95~98	-0.8	VL	M	5~10月	
菠菜	Spinacia oleracea	0	95~100	-0.3	VI	H	10~14d	5%~10% O_2 +5%~10% CO_2
番茄,绿色	Lycopersicon esculentum	10~13	90~95	-0.5	VL	H	1~3月	3%~5% O_2 +2%~3% CO_2
番茄,硬质	Lycopersicon esculentum	10	85~90	-0.5	H	L	7~10d	3%~5% O_2 +3%~5% CO_2
西瓜	Citrullus vulgaris	10~15	90	-0.4	VL	H	2~3周	CA 无效果

注:VL—很低,L—低,M—中等,H—高,VH—很高。

10.7　果蔬的冷藏运输

使用冷藏车是运输易腐败变质的食品如水果和蔬菜最普遍的方式之一。这种冷藏车可在公路上由汽车拖运,或者放在跨海行驶的轮船上。贮藏在挂车内的易腐败变质的任何产品都要保证全程冷藏。图 10.15 所示为一种典型的冷藏挂车,包括一个冷却空气的冷藏系统和在挂车内处理空气的空气控制系统。在挂车内,保证空气的均匀分布至关重要;否则,没有空气循环的区域可能导致产品升温和腐败(Thompson 等,2002)。

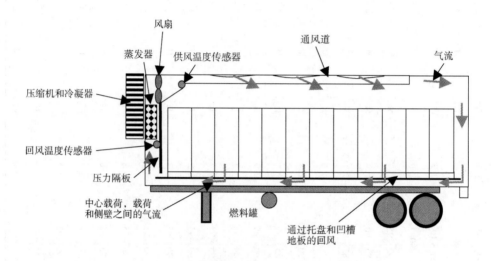

图 10.15　冷藏挂车内气体的流动(正视图)

对于装运易腐败变质食品的挂车,控制挂车内空气环境的温度至关重要。现代挂车都装有温度传感器和控制器,它们会根据制冷系统中的空气温度自动控制制冷系统。控制制冷系统的出口处温度对于冷害和冻害敏感的生鲜农产品至关重要。这些系统的恒温控制器设置在长期储藏温度上下 0.5℃ 的范围内。老式冷藏和冷冻生鲜产品挂车通常根据制冷单元的回风温度控制温度,而且,操作者需要将温度至少设置在产品长期储藏温度 1.5 ~ 2.5℃ 之上。对于冷冻产品,要根据回风温度控制贮藏温度。用于冷冻产品的挂车内温度应该设置在 -18℃,甚至更低。冷冻食品工业通常需要冷冻食品在装进挂车时,产品的温度应低于 -12℃。

当货车内装载一种以上生鲜产品时,必须依据它们的贮藏温度和对乙烯的敏感度考虑是否可以共处。表 10.10 所示为由于过度暴露在乙烯中对蔬菜的一些有害影响。对乙烯敏感的蔬菜不应该和产生乙烯的水果混合放在一起。

在冷藏挂车中,通常空气很难足量地进入果蔬的箱体,结果,几乎不可能冷却运输的产品。事实上,在一个设计不当或者管理不善的挂车中,产品在运输中可能温度升高。

产品	乙烯损伤症状	产品	乙烯损伤症状
芦笋	尖端木质化增加	叶菜类	绿色损失
豆类	绿色损失	莴苣	黄褐色斑点
西蓝花	变黄,小花脱落	欧洲萝卜	苦味增加
卷心菜	变黄,叶子折断	马铃薯	发芽
胡萝卜	苦味增加	甘薯	烹饪时果肉褐变,并且丧失风味
菜花	叶子变黄和脱落	白萝卜	木质化增加
黄瓜	变黄和软化	西瓜	坚实度减弱,果肉组织浸渍导致皮变薄,风味变差
茄	花萼脱落,果肉和籽粒褐变,加速腐烂		

表 10.10 所选食品在储藏期间的损伤症状

图 10.16 所示为装货前挂车条件的主要内容。在挂车里,托盘的加载模式对气流有显著影响。图 10.15 所示为在一个典型的冷藏公路挂车中的气流。制冷单元的蒸发器喷出空气流向天花板(通常通过空气槽)、壁间、后门周围,并且通过槽型地板返回到前面的隔板。因为空气以这种方式循环,所以在装载物品与天花板、壁体、后门和地板之间提供足够的空间很重要。使用几种形式的托盘装货,24 个标准托盘的排列形式如图 10.17 所示。

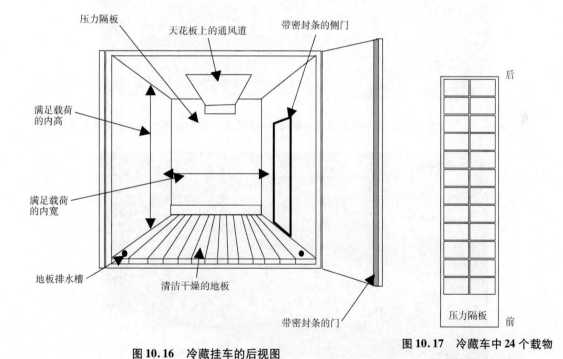

图 10.16 冷藏挂车的后视图

图 10.17 冷藏车中 24 个载物托盘的排列(俯视)

在长距离水运中,农产品的振动损伤是一个重要因素。用钢筋弹簧悬浮轴的挂车对于产品振动损伤更严重。人们发现在挂车中用空气悬浮法会使振动损伤显著减少。如果挂车的后轴有钢弹簧,振动敏感性产品,比如梨和草莓不应该放置在挂车的后半部分。

10.8　水质和食品加工中的废水处理

在我们的星球上,水是不可再生资源,清洁可用和可靠供给的水正在变得越来越稀缺。食品加工行业严重依赖于净水。随着收获操作广泛采用机械化,增加了食品加工中水的使用;到达食品工厂的农产品原料需要大量的水进行清洗(图 10.18)。在工厂内,各种加工和处理操作都使用水,如产品运输、去皮、烫漂、冷却、生产蒸汽及清洗设备和地板(图 10.19 和图 10.20)。

图 10.18　水喷淋清洗菠菜(绿叶蔬菜需要大量的水来去除所有昆虫和附着在叶子上的杂质)

图 10.19　水泵入卡车车厢把番茄转移到水槽

图 10.20 通过水槽将番茄从接收地点输送到加工装备

食品加工用水的质量取决于水在生产过程中的作用,例如,原料初次清洗用水的质量与碳酸饮料、啤酒和瓶装饮用水配方用水的质量不同。来源于地面井或地表的水(如湖、河和泉水)在食品工厂中使用前需要适当的处理。如果由于溶解性固体的存在引起水硬度高,则需要进行如沉淀、离子交换、蒸馏、反渗透等处理。为了去除浊度,地表水经常采用絮凝、浮选、沉淀或过滤进行预处理。水中溶解有机物导致异味、臭味或不良色泽,通常通过活性炭吸附去除。

10.8.1 食品加工中废水的特点

在加工厂加工的食品会影响排放废水的组成。例如,在水果和蔬菜罐头厂,废水中含有去皮、漂烫、切割、清洗、加热、冷却及煮制等操作产生的残余物。由于卫生的要求,经常清洗设备和地板,从而产生大量废水。在清洗设备过程中使用的任何清洗剂和润滑油、化学试剂如用于蔬菜去皮的腐蚀性碱液都混入到废水中。废水中其他典型成分包括乳化油、有机胶体、可溶解无机物和悬浮固体。

不同食品工厂废水的数量和组成变化很大。食品工厂废水中的污染物大多数是有机质。其中,总有机物的 80% 可以溶解。

废水的性质使用两个常规观察量来评价,即生物需氧量和化学需氧量。

10.8.1.1 生物需氧量(BOD)

BOD 是指在一定期间内,微生物分解一定体积水中有机物质所消耗的溶解氧的数量。如果微生物分解废水中有机物在 20℃ 下需要 5d(120h),生物需氧量则表示为 BOD_5。BOD 值常用以确定废水处理的效率。BOD_5 的测量方法包括以下步骤(Schroeder,1977):

■ 取废水样品,确保测试前的延迟时间要短;

■ 稀释营养液,使测得的 BOD < 6mg/L;

- 向样品中加入菌种;
- 向标准(300mL)瓶中加入稀释废水并密封,此外,准备空白样品和含菌种的稀释水;
- 立即测定至少两个样品和两个空白样的含氧量;
- 在20℃下培养样品5d,测定剩余样品和空白样品的含氧量;
- 使用式10.7计算 BOD_5:

$$BOD_5 = D_f(DO_0 - DO_5)_{样品} - (DO_0 - DO_5)_{空白} \qquad (10.7)$$

式中　DO_0——初始的溶氧量;

　　　DO_5——5d后的溶氧量;

　　　D_f——稀释因子。

一些食品工厂中废水的典型 BOD_5 值见表10.11。

表10.11　　　　　　　　　　　　　食品工厂测得的典型 BOD_5 值

产品类别	BOD_5/(mg/L)	产品类别	BOD_5/(mg/L)
乳制品		水果和蔬菜	
乳酪	790~5900	桃子	750~1900
液体乳	1210~9150	豌豆	270~2400
冰淇淋	330~230	鱼类	
水果和蔬菜		鲱鱼	3200~5800
苹果产品	660~3200	肉禽类	
胡萝卜	640~2200	红肉屠宰	200~6000
玉米	680~5300	禽类加工	100~2400
绿豆	130~380	家禽屠宰	400~600

源自:Environmental Protection Service(1979b)。

10.8.1.2　化学需氧量(COD)

COD是氧化废水样品中有机物和无机物所需要的氧量(百万分之一)。使用强氧化剂测定COD值。虽然COD和 BOD_5 之间不存在直接的相关性,但是COD对于估计需氧量更有意义,因为它的测量速度快,测量时间短于2h,而 BOD_5 的测量需要120h。废水中COD的测定有标准测量方法(American Society of Testing and Materials,2006)。

10.8.2　废水处理

废水处理通常被分为一级处理、二级处理和三级处理。一级处理通常是一个涉及沉降的物理化学过程;二级处理为生物沉淀处理;三级处理包括去除残留和不可生物降解的材料。废水中可溶有机物应用生物处理和吸附去除,可溶无机物采用离子交换、反渗透、蒸发或蒸馏去除。通常用物理、化学和生物的方法能够去除所有悬浮的有机物质。应用筛分、沉淀、过滤或絮凝去除其他悬浮的无机或有机成分。

10.8.3 废水处理的物理化学方法

从废水中分离固体有很多物理化学方法。本节介绍一些常见的方法。有关这些操作的细节见 Schroeder(1977) 和 Liu(2007)。

10.8.3.1 筛分

筛分用于分离废水中的任何碎屑或其他固体悬浮物。粗筛的典型筛目为 6mm 或以上，精筛的筛目为 1.5 ~ 6mm。筛子用不锈钢制成，它能够有效减少废水中的固体悬浮物，而且能够达到与沉淀分离相同的效果。采用刮板可以最大限度地减少筛子的堵塞。圆柱形转鼓筛也常用于颗粒物的分离。

10.8.3.2 浮选系统

浮选系统多用于处理含油脂废水。在浮选系统中，空气扩散到废水中造成油脂上浮到表面。其他悬浮颗粒也会缓慢分开，因为它们附着在气泡上并上升到表面。在此，它们和油脂一起被撇油器撇去。为了防止废水中存在乳化脂肪，应首先向乳液中加入破乳剂使其失去平衡，以提高除去脂肪的效率。

10.8.3.3 沉降

沉降在废水处理中是一种被广泛应用的方法。其过程简单，包括废水入罐，依靠重力作用使相对密度大于 1 的固体悬浮颗粒沉降到罐底。废水从罐的底部进入，从上方或另一个方向排出。沉淀在罐底的固体物质称为污泥。在食品加工废水中，污泥是有机质，需要定期进行进一步处理。

如果我们进行刚性球坠落牛顿液体的力平衡实验，会得到粒子速度(v_p)的表达式：

$$v_p = d_p^2 g(\rho_p - \rho_L)/18\mu \tag{10.8}$$

式中　d_p——固体颗粒直径；

　　　g——重力加速度；

　　　ρ_p——粒子的密度；

　　　ρ_L——液体的密度；

　　　μ——液体的黏度。

从式(10.8)可以看出，粒子的速度 v_p 是颗粒直径和密度、液体的密度和黏度的函数。在沉降罐中，液体的密度和黏度不能改变，但小颗粒聚集成大颗粒会增大粒子的大小和密度。根据式(10.8)，较大的颗粒下降更快，因此，通常采用凝聚步骤。

此外，存在于废水中的颗粒通常是胶体，并且它们携带相同的电荷，互相排斥，形成一个稳定悬浮液。然而，为了使颗粒变大，我们必须打破这个平衡，这就需要加入凝聚剂如明矾 $[Al_2(SO_4)]$、氯化铁($FeCl_3$)和金属氧化物或氢氧化物 $[CaO$ 或 $Ca(OH)_2]$。

10.8.3.4 过滤

在自然界中，水穿过沙子、土壤和颗粒材料等不同层而被过滤。模拟自然系统，人们使用如沙子、硅藻土、炭粉、珍珠岩等材料开发了过滤系统。

考虑到水通过颗粒床的运动可能涉及过滤介质和被分离的材料之间各种不同的相互作用,该过滤过程的复杂性是显而易见的。例如,有重力、扩散和吸附作用对过滤介质的影响。废水进料流组成的变化增加了这一过程的复杂性。当过滤高浓度的固体悬浮物时,必须频繁清洗和反冲洗过滤介质。任何废水中的有机物都会导致在过滤器上积聚生物污泥,导致难以清洗的问题。出于这个原因,通常仅在水的三级处理使用过滤。

两种常用的过滤系统包括预涂过滤器和深层过滤器。

预涂过滤器

预涂过滤器中,在布或细铁丝网制成的支撑介质上涂布颗粒。支持介质和颗粒涂层充当过滤介质。在某些情况下,废水中的固体提供预涂层介质。

深层过滤器

深层过滤器由砾石层形成不同孔隙率的颗粒材料构成。过滤介质通常是分级沙。深度过滤器需要反冲洗保持干净。在过滤系统中,液体的流量使用 Darcy 定律描述:

$$v = KS \tag{10.9}$$

式中　v——通过截面积分流速率所得到的表观速度;

　　　K——渗透系数;

　　　S——压力梯度。

利用 Darcy 定律,Kozeny 提出以下方程计算通过均匀多孔介质的液流(Schroeder,1977):

$$\frac{h_L}{H} = \frac{k\mu v}{g\rho} \frac{(1-\varphi)^2}{\varphi^3} a_v \tag{10.10}$$

式中　H——床的深度;

　　　h_L——通过 H 深度的床后的压头损失;

　　　φ——床的孔隙率;

　　　ρ——液体密度;

　　　g——重力加速度;

　　　a_v——平均晶粒表面积与体积比;

　　　k——常数(废水过滤中,它的值通常为5),量纲为1。

10.8.4　废水的生物处理

前面章节描述的物理化学操作虽然能够有效分离和去除不同大小的固体悬浮物,但是对于去除溶解的和胶质的有机物,这些操作往往无效。因此,常常采用生物处理废水。任何不能沉淀或溶解的有机物都能利用微生物分解。在有氧的条件下,好氧微生物分解有机物。厌氧处理与无氧条件下微生物的活性有关。

食品加工中废水的生物处理广泛应用大型水池,水池的面积达数千平方米以上,这些水池底部内衬防渗材料如塑料。废水在水池中保存若干天,然后被抽出。当有足够的土地可用时,适用大型水池。食品加工废水处理的两个常用类型的水池为厌氧池和好氧池。

在厌氧池中,有机物的分解包括两个步骤。第一步,产酸细菌分解有机物转化为化合物,如脂肪酸、醛和醇。第二步,细菌将这些化合物转化为甲烷、CO_2、氨(NH_3)和 H_2。厌氧池一般为 3～5m 深,大多缺乏 O_2。

在好氧池中,应用机械系统完全混合废水并曝气。当氧过量时,微生物在有氧条件下生长。废水的曝气处理以及藻类的生长维持高浓度的溶解氧。细菌分解有机物,为更多藻类的生长提供了营养物。藻类光合作用有助于保持有氧条件。好氧池很浅(约 1m),能够保证阳光可以穿透到池的底部,以促进藻类的生长。不同食品加工废水处理池的案例参见文献(Environmental Protection Service,1979b)。

在废水的生物处理中微生物的活动产生固体物质。如前所述,沉淀过程用来处理固体悬浮物。从沉淀池去除的固体物质通常被称为生物污泥。Liu(2007)阐述了细菌在废水处理及微生物动力学速度方面所起的作用。

滴滤池是另一种常用的食品加工废水的生物处理方法。滴滤池有一个大水槽,包含以下组件:

■ 惰性过滤介质(如砾石、石头、木材或塑料颗粒),微生物附着其上形成黏液层或生物膜;
■ 水分配系统;
■ 一个管道,用来将进来的废水输送到水分配系统,以便水可以通过过滤器介质均匀地滴下;
■ 排水系统,以支持过滤介质,并确保 O_2 均匀地通过整个水池。

滴滤池是一种典型的薄膜流系统,污水流薄膜连接到过滤介质的生物膜。当废水通过过滤介质时,附着在生物膜上过滤介质的微生物利用有机物。为了避免过滤介质堵塞,废水在送入滴滤池前,要经过一些初步处理,去除固体悬浮物等粗大物料。

在世界各地,由于市区用水的竞争性需求不断上升以及不断变化的气候条件和周期性干旱造成水的短缺,食品加工中用水成本持续增加。法规中对于水处理的规定日趋严格,增加了加工厂处理废水的成本。由于环境和经济方面的原因,食品工厂需要减少水的使用。食品工厂中有很多机会重复使用水。从一个操作到另一个操作循环用水,在各操作中适当处理水,都将有助于实现这一目标(Maté 和 Singh,1993)。

参考文献

1. American Society of Testing and Materials (2006) *Standard Test Methods for Chemical Oxygen Demand (Dichromate Oxygen Demand) of Water*, Standard D1252 – 06. ASTM International,West Conshohocken,Pennsylvania. ,www. astm. org.

2. Brennan,J. G. ,Butters,J. R. ,Cowell,N. D. and Lilley,A. E. V. (1990) *Food Engineering Operations*,3rd edn. Elsevier Applied Science,London.

3. Bresnahan,D. (1997) Process control. In:*Handbook of Food Engineering Practice* (eds E. Rotstein,R. P. Singh and K. Valentas). CRC Press,Boca Raton,Florida.

4. Bylund,G. (1995) *Dairy Processing Handbook. Tetra Pak*,Lund.

5. Chakravarti,A,and Singh,R. P. (2002) *Postharvest Technology. Cereals*,*Pulses*,*Fruits and Vegetables*. Science Publishers,New York.

6. Environmental Protection Service (1979a) *Evaluation of Physical – Chemical Technologies for Water Reuse, Byproduct Recovery and Wastewater Treatment in the Food Processing Industry. Economic and Technical Review Report EPS – 3 – WP – 79 – 3*. EPS, Environment Canada, Ottawa.

7. Environmental Protection Service (1979b) *Biological Treatment of Food Processing Wastewater Design and Operations Manual. Economic and Technical Review Report EPS – 3 – WP – 79 – 7*. EPS, Environment Canada, Ottawa.

8. Hughes, T. A. (2002) *Measurement and Control Basics*, 3rd edn. ISI – The Instrumentation Systems and Automation Society, Research Triangle Park, North Carolina.

9. Jowitt, R. E. (1980) *Hygienic Design and Operation of Food Plant*. AVI Publishing Co. , Westport, Connecticut.

10. Kader, A. A. (2002) *Postharvest Technology of Horticultural Crops*, 3rd edn. DANR Publication 3311, University of California, Davis.

11. Katsuyama, A. M. (1993) *Principles of Food Processing Sanitation*. Food Processors Institute, London.

12. Labiak, J. S. and Hines, R. E. (1999) Grain handling. In: *CIGR Handbook of Agricultural Engineering, Vol IV, Agro Processing Engineering* (eds F. W. Bakker – Arkema, J. De Baerdemaker, P. Amirante, M. Ruiz – Altisent and C. J. Studman). American Society of Agricultural Engineers, St Joseph, Michigan.

13. Liu, S. X. (2007) *Food and Agricultural Wastewater Utilization and Treatment*. Blackwell Publishing, Ames, Indiana.

14. Maté, J. I. and Singh, R. P. (1993) Simulation of the water management system of a peach canning plant. *Computers and Electronics in Agriculture*, 9, 301 – 317.

15. Murrill, P. W. (2000) *Fundamentals of Process Control Theory*, 3rd edn. Instrument Society of America, Research Triangle Park, North Carolina.

16. Ogrydziak, D. (2004) *Food Plant Sanitation*. Unpublished Class Notes. Department of Food Science, University of California, Davis, California.

17. Rotstein, E. , Singh, R. P. and Valentas, K. (1997) *Handbook of Food Engineering Practice*. CRC Press, Boca Raton, Florida.

18. Schroeder, E. D. (1977) *Water and Wastewater Treatment*. McGraw Hill, New York.

19. Singh, R. P. and Erdogdu, F. (2009) Virtual *Experiments in Food Processing*, 2nd edn. RAR Press, Davis, California.

20. Singh, R. P. and Heldman, D. R. (2009) *Introduction to Food Engineering*, 4th edn. Academic Press, London.

21. Thompson, J. F. , Brecht, P. E. and Hinsch, T. (2002) *Refrigerated Trailer Transport of Perishable Products. ANR Publication* 21614. University of California, Davis, California.

补充资料见 **www. wiley. com/go/campbellplat**

食品包装

Gordon L. Robertson

要点

■ 包装材料的要求：容装、保护、方便、传递信息。

■ 包装材料的分类：金属、玻璃、纸、塑料。

■ 塑料包装的渗透性。

■ 包装材料与食品的交联反应。

■ 包装系统：气调包装、活性包装。

■ 包装封口与完整性。

■ 包装对环境的影响：城市固体垃圾、减少垃圾源、循环使用与堆肥、废物焚化发电、掩埋、生命周期评估、包装废弃物立法。

包装从加工制造出来的时刻，一直到经过储运和零售到达消费者手中，它围绕、增强并保护我们购买的商品，它在当今社会无处不在且必不可少。包装的重要性几乎无须多讲，因为在无包装状态下食品几乎不可能出售。然而，尽管包装很重要，而且在食品中发挥着不可或缺的作用，但是社会经常忽略它，认为是不必要的花费。人们不知道或者误解包装具有的功能是产生这种观点的原因，到多数消费者开始接触包装时，包装的作用也差不多该结束了。

11.1　包装材料的要求

内包装是直接和被包装产品接触的包装，它提供最初级和最基本的保护屏障。内包装包括金属罐、纸板箱、玻璃瓶和塑料袋等。通常消费者从零售商店购买的产品只有内包装。中包装包含若干个内包装，如瓦楞纸箱，它是物理配送的承载者，而且越来越多地被设计成能够直接放到货架上展示内包装（即所谓的易上架包装）。外包装由若干个中包装组成，最常见的例子是将托盘上的瓦楞纸箱进行拉伸裹包。本章仅讨论内包装。

包装是一门社会性科学学科,它保证商品在投递到最终的消费者手中时,这些商品处在适合消费者使用的最佳状态。包装包括产品的封闭物如袋、箱、杯、浅盘、罐、管、瓶或其他容器,它们执行以下一种或多种功能:容装、保护、方便、传递信息。

11.1.1　容装

所有产品在仓储或从一个地方运往另一个地方之前都必须容装,没有容装物,通常将会造成产品损失和环境污染。

11.1.2　保护

包装必须保护内容物不受外界环境,如水、水蒸气、气体、气味、微生物、灰尘、冲击、振动、压力等的影响,而且还要保护环境免受产品的影响。对于很多食品而言,包装承担的保护作用是食品保存过程中非常必要的部分,一旦破坏了包装的完整性,产品将不能继续保存。

11.1.3　方便性

现代工业社会,食品方面更加需要方便性,如预制食品和户外消费或者在短时间内煮熟或加热的食品,最好无需去掉它们的内包装;调味酱、调味汁和调味料,可以通过简单地使用泵压包装来保持整洁。因此包装在方便地使用产品的过程中起着重要的作用。内包装的形状与消费者使用的方便性(如易于抓握、打开、倾倒、重复密封)与形成中包装和外包装的效率有关。

11.1.4　传达信息

现代消费营销失败的原因之一是它不能通过包装传递图形、特殊形状、品牌和标签的信息,不能使消费者很快识别并正确地使用产品。包装必须起到无言的促销者的作用。

11.1.5　属性

除了以上功能外,包装还有一些其他重要的属性。第一,从生产或商业角度来看,它能使灌装、封口、搬运、运输和贮存更加高效。第二,包装应该在从原材料的提取到使用后的处理整个生命循环周期内对环境的影响最小。第三,是包装不应该给食品带来任何不良污染物。尽管这最后一个属性看起来好像不言而喻,但所谓食品接触物从包装材料迁移到食物里的历史很悠长。不要惊恐,大多数国家为了确保消费者安全都高标准地管控食品包装材料。

11.2　包装材料的分类

包装材料的性质和包装结构的形式或类型决定了包装所提供的保护功能。金属、玻璃、纸、塑料聚合物等多种材料可以一种或几种组合,用作包装容器的内包装材料。下面将简单说明这些材料。

11.2.1 金属

食品包装用的金属材料有四种:钢、铝、锡和铬。锡和钢、铬和钢作为复合材料应用,如镀锡薄钢板和电镀铬钢板(即 ECCS),后者有时称为无锡钢板,即 TFS。常用的铝一般为精炼合金,含有少量、严格控制的镁和锰。

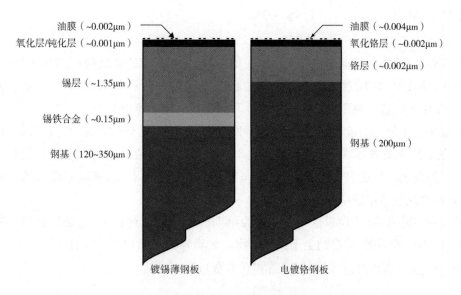

图 11.1　镀锡薄钢板和电镀铬钢板结构示意图

(Copyright 2006. From *Food PackagingPrinciples & Practice* by G. L. Robertson.

Reproduced by permission of Routledge/Taylor & Francis Group,LLC.)

专业术语镀锡薄钢板是指低碳软质钢板,厚度为 0.15 ~ 0.5mm,材料两面镀锡层为 2.8 ~ 17gsm(g/m^2),即 0.4 ~ 2.5μm 厚。锡和钢的组合,因为锡的独特性能,既使得材料良好的强度与卓越的加工性能相结合,又使得亮丽的外观成为耐腐蚀性表面。

镀锡薄钢板是用电镀的方法在钢板上镀上一薄层锡,根据最终的使用目的,其包含各种等级的碳、硅、锰、铜和硫。镀完膜后,镀层经过电解处理后在重铬酸钠中钝化,使表面更稳定、更耐腐蚀,然后小心地涂上一层油。镀层完毕的最终结构如图 11.1 所示。

电镀铬钢板的生产与电镀锡类似,电镀铬钢板由双面金属铬层和三氧化二铬层组成,总镀层重约 0.15gsm,这比最低级别镀锡薄钢板(镀层厚 2.8gsm)的镀层薄得多。与镀锡薄钢板相比,电镀铬钢板的表面在涂层、印刷油墨和清漆保护时更容易被人接受。但是,电镀铬钢板的耐腐蚀性比镀锡薄钢板要差,因此必须双面涂漆。

铝用来生产厚度在 4 ~ 150μm 的金属罐和铝箔,铝箔厚度低于 25μm 且含有可以透过气体和水蒸气的微小针孔。在应用中加入了硅、铁、铜、锰、镁、铬、锌、钛来增加强度,改善了其可加工性和耐腐蚀性。

11.2.2 玻璃

玻璃由无定形的无机材料熔融冷却而形成无结晶的坚硬状态。尽管坚硬,但是玻璃是一种以玻璃态存在的高黏稠液体。碱石灰玻璃的典型配方如下:

- 二氧化硅,SiO_2 68% ~73% ;
- 氧化钙,CaO 10% ~13% ;
- 苏打,Na_2O 12% ~15% ;
- 铝土,Al_2O_3 1.5% ~2% ;
- 氧化铁,FeO 0.05% ~0.25% 。

根据碎玻璃数量,玻璃燃烧和熔融损耗量(一般是碳和硫的氧化物)为7% ~15% ,熔融损耗越少,碎玻璃(使用过的和废玻璃)的数量就越多。碱石灰玻璃占所有玻璃生产的90% ,主要用来制造不特别要求化学耐久性和耐热性的玻璃容器。

食品包装中使用的玻璃容器主要有两种:细颈瓶(瓶颈较窄)和广口瓶(开口较宽)。大约75%的食品用玻璃容器是细颈瓶。大约85%的玻璃容器透明,其余的主要呈琥珀色或绿色。今天的玻璃容器更轻,但是比以前更坚固。经过这样的开发,玻璃容器依然具有竞争力,并且在食品包装中继续起着重要作用。

玻璃容器的末端(之所以这样说是因为早期的玻璃制造过程中,它是容器最后制作的部分)指容器口的周围,它容纳盖子或封闭物。玻璃容器必须与盖子或封闭物一致,且可根据大小(即直径)和密封方式(如旋紧盖和软木塞)进行分类。

11.2.3 纸

纸浆是造纸的原料,用来生产纸、纸板、瓦楞纸板和类似的产品。纸由植物纤维制得,因此是一种可再生资源。几乎所有的纸在制造完成后经过进一步处理如压花、涂布、覆膜而转化形成特殊的形状和尺寸,如袋子和盒子。进一步的表面处理取决于最终的用途,通常是使用粘合剂与印刷油墨。而覆膜或涂布塑料聚合物的纸张能够提供良好的阻隔气体和水蒸气的性能,其他纸包装除了能够保护产品免受光和轻微的机械损坏外,几乎不具有任何保护性能。定量超过224gsm的纸一般称为纸板。多层纸板是通过一个或多个网部相结合形成单页纸板,然后加工纸板成为硬纸箱、折叠纸盒、饮料盒和类似的产品。

11.2.4 塑料

塑料指具有独特特点的有机高分子材料,其分子或者是长链结构,或者是重复单元形成的网状结构。塑料的性能是由制造过程中使用的聚合物的化学和物理性质决定的,聚合物的分子结构、相对分子质量、结晶度和化学成分决定它们的性能,这些因素依次影响聚合物的密度和物理转化时的温度。

聚合物广泛用于食品包装,主要种类简要综述如下。

11.2.4.1 聚烯烃

聚烯烃是一类非常重要的热塑性塑料,包括低密度聚乙烯、线性低密度聚乙烯和高密度聚乙烯(即 LDPE、LLDPE 和 HDPE)、聚丙烯(PP)。聚乙烯的分子式是—$(CH_2—CH_2)_n$—,生产的时候可产生数量不等的分支,每分支都以(—CH_3)结束。支链阻止聚合物主链靠近,从而生产出低密度聚乙烯。

LDPE 是一种坚韧、柔软、略微半透明的材料,它阻水蒸气性能较好,但阻气性较差,在食品包装中广泛使用,可以很容易地热封。

LLDPE 含有大量的短侧链,改进了 LDPE 的抗化学性和抗戳穿性,强度更高。

HDPE 比 LDPE 具有更多的线性结构,因此更硬,具有更优异的阻油、阻脂性能。它既可以制成白色、半透明的薄膜,也可用于制造刚性包装,如瓶子。

PP 是一种比 LDPE 密度更低、熔点更高、阻隔性能更好的线性聚合物。一般使用的聚丙烯薄膜为双向拉伸的 BOPP,它具有出色的透明性。PP 还可以用吹塑或注塑的方式生产瓶盖和薄壁容器。

11.2.4.2 取代烯烃

每个乙烯基单体都有单一的取代基,称为乙烯基化合物,合成的聚合物的性能取决于取代基的性质、相对分子质量大小、结晶度和取向程度。

最简单的是聚氯乙烯(PVC),它的重复单元是$[—(CH_2—CHCl)_n—]$。通过基本聚合物可以得到性能各异的 PVC 薄膜。改变 PVC 性能的两个主要途径是生产工艺的变化(主要是增塑剂的含量)和取向。

塑化的 PVC 薄膜广泛用于装新鲜红色肉类和农产品托盘的拉伸裹包。相对较高的水蒸气透过率能够防止薄膜内部水分的凝结。取向薄膜用于农产品和新鲜肉类的收缩裹包,但是近几年 LLDPE 薄膜在很多应用上越来越多地取代了 PVC。

硬质 PVC 塑料作为刚性板材可以用热成型法生产成巧克力盒子和饼干浅盘的隔挡。硬质 PVC 瓶的清晰度、抗油性和阻隔性比 HDPE 的瓶子更好。但是,它们容易被某些溶剂软化,尤其是酮类和氯化烃类溶剂。PVC 瓶进入市场曾经广泛用于食品包装,包括果汁和食用油,但是近几年它们逐渐地被 PET 瓶所取代。

聚偏二氯乙烯(PVDC)的重复结构单元为$[—(CH_2—CCl_2)_n—]$,这种聚合物是一种相当硬的薄膜,不适用于包装用途。当 PVDC 和 5%～50%(但通常是 20%)的氯乙烯共聚时,就会生产出柔软、坚韧且相对防渗透性较好的薄膜。尽管这种薄膜是偏二氯乙烯(VDC)和氯乙烯(VC)的共聚物,但是通常认为它们是 PVDC 共聚物,它们的具体性能根据聚合度、聚合特性和聚合物的相对比例有所不同。这些性能包括水蒸气、气体、气味、油脂和醇类低透过性的独特组合。它们还具有承受热灌装和杀菌的能力,所以可以作为多层阻隔性容器的一部分。尽管高度透明,但是 PVDC 有稍许的淡黄色。作为多层板材的重要组成部分,PVDC 共聚物可与自身或其他材料封合。这种共聚物常用作收缩薄膜,因为定向提高了拉伸强度、柔韧性、清晰度、透明性和冲击强度,并且降低了气体和水分的渗透性,增加了撕裂抗性。

聚乙烯醇（PVOH）的结构式为$[—(CH_2—CHOH)_n—]$，它由醋酸乙烯酯（PVA）$[—(CH_2—CHOCOCH_3)_n—]$生产得来。PVOH 薄膜阻水性较差，但是阻氧性（干燥的时候）和阻油脂性优良。湿的 PVOH 薄膜强度较差，但是干燥薄膜的强度很高。由于其具有水溶性，这种材料很难加工。

乙烯－乙烯醇共聚物（EVOH）由控制乙烯醋酸乙烯酯（EVA）共聚物的水解生产而来，水解过程将醋酸乙烯酯（VA）转化成乙烯醇（VOH）；共聚反应中不含有 VOH，EVOH 干燥的时候不仅具有良好的加工性，而且提供对气体、气味、香味、溶剂等的优秀阻隔性。正是由于这些特点，塑料容器吸纳了 EVOH 作为阻隔层替代很多玻璃和金属容器来用于食品包装。

聚苯乙烯（PS）化学结构式为$[—(CH_2—CHC_6H_5)_n—]$。结晶 PS 可生产薄膜，但是如果不进行双向拉伸的话，PS 很脆。PS 的阻气性很好，而对水蒸气阻隔性较差。取向的 PS 薄膜可以热加工成各种形状。为了克服 PS 的脆性，在聚合过程中可加入不超过 25%（质量分数）的合成橡胶（通常为 1,3－丁二烯异构体 $CH_2=CH—CH=CH_2$）生产硬质塑料。增韧的或者是高耐冲击的聚苯乙烯（HIPS）的化学性质与未改良过的或者说通用聚苯乙烯（GPPS）几乎相同。此外，HIPS 还是一种优良的热成型材料，它可以注塑成型为盒，而广泛用于食品包装。

11.2.4.3　聚酯

聚对苯二甲酸乙二醇酯（PET）是乙二醇（EG）和对苯二甲酸缩合而成的产品，它的结构式为$(—OOC—C_6H_5—COOCH_2—CH_2—)_n$。作为食品包装材料，PET 薄膜最突出的特性是其超强的拉伸强度、优秀的化学耐抗性、质量轻和在很宽的温度范围（$-60 \sim 220℃$）内的韧性和稳定性。PET 薄膜应用最广泛的是双向拉伸薄膜和热固性薄膜两种形式。

涂布 LDPE 和 PVDC 聚合物，可提高 PET 的阻隔性能。挤压涂布 LDPE 的 PET 薄膜易于封口，而且很坚韧。双面涂布 PVDC 聚合物的 PET 具有很高的阻隔性能，其中重要的特殊应用是裹包单层切片乳酪。PET 也用来生产冷冻食品和预制肉类的"耐热"托盘。当然最好用铝箔托盘，因为它们不需要外部纸盒，可以直接微波加热。

PET 瓶是拉伸吹塑成型的，为了得到最大的拉伸强度和阻气性，进行拉伸或双向拉伸非常必要，而且这可以使瓶子的质量足够轻，从而更经济。

11.2.4.4　聚酰胺

聚酰胺（PA）是缩聚而成的，一般为线性热塑性塑料，由氨基和羧酸功能基团缩合形成，主链上连接有氨基化合物—CONH—来提供机械强度和阻隔性能。尼龙 6 指的是由 ε－己内酰胺聚合物生产的 PA，一种含有 6 个碳原子的材料。尼龙 11 是 ω－氨基十一酸制成的 PA，含有 11 个碳原子。尼龙 6,6 由己二胺和己二酸反应得到的。这两种材料都含有 6 个碳原子。尼龙 6,10 由己二胺和癸二酸 $[HOOC—(CH_2)_8—COOH]$ 反应得到。己二胺含有 6 个碳原子，数字在前面，癸二酸含有 10 个碳原子，放在后面。尼龙 6 的薄膜更耐高温，抗油脂和油性能比尼龙 11 更强。

相对较新的聚酰胺是 MXD6,由苯二甲基二胺和己二酸合成,6 表示的是酸里面含的碳原子数。它在所有湿度条件下具有比尼龙 6 和 PET 更好的阻隔性能,因为 MXD6 聚合物链上存在苯环,在 100% 相对湿度时阻隔性比 EVOH 更好。由 MXD6 生产的双向拉伸薄膜在包装中有很多应用,因为它具有较高的阻气和阻水蒸气性能,比其他 PA 材料的强度更大,刚性更好。它还具有较高的透明度和较好的加工性,再加上上述性能使得 MXD6 薄膜更适合作为复合薄膜结构的基材,用来做盖材和袋子,尤其是薄膜在蒸煮条件下更好使用。

11.2.4.5 再生纤维素

再生纤维素薄膜(RCF)由纤维素制成,是一种天然可再生聚合物,在食品包装应用中可以与合成聚合物相媲美。再生纤维素通常指的是通用术语赛璐玢,在某些国家依然是注册商标的名称。RCF 可以被认为是透明的纸张,作为食品包装用时它要被塑化(通常用的是乙二醇)并单面或双面涂布,涂布剂的类型主要由薄膜的保护性能决定。最常用的涂布剂是 LDPE、PVC 和 PVDC 共聚物。

11.3 塑料包装的透过性

11.3.1 渗透性

与玻璃或金属制成的包装材料相比,热塑性聚合物对小分子物质具有不同程度的渗透性,如气体、水蒸气、有机气体和其他分子质量较小的化合物。阻隔性好的塑料的透过性较低。

在稳态条件下,如果聚合物内外压力差保持恒定,气体或水蒸气会以恒定的速率通过聚合物进行扩散。聚合物的透过性——扩散通量 J 可以定义为单位时间内通过垂直于扩散方向的单位截面积的扩散物质流量,即:

$$J = \frac{Q}{A \cdot t} \tag{11.1}$$

式中 Q——在时间 t 内通过面积 A 的扩散总量。

透过率和浓度梯度直接相关,体现在 Fick 第一定律:

$$J = -D\frac{\delta c}{\delta x} \tag{11.2}$$

式中 J——透过聚合物材料单位面积的扩散通量;

D——扩散系数(它反映透过聚合物的扩散速度);

c——扩散物质的体积浓度;

$\frac{\delta c}{\delta x}$——沿厚度方向扩散的浓度梯度。

图 11.2 所示的高分子聚合物材料厚度为 $X(\text{mm})$,面积为 A,一面压力为 p_1,另一面压力较小,为 p_2。高分子材料第一层的透过浓度为 c_1,最后一层的浓度为 c_2。达到稳态扩散后,J = 常量,式(11.2)可通过聚合物总厚度 X 进行整合,介于两个浓度之间,假设 D 为常量,且与 c 不相关:

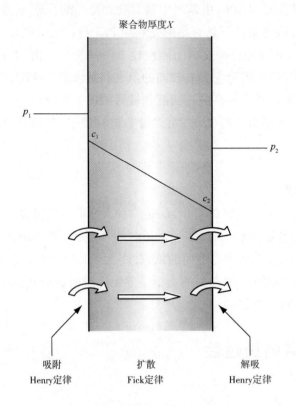

聚合物厚度X

吸附　　　　　扩散　　　　　解吸
Henry定律　　Fick定律　　Henry定律

图 11.2　气体或蒸汽通过聚合物传输的模型

(Copyright 2006. From *Food PackagingPrinciples & Practice* by G. L. Robertson.

Reproduced by permission of Routledge/Taylor & Francis Group, LLC.)

$$J \cdot X = - D \cdot (c_2 - c_1) \tag{11.3}$$

故

$$J = \frac{D \cdot (c_1 - c_2)}{X} \tag{11.4}$$

把 J 代入式(11.1)中,可计算出时间 t 内通过面积为 A 的聚合物的透过扩散量:

$$Q = \frac{D \cdot (c_1 - c_2) \cdot A \cdot t}{X} \tag{11.5}$$

与实际浓度相比,当透过物质是气体时,测量与聚合物达到平衡的蒸汽压 p 更方便。Henry 定律适用于低浓度的情况, c 可表示为:

$$c = S \cdot p \tag{11.6}$$

式中　S——透过物质在聚合物里的溶解度系数(它反映了透过物质在聚合物里的溶解量)。

结合式(11.5)和式(11.6):

$$Q = \frac{D \cdot S \cdot (p_1 - p_2) \cdot A \cdot t}{X} \tag{11.7}$$

乘积 $D \cdot S$ 称做透过系数(或常量)或只是透过性,用符号 P 表示。因此:

$$P = \frac{Q \cdot X}{A \cdot t \cdot (p_1 - p_2)} \tag{11.8}$$

或

$$\frac{Q}{t} = \frac{P}{X} \cdot A \cdot (\Delta p) \qquad (11.9)$$

术语 $\frac{P}{X}$ 称为包装薄膜的透过性。

式(11.8)的结果表明 P 的量纲为:

$$P = \frac{(稳态条件下的渗透量)(厚度)}{(面积)(时间)(通过聚合物的压力减少量)} \qquad (11.10)$$

透过物质的数量可以用质量、摩尔或体积单位表示。对气体来说,应首选体积,表示标准温度和压力条件下的透过量[标准温度和压力条件(STP):273.15K 和 1.01325×10^5 Pa]。尽管 P 在科学文献中出现了 30 多个不同的单位,以下国际单位制单位应用最广泛:

$$\frac{10^{-11}(\text{mL},标准温度和压力下)\text{cm}}{\text{cm}^2 \cdot \text{s}(\text{cmHg})}$$

表 11.1 所示为一些聚合物对一些气体和水蒸气具有代表性的透过系数。

表 11.1　在 25℃和 90％相对湿度的各种聚合物对于气体和水的透过系数

聚合物	$P \times 10^{-11}[\text{mL(STP)} \cdot \text{cm}/(\text{cm}^2 \cdot \text{s} \cdot \text{cmHg})]$			
	O_2	CO_2	N_2	H_2O 90% 相对湿度
低密度聚乙烯	30 ~ 69	130 ~ 280	1.9 ~ 3	800
高密度聚乙烯	6 ~ 11	45	3.3	180
聚丙烯	9 ~ 15	92	4.4	680
聚氯乙烯薄膜	0.05 ~ 1.2	10	0.4	1560
聚苯乙烯膜(定向)	15 ~ 27	105	7.8	12 ~ 18000
尼龙 6(0% 相对湿度)	0.12 ~ 0.18	0.4 ~ 0.8	0.95	7000
尼龙 MXD6	0.01			
聚对苯二甲酸乙二醇酯				
(非晶型)	0.55 ~ 0.75	3.0	0.04 ~ 0.06	
(40% 结晶)	0.30	1.6	0.007	1300
聚碳酸酯薄膜	15	64		
聚偏氯乙烯共聚物	0.05	0.3	0.009	14
乙烯 - 乙烯醇共聚物				
27% 乙烯(摩尔浓度)	0.0018	0.024		
44% 乙烯(摩尔浓度)	0.0042	0.012		

源自:*Food Packaging Principles & Practice* by G. L. Robertson. Reproduced by permission of Routledge/Taylor & Francis Group, LLC.

示例:聚丙烯在 25℃时对 O_2 的透过系数在标准单位下是多少? 取表 11.1 的上限值:

$$P \times 10^{11} = 15[\text{mL(STP)} \cdot \text{cm}/(\text{cm}^2 \cdot \text{s} \cdot \text{cmHg})]$$

因此:

$$P = 15 \times 10^{-11} [\text{mL(STP)} \cdot \text{cm}/(\text{cm}^2 \cdot \text{s} \cdot \text{cmHg})]$$
$$= 1.5 \times 10^{-10} [\text{mL(STP)} \cdot \text{cm}/(\text{cm}^2 \cdot \text{s} \cdot \text{cmHg})]$$

上述关于稳态扩散的讨论假定 D 和 S 是相互独立的浓度,但是在实践中出现偏差。亲水材料(如 EVOH 共聚物和一些 PA 材料)和水蒸气之间,或者镀膜或层合薄膜的非匀质材料中,发生交联反应,式 11.8 就不适用,这种性能定义为材料的传输速率(TR):

$$TR = \frac{Q}{A \cdot t} \tag{11.11}$$

式中 Q——通过聚合物的扩散物质量;

A——面积;

t——时间。

聚合物对水和有机化合物的透过性往往以这种方式表示。就水和 O_2 而言,通常用术语水蒸气传输速率(WVTR)和 O_2 传输速率(OTR)表示。薄膜或层合材料的厚度是关键,气体或水蒸气的温度和分压差由特殊 TR 指定。WVTR 的量纲中常包含厚度,严格地讲,WVTR应称为厚度标准化通量。表 11.2 所示为在 38℃、相对湿度 95% 下的 WVTR。如低密度聚乙烯的 WVTR 为 $0.315 \sim 0.59 \text{g} \cdot \text{mm}/(\text{m}^2 \cdot \text{d})$。为了把在 WVTR 或 OTR 中测得的 a 转化为 P,乘以薄膜厚度,除以测量中使用的分压力差。

表 11.2   水蒸气在 38℃和 95% 相对湿度的传输速率

聚合物	传输速率/ $[\text{g} \cdot \text{mm}/(\text{m}^2 \cdot \text{d})] \times 10^{-2}$	聚合物	传输速率/ $[\text{g} \cdot \text{mm}/(\text{m}^2 \cdot \text{d})] \times 10^{-2}$
聚偏氯乙烯共聚物	$4.1 \sim 19.7$	聚对苯二甲酸乙二醇酯	$1 \sim 10$
聚丙烯	$7.8 \sim 15.7$	聚苯乙烯膜	$280 \sim 393$
高密度聚乙烯	$0.1 \sim 0.2$	乙烯 – 乙烯醇共聚物	546
聚氯乙烯	$19.7 \sim 31.5$	尼龙 6	$634 \sim 863$
低密度聚乙烯	$31.5 \sim 59$		

源自:Karel and Lund(2003)。

示例:假设通过一侧为空气,另一侧为惰性气体,厚度为 2.54×10^{-3} cm 薄膜的 OTR 为 $3.5 \times 10^{-6} \text{mL}/(\text{cm}^2 \cdot \text{s})$,计算低密度聚乙烯(LDPE)薄膜在 25℃对 O_2 的透过系数。

O_2 通过薄膜的分压力差为 0.21atm = 16cmHg

$$P = OTR/\Delta p \times \text{厚度}$$

$$P = \frac{3.5 \times 10^{-6} \text{mL}/(\text{cm}^2 \cdot \text{s})}{16\text{cmHg}} \times 2.54 \times 10^{-3} \text{cm}$$

$$= 55 \times 10^{-11} [\text{mL(STP)} \cdot \text{cm}/(\text{cm}^2 \cdot \text{s} \cdot \text{cmHg})]$$

结果在表 11.1 给出的范围之内。

在很多食品包装应用中,各种通过聚合物的有机化合物(如味道、香味、气味)和溶剂的传输率值得关注。由于与压力有关的溶解度系数和与浓度有关的扩散系数,通过聚合物薄膜的有机气体的透过性比空气要复杂得多。尽管人们对 LDPE 中的各种有机气体的透过性、溶解度和扩散性进行了大量研究,但是可用于其他聚合物的数据却很少。因为有机气体的可溶解行为在每种聚合物中都有所不同,不能用类似其对固定气体和水蒸气的透过特性的方式进行比较。

很多食品为了使产品达到预期的货架期需要超过单一材料所能提供的保护。在需要增加对空气和(或)水蒸气的阻隔性能时,加上一个薄层阻隔材料要比仅仅增加单一材料的厚度经济实用得多。多层材料由多层薄膜依次复合而成。对于三层复合材料(总厚度 $X_T = X_1 + X_2 + X_3$),并且假定条件为稳态通量,通过每一层材料的透过率必须是常数,即

$$Q_T = Q_1 = Q_2 = Q_3 \tag{11.12}$$

同样,面积也为常数:

$$A_T = A_1 + A_2 + A_3 \tag{11.13}$$

如果每一层各自的厚度和透过系数都是已知的,且透过系数对压力相互独立,那么式11.14 就可以用来计算任意多层复合材料的透过系数:

$$P_T = \frac{X_T}{(X_1/P_1) + (X_2/P_2) + (X_3/P_3)} \tag{11.14}$$

11.3.2　温度的影响

在相对较小的温度范围内,溶解系数对温度的依赖性可用阿伦尼乌斯关系式来表示:

$$S = S_0 \exp(-\Delta H_s/RT) \tag{11.15}$$

式中　ΔH_s——表观活化能。对于固定气体,ΔH_s 很小而且是正值,因此 S 会随温度稍稍增加。对易于压缩的蒸汽,由于冷凝热的作用,ΔH_s 是负的,因此 S 随着温度升高而减小。

扩散系数的温度依赖性也可用下面的阿伦尼乌斯关系式表示:

$$D = D_0 \exp(-E_d/RT) \tag{11.16}$$

式中　E_d——扩散过程的活化能量。E_d 始终为正,扩散系数随着温度的增高而增大。

通过式(11.5)和式(11.6)可得:

$$P = P_0 \exp(-E_p/RT) \tag{11.17}$$

$$= (D_0 S_0) \exp[-(E_d + \Delta H_s)/RT] \tag{11.18}$$

式中　$E_p(= E_d + \Delta H_s)$——透过的表观活化能,E_p,E_d 和 ΔH_s 均用同一单位,kJ/mol;

　　　　T——绝对温度,K;

　　　　R——8.3145J/(mol·K)。

因此,待定聚合物透过系统的系数会随温度增加而增大或减少,这依赖于温度对系统的溶解度和扩散系数的相互影响。一般地,对空气而言,溶解度系数随着温度的增加而增大,对水蒸气而言,溶解度系数随着温度的增加而减小;无论对空气还是水蒸气,扩散系数都随着温度的增加而增大。出于这些原因,不同的聚合物当确定了其在某一温度时的透过系数时,不能以同样的顺序确定其他温度的透过系数。

11.3.3　水分交换与货架期

把食品放置在恒温恒湿的环境中,它最终将与环境达到平衡。在稳态时相应的水分含量称为平衡水分。当用此水分含量(表示单位干燥物质的水分含量)绘制相应的相对湿度

或者恒温时的水分活度(A_w)图,得到吸湿等温线。这些曲线图对评估食品的稳定性和选择实用包装非常有用,因为 A_w 取决于温度,所以吸湿等温线也必须体现温度相关性。因而对于任何给定的水分含量,A_w 都随着温度的升高而增加,如图11.3 所示。

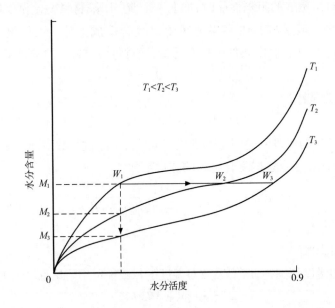

图11.3 典型的等温吸湿线示意图,说明温度对水分活度的影响

(Copyright 2006. From *Food PackagingPrinciples & Practice* by G. L. Robertson.

Reproduced by permission of Routledge/Taylor & Francis Group, LLC.)

食品的货架期由食品特性决定,包括:

■ 配方及加工参数(内在因素);
■ 产品在运输和贮存过程中接触的环境(外在因素);
■ 包装特性。

内在因素包括 pH、水分活度、酶、微生物和活性化合物的含量,通过选择原料和配料以及选择工艺参数可以控制其中许多因素。

外在因素包括温度、相对湿度、光、不同气体的总压力和分压力、用户搬运时的机械压力,其中很多因素可以影响产品保质期内出现变质反应的速率。

包装的特性可以对许多外界因素产生重大影响,因而间接地影响产品变质反应的速率。因此食品的货架期可以通过改变自身成分和配方、加工工艺参数、包装系统或其接触的环境等而改变。

食品可以根据所需保护程度分类(见表11.3),这里关注包装的主要需求,如保持最大的水分或 O_2 吸收,以能够计算确定该包装材料能否提供必要的阻隔来达到产品预期的货架期。具有良好密封性能的金属罐和玻璃容器基本上不透气、气味和水蒸气,而纸基包装材料具有可透过性。塑料基包装材料能够提供不同程度的保护,这在很大程度上取决于其制造中所使用的聚合物的性质。

表 11.3　　　　　不同食品和饮料所需的保护程度(货架寿命假设 25℃下 1 年)

食品/饮料	O₂的最大获取量/(mg/kg)	所需的其他气体保护	水分最大获取或损失	所需的高油脂阻力	所需挥发性有机物良好屏障
罐藏牛乳和肉制品	1～5	否	3%损失	是	否
婴儿食品	1～5	否	3%损失	是	否
啤酒和葡萄酒	1～5	<20% CO₂(或 SO₂)	3%损失	否	是
速溶咖啡	1～5	否	2%获取	是	是
罐头汤、蔬菜和酱汁	1～5	否	3%损失	是	否
罐藏水果	5～15	否	3%损失	否	否
仁果和零食	5～15	否	5%获取	是	否
干燥食品	5～15	否	1%获取	否	否
果汁和饮料	10～40	否	3%损失	否	是
碳酸饮料	10～40	<20% CO₂	3%损失	否	是
油和起酥油	50～200	否	10%获取	是	否
沙拉酱	50～200	否	10%获取	是	是
果酱、果冻、橄榄、酸菜、糖浆	50～200	否	10%获取	是	否
烈性酒	50～200	否	3%损失	否	是
调味料	50～200	否	1%获取	否	是
花生酱	50～200	否	10%获取	是	否

源自:Salame(1974). With kind permission of Springer Science and Business Media.

前面已经推导过热塑性塑料材料在稳态时对气体或水蒸气透过性的表达式,见式(11.9),可以重写成:

$$\frac{\delta w}{\delta t} = \frac{P}{X} \cdot A \cdot (p_1 - p_2) \tag{11.19}$$

式中　$\delta w/\delta t$——[气体或水蒸气透过薄膜的传输率,对应统一形式的表达式中的 Q/t[式(11.9)]。

水分迁移到包装食品中或从包装食品中迁移出都需要对式(11.19)给出边界条件进行预测。如果假定 P/X 是常量,外界环境为恒温恒湿,P_2 即食品中的水蒸气压遵循水分含量函数,就可以进行简单的分析。

但是,在贮存、运输和零售包装食品的过程中外部条件不会保持不变,P/X 将不为常量。如果食品在温带气候条件下的市场销售,可以使用 25℃/75% 相对湿度时确定的WVTR。分析最坏的情况可以使用 38℃/90% 相对湿度确定的 WVTR。更进一步的假设可以忽略包装内的水分梯度,即包装可以作为水蒸气传输的主要阻力。这种情况下 P/X 小于10g/(m²·d·cmHg),这是大多数薄膜在高湿条件下的情况。

式(11.19)显示的内部蒸汽压不是常量,而是随时随着食品的水分含量而变化。因此,得水率或失水率不是常量,而是随着 ΔP 减小而下降。因而为了能够进行准确的预测,P_2 的某个函数,内部蒸汽压力作为水分含量的函数,必须引入方程。假定恒定速率就会造成产品的过度保护。

低水分和中等水分含量的食品,内部蒸汽压仅由食品的吸湿等温线决定。最简单的情况就是把等温线视为线性函数:

$$m = b \cdot A_w + c \tag{11.20}$$

式中 m——每克固体中水分的质量,g;

A_w——水分活度;

b——曲线的斜率;

c——常量。

水分含量可以用水分增量替代,经过数学处理后,可得式(11.21):

$$\ln \frac{m_e - m_i}{m_e - m} = \frac{P}{X} \cdot \frac{A}{W_s} \cdot \frac{P_0}{b} \cdot t \tag{11.21}$$

式中 m_e——食品裸露在外部包装的相对湿度时的平衡水分;

m_i——食品的初始水分;

m——食品在时间 t 的水分;

P_0——贮存温度下的纯水蒸气压(不是包装外的实际水蒸气压)。

产品货架期结束是指达到 $m = \theta_c$(临界水分含量),这时时间 $t = \theta_s$。

已经在食品中广泛地测试了式(11.21)等公式,发现这些公式可以对实际增重或失重做出接近实际的预测,可以用来计算包装薄膜透过性、温度和湿度等外部条件、表面积、包装的体积比、产品初始水分含量等参数对于货架期的影响。

11.4 包装材料与食品的交联反应

11.4.1 腐蚀

金属的化学结构给予它们宝贵的实用特性,同时也是造成它们主要缺陷的原因:易于腐蚀,与环境之间发生化学反应。由于化学反应发生在金属表面,所有金属都会受到或大或小的影响,但是通过改善表面特性可以减少或者控制其侵袭的速度。

当金属被腐蚀时,金属原子会以阳离子的形式从金属表面脱离,留在金属体上一定数量的电子。因此,就金属 M 而言:

$$M \rightarrow M^{n+} + n(电子) \tag{11.22}$$

$$(还原) \qquad (氧化)$$

铁和锡在液态环境中总是易于腐蚀,因为电离或腐蚀反应能够通过氢离子减少来达到平衡(即由氢气得来):

$$2Fe \rightarrow Fe^{2+} + 2e \tag{11.23}$$

$$2H^+ + 2e \rightarrow H_2 \tag{11.24}$$

如果氢离子浓度增加(即液体环境 pH 较低),反应速率将加快。

如果自由 O_2 可用,腐蚀反应将通过吸收的 O_2 达到平衡,就锡来说,平衡反应为:

$$Sn \rightarrow Sn^{2+} + 2e \quad\quad (11.25)$$

$$\frac{1}{2}O_2 + 2H^+ + 2e \rightarrow H_2O \quad\quad (11.26)$$

食品和饮料是极其复杂的化学体系,涵盖了广泛的 pH 和缓冲性能以及腐蚀抑制剂或加速剂的变化范围。影响它们腐蚀性的因素可分为两类:食品自身固有的腐蚀强度和种类,由于加工和贮存条件产生的腐蚀性。所有这些因素都相互关联,而且可能以协同方式结合加速腐蚀。

食品中最重要的腐蚀加速剂包括 O_2、花青素、硝酸盐、硫化物和三甲胺。表 11.4 所示为以上加速剂及其溶解锡的化学计量等同物的一些典型的腐蚀反应。食物中的锡浓度较高可能引起一些人的胃部不适。锡浓度低于法律限制的 200mg/kg(100mg/kg 的罐装饮料和 50mg/kg 的罐装婴儿食品),不太可能发生这些反应。

表 11.4 部分腐蚀促进因子及其反应

腐蚀促进因子	还原产物	质量当量
质子(H^+)	H_2	1mL $H_2 \equiv 5.3$mg Sn^{2+}
氧气(O_2)	H_2O	1mL $O_2 \equiv 10.6$mg Sn^{2+}
二氧化硫(SO_2)	H_2S	1mL $SO_2 \equiv 5.5$mg Sn^{2+}
硫(S)	H_2S	1mL $S \equiv 3.7$mg Sn^{2+}
硝酸盐(NO_3)	NH_3	1mg $NO_3 \equiv 7.65$mg Sn^{2+}
氧化三甲胺($TMAO$)	三甲胺(TMA)	1mg $TMAO \equiv 1.57$mg Sn^{2+}

源自:Mannheim 和 Passy(1982). Reproduced by permission of Routledge/Taylor &Francis Group,LLC.

从腐蚀程度的角度来说,可以把食品分为五类:
■ 高腐蚀性食品如苹果和葡萄汁、草莓、樱桃、李子、泡菜和酸菜;
■ 中等腐蚀性食品如苹果、桃子、梨、柑橘类水果和番茄汁;
■ 轻度腐蚀性食品如豌豆、玉米、肉类和鱼类;
■ 强脱锡食品如绿色豆类、菠菜、芦笋和番茄制品;
■ 饮料通常被认为是第五类。

ECCS 金属罐的铬/铬氧化物层的厚度只有标准镀锡薄板镀层厚度的 $\frac{1}{50} \sim \frac{1}{30}$。因此 ECCS 罐只有先涂布一层涂料才能用于食品包装,因为它不耐腐蚀。

铝裸露于空气或水中能迅速形成保护性氧化膜:

$$4Al + 3O_2 \rightarrow 2Al_2O_3 \quad\quad (11.27)$$

这层膜极薄(约 10nm)但却使金属在 pH 为 4~9 时处于完全钝化状态。

11.4.2 迁移

在包装系统中,除了透过性,还有两种其他较大规模的传输现象:吸附和迁移。吸附(也称剥皮)包括包装从食品中吸附分子(如塑料包装吸附果汁的香味化合物)。此外,也包括存在于包装食品周围环境的化合物被包装吸收,然后迁移到食品中(如香皂的香味在某些情况下会被塑料包装的含脂肪的食品吸收)。

迁移是最初存在于包装材料中的分子转移到产品中,也可能转移到外部环境中。总迁移(OM)是指在特定测试条件下,单位面积的包装材料中所有(通常是未知的)可移动包装成分释放质量的总和,而特定迁移(SM)仅指单一的、可识别的化合物。因此总迁移是所有转移到食品中的化合物,不管它们是否有毒,包括对生理无害的物质。

分子从包装材料迁移到食品中是一种复杂现象,大多数数学处理迁移过程的方法最初来源于前面关于气体扩散的讨论。值得注意的是液体中的扩散比气体中扩散慢约100万倍,固体中的扩散比液体中的扩散慢约100万倍。

11.5 包装系统

11.5.1 气调包装(MAP)

MAP是为了提高包装内食品的货架期并保证食品品质,调整或者改变包装内的气体以获得最佳的气体环境。气调可主动或被动地实现。主动调节包括用可控制的、预期的混合气体置换空气,通常称作空气冲洗。被动调节(也称商品生成 MA)是食品呼吸和(或)与食品相关的微生物代谢的结果产生的;包装材料通常包含聚合物薄膜,因此透过薄膜的气体透过性(因薄膜性质和贮存温度而异)也会影响所产生气体的组成。

在真空包装中,微生物或呼吸的水果和蔬菜可以提高 CO_2 水平。因而呼吸食品或含有活微生物的食品如肉类的真空包装也是 MAP 的一种形式,因为通过驱除大部分空气形成初始的气调后,生物活动继续改变或调节包装内的气体环境。

除烘焙食品外,低温($-1 \sim 7℃$)相关的食品大多应用 MAP。当气调与低温相结合,可以显著提高防腐效果,因为很多变质反应涉及有氧呼吸作用,食品或微生物消耗 O_2,产生 CO_2 和水。通过减少 O_2 浓度,可减缓有氧呼吸。通过提高 CO_2 浓度,可减缓或抑制微生物的生长。

空气的正常组成成分的体积比为 78.08% N_2、20.95% O_2、0.93% 氩气(Ar)和 0.03% CO_2,其他九种微量气体浓度很低。用于 MAP 的三种主要气体为 O_2、CO_2 和 N_2,它们或单独使用,或组合使用。"惰性"气体如氩气在商业上广泛用于各种产品。Ar 的密度是 N_2 的 1.43 倍,可以像液体一样在空气中流动,N_2 则不可以。一氧化碳(CO)和二氧化硫(SO_2)的应用也有报道。

用于不同食品的 MAP 的气体混合物,取决于食品的性质和可能的变质机制。对于主要由微生物引起的变质,由于 CO_2 对特定食品的负面影响(如包装破裂)有限,应该尽可能提高混合气体中 CO_2 水平,其典型气体组成为 30% $\sim$ 60% CO_2 和 40% $\sim$ 70% N_2。对主要因氧化酸败而变质的氧敏感食品,使用 100% N_2 或者 N_2/CO_2 混合物(如果微生物引起的变质也很重要)。对于呼吸性食品,最重要的是避免过高的 CO_2 水平或过低的 O_2 水平以避免厌氧呼吸。

MAP 的设备必须能够从包装中移除空气并代之以混合气体。MAP 通常使用三种类型的包装设备:用于预成型袋或托盘的气室式包装机;用于预成型袋的吸气包装机;用于袋或托盘的立式或卧式成型 – 充填 – 封口(FFS)包装机。

MAP 选择包装材料时需要考虑的主要特性包括包装对气体和水蒸气的透过性、机械性能、热封性和透明性。对于无呼吸的食品而言,所有常见的高阻气材料都可用于 MAP,包括层合材料和包含 PVDC 共聚物、EVOH 和 PA 作为阻隔层的共挤薄膜。为了提供良好的热封和阻隔水蒸气性能,最里层通常使用 LDPE。

选择合适的呼吸性农产品(如水果和蔬菜)的 MAP 包装材料更加复杂,因为产品的动态性质没有简单的解决方法。理想的包装材料在顶部空间应该能保持较低的 O_2 浓度(3% ~ 5%),并阻止 CO_2 水平超过 10% ~ 20%。前面讨论过的塑料聚合物都不能够达到这一要求。

在世界各地,MAP 成功地用来延长货架期,并能够保持各种各样食品的品质。表 11.5 所示为目前一些食品 MAP 的例子及其常用的混合气体。

表 11.5　　　　代表性食品保藏气体混合物的例子

产品	温度/℃	O_2/%	CO_2/%	N_2/%
肉制品				
新鲜红肉	0 ~ 2	40 ~ 80	20	平衡
腌肉	1 ~ 3	0	30	70
猪肉	0 ~ 2	40 ~ 80	20	平衡
内脏	0 ~ 1	40	50	10
禽肉	0 ~ 2	0	20 ~ 100	平衡
水产				
鳕鱼	0 ~ 2	30	40	30
多脂鱼	0 ~ 2	0	60	40
鲑鱼	0 ~ 2	20	60	20
挪威鳌虾	0 ~ 2	30	40	30
虾	0 ~ 2	30	40	30
果蔬				
苹果	0 ~ 4	1 ~ 3	0 ~ 3	平衡
西蓝花	0 ~ 1	3 ~ 5	10 ~ 15	平衡
芹菜	2 ~ 5	4 ~ 6	3 ~ 5	平衡
生菜	< 5	2 ~ 3	5 ~ 6	平衡
番茄	7 ~ 12	4	4	平衡
焙烤制品				
面包	室温*		60	40
蛋糕	室温		60	40
松脆圆饼	室温		60	40

续表

产品	温度/℃	O_2/%	CO_2/%	N_2/%
薄饼	室温		60	40
水果馅饼	室温		60	40
皮塔(口袋)面包	室温		60	40
意大利面和即食餐				
意大利面	4		80	20
千层面	2~4		70	30
比萨饼	5		52	50
乳蛋饼	5		50	50
香肠卷	4		80	20

注:* 面包在冷藏温度下加速老化。

源自:Brody(2000)。Reprinted with permission of John Wiley & Sons, Inc.

11.5.2 活性包装

活性包装是指特意在包装材料或包装顶部空间加入辅助成分以提高包装系统的性能。两个关键词是特意和提高。这个定义意指这类包装系统具有保持食品的感官、安全和品质等方面的性能。

常见的活性包装类型是吸收或清除包装内的 O_2。应用最广泛的 O_2 清除剂由各种铁基粉末复配多种催化剂的小包组成,它清除食品包装中的 O_2 且不可逆地将其转化成一种稳定的氧化物。水对实现 O_2 吸收功能是必须的,而且在生产过程中就在一些小包中加入了所需的水,而在其他应用中,吸收 O_2 之前必须从食品中吸收水分。铁粉放在小包里(标注不能食用)与食品分开,小包具有高透氧性,有些情况下对水蒸气也有高透过性。

O_2 吸收剂已经用于一系列食品,包括切片熟食、腌肉和禽肉、咖啡、比萨饼、特色烘焙产品、干燥食品配料、蛋糕、面包、饼干、牛角面包、新鲜意大利面食、腌鱼、茶叶、乳粉、蛋粉、香料、草药、甜食和快餐。

铁粉复配 $Ca(OH)_2$ 的小包能够吸收 CO_2 和 O_2(几乎没有只能吸收 CO_2 的小包)。CO_2/O_2 清除剂用于烘焙咖啡或咖啡粉的包装内,因为新烘焙的咖啡会释放大量的 CO_2(由烘焙过程中的美拉德反应形成),这会引起包装膨胀甚至破裂,必须除去。

在水果和蔬菜成熟过程中,会产生植物激素乙烯(C_2H_4)。乙烯对新鲜农产品既有积极影响也有消极影响。专利文献都述及了多种吸附 C_2H_4 的物质,但是其中已经商业化的是基于高锰酸钾的吸附剂,它通过一系列反应先把 C_2H_4 氧化成乙醛,然后继续氧化成乙酸,乙酸可以进一步氧化成 CO_2 和 H_2O。

乙醇即使浓度很低也能显示出抑菌效果,先把吸附 55% 乙醇和 10% 水的 SiO_2 粉末(35%)装入小包,然后将其放入市场有售的纸或 EVA 共聚物的小包内。这种小包里的内容物从食品吸收水分并释放乙醇蒸气。

由于园艺农产品蒸腾,高湿包装内的温度不断波动,新鲜食品的水滴或组织液聚集,在包装内可能累积液态水。如果允许在包装内积累液体水,这些水可以导致霉菌和细菌的生长,也会使薄膜雾化。因此吸水垫(由夹在两层微孔或无纺布聚合物之间的高吸水性聚合物颗粒组成)用于新鲜食品的包装吸收液态水。丙烯酸盐和淀粉接枝共聚物是最常使用的聚合物,它们可以吸收 100 ~ 500 倍于自身质量的液态水。

包装材料的抗菌剂用来阻止食品表面微生物的生长,从而延长货架期和/(或)改进食品的微生物安全。消费者对未加工、无防腐剂食品需求的增加推动了抗菌食品包装的蓬勃发展。使用抗菌薄膜与直接在食品中添加防腐剂相比,可以确保只有很低水平的防腐剂与食品接触。

尽管对包装材料中抗菌剂进行了大量的实验研究,却只有很少的商业应用,抗菌剂的立法现状成为其商业化的限制因素。

11.6 包装封口与完整性

为了达到预期的货架期,必须选择合适的包装材料,同时必须采用适当的封口或灌装后的密封包装,由此形成的密封质量决定包装最终的完好性。

对于玻璃容器,可使用大量由金属或塑料制成的瓶盖。金属盖子由镀锡薄板片材冲压而成,ECCS 或铝可采取四种方式:螺旋盖、皇冠盖、快旋盖、旋压盖或滚压盖。塑料盖通常压缩成型或注射成型,前者取材于脲醛树脂或酚醛树脂,后者为各种热塑性聚合物,包括PS、LDPE、HDPE、PP 和 PVC。

玻璃瓶装的碳酸饮料和啤酒内部压力为 200 ~ 800kPa,它们的瓶盖历来是皇冠瓶盖,或称皇冠/撬开摩擦盖。它由镀锡薄板制成,带有裙形凹槽并具塞子或塑胶内衬。滚压防窃铝质或塑料盖用于需要严格密封的容器,例如保持碳酸化、保持真空和密封性,尤其普遍用于重复开启的大型软饮料容器。传统的软木塞由栓皮栎属石栎树制成,用来包装并密封内部无压力的内容物(如葡萄酒)。

三种由镀锡薄板或 ECCS 制成的金属瓶盖可以保持热处理食品玻璃容器内部的真空度:凸耳式或旋拧式瓶盖;按压 - 旋开式瓶盖通过玻璃螺纹与瓶盖的胶垫形成压痕而实现密封;撬开盖(侧封)用于高温灭菌食品,橡胶垫圈固定在瓶盖周边内侧,卷边机滚压瓶盖周边形成密封。

真空盖在中心部位往往有略有凹进的圆形安全钮,这是消费者可视的质量指示器,如果内容物变质或包装破损都会破坏真空而致安全钮凸起。

对于金属容器,在图 11.4 所示的二重卷边中,封罐机的压头以机械外力将罐盖连接到圆柱形罐体上。在第一次卷边操作中,盖钩沿径向逐渐向里推进,以使盖身很好地卷入身钩底端。在第二次卷边操作中,浅接缝滚轮压紧接缝(封闭)。二重卷边的长度、厚度和盖钩与身钩的叠接长度决定最后的密封质量。

可热封薄膜是指使用正常加热方式可以粘接在一起的薄膜。非热封薄膜不能用这种方式密封,但是它们通常涂覆可热封涂层即可热封。两个涂布表面经过加热和施压并保持所需的时间就能够彼此粘合。塑料薄膜的热封方法包括传导、脉冲、感应、超声波、介电和热线。

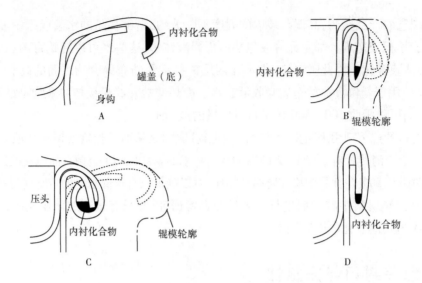

图 11.4 金属罐罐盖与罐身的二重卷边

A—罐盖和罐身在一起　B—首次卷边操作　C—第二次卷边操作　D—最后形成卷边的截面

(Copyright 2006. From *Food PackagingPrinciples & Practice* by G. L. Robertson.

Reproduced by permission of Routledge/Taylor & Francis Group, LLC.)

纸包装通常使用粘合剂密封,粘合剂可以由天然材料(例如淀粉、蛋白质或橡胶胶乳)制成,也可以使用合成材料(如 PVA)制成,后一类可以是水溶性的也可以是溶剂型的;也广泛应用热熔和冷封型粘合剂。为了赋予阻气和阻水蒸气性能,通常使用 LDPE 在纸上涂覆连续的膜,因而也可以热封其涂布层。

11.7　包装对环境的影响

那些设计、开发、生产或使用包装和包装材料的机构再也不能继续无视他们对于环境保护的要求。以往使用的物料和工艺、生产、使用和废弃的包装造成了环境问题,进而也产生了保护环境要求。

11.7.1　城市垃圾(MSW)

MSW 即通常所说的生活垃圾、厨房垃圾、废弃物——简单说就是家庭、办公室、机构和企业使用过或消费过的产品的剩余物,包括包装和食品废料。

1989 年美国环境保护局(EPA)在其题为"固体废物的困境:议程与行动"的报告中介绍了称为垃圾管理办法的层次体系,最高级别为重复使用、减量化和回收利用,而掩埋和焚烧为最低级别。这个层次体系在目前的运行中有很多变化,但是需要注意的是这个体系不是任何科学研究的结果,而且也没有试图衡量单个方法或整个系统的影响。尽管有这些缺点,在一些国家这个层次体系已经成为可以接受的规则,这里一些决策者、政治家和环保主义者主张重复使用始终胜于再循环,尽管特定地域的现实是,可再灌装的瓶子可能要经长途运输才能重新灌装。

由于 MSW 的组成差异很大,因此针对包装再生和回收利用问题没有单一的、全球性的解决方案。每种废弃物管理方案都要求具体的技术方法,这反映了废弃物组成和其产生的数量的地理差异,以及一些处理方法有效性的差异(如 MSW 焚化炉在很多国家都很少见)。同样,使用不同废弃物管理方案的经济成本在国家间和国家内也显示出很大差异(如消费后包装的分类成本)。

自 20 世纪 90 年代中期以来,综合废弃物管理(IWM)的概念就开始取代层次体系作为废弃物管理整体思想的一种更有效的管理框架。IWM 认为在废弃物管理中所有的处理方法都发挥重要作用,而且强调单个方法之间的相互作用。通常废弃物管理方法的组合取决于当地的具体条件,目标是优化整个系统而不是一部分,使其在经济和环境方面都做到可持续发展。

一些 MSW 管理的做法包括减少垃圾源、回收利用和堆肥或从废物流通中获取材料。其他做法如焚烧和掩埋需要废弃的物料。

11.7.2　减少垃圾源

减少垃圾源包括改变设计和制造或使用的产品和材料,以便使用更少的物料,因此最终产生更少的废弃物。较轻的包装需要较少的运输能量,因而可从能源生产和使用的角度减少对环境的影响。在过去 40 年里,主要食品的包装质量大幅度降低,达 20% ~46% 。

11.7.3　循环利用和堆肥

回收利用改变了废弃物流中的物品如纸、玻璃、塑料和金属的用途。闭环回收是指回收特定材料然后再制成类似产品,如玻璃瓶回收后再制成新玻璃瓶。任何消费后包装材料回收前,都要先收集分拣,以便交给回收商清洁的材料。尽管消费者在收集前分拣一些包装材料,但大多数包装材料是混合收集,并使用材料回收设备分拣(MRF,与英语冲浪一词押韵)。各国之间或国家内 MRF 的设计和操作差别很大。发达国家安装了更多的分拣设备,努力提高效率并降低成本。

堆肥处理指微生物分解有机废弃物如食物残渣和花园剪下的枝叶,以及未涂布的纸和其他可降解的包装材料,生产腐殖酸等物质。

11.7.4　废物焚烧发电

燃烧或焚烧是另一种 MSW 的处理方法,可以帮助减少所需的掩埋空间。焚烧炉用高温燃烧 MSW,减少废弃物体积,且通常用废弃物产生的热量发电。MSW 的能量含量范围为 6 ~8MJ/kg,这主要取决于食品废料和绿色废弃物的比例。常用的塑料包装材料中,LDPE 的能量含量为 43.6MJ/kg,PS 为 38.3MJ/kg,PVC 为 22.7MJ/kg。饮料盒(纸板、铝箔和 LDPE 的层合材料)的能量含量为 21.3MJ/kg。作为比较,木屑的能量含量为 8.3MJ/kg,煤为 26.0MJ/kg,石油为 41.0MJ/kg。

焚烧炉的操作产生各种气体和微粒,其中很多排放物对健康有严重影响。静电除尘器和旋风器可用来去除烟道气体中的微粒,可以使用洗涤器和 CaO 或 NaOH 处理酸性气体(HCl、SO_2 和 HF)。

11.7.5　掩埋

垃圾掩埋是用来处理地球上土壤表面残留的固体废弃物的物理方法。设计和操作处理 MSW 的工程设施是为了最大限度降低其对公共卫生和环境的影响,MSW 掩埋场称为卫生填埋场。

MSW 掩埋场中有机物料的厌氧分解会产生混合气体(大约 50% CH_4 和 50% CO_2),速度大约为每年每公斤废弃物产生 $0.002m^3$ 气体。CH_4 作为温室气体,能量比 CO_2 高 22 倍,因而回收 CH_4 并将其转化为电力,可减少掩埋气体作为温室气体的效价。

11.7.6　生命周期评价(LCA)

LCA 是环境管理工具,它试图考虑在包装、产品或服务的整个生命周期中资源、能源的利用和由此产生的环境影响或负荷,这个周期从原材料的提取、制造或转换、配送和使用,一直到回收或处理。它有时被称做"摇篮到坟墓"的分析,并通常用于比较提供相同功能或等效使用的两个或更多的产品。LCA 能够分离工艺过程或产品生命周期的各个阶段,发现其中对环境影响最大的阶段。1972 年在美国第一次对饮料瓶实施了 LCA。

尽管 LCA 由于行业和政府的努力而日益普及,但其技术的局限性往往被忽视。LCA 不能评估来自产品或包装排放和废弃物对环境的实际影响,因为实际的影响取决于时间、地点以及它们被如何释放到环境中去。再有 LCA 不考虑经济因素,如原材料成本、生产、运输和回收或处理。此外,LCA 的结论只针对所研究的精密系统,不能推测以提供普遍的规则,例如在任何情况下一种专门的包装都优于另一种包装。

尽管有上述的局限性,LCA 在两个领域可以成为有用的工具。首先,LCA 的结果有益于包装设计、开发和改进,可以帮助识别资源利用显著、容易产生废弃物和排放的阶段或环节,因此能建议就此进行重大改变或改进。在"快速粗略"的比较充分的情况下,只有有竞争力的包装质量才可使用,因为最轻的包装质量几乎总是对环境的影响最小(PVC 是值得注意的例外)。第二,LCA 是在具体分析和区域性基础上评估废弃物管理方法和综合规划固体废弃物管理系统的有效工具。

11.7.7　包装废弃物立法

欧盟就包装和包装废弃物的指令 94/62/EC 是欧盟废弃物政策领域里第一项特指产品的法规,它规定了包装废弃物再生利用(例如材料回收、回收能量的焚烧和堆肥)和循环利用的量化指标。欧盟修订指令(2004/12/EC)大幅度提高了包含回收和循环利用的指标。

到 2008 年 12 月 31 日,回收的包装废弃物的最低质量必须达到 60%,可再生的按质量最低必须达到 55%,最高必须达到 80%,每种材料最低回收利用指标(按重量)如下:

- ■ 60% 玻璃、纸和纸板;
- ■ 50% 金属;
- ■ 22.5% 塑料(仅包括可回收利用为塑料的特定材料);
- ■ 15% 木材。

该指令鼓励能源再生。从环境和成本 - 收益的角度考虑,能源再生优于材料循环利用,而且每种特定废弃物材料循环利用的目标应该进行 LCA 和成本 - 收益分析,这显示循环利用的成本和收益存在明显的差距。

参考文献

1. Brody, A. L. (2000) Packaging: Part IV – controlled/modified atmosphere/vacuum foodpackaging. In: *The Wiley Encyclopedia of Food Science and Technology*, 2nd edn. (ed. F. J. Francis), Vol 3, pp. 1830 – 39. JohnWiley, New York.

2. Brody, A. L. and Marsh, K. S. (eds) (1997) *The Wiley Encyclopedia of Packaging Technology*, 2nd edn. John Wiley, New York.

3. Chiellini, E. (ed.) (2008) *Environmentally Compatible Food Packaging*. Woodhead Publishing, Cambridge.

4. Han, J. H. (ed.) (2005) *Innovations in Food Packaging*. Elsevier Academic Press, San Diego.

5. Karel, M. and Lund, D. B. (2003) Protective packaging. In: *Physical Principles of Food Preservation*, 2nd edn, p. 551. Marcel Dekker, New York.

6. Krochta, J. M. (2007) Food packaging. In: *Handbook of Food Engineering*, 2nd edn (eds D. R. Heldman and D. B. Lund), pp. 847 – 927. CRC Press, Boca Raton. Lee, D. S., Yam, K. L. and Piergiovanni. L. (2008) *Food Packaging Science and Technology*. CRC Press, Boca Raton.

7. Mannheim, C. and Passy, N. (1982) Internal corrosionand shelf – life of food cans and methods of evaluation. *CRC Critical Reviews in Food Science and Nutrition*, 17, 371 – 407.

8. Piringer, O. – G. and Baner, A. L. (eds) (2008) *Plastic Packaging Interactions with Food and Pharmaceuticals*, 2nd edn. Wiley – VCH, Weinheim.

9. Robertson, G. L. (2006) *Food Packaging Principles & Practice*, 2nd edn. CRC Press, Boca Raton.

10. Robertson, G. L. (2009) Packaging of food. In: *The Wiley Encyclopedia of Packaging Technology*, 3rd edn. (ed. K. L. Yam). John Wiley, New York.

11. Robertson, G. L. (ed.) (2009) *Food Packaging and Shelf Life: A Practical Guide*. CRC Press, Boca Raton.

12. Salame, M. (1974) The use of low permeation thermoplasticsin food and beverage packaging. In: *ermeability of Plastic Films and Coatings* (ed. H. B. Hopfenberg), p. 275. Plenum Press, New York.

13. Selke, S. E. M., Culter, J. D. and Hernandez, R. J. (2004) *Plastics Packaging Properties, Processing, Applications and Regulations*, 2nd edn. Hanser Publishers, Munich.

补充材料见 www. wiley. com/go/campbellplatt

12 营养

C. Jeya Henry Lis Ahlström

要点

■ 能量及蛋白质需要量的估算。

■ 维持健康的最佳营养素需要量。

■ 整个生命周期所需要的营养素。

■ 生长期、妊娠期及哺乳期的特殊营养需要。

■ 富含营养素的食物来源。

12.1 引言

　　"营养"可定义为"研究食物中所含营养成分和物质及其与健康和疾病息息相关的反应、互动与平衡,以及机体对食品中各种物质的摄取、消化、吸收、运输、利用和排泄过程的科学"(美国医学协会食品与营养委员会)。20世纪初(1906年),维生素的发现成为营养学开端的里程碑。然而,维生素只是在最近40年才激起了政策制定者及公众的兴趣和关注。今天,一方面营养学在影响着新型食品的开发,另一方面人们在通过技术创新创造出一系列营养功能性食品。本章主要为食品科学家、技术人员以及食品供应商提供基本的相关信息。

　　人类需要食物的四个主要原因:

　　(1)作为机体的能量来源;

　　(2)作为机体生长和发育的原材料来源;

　　(3)为机体提供有助于调节新陈代谢过程的微量成分;

　　(4)为机体提供延缓衰老性疾病产生与发展的食品成分(植物化学物质)。

12.2 人类能量需求

毫不夸张地说,营养学建立在能量代谢的研究之上。对能量消耗的最大贡献就是基础代谢率(BMR)。基础代谢率(BMR)可被定义为在稳态条件下,维持机体最少活动的组织细胞能量消耗量总和,也被定义为与生存相适应的最小能量消耗率。

虽然基础代谢率(BMR)可以采用直接热量测定法测量,但它的测量方法通常是间接的。间接热量测定法是通过测定 O_2 的消耗量、CO_2 的呼出量以及尿液中氮的排出量而得出。然后,这些数据用于计算能量的氧化。通过呼吸熵 RQ(CO_2 的呼出量与 O_2 的吸入量的比值)可以计算产生的热量。

12.2.1 间接热量计算法

间接热量计算法是通过测量显著的气体交换,即 O_2 的吸入量与 CO_2 的呼出量,来计算产生的热量的方法。虽然呼吸交换的热能当量通常采用这种方法进行计算,不过该法还要依赖于所产生的 CO_2 与消耗 O_2 的物质的量比,这个比值就是呼吸熵(RQ):

$$RQ = \frac{CO_2 \text{ 分子}}{O_2 \text{ 分子}}$$

碳水化合物、脂肪和蛋白质分别具有不同的呼吸熵(RQ),完全氧化所需 O_2 的总量取决于物质的化学组成。碳水化合物的呼吸熵(RQ)是 1.0。碳水化合物在燃烧时,用于氧化所需要的氧气分子的量等于其燃烧时产生的二氧化碳的量。葡萄糖的氧化过程如下式所示:

$$C_6H_{12}O_6 + 6O_2 \rightarrow 6CO_2 + 6H_2O$$

脂肪分子中的氧原子与碳原子和氢原子之比低于碳水化合物,因此脂肪燃烧需要更多的氧。脂肪的呼吸熵(RQ)可表示为:

$$2C_{57}H_{110}O_6 + 163O_2 \rightarrow 114CO_2 + 110H_2O$$

$$\frac{CO_2}{O_2} = \frac{114}{163} = 0.70$$

由于蛋白质的不完全氧化,其呼吸熵(RQ)的计算比脂肪和碳水化合物更为复杂。碳原子和氧原子都主要以尿素的形式在尿液中排出,产生的 CO_2 与消耗的 O_2 的比值大约为 1:1.2,呼吸熵为 0.80。

表 12.1 所示为非蛋白质的呼吸熵以及 O_2 与 CO_2 的热当量。在能量消耗的估计中通常单独使用氧气的热当量值,因为它的 RQ 在 0.7~0.86 的范围内几乎没有变化(与 CO_2 相比)。

表 12.1　　　　　　　　　　　　O_2 与 CO_2 的热当量及非蛋白质呼吸熵值

非蛋白质呼吸熵	O_2 消耗量		CO_2 释放量	
	kcal/L	kJ/L	kcal/L	kJ/L
0.70	4.686	19.60	6.694	28.01
0.72	4.702	19.67	6.531	27.32
0.74	4.727	19.78	6.388	26.73

续表

非蛋白质呼吸熵	O_2 消耗量		CO_2 释放量	
	kcal/L	kJ/L	kcal/L	kJ/L
0.76	4.732	19.80	6.253	26.16
0.78	4.776	19.98	6.123	25.62
0.80	4.801	20.09	6.001	25.11
0.82	4.825	20.19	5.884	24.62
0.84	4.850	20.29	5.774	24.16
0.86	4.875	20.40	5.669	23.72
0.88	4.900	20.50	5.568	23.30
0.90	4.928	20.62	5.471	22.89
0.92	4.948	20.70	5.378	22.50
0.94	4.973	20.81	5.290	22.13
0.96	4.997	20.91	5.205	21.78
0.98	5.022	21.01	5.124	21.44
1.00	5.047	21.12	5.047	21.12

表 12.2 所示为蛋白质、脂肪、淀粉代谢时的 O_2 消耗量、CO_2 产生量及 O_2 的能量当量。

表 12.2 **淀粉,脂肪,蛋白质产能值**

营养素	O_2 消耗量/ (/L/g)	CO_2 释放量/ (/L/g)	呼吸熵	产能值/ (kJ/g)	产能值/ (kJ/LO$_2$)
淀粉	0.83	0.83	1.0	17.5	21.1
脂肪	1.98	1.40	0.7	39.1	19.8
蛋白质	0.96	0.78	0.8	18.5	19.3

12.2.2 能量消耗的快捷评估

Weir(1949)用下式表示当呼吸熵(RQ)未知时,能量消耗(E)的计算方法:

$$E(\text{kJ/min}) = \frac{20.58V}{100}(20.93 - O_{2e})$$

式中 V——标准温度和气压下,单位时间内呼出空气的体积,L/min;

O_{2e}——O_2 占呼出空气的百分比。

12.2.3 能量需求的估算

基础代谢率(BMR)的实际用途之一是估算人群的能量需求量及相应的食物需求量。来自世界粮食和农业组织(FAO)/世界卫生组织(WHO)/联合大学(UNU)的关于能量及蛋白质需要量的报告(1985)首次明确估算能量需要的两个主要目的。第一是规定性目的,即为一定人群应该保持的消费水平提供建议;第二是诊断性目的,即评估一定人群中的粮食供应是否充足。报告还建议采用测定能量消耗量的方法估算每日能量的需求量。这一建议使基础代谢率(BMR)测定的重要性大大增强。基础代谢率(BMR)是总能量消耗(TEE)中份额最大的一部分,通常采用间接热量测定法进行测定。1919 年之前出现了许多关于估测基础代谢率(BMR)的方程,其中最有名的是 Harris and Benedict 方程,如下式所示:

男性:$h = 66.4730 + 13.7516W + 5.0033S - 6.7750A$

女性:$h = 665.0955 + 9.5634W + 1.8496S - 4.6756A$

[h 为能量消耗(kcal/d),W 为体重(kg),S 为身高(cm),A 为年龄(岁)]

Harris and Benedict 方程目前仍然广泛应用于临床营养中。1951 年 Quenouille 报告是全球首例对超过 8600 位受试者 BMR 的全面调查研究。Quenouille 调查关于基础代谢率(BMR)的早期文献奠定了 Schofield 方程的基础,如今是世界粮农组织/世界卫生组织/联合大学(1985)广泛引用于估算基础代谢率(BMR)的方法。表 12.3 所示为不同年龄、不同性别、不同身高个体的基础代谢率。虽然人们可以采用许多计算基础代谢率(BMR)的方程,但是 Kleiber - Brody 方程是一种更简单又方便使用的方程,如下式所示:

$$BMR(kcal/d) = 70W^{0.75}$$

式中 W——体重,kg。

表 12.3 不同体重基础代谢率计算值

年龄/岁	基础代谢率/(MJ/d)	基础代谢率/(kcal/d)
男性		
<3	0.2449kg - 0.127	59.512kg - 30.4
3~10	0.095kg + 2.110	22.706kg + 504.3
10~18	0.074kg + 2.754	17.686kg + 658.2
18~30	0.063kg + 2.896	15.057kg + 692.2
30~60	0.048kg + 3.653	11.472kg + 873.1
≥60	0.049kg + 2.459	11.711kg + 587.7
女性		
<3	0.244kg - 0.130	58.317kg - 31.1
3~10	0.085kg + 2.033	20.315kg + 485.9
10~18	0.056kg + 2.898	13.384kg + 692.6
18~30	0.062kg + 2.036	14.818kg + 486.6
30~60	0.034kg + 3.538	8.126kg + 845.6
≥60	0.038kg + 2.755	9.082kg + 658.5

源自:FAO/WHO/UNU(1985)。

12.2.4　基础代谢率(BMR)的估算

基础代谢率(BMR)在成人总能量消耗量中占 50%~75%,且因性别、身高、体躯成分及年龄而异,依据严格的代谢条件采用直接或间接热量测量法进行测定,具体测定条件如下:

(1)饭后 10~14h;

(2)仰卧的姿势下保持清醒;

（3）身体在连续 8～10h 的休息后，同时前一天没有剧烈运动过；

（4）在恒温的条件下，没有过冷或过热的刺激。

基础代谢率（BMR）的测量过程是一个技术含量高且相对复杂的过程，因此 BMR 通常用预测方程来进行估算。

人体能量总消耗量（TEE）包括：

■ 基础代谢率（BMR）；

■ 膳食诱导产热（DIT）或称食物热效应（TEF）；

■ 机体活动（PA）；

■ 生长。

对于未处于妊娠或哺乳期的成年人来说，生长对能量的消耗量无任何改变，因此：

$$总能量消耗量（TEE）= BMR + DIT + PA$$

DIT（TEF）占能量总消耗量的第二大份额。由于食用的食物化学组成不同，DIT 占 TEE 的百分比在 8%～15% 之间浮动，超过 BMR 占的比重。众所周知，一份高蛋白质饮食会使 DIT 增至 15%。DIT 通常占 24h 内食用过的混合食物总能量的 10%。

机体活动或运动（PA）是最灵活的一个部分，它也是唯一容易改变的部分。

12.2.5　总能量消耗的因数估算法及机体活动水平（PAL）

使用预测方程估计 BMR，需通过一个与 PA 和 DIT 的能源消耗相适应的因素来增加 BMR。这种因数计算法是当今普遍认可的估算人类能量需要量的最佳方法。身高、机体成分、PA 水平因人而异。为了体现 PA 的不同，TEE 用因数热量法计算时，要结合习惯性的活动所用时间及每个活动的能量消耗。计算方法举例如表 12.4 所示。不同活动的能量消耗以每分钟 BMR 的倍数来表示，称为机体活动比（PAR）。24h 的能量需要量用 BMR 的倍数来表示时就是 PAL。PAL 值以 PA 为基础，且无性别差异。然而，为了体现出体能水平上的生理学差异及机体成分的不同，不同类别 PAL 值变化范围如表 12.5 所示。

表 12.4　　　　　　　　热爱运动或适度运动的人群能量代谢的计算因子

主要日常活动	时间分配/h	能量消耗（PAR）	时间×能量消耗	平均值 PAL（24h 能量需求）
睡觉	8	1	8	
个人护理（穿衣、洗澡）	1	2.3	2.3	
饮食	1	1.5	1.5	
站立、搬运轻物	8	2.2	17.6	
乘车上下班	1	1.2	1.2	
散步	1	3.2	3.2	
低强度有氧运动	1	4.2	4.2	
休闲活动（看电视、聊天）	3	1.4	4.2	
总计	24		42.2	42.2/24 = 1.76

注：PAR 为身体活动比例；PAL 为身体活动强度。

源自：FAO/WHO/UNU（2001）。

表 12.5	关于习惯性的身体活动或者 PAL 的生活方式的分类
类型	PAL 值
静坐生活方式或者低强度运动生活方式	1.40 ~ 1.69
适度运动生活方式	1.70 ~ 1.99
高强度运动生活方式	2.00 ~ 2.40*

注: * PAL 值 >2.40 时,不利于身体健康。

源自:FAO/WHO/UNU(2001)。

12.2.6 人类能量需求量的计算步骤

(1)用估算公式(表 12.3)计算基础代谢率(BMR)。例如,一名 18 ~ 30 岁的男性,体重 70kg,BMR =7.306MJ/d;

(2)PAL(日常生活方式),中点值 1.85(表 12.5);

(3)TEE = BMR(7.306) × PAL(1.85)

= 13.5MJ/d(3230kcal/d)或 13.5MJ/70kg(3230/70)

= 193kJ/(kg · d)[46kcal/(kg · d)]。

12.2.7 孕期的能量需求

女性孕期能量需求比正常时期(详见上文的计算过程)有额外增加。孕期所需能量的增加量是基于妊娠期平均体重增加 12kg 而得到的。孕期能量消耗在整个妊娠过程是不均匀分布的,一次成功妊娠的所有能量需求增加量估算为 321MJ(77000kcal)。妊娠期间第一、第二和第三个阶段(怀孕早、中、晚期,每期三个月)间的额外能量需求量如表 12.6 所示。

表 12.6	怀孕期间的额外能量需求量	
三月期制	MJ/d	kcal/d
1(怀孕 1 ~ 3 个月)	0.4	85
2(怀孕 4 ~ 6 个月)	1.2	285
3(怀孕 7 ~ 9 个月)	2.0	475

12.2.8 哺乳期能量需求

对于女性来说,采用完全母乳喂养婴儿的能量消耗量是很大的,因此她们在正常能量需求的基础上需增加额外的能量。虽然孕期的脂肪储存能为哺乳期提供一部分能量,但是乳母仍需要额外的能量补给。一般每天额外增加 2.8MJ(675kcal)的能量就能满足乳母的能量需求。

12.2.9　能量的单位

能量可以通过许多不同的单位表示(卡路里、尔格、焦耳、瓦特)。营养学家通常使用千卡(kcal)或能量的国际单位焦耳(J)来表示能量大小。

$$1\,calorie = 1\,kcal = 1000\,calories$$
$$1\,joule = 10\,ergs = 0.2239\,calories$$
$$1\,kJ = 1000\,joules = 0.239\,calories$$
$$1\,kcal = 4.184\,kJ\,(kilo\,joules)$$
$$1000\,kJ = 1\,MJ\,(megajoule)$$

具体来讲,1cal 是指使 1kg 水从 14.5℃升至 15.5℃所需要的热量。人类能量需要量可采用任意上述单位表示。传统上,在营养学里能量需求量通常用千卡(在流行媒体中,通常称为"卡路里")或兆焦耳表示。例如每日能量的需求量若为 3000kcal,就等同于 12.5MJ。

12.2.10　食物中的能量值:估算食物中的能量

自 Lavoisier 公布关于动物产热来源的经典实验以来,人们普遍认为食物体外燃烧产生的热量与体内缓慢氧化产生的热量等同,这就是 Hess 定律。当食物在量热仪中燃烧时,其所产生的能量称为总能量。考虑到食物的消化率,食物的总能量并不代表人体可利用的总能量,未被消化的食物从粪便中排出体外。因此,"总能量"准确来说是"可消化能量"。大多数食物的消化率都很高,在人类肠道中,碳水化合物的平均消化率可达 97%,脂肪 95%,蛋白质 92%。

人体中碳水化合物和脂肪可被完全氧化成 CO_2 和水,而蛋白质却不能被彻底氧化。部分蛋白质以化合物如尿素、尿酸、肌酸酐以及含氮物质的形式从尿液排出,这一代谢损失需在蛋白质产生的能量中扣除。鉴于尿液中的损失,"可消化能量"又被更正为"代谢能量"(ME)。代谢能量表示的是摄入的食物中可被人体利用的潜在能量。图 12.1 所示为食物产能的流程图。食物的能量常用千卡路里或千焦耳来表示。

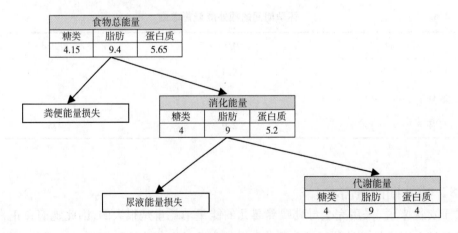

图 12.1　食物的代谢能量值

(图中数据的单位是 kcal/g)

"一张比萨饼含有多少能量?"是公众的一个普遍疑问。比萨饼里的成分(每100g中蛋白质、脂肪、碳水化合物的含量)可通过"Atwater 系数"转化为能量单位。该方法可追溯到 Atwater 于1899年所做的研究。今天我们用"Atwater 系数"——4kcal、9kcal、4kcal 分别代表蛋白质、脂肪、碳水化合物的 ME 值。

12.2.11 食物成分表的制定

食物的成分及各种成分分解后的产物曾经是 Liebig 时代(1803—1873)的热门话题。Jonathan Pereira 1843 年出版的 *Treaties on Food andDiet* 一书,公布了不同食物的分析结果。在20世纪初(1906年),Atwater 在美国发表了史上最全面的食物成分表。自20世纪30年代,McCance 和 Widdowson 针对食物成分分析展开了近70年的合作研究,并在英国发表了最新食物成分表。

早期人们用不同的方法对碳水化合物进行了测定,结果表明除蛋白质、脂肪和水外,其余成分均视为碳水化合物。在碳水化合物的组成中还包括大量不被人体利用的细胞壁成分,所以这种方法会高估碳水化合物含量。如今可用化学法来鉴定碳水化合物中的不同组分,包括淀粉、蔗糖、葡萄糖、果糖、麦芽糖等。

12.2.12 能量密度

能量密度是指每克食物中的能量值。西方饮食中高脂低水分食物的能量密度是能量调控及超重的重要诱因。脂肪和糖的添加能提高食品的风味和口感,但二者也是提高能量密度的重要物质。许多发展中国家的主食通常是谷物及块根类食物,其日常饮食中的能量密度值较低。这主要是由于在淀粉糊化的过程中,大量水分被吸收。表12.7 所示为不同食物的能量密度值。

表 12.7　　　　　　　　　　　　一些常见食物的脂肪含量和能量密度

食品	脂肪含量/g	能量密度 kcal/g	能量密度 kJ/g
大豆粉	23.5	4.47	18.7
小麦粉	2.0	3.24	13.6
生面团	2.4	2.74	11.5
熟面团	1.5	1.59	6.7
生易煮米饭	3.6	3.83	16.0
熟易煮米饭	1.3	1.38	5.8
番茄乳酪比萨	10.3	2.77	11.6
全脂牛乳	3.9	0.66	2.8
高脂肪浓奶油	53.7	4.96	20.8
切达乳酪	34.9	4.16	17.4
生鸡蛋	11.2	1.51	6.3
培根	16.5	2.15	9.0

续表

食品	脂肪含量/g	能量密度	
		kcal/g	kJ/g
康瓦尔郡菜肉烘饼	16.3	2.67	11.2
咖喱鸡肉	9.8	1.45	6.1
鳕鱼	15.4	2.47	10.3
生鲑鱼	11.0	1.80	7.5
烤花生	53.0	6.02	25.2
马铃薯片	34.2	5.30	22.2
炸薯条	15.5	2.80	11.7

源自：McCance and Widdowson's The Composition of Foods(Food Standards Agency,2002)。

食物的能量密度值变化范围是0(水)~37kJ/g(脂肪)(0~9kcal/g)。在欧洲和美国，食物的平均能量密度值为4.2~8kJ/g(1~2kcal/g)。由于能量密度值本质上取决于水分及脂肪含量，当今许多通过改变水分或脂肪含量的低卡路里食物风靡全球。

低能量密度的食物把重点更多地放在提高适口性上。然而，多项研究显示低能量密度食物对于口味几乎没有消极影响。

12.3　蛋白质

关于人类蛋白质需要量的估算在20世纪引起了诸多争议。例如，在19世纪晚期，Voit和Atwater都认为人类每日需要摄入的蛋白质量约为120g。他们的估算是基于德国主要人口日常食物摄入量的调查结果。然而，美国Chittenden提出每人每日蛋白质摄入量为55g。如今众所周知的蛋白质最低摄入量更接近Chittenden而不是Voit和Atwater的观点。

如今已知蛋白质在体内消化时可水解为氨基酸，而蛋白质的消化率取决于纤维素、多酚类物质以及其他食品中存在的微量物质。蛋白质是由氨基酸(必须或非必须氨基酸)组成的，而氨基酸的种类决定了蛋白质的生物价。对于人类，不可或缺的氨基酸(必需氨基酸)是指那些不能大量地被人体自身合成的氨基酸。

用食物中氮元素的含量乘以6.25，可以计算出食物中蛋白质含量。此计算方法是依据纯蛋白质中氮元素的含量是16%。因此，1g氮对应的是100÷16=6.25g蛋白质。蛋白质含量=氮元素N×6.25。

由于6.25是一个平均的系数，所以它不适合特定的蛋白质计算。例如，谷物中的氮含量需要乘以5.7，而对于牛乳则需要乘以6.36。

在本章中，蛋白质和氮的含量可交换使用。

12.3.1　食物中的蛋白质含量

食物中的蛋白质含量因其氨基酸组成及功能特性的不同而迥异。表12.8所示为一些食物中的蛋白质含量。谷物中蛋白质含量的差异如表12.9所示。

表12.8　食物的蛋白质含量		表12.9　谷类植物的蛋白质含量	
食品	蛋白质含量范围/(g/100g)	谷类(干)	蛋白质含量/(g/100g)
谷类	6~15	小麦	11.6
豆类	18~45	大米	7.9
油籽	17~28	玉米	9.2
贝类	11~23	大麦	10.6
鱼	18~22	燕麦	12.5
肉	18~24	黑麦	12.0
		高粱	10.4
牛乳(新鲜)	3.5~4.0	小米	11.8

12.3.2　蛋白质的消化率

纤维素和多酚类物质的存在以及过高的加热温度都会影响蛋白质的消化率。消化率最简单的计算方法就是计算蛋白质的摄入量与粪便排出量的差值。"表观蛋白质消化率"和"实际蛋白质消化率"的计算如下所示。二者不同之处在于实际蛋白质消化率将无蛋白质饮食中的粪便损失也考虑了进去。

$$表观蛋白质消化率(\%) = \frac{I - F}{I} \times 100$$

$$实际蛋白质消化率(\%) = \frac{I - (F - F_k)}{I} \times 100$$

式中　I——氮的摄入量；

　　　F——在膳食中粪便氮的排出量；

　　　F_k——无蛋白质膳食中粪便氮的排出量。

动物性蛋白质的消化率比植物性蛋白质的消化率要高很多。而且,发展中国家(饮食中富含纤维素和多酚类物质)的膳食消化率低于西方国家。有趣的是,添加少量的动物蛋白(如牛乳)可大大提高植物性蛋白质的消化率。表12.10所示为一些食物中蛋白质来源以及常见食物的实际蛋白质消化率。

表12.10　蛋白质的来源及其实际消化率

蛋白质来源	实际消化率/%	蛋白质来源	实际消化率/%
鸡蛋	97	豆类	78
牛乳、乳酪	95	玉米 + 豆类	78
肉、鱼	85	玉米 + 豆类 + 牛乳	84
玉米	94	印度稻米日常膳食	77
精选稻米	88	中国日常膳食	96
全麦	86	菲律宾日常膳食	88
燕麦片	86	美国日常膳食	96
成熟的豌豆	88	印度稻米 + 豆类日常膳食	78
大豆粉	86		

源自:Energy Requirements(FAO/WHO/UNU,2001)。

12.3.3 食物来源

食物提供了所有用于蛋白质、多肽及其他含氮化合物合成的20种氨基酸。许多植物蛋白质缺乏一种或几种必需氨基酸。这种缺乏可通过食用含有多种不同植物性蛋白质来源的食物加以弥补。例如,当面包或甜豆分别食用时,这两种蛋白质来源一个缺乏赖氨酸(面包),另一个缺乏甲硫氨酸(甜豆)。而若将面包和甜豆同时食用,氨基酸之间形成互补,最终形成一个"完整"的蛋白质来源。表12.11所示为一些蛋白质来源以及它们的限制氨基酸的种类。

表12.11 蛋白质来源及其限制性氨基酸种类

蛋白质来源	限制性氨基酸	蛋白质来源	限制性氨基酸
小麦	赖氨酸	豆类	甲硫氨酸
谷物	α-氨基-3-吲哚丙酸	大豆	甲硫氨酸
稻米	2-氨基-3-羟基丁酸		

烹饪通常会产生一些风味及芳香物质,然而在烹饪过程中也会损失几种氨基酸,尤其是硫氨酸、苏氨酸和色氨酸。通过烹饪,蛋白质的整体生物利用率提高了,然而特定的氨基酸结合糖类会发生褐变反应。这就是法式炸薯条金黄色表面形成的机制,以及刚烤出来的面包表面形成一层褐色硬壳的原因。

12.3.4 热加工对食物营养价值的影响

对食物热加工有以下优点和缺点:

■ 杀灭微生物或使其失活;

■ 钝化抗营养因子(胰蛋白酶抑制剂、血细胞凝集素);

■ 增强食物的香气和色泽;

■ 产生挥发性风味物质;

■ 蛋白质变性;

■ 淀粉糊化;

■ 破坏某些维生素;

■ 加快油脂酸败。

12.3.5 氨基酸需要量

Rose在对成年男性单纯饮食代谢研究的基础上,于1935年证实了为保持机体的氮平衡,8种氨基酸是必需的,分别是异亮氨酸、亮氨酸、赖氨酸、甲硫氨酸、苯丙氨酸、苏氨酸、色氨酸和缬氨酸。过去凡是体内无法足量合成的氨基酸都称为必需氨基酸(不可或缺的)。目前常用"必需氨基酸""条件必需氨基酸""非必需氨基酸"这三个术语来表示氨基酸的类别(表12.12)。针对不同年龄段的必需氨基酸需要量如表12.13所示。

表 12.12 氨基酸种类

必需氨基酸	条件必需氨基酸	非必需氨基酸
缬氨酸	甘氨酸	谷氨酸
异亮氨酸	精氨酸	丙氨酸
亮氨酸	谷氨酰胺	丝氨酸
赖氨酸	脯氨酸	天冬氨酸
甲硫氨酸	双硫代氨基丙酸	天冬酰胺酸
苯丙氨酸	α-氨基对羟苯丙酸	
苏氨酸		
色氨酸		
组氨酸		

表 12.13 对成人与幼儿的氨基酸需要量的估计

氨基酸	婴儿(3~4个月)/ [mg/(kg·d)]	学龄前(两岁)/ [mg/(kg·d)]	成人/ [mg/(kg·d)]
组氨酸	28	?	8~12
异亮氨酸	70	31	10
亮氨酸	161	73	14
赖氨酸	103	64	12
甲硫氨酸+胱氨酸	58	28	13
苯丙氨酸+酪氨酸	125	69	14
苏氨酸	87	37	7
色氨酸	17	12.5	3.5
缬氨酸	93	38	10
必需氨基酸总量	714	352	84

源自:Energy and Protein Requirements(FAO/WHO/UNU,1985)。

12.3.6 蛋白质的需要量

人类蛋白质需要量的多少是由若干个因素决定的,这些因素有:性别、年龄、体重、体躯成分、能量的摄入量以及饮食中微量营养素的含量。个体的蛋白质需要是指膳食中为防止机体蛋白质损失以及满足生长、妊娠、哺乳等生理活动的适宜的蛋白质供应量。

当膳食中缺乏蛋白质时,成年人在尿液和粪便中氮的流失率约为49mg/kg体重。因此必须增加氮的摄入量来弥补汗液、头发及皮肤中氮的消耗量。当食入无蛋白质膳食时,每千克体重氮的流失率达到54mg,这种情况通常称为强制性氮损失,代表不可避免性氮损失。以往用不可避免性氮损失估算蛋白质的需要量。通过调整蛋白质中的氨基酸模式和蛋白质利用率,蛋白质需要量又换了另一种计算方法,这种方法通常称为"析因法估算蛋白质需要量"。然而大量研究表明,即使用优质蛋白质来弥补强制性氮损失也不可能实现氮平衡。因此,有必要发明一种计算蛋白质需要量的新方法。

12.3.7　氮平衡的概念

氮平衡的计算方法是将氮的摄入量减去氮的排出量,即用于粪便、尿液、汗液及其他路径的损失量,即:氮平衡＝摄入氮－排泄氮(粪便及尿液中的氮损失)。为估测蛋白质的需要量,逐步调控蛋白质的摄入量,根据达到零氮平衡时的蛋白质摄入量来估算机体的蛋白质需要量。

表12.14所示为不同国家以单一优质蛋白质膳食或混合饮食的健康年轻男性的氮平衡的研究。

表12.14　食用单一优质蛋白膳食或混合膳食的氮素平衡研究

单一优质蛋白膳食			普通混合膳食		
蛋白源	受试者(n)	平均需要量[g蛋白质/(kg·d)]	国家	受试者(n)	平均需要量[g蛋白质/(kg·d)]
蛋黄	31	0.63	中国	10	0.99
蛋清	9	0.49	印度	6	0.54
牛肉	7	0.56	智利	7	0.82
鱼	7	0.71	日本	8	0.73
平均		0.62	墨西哥	8	0.78

源自:Energy and Protein Requirements(FAO/WHO/UNU,1985)。

基于对氮平衡的一系列短期和长期的研究表明:蛋白质的每日摄入量建议为0.6g/kg体重优质蛋白质,如鸡蛋、牛乳、乳酪、鱼肉等。为解决人们在蛋白质需要量上的差异以及蛋白质等级不同的问题,每日蛋白质的安全摄入量应为0.75g/kg体重优质蛋白质。因此,对于一名体重70kg的成年人来说,每日蛋白质的摄入量应为52.5g,这很接近1901年Chittenden推荐的摄入量。成年人每日摄入蛋白质0.75g/kg体重为安全摄入量,这个总数是针对含有丰富的必需氨基酸及高消化率的蛋白质。显然,必需氨基酸含量不足或低消化率的蛋白质则需要摄入更多来满足氮平衡。

12.3.8　妊娠期的蛋白质需要量

假定在整个孕期体重增加12.5kg,新生儿体重为3.5kg,那么孕期的总蛋白质需要量约为925g。妊娠期间的蛋白质储存量在怀孕早中晚期内是不相同的,表12.15所示为整个妊娠期间蛋白质的安全摄入量。

表12.15　妊娠期额外蛋白质需要量

三月期	蛋白质额外需要量/(g/d)	三月期	蛋白质额外需要量/(g/d)
1(怀孕1~3个月)	1.2	3(怀孕7~9个月)	10.7
2(怀孕4~6个月)	6.1		

源自:Energy and Protein Requirements(FAO/WHO/UNU,1985)。

12.3.9 哺乳期的蛋白质需要量

假定在哺乳期第二个月母乳中蛋白质的含量为 1.15g/mL,在前六个月里每天哺乳 700 ~ 800mL,表 12.16 所示为不同哺乳期的蛋白质额外需要量。例如,哺乳第一个月里的蛋白质额外需要量为 16.6g。

表 12.16 哺乳期间的额外蛋白质的需求

月份	摄入量/(mL/d)	额外的蛋白质需要量/(g/d)	
		平均	+2 SD
0 ~ 1	719	13.3	16.6
1 ~ 2	795	13.0	16.3
2 ~ 3	848	13.9	17.3
3 ~ 6	822	13.5	16.9
6 ~ 12	600	9.9	12.3

源自:Energy and Protein Requirements(FAO/WHO/UNU,1985)。

表 12.17 中的数值是基于优质蛋白质(如牛乳、瘦肉、鱼肉、鸡蛋)的消耗量。因此,若摄入的是全植物性蛋白,每千克体重的蛋白质需要量要更高些。对于儿童和成人,蛋白质需要量的估算是基于短期和长期氮平衡的研究;而对于完全母乳喂养的婴儿,蛋白质需要量的估算则是建立在其蛋白质的摄入量上。

表 12.17 不同年龄的蛋白需求量的安全水平

分类	年龄/岁	蛋白质安全摄入量/[g/(kg·d)]
婴儿	0.3 ~ 0.5	1.47
	0.75 ~ 1.0	1.15
儿童	3 ~ 4	1.09
	9 ~ 10	0.99
青少年 (男)	13 ~ 14	0.94
(女)	13 ~ 14	0.97
	≥19	0.75
老年妇女	>60	0.75

源自:Energy and Protein Requirements(FAO/WHO/UNU,1985)。

12.3.10 蛋白质品质的评价

自 18 世纪中叶以来,蛋白质的营养价值研究一度吸引着生物学界的兴趣。多年来,评价蛋白质品质的方法已经出现了若干种,都是基于生长、排泄氮、氮平衡。Osborne 和 Mende 于 1919 年发明了最早评价蛋白质品质的方法,称为蛋白质的功效比(PER)。

$$PER = \frac{体重的增加量}{蛋白质消耗的质量(氮 \times 6.25)}$$

蛋白质功效比（PER）的评价通常用大鼠做实验，是评价蛋白质品质的最简单方法。由于 PER 的估算单纯依赖于体重的增加，所以它对于体重恒定者来讲不可能评价出蛋白质的品质。

12.3.11 生物价（BV）

生物价是指用于生长和发育的储留氮与机体吸收氮的比值。它是由氮平衡（摄入氮与排泄氮之间的平衡）决定的，并同时适用于实验动物和人类。生物价如下式所示：

$$BV = \frac{I - (F - F_0) - (U - U_0)}{I - (F - F_0)}$$

式中　I——氮的摄入量；

　　　U——尿氮的排出量；

　　　F——粪氮的排出量；

U_0 和 F_0——分别指摄入无氮膳食后的尿内源氮的排出量及粪代谢氮的排出量。

蛋白质的品质及各种主要的蛋白质食物来源如表 12.18 所示。

表 12.18　蛋白质类型及来源

蛋白质	来源	生物效价	蛋白质	来源	生物效价
乳清蛋白	乳制品	高	醇溶谷蛋白	黑麦	低
酪蛋白	乳制品	高	谷蛋白	玉米	高
卵白蛋白	蛋清	高	玉米蛋白	玉米	低
肌球蛋白	瘦肉	高	大豆球蛋白	大豆	高
明胶	动物组织水解物	低	豆清蛋白	大豆	低
小麦醇溶蛋白	小麦	低	豆球蛋白	豌豆和大豆	低
麦谷蛋白	小麦	高	菜球蛋白	海军豆	低

12.3.12 蛋白质的净利用率（NPU）

蛋白质的净利用率（NPU）是一种将生物价和消化率结合起来的计算方法。即：

蛋白质的净利用率（NPU）= 生物价（BV）× 消化率（D）

上述两个计算方程如下所示：

$$NPU = \frac{I - (F - F_0) - (U - U_0)}{I - (F - F_0)} \times \frac{I - (F - F_0)}{I}$$

$$NPU = \frac{I - (F - F_0) - (U - U_0)}{I}$$

因此：
$$NPU = \frac{储留氮}{吸收氮}$$

蛋白质的净利用率通常用实验室大鼠来测得，用该法来评价各种食物中蛋白质品质的报道比比皆是。对于人类，NPU 可通过氮平衡的方法来测得。

动物性蛋白质的 NPU 比植物性蛋白质的高些，如表 12.19 所示。这可能由于植物性蛋白质的消化率较低,且缺乏一种或几种必需氨基酸。

表 12.19   不同食物的 NPU 值

食物	NPU	食物	NPU
大麦	65	牛肉	74
玉米	50	鸡肉	79
燕麦	73	牛乳	84
大米	62	鱼	94
小麦	40	鸡蛋	98
牛豌豆	47	大豆	66

12.3.13 蛋白质产能的百分数(NDpE%)

NDpE%是指蛋白质的数量和质量与能量摄入量之比。这一概念可用于评判人们的能量摄入是否充足。具体如下式所示:

$$NDpE\% = \frac{蛋白质的能量}{摄取的总能量} \times 100 \times NPU_{op}$$

$$蛋白质的能量(\%) = \frac{氮 \times 6.25 \times 4 \times 4.18(kJ)}{食物的 ME 值} \times 100$$

式中   ME——能量代谢;

        NPU_{op}——有效的净蛋白质利用率。

NPU_{op}是指当蛋白质食物来源足够维持氮平衡时的蛋白质净利用率。蛋白质的安全摄入水平用能量百分数来表示时,可用此数值来预测任何食物是否能满足机体对蛋白质的需要量。

示例:以一位成年男性(30 岁、体重 70kg、轻体力劳动)的蛋白质及能量需要量为例。

52.5g 蛋白质(蛋白质需要量);2514kcal(能量需要量)。

$$52.5 \times 4 = 210/2514 \times 100 = 8.3\%(来自膳食中蛋白质)$$

因此,任何食物的蛋白质产能比若超过 8% ,都可满足个体的蛋白质需要量。

表 12.20 所示为各种主食中蛋白质的产能比、NPU_{op}、NDpE%。将表中大部分主食数据与轻体力劳动成年人的蛋白质产能比对比可知,除了大麦以外,其他均无法通过单独膳食来满足机体的蛋白质的需要量。这仅是一个评估食物或膳食的 NDpE% 能否满足蛋白质需要量的说明性示例。虽然 NPU 是评价蛋白质品质的有力工具,但其必须进行动物实验,这也限制了其实际应用。1991 年,世界粮食和农业组织(FAO)提出一种称做“校正氨基酸得分的蛋白质消化率”(PDCAAS)的概念,这种方法是运用国际食物成分表来计算的。该方法运用蛋白质的消化率,并将普通膳食或单纯蛋白质膳食中的氨基酸得分与 2 ~ 5 岁儿童的氨基酸需要量进行了对比,得到:

$$PDCAAS = \frac{测试蛋白质中第一限制氨基酸的浓度}{FAO/WHO1991 年氨基酸评分参考模式里该氨基酸的浓度}$$

表 12. 20　　　　　　　不同主食的蛋白质净利用率和净蛋白质能量的百分比

种类	蛋白质热量/%	NPU$_{op}$	NDpE/%
大麦	14	60	8.4
玉米	11	48	5.3
燕麦	12	66	8.0
大米	9	57	5.1
高粱	11	56	6.2
小麦	13	40	5.2
木薯	2	50	1.0
车前草	3	50	1.5

　　PDCAAS 是评价世界各地膳食中蛋白质品质的一个简便而有效的方法。关于如何确定 PDCAAS 的示例如表 12. 21 所示。

表 12. 21　　　　　　鉴定小麦、鹰嘴豆和乳粉混合物中 PDCAAS 的方法实例

项目			小麦	鹰嘴豆	乳粉	总量	氨基酸/（mg/g）	参考评分模式	氨基酸混合物评分	氨基酸/g（依据参考模型分离的蛋白质）	蛋白平均消化率：总蛋白含量×因子（P×G）÷蛋白总量	评分换算成消化率 PDCAAS（0.85×0.8）
化学分析	质量	g	A	350	150	50						
	蛋白含量	g/100g	B	13	22	34						
	赖氨酸	mg/g 蛋白	C	25	75	80		58				
	含硫氨基酸	mg/g 蛋白	D	35	25	30		25				
	苏氨酸	mg/g 蛋白	E	30	42	37		34				
	色氨酸	mg/g 蛋白	F	11	13	12		11				
	消化因素		G	0.85	0.8	0.95					0.85	
混合物中含量	蛋白质	g	A×B/100=P	45.5	33	17	95.5					
	赖氨酸	mg	P×C	1138	2310	1360	4808	50		0.86	0.85	0.73
	TSAA	mg	P×D	1593	825	510	2928	31		1.24		
	苏氨酸	mg	P×E	1365	1386	629	3380	35		1.03		
	色氨酸	mg	P×F	501	429	204	1134	12		1.09		

源自：Protein Quality Evaluation. FAO Food and Nutrition Paper 51（FAO,1991）。

12.4 碳水化合物

碳水化合物是世界各地人们的能量主要来源。例如,全球人口的 75% 食用稻米、小麦和玉米。其他主要碳水化合物来源包括马铃薯、红薯、芋头、竹芋、葛粉、高粱、小米、面包、水果和木薯。

淀粉有直链淀粉和支链淀粉两种异构体形式。表 12.22 所示为几种食物中的直链淀粉含量。直链淀粉含量影响淀粉的糊化温度、黏性、淀粉老化和凝胶的形成。从营养学角度上讲,直链淀粉含量显著影响食物的血糖生成指数(GI)。事实证明,直链淀粉含量高的食物产生的血糖反应较低,血糖生成指数(GI)也较低。

影响淀粉类食物血糖指数的几个因素如下:

- 直链淀粉与支链淀粉的比例;
- 粉末中的粗大颗粒;
- pH;
- 脂肪和蛋白质的含量;
- 多酚类含量;
- 黏性纤维的含量;
- 淀粉糊化的程度;
- 淀粉是否有包囊保护。

表 12.22　　　　各种生淀粉中直链淀粉的含量(以淀粉干物质含量计)

食品种类	直链淀粉含量/%	食品种类	直链淀粉含量/%
全米	23	马铃薯	17
抛光米	24	豌豆	32
玉米	23	豆类	28
意大利粉	25	小扁豆	28
面包粉	24	鹰嘴豆	28

源自:Rosin 等(2002)。

Jenkins 于 1981 年首次提出血糖生成指数(GI)的概念,按血糖含量提高的程度对碳水化合物进行分类。血糖生成指数是指餐后不同食物血糖耐量曲线在基线内面积与标准糖(葡萄糖)耐量面积之比,用百分比表示。如下式所示:

$$GI = \frac{食用含有 50g 可利用碳水化合物的测试食物后,血糖曲线下的面积}{标准糖相应区域的面积} \times 100$$

食物可以根据其血糖生成指数(GI)的高低来分类。分类的临界值如下:

- 低 GI:≤55;
- 中 GI:56~69;
- 高 GI:≥70。

"血糖生成指数(GI)"概念提出以来,引发了许多关于低 GI 食品功效的研究。目前有证据表明低 GI 膳食存在潜在治疗意义,与糖尿病和高血脂症相关。另外,低 GI 食物还与延长运动时机体的耐力、提高胰岛素的敏感度和控制食欲有关。

FAO 和 WHO 于 1998 年已经批准根据 GI 值对碳水化合物类食物进行分类的方法,该组织还建议食物的 GI 值应与食物成分一同列入食品选购指南。

GI 值代表了含有葡萄糖食物(通常含有 50g 可利用碳水化合物)的血糖反应,因此并不总是代表着每次摄入该种食物后引起的具体血糖反应。为量化食物中标准成分的总体血糖影响,人们提出了血糖负荷(GL)的概念。GL 是指 GI 与食物中碳水化合物消耗总量的乘积。某特定食物的 GL 值计算是将该食物中可利用的碳水化合物总量乘以其 GI 值再除以100。对食物的 GI 值和 GL 值须同时进行考虑,尤其是当食物中的碳水化合物含量相对较少时。例如,蚕豆中的碳水化合物很少,因而其 GL 值相对较低。

食物的 GI 值受很多因素的影响,如颗粒大小、烹饪加工方法、食物中其他组分(如脂肪、蛋白质和膳食纤维)以及淀粉的结构。因此,同种食物有可能会由于生产国家或制造商的不同而 GI 值差异很大。

Foster – Powell 和他的同事于 2002 年公布了迄今为止最全面的 750 多种不同食品的 GI和 GL,其中一些数值如表 12.23 所示。

表 12.23　　　　　　　　　　　一些食品的 GI 和 GL 值

食品种类	GI	GL	食品种类	GI	GL
家乐全麦麸	30	4	焗豆	48	7
家乐玉米片	92	24	蚕豆	79	9
家乐谷物棒	66	10	利马豆	31	6
传统燕麦片	42	9	鹰嘴豆	28	8
家乐葡萄干麦麸麦片	61	12	四季豆	28	7
巴斯马蒂白香米	58	22	大豆	18	1
意大利手工鸡蛋面	40	12	苹果	38	6
意大利粉	38	18	香蕉	51	13
硬面包圈	72	25	樱桃	22	3
牛角包	67	17	葡萄	46	8
面包粒	49	6	猕猴桃	53	6
口袋面包	57	10	芒果	51	8
黑麦面包	58	8	桃	42	5
白面包	70	10	梨	38	4
胡萝卜	47	3	菠萝	59	7
烤马铃薯	85	26	西瓜	72	4
新鲜马铃薯	57	12	全脂牛乳	27	3
甜玉米	60	11	冰淇淋	61	8
甘薯	61	17	低脂酸乳	33	10

图 12.2 所示的是 10 组受试者食用低 GI 面包与高 GI 面包在 24h 中对血糖降低的影响,实验表明食用低 GI 值面包的受试者其早餐、午餐和晚餐后的血糖浓度非常低。碳水化合物按其各自的血糖生成指数可分为高、中、低三个级别,这种分类方法是碳水化合物营养学中最重要的观点。食用低 GI 膳食对健康有益,尤其是在慢性疾病方面,包括胰岛素抵抗、糖尿病、心血管疾病、肥胖和癌症。

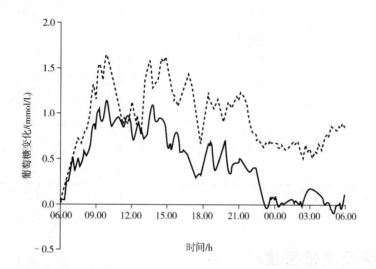

图 12.2　分别食用低 GL 和高 GL 面包后 10 个受试者 24h 内血糖的变化(Henry 等,2006)

各种植物中的单糖和各种水果中的糖成分分别如表 12.24 和表 12.25 所示。

表 12.24　　　　　　　　　　食品中主要碳水化合物的种类、组成和来源

化合物种类	分类	D-果糖	L-果糖	D-葡萄糖	D-葡萄糖醛酸	D-半乳糖	D-半乳糖醛酸	D-甘露糖	L-鼠李糖	D-木糖	日常来源
乳糖	D			×		×					乳制品
麦芽糖、异麦芽糖	D			×							麦芽
蔗糖	D	×		×							水果、蔬菜
α-海藻糖	D			×		×					真菌
棉子糖、水苏糖	O	×		×		×					豆科植物
纤维素	P			×							植物细胞壁
糖原	P			×							动物组织
半纤维素	P			×	×	×	×	×	×	×	植物纤维、细胞壁、麦片、麸皮
菊粉(果聚糖)	P	×									菊芋块茎
果胶	P			×		×	×		×		水果
戊聚糖	P									×	半纤维素和果胶反应生成
淀粉、糊精	P			×							谷类、豆类、块根、块茎

注:D—二糖;O—寡糖;P—多糖。

源自:Zapsalis and Beck(1985)。

表 12.25   选定水果中糖的种类和含量

水果	百分比		
	D – 果糖	D – 果糖	蔗糖
苹果	5.0	1.7	3.1
樱桃	7.2	4.7	0.1
葡萄	4.3	4.8	0.2
瓜类	0.9	1.2	4.4
柑橘	1.8	2.5	4.6
桃	1.6	1.5	6.6
梨	5.0	2.5	1.5
菠萝	1.4	2.3	7.9
李	2.9	4.5	4.4
树莓	2.4	2.3	1.0

源自:Zapsalis and Beck(1985)。

12.5　脂类及能量密度

在大分子营养物质(包括蛋白质、脂类和碳水化合物)中,脂类产生的能量最多,每克脂肪可产生 9kcal(37kJ)能量,几乎相当于蛋白质(4kcal/g,17kJ/g)及碳水化合物(4kcal/g,17kJ/g)的两倍。脂肪作为脂溶性维生素的载体,可改善食物的口感及质地,同时也是某些风味物质的重要来源。此外,脂肪还为人体提供必需脂肪酸。随着国际上肥胖及心脑血管疾病发病率的增加,膳食中脂肪摄入的质量和数量与健康的关系引起了公众的极大兴趣。

脂肪和油脂通常合称为脂类。"脂类"是指能溶于氯仿或其他有机溶剂而几乎不溶于水的一类化合物的总称。一般把常温下呈液体的称为"油",而常温下呈固体的称为"脂"。在全球范围内,脂肪摄入的质量和数量有着显著差异,其中北美和欧洲摄入的脂肪总量最多,而亚洲和非洲的脂肪摄入量居中。

脂肪酸的分类如下:

■ 饱和脂肪酸;
■ 单不饱和脂肪酸;
■ 多不饱和脂肪酸;
　◆ $n-6$ 系列脂肪酸;
　◆ $n-3$ 系列脂肪酸;
■ 反式脂肪酸。

表 12.6 所示为不同植物油脂中的脂肪酸构成。

表 12.26a 食品中脂肪酸的分类

饱和脂肪酸	单不饱和脂肪酸	多不饱和脂肪酸
丙酸(3:0)	油酸(18:1n-9)	亚油酸(18:2n-6)
丁酸(4:0)	反油酸(反式-18:1n-9)	γ-亚麻酸(18:3n-6)
戊酸(5:0)	十八碳烯酸(18:1n-12)	二十碳三烯酸(20:3n-6)
己酸(6:0)	二十二碳烯酸(22:1n-9)	n-6二十二碳五烯酸(22:5n-6)
辛酸(8:0)		α-亚麻酸(18:3n-3)
癸酸(10:0)		二十碳五烯酸(20:5n-3)
月桂酸(12:0)		n-3二十二碳五烯酸(22:5n-3)
肉豆蔻酸(14:0)		二十二碳六烯酸(22:6n-3)
棕榈酸(16:0)		
十七碳酸(17:0)		
硬脂酸(18:0)		
花生酸(20:0)		
二十二碳酸(20:0)		
焦油(24:0)		

表 12.26b 不同植物油的脂肪酸构成   单位:g/100g

脂肪酸	椰子	玉米	橄榄	棕榈	棕榈仁	花生	大豆	向日葵
8:0	8	0	0	0	4	0	0	0
10:0	7	0	0	0	4	0	0	0
12:0	48	0	0	tr	45	tr	tr	tr
14:0	16	1	tr	1	18	1	tr	tr
16:0	9	14	12	42	9	11	10	6
16:1	tr	tr	1	tr	0	tr	tr	tr
18:0	2	2	2	4	3	3	4	6
18:1	7	30	72	43	15	49	25	33
18:2	2	50	11	8	2	29	52	52
18:3	0	2	1	tr	0	1	7	tr
20:0	1	tr	tr	tr	0	1	tr	tr
20:1	0	0	0	0	0	0	2	3
22:0	0	tr	0	0	0	3	tr	tr
22:1	0	0	0	0	0	0	0	0
其他	0	1	1	2	0	2	2	3

注:tr—微量。

源自:Gurr(1992)。

氢化过程是早期利用食品加工技术制造营养食品的实例,其机制是在催化剂的作用下,对脂肪酸双键进行直接诱导,并将氢加至双键上,使脂肪的物理、化学性质发生改变。油脂氢化使液态油转化成胶状油,进而生产出人造奶油。众所周知,油脂氢化能产生反式脂肪酸(TFA)。反式脂肪酸是一种含有反式构型双键的不饱和脂肪酸(图12.3),其结构与顺式构型双键(图12.4)相反。摄入反式脂肪酸已经被证实具有相当大的健康风险,特别是对于心血管疾病。丹麦是世界上首个对食物中反式脂肪酸含量设限的国家,提出任何食物中反式脂肪酸均不得超过脂肪含量的2%。

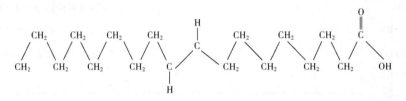

图12.3　反式脂肪酸

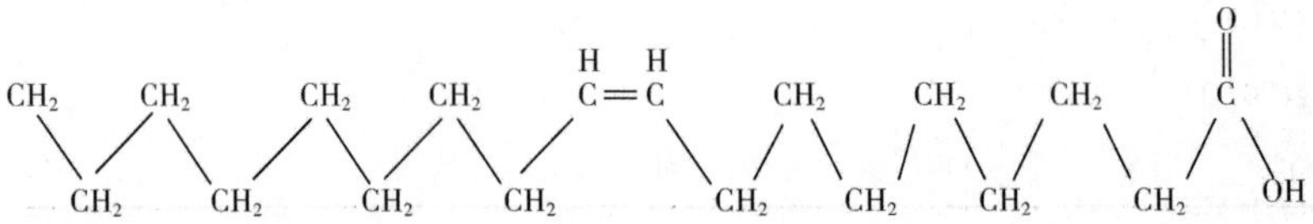

图12.4　顺式脂肪酸

12.5.1　共轭亚油酸(CLA)

动物实验表明,摄入共轭亚油酸能减少脂肪组织的分布,增加瘦肉组织的积累。这一发现激起了营养学界的广泛兴趣。肉制品和乳制品是共轭亚油酸的常见食物来源。乳制品的种类不同决定了共轭亚油酸的含量在$0.5\sim5.0mg/g$脂肪之间变化。肉制品含有$5\sim15mg/g$脂肪共轭亚油酸。

12.5.2　必需脂肪酸(n-3和n-6系列)

12.5.2.1　n-3系列多不饱和脂肪酸(PUFA)

这类脂肪酸高度不饱和(因而易酸败),其甲基端第三个碳原子处有一对双键。几类重要的n-3系列多不饱和脂肪酸有:

■ 18∶3 α-亚麻酸;

■ 20∶5 二十碳五烯酸;

■ 22∶5 二十二碳五烯酸;

■ 22∶6 二十二碳六烯酸。

由于18∶3 α-亚麻酸在人体不能合成,因而称为"必需脂肪酸"。它同时也是20∶5二十碳五烯酸和22∶6二十二碳六烯酸的前体。鱼油中富含以上三种脂肪酸,对于预防冠心病、血栓以及智力的提高有很大帮助,因而广泛建议增加摄入。

12.5.2.2 *n* – 6 系列多不饱和脂肪酸(PUFA)

除高度不饱和外,*n* – 6 系列多不饱和脂肪酸在甲基端第六位碳原子处有一对双键。几类重要的 *n* – 6 系列多不饱和脂肪酸有:

- 18:2 亚油酸;
- 18:3 γ – 亚油酸;
- 20:3 双高 – γ – 亚油酸;
- 20:4 花生四烯酸;
- 22:5 二十二碳五烯酸。

由于亚油酸在人体不能合成,故同样称为"必需脂肪酸"。亚油酸是花生四烯酸的前体。建议每日能量的 5% ~ 10% 由亚油酸产生,0.5% ~ 1.3% 由亚麻酸产生。

12.6 微量营养素——维生素、矿物质、微量元素

微量营养素与宏量营养素有着本质的差异。微量营养素每天仅需少量(每天几毫克或几微克),而宏量营养素却需要较大的数量(每天几十克到几百克)。

虽然维生素不产生任何能量,但在能量转化过程中至关重要。维生素在细胞生长、修复过程中也必不可少。宏量营养素和微量营养素都是有机物,可通过食物获得,并对生命起着至关重要的作用。事实上,"维生素"一词源于"重要的胺"。机体为特定维生素合成特殊的蛋白质载体来帮助和促进吸收。作为有机物,维生素很容易遭到破坏,发生氧化分解(表 12.27 和表 12.28),破坏后的维生素无法发挥其功效。因此,在加工和处理食物过程中,必须小心操作,最大限度上减少维生素的损失。

表 12.27　营养元素在 pH、O_2、光照和加热影响条件下的稳定性

营养元素	pH7	< pH7	> pH7	空气或 O_2	光照	加热	最大烹饪损失/%
抗坏血酸(维生素 C)	U	S	U	U	U	U	90 ~ 100
胡萝卜素(维生素 A 原)	S	U	S	U	U	U	20 ~ 30
胆碱	S	S	S	U	S	S	0 ~ 5
钴胺素(维生素 B_{12})	S	S	S	U	U	S	0 ~ 10
必需脂肪酸	S	S	U	U	U	U	0 ~ 10
叶酸	U	U	S	U	U	U	90 ~ 100
烟酸(维生素 PP)	S	S	S	S	S	S	65 ~ 75
吡哆醇(维生素 B_6)	S	S	S	S	U	U	30 ~ 40
核黄素(维生素 B_2)	S	S	U	S	U	U	65 ~ 75
硫胺素(维生素 B_1)	U	S	U	U	U	U	70 ~ 80
生育酚(维生素 E)	S	S	S	U	U	U	45 ~ 55
维生素 A	S	U	S	U	U	U	30 ~ 40
维生素 D	S	U	S	U	U	U	30 ~ 40
维生素 K	S	S	U	S	U	S	0 ~ 5

注:U—不稳定;S—稳定。

源自:Harris(1988)。

表 12.28   微生物和矿物质稳定性影响因素

	影响			影响
√	O_2		√	pH
√	温度		√	金属离子如铁、铜
√	湿度		√	减少氧化物
√	光		√	其他食品添加剂如二氧化硫

12.6.1 食品加工过程中的营养素损失

"食品加工"一词涵盖了从煮沸到辐照很宽的范围。食物中的营养损失有以下三种不同形式：

（1）有意损失 如谷物磨粉、蔬菜去皮或从原材料中提取某种营养成分而引起的营养损失。

（2）不可避免的损失 主要由于热烫、杀菌、烹饪以及干燥造成的损失。

（3）可避免或意外损失 主要由于不恰当的加工方式或恶劣的储藏环境造成的损失。

磨粉过程将胚乳从胚芽、种皮和果皮中通过机械方式分离开，会引起微量营养成分的改变。高提取率面粉比低提取率面粉保留更多的微量营养素。由于营养物质在谷物颗粒中分布不均匀，所以加工过程中的营养素损失呈非线性，且不同的营养素损失情况各不相同。例如，硫胺素大多集中在谷物的子叶和糊粉层，而核黄素则均匀分布于胚芽颗粒中。商业制粉会损失全部小麦中大约70%的硫胺素、60%～65%的核黄素和85%的吡哆醇。铁和锌通常分布于核仁的边缘，经过商业提取后含量会显著下降。

12.6.2 微量营养素的生物可利用度

营养学家如今认识到，营养成分在摄入后只有部分发挥其生物利用价值。植酸盐和多酚类物质的存在是影响生物可利用度的重要因素。

12.6.3 植酸盐

大多数谷物和豆类含有较多的植酸或植酸盐。植酸产生于谷物萌芽时期，通常作为磷的贮存形式存在于谷物和豆类的外皮中。大部分植酸盐在谷物研磨及豆类脱皮过程中流失。

12.6.4 酚类化合物（单宁）

酚类物质包括黄酮、酚酸、多酚类及单宁等化合物，广泛分布于植物中，茶叶、蔬菜（如豆类、茄子）、谷物（如高粱）及许多植物的种子中都含有酚类物质。酚类物质可以与铁、蛋白质等营养成分结合，降低其利用率，在营养学上有重要作用。

维生素在人类机体有多种功能。维生素可分为两大类：水溶性维生素（亲水性）和脂溶性维生素（疏水性）。水溶性维生素包括 B 族维生素和维生素 C，可直接随血液被机体吸收,在水分充盈的机体组织中扩散。脂溶性维生素(维生素 A、维生素 D、维生素 E 和维生素 K)在进入血液之前,必须先进入淋巴系统。通常只有含有脂质的细胞能够吸收利用脂溶性维生素。多余的水溶性维生素通过肾脏排出体外,多余的脂溶性维生素则贮存在机体的脂库中。因此脂溶性维生素更易达到毒性水平。

12.6.5 水溶性维生素(表 12.29)

表 12.29 水溶性维生素

标准名称	其他名称	食物来源	缺乏	毒性
硫胺素	维生素 B$_1$	肉、坚果、豆类、强化谷物、小麦胚芽麸皮、酵母	脚气病	>3g/d
核黄素	维生素 B$_2$	肝脏、肾、乳制品、强化谷物、酵母膏	核黄素缺乏症	没有报告≥120mg/d
烟酸	维生素 B$_3$	肝脏、肾、大米、小麦、燕麦、酵母膏	糙皮病	>200mg/d
维生素 B$_6$	吡哆醇	肉、鱼、干豆、马铃薯、坚果、种子、香蕉、鳄梨、牛乳	贫血(小细胞)	2~7g/d
叶酸		肝脏、肾、坚果和种子、强化早餐麦片、新鲜蔬菜	贫血(大细胞)	
维生素 B$_{12}$	钴胺素	肝脏、沙丁鱼、生蚝、肉或动物制品如鸡蛋、乳酪、牛乳	恶性贫血	
生物素		肝脏、蛋黄、酵母、谷物、大豆粉	很少	没有报告≥10mg/d
泛酸		全谷类、豆类、动物制品	很少	没有报告≥10mg/d
维生素 C	抗坏血酸	新鲜水果蔬菜,特别是菠菜、马铃薯、西蓝花、番茄、草莓	坏血病	5~10g/d

硫胺素于 1937 年被首次发现并提纯,其对能量的代谢有重要的作用,同时也是焦磷酸硫胺素(TDP)辅酶的组成部分。神经系统的发育和维护也同样需要硫胺素。

核黄素和硫胺素与脂肪、碳水化合物及蛋白质的产能过程有关。核黄素以黄素单核苷酸(FMN)和黄素腺嘌呤二核苷酸(FAD)两种辅酶形式参与电子传递链的构成。

烟酸以烟酰胺嘌呤二核苷酸(NAD)和烟酰胺腺嘌呤二核苷酸磷酸(NADP)两种辅酶的形式,在葡萄糖、脂肪和酒精的代谢过程中发挥首要作用。与其他 B 族维生素不同,肝脏可通过色氨酸来合成烟酸。

维生素 B$_6$ 一般通过酶系统在机体中发挥作用。维生素 B$_6$ 由白细胞产生,对机体的健康免疫系统有重要意义。它可将色氨酸转化为烟酸,在转氨过程(氨基酸的合成)中发挥作用,还通过糖原降解和糖异生作用参与产能过程。

叶酸在胎儿发育过程中至关重要。在细胞分裂和 DNA 合成中,叶酸是生长发育的必要条件。它还在红细胞成熟及组织修复中发挥作用。因此,叶酸可以预防贫血症。

维生素 B_{12} 对于叶酸代谢至关重要。它在组织生长发育过程中必不可少，并有助于保持心血管系统的健康。在中枢神经系统中，髓鞘能有效地保护神经元，而维生素 B_{12} 对髓鞘起着保护作用。维生素 B_{12} 还帮助脂肪酸进入 Krebs 循环。

生物素是许多酶的辅酶，在碳水化合物、脂肪和蛋白质代谢中起着重要作用。它还参与脂肪酸分解与合成过程，其中包括糖异生作用。

泛酸是辅酶 A（CoA）的组成部分，能有效地刺激生长发育。辅酶 A 通过葡萄糖、脂肪酸及能量代谢途径，促进醋酸盐及其他分子的循环。

维生素 C 作为一种抗氧化剂，能阻止自由基的破坏作用，对于健康免疫系统来说至关重要。它能促进铁吸收，同时也是胶原合成的必要条件。

12.6.6 脂溶性维生素：维生素 A、维生素 D、维生素 E 和维生素 K（表 12.30）

表 12.30   脂溶性维生素

维生素种类	食物来源	缺乏症状	毒性
维生素 A	肝、乳制品、鱼类 β-胡萝卜素：胡萝卜、杏、深绿叶蔬菜		$>100 \times RNI$
维生素 D	蛋黄、鱼类、强化牛乳和奶油，阳光是最好的来源	骨软化（成人）；骨软病、佝偻病（小孩）	$>150ng/mL$（血浆）
维生素 E	植物油	肌病、神经病、肝脏坏死	

源自：RNI Reference Nutrient Intake。

维生素 A：现已知在机体内有三种活性形式，分别是视黄醇（类视黄醇类物质）、视黄醛、视黄酸。肝脏可将类胡萝卜素（植物色素）转化为维生素 A。维生素 A 对机体有各种各样的功能，包括保护细胞神经鞘，产生红细胞，保护黏膜、皮肤和免疫功能，保持良好的夜晚视力以及维持细胞膜的稳定性。

维生素 D：维生素 D 可通过阳光在机体合成，因而不是必需的维生素。只要机体暴露在充足的阳光下，对维生素 D 的膳食补充可不作要求。

维生素 E：是一种有效的抗氧化剂。若有足量的维生素 E 存储在细胞膜中，就可保护细胞膜和血脂免受氧化破坏，还可以有效阻止由多不饱和脂肪酸氧化产生的自由基对机体的破坏。维生素 E 可保护内部结缔组织，故有时也称为"抗衰老维生素"。

维生素 K：维生素 K 首要的作用是促进血液凝结，在血液凝结所需的蛋白质合成中，维生素 K 是必不可少的，它也是现已知在通常骨质形成中的蛋白质所必需的。如果没有维生素 K 的存在，蛋白质不能与骨矿物质联结。

12.6.7 矿物质和微量元素(表 12.31)

表 12.31 矿物质和微量元素

名称	食物来源	缺乏症	毒性
硒	鱼类、动物内脏、肉类、粮食、乳制品	克山病、大骨节病	>400μ/d
镁	牡蛎、鱼、贝类、豆类、谷物、蔬菜	高血压、代谢系统疾病	高镁血症 >350mg/d
锌	红肉、全谷物、豆类	儿童生长迟缓、性腺机能减退、延迟性成熟、伤口难以恢复、免疫缺陷	>1g/d
铁	肉、肝脏、早餐谷物、面包	贫血	脏器损害
碘	鱼类、贝类、肉类、乳制品、蛋制品、谷物	智力损害、地方性甲状腺肿、甲状腺功能减退、克汀病	Wolff – Chaikoff 效应
钙	肉类、鱼类、乳制品	成人:骨软化症、骨质疏松	肾结石

钙对于骨质的形成及养护至关重要,它同时也对血液凝结和肌肉及神经功能产生巨大的作用。成年人钙缺乏会导致骨软化及骨质疏松症,儿童钙缺乏会导致佝偻病和智力发育障碍。钙的过量摄入会导致肾结石、神经功能及运动功能障碍。

镁对于牙齿及骨骼结构有重要作用。此外,镁还作为辅助因子在 RNA、DNA、蛋白质合成中参与各种酶的能量代谢活动。与钙类似,镁对血液凝结同样具有重要作用。

铁有两种不同类型:血红素铁(肉、内脏)和非血红素铁(豆类、蔬菜、谷物及乳制品)。铁通过红细胞中的血红蛋白来协助 O_2 运输。铁通过多种酶来参与能量产生,对于免疫功能有重要作用。铁缺乏可能是世界各地最常见的营养缺乏症,缺铁影响着所有人群。

锌存在于人体的所有组织中,对于免疫系统、蛋白质合成、生长以及伤口愈合发挥重要作用,同时对于胰岛素的合成必不可少。

钠和氯帮助保持机体的水盐平衡。钠对维持神经和肌肉功能很有帮助。氯化钠的过量摄入会导致高血压,相反,低盐会导致肌肉痉挛。

硒对于红细胞的产生及免疫系统的发育必不可少。它对于甲状腺代谢同样重要。土壤中硒含量低的地区硒缺乏症的发病率更高。

碘在甲状腺素的合成中发挥重要作用。甲状腺素控制着身体的代谢进程,影响着能量代谢和神经功能。

世界上三大微量营养素缺乏性疾病分别是缺铁性贫血症、维生素 A 缺乏症、碘缺乏症。缺铁性贫血症是指血液中的血红蛋白(HB)含量较低。除铁外,叶酸、核黄素及维生素 B_{12} 的缺乏也会导致贫血。通过化验血液中血红蛋白的含量可以诊断出是否贫血。不同年龄段判定贫血症的范围值如表 12.32 所示。

表 12.32　　　　　　用于鉴定贫血症的血红蛋白临界值

类型	临界值/g/L	类型	临界值/g/L
儿童		男性	<130
0.5~5 岁	<110	女性	<120
5~11 岁	<115	孕妇	<110
12~13 岁	<120		

缺铁一直是公众健康关注的焦点,其会增加孕妇的发病率和死亡率,还会影响各个年龄段人群的体能,降低劳动效率,甚至破坏认知能力。

12.6.8　功能性食品(表 12.33)

表 12.33　　　　　　食物来源的植物化学物质

植物化学物质	丰富的食物来源
多酚	水果、蔬菜、大蒜、洋葱、红酒、黑啤酒、茶(尤其是绿茶)
吲哚类	十字花科蔬菜
异硫氰酸盐	十字花科蔬菜(尤其是西蓝花)
类胡萝卜素	水果、蔬菜(绿色、黄色、橙色)
烯丙基硫醚	大蒜、洋葱、韭菜
异黄酮	豆科植物
萜类化合物	坚果油、种子、柑橘类水果和樱桃
植酸	豆科植物、完整谷粒
木脂素类	水果、蔬菜、亚麻种子
酚醛酸	水果、蔬菜、草莓和香蕉的种子
绿原酸	水果、蔬菜
皂苷类	豆类、豆科植物
姜黄色素	姜黄

人们对植物化学物质兴趣的兴起推动了功能性食品的发展。功能性食品也称营养保健品、药剂营养品或计划性食品,是指除其自身营养价值外,还对机体健康、体能、智力状态等有积极影响的食物。此外,日本对功能性食品的定义增加了三个附加条件:

(1)纯天然成分;

(2)可以或应该作为日常饮食的一部分;

(3)食用后有以下一种或多种特殊功效:

a. 预防或延缓某种疾病;

b. 增长智力;

c. 增强免疫应答;

d. 延缓衰老。

食物自从远古时代就被视为能量的来源。如今,摄入食物不再仅仅是为了生存,也是延长寿命及保持健康的营养物质来源。新生儿刚出生时的体重约为 3.5kg,成年后体重约增加至 70kg,体重的 20 倍增加完全来源于机体组织的生长。人体的营养吸收及储存引起体重的增长。一位成年人平均每年消耗 1t 的食物和饮料。所以俗话说"吃什么,你就是什么"应该理解为"吃什么加上吸收什么,你就是什么"。

营养学的发展将改善全世界人们的生活质量,同时还会针对不同个体提出特殊的营养补充方案。

参考文献

1. Brand – Miller, J., Wolever, T. M. S, Foster – Powell, K. And Colagiuri, S. (2003) *The New Glucose Revolution*, 2nd edn. Marlowe and Company, New York.

2. FAO (1991) *Protein Quality Evaluation. FAO Food and Nutrition Paper* 51. Food and Agriculture Organization of the United Nations, Rome.

3. FAO/WHO(1998) *Carbohydrates in Human Nutrition. Report of a Joint FAO/WHO Expert Consultation*. Foodand Agriculture Organization of the United Nations, Rome.

4. FAO/WHO/UNU (1985) *Technical Report Series* 724. World Health Organization, Geneva.

5. FAO/WHO/UNU (2001) *Human Energy Requirements. Food and Nutrition Technical Report Series*. World Health Organization, Rome.

6. Food Standards Agency(2002) *McCance and Widdowson's The Composition of Foods*, 6th summary edn. Royal Society of Chemistry, Cambridge.

7. Foster – Powell, K., Holt, S. and Brand – Miller, J. (2002) International table of glycaemic index and glycaemic load values: 2002. *American Journal of Clinical Nutrition*, 76, 5 – 56.

8. Gurr, M. I. (1992) *Role of Fats in Food and Nutrition*, 2nd edn. Elsevier, Oxford.

9. Harris, R. S. (1988) General discussion on the stability of nutrients. In: *Nutritional Evaluation of Food Processing* (eds E. Karmes and R. S. Harris), 3rd edn. AVl/Van Nostrand Reinhold, New York.

10. Henry, C. J. K., Lightowler, H. J., Tydeman, E. A. And Skeath, R. (2006) Use of low – glycaemic index breadto reduce 24 – h blood glucose: implications for dietary advice to non – diabetic and diabetic subjects. *International Journal of Food Science and Nutrition*, 57 (3/4), 273 – 8.

11. Karmas, E. and Harris, R. S. (1988) *Nutritional Evaluation of Food Processing*, 3rd edn. AVI, New York.

12. Rosin, P. M., Lajolo, F. M. and Menezes, E. W. (2002) Measurement and characterization of dietary starches. *Journal of Food Composition and Analysis*, 15 (4), 367 – 77.

13. Weir, J. B. de V. (1949) New methods for calculating metabolic rate with special

reference to protein metabolism. *Journal of Physiology* ,109 ,1 – 9.

14. Zapsalis , C. and Beck , R. A. (1985) *Food Chemistry and Nutritional Biochemistry*. JohnWiley and Sons ,Toronto.

补充材料见 www. wiley. com/go/campbellplatt

感官评价

Herbert Stone, Rebecca N. Bleibaum

要点

■ 感官评价是一门通过人的感官对产品进行感知度量的科学。有关感官的人类行为和生理学知识是获得有意义的信息的关键。

■ 感官的信息都是独一无二的,不易直接或通过其他方式获得,它的价值已经超出专业测试的直接结果。

■ 影响感官测试的一个重要原因在于测定物理性质对感官特性的影响,并且它们最终如何影响消费者的偏好和购买行为。

■ 进行测试的实验室设置(设施)是任何感官测试项目获得成功的关键。

■ 现有两类方法:分析法和情感法,每种方法提供不同种类的信息。

■ 分析方法包括判别分析和描述性分析。描述性分析是最有用的感官评价的方法,使研究者能确定感知产品的异同。

■ 主观评价应具备参与基于感官敏感性的产品测试的条件。

■ 目标消费者应具备运用基于使用和消费的情感方法的能力。情感方法是估计目前和潜在的消费者对某种产品、某种产品的创意或产品的某种性质的喜爱或接受程度的感官评定方法。

13.1 引言

感官评价是一门通过人的感官对产品进行感知度量的科学。任何东西都可以进行感官评价,它可以是一种纯粹的感官刺激品,如氯化钠水溶液、用作饮料风味剂的水果提取物复合品,可以是一种供销售的终产品,如速冻晚餐食品,也可以是一种非食品的产品,如跑鞋或高尔夫球杆等。感官测试的结果除用于知觉评估理论外,还有多种用途。在衡量组分变化的效果、过程变化的影响、相关要素跟随参数选择的改变情况等诸多方面,感官评价都十分重要。很容易理解感官评价在这些应用中所具有的优势,并且人们对感官评价应用研究的兴趣日益增长,然而,在应用感官评价的过程中,也同样存在许多独特的挑战。

首先,感官评价是"人的科学",人的行为学知识、感官评价的方法以及感官的生理学对于获取有价值的感官评价信息至关重要。有些人用心理学和(或)生理学思考感官评价,有些人用统计学考虑感官评价。还有些人并不把感官评价当作是一个科学的过程,任何人都可以进行感官评价,因此,认为感官评价不具有科学性;同样,曾经也有人这样想化学、微生物学或工程学等学科。然而,要组织和实施感官测试以获得有价值的信息,要求全面熟知上面所提到的行为学、心理学、统计学及评价方法等,还有所测试产品的加工知识。如果不这样做就会忽略、疑惑或误解感官评价信息的潜在价值,尤其是当这些信息与预期不相符时。

如上文所述,问题在于感官评价貌似是一个过于简单的过程,其实不然。提供一个计分卡和一份产品,大多数消费者都能对提问作答,而不管是否理解感官评价工作或被问的人是否适合参与评价。计分卡上的标记(触摸屏或获取响应的其他方法)代表的无非就是标记,只有当标记数量足够多才能证实这些信息不再只是一系列随机事件。还需要解释一下参与评价的消费者需要具备的条件或评价主题。正如已经提到的,人们容易看到因误解响应而导致评价结果与技术人员或品牌经理的期望不同。由于这些人定期评估产品,很容易认定自己的判断与消费者的结果一样,在感官测试中,评价员如果不能比合格消费者更好,至少也要等同。事实上,有时,因确信他们要远比被测试的消费者知道得多,而两者对结果的理解完全不同。当与产品的其他信息相结合时,就会造成意想不到的消极的商业结果(Stone 和 Sidel,2007)。

对于专业的感官人员来说,如果要获得准确且可用的信息必须要解决一些困难。测试过程中的一些问题同样也很重要,例如,要测试哪些消费者?采用什么测试方法和数据分析的方法?以及最后结果如何解释和报告等?正如刚开始时就提到的,感官信息是独一无二的,不容易直接或通过其他方式获得,其价值远远超过特定测试的直接结果。企业投入雄厚资金寻找或开发新产品、更新现有产品、替换工艺流程并在竞争中保护特许经营。与其他方式相比,感官评价以更低的成本快速地实现了这些目标。本章着重于感官测试的原则和实践,以及感官测试的组织和实施。

13.2　背景与定义

在论述感官评价及其应用之前,应该先明确感官评价的定义(Anonymous,1975)。该定义将为后续的讨论提供背景,并为读者敞开视窗,因而是尤其重要的。

感官评价是一门通过视觉、嗅觉、触觉、味觉和听觉感知、测量、分析和解释食品或物料的感官特性的系统学科。

这个定义表明感官评价是一门包含度量感知的科学,在特定情况下,感知源于食品和饮料的刺激。对其他产品也是如此。感知响应反映了对产品的整体感知,如产品的外观是什么样子、其味道如何、口感怎样等,同时,也应考虑到每个评价员对产品或相关产品的评价经验。

"整体感知"是感官评价过程的一个方面,即使是感官评价专业人员也经常忽视或没有充分重视它。当设计一个感官实验并考虑评价过程时,有一种仅狭窄地考虑如何感知"香味或风味"的倾向。然而,这并不是所应感知的全部内容。甚至当评价非食品时,也必须当心这种偏重某一种感觉而忽略其他的倾向。例如,由于实验人员没有考虑到产品的外观也是产品的重要特性并且与实验目标密切相关,因而在调查问卷中没有设产品外观这一重要选项。当然,我们并不能忽略各种感官之间的相互关系。在解剖学上,感官感受器及其信号传到大脑高级中枢的各途径都是唯一的;即,我们看到的颜色和外观等信号通过规定的途径传到大脑功能中心,并且是独立于风味等信号传输途径的。然而,当感受器受到刺激并将信号传递到大脑高级中枢时,其他感官信号(例如香气)的输入以及来自相关结构的刺激信号相互影响,使这些信号发生改变,从而引起一个比最初刺激包含更多信息的响应。

记忆(认知因素)也影响响应。例如,在实践中,产品的外观将会受到之前人们消费此产品记忆的影响(或至少它将唤起消费者各种各样与此产品相关的想法),从而影响消费者对产品的香气、风味等的期望和判断。

不管设计哪种类型的评价测试,都必须考虑这些感官间的相互关系。如果不考虑,将会错失有用的信息,并且损害感官评价的整体价值。例如,曾经推断或建议通过相关的培训组建一个专家组专攻单一感官。例如,由 Brandt 等(1963 年)、Szczesniak(1963 年)和Szczesniak 等(1963 年)研究开发了质地剖面分析法,用来分析质构。毫无疑问,可以训练评价员只响应质地特性而忽略其他。然而,当评价产品时,认为评价员只是对产品的质构响应,一点不受产品外观、香气等影响是很天真的想法。至于质构本身也不是单一的感觉体验。

正如已经指出的,这样评价所冒的风险很高,评价员会将评分卡上没有考虑的感知信息植入他们的判断中。或者,有的评价员会刻意依照要求做出响应,但潜意识里并不愿意,这样会增大误差并影响得出的任何结论。有这种情况,制定一个适当的评价实验计划时,有必要去除气味对外观评价的影响。譬如,用一个带有透明塑料盖的容器来排除香味对视觉评价的干扰。这种测试可作为整体感官评价的一部分,常由于商业原因要求分开单独测量各感官特性。另一种常见的情况是因为只有产品风味发生改变,而要求评价员"仅评价风味"而不考虑产品外观等其他感官特性。假设风味不影响其他感官特性,但这种假设往往都是不成立的。部分感官评价要求者(或感官评价专业人员)有这种一厢情愿的想法,反映了人们对感官评价系统的复杂性和综合性缺乏认识,对人类的行为缺乏理解。

显然,大多数读者直觉地意识到了这些相互影响,然而,很多开展的研究仍没有认识到它的重要性而忽视它。当然,实践中,这有助于解释许多新产品失败的原因。

感官评价定义强调人们所感知到的信息并不同于产品的物理性质。因为许多感官评价实验目的是度量这些物理性质的变化(来自产品成分和加工过程)对感官特性的影响,以及这些变化如何影响消费者的偏好、购买意向等。另一个目的是可以识别那些能够说明感官差异的物理化学措施,同样,可以确定不能用现有的物理化学措施来衡量的感官差异。

这种信息有相当高的实际应用性。例如,判别出消费者所期望产品具有的重要质量特性,使品质控制人员有机会提出对消费者来说产品品质最重要的物理、化学及感官等具体措施的重要性权重。要想完成所有这些必须提供三要素,即有资质的评价员、已应用的相关评价方法以及反映设计参数的分析。

现在,让我们关注构成现代感官能力的关键元素——设施、评价员和方法。

13.3 设 施

任何感官测试程序的成功实施都离不开必要的实验室设置(设施)。如果设施设计不合理,不能快速准确地提供感官信息,不能获得预期有用的感官测试结果,最终将导致感官评价服务不被采用。因此,拥有设施意味着制定实验计划时,明确测试场地要求、被测产品的制备与测试方法、测试结果的分析方法,以及测试报告的表述方式。本部分内容将为感官专业人员进行设施设计规划时提供一个供参考的设施清单。

应该有一个专门的区域进行感官评价,体现管理者对感官评价活动的支持,也体现对测试产品的关心程度。一个现代化感官评价设施应该有环境控制,有迎接和等候(使消费者熟悉或适应)区域,有进行筛选、培训、数据收集及物品贮存的空间,还有分配给工作人员的空间。作为一个常规性的指导,检测食品和饮料时,公司所使用的建筑材料必须符合国内及国际(必要时)食品安全法规。

Eggert 和 Zook(1986)、Stone 和 Sidel(2004)、Kuesten 和 Kruse(2008 年)都曾详细描述过感官评价设施及其基本要求。有兴趣的读者可以先获取这些文件,一旦需要设计一个新设施或更新现有的设施时,专业的感官人员还应该审查可得到的信息,例如空间的尺寸、所有构造柱和实用线的位置。一旦已知这些,就能更好地利用空间。下面是一个清单,包含所需的区域和活动空间:

■ 准备与服务;

■ 贮存;

■ 环境控制;

■ 接待、培训与隔开的小间;

■ 附属设施;

■ 行政管理办公室。

13.3.1 准备与服务

感官评价准备和提供样品的设备包括冰箱、制冰机、炉灶、烤箱、微波炉、烤面包片机、混合器、托盘、厨具和餐具等。必要时,还应考虑设备的等级、商业和(或)零售方式等;如果是消费者直接使用产品,那么应选用消费者使用的具有代表性的设备,区别于餐馆使用的设备。

应该有足够的橱柜、柜台和中心岛以提供足够的空间,方便测试前及测试中操作和陈列产品。所有柜台必须足够高,尽量减少在使用时的体位压力,还要有足够的宽度足以容纳产品、日用必需品和记分卡或用于直接输入数据的电子设备。间隔小间的前侧应该有传递样品的开口,其宽度满足服务托盘进出的需要,每个间隔小间后侧留有空间,满足产品进出各间隔小间。在服务端,可利用柜台上方和下方的空间存放物品。

设计中要考虑建立接待区与准备/服务区、各区域及评价主体之间的通信系统,减少测试活动期间不必要的通信。话机应配备视觉警报,例如灯,这样在测试过程中可以关闭听觉警报。

13.3.2 贮存

不仅是厨房用具、刀叉、服务容器(碗、杯等),还包括待检验的产品,所有设施都应该有足够的贮存空间存放。多数情况下,待检产品体积庞大,许多公司的建筑物中有充足大的场所来存放,但如果没有,那么感官工作人员必须考虑要有足够的空间存储产品。此外,要考虑某些试验中要用到的炉子、制冰机、冰箱和混合器等设备的数量,还要考虑当不需要或仅部分使用这些设备时,是否有充足的贮存空间可以容纳它们。

13.3.3 环境控制

在测试设施中,空气的温度和质量是很重要的因素。尤其是一些关键区域要严格控制,如用于评价的评价间,以及感官评价训练区(室)。环境控制主要包括通风系统,该系统使从评价间到准备区、在训练区(室)都保持轻微的正压,这样做的目的是尽量减少气味从准备区或其他邻近区域向评价区域的转移。这些地区还应尽量保持安静,尽量减少外部噪声的影响。并且建议该区域的温度为舒适的 20~23℃,相对湿度 50%~55%。

13.3.4 接待、培训与评价小间

产品评估包括三个功能区,接待、培训和测试区。这些区域应该彼此相邻,但要与产品的准备和服务区域分离。理论上讲,应该在安静的地方进行感官评价,然而,更应该考虑位置的可达到性,节省到达时间。

13.3.4.1 接待

评价员先到达接待区确认自身身份,并获取有关测试的信息。该区域应该是温馨的、光线充足的,并提供一些阅读材料。区域里应该有一个柜台和一名工作人员,能够与准备区联系,并备有联络评价员的通讯录,如提醒参加事先安排的会议等;应有 10~15 把椅子,让所有评价员都能有固定位置就座。可以在该区域设置一个信息板(白色的或公告牌)提供待评价产品的类别和数量等相关信息。还可以设一张桌子放置果汁、水、饼干、糖果等,方便接待评价员,在适当的时候,也作为集体评价使用。接待区应该很容易找到,而且在外表上应和间隔的评价间分离开来,以最大限度地减少在测试中对评价员的干扰。接收区域的大小由评价员的数目及整个感官活动的可用空间而定。

13.3.4.2 培训

评价员接受一定的指导或培训是十分必要的,尤其是在组建一个描述性分析专家组的

时候。这些培训通常在会议室举行,就像一个专题小组设施,有 12 ~ 15 个座位容纳评价员和工作人员。理想情况下,这个房间的位置靠近产品准备区,评价员和研究人员均易于到达,并且有很好的隔绝噪声和外部异味的效果。建议配置足够大的白色书写板便于专家组在其上描述产品的感官属性。一个单向镜将其与邻近的观察室相连,并配备了录像和录音设施,在不干扰评价员前提下便于观察者(例如,来自市场营销和开发团队的)了解培训过程,类似于传统的专题小组设施。这个房间也可用于作报告及员工培训等。

13.3.4.3　间隔的评价小间

必须配置间隔的单独的评价小间以尽量减少干扰,使评价员能专注于特定的评价任务。独立的间隔的评价小间使视觉干扰降至最低,能使评价员专心工作。这些间隔的评价小间应该使人感觉舒服,并且空间足够大,能放下放置食物的托盘,如果使用的是数据直接输入系统还要能放下所配备的显示器。周边环境应使用中性的表面颜色与材料,提供充足的照明,设计有样品传递口以及漱口系统(一次性杯子和水槽)。评价员与服务者之间保持良好的交流。注意,评价小间的色彩和照明要符合标准[例如,美国试验与材料学会国际组织 MNL 60(Kuesten 和 Krise,2008)和 ISO 标准]。评价小间区域应具备正压,即流入评价小间区域的应该是过滤后的干净空气,同时,空气走向应该是从间隔的小间流向厨房,而不能是逆流。另外,在评价区域可能还需要配置计算机或一些电器设备的电源插座。用于评价员漱口的水池往往会产生臭味,因此,如果选用水池,最好是选择一个带有良好冲洗系统的水池。

许多用于感官评价的评价间是永久性建筑物,然而,可以用结实的铜板、纸板或胶合板搭建临时间隔的评价小间,也可以用铰链或安装槽制成可折叠便携式的装置,这样,临时的评价小间可以搬到厂外测试区。

13.3.5　附属设施

虽然大多数感官测试是在如上所述的实验室中进行,但也有一些例外情况,在指定位置之外也能出色地完成感官评价,如在某公司办公楼。测试还可以在产品质量维护和生产等特定的地点进行。这种附属设施一般都比较小,因为它们需要较少的准备设备和空间,以及更少的间隔小间。不管在何处完成测试,维护这些测试场所运行的规则是通用的,即保持一个清洁、安静、无噪声和无异味的测试环境。

13.3.6　行政管理办公室

感官工作人员需要一个工作区域进行管理测试活动、编写报告、会见感官评价需求者以及相关活动,理想情况下它应位于感官评价区域内。该工作区域应包含一个提供相关文献、期刊、书籍,并易于获得网上文献检索服务的书屋。一些公司把这些信息资源放在一个集中的位置,供所有工作人员使用。

正如前面提到的,还有一些关于设施设计的有用参考资料,同时鼓励有兴趣的读者去获取这些信息,此外,在许可的情况下参观设施。

13.4 评价员

提到感官评价,必须优先讨论评价员的选择问题。所有有兴趣参加评价的人员都必须是自愿的,并且依据感官测试相关要求确定评价员资质,并不是基于朋友关系、身份或在公司的地位等因素决定,如要使用非雇员作评价员时,不能用雇员的直系亲属。对于感官分析测试(在"方法"一节定义的差别检验和描述分析),评价资质是基于已证实的感官才能。对于偏好测试,评价资质是基于产品的使用,而非感官才能。大多数感官专业人员认同评价员需要确认资质,但资质的具体内容根据不同人的观点而不同。

资料记载了一系列获取评价资质的方法,其中包括为期3个月或更长时间的综合培训计划,有的则只需要短短两个星期。在一些行业,个人在获得"资质"之前,要跟随经验丰富的专业人员当若干年时间的学徒,这种情况更多地出现在香料师或调香师获得"资质"的过程中,而非感官测试的评价员。在其他情况下,已经多年参加感官试验和(或)在一个行业协会中参与产品质量判断的人具有评价资质,实例见文献 Irigoyen,2002;Larráyoz,2002。

各种行业协会(例如美国试验与材料学会国际组织)和准政府机构(如国际标准化组织)已经组织各委员会并发布各评价员资质综合说明。发布指南是有意义的,不仅提示评价员必须具有资质,同时,也说明获取评价员资质的最好方式。然而,不应该将指南转变成一个方法,因为每个产品类别和每个测试类型将会有一些独特的要求。因此,我们认为感官专业人员在招募合格评价员时,需要遵循包括以下内容的基本的指导方针:

■ 确认所有信息的保密性(隐私问题);
■ 确认个人不患有过敏症,并且测试也不会影响身体健康;
■ 确保评价员没有直接参与产品的加工技术;
■ 选择对产品兴趣等于或高于平均水平的用户作为评价员;
■ 选择主管批准参加评价的人员(如果是一个雇员);
■ 选择对测试产品或产品类别具有感官才能的评价员;
■ 确认评价员能够在任何时候停止评价并完全理解这是志愿工作。

这个列表很独特,不能用它鉴别产品或"标准材料",也不能用它确定具体的测试方法。列上具体产品可能具有误导性,因为该产品可能在特定的市场上不可用或是在文化上不合适。同样,说明一个具体的评价方法也是冒风险的,因为它可能和问题的本质并不相关。例如,在进行差别检验时,产品有些因素会干扰评价员的判断力。指定的方法可能会增加产品的接触次数而发生感官疲劳并且灵敏度显著降低,从而导致选上不合格的评价员,或漏选合格的人员。

评价员资质,如上面指出的那样,应基于对其所测试产品的感官才能。首先,进行测试所用的产品应该是实际的产品或是这一类的产品。例如,如果你的公司进行充气的可乐饮料业务,那么,使用可乐进行测试是适当的,而使用饼干就不合适了。第二个必要条件是,评价员必须证明他们不是靠运气而是真正能辨别这些产品的差异。主试者根据他(她)对评价员的过往表现以及测试的目标等决定评价员资质。本节后面将讨论这个问题。

另一个与评价员资质相关且有趣的方面是测试对甜、酸、苦等特种刺激的阈值。阈值是指用50%或更多的时间能够觉察到的刺激物最低浓度。然而,实践表明,不能用阈值测试来预测评价员评价一个具体产品时的表现(Mackey 和 Jones,1954 年)。偶尔地会被告知最初的结果是正确的,也就是说阈值测试并不是一个预测产品表现的好指标。对此也不必奇怪,绝对阈值测试采用的是如盐溶液这样单纯的刺激物,具体评价时是给定两个相同的、不同的或类似的产品样品,判别它们之间是否存在差异,而产品的化学组成很复杂,并且没有哪两个产品是完全相同的,评价员的感受同样也是十分复杂的。或许你会感兴趣将判断阈值的敏感性作为一个练习,但是不能用它来确定谁最有资质来评价特定产品。

在训练评价员进行描述性分析测试时会出现类似的情况。可参考已经讨论多次的文献(Rainey,1986;Meilgaard 等,1999),翻看最近杂志中报道的大量事例(O' Sullivan 等,2002;Gambaro 等,2003),或查看任何一期登载感官描述分析结果的现刊。有研究人员花费3 个月或更长时间研究此活动(撰写60 到 100 多小时的报告);然而,没有证据表明其有效性,阈值测试只是在一些实例中数据采集之前进行的一个步骤。

考虑到与延长训练工作相关联的所有心理问题,很奇怪竟没有一个证据证明延长是有效的。延长评价对每个参与评价者或多或少都是改变行为的冒险。毫无疑问,一些人与其他人相比,比较慢才学会应用其感官。然而,从商业的角度看延迟测试的开始没有任何意义。此外,在等待他人达到合格时,那些已经合格的人很可能失去了评价兴趣。

筛选(不一定必要)的主要目的是识别和消除那些不遵循指示、对产品的差异不敏感或者对评价活动不感兴趣的人(仅是为了报酬),或许最重要的是挑选出那些能够准确察觉出自己感兴趣的产品间差异的人,这样的人才是合格的评价员。从一群没有评价经验的人开始,5~6h(经过几天的连续研讨)成功完成筛选。

培训通常作为筛选过程的一部分,正是在培训中常用到文献和标准。倡导者认为,在训练中使用标准或参考能够确保所有评价员达成一致,能够使不同的地点、时间所做测试的结果具有可比性。这种提法很奇怪,因为统计程序已使用多年,它就能提供这种比较,并且比试图修改和(或)掩饰敏感性差异或对影响提出声明更具有意义。认为可以训练评价员或使用参考文献使他们达到统一意见是不现实的。每个个体从他或她的感官灵敏度和区别产品间差异的能力来看都是不同的。如果能培养人具有相同的敏感度,那么为什么评价需要一个小组而不是一个人呢? 如果培训的目的是为了证明一组人能够通过训练,对某种特殊的刺激每次都产生相同的反应,或许有的人会认同这种做法,但是这又有什么实际的应用价值呢? 一个人在应对多次相同刺激时,能够重复同一个响应值,这可以作为结果可靠的证据,但是这几乎不代表或者构成什么。

我们可以很容易用一个适当的刺激证明这一"才能",这一刺激能够很容易地被识别,而且规模不大(最好是一个很容易记住的数字)。人们会意识到这样做不值,认为这就是感官评价的所有内容。然而,它对那些不了解行为心理学或感官生理学的人可能有效。如果评价员能对被评估的产品展现出他们的感官才能,那就更加富有成效了。

筛选的主要目的是挑选出具有鉴别能力的消费者来测试产品,这些消费者将会更容易检测到差异,因此,对产品的任何变化更敏感。相应地,如果消费者的鉴别能力弱,那么就可能检测不到差异,因此,也就无法对产品的变化做出反应。这时产品没有差异的结论可能已经导致严重的商业后果。正如市场调研或消费者洞察要招募特定的人群,如常用或专用一个特定的品牌、家庭用产品的使用者或概念接受者,就必须聘请具有感官才能且最有可能检测到差异的人,这对降低作产品决定时的风险十分重要。

可以从公司内部或从当地社区招募评价员。由管理人员根据成本、可用性、结果的可信度以及测试所在位置作出决定,测试地点是一个重要考虑因素。该决定基于公司的标准,无论来源如何,所有人都通过电话、广告和或者互联网等多种方法进行联系。就像已经指出的,那些表示有兴趣的人一定是产品的使用者或是爱好者,另外,最重要的是他们还能够展现必要的感官才能。"智力练习"充当初步筛选,识别那些没有按事先指定频率使用产品和那些不遵守指示的用户。毫无疑问,那些平时不遵守指示的用户,往往在测试时也不遵守指示并且很少表现出技能,详细介绍见 Stone 和 Sidel 的论述(2004)。

一旦一个人已经确定满足产品的使用标准,那么就能够进行实际筛查等安排了。我们建议采用差别检验作为测试感官分析评价员资质的最有效方法。如果一个人对她或他常消费的产品间存在的差异都区分不了,那么这个人在实际的测试中也不可能有好的表现,事实表明正是如此。按一定等级排序的差别检验是如评分等其他感官检验的基础。该检验能够成功筛选评价员的关键在于考虑了个人学习感知时的速率以及重视评价动机。创建一个范例使评价员有机会学习如何参加测试和如何利用他们的感官,并让实验者更容易识别那些合格的学习型评价员,这样的工作是越来越困难了。此外,要测试评价员的所有感官,以防有些人是色盲或者有嗅觉缺陷。

具体来说,这意味着感官评价专业人员必须准备一系列从视觉、香气、味道、质地以及后味等方面存在差异的产品对,并设置隔板排列这些待测试产品。至少准备 15 对,或者 20 对,并按感觉由易到难排列。再加上重复对数,至少提供 30 ~ 40 对进行测试,这样,评价员有足够机会展示自己的感官能力,并且,感官专业人员能够区分评价员的感官敏感性和可靠性。通常,可以选择在整个测试中正确率至少达到 51% 的评价员,然而,如要求正确率至少 65% 会更稳妥一些,具体选择哪个百分比由感官专业人员负责。如果有足够数量的评价员都达到了 65% 或更高,宁愿继续进行筛选。

这种方法的筛选效果是基于这些评价员的测试表现。当然,人们必须留意所提供测试产品对的差异程度。如果这对产品的差异很容易区分,那么这个筛选将无效,因为几乎所有人都合格。只有在经历一两次评价之后,感官评价专业人员才能够清楚哪些产品对的差异代表着容易、适中和困难的选项。实测中难免会有变化,这也是合理的,不管怎样,这样才能有信心去筛选。大约 6h 后,就能够筛选出合适的评价员,并且开始准备测试。有趣的是,我们观察到约有 30% 的志愿者是不合格的,并且,该观察结论与志愿者年龄、性别、职业、国籍等无关(关于这个问题,更多的信息见 Stone 和 Sidel,2004)。

13.5 方法

感官专业人员已经运用了许多感官评价方法,有关机构定期发表一些新方法,这些新方法大多是对现有方法的修正或者扩展,有关详情可以参考 Lawless 和 Heymann(1999)、Schutz 和 Cardello(2001)以及 Stone 和 Sidel(2004)的文献报道。这里所讨论的方法是前面提及的传统分类系统,根据获取信息的类型而分为分析型和情感型。这也间接地提醒读者不要混淆这些方法。最常见的方法是要求评价员在辨别差异后作出偏好性判断。这项工作容易完成,但是结果却使得感官专业人员陷入无差异辨别仅有偏好判断的窘境。关于这些方面的实践,我们将在下文更多地讨论。

分析型和情感型两种评价方法分别提供不同类型的信息:

(1)分析型感官评价方法　主要进行产品分析。例如找出两种不同配方产品的差异和差异的程度。分析型方法包括差别检验和描述分析,前者确定两种产品是否存在差异,而后者确定差异的类型和程度。

(2)情感型感官评价方法　主要进行产品的嗜好或偏好判断。情感型方法包括成对比较和喜好评分。前者确定喜爱两种产品中的哪种产品,而后者确定喜爱或偏爱该类产品的程度。

在讨论分析方法前,需要提醒读者没有一种方法优于或者比其他的方法更灵敏,我们应该小心看待一个方法的优势声称,因为这些声称往往是基于所测试的产品而不是方法本身。选择纯化学物质这样的刺激物并且组成差异明显的配对进行测试,能够证实某个效果,但是当面对复杂的食品或者饮料时,这个效果就不出现。

三点检验法是众所周知的较好的方法,该方法主要是根据统计显著性的概率是 1/3(有三个编码的样品),而成对比较法和二、三点检验法中概率是 1/2(有两个编码的样品),统计学需要较小的概率达到统计显著性,因此,期望一个检验涉及四个、五个或更多的产品,因为产品数量的增多伴随概率的减少,而能够使结果更灵敏。

我们凭经验观察到随着样品数量的增加,敏感性明显减小。对于这种现象有两种可能的解释:一是样品太多引起感官疲劳,二是需要作出太多的选择。因此,感官专业人员需谨慎对待一种评价方法优于另一种方法的说法。

如前所述,差别检验是感官分析的核心。它判定两个刺激物是否存在感知上的不同。举一个排序的例子,若一个评价员不能判断哪个产品不同或者哪一个更强,而无法给产品排序,那么该评价员所做出的任何判断都被置疑,包括与判定产品强度相似或相关的评价工作。正如前面关于评价资质的讨论所述,大多数人需要指导和训练,学习在感官评价中怎样使用他们的感官以及如何成为评价员。成为分析测试评价员的历程不同于在学校做选择测试题,志愿者期望通过一些实践能够证实他们的感官才能。

根据差别检验的研究目标确定评价员的数量。多数情况下,使用 25 名合格评价员即可,关键在于使用如前所述的取得资质的评价员。一些研究者建议评价员的数量要以统计假设检验为基础,并且招聘一些普通消费者作为评价员,而不仅是已经满足如前所述的筛选标准的人员。然而,招聘普通消费者进行评价没有意义。因为产品要向特定人群推销,他们将比普通消费者更加敏感。更多的细节见 Lawless 和 Heymann(1999)以及 Stone 和 Sidel(2004)。

13.5.1 分析型感官评价方法

13.5.1.1 差别检验

差别检验是一种分析型感官评价方法,它可以进一步分为定向和非定向两种类型。例如,定向差别检验中的成对比较法,测试时提供两个编码的样品,评价员要根据指令确定出给定的属性中哪个样品"更……"(见图13.1)。成对比较法作为差别检验中最早期的一种方法(Cover,1936)曾备受欢迎,直到先进的加工技术和更加复杂的配料导致难以确定产品的差异类型,才使非定向差别检验应运而生。研究者也意识到并不是所有的评价员都理解所指定的产品的感官属性,进而使评价的结果及解释更加复杂。

成对比较(版本 A)

有两个编码的产品,请指出哪一个更甜,用编码填空或给编码画圈。

哪个产品更甜? ___ 或圈出 647 129

A/非 A(版本 B)

有两个编码的产品,请指出它们相同或不同。通过圈出所选词或者在所选词下画线表明你的选择。

相同　　　　　　　不同

图13.1　感官分析差别检验:成对比较和 A/非 A

成对检验有两个版本,依据具体检测目的选择,阅读本文以获取更多的详情。

研究人员为解决产品的差异类型问题开发了三点检验法(Helm 和 Trolle,1946)和二、三点检验法(Peryam 和 Swartz,1950),它们都是非定向差别检验方法。这两种方法的快速应用和普及使成对比较法黯然失色,并一直流行至今。然而,这些方法都不是等同的,不仅是各自概率不同,而且各自的复杂程度以及使用的目的均不相同。

三点检验取三个样品进行测试(图13.2):将三个样品编码,评价员指出哪种样品最不同于另两种样品。二、三点检验法也是取三个样品(图13.3),然而,三个样品中仅有两个编码,另一个有记号的作为参照,评价员指出哪一个编码样品与参照最为相似。三点检验法可以看做是三对进行比较(A 对 B、B 对 C、A 对 C),而二、三点检验法只包含两对进行比较(A 对参照、B 对参照)。若产品具有强烈的延迟效应,如品尝后余味持久,这时我们应该选用二、三点检验法作为评价方法,减少样品数以获得有意义的结果。

有三个编码的产品,请确认……

527　　　613　　　484

哪个产品与其他两个最不相同? ___

图13.2　感官分析差别检验——三点检验

有两个编码的产品,第三个有记号的作为参照,请确定……

R　　813　　921

哪个产品与参照最相似? ___

图13.3　感官分析差别检验——二、三点检验法

如前所述,三点检验法因其具有更灵敏的统计概率($p = 1/3$ 对 $p = 1/2$)曾是最常用的方法,约15家公司的非正式民意调查结果显示它具有优势的统计概率令人感兴趣,调查报道也表明并非所有调查都能获得该统计概率。由于所有的产品都不相同,因此,单靠机遇抽到具有显著差异产品的概率约为 1/3。其原因可能是评价员有一定经验但不是筛选出来的,缺少重复,或样品存在增加感官疲劳的潜在风险等多种原因,从而导致概率发生变化。不过,假设选用合格的评价员并且设计时考虑重复,那么,结果的灵敏性将不成问题。

在整个分析型检验中,重复是主要的部分。重复意味着在一次实验中,一个评价员要提供两次判断。摆放好一套编码的产品和记分卡,评价后撤离产品及记分卡,间隔 2 ～ 3min,将另一套编码的产品和记分卡摆放好,重复以上程序。一次实验需 10 ～ 15min,获得两次判断,实验者实质上得到更多的信息,也更有信心给实验委托者撰写推荐报告。随着判断数量增多,检验结果的可信度也增大,也就是说产品差异能被察觉的可能性增大,就能降低误差风险。重复还能用来检验评价员的判断,例如将第一次判断的正确率与第二次的相比,从而增加结果可信度。

差别检验法作为一种感官评价方法,展现了惊人的生命力,最主要的原因是它可以简明、轻松地进行并获得结果。它吸引了大量研究者(Sawyer 等,1962;Bradley,1963),主要研究评价员的选择、增加评价结果的精确度等问题,以及研究如何发掘产品差异检验的结果等。近年来,又出现了一些像 R – 指数法、n – 选配法(AFC)等类似的检验方法。

信号察觉理论和 R – 指数法要求评价员对自己的判断自信或有把握(O' Mahony,1986;Ennis,1990)。该指数法是度量两产品间差异程度的检查信号的概率值。像许多心理学方法一样,这些方法需要多次的评价,这将直接影响感觉疲劳并伴随着灵敏度的降低。这些方法的用途受到限制,一方面是因为其需要采集很多样品,另一方面是没有证据表明它比典型的评价方法更灵敏,这也可能是更重要的原因。

双重 – 标准检验是用来比较两种产品的另一种形式的差别检验(图 13.4),它是将两个参照样品和两个编码样品呈递给评价员,使其判断出哪个样品与参照样品相似。评价员的任务是将每个编码样品与其对应的参照样品相匹配,选择正确的概率是 $p = 1/2$ 或 50%,显著性可参考二、三点检验表。

有两个编码样品和两个有记号的参照样品 1 和 2,请确定……

哪一个编码样品与参照样品 1 最相似? ____

哪一个编码样品与参照样品 2 最相似? ____

图 13.4　感官分析差别检验——双重标准

多样本差别检验已经得到广泛应用,如五选二检验法。同其他的差别检验法一样,该方法也是用来比较两个产品是否存在差异。在测试过程中,向评价员提供五个编码的产品,其中有两个是同一产品,另外三个是另一产品,要求评价员将产品分成两组,即挑出两个不同的产品作为一组,剩余三个相同的作为一组。第一次从五个产品中挑选这两个不同产品时,选中的概率是 2/5,在剩余四个产品中选中不同产品的概率是 1/4,这两次选择事件是相互联系的,因此,正确选择的总概率是两次选中概率的乘积,即:$2/5 \times 1/4 = 1/10$。

A – 非 A 检验也用来比较两种产品,测试之前,先让评价员熟悉各产品(A 和非 A),并且告知评价员提供给他们的两两样品有四种次序,即 AA、BB、AB 和 BA。然后,向评价员提供一系列产品,让其判断产品是 A 或非 A,结果的正确率 $p = 0.50$。

另一种类型的差别检验是属性差别检验,在测试中提出的问题为"两种产品的属性有什么不同?"这些测试用来确定两种产品感官属性的强度是否存在差异,如哪一个更咸、香草味更浓等。根据假设检验,这些测试可是单边或是双边,若你已知一个产品感官属性更强则是单边,若你不知道则是双边。在实验前,先确定是单边还是双边检验对实验数据的分析十分重要。评价员的任务是确定哪个样品的感官属性较强。这种方法也称二点选配法(2 – AFC)。

Ennis 和他的同事们(Ennis,1993;Bi 等,1997)一直积极推动 n – 选配法(n – AFC)。在应用这些方法之前,必须明确哪个感官属性发生变化并且假设该产品的其他感官属性不变。这个方法是成对比较法的延伸,但仍然面对同样的问题,即只有所评价的感官属性发生改变且评价员能够检测到该属性。三点选配法(3 – AFC)是三点检验法的另一个版本。

相同性或相似性检验是一种常被采用的方法,它无须对结果做更多处理。相似性检验是用来确定差别检验中的产品是否相同的一种方法(Meilgaard 等,1999)。该检验法基于差别检验中的两个产品间没有统计差异,进而得出两个产品相同的结论。假设彼此之间没有显著性差异的产品一定是相同的,这个假设其实是不成立的,那么,得出的产品相同的结论也将不成立,说明该检验的作用效果小或者说没有重大的意义。向品牌经理报告说产品是相同的,这是在传递错误信息,因为没有任何两个产品是完全相同的。关于这个概念的详细表述见(Cohen,1977)。

其他的改进差别检验的方法包括偏好判断、差异等级的度量、描述差异基础或者对事先列出的组属性的响应等。在每一个实例中都存在问题。考虑所有这些改进方法,常见特征在于评价员不能作出正确的差异选择的情况的处理方法。如果一个评价员不能做出正确匹配,那么该评价员做出的任何其他信息都没有人愿意使用。与此同时,统计学算法已经发展起来(Bradley 和 Harmon,1964),但有一个最基本的问题还没有解决,即为什么用先验知识收集的信息几乎 50% 不可用(如果产品差异足够小,那么近 50% 产品匹配将是错误的)? 这些前已述及的差别检验的改进方法,在决策时,没有证据显示它们优于传统的差别检验方法。

13.5.1.2 描述型分析

描述型分析方法是另一种得以应用的感官分析方法,它们最常用来使研究人员确定哪些产品不同、产品差别的基础以及差别的程度。例如,记录一组竞争产品的风味属性差异是了解人们的偏好差异以及购买意向差异的基本要素。在非食品类产品中,例如个人护理品、家庭护理品、服装、运动器材、电子产品、汽车等,描述型分析对产品在使用前、使用期间以及使用后进行详细描述。这种重视度量消费者整个使用体验的能力给产品品牌策略增加重要价值,因而,对该方法的应用兴趣也随之增长。

关于描述型分析,Lawless 和 Heymann(1999)、Stone 和 Sidel(2003,2004),以及 Sideand 和 Stone(2006)等提出了多种方法,包括建立专家组和结果的分析等详细资料,有兴趣的读者可直接与他们联系。风味剖析是最先提出的方法,紧接着就出现了质地剖析,它应用风味剖析的方法研究质地。接下来,是定量描述分析(QDA)。自从出现后者,文献中描述的其他方法大多都是基于前已述及的这些方法。正如所料,所有的描述方法共有的特征是,评价员数量有限,一般不足 20 个,并需要对评价员进行培训以开发术语或学会使用现有的术语。这些方法也有差别,例如,如何筛选评价员、如何开发术语、评价员是否可以变更术语、参考或标准的使用、专家组组长可否兼任评价员、如何度量属性强度以及使用的分析类型等。

风味剖析和质地剖析有特定的模式,6 名评价员组成专家组,每个人轮流当组长。属性的个数也是有限的。对于质地剖析,这些属性与各产品指定的标准范围相联系。显然,这些方法在单一感官中运用存在风险,因为有一些属性特征感知捕捉不到或者嵌入在其他属性之中。常言道,依赖是法治,独立是例外,也就是说,虽然感觉器官是独一无二的,但传递到大脑高级中枢的信号与其他信号相互作用并产生了更复杂的响应。例如,一个产品的外观会影响评价员对其味道的期望值等。十分有趣的是,这些方法也投入大量的时间来培训评价员,但不是训练他们识别刺激物,而是根据刺激指认刺激强度。我们将在后面介绍更多的相关内容。

在风味剖析中首次正式介绍了描述型分析(Cairncross 和 SjÖstrom,1950;SjÖstrom 和 Cairncross,1954;Caul,1957)。研究表明,有可能选择和培养一组人用一致的格式描述他们对一个产品的感觉,并获得该组工作的结果。这种方法在不依靠个别"专家"的情况下得到了可付诸行动的结果。然而,在风味剖析发表前,这种简单易懂的描述性方法存在了很长时间。早期的化学家利用他们的感觉描述各种各样的化学试剂,调香师和调味师是利用描述性语言描述产品特性的典范,专家在酒、茶、咖啡、烈酒、巧克力和其他各种传统产业中长期使用一些形式的描述性语言描述产品,尽管它有时并不客观。

风味剖析的方法也曾引发较大的争论,但是没有问题能影响它在感官评价中具有的重要历史作用。从那时起,其他类型的描述性分析大幅度地增加并得到广泛的应用。接下来的一个重要的描述性方法就是由通用食品研发中心发展的质地剖析(Brandt 等,1963;Szczesniak 等,1963;Szczesniak 等,1963)。该方法在术语方面有很大进步,包括记录刺激强度的级别、发展描述强度的文字以及固定各强度、级别。该方法的其他部分同风味剖析。

这些剖析方法主要目的包括:通过使用一组有资质的评价员来消除对单个专家的依赖,通过广泛训练来消除评价员的变化性,允许直接与已知的参照物进行比较,并直接关联仪器测定。给各强度指标提供参照似乎是理想的手段,可使响应集中、减少或彻底消除变化性。但是,根据人的行为学知识,这些做法适得其反。如果没有采取一些形式的行为修正以减小测量过程中的行为偏好,就期望消除变化性是不现实的。不必太奇怪,一个人从这个时刻到下个时刻、从这天到那天都是变化的,并且,每个人的变化都不相同。此外,使用参照也有问题,因为参照本身就是可变的。如果参照商业产品,它们会随市场环境而变化,而且会引发相关业务问题。所以,培训一个不变的评价员是不现实的。

根据评价员自身知识并向技术专家咨询了解产品的基础上,剖析方法中给评价员提供产品的属性。评价员通过一段时间(大约 3 个月或更长)的培训熟悉这些内容。剖析方法第二个关注的方面是将产品的质地或风味同其他的感官特性如外观、香气、后味等分离开来。如前所述,感觉器官是独特的,但是传送到大脑中其他组织结构的信号产生明确的相互作用从而导致了更复杂的响应。如果不能有效地度量所有感官的感觉,就可能丢失一些有用的信息。通过度量所有感官的反应,实验者可以得到该产品更完整的感官特性图。

剖析方法和相关的"专家"系统将评价员的差异当作不必要的误差,并试图在培训程序中通过采取行为修正来消除这种误差。专家组组长培训评价员时,先告知对一个刺激的正确反应,然后,训练评价员在同一刺激下做出相同的反应并要反复练习。这个方法忽略了个体差异的重要性,通常,这些差异是消费者的反映。

表面上看,消除评价员的变化性是一个合理的想法(尽管不可能也不现实),但是决不能因实施这个想法而消除了测量系统的有效性。人是活的并且是变化的,通过心理和生理状况的影响来更好地维持所期望的变化。产品也是可变的,由于这些原因,经常采用评价小组而不是单一的评价员(与专家相差甚远),并且,在最近的描述性分析方法中重复是不可缺的。当代的统计分析使这些研究人员能够解释这些变化。

对感官科学工作者而言,了解描述性分析方法的发展以及总结它们的局限性是相当重要的。感官专业人员必须能够充分评价与他们的业务或研究目标相关的所有方法的优点。

描述性分析的下一个里程碑是由 Stone 等(1974)等人开发的定量描述性分析方法,这种方法回应了前面提到的方法的一些弊端。那时,各个公司都在经历新产品的增加和日益激烈的竞争,而消费者在寻找新的感官体验。关于评价行为及度量的知识积累,基于计算机的数据采集和分析系统的开发与应用,这些为新方法的开发创造了有利环境。Tragon 公司研发的定量描述性分析方法(Stone 等,1974;Stone 和 Sidel,1998;2003)是这些新方法的代表,它与前面所述的剖析方法完全不同,从如何挑选评价员开始,术语的获取、重复的应用以及对应答的分析等。它处理行为和度量问题、剖析方法的薄弱环节以及消费品行业敏感性问题。这些差异细节将在本章后面进行讨论。

如前所述,所有的描述性方法具有一些共性,但也存在很大差别。

招募

定量描述性分析方法建议从技术中心以外招聘评价员,并优先选择公司以外的人员。这就避免技术专家或事先了解一些产品技术知识的人员因为这些知识使评价带有偏向。基于产品的使用和相关标准招聘20~25人,以他们感官的灵敏度和完成这个任务的可能性作为依据,筛选12~15人作为候选人。

筛选

筛选是让招募的评价员对受试产品进行差别检验。对于定量描述性分析方法,重要的是使用一个真实的有趣的产品组来筛选评价员,而不是如剖析方法一样使用单一刺激物的水溶液。需要使用15~20组重复的产品对,差别判断难度在一定范围内逐渐增加。这些产品对是由感官小组负责选定,要求这些产品对能代表所有方式,并且包括已知的任何影响消费者嗜好和购买行为的重要差异。根据评价员在实验过程中的表现进行筛选,那些正确率达到及超过65%者可以进入下一个术语开发阶段的训练。

术语开发

定量描述性分析方法语言训练主要是使用日常语言来描述产品,以及制定评估方案。专家组组长发挥督促的作用,保证会话集中在这两个任务上。对于大多数产品而言,40~

50个形容词就足以描述完全。相比之下,剖析方法则集中在更少的一套词语上,通常是一个技术术语和来自实验者的一套规定的"通用参考语"。术语和参考标准对训练有素的评价小组来说非常重要(Meilgaard等,1991)。定量描述性分析方法也使用参考,不过是直接挑选产品作参考,仅介绍对促进讨论有益的知识并提供共同的经验,并不需要太多的时间开发定量描述性分析方法的属性和定义,整个术语开发过程需要5~10h,通过5个90min的会议完成,而不需要几个月的时间。

数据收集

一旦完成描述性词汇的开发,为了扩展定量描述性分析的使用,评价员在货摊、在他们自己的家里或者在正常使用产品的情况下各自评价产品(例如个人护理、家庭护理、功能性服饰等)。通常,在一次测试中,评价员要进行少则2~3次、多则超过20次评价。依据组平衡规则,每个评价员评价每个产品3~4次,这为各种分析提供了足够的数据。在同一时间评估产品时,评价员要有一定的间歇时间并用一定的物质进行漱口(例如,对于食品和饮料,使用水或者无盐的饼干)以减少评价时的疲劳。在评分时,评价员使用一个形象的等级尺来估计每个产品每个属性的强度。每个属性是由一个大约15cm的线组成(6in),并固定每1.3cm(1/2in)长度确定一个等级(例如,稍微到非常,弱到强)。这个等级尺上没有数字以减少文字偏向,这有助于保持这个尺的区间特征。

分析

从历史上来看,定量描述性分析方法是第一个坚持使用经培训的评价小组的方法,除了关注产品的差异外,还对评价员的表现进行统计分析。将评价小组对等级的响应转化为一定的数值(0~60)进行分析。定量描述性分析方法也介绍了雷达图或"蜘蛛图"的使用,便于传达产品的异同点,并且这个作图系统已经成为了一个行业标准(见图13.5和图13.6)。一旦将这个数据转化为数字,就能对评价员和属性"表现"的所有方面进行一系列的分析检验,包括要求的单因素方差分析和双因素方差分析以及排序分析。此外,也有特定的计算法则来估算评价员的变化、交叉和重大相互作用,以及等级使用和感官映射。可在Stone和Sidel(2004)中查看各分析方法。

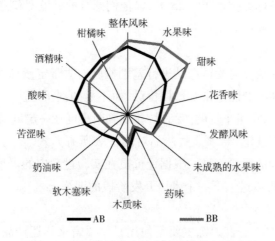

图13.5　定量描述性分析方法感官分析雷达图

在图示轮中的每个轮辐代表了一个感官属性,每个点代表了每个属性的平均值,轮的中心＝最低强度,轮辐的每个边缘＝最高强度。当产品展现出能被目标消费群感受到的量化差异时,应用多变量方差分析技术,就能找到影响消费者喜好的关键感官特征,并能将其融入产品设计中,也就提供了一个关键的竞争基准。基于消费者的感官评价技术与市场营销和市场调研技术配合使用时,将为品牌经理提供有效的经营战略。

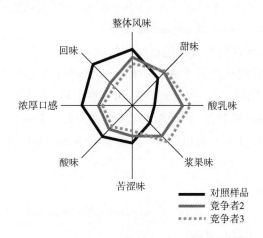

图13.6　定量描述性分析方法雷达图实例——水果酸乳

[结果说明产品属性的异同点,对照样品:整体风味、苦涩的味道、酸味、浓厚的口感及回味均高(强),甜味、酸乳味以及浆果味均低(弱)]

其他方法

这些年来,也还出现了其他方法,例如,在20世纪80年代后期由Gail Civille和他的合作者发表的光谱法(Meilgaard等,1991)。这种方法十分接近风味剖析法,大强度培训(大约14周或更多)、完全的等级评定并广泛使用参照和校准,在技术/工程上接近描述性分析方法。训练是漫长的,如前所述,需要对质地、风味和其他方面进行独立的培训。评价员要学习感官评价的流程、实验者指定的属性词汇和等级评定范围。这些等级评定范围是实验者指定的参考标准中固定的多个点。然而,这个方法既包括特定类别的差别检验、强度等级,还包括评价一类别中的一大批产品、个别评估的货摊产品,以及统计分析的应用,然而,并没有详细说明后者。迄今为止,这种方法既没有充分的论证这个完全等级评定内容,也没有意识到个体在感知上的差异。

Williams和Langron(1984)还描述了自由选择剖析(FCP),作者提出了一个完全不同的步骤要求,无须筛选评价员,也没有语言的培训。不幸的是这些研究员很快发现,评价员需要时间来认识使用的不同的评价语言,因此,否定了这种不经筛选、没有培训就组成评价小组进而节约时间的任何办法。

描述性分析的应用逐渐扩大,因为它运用经过培训的评价小组认识产品的异同点,而这些信息有利于各种商业应用。在大多数情况下,许多描述性方法有许多本质特征或者它们进行描述性分析的途径有变化——主要有剖面分析和定量描述性分析方法两个主要途径。其他的方法已经试图形成各自的特色。

Larson – Powers 和 Pangborn(1978)介绍了使用参照的产品来评估其他的产品,参照的产品和其他的产品必须同时呈现,从而减少产品的评价数量。风味剖析的开发者(Hanson等,1983)介绍了描述性分析的一个新的版本称为剖面属性分析(PAA),它包括了七个强度等级,允许利用统计学处理结果。此外,Stampanoni(1993)介绍的"定量风味剖析"是一个以风味剖析和定量描述性分析方法为基础的混合方法。其他几位作者提出具有剖析和定量描述性分析方法元素的方法,常提到的有描述分析或一般性描述性分析(Einstein,1991;Gilbert 和 Heymann,1995;Lawess 和 Heymann,1999)。

随着时间的推移,描述性分析方法论已经成为公司产品信息形成的一个战略资源。描述性分析的发展能够追溯到从产品专家的应用到定量描述性分析方法更正规和严谨的应用。随着方法论及其应用的发展、测量理论受到特别重视,消费者行为、心理学、数据资料以及统计学程序等的进步,描述性分析将继续变化和发展。持续成功应用描述性分析,将更加明确感官评价在商业界扮演的角色并在产品信息中持续发展成为战略资源。

参考文献

1. Anonymous(1975). *Minutes of Division Business Meeting*. Institute of Food Technologists – Sensory Evaluation Division, Chicago.

2. Bi, J. , Ennis, D. M. and O'Mahoney, M. (1997) How to estimate and use the variance of d' from difference tests. *Journal of Sensory Studies*, 12, 87 – 104.

3. Bradley, R. A. (1963). Some relationships among sensory difference tests. *Biometrics*, 19, 385 – 97

4. Bradley, R. A. and Harmon, T. J. (1964) The modified triangle test. *Biometrics*, 20, 608 – 625.

5. Brandt, M. A. , Skinner, E. Z. and Coleman, J. A. (1963) Texture profile method. *Journal of Food Science*, 28(4), 404 – 409.

6. Cairncross, W. E. and Sjöström, L. B. (1950) Flavor Profile – a new approach to flavor problems. *Food Technology*, 4, 308 – 311.

7. Caul, J. F. (1957) The profile method of flavor analysis. *Advances in Food Research*, 7, 1 – 40.

8. Cohen, J. (1977) *Statistical Power Analysis for the Behavioral Sciences*, revised edn. Academic Press, New York.

9. Cover, S. (1936) A new subjective method of testing tenderness in meat – the paired – eating method. *Food Research*, 1, 287 – 95.

10. Eggert, J. and Zook, K. (eds) (1986) *Physical Requirement Guidelines for Sensory Evaluation Laboratories*. ASTM Special Technical Publication 913. American Society for Testing and Materials, Philadelphia.

11. Einstein, M. A. (1991) Descriptive techniques and their hybridization. In: *Sensory Science: Theory and Applications in Foods* (eds H. T. Lawless and B. P. Klein). Marcel Dekker,

New York, pp. 317 – 38.

12. Ennis, D. M. (1990) Relative power of difference testing methods in sensory evaluation. *Food Technology*, 44(4), 114, 116 – 117.

13. Ennis, D. M. (1993) The power of sensory discrimination methods. *Journal of Sensory Studies*, 8, 353 – 70.

14. Gambaro, A., Varela, P., Boido, E., Gimenez, A., Medina, K. and Carrau, F. (2003) Aroma characterization of commercial red wines of Uruguay. *Journal of Sensory Studies*, 18, 353 – 66.

15. Gilbert, J. M. and Heymann, H. (1995) Comparison of four sensory methodologies as alternatives to descriptive analysis for the evaluation of apple essence aroma. *The Food Technologist* (NZIFST), 24(4), 28 – 32.

16. Hanson, J. E., Kendall, D. A., Smith, N. F. and Hess, A. P. (1983) The missing link: correlation of consumer and professional sensory descriptions. *Beverage World*, November, 108 – 15.

17. Helm, E. and Trolle, B. (1946) Selection of a taste panel. *Wallerstein Laboratories Communications*, 9(28), 181 – 94.

18. Irigoyen, A., Castiella, M., Ordonez, A. I., Torre, P. And Ibanez, F. C. (2002) Sensory and instrument evaluations of texture in cheeses made from ovine milks with differing fat contents. *Journal of Sensory Studies*, 17, 145 – 61.

19. Kuesten, K. and Kruse, L. (eds) (2008) Physical Requirement Guidelines for Sensory Evaluation Laboratories: 2nd Edition. ASTM Special Technical Publication MNL 60. American Society for Testing and Materials, Philadelphia.

20. Larráyoz, P., Mendia, C., Torre, P., Barcína, Y. And Ordóñez, A. I. (2002) Sensory profile of flavor and odor characteristics in Roncal cheese made from raw ewe's milk. *Journal of Sensory Studies*, 17, 415 – 27.

21. Larson – Powers, N. and Pangborn, R. M. (1978) Descriptive analysis of the sensory properties of beverages and gelatins containing sucrose or synthetic sweeteners. *Journal of Food Science*, 43, 42 – 51.

22. Lawless, H. T. and Heymann, H. (1999) *Sensory Evaluation of Food: Principles and Practices*. Aspen, Gaithersburg, Maryland.

23. Mackey, A. O. and Jones, P. (1954) Selection of members of a food tasting panel: discernment of primary tastes in water solution compared with judging ability for foods. *Food Technology*, 8, 527 – 30.

24. Meilgaard, M., Civille, G. V. and Carr, B. T. (1991) *Sensory Evaluation Techniques*, 2nd edn. CRC Press, Boca Raton.

25. Meilgaard, M., Civille, G. V. and Carr, B. T. (1999) *Sensory Evaluation Techniques*, 3rd edn. CRC Press, Boca Raton.

26. Naes, T. and Risvik, E. (1996) *Multivariate Analysis of Data in Sensory Science*. Elsevier, Amsterdam.

27. O'Mahony, M. (1986) *Sensory Evaluation of Food: Statistical Methods and Procedures.* Marcel Dekker, New York.

28. O'Sullivan, M. G., Byrne, D. V., Martens, H. and Martens, M. (2002) Data analytical methodologies in the development of a vocabulary for evaluation of meat quality. *Journal of Sensory Studies*, 17(6), 539 – 58.

29. Peryam, D. R. and Swartz, V. W. (1950) Measurement of sensory differences. *Food Technology*, 4, 390 – 395.

30. Rainey, B. A. (1986) Importance of reference standards in training panelists. *Journal of Sensory Studies*, 1, 149 – 54.

31. Sawyer, F. M., Stone, H., Abplanalp, H. and Stewart, G. F. (1962) Repeatability estimates in sensory – panel selection. *Journal of Food Science*, 27, 386 – 93.

32. Schutz, H. G. and Cardello, A. V. (2001) A labeled affective magnitude (LAM) scale for assessing food liking/disliking. *Journal of Sensory Studies*, 16, 117 – 59.

33. Sidel, J. and Stone, H. (2006) Sensory science: methodology In: *Handbook of Food Science, Technology, and Engineering*, Vol. 2 (ed. Y. H. Hui). CRC Taylor & Francis, London, pp. 1 – 24.

34. Sjöström, L. B. and Cairncross, S. E. (1954) The descriptive analysis of flavor In: *Food Acceptance Testing Methodology* (eds D. R. Peryam, F. J. Pilgrim and M. S. Peterson). National Academy of Sciences – National Research Council, Washington, DC, pp. 25 – 30.

35. Stampanoni, C. R. (1993) The quantitative flavor profiling technique. *Perfumer Flavorist*, 18, 19 – 24.

36. Stone, H., Sidel, J. L., Oliver, S., Woolsey, A. and Singleton, R. C. (1974) Sensory Evaluation by quantitative descriptive analysis. *Food Technology*, 28(11), 24 – 34.

37. Stone, H. and Sidel, J. L. (1998) Quantitative descriptive analysis: developments, applications, and the future. *Food Technology*, 52(8), 48 – 52.

38. Stone, H. and Sidel, J. L. (2003) Descriptive analysis. In: *Encyclopedia of Food Science*, 2nd edn. Academic Press, London, pp. 5152 – 61.

39. Stone, H. and Sidel, J. (2004) *Sensory Evaluation Practices*, 3rd edn. Academic Press, San Diego.

40. Stone, H. and Sidel, J. L. (2007) Sensory research and consumer – led food product development. In: *Consumer – led Food Product Development* (ed. H. MacFie). Woodhead Publishing, Cambridge.

41. Szczesniak, A. S. (1963) Classification of textural characteristics. *Journal of Food Science*, 28, 385 – 9.

42. Szczesniak, A. S., Brandt, M. A. and Friedman, H. H. (1963) Development of standard rating scales for mechanical parameters of texture and correlation between the objective and the sensory methods of texture evaluation. *Journal of Food Science*, 28, 397 – 403.

43. Williams, A. A. and Langron, S. P. (1984) The use of free – choice profiling for theevaluation of commercial ports. *Journal of the Science of Food and Agriculture.* 35 ,558 – 68.

补充资料见 **www. wiley. com/go/campbellplatt**

统计分析

Herbert Stone Rebecca N. Bleibaum

要点

■ 本章介绍数据的设计与分析,引导食品科学家从应用而不是理论的视角进行决策。

■ 食品科学家获得的感官数据不同于测量数据和化学数据,因此,必须了解统计分析中的各种尺度类型和相关分析,了解多元分析方法及其广泛的应用。

■ 方差分析(AOV),是感官实验中最常用的统计方法,它适用于多个分组,多种处理条件和多个产品。

■ 相关分析和回归方程多用于解释感官数据和仪器数据的关系,并在产品优化研究中用来预测消费者的喜好和其他行为。

■ 聚类分析最常用于感官优化研究,识别具有特殊消费喜好的群体,还用于描述性分析确定特殊的目标群体。

■ 感官研究的可视化方法对于数据分析是非常重要的。图表的方法以直观的方式显示其他方法不容易发现的结论,能够简化结果的表示。

14.1 引言

在感官评价中,研究产品的使用和属性得到的感官数据,与从实验中得到的数据(仪器数据、化学数据等)不同。然而,科学家仍然一直讨论感官数据的统计分析方法。感官评价的结果是研究课题的组成部分。

在大多数情况下,感官科学家通常使用有序尺度、间隔尺度的数据类型研究响应过程。通常,使用非感官科学家得到的感官数据,设计试验和完成分析,结果不可靠。感官科学家们必须理解数据的类型,选择的分析方法要与尺度类型相统一。

　　一旦确定数据的尺度类型,统计方法就成为感官评价过程中的重要组成部分,这为使用描述性统计汇总信息,并求得产品的性能和产品差异奠定了基础。进行新的研究,可以使用大量的统计学程序。因为对待响应过程,感官科学家和统计学家关注不同的内容,所以选择适当的统计方法或者合理使用其中的一部分,非常具有挑战意义。此外,各种相对便宜的统计软件包,采用菜单驱动,方便快捷,便于新手使用。然而,这并没有让使用者感到满意,因为他们要选择更合适的统计方法,规避风险至最小化,减少决策失误的可能性。因此,对于感官科学家,需要学习大量实验设计和数据分析的知识。

　　本章的目标是介绍感官实验的设计分析和相关的测试,以指导感官科学家从应用而不是理论的视角对数据进行统计分析。有许多关于感官评价统计和专门的统计教科书,这些都列在本章的末尾。在此,我们将提供最适用的原理和用于练习的例题,而不可能详细讨论许多问题,我们提供的参考书有相当详细的内容,例如,Lawless 和 Hey - mann,1999;Stone 和 Sidel,2004。本章中,我们重点分析感官检验的基本类型。

14.2　描述性统计学

　　大多数测试者通常使用有序尺度、间隔尺度等指标来描述产品的属性,例如甜度。这种指标通常使用有序尺度和间隔尺度描述响应,并进行一系列的分析,通常称为描述性统计。例如,可以计算出一个中心位置和离散程度,如均值和标准偏差。往往通过表格和图表显示结果,优点是读者能够很容易比较一系列产品的结果。描述性统计分析只使用未加工的数据,因此,很容易进行讨论。

　　然而,我们必须谨慎小心,以确保得到的结论和原始的数据信息相符合。

14.2.1　中心位置的度量

　　均值、众数和中位数用来描述数据分布的中心位置。算术平均数是在感官评价中使用最广泛的方法。它是所有数据的和除以数据的个数的结果。平均数可以受异常值的影响,在这种情况下,调和平均或几何平均可能是更好的选择。另外一个有用的测量方法是众数,它不受异常值的影响。众数是指数据中出现频率最高的数。中位数也不受异常值的影响。中位数是数据的 50% 的分位数。

14.2.2　离散程度的度量

　　极差、方差和标准差是用来描述数据离散程度的三个统计量。极差是指极大值与极小值的差,易受异常值的影响。对它本身来讲,具有有限性,但是若与其他方法,如中心位置、方差、频率分布等相结合,则能提供更多的信息。方差指的是均值的离散程度。为了消除负数,这个数字是平方的,即样本数据与均值的差的平方相加,然后除以样本数减去 1。该计算方差显示为"S^2",表示样本数据,而不是总体数据。标准偏差是方差的平方根,用"S"表示,表示样本数据。标准差都小于方差,从而降低了异常值的影响。

14.2.3　频率分布

频率分布是在分组的基础上,把总体的所有单位按组归并排列,形成总体中各个单位在各组间的分布,称为频率分布。频率分布的数据以及其他的统计量(例如均值和极差)对数据的反应,通常用表或图表来描述,并提供有价值的信息。感官科学家应该检查每个产品和服务订单的频率分布,以及不同的组群,发现数据的趋势。只有相似频率分布的产品或者分组,需要进行显著性检验,不同频率分布的分组不需要检验。

14.3　统计推断

方差分析是统计推断常用的方法,主要目的是检验组与组之间的区别。各种统计书籍详细描述了统计推断。这里,我们将集中讨论感官专业最常用的统计推断方法,包括含有参数统计和非参数统计。

14.3.1　非参数统计

当数据从分组或产品中分离出来,并表示成不同的计数形式(即频率、百分比或者秩)时,非参数统计检验适用于有序尺度和名义尺度。这些数据类型不适合用参数统计方法,例如,平均数、t 检验、方差分析和多重比较检验。可以在感官统计文献中找到大量的非参数统计检验和进一步的讨论。本章中,我们将讨论一些感官专业重要的和有用的检验。

强制性选择试验,例如,识别能力高的检验(三点检验,二、三点检验等)和配对检验得到的数据,可以基于二项分布表进行统计分析。对于小样本数据,可以用二项分布进行精确检验。对于大样本数据,采用正态分布近似计算,例如,计算 z 统计量。

非参数统计检验还包括卡方检验(χ^2),主要用来确定研究的数据和预期的结果是否具有显著性差别。在感官研究中,卡方检验主要用于确定两种分布(或群体)是否具有明显的不同。它也用作初始检验,比较两者的区别。要根据数据的收集方式和要比较的类别选择适当的卡方公式。

除了上面提到的检验方法,还有其他各种非参数检验方法用来进行感官评价。这些方法包括 Cochran Q 检验、Friedman 检验、Kruskal – Wallis 检验、Mann – Whitney U 检验、McNemar 检验和 Wilcoxon 检验等。

14.3.2　参数检验

参数检验比非参数检验具有更强的检验功效,部分原因在于这些数据的类型更适用于这些检验方法。参数检验要求数据满足正态分布条件,这里的数据类型包括间隔尺度和比例尺度类型。间隔尺度用来作参数统计。即便是这种检验并不完全符合统计理论和假设,结果仍然可以具有可靠性、有效性和实用性。感官的应用研究,可能更有益于改进统计的理论和假设,而不是放弃参数分析的应用方法。

第一种最简单的参数统计检验是 t 检验,用以确定两组均值是否具有显著差异。不同条件下,例如,观察数据的独立性和非独立性、大小样本、比率、相等或不相等,t 检验的公式略有不同。t 检验最适用于两个独立的总体之间的差异检验,进行多组比较时,应使用方差分析。利用方差分析进行多重比较检验后,如果还需要进行两两比较,需要使用 t 检验。

感官研究最常用的统计检验方法是方差分析(AOV),用来检验多个分组、多个处理条件和多个产品的区别。方差分析用来确定效应(包括主效应或交互效应)是否非常显著。当发现产品的差异后,多重比较检验用来确定哪些均值是有差异的。各种方差分析模型广泛应用于感官的研究,包括单因素方差分析和双因素方差分析。

选择最好的方差分析模型,要考虑试验条件,准确地解释试验中所有方差的来源,并选择合适的误差项用于检验效应的显著性。方差分析的统计意义是基于计算 F 值,它的分子是效应的均方,分母是误差的均方。概率表中如何计算 F 值在大多数统计手册都有介绍,大多数统计软件包有感官实验的数据,包括方差分析和计算 F 值的概率。

在方差分析中,使用多重极差检验来确定哪些差异是显著的。当使用多重比较时,太保守的检验将很难发现统计意义并且导致发生更多的 Ⅱ 型错误,而不保守的检测可能会导致虚假的差异(即 Ⅰ 型错误)。在理论假设下,多重极差检验可能与实际经验不一致,在这种情况下,要谨慎进行检验规避风险。常用的多重极差检验包括:Fisher's LSD 检验(最小显著差异)、Bonferroni 检验、Dunnett's 检验、Tukey 检验、S – N – K 检验(Student – Newman – Keuls)和 Scheffe 检验。无论是哪种检验方法,结果必须进行检查,以确定数据信息是否符合研究者对产品和感官检验期望。

感官评价的研究通常会产生大量的数据集,特别是当消费者也参与测试和分析(化学的或物理的)数据的时候。数据集的大小取决于项目的数量、属性和处理方法等。一些大型数据集需要其他统计处理方法,如多元分析方法。

14.3.3 多元分析

多元数据分析方法的目的,是描述主要结构和大型数据集的关系,生成相对简单的输出图形和表格,得到最大的信息和最小的重复和噪声。数据之间的关系很少是单因素,多元统计分析得到的数据能使信息损失最小。这些多元技术提供图形化的输出,使读者能更简单、更深层次地理解数据之间关系。感官科学家必须了解多元统计分析方法及其广泛的应用。

14.4 相关性、回归、多元统计

感官科学家往往对不同的数据集之间的关系感兴趣,有各种各样的统计程序,并同时分析多个变量之间的相互关系。产品可能会受到多种因素或变量以及不同分组的影响,包括产品、属性、问题、检验内容,或者其他的联合作用。相关性和多元统计分析方法用来描述这些关系。有原因的相关性并不意味着因果关系,简化数据和图形描绘这种关系有助于数据减少、替代和预测,普遍提高对变量的理解。不同的尺度类型要使用不同的统计分析方法(例如,名义尺度、秩或连续变量)。感官科学家必须理解研究尺度类型,选择最合适的统计分析方法。

相关性用于解释感官数据和仪器数据之间的相互关系,并在基于消费者的产品优化研究中,感官属性作为预测变量的方法。

预测方法即回归方程($Y = bX + a$),它描述了两个变量之间的关系。这也表明在何种程度上测量值可以对其他值进行预测(例如,如果焦糖的香味强度评分为 25 分,则整体的喜好程度将会得分 7.2 分),或两个变量的相关程度达到什么程度。对数据进行回归拟合"最好"的线能够使误差项的总和达到最小:

$$y = bX + a$$

式中　a——截距;

　　　b——斜率或回归系数;

　　　X——独立变量。

14.4.1　相关性

两个变量之间的相关性很容易说明,可以把结果画出图像,用散点图的形式进行表达,把一个变量数据作为 x 轴(例如焦糖味),把另一个变量数据作为 y 轴(消费者的喜好)。通过散点图可以描述变量之间的相关性。通常用皮尔森相关系数来度量两个变量之间的线性相关的程度。它用于描述连续性随机变量,记为 r,r 值的变化范围为 $-1 \sim +1$。越接近 0,两个变量之间的相关程度越弱。正负符号描述的是相关性的方向。

皮尔森相关系数仅用于描述数据的线性关系,曲线关系的数据计算的相关系数接近 0,不能够说明变量之间是线性无关的。相关性也可用于非连续性的数据,例如 Spearman 秩相关系数。

14.4.2　多重相关性(R)

多重相关性用来确定一个非独立变量和一组预测变量之间的相关程度。其在感官科学中很有用,特别是在产品优化研究中,几个感官属性(自变量)可能是对消费者接受程度的重要预测(因变量),多重相关性(R)描述了多个自变量和因变量之间的相关程度。对多元回归分析/相关性(MRC)的研究,感兴趣的读者可以直接阅读 Cohen 和 Cohen(1983)的文献,进行深入的研究。

14.4.3　回归

回归指的是用一个方程来拟合一组观测数据点,包括线性、非线性和多元回归。线性回归直线通常用给定的独立变量的值(x),预测因变量的值(y)。感官科学家会基于浓度的属性预测强度属性,找到回归方程。在优化研究中,应用多元回归结合感官属性和强度属性,预测消费者的喜好。化学和物理分析方法也可以用来预测变量在优化后的接受程度,它们或者单独使用,或者与感官方法相结合。

14.4.4　多元分析方法的补充

除了先前描述的分析方法,在感官评价研究中还使用其他的检验方法,同时检验多个变量。多元统计分析通常提供了用其他方法,用于描述不容易观察到的变量之间的重要关系。Dillon 和 Goldstein(1984)的书提供了多元统计分析的补充方法。

14.4.5 多元方差分析

多元方差分析(MANOVA)是方差分析(ANOVA)的扩展,适用于多个变量的情况。与所有感兴趣的因变量相比较,它能确定这些变量之间是否存在显著差异。一个很好的例子是定量描述分析,哪些属性在一个数据集是显著差异的。在同一时间,方差分析只能评价一个因变量,而多元方差分析(MANOVA)能够同时对所有的因变量进行分析。对于包含感官属性、物理的或者化学措施的相关性矩阵,能够提供有用的潜在的因果关系的分析。矩阵可能包含重复,即在分析中有重叠成分。多元统计分析使我们能够识别这些关系。

多元方差分析基于威尔克斯 λ 检验统计量,提供了单一的 F-统计量,能够同时评估所有变量的影响。显著的 F-统计量(由于威尔克斯 λ 数值很小)意味着对于每个变量都具有显著差异,对每个变量要进行单一变量方差分析。如果 F-统计量不显著,表明单一变量的方差分析都不显著。进行多元方差分析,首先要防止统计员的大量单个方差分析资料犯第一类错误。多元方差分析也检查变量之间的共线性(通过协方差矩阵),如果具有共线性,会导致结论出现异常。

14.4.6 判别分析

判别分析是寻找独立变量之间的线性组合,通过寻找线性判别函数把观察数据进行分类。感官科学家使用这个方法和相关处理程序(例如显著相关)。在优化研究中对不同的消费喜好群体,较好地对他们的方式和态度,进行信息分类。

14.4.7 主成分分析

主成分分析(PCA)是减少或简化数据的技术,通过把原始数据变换成数据的线性组合,综合变量解释原始数据的大部分信息。为了更好地了解这一分析功能,主成分分析首先将数据进行中心化处理。然后,搜索通过数据中心的一条直线,解释数据尽可能多的变异性。其次,它搜索一条新的直线,解释剩余数据尽可能多的变异性,然后继续使用这种方法。把所谓的主成分画成一个对象或者变量的二维图。把线性组合确定为因素或者组件,从所有其他因素中独立出来。该方法通常适用于感官描述性的平面数据,以减少属性的数量,或识别较小的一组独立属性,包括作为开发优化研究的多重回归模型的独立变量。在优化研究中,它也可以用来确定在感官属性的基础上的独立形式的产品。

我们需要估计待检测或者描绘的主成分数目。每个主成分相联系的是特征值。在数据集中,一个主成分都有 1 以上的一个特征值,压缩特征值的卵石图是为了更好地了解主成分中的哪些足以描述数据,哪些数据可以忽略而不失去很多有用的信息。

利用主成分的二维图可以更好地了解变量之间的关系(产品和感官属性)。这些变量可以在二维图中画成向量,它们的位置显示数据的潜在关系。两个向量之间所成的小的夹角通常表明它们之间具有较高的正相关关系,90°角表示它们相互独立,而矢量夹角绘制成

180°角,通常表示两个变量之间呈现高度负相关。理解向量在图中的位置是非常重要的,它能确定变量和其他变量之间的关系,所以需要认真研究这种关系,并用相关性或者协方差矩阵,验证不同变量之间的关系。

为了更好地理解从主成分分析得到的二维图中有关产品的感官特性,必须考察产品对应的矢量的位置。如果一个产品的主成分分值很高,它可能在主成分中对应于较高的向量并与高的感官属性相对应。记住,主成分分析是一种数据处理技术,它从方差分析得到的原有产品属性和平均值来证明一些结果。然而,如果产品与主成分分析的二维图相差很远,则认为它们从空间上与同类产品有更多的差异。

14.4.7.1 因子分析

类似于主成分分析,因子分析也是一种数据处理技术,它不仅关注于整体变量的部分变化,而且研究在数据集中变量相互间的变化。它用来分析大量的变量之间的相互关系,然后基于共同的尺度类型对它们进行分组。结果基于相关性或协方差矩阵。载荷因子是包含各种因素变量的相关性。斜因素之间的相关性和正交的因素不相关。增加的统计量,例如,特征值建议提取因子的数量。因子分析法的结果提供属性分组并支持各因子所解释的方差。一些感官研究者利用因子得分,而不是通过主成分分析建立优化模型。然而,当数据信息使产品发生变化的时候,这样的结果具有局限性。

14.4.7.2 因子分析方法

因子分析方法,试图根据少数潜在因素的总和,描述数据矩阵(轴、尺寸、主成分、因子或者变量的主要变化趋势)。这些影响因素构成了一个简单的轴系统,例如,原始数据对应的原始变量从多维空间降低到一个低维空间(通常为二维或三维)。通过对第一维提供每一个点的位置,在还原过程中不失去过多的信息。因子分析方法减少了几个感官描述性属性矩阵的因素,而在原来的属性中又不会失去太多的信息。

因子分析方法通常包括两个独立的步骤。降秩是为了发现数据矩阵中重要因子的数量,各因子通过因子得分和通过因子载荷分析(感官属性)描述产品。因子描述过程中发现的线性变换的结果因子,最适合于解释感官结果,包括扩张、收缩、旋转和平移。

14.4.7.3 聚类分析

聚类分析数据压缩技术用于找到较小数量的组,其成员的元素比不同组的成员具有更多的相似性。分层聚类产生的聚类树形图来自相似性或差异性的测量。非分层聚类任意指定 n 个类别数据。聚类分析方法的不同,主要在于如何从一个中心点计算距离。它可以计算聚类中的最近点、聚类中的最远点或者到附近聚类中心点的距离。

聚类分析表明,在同一类样本中的个体化不同类样本的个体之间具有更多的相似性(例如,产品、受试者)。聚类分析广泛应用于感官优化研究,用来确定独特的消费群体,在市场内或国家之间,它使用相同的方式去确定独特的类。在后者的情况下,独特性可能需要额外的培训。

14.4.7.4　响应面法

响应面法(RSM)是从化学工业中得到的实验设计方法。这种方法的具体要求是:研究中必须在检验之前已知重要变量,并且必须在重要变量的基础上,系统地改变产品,可以检验这些变量的输出结果(仅限于产品生产制造)。优化仅基于测试并且没有任何竞争产品限制结果。

响应面法是基于回归分析和提供如何通过不同的因素(独立变量)及其水平(因变量)作出反应的信息。响应面法允许确定因素最优组合,并且用于研究因变量之间的交互影响项。响应面法的数学模型包括效应的线性项、二次项和交互项。作响应分析要基于最优化的程序,需要满足下面的假设:

- 必须已知产品的关键因素;
- 必须已知影响产品的兴趣因子水平的区域;
- 整个实验范围内测试的因素必须连续变化;
- 因子和响应之间,存在可拟合的数学函数;
- 响应面必须光滑。

依赖于回归方程的要素必须显著,响应面可以是平面(方程中只有线性项显著)、圆顶(有最大值)、摇篮形(有最小值)或鞍面形(二次项和交叉乘积项显著)。方程的每一项做$F-$检验确定方程中的显著项(或不显著项)。本书不包括其他各种多元数据分析技术的方法,如偏最小二乘回归(PLS)、广义普鲁克分析(GPA)、PCR 统计和神经网络等,高度专业化的应用往往需要这些分析方法。这里介绍最常用的感官数据分析方法。

14.4.7.5　数据分析软件程序和视觉呈现

感官研究中数据分析软件和视觉呈现相结合的研究方法,是认识和交流数据的重要组成部分。用图表显示数据中用其他方式不容易观察到的事件和发展趋势,它们能在缺乏技术和非统计人员情况下呈现简化的结果。大多数公司和国家的计算机科学家可以随时允许感官科学家管理大量的数据。该技术可伸展、缩小、旋转、组织、用一两个简单的点击数据组织大小数据,并在项目、属性和产品中检查无数的相互关系,建立数据库的信息,开发规范值,并深入了解产品、受试者和消费者。除了通常可用的大量分析和作图软件程序外,例如 SAS、JMP(SAS Institute Inc. Cary,NC),S – PLUS(Insightful,New York,NY),SPSS(SPSS Inc.,Chicago,IL),BMDP(Statistical Solutions,Saugus,MA),几家公司也开发了自定义程序广泛地用于感官评价。对于后者,有兴趣的读者可以参考下列内容:The Unscrambler,CAMO Software Inc.,Woodbridge,NJ;Compusense,Guelph,Ontario,Canada;Sensory Computer Systems LLC,Morrisontown,NJ;the Tragon Corporation,Redwood Shores,CA。

下面几个图和图表的例子,对感官科学家很有帮助。

14.4.7.6　直方图

频率直方图、中心位置的度量和方差提供了有关产品和产品之间对比的有价值的感官反馈信息。这些方法还有助于确定数据满足其他统计检验的假设。图 14.1 说明了样品呈递顺序的重要性。每位品评员每次评价两种产品。在第二次呈递的两个产品的均值较高，这意味着可能存在顺序偏见，这是感官研究中罕见的发现，主要原因是一般评价使用平衡呈递顺序。在第二次呈递时，1号产品属于双峰分布并存在方差差异，它可能是危险的，甚至是不恰当的，需要引起感官研究者的注意，对结果进行统计检验时，方差齐性是一个需要考虑的问题。

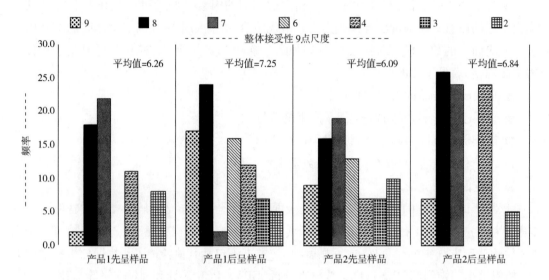

图 14.1　9 点喜好尺度的响应频率（Copyright 2008 Tragon Corporation. All rights reserved.）

14.4.7.7　定量描述性分析（QDA）蛛网图

图 14.2 常用来描述评价结果。观察数据，我们容易看到个别产品的不同属性、属性之间的关系、整体的趋势，和其他产品的评价相比，是得分低（产品 A），得分高（产品 B），还是中间分（产品 X）。

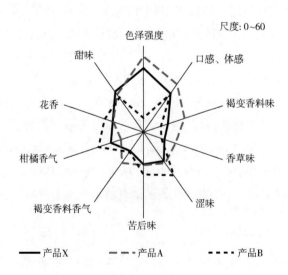

图 14.2　定量描述性分析蜘蛛图（Copyright 2008 Tragon Corporation. All rights reserved.）

14.4.7.8 感官地图

在产品的优化研究中,感官地图是经常用于涉及消费者的接受程度和感官描述性的评价数据,该地图往往将相似的产品分组在一起,感官属性和市场划分、利益、用途、消费人口,与心理的图形信息(例如,生活方式、收入、性别、使用和态度)确定和这些产品偏好具有高相关性。在描述性的评价数据中,它往往有助于直观显示产品属性的结果。

图14.3所示为根据不同方式的几个属性进行分组,表示产品怎样可能有所不同。这里我们看到的产品A和X由于具有几个不同的属性,得分很好,而B产品介于二者之间。我们的结论是,在一些地区,产品X是一个影响力强大的产品。

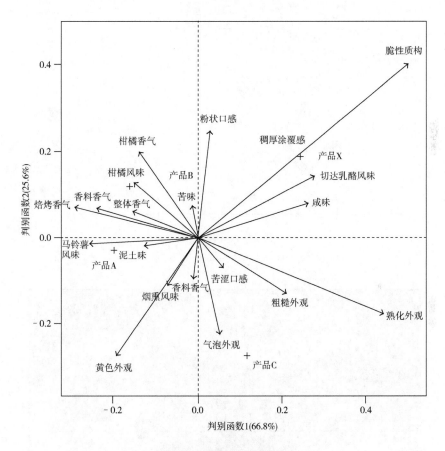

图14.3 产品感官地图

图14.4是从广泛的类型,通常包含在一个类别的基准或优化程序产品的消费者接受度分数进行聚类分析得到的密度图的例子。图14.4显示在整个种群中有三个独立的偏好段,通常,确定稳定部分之后,下一步运用多元回归统计方法,发现感官属性模型,适合每一个优先的部分,最适合每个偏好段以及一个"桥"式的产品,最能满足总人口的一个或多个模型。

图14.5所示为一个感官地图,包括消费者的标杆和非食品产品阵列感官描述性分析结果(洗手液)。这里提出的相对关系为产品开发人员和市场营销人员提供了有用的信息。这些地图,帮助确定关键产品最密切相关的感官属性。当有效地使用时,这些显示数据可

以帮助揭示技术创新的机会,帮助企业提供消费者喜欢的产品。这些类型的感官地图通常是由因素分析(FA)或主成分分析输出。

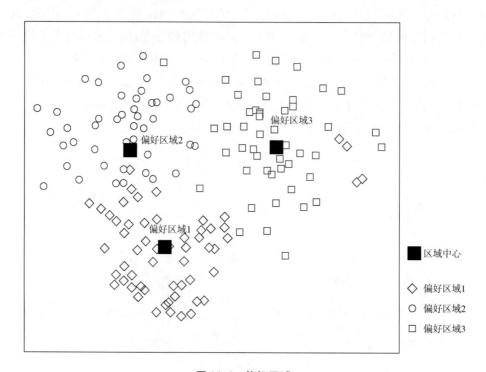

图 14.4 偏好区域

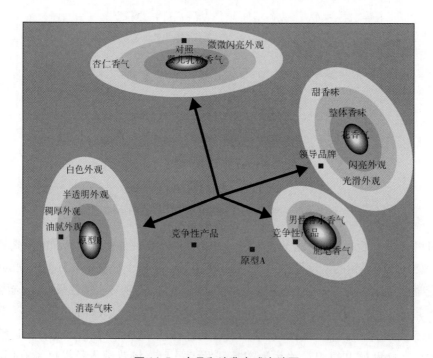

图 14.5 产品和消费者感官地图

参考文献

1. Cohen, J. and Cohen, P. (1983) *Applied Multiple Regression/Correlation Analysis for the Behavioral Sciences*, 2nd edn. Lawrence Erlbaum Associates, Hillsdale, New Jersey.

2. Dillon, W. R. and Goldstein, M. (1984) *Multivariate Analysis: Methods and Applications* (*Wiley Series in Probability and Statistics*). Wiley, New York.

3. Giovanni, M. (1983) Response surface methodology for product optimization. *Food Technology*, 37(11), 41 – 45, 83.

4. Gower, J. C. (1975) Generalized Procrustes analysis. *Psychometrika*, 40(1), 33 – 51.

5. Green, B. G., Shaffer, G. S. and Gilmore, M. M. (1993)

6. Derivation and evaluation of a semantic scale of oralsensation magnitude with apparent ratio properties. *Chemical Senses*, 18, 683 – 702.

7. Green, B. G., Dalton, P., Cowart, B., Shaffer, G., Rankin, K. and Higgins, J. (1996) Evaluating the "labeled magnitude scale" for measuring sensations of taste and smell. *Chemical Senses*, 21, 323 – 34.

8. Guinard, J. – X. and Cliff, M. C. (1987) Descriptive an alysis of Pinot noir wines from Carneros, Napa and Sonoma. *American Journal of Enology and Viticulture*, 38, 211 – 15.

9. Lawless, H. T. and Heymann, H. (1998) *Sensory Evaluation of Food. Principles and Practices*. Chapman and Hall, New York.

10. Lee, S. – Y., Luna – Guzman, I., Chang, S., Barrett, D. M. and Guinard, J. – X. (1999) Relating descriptive analysis and instrumental texture data of processed diced tomatoes. *Food Quality and Preference*, 10, 447 – 55.

11. Martens, H. and Russwurm H. Jr (1983) *Food Re – search and Data Analysis*. Applied Science Publishers, London.

12. Naes, T. and Risvik, E. (1996) *Multivariate Analysis of Datain Sensory Science*. Elsevier, Amsterdam.

13. Noble, A. C., Williams, A. A. and Langron, S. P. (1984) Descriptive an alysis and quality ratings of 1976 wines from four Bordeaux communes. *Journal of the Science of Food and Agriculture*, 35, 88 – 98.

14. O' Mahony, M. (1986) *Sensory Evaluation of Food: Statistical Methods and Procedures*. Marcel Dekker, New York.

15. Pangborn, R. M., Guinard, J. – X. and Davis, R. G. (1988) Regional aroma preferences. *Food Quality and Preference*, 1, 11 – 19.

16. Parducci, A. (1965) Category judgment: a range frequency model. *Psychological Review*, 72, 407 – 418.

17. Rummel, R. J. (1970) *Applied Factor Analysis*, Chapter 22. Northwestern University Press, Evanston, Illinois.

18. Schiffman, S. S., Reynolds, M. L. and Young, F. W. (1981) *Introductionto*

Multidimensional Scaling. Theory , Methods and Applications. Academic Press , NewYork.

19. Schutz , H. G. (1983) Multiple regression approach to optimization. *Food Technology* , 37 (11) , 46 – 8 , 62.

20. Williams , A. A. and Langron , S. P. (1984) Theuse of free – choice profiling for the evaluation of commercial Ports. *Journal of the Science of Food and Agriculture* , 35 , 558 – 68.

补充资料见 www. wiley. com/go/campbellplatt

质量保证和立法 15

David Jukes

要点

■ 消费者期望安全的食品供应,各国通过立法保障食品安全,食品科学家和技术人员需要熟悉各自国家的立法体系。

■ 各个国家的食品控制体系受到区域及国际条约的影响,风险分析的使用是食品控制体系中的一个关键元素,本章同时探讨风险分析的作用。

■ 国际食品法典委员会制定了在国际贸易组织(WTO)具有特殊地位的国际食品标准。本章阐述法典标准同 WTO 之间的关系。

■ 食品质量管理系统可以保障食品企业为消费者提供符合要求的产品,食品科学家和技术人员在保证该系统有效运行中发挥关键的作用。

■ 本章介绍食品质量管理方法的关键内容。

■ 满足零售商的企业标准成为食品供应链中的重要组成部分,本章举例探讨这些标准。

■ 质量保证要求有效地应用统计技术。本章重点介绍统计概念和常规控制图及验收抽样。

15.1 引言

食品科学家和技术人员在生产安全、健康、满足消费者需要的食品中发挥着关键作用。在工厂里,他们应保证对供应商进行恰当的检查,建立有效的质量体系,并帮助维持产品的安全性和质量。对于全球性的食品供应链体系,他们的工作通过供应链延伸到千里之外的原料供应商并涉及同全球消费者的合作。由于食品供应链的复杂性,制定了一个国家乃至国际性的安全控制措施用来保护消费者,以及保证公平交易的顺利进行。维护和增强这些控制措施,需要充分地理解食品科学技术,因此,专业的食品科学家和技术人员经常在国家食品控制机构工作。

因此,对不管是在企业还是在国家权威机构工作的食品科学家和技术人员来说,掌握食品控制中的关键点非常重要。可以通过立法或者是出于更加严格的市场需求建立这些控制措施。在本章中主要探讨三个方面的相关内容:

- 描述食品法规的基本原则,阐述国家控制系统的基本要素及其同国际发展的联系;
- 探讨食品质量管理系统的质量体系及其关键要素;
- 说明统计过程控制方面用来计算质量控制的数学分析工具。

同其他章节不同,本章的一些概念建立在更加具有政策性和实用性的基础上。因此,它们可以随着新发现的隐患或者政府新政策而改变。本章主要关注基本要素,并利用目前的立法和标准来说明它们。读者们在利用这些实例做决定的时候,必须确认它们是否有任何变动。

15.2 食品法规基础

15.2.1 主要目标

一般情况下,政府会通过立法对社会公认的重要问题提供法律保障。虽然早期的食品控制法律可以追溯到很多世纪前,但是现代食品的概念在19世纪中期才发展起来。当时,由于科学的发展,尤其是显微镜技术及化学分析技术的发展,表明食品经常被污染并且能够对消费者造成损害。

随着科学技术的进一步发展以及世界人口的迅速城市化,食品供应链越来越复杂化、全球化。虽然科技的发展使大多数人能够享用定期、多样的食品供应,但是许多消费者仍然不愿意接受现代食品科学技术在食品供应中的作用和地位,例如,辐照食品和转基因食品在世界上一些地区遭到抵制。因此,立法机构在采取措施保证食品安全性的前提下,也尊重消费者自己的选择。

食品立法只是食品安全控制体系中保护消费者合法权益的一个方面。同时,食品科学家和技术人员可能更关注立法的内容:例如,食品添加剂的允许添加量等。国家食品控制体系的有效实施依赖于不同组成部分间平稳有效的运行。现代精心起草的法律文件可能看上去足够应用,但是事实上,如果没有政府高效的管理团队,没有一支尽职且专业的执法队伍,没有实验室技术服务的支持,这些法规就得不到有效的执行。

食品法规属于以下两种主要法律保障类型:食品安全或食品质量。近年来新增加了第三种,通过立法强化膳食的营养标准。

食品安全

为了保护消费者免受不健康食品的损害,立法通常要求食品供应商保证食品的安全性。为便于执行,监管部门制定了详细的法规以清晰地说明安全食品的构成。这方面的内容包括生产及区域卫生控制、食品中化学添加剂的限量(包括人为添加或者生产过程中被带入的物质)、新工艺的认可(如食品辐照或者是转基因食品)以及包装材料规范等。

食品质量

安全的食品并不一定能够尽如人意。为了理解该问题,可以用一盒牛乳来解释。一盒牛乳按照卫生控制规范生产出来,可以安全放心地食用。但是,如果在原料采集的阶段,厂家在牛乳中混入一些水,但是仍然把它按照纯牛乳出售,消费者花钱买到手里的产品事实上是牛乳和水的混合物,消费者受到了欺骗。因此,食品法规同样也为消费者购买的食品的综合品质提供保护。不同食品的质量控制方式及途径各有差别。

垂直式:在一种极端的情况下,可能为多种多样的食品提供详细的规范。生产商必须严格按照这些法规生产产品。这种方法可以保证消费者买到经过国家法规批准的食品,但是这种方法限制生产商开发新产品而且阻碍消费者的选择。

水平式:在另外一种极端的情况下,允许生产商拥有生产任何产品的自由,但是需要厂家在标签上标识所有的产品信息,消费者可以自己根据标签上的信息来决定是否购买产品。

在实际应用中,许多国家根据情况综合采取这两种方式。对国民饮食具有重要影响的食品一般采用"垂直式"控制,例如面包和牛乳。在另外的一些产品上,生产商在严格执行标签制度的前提下,拥有较高的自主性。这两者之间的平衡在不同的国家也会略有差异。在一些读写能力较低或者消费意识淡薄的发展中国家,仅依靠标签制度不能为消费者提供很好的保护,因此这些国家更加依赖产品标准。在经济较为发达的国家和地区,标签控制法规已经取代了大部分在 20 世纪中期较为流行的食品成分法规。

膳食控制

食品法规中对于保护或者增强健康的控制条例已经实施了一段时间。其中最主要的控制针对在特定食品中添加关键的微量营养元素。例如,在人造黄油中添加维生素,在面粉或者面包中添加维生素和矿物质,以及在食盐中添加碘等。这些针对性膳食干预已经成功地达到了预定的目标。

另外,在很多国家由于饮食结构及生活方式的改变,引起了严重的公众健康问题。日益增多的糖尿病和心血管疾病患者说明了这一问题的严重性,所以,现在一个关键点就是如何阻止这些疾病的发生。除了鼓励公众遵循更加健康的生活方式外,采取法律措施引导健康的饮食也是一个很重要的途径。回到垂直式控制是一个可能的选项,但另外一个选项是采用更加详细的标签及广告控制规范,包括加强营养指导和对营养健康声明更加严格的控制。

这三种方面的目标涵盖了食品法规中的大部分要求。但是,由于食品对一个国家的经济和文化具有重要的影响,还频繁地出现了一些不在上述范围内,但是影响食品供应状况的新问题。农业经济大国采取一定的保护措施保护农民及农业,还有一些国家利用食品法规来保护宗教条例。避免公众受到大范围风险影响的控制措施也会影响企业和食品行业的链条,例如,称重和测量、健康和安全、海关和税务、环境控制等方面。食品行业的从业者需要了解这些法规对自己企业的影响。

15.2.2 风险分析的作用

目前食品安全控制的方法经常基于风险分析的概念,风险分析的各组成部分如图 15.1 所示。

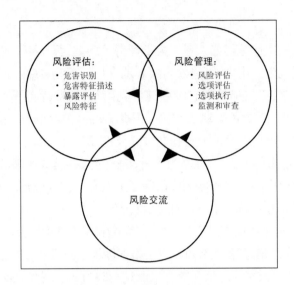

图 15.1　风险分析结构图

对科学事实的分析就是所谓的"风险评估"过程。但是,仅利用风险评估是不够的,当获得风险评估的结果时,我们需要考虑应该采取什么样的保护措施,而且要考虑到所有可能的选项。该评估过程作为一个独立的单元,称作"风险管理"。

最后,为了保证公众意识到风险控制的必要性以及这些控制措施制定的过程,风险评估专家和风险管理者必须参与风险交流的过程。公众通常希望食品能够 100% 的安全,但是几乎无法达到这个目标,而且也很难解释无法达到目标的原因。科学研究关于有毒危害结果的声明可能是良好的报道素材,但是在风险评估和风险管理阶段,可能表明在更复杂的情况下无法避免某些风险。如果国家权威机构采取了风险控制的措施,则必须通过风险交流向公众解释实际的状况。

现代科学技术在食品供应链中的应用使消费者越来越重视食品的安全性和完整性。食品带来的健康威胁如牛海绵状脑病(BSE)、禽流感及二噁英污染是目前消费者关注的主要问题。另外,随着新技术的发展,很多消费者很重视辐照食品和转基因食品的安全性。消费者自然更倾向于选择天然食品(无食品添加剂或者有机食品),这也使得食品生产一定程度上回归传统加工方式。但是,在现代的食品供应链下,即使是"天然食品"也存在一定风险,"风险分析"同样适用于天然食品。

食品法典委员会已经采用的风险分析的详细工作定义,如表 15.1 所示。

表 15.1　　　　　　　　　风险分析相关定义(食品法典委员会,2007)

危害:食品中可能对人体健康产生不良影响的生物、化学和物理特征。

风险:有害健康事件发生的概率及其严重程度的函数,间接地指食品中的危害。

风险分析:包括三部分:即风险评估、风险管理及风险交流。

风险评估:流程包括以下三个步骤:(ⅰ)危害识别、(ⅱ)危害描述、(ⅲ)暴露评估、(ⅳ)风险描述。

风险管理:此过程同风险评估截然不同,通过权衡各种政策、方案,与各利益方协商,考虑风险评估和消费者健康保护
　　及促进公平贸易活动等因素的影响,在有需要的前提下,选择适当的预防和控制措施。

续表

风险交流：在风险分析过程中，针对风险、风险相关因素及风险认知进行完整的信息和意见交流，包括风险评估者、风险管理者、消费者、产业界、学术界及其他利益相关方，以及风险评估存在问题和风险管理决策的说明。

15.2.3　国家食品控制体系

如上所述，有效的国家食品控制体系需要多种不同元素的有效结合。一般认为，它主要包括五个关键元素：

- 食品控制管理；
- 食品立法；
- 食品检查；
- 食品控制实验室；
- 食品安全和质量信息、教育及交流。

15.2.3.1　食品控制管理

定义（FAO,2006,p.18）

食品控制管理是指计划、组织、监控、协调和沟通的连续过程，该过程以一种整合的方式进行，实施范围广泛的基于风险的决策和行为，以保障国产食品和进口食品的安全与质量。

一个国家质量安全的食品不是说有就有，需要对生产过程进行管理和维护。该任务通常需要一个或者多个政府部门来监管。如上所述，食品供应系统的政治重要性程度不同，导致责任的分配也各不相同。对于农业占经济主导地位的国家来说，食品控制管理属于农业活动，农业部占主导地位。然而，在另外一些卫生占主导地位的国家，卫生部主管该项业务。不同的优先事项可能导致不同的组织结构和工业结构，贸易部或者当地政府部门可能发挥主导作用。食品供应体系的复杂性决定了适合一个国家的系统可能在其他国家并不适用。

责任制度交叉，不同部门间缺少联系结构或者部门间存在竞争关系而不合作等都会导致控制系统的失效。为防止和解决这些问题，目前食品控制管理更加重视整体的系统结构和更多运用"单一部门"的管理结构。

15.2.3.2　食品立法

定义（FAO,2006,p.39）

食品立法（食品法规）是指一个国家为建立广泛的食品控制原则而制定的所有法律文件（法律、规章及标准），它可以控制管理生产、处理、交易等所有方面，防止消费者购买不安全的食品或者被欺骗。

> 食品规范是法律文件的附属材料(通常由部长,而非议会提出),它规定了食品生产、管理、市场和贸易等各方面的强制性要求,并且为议会立法中遗留的问题提供补充材料。
>
> 食品标准是国家或国际认可的程序和指南(强制或自愿),适用于食品生产、加工、销售和贸易的各个方面,以加强和(或)保证食品的质量安全。

如果希望能够有效地保障消费者的权益,建立食品控制的法律基础非常必要。大部分食品供应商希望自己的产品安全可靠,且能够满足消费者的需求。但是,还是有一些厂商由于失误或者为个人利益铤而走险。法律要对这些违规(法)的厂商形成明确的威慑力。

食品控制的法律文件需要有完整的结构,一般来说,食品法律主要有以下几个方面的关键要素:

总则:效果最好的立法对关键性术语具有明确的定义,常见的定义包括"食品"和"食品企业"。

授权管理条款:用来鉴定在法律条款下公共机构的责任归属问题及建立代表政府行使职责的管理机构。同时该法律条款还赋予执法机关和督察进入场所,并采集样品的权利。

违法及处罚:主要责罚是针对不安全食品或者贴有误导消费者标签的食品,为消费者提供法律保护,该处罚要足以威慑潜在的违法者。

食品的特殊规定:根据一个国家的优先事项,法律里可能规定了一系列特定的控制条例。可能涉及进出口条件、注册或认证条件等。一般来说,法律倾向于为采纳次级食品条款提供授权。

虽然食品法规的基本内容并不需要频繁地改动,但是一定要保证该法律文件的有效性。这需要对法律条款进行经常性的检查和评估。

食品法规的次级立法包括有效的食品控制的主要细节,可以被分为三种类型:
- 一般食品规范,例如食品卫生及食品标签;
- 特殊食品规范,例如面包、巧克力、婴幼儿食品;
- 面向组织或协调目的的规范,例如发放牌照和采集样品的过程。

食品法规中含有的技术越多,就越需要经常性地更新,根据最新信息对新技术的潜在危害或者其在食品供应链中产生的物质等进行新的规定。

15.2.3.3　食品检测

> **定义(FAO,2006,p.66)**
>
> 食品检测是在食品或食品生产系统中,对原材料、加工和分销的控制,包括对中间产品和产品的检测,以验证它们是否符合要求。食品检测可以由政府机构,以及已经正式通过国家主管部门认可的独立机构执行。

官方执法人员在食品供应链各个阶段进行的检测活动可为公众提供保证:发现不符合

规定要求的食品并阻止继续生产销售。食品检测也有利于遵守食品法规的企业知道那些不符合食品安全标准的竞争者将无以为继。

现代食品检测体系在以风险为基础的方案上建立了专业的综合审查程序。食品检测体系的重要组成部分有：

- 基于风险的检测政策和程序文件；
- 基于风险分类的食品经营场所数据库；
- 足够的经过专业训练、具有资质、经验丰富的食品专业人员；
- 具有相应的设施、设备、交通及通信资源；
- 采集、处理食品样品的程序；
- 处理食品紧急事件、食源性疾病暴发及消费者投诉的程序。

15.2.3.4　食品控制实验室

一旦执法人员采集了食品样品，应该马上对样品进行适当的化验分析。因此，官方实验室需要为执法人员提供食品物理、化学、微生物指标的准确报告。分析结果要求其能够在随后的法律程序中作为证据。因此，分析必须具有较高的可信度，以保证能够满足国家及国际标准。

实验室应该配置适当的人员并采用适当的技术。实验室应定期开展业务能力测试，在测试中同其他官方实验室对比，以期对实验室能力进行独立的评估。采用标准化方法，保持与提高分析过程的水平可以改进结果的准确性。

虽然可以在一台检测区间有限的检测设备上进行很多常规分析，科技的发展及对低含量污染物的检测提高了对官方实验室检测设备范围和复杂性的要求。

15.2.3.5　食品安全及质量信息、教育和交流

虽然政府能够提供立法、执法及实验室服务，官员不可能检查经过食品链的大部分食品。因此，作为食品链终端的消费者在维护和加强食品安全标准方面具有重要的作用。消费者应该成为食品控制系统中有效的组成人员，能够使用食品安全及质量方面的知识和信息。知情的消费者更容易辨别出不安全的食品，并传播他们的看法，如他们会提醒执法机构存在不安全食品，使非法出售的食品得到迅速的治理。

教育的过程不仅是针对消费者。在很多国家，食品供应系统由大量的小型食品企业组成，这些企业并没有经过专门训练的科学家或者技术人员。我们也需要寻找合适的教育和交流方法来向这些小企业提供相关信息，以保证他们制造、销售符合法律要求的安全食品。

15.2.4　国际食品标准

虽然政府有责任通过立法为自己的公民提供保护，但是不同国家采取的不同立法要求是贸易中存在的主要障碍。立法的主要目的是保护消费者的合法权益。这样可以通过在国际层面达成一些协议，这些协议能够被不同国家的政府所认可，为消费者提供足够的保护，同时也不影响国家间的贸易交流。这就是由联合国粮农组织（FAO）、世界卫生组织

（WHO）及国际食品法典委员会（CAC）牵头的国际食品标准项目的起源。

15.2.5　食品法典委员会

食品法典委员会成立于 1961 年,是采纳食品标准的国际论坛组织。被采纳的标准可以作为各个国家制定自己法规的基础。因而能够形成统一的基础,更广泛的一致性和更少的障碍。

虽然食品法典委员会在最开始的 30 年中取得了很多成果,然而纳入各国立法的法典标准还非常有限。特别是,发达国家认为法典降低了他们多年来研究开发的控制措施。采纳法典标准的发展中国家发现他们的产品进入发达国家市场仍然受到限制。但是随着 1995 年国际贸易组织（WTO）的成立,食品法典委员会（CAC）被赋予了更多的权威。国际社会对 CAC 有了新的认识,法典成为一个国家立法是否遵从 WTO 规则的一个评价标准（见下文）。

法典委员会由联合国粮农组织（FAO）和 WHO 运营并提供资金支持。任何加入 FAO 或 WHO 组织的成员都有入会资格。有兴趣的国际组织也可以参与食品法典委员会的工作,并协助制定标准。

目前,CAC 的主要会议是对所有的成员国和参加机构开放的年度会议。会议主要针对采纳标准及影响 CAC 日常工作的问题进行讨论。大部分的准备工作由负责不同领域的委员会分别负责（见图 15.2）。有些分委会考虑“横向”性质的问题（例如食品卫生、食品标签或食品污染物）,而其他分委会考虑“纵向”性质的问题（例如油脂、糖、水果和蔬菜）。这些分委会也都对参加组织的所有国家开放。一个分步实施的程序规定了采纳标准的过程,它允许所有的国家加入,即使那些没有参加所有会议的国家也可以。

CAC 同时也主持区域性委员会,解决影响世界上某一区域的事务。这些区域性委员会对于发展中国家和地区来说是非常有价值的,经验的分享鼓励这些地区采取适合自己情况的食品控制措施。

尽管法典进程看上去非常冗长,并且采纳标准的过程也很缓慢,然而对敏感的食品问题达成一致仍然是很困难的。法典委员会试图在普遍采纳的标准的基础上达成一致。虽然经常在一些有明显异议的场合可以采取投票表决的方式,但是并不能强行制定一个有争议的标准。需要更加详细的分析,更加深入的考虑争议才能最终达成良好的统一意见。

15.2.6　世界贸易组织（WTO）

1995 年 WTO 的成立为世界贸易的运行提供了一套新的规则。WTO 代表了一个重要的进步,它的前身可以追溯到二战后实施商定的贸易规则。这导致了关贸总协定（GATT）的运行以及由此带来的积极进展和多种谈判。

世界贸易组织为实施食品标准提供了更具体的规则。这些规则包括与 WTO 主要条约相关的两个协议。首先,“卫生与实施动植物检疫协定”（SPS 协定）涉及影响人体健康的食品问题。在技术性贸易壁垒协定（TBT 协定）中涉及由于其他方面的差异而导致的潜在贸易壁垒问题。另外,随着采用解决争端的程序,目前形成了能够预防和克服潜在食品贸易问题的实质性框架。

图 15.2　CAC 结构图

15.2.6.1　卫生与动植物检疫协定(SPS)

当一个国家对食品的要求关系到食品安全时,通常就会对卫生措施做出明确的规定。表 15.2 所示为两个关键规定。卫生与动植物检疫(SPS)协定涵盖了有关人类食品、动物饲料及植物健康方面的议题。该协定以 CAC 关于食品的标准、准则作为依据判断各方是否遵守协定的要求。

该协定的第三条规定了协调联系的基本概念。表 15.3 所示为第三条前三部分的全部内容。3.1 条规定,国家应采用国际标准、指南和建议,除非协议中其他条款允许可做另外选择。第 3.3 条规定,如果一些国家选择的保护水平需要更严格的控制,那么它们需要推行更多、更加严格的控制措施来达到目的。

表 15. 2 卫生与动植物检疫协定用到的专业术语

卫生及动植物检疫措施

适用措施:

A. 保护成员国动、植物的生命或健康免受害虫、疾病、带病生物或致病生物的传入、生成或传播所产生的风险;

B. 保护成员国人类、动物生命或健康免受添加剂、污染物、毒素或者食品、饮料和饲料中致病微生物所产生的风险;

C. 保护成员国的人类生命或健康免受来自动物、植物及其制品带来的疾病,或者避免来自害虫的入侵、繁殖和传播所带来的疾病;

D. 阻止或限制在成员国范围内由于害虫入侵、繁殖和传播带来的其他损害。卫生及动植物检疫措施包括所有相关法律、判决、规章、要求及规程,包括:最终产品的标准;工艺及生产方法;测试、检验、认证和审批程序;检疫措施,包括动植物运输相关要求、关于动植物运输中保质的必要材料的相关要求;相关统计方法的规定,抽样程序和风险评估方法;直接关系到食品安全的包装和标签要求。

国际标准、指南和建议

A. 出于食品安全目的,由食品法典委员会所建立的关于食品添加剂、兽药及杀虫剂残留、污染物、分析和采样方法、卫生实践的准则和指针相关的标准、指南及建议;

B. 为解决动物健康及人畜共患病,国际兽医组织所建立的标准、指南和建议;

C. 为植物健康,在国际植物保护公约的框架内,国际植物保护公约秘书处与区域组织所建立的国际标准、指南和建议;

D. 除此之外,包括由委员会认证的成员国内其他相关的国际组织对未尽事宜颁布的适宜的标准、指南和建议。

表 15. 3 卫生和动植物检疫协定关键条款

条款 3. 1 ~ 3. 3

1. 在尽可能广泛的基础上协调卫生及动植物检疫措施,成员国需要将自己的卫生和动植物检疫措施建立在国际标准、指南和建议的基础上,除本协议外对其另有规定,尤其是第 3 段。

2. 符合国际标准、指南或建议的卫生与动植物检疫措施应被视为为保护人类、动物或植物的生命或健康所必须的措施,并认为其符合本协定和关贸总协定 1994 的有关规定。

3. 如果有成员国具有科学的理由,或者成员国的卫生或动植物检疫保护水平按照相关第五款规定的 1 ~ 8 条是符合要求的成员国可能采用或维持卫生与动植物检疫措施,使得自己在相关国际标准、指南或建议的基础上达到更高水平的卫生或动植物检疫保护水平。尽管有上述规定,如果卫生或动植物检疫保护水平上有差异,将根据国际标准、指南或建议来落实各项措施,不得与本协议任何其他规定不一致。

基于风险评估是采用选择性控制措施的关键要求。政府必须结合食品法典委员会发布的指南,保证风险评估方法的应用,如上所述,风险评估过程包括对科学数据的评估及对风险大小的量化。这可以促使风险管理者找到合适的控制措施。

条款 5. 7 较为有争议。它指出:

"如果相关的科学证据并不充足,成员国在可得到的相关信息的基础上可暂时采取相应的卫生或动植物检疫措施,包括采取相关国际组织或者其他成员国应用的卫生或动植物检疫措施。在这种情况下,成员国应该积极寻找更加客观的风险评估所需要的其他信息,并且在合理的时间期限审查卫生或动植物检疫措施。"

在世界上一些地区,尤其是欧盟,该条款成为应用"审慎原则"概念的基本理由。疯牛病的暴发带来食品安全信任危机,使得在未来需要提前应对对人类健康具有潜在危害的事件。在审慎原则的概念下,如果存在对人类健康有较大风险的危害,就会在进行完全的风险评估前采取预防行动。

然而,采取任何措施的基础是什么?这是一个有争议的问题。那些反对运用该原则的国家(比较典型的,如美国)认为,因为科学证据有限,在做出决策时需要利用其他因素,这些因素包括政治、经济或者文化的影响。相反的观点认为即使科学依据有限,做出任何决定仍然需要基于有限的科学依据。考虑到这一点,特殊原则的应用并不是很有帮助,使用诸如"审慎性措施"替代术语则被认为更加有效。

15.2.6.2 技术性贸易壁垒(TBT)协定

如果某个国家立法的技术要求没有反映卫生与动植物检疫协定的内容,技术性贸易壁垒(TBT)协定将会涵盖此内容。技术性贸易壁垒协定没有卫生与动植物检疫协定具体,但是它们具有相同的目的。每个国家都需要确认自己国家的技术规则和标准(定义见表15.4)没有给贸易带来不公平的障碍。

该协定承认,国家根据自己特定的发展状况或者环境状况,可能有不同的诉求。这就使得一些国家会以各种方式采纳不同的规则和标准。然而,任何控制措施都不应该以限制贸易为目的而制定。规则和标准同时也不能对国产商品及进口商品有所歧视。各国政府都应该在满足自己需求的情况下采取国际标准以达到控制目标。

表 15.4 技术性贸易壁垒(TBT)协定中的专业术语

技术法规

规定产品特性或它们相关的工艺及生产方法的文件,包括需要强制性执行的适用管理规定。它也可以包括适用于产品、工艺或生产方法的术语、符号、包装、标志或标签要求。

标准

经认可机构批准的文件,可以为产品、相关工艺和生产方法提供常见的和可重复使用的规则和指南,它的执行不具有强制性。它也可以包括适用于产品、工艺或生产方法的术语、符号、包装、标志或标签要求。

15.2.6.3 争端解决

实施世贸组织细则,也随之建立了具体的尝试解决争端的程序。争端解决谅解协议(DSU)即为具体的规则。当一个国家认为另一个国家没有遵守规定,它有权启动争端解决谅解协议程序以保证对规则的执行,规定由解决争端的机构(DSB)裁定。

鼓励国家之间利用谈判的方式解决争议。但是,如果谈判失败,投诉国可以要求成立工作小组收集证据以做出最终判断。争端处理小组通常由三名精通世贸组织文件的专家组成。严格地执行工作过程各阶段的计划是争端解决谅解协议的重要工作特点。这意味着通常小组形成后需要在 15 个月之内完成裁决。

一旦解决争端的机构采纳小组的报告，争端双方均有上诉的权利。但是，当事方必须依据由争端处理小组提出的法律事项和法律解释进行上诉。上诉机构通常在三个月内完成裁决，裁决违反世贸组织规定的国家迅速采取措施，补救自己的过失。另一方则可以向违反规则的国家索赔或采取其他报复性的行动，以此促进各个国家遵守协议。

在争端处理小组成立之前，通过谈判可以解决很多争端。与此同时，需要争端处理小组处理一些国家间食品法律的重大差异。尤其是，欧盟对肉中激素类物质含量的限制及对转基因食品缓慢批准的态度，都需要争端处理小组予以详尽的考虑。在这两种情况下欧盟政策相比美国更为严格和谨慎，因此引发了诉讼。即使已经采纳了争端处理小组的报告（1998 年激素及 2006 年转基因食品），解决该问题还是非常困难的。在激素事件中，批准美国可以采取报复性行动，但是这引起欧盟的不满，而带来了另外一场诉讼。一直到 2009 年，该问题还是没有解决。这两个问题都关系到安全问题及风险的科学评估。尽管有争端解决谅解协议及其程序存在，欧盟公众对这两个问题的关注都使得它们难以在政治层面达成一致。

15.2.7　区域化：不同区块的工作

如上所述，各个国家的政府有义务为他们的公民提供足够的保护。但是，政府同样有义务促进经济的发展。推动贸易是促进经济发展的有效途径。采取国家自己的标准可能对保护消费者比较重要，但是如果每个国家都建立各自的控制规则，那么在商业贸易中将会出现非常多的贸易壁垒，使得不管进口还是出口都变得非常复杂和昂贵。建立贸易区域的一个主要目的就是建立和谐的控制措施，消除部分贸易障碍，使得贸易顺利进行。

目前世界上存在各种区域化组织，他们各自都有不同的作用和目标——有的组织对寻求协调没有任何欲望，但他们仍然吸收了协调及废除障碍的普遍性目标。例如，欧盟的一些事例，在专题 15.1 中有详细说明。

专题 15.1　欧盟的食品法

欧盟是一个有着巨大影响力的贸易区。欧盟制定的食品法通常会被一些寻求发展现代控制体系的国家所采用。除了保护组织的公民，欧盟也要求进口食品必须遵循它的要求，这也推动了别的地区的立法。

欧盟的关键组成

欧盟目前由 27 个达成共同目标的成员国组成。他们通过了一系列协议包括组织结构、程序以及管理联盟运营规则等。新加入的成员国必须同意协议条款，不过新成员国也可以通过谈判为自己争得一些过渡期协议。协议的任何变动或者添加都需要经过所有的成员国同意。

为了更好地理解欧盟的食品法,我们需要明白两个关键点——机构及法律文件。协议中规定了各主要机构的权利和责任。这里面四个具有比较重要意义的机构:

■ **理事会**

部长理事会代表了各成员国的意见。理事会由各个政府的部长组成。不同讨论议题的会议由负责不同事务的部长出席。除此之外,还有一个由各个政府的领导参加的"欧洲理事会"的会议。不要将该欧盟机构同另外一个涉及更多国家的"欧洲议会"所混淆。

■ **欧盟委员会**

该会议主要任务是发展和实施新定的政策。每个成员国都有一名专员,一旦被任命他(她)的行为即独立于自己的国家。该委员会提出新的立法建议,并且在一些情况下有权利制定法律。委员们的日常工作由为委员会服务的公务人员所支持。

■ **欧洲议会**

议会是欧盟内部的民主成分。有 785 名议员通过选举产生,任职期限为 5 年。议会在欧盟立法中具有重要的作用。

■ **欧盟法院**

欧盟法院为欧盟的所有活动提供法律基础,无论是其他机构、成员国、企业或者是个人。法院基于条约做出自己的判断,并保证协议的遵守。它用来保证欧盟法的解释及其公平地应用于整个欧盟。

欧洲立法

欧洲立法可以采取很多种形式,并且可以被协议中很多不同的程序所采用。欧盟食品法的绝大多数采用的是"规则"或"指令"的形式:

■ 欧盟的"规则"直接适用于所有的成员国,因此是法律文件。遵从规则是必要的,但是成员国必须应用本国法律保证规则的执行,并对违法事件进行必要的制裁。这是目前法律文件的最佳形式,因为它为所有新法律在所有成员的同步实施提供了有效的执行办法。

■ 欧盟的"指令"是应用规定的协议,但应用的方法可以因成员国而异。大多数指令将导致实施同等的法律文件,由于成员国之间立法程序各不相同,指令的总体影响可能会出现延迟。

在协议第251条中提供采用食品法的共同决策程序。该程序最终需要部长理事会及欧盟议会的一致赞成才能通过——这就是术语"共同决定"的含义。委员会编写立法的最初概念,然后议会采纳该提案为正式法案前,将在较广范围的利益相关方及成员国内进行起草和讨论。共同决策程序允许欧洲议会审议该提案,并提出修改建议(称为"首读")。议会考虑提案及来自议会的修正建议,并试图达成"共同立场"的协议——这可由多数投票决定。议会考虑共同立场(二次阅读),并且会要求进一步修订提案。理事会再次审议议会的意见——如果修正都是可以接受的,那么可以采纳该提案。如果理事会对其中任意的修正有反对意见,则需要调解委员会进行一段时间的协商。调解委员会的主要目的是试图达成联合文件。任何议定的文件都需要理事会和欧洲议会共同考虑,如果进行得顺利,将采纳文件。在整个过程中,该委员会一直在审阅文档和修订,并提出自己的修订建议。

从上面的段落可见,共同决定复杂而消耗时间。

欧洲食品法:风险分析及科学建议

在 20 世纪 80 年代末至 90 年代,欧盟食品安全问题出现重大的进步。再加上需要表明符合世界贸易组织规则,这使得欧盟重新评估食品安全控制,尤其是全面思考风险分析内容的分布和责任归属问题。虽然欧洲议会显然在风险管理上发挥主导作用,但是并没有建立有效地向议会提供科学建议(风险评估)的制度。由国家议会提供的科学建议与由议员向议会提供的科学建议之间的关系并不明确。为了使在欧盟范围内的食品安全具有更严格的法律依据,恢复公众对食品安全的信心,新规定(EC178/2002)在 2002 年获得通过。为了克服科学建议的问题,还建立了新的机构欧洲食品安全局(EFSA),该机构依照程序进行日常管理。

15.3　食品质量管理系统

自人类通过农业或者狩猎满足食品需求以来,已经过了很长时间。对于大部分人来说,他们主要通过巨大的、相互连接的网络获得食品供应。并且在每一个阶段,都有供应者及消费者。保证最终消费者获得自己需要的食品——无论从安全的角度,还是感官特性、保质期、方便性或价值——都需要详细的说明程序。

大部分生产商发现必须采取系统的方法及管理系统制造满足消费者需求的食品。食品链的复杂性,潜在困难的多样性,原材料的多样性以及消费者对绝对安全的高度期望都使得建立合适的质量体系非常困难。目前已经逐步建立和完善了为消费者提供合适的食品质量的系统。

维护质量的推动力来自最终的食品消费者。在发达国家,众多的零售商非常努力,成功地发现消费者的需要并且将该信息反馈给食品链。这些要求可能依据最低限度的国家法律规定,但他们可能会试图建立具有更加详细的要求、高于国家法律规定的"企业标准",例如:

■ 零售商或者企业所特有的标准;
■ 由一国范围内的一类零售商或者企业共同遵守的标准;
■ 被国际标准化组织(ISO)或其他全球机构采纳的国际标准(表 15.5)。

表 15.5　　　　　　　　　　　部分有关质量管理系统的 ISO 标准

ISO 9000:2005 质量管理体系——基础及词汇
ISO 9001:2008 质量管理体系——要求
ISO 9004:2000 质量管理体系——业绩改进指南
ISO 10002:2004 质量管理——顾客满意度——投诉处理指南
ISO 10005:2005 质量管理体系——质量计划指南

续表

ISO 10006:2003 质量管理体系——项目质量管理指南
ISO 10007:2003 质量管理体系——结构管理指南
ISO 10012:2003 测量管理体系——测量过程和测量设备的要求
ISO/TR 10013:2001 质量管理体系文件指南
ISO 10014:2006 质量管理——实现财务和经济效益指南
ISO 10015:1999 质量管理——培训指南
ISO/TR 10017:2003 ISO 9001:2000 统计技术指导
ISO 10019:2005 质量管理体系咨询中心的服务选择和使用指南
ISO 15161:2001 ISO 9001:2000 在食品和饮料中的应用指南
ISO 17000:2004 合格评定——词汇和一般原则
ISO 17011:2004 合格评定——鉴定机构评审合格评定机构的一般要求
ISO 17021:2006 合格评定——对提供管理体系审核认证机构的要求
ISO 17024:2003 合格评定——对认证机构人员的一般要求
ISO 17025:2005 对测试及校验实验室能力的一般要求
ISO 19011:2002 质量和/或环境管理体系审查指南
ISO 22000:2005 食品安全管理体系——对食品链中任意组织的要求
ISO/TS 22003:2007 食品安全管理体系——对食品管理体系中提供审查和认证机构的要求
ISO/TS 22004:2005 食品安全管理体系——ISO 22000:2005 应用指南

在本节里,我们将探讨现在食品质量管理系统建立的不同模块,并了解这些企业标准如何开展工作。

15.3.1 什么是质量

在开始讨论质量管理系统之前,我们必须要明确的定义就是"质量"。词语的不同用法会带来意义上的混淆,例如,"高质量产品"同"质量差"这两个词语里面的"质量"含义大不相同。除此之外,一个购买者认为一件食品"优质",但是其他购买者视为"劣质"。这里的关键点是要判断某一个产品是否具有正确、正常的品质,使消费者决定是否购买。

当消费者购买食品的时候会产生很多种想法。虽然这些选择同食品安全性相关,但是便利性、营养及感官品质相关的个人喜好也推动大多数购买者做出决定。食品公司不断地开发产品,努力地满足这些需求。

为了保持定义的一致性,国际标准化组织建立了应用于质量管理标准系统的说明。表15.6 所示为包括"质量"在内的一些主要定义。

表 15.6   ISO 中同品管相关的部分定义选编

词组	定义
质量	一组固有的特性满足要求的程度

续表

词组	定义
需求	表达的要求或者期望,通常是暗含的或必须要达到的要求
特性	鲜明的特征
规格说明	说明要求的文件
质量管理	用以指导和控制组织质量方面工作协调性的活动
质量计划	质量管理的一部分,致力于设定质量目标以及为达成目标对重要操作工艺及相关资源所做的说明
质量控制	质量管理的一部分,致力于达到质量要求
质量保证	质量管理的一部分,致力于保证达到质量要求

15.3.2　规范

任何系统控制的出发点都必须定义什么是真正的需要。对于终端的消费者,不管是以书面还是口头的形式,他们可能从来没有真正地表达过自己的需求。当消费者在当地超市采购的时候,他们可能对于自己想要吃什么,想要做什么饭仅有模糊的概念。虽然有一些人会比较清楚地知道他们做饭需要什么,但是大部分的人会在商店里被自己看到的产品所影响。成功的零售商的技巧就是确定新出现的趋势,并提供一系列满足不同市场需求的产品。消费者会意识到有很多不同的产品可供挑选,也会在准备膳食的过程中感到享受和满足。

零售商必须保证自己能够有持续、质量稳定、数量合适、时间恰当的商品供应。这需要通过签订合同予以保证,需要对产品精确的特性进行定义——产品标准是发挥该作用的关键文件。任何不符合产品标准的商品或者是由产品质量引起的纠纷都要利用产品标准进行判断。

产品标准具有一些相对容易确定的指标,例如重量或体积、大小、形状或配方等。但是,有一些指标相对难以达成共识,如颜色、气味和质地等。

产品标准可以由合同双方(供应商和消费者)所共同协定,产品标准在产品的生产过程中也非常必要。工艺说明书提供了产品在生产工艺中的各个阶段的生产要求。符合工艺要求(如巴氏杀菌的温度、时间或脆片生产中的油炸温度等)能够保证产品在进行下一个生产工艺前处于合适的状态。

15.3.3　质量控制(QC)

有了产品标准就可以保证合格产品的流通。在制造行业中建立质量控制系统时,有三个要点需要考虑:

- 原材料;
- 工艺条件;
- 产品。

虽然看上去这三个关键点按照以上的逻辑顺序排列,但是事实上把它们倒过来看更有实际意义,因为最终的产品决定了我们选择什么样的工艺,利用什么样的原材料。

产品

生产商希望能够保证消费者接受他们的产品,因此生产商希望能够监控产品。而且,收集产品的数据,检测其是否符合法律要求也同样非常必要。

但是,产品的检测非常昂贵。如果严格按照工艺说明进行所有的加工,在产品的检测中发现不合格产品的概率非常小。如果发现产品有问题,已经不太可能在生产线上对其进行重新修正。

工艺条件

控制在加工过程中的重要性显而易见。控制的主要作用是保证按照工艺说明执行生产工艺。质量控制人员将监控加工的不同过程,并且同工艺说明对比结果。当检测到工艺脱离常规数值时,可以采取行动调整加工过程,以保证按照要求的参数执行工艺。

原材料

检测采购的原材料非常必要,生产商都希望利用合格原材料进行加工。但是,同产品检测一样,能够提供有效统计数据的、充分的过程检测也非常昂贵。根据工艺的性质以及潜在出现错误的可能性,检测工作保证我们只加工可接受的原材料,并可以剔除不符合采购规定的原材料。

虽然生产过程的质量控制是必要的,尤其是监控生产过程和工艺状况,并确保其符合控制目标的要求,但是通过测试原材料和产品进行广泛的质量控制则不具备合理性和可行性。

15.3.4　质量保证(QA)

通过系统检测,保证不使用不合格原材料通常还不能为产品质量提供足够的保证。往往又很难实现对每一产品进行质量检测,因此,较好的方法是把监控放在首位。质量控制本身是不够的——更广泛的控制系统非常必要。

利用技术创造条件保证生产的产品符合消费者的需求,是管理生产过程更好的方式。根据上述的三个关键点,举例如下。

原材料:同供应商合作,保证他们提供满足需求的原料。这具有长远的利益,可以减少对原料的检测。

加工:分析加工过程中可能引起产品质量变化的因素,使用更好的控制体系,可以减少检查的频率。

产品:收集消费者对产品的反馈信息,可以监控他们对产品的态度并进行改进。

"质量保证"是指那些用来保证为消费者提供正确产品的广泛活动。有效应用质量保证技术可以减少昂贵的质量控制措施。

企业认识到产品的质量经常受到供应商产品质量的影响后,会增加对供应商的审查。对于零售商来说,则要选定认可的供应商。但是,与对原材料频繁的检查相同,对供应商的检查也是昂贵且耗时、耗力的工作,而且零售商对供应商频繁的检查会引起生产单位的不满。因而,必须开发更加系统的方法,这促成产生了评判质量体系的国家和国际标准。

15.3.5　国际质量管理标准

15.3.5.1　ISO 9001

尽管为质量管理提供国际标准的想法可以追溯到很多年前,但是在1979年采纳英国标准BS5750才迈出了重要的第一步。1987年该标准被采纳成为三个国际标准(ISO 9001、ISO 9002和ISO 9003)的基础。其中,ISO 9001是最全面的,ISO 9002没有可以应用到食品生产中的产品研发内容。ISO 9003是一个范围更为有限的简化版本。在1994年,对这些标准进行了一些小的修订,但是随后的严格的审核推动这些标准在2000年进行了较大的重新修订。2005年对ISO 9000一些条款进行了小的修订,最近一些重要的审核促使发布了ISO 9001。虽然新版的ISO 9001没有包含新的要求,但是它根据实践和修订提供了一些附加的说明,以保证该标准同其他标准保持一致性。

- ISO 9000:2005 质量管理体系——基础及词汇;
- ISO 9001:2008 质量管理体系——要求;
- ISO9004:2000 质量管理体系——业绩改进指南;
- ISO 9000 制定了基本概念,更重要的是,建立了一套详细的定义。表15.6所示为部分定义。

ISO 9001提供了对质量体系进行评估的详细规定。企业必须满足一定的需求,尤其是它们要满足"建立、记录、实施和保持质量管理体系并按照该国际标准持续改进"的要求(见标准的4.1节)。质量管理体系本身应该得到更高一级责任机构的管理。重要文件的详细摘要应该包括:

- 质量政策声明;
- 质量手册;
- 程序;
- 包括工作说明的过程控制文件。

另一个ISO出版物提供了对这些文件内容的附加建议——ISO/TR 10013:2001质量管理体系文件指南。

该标准采用过程方法确定质量管理体系的关键环节,并提供四个主要组成部分:

- 管理责任;
- 资源管理;
- 产品实现;
- 测量、分析和改进。

每个组成部分又细分为必须纳入质量体系的几个主要方面(见表15.7)。

虽然许多产业部门采纳了ISO 9001,但是它在食品工业中的实施并不容易。具有功能完备的质量保证部门的大食品公司已经能够保证它们的体系具有所有必需的组成部分。但是,在许多国家,很多家庭式作坊或者只有几个雇员的小加工厂向消费者供应食品。让这些小公司认识并且实施标准并不容易。而且,目前食品工业已经采取危害分析与关键控制点(HACCP)的方法进行质量管理。许多国家希望在HACCP控制基础上建立食品立法。ISO 9001并不讨论HACCP,两者的关系可能会出现混淆。

为鼓励食品企业施行 ISO 9001,国际标准化组织出版文件说明有效实施 HACCP 的公司如何整合建成符合 ISO 9001 要求的全面质量管理体系。在 2001 年发表了 ISO 15161,作为食品和饮料行业应用 ISO 9001:2000 的指南。

表 15.7   ISO 9001 和 ISO 22000 章节标题

ISO 9001:2008	ISO 22000:2000
1　范围	1　范围
2　规范性引用文件	2　规范性引用文件
3　术语和定义	3　术语和定义
4　质量管理系统	4　食品安全管理系统
4.1　一般要求	4.1　一般要求
4.2　文件要求	4.2　文件要求
5　管理职责	5　管理职责
5.1　管理承诺	5.1　管理承诺
5.2　以客户为中心	
5.3　质量方针	5.2　食品安全方针
5.4　规划	5.3　食品安全管理体系规划
5.5　职责、权限和沟通	5.4　责任及权限
	5.5　食品安全团队领导
	5.6　交流
	5.7　应急准备和反应
5.6　管理评审	5.8　管理评审
6　资源管理	6　资源管理
6.1　资源提供	6.1　资源提供
6.2　人力资源	6.2　人力资源
6.3　基础设施	6.3　基础设施
6.4　工作环境	6.4　工作环境
7　产品实现	7　规划和实现安全的产品
7.1　产品实现的策划	7.1　通则
7.2　与顾客有关的过程	7.2　前提方案(PRPs)
7.3　设计和开发	7.3　预备步骤危害分析
7.4　采购	7.4　危害分析
7.5　生产和服务提供	7.5　建立操作性前提方案(PRPs)
7.6　监视和测量设备	7.6　建立 HACCP 计划
	7.7　更新的初步信息和文件规定的前提方案和 HACCP 计划
	7.8　验证计划
	7.9　追溯系统
	7.10　控制不合格

续表

ISO 9001:2008	ISO 22000:2000
8 测量、分析和改进	8 审定、核查和改进食品安全管理体系
8.1 通则	8.1 通则
8.2 监视和测量	8.2 验证控制措施组合
8.3 不合格品控制	8.3 监视和测量数据
8.4 数据分析	8.4 食品安全管理体系认证
8.5 改进	8.5 改进

15.3.5.2 ISO 22000

虽然 ISO 15161 为希望通过认证的食品公司提供一些额外的帮助,但是对于食品企业来说,通过 ISO 9001 仍然是复杂而艰巨的工作。许多食品公司,包括较大的零售商希望为自己的供应商建立自有标准(后面章节讨论)。这些标准的目的是增强零售商对自己的供应商提供满足消费者安全食品需求的信心。

因此,国际标准化组织认识到需要提供更有针对性的、专门针对食品行业需求的质量管理标准。经过充分的讨论,在 2005 年 9 月颁布了 ISO 22000:2005 食品安全管理体系——"对食品链中所有组织的要求"。

虽然根据 ISO 9001 的概念和要求制定 ISO 22000,但是 ISO 22000 的目的是直接满足食品行业中的特殊要求。以下几点值得注意:

■ 该标准与"食品链中的任何组织"相关联,因此适用于食品链中的任何一方——包括农民、包装材料供应商、自来水公司和配料制造商以及最终产品的生产厂家。

■ 标准主题强调的是"食品安全",该标准可能不直接影响更广泛的相关食品质量的问题。

虽然该标准大部分概念源自 HACCP,但是可能会产生一些混淆,因为该标准吸收了一些其他控制类型。在大部分施行 HACCP 的公司,常规程序(通常被称为"必备项目")大大降低了许多潜在的食品安全问题,成为施行关键控制点(CCPs)的重要控制措施。在 ISO 22000 中,引入了称为"操作性必备项目"的类型,使一些重要的控制措施需要通过更多常规程序才能实现。这使管理人员对选中的关键控制点保持高度警惕。表 15.8 所示为 ISO 22000 中使用的三个控制单元的定义。

表 15.8　　　　　　　　　　　　ISO 22000 中使用的关键定义

必备项目(PRP):整个食品链中维持卫生的环境所必需的基础条件和活动,该食品链能生产、加工、供给安全的供人类消费的终端产品和安全的食品。

操作性必备项目:通过危害分析将必备项目作为重要控制点,以此控制食品危害传入或食品危害在产品和加工环境中污染和扩散的可能性。

关键控制点(CCP):可实施控制措施的环节,以此防止或消除食品安全危害或将其减少到可接受的水平。

15.3.6 自有标准

很多公司将应用系统、综合的质量管理体系视为非常有价值的管理工具。然而,使用它们通常并没有法律保证。如早前所述,立法仅适用于存在潜在食品安全事故或者欺诈的情况,需要国家采取行动,要求企业满足最低的保护措施。许多零售商需要制订额外的要求保证他们的供货商能够满足自己制定的各种自有标准。供货商如果能够满足一项或者多项零售商要求的自有标准,那么他们就有可能成功地达成供货合同要求。

ISO 9001 和 ISO 22000 并不是法律要求执行的标准,它们也可以视为自有标准。

许多国家零售商制定越来越多的自有标准,给很多供应商带来了一些问题。为了使这些标准能够更为一致,零售商们建立了协调他们工作的组织。在 Comité International d'Entreprisesà Succursales(CIES 或国际食品零售链委员会)的主持下,已经建立了全球食品安全倡议(GFSI)。该倡议建立了用来评估其他自有标准的基准文件。如果食品供应商满足一个基准文件标准,那么该供应商的产品符合所有建立了 GFSI 体系的零售商的要求。

GFSI 采用的主要标准包括:

■ 英国零售联盟(BRC)——全球食品标准。这是第一个在国家级水平上采纳的自有标准。在英国,国家立法的修改不断增大零售商在供应商管理方面的压力。为了避免不同零售商的过度、重复的检查,BRC 在 1998 年颁布了它的第一个标准。供应商和零售商迅速采纳了该标准,成为食品企业的一个重要标准。该标准不断地更新,在 2008 年 1 月颁布了第五版。

■ IFS——国际食品标准。IFS 同 BRC 在许多方面非常相似,不同的是它们分别由法国和德国的零售商制定。

■ SQF——2000 安全质量食品方案。此方案用来满足澳大利亚零售商的要求,实际上由两个标准组成,SQF 1000 重点关注农产食品原料的供应,而 SQF 2000 综合了适用于食品生产及分销业务等全方面的要求。食品营销协会(FMI)接受了该方案。在美国,它已成为领先的自有标准。

■ 荷兰 HACCP 方案。虽然该方案的最终目的是为了清晰地展示 HACCP 体系在公司的成功应用,但全球食品安全倡议也把荷兰 HACCP 方案采纳为标准。

GLOBALGAP(原名为 EUREP GAP)采纳了另外一个具有国际重要意义的标准,该标准是同良好农业规范(GAP)相关的自有标准。许多大零售商,尤其是欧洲零售商接受了GLOBALGAP 认证,因此,许多主要粮食产区已经接受了该标准。该标准促进了统一的作物管理(尤其是关于农药应用),完善了工人福利的问题。

发达国家广泛采用自有标准引起了一些担忧。发展中国家的出口商早就发现要达到发达国家(特别是欧洲和北美地区)的法律要求已经非常困难。发展中国家把这些能获得丰厚利润的市场视为改善其经济状况的一种途径。目前,仅满足法律的要求还不够,供应商在签订合同之前需要满足自有标准,这对他们又增加了一套新的要求。这些附加要求在签订供应商竞争合同之前就加大了他们的经济支出,而且他们并不能保证能够成功,所以具有很大的风险性。

15.3.7   满足标准的要求

食品企业雇佣的食品科学家或技术人员担负满足上述标准要求的责任。食品科学和加工技术决定需要的质量管理的特性及种类。食品科学技术具有多学科性质,使食品科学家和技术人员在食品生产中发挥着主导作用。

我们面临这项任务的巨大挑战,但是,把握几个关键元素能够使质量体系的发展成为更加合理的结构化过程,我们强烈推荐采用分阶段的实施过程,该过程使每个阶段都能有充足的完成时间。

大多数标准中明确规定的一个关键因素是企业的高级管理部门对于质量政策的承诺。认识不到质量体系的价值,把实施质量体系视为简单的市场行为,将会给企业带来失败。除此之外,在没有监督的情况下,把质量体系的管理移交给下级管理部门,会使该部门觉得质量体系的实施和发展并不重要,这同样也会给企业带来失败。

15.3.7.1   良好生产规范(GMP)

GMP 的概念可以同 HACCP 和 ISO 22000 中"必备项目"的概念联系起来。然而,在一些国家(还有一些行业,尤其是制药业),法律要求企业运行和维护 GMP,在相关的法律文件中可以找到 GMP 的概念,而且具有 GMP 构成的详细指导。遵从指导的具体要求也是非常重要的原则。

在自愿的质量管理体系下,GMP 为建立和发展高效的质量体系奠定了基础。英国食品科学与技术研究所发表的一篇题为"食品和饮料:良好生产规范——责任管理指南(2006)"的专论,得到了国际上广泛的认可。

该指南强调良好生产规范需要运用的一些关键活动。指南说明了"食品控制"(它包括"品质管理"和"品质控制")支持的"有效生产操作"。指南解释了有效 GMP 的一般要求,对较大范围内的质量系统和不同食品部门采取合适程序和行动提出了详细的实用建议。它的价值在于提供了同特定食品控制问题相关的大量具体信息。虽然该指南大部分超出了法律要求的最低标准,但是通过对"好(good)"标准的明确定义,编撰指南的食品科学家和技术人员为改进食品从业者的操作水平和工作流程提供了极具价值的工具。

15.3.7.2   HACCP

实施危害分析与关键控制点系统(HACCP)是几乎所有食品管理系统的基础。本书在微生物危害预防与控制的章节曾就此进行了系统的阐述,读者可阅读这些部分了解更加详细的信息。

需要强调的是,HACCP 的使用并不仅限于微生物方面的问题,一般来说,需要考虑三种类型的危害:生物性、化学性及物理性危害。微生物危害是最重要的,而且通过适当的加工方式和(或)贮藏条件能够予以控制。到达工厂之前控制原料的微生物污染是非常必要的,它可以保证在食品链中应用 HACCP 原则(ISO 22000)。

在食品链的各个环节都有可能出现化学污染。1999 年比利时发生的二噁英污染动物饲料事件使欧洲监管机构清楚地意识到:食品链经过许多环节向后延伸。这种危险可以在任何时候进入食品链,即使化学物质可能会被稀释,但是某些物质在非常低含量水平仍然可能会造成危险。应用 HACCP 原则可以识别这些风险。

另外存在的一个重要的危害是物理性污染——通常被称作"异物"。它们通常混入原料之中(例如木棍、石头),采用一些预处理加工操作可以除掉这些污染物。

大部分的食品工厂需要特别注意由金属和玻璃带来的污染。切割刀片滑落可能会导致尖利的金属碎片进入食品。大型企业一般使用具有金属探测器的自动剔除装置,能够防止这些危害。小型食品加工厂定时检查刀片和锯片状态可以证明是否发生污染。

玻璃的污染可能来自于工厂的各个地方:窗户、照明灯具或者是玻璃容器等。许多公司尽量减少玻璃器具的应用,把玻璃对食品的污染降低到最低限度。在应用玻璃器具作为包装材料的工厂里,需要采取一些防止发生污染的特定措施,如应用 X 线设备。

有效地执行 HACCP,需要辨别这些危害,并且通过恰当的预定方案或者监控关键点,将风险控制到最低程度。

15.3.7.3 证明文件

系统需要"记录"是上述绝大多数质量管理系统最重要的要求。因为如果能记录已经实施的系统各部分的运行情况,就有可能对该系统各部分进行评估、讨论、肯定、建议和修订。文字记录同时组成了审核程序的关键内容,它允许外部审核员评估系统的组成部分,并建议如何有效地改进工作,满足标准的要求。

过度依赖证明文件一直是对标准的主要批评之一。在认证过程中过分重视编写完整的证明文件,会导致员工认为文件本身远比其中包含的有效信息更为重要。

国际标准化组织以"质量管理系统文件指南"的形式(ISO 10013:2001)为证明文件提供了结构指南。图 15.3 所示为证明文件层次结构的概览。国际标准化组织提出的主要组成部分包括:

质量手册:质量手册能够显示整个质量管理体系。质量手册包含一份企业制定的质量政策,该质量政策指导企业以有效的方式运营,从而满足由消费需求决定的主要质量目标。质量手册包括组织内质量管理的整体架构、职责和权限等部分内容。随后更详细地阐述有关质量管理的各种方面。对于大部分食品公司,HACCP 构成手册的主要部分,但是质量管理还需要阐述许多其他方面的内容(例如供应商质量保证、投诉处理、预案)。制订质量手册的结构时,把正在使用标准的不同组成部分作为基础是行之有效的方法。这样可以保证该体系满足标准的所有要求,并且在随后的审核中对其予以确认。

程序:程序是用来描述质量管理体系中如何执行落实主要要求的详细文件。

工作指导:工作指导处于最底层,它为完成特定设置程序制定具体任务。工作指导中包含的细节可能是过量的,并且在撰写的时候,要特别注意只需描述那些对相关程序的完成极为关键的要素。

除了这三个主要组成部分,还需要有大量其他文件和记录证明质量管理系统的有效应用。

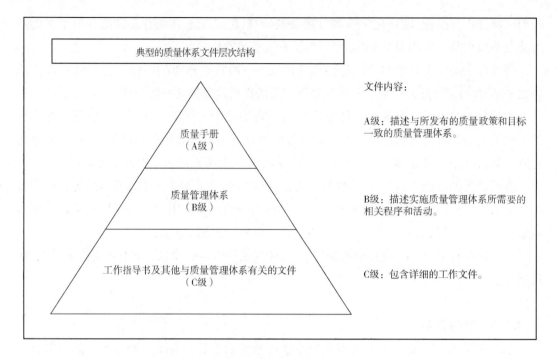

图 15.3　ISO 1003 描述的文件层级

注：级别可能会根据组织的需要进行调整。此图可适用于各层级结构。

15.3.7.4　审核、鉴定及认证

内审是大部分质量管理标准的基础。例如,ISO 9001 明确规定了(详见 8.2.2)企业组织需要在计划的时间间隔内实施内审,以判定质量管理系统:

a)是否符合计划安排,是否符合国际标准的安排以及组织制定的质量管理体系的要求;

b)是否能够有效地实施及维护。

ISO 22000 除了用"食品安全"该词代替了"质量"外,包含大致相同的要求(8.4.1)。

内审可以使机构评估其制定的管理体系是否满足自己的目标。这种审核可以确定:

■ 建立的体系对体系声明的目的是否合适(有时被称作"体系审核");

■ 体系是否在实际中运用(有时称为"遵守或者服从审核")。

审核已经成为证明与标准的符合度的一项重要工作。以下是审核中的基本常用术语:

第一方审核:在实际中,这是内审的另外一种术语。它包括企业组织与体系符合度的自我审查。

第二方审核:在该背景中,第二方通常指的是企业组织的客户。为了检查企业组织是否能够满足合同的要求,客户可以决定对供应商开展审核——签约前或者签约后的间断审核。第二方审核是保证原材料安全的供应商质量保证(SQA)项目的重要组成部分。

第三方审核:如果审核是独立进行的,审核员同任何条约都没有直接相关性,这就称作第三方审核。这里审核员的唯一任务是检查企业是否符合特定的标准(例如 ISO 标准或者

GFSI 基准)。如果审核员对审核结果满意,他(她)可以为企业颁发证书以证明其符合标准。企业即可以利用证书向(现在或者将来的)客户证明自己能够满足标准的要求。因此,也就不再需要第二方审核。

还有另一个问题,如何证明第三方审核员能够胜任任务。提供第三方审核服务的公司的工作主要是为企业组织提供证书,因此它们通常称作"认证机构"。这些认证机构必须符合一定的标准。在 ISO 体系中,通过颁布进一步的标准涵盖了该问题。执行 ISO9001 审核的认证机构,需要满足 ISO 17021:2006《合格评定——对提供管理体系审核和认证的机构的要求》;执行 ISO 22000 的认证机构,有一个更加具体的文件(目前作为技术规范):ISO/TS 22003:2007《食品安全管理体系——食品安全管理体系审计和认证机构的要求》。

为了证明对这些标准的符合度,认证机构需要受到其他组织的审核。这些组织称作"官方认证"。国家通常需要在国家水平上建立监督认证机构正常运行的官方认证机构。这可能是国家标准组织或其他特别指定的机构。国际标准化组织已经对最后检查整个系统的认证机构颁布了指南,即 ISO 17011:2004《合格评定——认可合格评定机构的认可组织的一般要求》。

图 15.4 说明了整个过程的连续性。

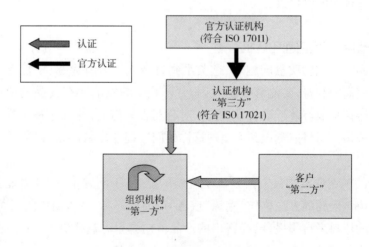

图 15.4 审核与认证的关系

从图 15.4 中可以看出,审核员的工作是整个过程的鉴定和官方认证成功运作的基础。国际标准化组织已经认识到这一点,并为审核方法及审核员培训和任职资格指南出台了进一步的标准。ISO 19011:2002《质量和(或)环境管理体系评审指南》中为其提供了详细的解释。

根据国际标准化组织的提纲,审核必须严格基于以下五个原则之上:

(1)道德行为 专业的基础。

(2)公平报告 有义务如实汇报。

(3)应有的职业谨慎 谨慎、判断在审核中的应用。

（4）独立性　审核公正性及审核结论客观性的基础。

（5）基于证据的方法　在系统的审核过程中达到可靠和可重复审核结论的合理方法。

一个优秀的审核员也需要个人素质的发展和应用。国际标准化组织对审核员的部分素质描述如下：

- 道德，即公平、真实、真诚、诚实和谨慎；
- 开放，即愿意考虑其他想法或观点；
- 老练，即机敏地与人打交道；
- 细心，即积极感知周围环境和活动；
- 敏锐，即本能地意识到并能够理解状况；
- 多能，即对不同状况能够快速调整；
- 顽强，即持续、专注于实现目标；
- 决断，基于逻辑推理和分析能够及时地得出结论；
- 独立，即在有效与他人互动时能独立行为和履职。

除了这些素质以外，审核员还必须具有一系列审核过程的通用技巧和食品质量管理的特定技能。

训练有素的食品科学家和技术人员，具有合适的个人素质和通用的审核技能，可以成为食品企业非常称职的审核员。

15.3.7.5　可追溯、产品召回和危机管理

当存在食品安全或者质量问题时，这关系到每个人——消费者、零售商、分销商、制造商和原材料供应商的利益，要能够查明起因，并防止受影响的库存食品的消费或再流通和销售。如果不迅速采取有效行动将导致公众对公司丧失信心，并且这种影响会扩展到整个食品供应链。许多公司目前意识到为出现这样的问题提前准备的重要性，并且为此制定了预案。

采取行动的关键要素是具有辨别以下问题的能力：①问题来源；②可能受到影响的库存量。用来解决该问题的方法称作"溯源"或者"产品追踪"。从最简单的层面上说，食品企业需要知道它的原料来自哪里，已经售出的产品流向哪里。这样的"一来一去"，是目前欧洲食品法规中最基本的要求。

但是，如果企业能够识别出与产品特定编号相关的原材料的特定批次（所谓的内部追溯），这一基本概念的价值就可以显著增强。当与配方数据相结合，附加信息在跟踪食品链中的问题时极为重要。日益复杂的系统使食品链中不同成分联系起来，因此生产的食品的不同成分的来源可以追溯到源头。在之前的事件中，尤其是疯牛病事件，应用高度发达的体系追踪有问题的牛肉，这使完整的流通过程得到监控和识别。

尽管我们应用了质量管理体系，产品仍然可能会出现质量问题。该问题的严重程度及其对消费者和公司声誉带来的潜在风险都需要进行评估，并且立即采取适当的行动以降低不良影响。消费者的安全受到威胁时，需要迅速地采取行动以阻止发生进一步的危害。企业需要考虑是否实施"产品下架"，或者如果产品已经到达消费者手中的话，施行"产品召

回"。在适当的时候,需要考虑法律规定,并且与国家食品管理当局进行讨论,这些做法都是非常必要的。

当公司需要进行产品下架或者产品召回时,需要同时启动有效的危机管理程序。公司最好提前在质量管理体系之中建立危机管理体系和程序,制订危机管理计划并就该计划进行演练。这样在问题发生时,能够迅速采取行动。危机管理计划的关键部分包括:

产品召回政策:如果某一事件的发生可能损害消费者或者企业的形象和品牌,那么最好按照事先制定的标准评估危害。简而言之,应该在规章中制定准则,发生事件时,相关各方是否有必要启动产品召回,必须迅速地达成一致。

产品召回计划:一旦决定进行产品召回,就需要快速地实现。提前制定的计划应使每个人都知道在召回期间自己的职责。

风险评估:在决策中的一个关键组成部分,就是对事件相关科学证据的评估。在危机的早期阶段,风险水平可能是未知的。例如,如果有消费者反映一个产品有变质气味或者因食用而致病,需要证据证明是微生物还是化学来源的污染造成了该问题。快速反应的先进分析设备可以科学地评估所有的样品。相关人员可以分析信息,以最佳的方式进行风险评估,降低对消费者的健康风险。

事故管理小组:强烈建议公司建立由关键员工组成的事故管理小组。当发生事故时(可能会发生在一天中的任何时间),保证关键员工到场集合非常重要。因为一个产品召回涉及不同部门的业务,事故管理小组必须代表各方面力量,它应该包括来自不同部门的员工,如技术部门、质量控制部门、销售部门、市场部门、后勤及法规部门等。当发生事故时,团队不需要特定的人在场,因为各种原因他们可能不能够出现在现场。因而需要为团队指定产品召回负责人,他(她)全面负责产品召回的工作。

可追溯性及证明文件:如上所述,可追溯性为召回过程提供了重要的分析,并且可以将召回产品缩小到很小的批量。获得合适的证明文件是迅速处理事故的关键。这些文件可能以数据的形式保存在电脑中,事故管理小组需要获得这些信息(直接获得或者通过其他员工获得)。如果信息系统的开发设计考虑了在产品召回期间的潜在应用,显然会对事故处理小组有所帮助。

沟通过程:迅速且准确的沟通对于成功的召回至关重要。事故管理小组应该有专用电话、传真机和电子邮件。口头信息需要跟进记录确认(通过传真或者电子邮件)。除了需要同公司内部人员沟通外,还需要同外部沟通。这包括:供应商、经销商、客户、国家管制机构、当地执法人员、媒体机构、分析实验室、法律顾问,并在某些情况下,需要警察介入。提供专用电话将会避免由于电话受阻而出现任何问题。

培训:不会偶然而幸运地进行有效的且对公司影响较小的产品召回。对突发事件进行准备,应用试用产品进行召回演习,提前测试系统的有效性是非常必要的准备工作。通过训练,员工可以认识到自己在召回中的角色,并且能够对发生的事情进行迅速的反应。演习还可以从生产程序中识别漏洞,消除缺陷。必须进行有计划的定期测试,因为该测试可以保证新员工能够参与并检查计划是否考虑到公司系统其他方面的变化。

15.3.7.6 实验室认可

顺利施行质量保证程序需要全面应用科学技术原理。过程的控制依赖于工艺参数的精确测量(温度、压力、重量等)。实验室样品分析通常是更复杂的测试,分析结果用于原材料、中间产品和产品的质量评价。实验结果的准确性是做出正确决策的关键。

同法律要求相关的活动是另外一个对准确性要求较高的领域。当执法人员检查正式样品时,他们会将样品送到有检测资质的实验室。无论是由于某些化学成分造成的污染还是由于食品微生物污染所造成的安全问题,分析结果都将用在随后任何因食品未能达到法律要求所引起的诉讼程序之中。分析结果的正确性对法律的正常运行是非常必要的。

现已建立了确认实验室运行是否符合认可的质量标准的程序。ISO 17025:2005《检测和校准实验室能力的通用要求》,制定了相关的详细要求。1999 年制定的第一版 ISO17025 同时取代了更早的国际水平的 ISO/IEC Guide 25 以及欧洲水平的 EN 45001。

如果实验室要证明其操作的管理系统技术合格且有能力提供技术上有效的结论,ISO 17025 提供了检测、校准实验室需要满足的所有条件。该标准与 ISO 9001 的要求是一致的。

15.4 统计过程控制

统计过程控制为质量保证提供数据分析和研究所需要的工具。食品安全危害控制不能仅局限于统计过程控制体系,虽然食品安全危害控制不能百分之百保证食品安全,但是设计食品安全控制体系是用来保证食品生产过程安全,而不是依靠产品的统计分析和评价。例如,HACCP 这些现代质量体系主要是注重于预防措施。

然而,在一些适合取样的情况,合理地利用统计技术,可以为采取纠正措施提供指导,这些统计技术就是基于概率的分析。

本章节主要讨论基于取样的质量控制,主要应用于以下两种情况:

(1)在监控生产过程时,保证其符合要求;

(2)在决定是否接受或拒绝来自其他地方制造的食品时。

在第一种情况,通过定时取样监督生产过程的绩效,例如使用常规控制图,可以发现不正常的波动和偏差,同时采取纠正措施。在第二种情况,会使用到涉及整个批次的评价方法以及不同的接收取样技术。国际标准化组织采纳了一整套保证一致使用有效准则的标准。表 15.9 提供了一部分重要的标准。

表 15.9	ISO 标准中与统计过程控制有关的标准

术语和符号

ISO 3534 统计学——词汇和符号

第 1 章:通用统计术语和可能用到的统计术语(2006)

第 2 章:应用统计学(2006)

第 3 章:试验设计(1999)

续表

接收取样

ISO 2859 按属性检查的抽样程序

第 1 章:按照接收质量限(AQL)检索到的逐批检验抽样方案(1999)

第 2 章:按照质量限(LQ)检索到的孤立批抽样检验计划规范(1985)

第 3 章:跳批抽样程序(2005)

第 4 章:声明质量级的评定程序(2002)

第 5 章:按照接收质量限(AQL)检索到的逐批连续检验抽样方案系统(2005)

第 10 章:ISO 2859 计数抽样系统的介绍(2006)

ISO 3951 按变量检查的抽样程序

第 1 章:按接收质量限(AQL)检索的单一质量特征和单一 AQL 逐批检验用单一抽样计划(2005)

第 2 章:按接收质量限(AQL)检索的独立质量特征逐批检验用单一抽样计划总规范(2008)

第 3 章:按接收质量限(AQL)检索的逐批检验的双重抽样计划(2006)

第 5 章:按接收质量限(AQL)检索的计量检验连续抽样计划(已知标准偏差)(2006)

ISO 8422 按属性检查的抽样程序:顺序抽样方案规范(1991)

ISO 8423 按变量检查的抽样程序:不合格率的序贯抽样方案规范(标准差已知)(1991)

ISO/TR 8550 用于不连续性项目批量检验的验收取样系统、方案和计划的选择指南(1994)

ISO 7870 控制图———一般指南和介绍(1993)

ISO 7873 有警戒线的算术均值控制图(1993)

ISO 7966 接收控制图(1993)

ISO 8258 常规控制图(1991)

15.4.1　背景概念

15.4.1.1　波动

整个生产过程存在波动。具有复杂控制系统的现代设备能够进行精密的加工,但是先进的设备仍然存在小的波动。仅有简单控制系统的老设备则会表现出比较大的波动。这些波动由一系列小的波动引起,例如温度、水平、压力和密度等。这些波动都是生产过程所固有的,也就是所谓的"偶然性原因"。虽然能够鉴别这些波动的起因,但是通常情况下,这些波动是生产过程的一部分。可以通过引用新的控制技术或者新的设备降低这种波动。

过程控制理论认为,虽然偶然性原因引起的波动是过程的一部分,但是应该使用它识别自身的变化。当发生意外情况时,将会产生异常的波动,该波动大于由那些偶然性原因引起的波动。这些异常波动由"系统性原因"引起。应用过程控制程序识别和消除这些系统性原因。

当过程仅受随机因素影响时,过程处于统计控制状态;当过程中存在系统因素的影响时,过程处于统计失控状态。表 15.10 所示为 ISO 3534 第二部分的一些相关定义。

表 15.10　　　　　　　　　　ISO 关于过程控制的定义

过程控制:每个质量措施的过程(例如,产品或者服务的平均值与变异性或者不合格平均数)都处在统计控制状态。

统计控制状态:观察样品结果的波动来自系统本身的偶然原因,该波动不会随着时间而发生变化,这种状态称为统计控制状态。

续表

系统原因：可以检测和识别的、能导致产品质量特征和过程水平发生变化的因素（经常是系统性的）。
注：
1 系统原因在某些时候被认为是引起波动的特殊原因。
2 许多变化的小因素是可以控制的，但是控制或者考虑这些因素是不经济的。在这种情况下，这些因素被认为是偶然原因因素。
偶然原因：指的是数量多、引起波动的重要性小的一类没有必要识别的因素。
注：
偶然原因在某些时候被认为是正常的波动因素。

15.4.1.2 变量数据和属性数据

进行分析时，通过两种方式获得数据，而数据类型将决定其后所用的统计方法。

变量数据指的是通过测量和记录特征值的大小得到的观察值。例如，刻度值是连续的，它的数据可以是测量的任何值，可以根据设备的情况测量到任何的精度，长度、pH 以及重量等都是变量数据的例子。

另外一种方式是，基于某些特性的存在（或不存在）得到观察值，这些数据是可以计数的，并且仅以整数的形式存在，以下是两种类型的特性数据：

（1）不合格单位（缺陷）　对合格的（可接收）或者不合格（有缺陷）的单位进行计数。例如，可能是一个损坏的罐头、一块碎的饼干或者一个有擦伤的马铃薯。这是属性数据。

（2）不合格（缺陷）　对一个单位上的不合格（缺陷）进行计数。例如，一箱里损坏的罐头的个数、一袋里破碎饼干的块数或者一个马铃薯上受擦伤的点数。这是变量数据。

15.4.1.3 正态分布

在绝大多数情况下，基于随机原因的整个过程波动所产生的数据均呈现正态分布的特征。所以，基于数据为正态分布的假设建立了大部分的统计过程控制方法。

由于没有必要详细地解释正态分布的数学含义，这里没有这部分的内容。但是作为数学基础的一种结果，可能识别某些关键的要素。在此，有两个重要的概念，"标准差"提供了衡量数据离散的方法，"平均值"提供了数据的中心点（注：使用电子表格的数学统计功能可以很容易地计算标准差，例如利用 EXCEL 表格中的公式 STDEV（A1：A10）就可以计算出从表格 A1 到 A10 的 10 个数的标准差）。大部分科学计算器也可以容易地计算出一组输入数据的标准差。

由标准差衡量的值的离散性符合下面的规律（也可以见图 15.5）：

68.3% 的值在平均值的 ±1 个标准差内；

95.4% 的值在平均值的 ±2 个标准差内；

99.7% 的值在平均值的 ±3 个标准差内。

如果已知平均值和标准差，则可以通过标准化的值判断项目在某一点内或者超出某一点的概率。见专题 15.2 和表 15.11 的数值。

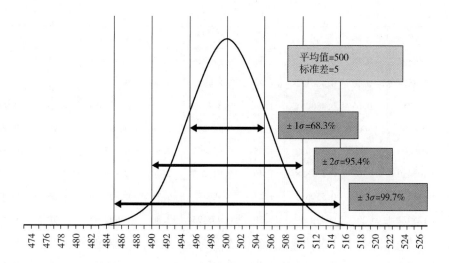

图 15.5 标准差和正态分布图

表 15.11 正态分布图

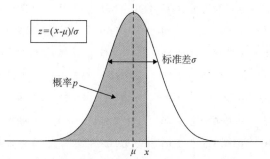

z	p	z	p	z	p	z	p	z	p
−5.00	0.000000	−4.30	0.000009	−3.60	0.000159	−2.90	0.001866	−2.20	0.013903
−4.95	0.000000	−4.25	0.000011	−3.55	0.000193	−2.85	0.002186	−2.15	0.015778
−4.90	0.000000	−4.20	0.000013	−3.50	0.000233	−2.80	0.002555	−2.10	0.017864
−4.85	0.000001	−4.15	0.000017	−3.45	0.000280	−2.75	0.002980	−2.05	0.020182
−4.80	0.000001	−4.10	0.000021	−3.40	0.000337	−2.70	0.003467	−2.00	0.022750
−4.75	0.000001	−4.05	0.000026	−3.35	0.000404	−2.65	0.004025	−1.95	0.025588
−4.70	0.000001	−4.00	0.000032	−3.30	0.000483	−2.60	0.004661	−1.90	0.028717
−4.65	0.000002	−3.95	0.000039	−3.25	0.000577	−2.55	0.005386	−1.85	0.032157
−4.60	0.000002	−3.90	0.000048	−3.20	0.000687	−2.50	0.006210	−1.80	0.035930
−4.55	0.000003	−3.85	0.000059	−3.15	0.000816	−2.45	0.007143	−1.75	0.040059
−4.50	0.000003	−3.80	0.000072	−3.10	0.000968	−2.40	0.008198	−1.70	0.044565
−4.45	0.000004	−3.75	0.000088	−3.05	0.001144	−2.35	0.009387	−1.65	0.049471
−4.40	0.000005	−3.70	0.000108	−3.00	0.001350	−2.30	0.010724	−1.60	0.054799
−4.35	0.000007	−3.65	0.000131	−2.95	0.001589	−2.25	0.012224	−1.55	0.060571

续表

z	p	z	p	z	p	z	p	z	p
-1.50	0.066807	-0.15	0.440382	1.15	0.874928	2.45	0.992857	3.75	0.999912
-1.45	0.073529	-0.10	0.460172	1.20	0.884930	2.50	0.993790	3.80	0.999928
-1.40	0.080757	-0.05	0.480061	1.25	0.894350	2.55	0.994614	3.85	0.999941
-1.35	0.088508	0.00	0.500000	1.30	0.903200	2.60	0.995339	3.90	0.999952
-1.30	0.096800	0.05	0.519939	1.35	0.911492	2.65	0.995975	3.95	0.999961
-1.25	0.105650	0.10	0.539828	1.40	0.919243	2.70	0.996533	4.00	0.999968
-1.20	0.115070	0.15	0.559618	1.45	0.926471	2.75	0.997020	4.05	0.999974
-1.15	0.125072	0.20	0.579260	1.50	0.933193	2.80	0.997445	4.10	0.999979
-1.10	0.135666	0.25	0.598706	1.55	0.939429	2.85	0.997814	4.15	0.999983
-1.05	0.146859	0.30	0.617911	1.60	0.945201	2.90	0.998134	4.20	0.999987
-1.00	0.158655	0.35	0.636831	1.65	0.950529	2.95	0.998411	4.25	0.999989
-0.95	0.171056	0.40	0.655422	1.70	0.955435	3.00	0.998650	4.30	0.999991
-0.90	0.184060	0.45	0.673645	1.75	0.959941	3.05	0.998856	4.35	0.999993
-0.85	0.197663	0.50	0.691462	1.80	0.964070	3.10	0.999032	4.40	0.999995
-0.80	0.211855	0.55	0.708840	1.85	0.967843	3.15	0.999184	4.45	0.999996
-0.75	0.226627	0.60	0.725747	1.90	0.971283	3.20	0.999313	4.50	0.999997
-0.70	0.241964	0.65	0.742154	1.95	0.974412	3.25	0.999423	4.55	0.999997
-0.65	0.257846	0.70	0.758036	2.00	0.977250	3.30	0.999517	4.60	0.999998
-0.60	0.274253	0.75	0.773373	2.05	0.979818	3.35	0.999596	4.65	0.999998
-0.55	0.291160	0.80	0.788145	2.10	0.982136	3.40	0.999663	4.70	0.999999
-0.50	0.308538	0.85	0.802337	2.15	0.984222	3.45	0.999720	4.75	0.999999
-0.45	0.326355	0.90	0.815940	2.20	0.986097	3.50	0.999767	4.80	0.999999
-0.40	0.344578	0.95	0.828944	2.25	0.987776	3.55	0.999807	4.85	0.999999
-0.35	0.363169	1.00	0.841345	2.30	0.989276	3.60	0.999841	4.90	1.000000
-0.30	0.382089	1.05	0.853141	2.35	0.990613	3.65	0.999869	4.95	1.000000
-0.25	0.401294	1.10	0.864334	2.40	0.991802	3.70	0.999892	5.00	1.000000
-0.20	0.420740								

专题 15.2 关于正态分布的计算实例

在某一工厂,包装产品需要称重,产品的平均质量是 505g(μ),标准差是 3.4g(σ)。如果产品的质量规格是(500 ± 10)g,那么不在规格限内的产品的比例是多少? 如果过程是以 500g 中心对称的,并且有相同的标准差,那么此时不在规格限内的产品的比例是多少?

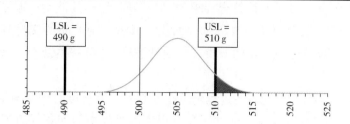

由图可见主要的部分在上限值500g附近,通过计算出标准化值(z),再通过z值就可以得出正态分布线下所覆盖的比例,z值计算公式如下:

$$z = (x - \mu)/\sigma$$

式中 x——界限值(关注到的值);

   μ——正态分布的平均值;

   σ——正态分布的标准差。

该例中,$x = 510g$,$\mu = 505g$,$\sigma = 3.4g$,即:

$$z = (510 - 505)/3.4$$
$$z = 1.47$$

根据查询表15.11中的z和p值,得到p值为0.93或93%,p值的含义就是小于x值的比例(在该例中,510作为上限值)。在该例中,要计算大于510的那一部分的比例,由于整个部分相加的和为1.00(或者100%),所以大于510(USL)的比例应该等于1.00 − 0.93 = 0.07或者7%。

理论上讲,正态分布仍然会有一部分低于下限。尽管从图上看这部分的比例比7%(超出上限的部分)小很多,则可以确定实际值。用490g作为下限值,则$x = 490g$,$\mu = 505g$,$\sigma = 3.4g$,z值可计算如下:

$$z = (490 - 505)/3.4$$
$$z = -4.29$$

查表,这部分的比例仅约为0.00001或者0.001%。

如果过程是中心对称的,并且平均值为500g,那么两个规范限的尾部就是一样的。因此可以利用一个规范限来做计算一个值,然后将结果乘以2,就可以得到不在这两个规范限的比例,因此计算如下:

$$z = (490 - 500)/3.4$$
$$z = -2.94$$

通过查表,得出这部分的比例是0.0016或者0.16%,该值乘以2,就可得到不在这两个规范限的比例是 − 0.0032或者 − 0.32%。

15.4.1.4 抽样风险

在做出基于统计学的可能性决定时,应该了解两种潜在的错误。

第一种情况下,检测数据可能表明过程已经发生了变化或者交付的产品可能没有满足规范的要求。然而,此时实际上是符合要求的,但是随机取样的波动引起了不满足规范的现象。在这种情况下,采取的任何改善过程的决定或者拒绝产品的交付都被证明是错误的,这种错误很有可能导致进一步的调整。这通常被称为"第一类错误",或者简单地说为"Ⅰ型错误"。

第二种情况,检测数据可能表明过程仍然在控制中或者交付的产品满足要求。然而还是由于随机取样的波动,检测数据可能还没有识别出过程中的变化或者不合格的生产批次。在这种情况下,没有对过程采取相应的任何变化或者本应该被拒收的产品却被接收了。这通常被称为"第二类错误",或者简单地说为"Ⅱ型错误"。

在以上这两种情况下,防止错误发生是很困难的。然而,根据有效的统计方法分析的任何决定都是当时情况下的最优选择。即使后来证明该决定是错误的,这也不能归咎于做决定的人。所有各方,无论是商业、技术还是生产都需要接受该决定,并认可以后有机会证明该决定的对错。另一方面,如果不采用有效的统计方法可能会导致更大的争论和更严重的索赔风险。因此,强烈建议采用公认的统计标准。

15.4.1.5 过程能力

生产者需要从过程控制的角度衡量过程是否处于统计控制状态。虽然客户不关注过程具体的控制细节,但是必须给予客户过程能够满足其需求的信心,客户主要关注过程对其规范要求的满足能力。这就是所谓的"过程能力"。

过程能力是基于过程分散性的衡量。因此,过程能力与离散性统计方法中的标准差有关。由于6个标准差(6σ)可以包含其中99.7%,因此通常情况下,过程能力指数(PCI或者C_p)的计算都是基于6σ。在计算时会涉及两个规格限值,一个是上限值(USL),一个是下限值(LSL),通过用上限值与下限值的差除以6倍的标准差,就可以计算出过程能力指数:

$$C_p = (USL - LSL)/6\sigma$$

如果只存在一个规格限,或者过程不中心对称,那么过程能力指数的计算需要根据上下限分开计算其PCI,将平均值(μ)作为较小的规格限:

$$C_{pk} = (USL - \mu)/6\sigma \text{ 或者} (\mu - LSL)/6\sigma$$

如果C_p或者C_{pk}值小于1,则表明过程能力不足,过程不能满足客户的需求,即使过程仍然处在受控状态;如果C_p或者C_{pk}值在1~1.33,表明过程具有低到中等的能力;如果C_p或者C_{pk}值大于1.33,则表明过程可以很好地满足需求。

过程能力可以归纳为以下四个状态:

■ 过程满足要求,并且受控。

■ 过程不满足要求,但是受控。在这种情况下,生产可以按照预期的要求运行,但是对于规格限,生产过程中的偶然原因产生的波动偏差很大,生产线需要经常性地调整来降低总偏差。

■ 过程满足需求,但是不受控。在这种情况下,生产会存在一些意外的波动偏差(很有可能由于系统原因引起),但是,只要偏差没有过度,产品仍然会合格。此时,只是放松某些过程控制程序,没有必要对过程采取更加严格的控制。

■ 过程不能满足要求,并且不受控制。此时生产不仅存在意外的波动偏差,而且,生产的产品也不合格。如果此时要控制生产过程,则需要改善措施使过程满足要求。

专题 15.3 提供了一些关于分布和过程能力关系的例子。

专题 15.3　过程能力指数计算实例

有两个规范限并且呈中心分布

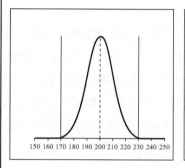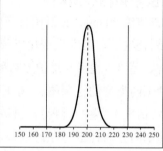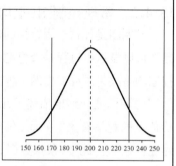

在第一组图中,上限为 230,下限为 170,平均值为 200。

例 1(左图):标准差为 10,以下是过程能力指数计算:

$$C_p = (USL - LSL)/6\sigma = (230 - 170)/60 = 1.0$$

过程能力刚满足要求,过程能力的分布几乎恰在上下规范限之间,此时,任何细微的变化都会导致产品不合格。

例 2(中图):标准差的值降到 5,C_p 值提高到 2.0,此时,过程能力很充足,细微的变化不会有影响。

例 3(右图):标准差为 20,C_p 值降低到 0.5,过程明显无法满足要求,即使此时过程仍然处在统计过程控制状态,不合格品的比例依然很高。

C_{pk} 的使用

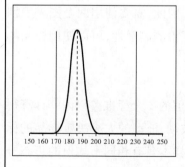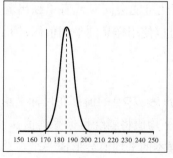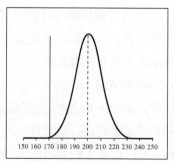

例 4(左图):有两个规范限,平均值为 185,标准差为 0.5。过程能力指数计算如下:

$$C_{pk} = (\delta - LSL)/3\sigma = (185 - 170)/15 = 1.0$$

> 虽然总体来看,过程能力好像很充足(根据上面例 2 的计算方式来计算 C_p,会得到相同的值),但是,由于分布的位置原因,此时过程能力只是刚好满足要求。此时,如果平均值稍低或者标准差稍大,都会导致产生不合格产品。
>
> **例 5**(中图):由于是单规范限,无法计算 C_p 值,其他和例 4 类似。
>
> **例 6**(右图):除了没有上控制限,其他与例 1 情况类似,C_{pk} 值为 1.0。

15.4.2 常规控制图(平均、极差和标准差图)

控制图是评价过程特性的标准方法,Shewart 控制图目前更普遍地被称为常规控制图。控制图可以显示出过程是否稳定、是否受控、是否发生变化以及是否需要采取纠正措施。通常,控制图是改善过程能力的一种方法,还可以提供与维护控制和判断管理过程相关的信息。

国际标准详细地描述了几种不同类型的控制图,一些控制图可能与一系列非特定标准价值点的观察有关。然而,在正常情况下,生产过程具有标准值和目标值,并根据这些数值建立控制图。此外,根据数据,控制图分为计量型和计数型。

建立控制图的主要步骤如下:

■ 应用过程的观测值评估偶然原因偏差的大小(尽可能保证在观测期间没有出现系统原因偏差)。

■ 通过这些数据,建立目标分布。建立过程中应该考虑偶然原因偏差的大小、客户规范和过程能力指数。

■ 根据分布,建立以期望值为中心线和其他控制线为基础的控制图。设置控制线为一个单值("行动限"),也应该包含其他辅助线("警告限")。

■ 从生产中取样,并在控制图上标绘得到的观察值。

■ 如果标绘的值在行动线之外,则要采取措施分析原因,也可以应用其他基于警告线的规格。

15.4.2.1 计量数据

平均值和离散性这两种变化可能会同时或者单独出现,因此,需要使用两个图来识别这些变化。为了监控平均值,可以使用样品的平均值图;为了检测离散性,可以使用样品的极差值图或者标准差图。

平均值图

过程处于稳态时,绝大部分(99.7%)的值都在目标平均值的 3 个标准差以内。计算得到样本的平均值。这些样本的平均值将围绕目标平均值 μ 波动,波动的大小决定样品的标准差(σ)和样本的大小(n)。样本的平均值会形成一个与总样本具有相同平均值的正态分布,其离散值[实际上就是标准差,通常称之为平均值的标准误(SE)]与总样本的标准差关系如下:

$$SE = \sigma / \sqrt{n}$$

如果样本包含 4 个元素($n=4$),这时平均值的标准误是总样本标准差的一半,根据这一观点,对于稳态的过程,绝大部分(99.7%)在目标平均值的 3 个标准误之内,并基于 3 个标准差设定行动限,在 1000 个样品中只有 3 个有可能位于行动限之外;警告限设在 2 个标准差处,在 20 个样品中约 1 个样品可能位于警告限之外。

极差图和标准差图

虽然在数学上用标准差图来监控离散性更准确,但是在实际的使用过程中,人们更倾向于使用极差。样本的最大值减去样本的最小值就可以计算样本的极差并易于理解计算结果。计算标准差需要使用计算器,在计算过程中不容易发现和识别出现的差错,例如,对于数字 196、200、204 和 199,能很快速地计算出极差为 8,其标准差为 3.3 就不容易确认或理解。

极差图和标准差图的建立都比平均值图困难。样本极差(标准差)所构成的分布不服从正态分布,它关于平均极差值不对称。因此,在实际应用时,利用具有标准差(或者估计标准差)的预定因子来确立行动限的位置,这些因子会随着样品大小而发生变化。表 15.12 所示为用因子值来计算行动限位置的例子,专题 15.4 解释了它们的使用。当采用大样本时,能计算下行动限,虽然当样本值低于下行动限时,代表过程中的积极改进,这在防止供应商的潜在问题上没有必要性。还可以使用其他因素计算警告限的位置,尽管不常使用它们,ISO 8258 也没有提供它们的数值。

表 15.12　　　　　　　　　　在极差图和标准差中用来计算控制限的因子

样本大小	用于计算极差图的因子值(D)($UCL = D \times \sigma$)	用于计算标准差图的因子值(B)($UCL = B \times \sigma$)
2	3.686	2.606
3	4.358	2.276
4	4.698	2.088
5	4.918	1.964
6	5.078	1.874

专题 15.4　绘制常规控制图

生产线产品的质量是 150g,取了 20 个样本,每个样本取 4 个点,下面是取样的表:

样本号	质量				样本平均值	样本极差	标准差
	1	2	3	4			
1	148	143	151	156	149.5	13.0	5.45
2	155	158	139	148	150.0	19.0	8.45
3	155	14	146	141	146.5	14.0	6.03
4	140	145	150	139	143.5	11.5	5.07
5	147	147	150	148	148.0	3.0	1.41

续表

样本号	质量				样本平均值	样本极差	标准差
	1	2	3	4			
6	148	148	156	149	150.3	8.3	3.86
7	149	147	159	154	152.3	12.3	5.38
8	161	146	158	141	151.5	20.5	9.54
9	152	154	159	149	153.5	10.5	4.20
10	147	153	148	153	150.3	6.3	3.20
11	142	145	142	148	144.3	6.0	2.87
12	149	150	148	160	151.8	12.0	5.56
13	141	146	137	157	145.3	20.3	8.66
14	143	146	153	152	148.5	10.0	10.0
15	154	152	143	144	148.3	11.3	5.56
16	153	151	145	148	149.3	8.0	3.50
17	150	152	150	145	149.3	7.0	2.99
18	159	152	150	154	153.8	9.8	3.86
19	154	146	145	155	150.0	10.0	5.23
20	143	142	153	153	147.8	11.0	6.08

根据这 80 个点,计算的总标准差为 5.49,总平均值为 149.2,但是由于目标平均值是规定的(150),所以,该常规控制图以目标平均值绘制。

先计算标准误(SE),然后再计算警告限。由于样本的大小为 4,SE 值的计算如下:

$$SE = \sigma/\sqrt{n} = 5.49/\sqrt{4} = 5.49/2 = 2.75$$

控制限的计算如下:

上行动限 $= \mu + 3 \times SE = 150 + 3 \times 2.75 = 150 + 8.25 = 158.25(g)$

上警告限 $= \mu + 2 \times SE = 150 + 2 \times 2.75 = 150 + 5.5 = 155.5(g)$

下警告限 $= \mu - 2 \times SE = 150 - 2 \times 2.75 = 150 - 5.5 = 144.5(g)$

下行动限 $= \mu - 3 \times SE = 150 - 3 \times 2.75 = 150 - 8.25 = 141.75(g)$

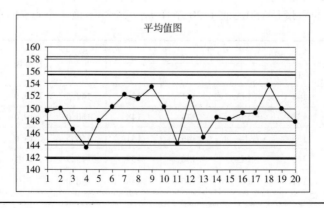

极差图

根据样本大小(此时为4),通过查询表 15.12 中的因子值,用此因子值乘以总标准差,就可以计算出上控制限值,以下是计算公式:

$$上控制限 = D \times \sigma = 4.698 \times 5.49 = 25.79(\mathrm{g})$$

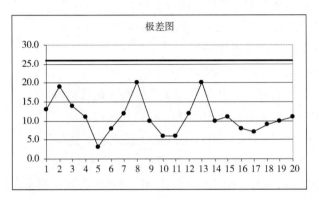

标准差图

根据样本大小(此时为4),通过查询表 15.12 中的因子值,用此因子值乘以总标准差,就可以计算出上控制限值,以下是计算公式:

$$上控制限 = B \times \sigma = 2.088 \times 5.49 = 11.46(\mathrm{g})$$

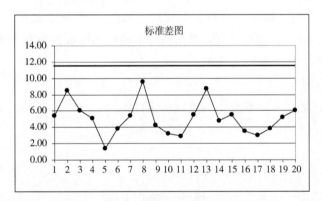

极差图和标准差图在评估过程的离散性上很相似。对于这三个图,虽然各个点都是分散的,但是都在控制限以内,这表明,这些产品都是在相似的生产条件下生产的。如果有一个点超出警告限或者是控制限,则要在超出的点后,重新计算控制限和警告限的位置。

控制图的判断解释

如前所述,在行动限以外预期发生的概率很小。如果有样本点超出行动限,就可以认为过程已经偏离了目标分布,需要采取措施分析原因,并且消除发生的偏差,使过程重新回到目标位置。

在除了行动限,还有警告限时,这种追加的判断方法也可反映状况,这种发生状况的概率很低。大部分常用的检测方法就是检查在警告限一侧三分之二的点。

ISO 8258 使用平均值图做出了更加详细的解释。它包括对称于中心线的 1、2 和 3 倍标准差的位置(其中 2 倍标准差位置和 3 倍标准差位置分别代表警告限和行动限)。这些线将其分为 A、B、C、C、B、A 六个区域,其中区域 C 对称地位于中心线的两侧。下面是 8 个规定的测试:

测试 1:一个点超出 A 区域(例如超过行动线)

测试 2:连续 9 个点在区域 C 内,或者在中心线的一侧

测试 3:连续 6 个点递增或者递减

测试 4:连续 14 个相邻点上下交替

测试 5:连续 3 个点中有 2 个点在中心线一侧的 A 区或以外

测试 6:连续 5 个点有 4 个点在中心线一侧的 B 区或以外

测试 7:连续 15 个点在区域 C,在中心线的上侧或者下侧

测试 8:连续 8 个点在中心线的两侧,但没有 1 个点在区域 C

如上所述,测试 1 和测试 5 适用于既有行动限又有警告限的情况。但是,该提示是在出现异常的时候提供的暗示,并且应该对这种判断采取措施。例如,在测试 7 的情况下,该判断提示了过程的改进,如果保持,从长远来看将会带来收益。

15.4.2.2 属性数据

属性数据来自只可计数不可以测量的特性。因此,一个样品只能产生一个数值,然后只能在一个控制图上标绘。如上所述,根据两种不同的属性数据类型分别有两种控制图可供使用,并且每种控制图又有两种类型:

(1)不合格品控制图

■ 不合格品数(适用于样本大小一致)(np 图);

■ 不合格品率(适用于样本大小不一致)(p 图)。

(2)不合格数

■ 不合格数(适用于样本大小一致)(c 图);

■ 不合格率(适用于样本大小不一致)(u 图)。

基于不合格品数的控制图

受控状态下,产生的不合格品数的数据呈二项分布。该分布基于总样本的不合格品率(p)而定义。由于基于二项分布,在取样时(样本大小为 n),不合格品数不一致,该分布的标准差计算如下:

$$\sigma = \sqrt{[n \times p \times (1-p)]}$$

如果需要,可以利用该 σ 值来估算 3σ 处控制限和 2σ 处警告限。

基于不合格数的控制图

受控状态下,产生的不合格数的数据呈泊松分布。该分布基于平均每个单位不合格数的不合格率(c)而定义。该分布的标准差计算如下:

$$\sigma = \sqrt{c}$$

如上所述,可以利用该 σ 值来估算 3σ 处控制限和 2σ 处警告限。

15.4.3　接收取样

从产品或者接收的货物中取样,根据取样来判断产品是否合格或者货物是否可以接收。以下是几种取样的方法:

(1)全检　对产品逐个检测,这种检测方式费用高,并且不适用于需要拆开产品的包装进行取样的情况。

(2)基于概率统计学的取样　不需要对所有产品进行检测,只取部分产品进行检测,根据概率来决定所取样本的大小,出现错误的概率是可以计算出来的。所选取的取样方案应该在容许的范围之内。

(3)特殊取样　这种取样方式不是基于理论,只是利用固定的比例进行现场检查。当质量保证程序受控时,也可以应用这种取样方式,同时,这种取样方式主要用来确认,一般不作为正常的可接受的取样程序。

15.4.3.1　抽检特性曲线

在评价一个抽样方案的适用性时,需要考虑各方面的因素。从数学的观点来看,抽样特性曲线(OC)能够形象地解释抽样方案的特性。对于一个特定的抽样计划,如果接收规则规定了不合格率(在 x 轴上),则在抽检特性曲线(OC)上的任何一个点都表明可以接收批次的预期比率(在 y 轴上)。

对于理想的抽样计划,批次的不合格水平低于规定的质量水平时,批次总被接收;同时,如果批次的不合格水平高于规定的质量水平时,批次总被拒绝接收。

此时,OC 曲线由三段直线构成(见图 15.6),其中垂直的部分在规定的质量水平处。当全检时,OC 曲线和上图一致。当取样的量逐步减少时,图中垂直部分逐渐地变成一个较缓的斜坡,这意味着接收不合格批次的概率提高,同时拒绝接收合格批次的概率也提高了,而这些合格批次本来应该被接收。

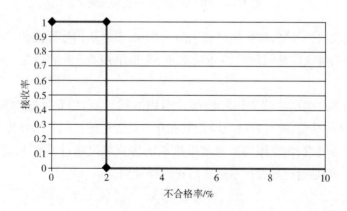

图 15.6　理想的 OC 曲线图

为了形成一致的接收标准,通常会确定接收质量限(AQL)。国际标准化组织称其为最差的可容忍质量水平。国际标准化组织对接收质量限的解释如下:尽管极有可能接收与可接收质量下限同样差质量的个别批次,但是设定可接收质量下限并不意味其质量水平令人满意。

虽然确定接收质量限值是重要的,国际标准化组织定义的其他重要概念与其有相关性,这些概念如下所示并在图 15.7 中进行了解释:

(1)受限的质量水平(LQL) 用于接收抽样检测,指连续批次不满意过程平均数的界限。

(2)客户风险点(CRP) 抽检特性曲线上与规定的低接收限相对应的点。

(3)客户风险(CR) 由取样计划规定的质量水平值,造成客户将不合格品当做合格品接收的概率。

(4)生产者风险(PR) 由取样计划规定的质量水平值,造成生产者将合格产品当做不合格品拒绝接收的概率。

(5)生产者风险点(PRP) 抽检特性曲线上与规定的高接收限相对应的点。

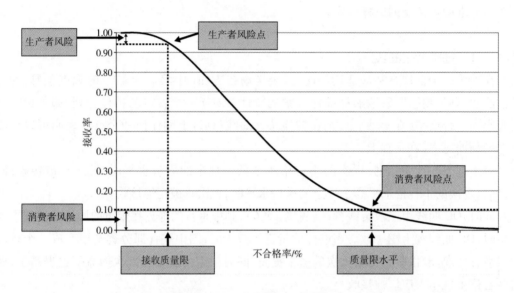

图 15.7　OC 曲线图——关键元素

为了优化接收取样计划,根据生产者风险为 0.05 设计了国际标准化组织的接收取样计划。这意味着根据接收质量限规定的质量水平,会拒绝接收 5% 的产品(或者会接收 95% 的产品)。

虽然没有用客户的风险建立国际标准化组织取样计划,但是通过对照不同的取样计划,可以得到这样的结论,将客户的风险控制在 0.1 是合适的。但是当评价一个取样计划的 OC 曲线时,有时会发现,由受限的质量水平造成的客户风险超过了 0.1,这也是有可能的。在这种情况下,一般是通过加大样本量来修正取样计划。

15.4.4　国际标准化组织取样计划

15.4.4.1　接收属性取样

为了优化取样体系,国际标准化组织将一系列取样计划组合在一起,通过改变规则,改变取样方案,使取样计划和取样方案组合在一起,形成总的取样体系。

有三种不同的取样方案可供选择,与标准水平(正常检验)相比,还有高水平(加严检验)和低水平(放宽检验)。以下是关于这三种取样的详细解释:

(1)正常检验 当过程的质量水平达到规定的质量水平时适用。

(2)放宽检验 检验取样量低于正常检验,当之前检验的结果表明过程的质量水平好于规定的质量水平时,转向放宽检验。

(3)加严检验 检验取样量高于正常检验,当之前检验的结果表明过程的质量水平差于规定的质量水平时,转向加严检验。

检验水平转移规则包括从一种检验水平转到另一个检验水平,但是何时转移需要提前规定。ISO 2859 的第一章详细地描述了转移规则,读者也可参见图 15.8 的总结。当决定从正常检验转移到放宽检验时,需要参考转移加分。在 ISO 2859 的第一章详细地解释了如何计算转移加分,总的来说,每当一个批次合格或者满足一定的条件时,分数就加 2 分或者 3 分。如果没有满足条件和要求,分数就重新归零。在考虑转移放宽检验之前,至少需要积累 10 分。因此,只有非常可靠的供应商供应的连续高质量产品才适合放宽检验。

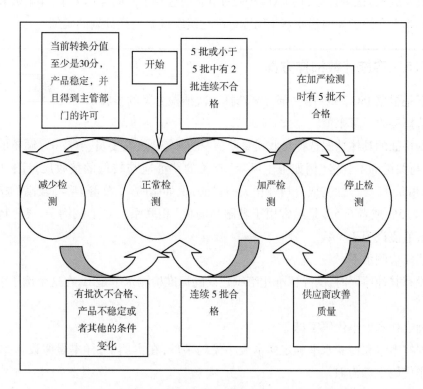

图 15.8 适用于国际标准化组织抽样计划的转换规则

以下是国际标准化组织取样计划的使用步骤:

(1)从 ISO 2859 中规定的接收质量限中选择一个接收质量限值,ISO 2859 中接收质量限值如下:

0.01	0.015	0.025	0.040	0.065
0.10	0.15	0.25	0.40	0.65
1.0	1.5	2.5	4.0	6.5
10	15	25	40	65
100	150	250	400	650
1000				

该值的含义是:每100个样品所含不合格品或者不合格数的比率。

(2)在ISO 2895中有三个检测水平可供选择,有三个一般水平(指Ⅰ、Ⅱ和Ⅲ)和一些额外特殊水平(S-1,S-2,S-3及S-4),可区分不同的情况采用不同的检测水平。检测水平越低,样本取样量越少,特殊水平可比一般水平低。除非已选择一种不同的水平,水平Ⅱ被认为是基础的检测水平。

(3)对于既定的待检测的批次,使用批次的大小确定样本大小代码字母。

(4)用样本大小代码字母和接收质量限值来确定样本大小、接收数和拒绝数。根据(正常、加严或者放宽)检测计划,在ISO 2859的附表中选择不同的样本大小、接收数和拒绝数。

专题15.5介绍了如何建立基于国际标准化组织接收取样计划的实例。

专题15.5　实施计数抽样方案

以下是根据ISO 2859第一部分来选择一次抽检方案的步骤

1.选择接收质量限值

根据特征的具体情况选择接收质量限值,根据食品法典委员会(CAC)颁布的通用取样指南,与关键的不合格(例如卫生风险)有关的特征应与较低的接收质量限(0.1% ~ 0.65%)相联系。反之,与成分特性相关的特征(例如脂肪、水分等)应与较高的接收质量限(例如2.5%或者6.5%是经常用于乳制品的值)相联系。对于该例子,成分特征的接收质量限值假设为2.5%。

2.选择检测水平

在没有其他原因时,国际标准化组织建议的标准检测水平是Ⅱ,在这个例子中采用水平Ⅱ。

3.确定样本大小代码字母

根据样本量和检验水平确定样本大小代码字母,在本例中,样本量假设为500,得到样本大小代码字母为H。

4.确定样本大小以及接收数和拒收数

根据上面的要求,国际标准化组织规定了如下的取样计划:

检测水平	样本大小	接收数	拒收数
正常	50	3	4
加严	50	2	3
放宽	20	2	3

下面是根据取样计划得到的 OC 曲线。

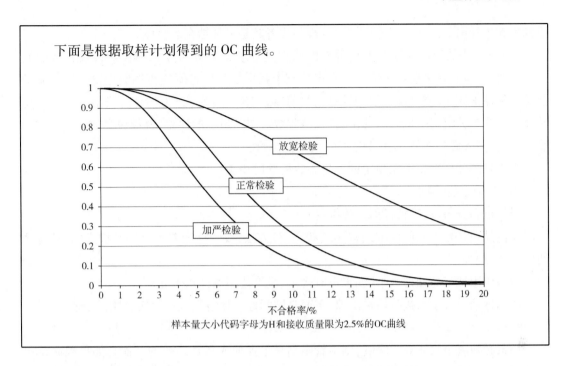

样本量大小代码字母为H和接收质量限为2.5%的OC曲线

二次和多次抽检方案

国际标准化组织程序中的另一个准则是通过不同的样本数量来进行判定。最简单的是通过对比所取单一样本的检测结果和规定的接收数和拒绝数相比来判断产品合格与否。

还有一个就是二次抽检方案,二次抽检方案的初始取样量小,如果抽检批次的质量水平是很好或者是很差的时候,可以快速地判断批次是否可以接收;如果抽检批次的质量水平处于中间水平(接近于接收质量限),则要进行二次取样,根据一次取样和二次取样的总的不合格情况,判断批次是否接收。如果使用二次抽检方案,首次取样量一般仅为一次抽检方案的 2/3,虽然有可能要进行第二次取样,并且第二次取样量是总取样量的 1/3 多点,但是从平均的角度来看,二次抽检方案需要的总样本量是相对节约的。然而,如果体系很复杂,就需要根据不同的情况,决定使用何种抽检方案。

如果遇到极其复杂的情况,有必要节约抽样。ISO 2859 详细规定了多次抽检计划,它允许最多进行五次抽样,每次抽样的量仅约为同等单次抽检的 1/4,在最坏的情况下,平均的抽样量也仅为单次抽检的 3/4。因此,产生更大节约要以制定更复杂的方案作为代价。

15.4.4.2   依靠变量的可接受抽样

当进行变量抽样时,可能使用样本平均值和标准差两种测量。从统计上讲,这有利于做更准确的决策。相比应用较大样本的属性测量方法,变量抽样可用较少的样本量达到相同的概率。

和 ISO 标准中针对属性建立的样本计划系统一样,ISO 标准依靠变量的可接受抽样方案也包括了很多不同的取样方案。例如,ISO 标准中就规定了基于标准差(s 方法)和方差的取样检验方案(R 方法)。或者,当标准差已知并且稳定时,建议使用 σ 方法。另一个需要考虑的选择是,是否有一个单一规限或者是否既有上限也有下限。在后一种情况下,需要判断超出规限的比例是否能运用于双规限或者其是一种结合的整体。

ISO 标准中关于接受或者拒绝批次的原理是基于正态分布原则和样本代表整批的假设。同时,它也有在之前描述的关于正态分布中超出某一特定值的比例的理论。通过质量统计值来评价样本,质量统计值的计算与之前专题 15.2 中关于 z 值的计算类似,然后,对比从 ISO 标准相关附表中检索出的接收数,接收数表明了最小的误差,就像在之前描述计数抽检一样,在接收质量限处,批次只有 5% 概率被拒。

下面是国际标准化组织规定的变量验收检验的步骤:

(1)开始之前,检查:

服从正态分布,产品特征值是连续的;

无论是一开始就使用标准差 s(或者极差 R)方法,或者标准差是已知和稳定的,都应该使用 σ 方法;

应该使用规定的抽样水平,如果没有规定,应该使用抽样水平 Ⅱ;

使用标准中规定的接收质量限值,下面是国际标准化组织规定的接收质量限值:

0.1,0.15,0.25,0.4,0.65,1,1.5,2.5,4,6.5,10

如果必须满足双侧规范限制,则不管限制是单独的或者是组合的。而且如果限制是单独的,则必须为每个限制确定接收质量限(AQL)。

(2)根据 ISO 3951 中的 1 – A 附表,检索样本量代码字母。

(3)通过相关的附表(ISO 标准中的附表Ⅱ或者附表Ⅲ)检索样本大小(n)和接收数(k)。

(4)根据检索的样本大小,随机取样,测量每一个样本单元的特征值,并且计算样本的平均值(x)和标准差(s);如果平均值在规范限之外,那么不需要计算标准差(s)就可以判断这一批不合格。

(5)如果单一规限已经提供,不论是上规限还是下规限,那么质量统计可以计算如下:

$$Qu = (U - x)/s \text{ 或者 } QL = (x - L)/s$$

(6)对比质量统计值和可接收常数(k),如果质量统计值大于或者等于可接收常数,批次可接收,否则,拒绝接收。

例:如果 Qu 或者 QL 大于或者等于 k,接收;

如果 Qu 或者 QL 小于 k,拒绝接收。

其切换规律按照上述标准进行,这与属性标准(见图 15.8)的方式很相似,就只有一些细微的差别。当转向加严抽检水平时,只改变接收数,不改变样本多少。对于放宽抽检水平,样本和 k 值都会相对较小。

专题 15.6 所示为一个变量抽检的实例。

专题 15.6　实施变量抽检方案

以下为假定条件:

接收质量限为 2.5%;

抽检水平选择水平 Ⅱ;

批次大小为500；

选择一次抽样；

选择"s"方法；

下规限为12.5。

确定样本量编码字母

根据批次大小和抽检水平检索样本量编码字母,根据以上假定条件,样本量代码字母为Ⅰ。

确定样本规格

根据"s"方法和样本量代码字母Ⅰ,检索到正常抽检和加严抽检的样本为25,检索到放宽抽检的样本为10。

确定接收数

当接收质量限为2.5%时,以下是相应的接收数:

正常抽检：$1.53(n=25)$

加严抽检：$1.72(n=25)$

放宽抽检：$1.23(n=10)$

实例：

假设样本量为25,样本平均值为13.3,样本标准差为0.49。质量统计值计算如下：

$$QL = (x - L)/s = (13.3 - 12.5)/0.49 = 1.63$$

如果是正常抽检,由于 $QL(1.63) \geq k(1.53)$,所以批次接收；但是如果是加严抽检,由于 $QL(1.63) < k(1.72)$,批次被拒绝。

15.4.5 重量控制

在食品生产中,非常普遍地应用统计技术控制液体产品的重量和体积。这有其商业原因,从经济的角度来看,产品超重,会使企业处于竞争劣势；从法律角度来看,如果产品的重量不足,则意味着违反关于重量的法律法规。因此,生产者都争取在满足法律法规要求的前提下,尽量减少产品的重量。

以下的讨论是根据欧盟的规定建立平均重量(或者体积)的控制体系。

15.4.5.1 欧洲的平均重量控制

尽管对包装产品重量的基本要求是其平均重量最起码要达到标称的重量,但是这样需要通过采取一些控制措施控制重量的实际分布情况,以避免客户获得超重(超轻)的包装产品。

因此,体系中的部分条款规定,重量的分布必须控制在规定的范围内。虽然法规没有明确规定绝对规则,但是要求包装产品必须能够通过检测员所做的基准检测,法规中规定了基于具体的统计规则的基准检测程序。

由于基准检测是针对一个批次的包装产品进行,因此该检测不适用于生产者评价和控制现场包装产品的重量。生产者需要这样一个体系,当该体系在生产运行正常时,可以使生产者有信心通过任何批次的基准检测。

通过使用与基准检测相同的统计要求,为生产者提供指导,该指导的依据是以下包装者的三个标准:

(1)包装产品的真实平均量不小于标称量;

(2)包装产品的不规范率不超过2.5%;

(3)包装产品没有量不足。

由于基准检测假设为正态分布,第三个原则并不具有数学上的可能性。因此,在概率上对不足重量包装产品的容忍误差是0.01%,即使这样,如果在销售过程中发现有重量不足的产品,这在法律的角度上也是不允许的。

解释这三个规则需要了解规定的附加规则(见图15.9的例子)。

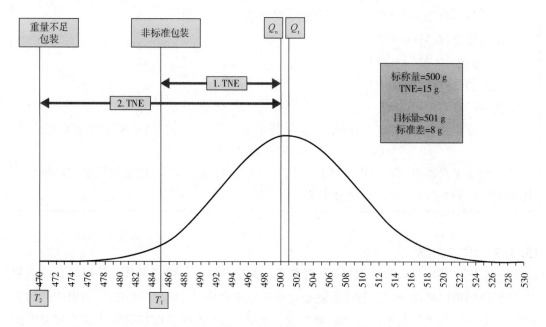

图 15.9　使用平均重量控制举例

■ 标称量(标称重量或者标称体积 Q_n):包装上标明的量,也就是说,包装产品应该包含的产品量。

■ 目标量(目标重量或者目标体积 Q_t):包装者在产品包装时设定的,并且努力要达到的平均量。

■ 实际量:实际的产品量(重量或者体积)。在测量产品的量时,应该以体积单位来表示,并且不论产品在什么温度下进行包装或测定,测定实际量需要在20℃下进行,或者校准到20℃测定。但是,该规则不适用于以体积单位标示的冷冻产品。

■ 短缺量:包装产品的实际量小于标称量的差值。

■ 允许短缺量(TNE):基于标称量,法规上规定的量,它规定了产品的允许偏差。

■ 允许短缺量1(T_1):标称量减去1倍的允许短缺量。

■ 短缺性定量包装产品:包装产品的短缺量大于允许短缺量(即包装产品量低于 T_1)。

■ 允许短缺量 $2(T_2)$:标称量减去 2 倍的允许短缺量。

■ 含量不足包装产品:包装产品的短缺量大于 2 倍的允许短缺量(即包装产品量低于 T_2)。

建立控制体系

通过仔细考虑与生产线相关的一系列因素,确定生产线的目标量,就应该有保证目标量的控制体系,例如常规控制图。如果基准测试合格,则目标量和控制体系都会给予生产者保证包装产品量的信心。

下面是建立重量控制体系所必须的最基本的步骤和顺序(摘自 DTI,1979):

(1)可能需要数天或者数个班次从生产线来获得所需要的样本量,例如,从生产线的末端取 $40(k)$ 组样本大小为 $5(n)$ 的包装产品(即总取样量为 $k \times n = 200$),需要对每一个包装产品称重 (x)。

(2)计算数据的特征值　样本量大小为 n,计算标准差 (s) 和平均值 $(\bar{x})$,根据结果,计算短期偏差度 s_0:

$$s_o = \sqrt{(s_1^2 + s_2^2 + s_3^2 + s_4^2 + \cdots + s_n^2)/k}$$

计算总的平均值 $\bar{\bar{x}}$:

$$\sum \bar{\bar{x}}/k$$

计算所有取样的标准差,结果就是中期偏差度 (s_p) 的计量值。

(3)结果解释

■ 测试 A:检测正态性

计算 $\bar{\bar{x}} - 2s_p$;如果 200 个中有 4 个低于该水平,这表明分布不是正态的。

计算 $\bar{\bar{x}} - 3.72s_p$;没有低于该水平的值。

如果不是正态分布,需要做进一步的研究。

■ 测试 B:平均稳定性

用 s_0 除以 s_p,当 $n = 5$,$k = 40$ 时,如果结果低于 1.056,平均值可能是不稳定的,在设定目标量时用 s_p 来替代 s_0,对于其他 k 及 n 值见表 15.13。

表 15.13　　　　　　　　用于确定稳定性平均值的参数

样本数	样本大小									
	2	3	4	5	6	8	10	12	15	20
20							1.038	1.031	1.024	1.0181
25						1.044	1.035	1.028	1.022	1.0164
30						1.039	1.030	1.025	1.020	1.0145
35					1.048	1.035	1.028	1.023	1.0179	1.0133
40			1.056	1.045	1.033	1.026	1.021	1.0167	1.0124
50			1.065	1.049	1.040	1.029	1.023	1.0187	1.0147	1.0109
60			1.059	1.045	1.037	1.027	1.021	1.0174	1.0138	1.0102

续表

样本数	样本大小									
	2	3	4	5	6	8	10	12	15	20
70		1.077	1.053	1.041	1.033	1.024	1.0190	1.0156	1.0124	1.0092
80		1.071	1.050	1.038	1.031	1.023	1.0178	1.0147	1.0116	1.0086
100	1.114	1.064	1.044	1.034	1.028	1.020	1.0161	1.0133	1.0105	1.0078

■ 测试 C：对比偏差和 TNE

检测 s_p 的值是否等于或小于 TNE/2，如果是，表明包装者在与包装者规则 2 和包装者规则 3 的相符性上存在一些小问题，此时可以设置 Q_t 接近 Q_n。

如果 s_p 的值在 TNE/2 和 TNE/1.86 之间，表明该结果违反包装者规则 2（即含有不可接收数量的非标准装产品），此时，目标量（Q_t）至少大于标称量（Q_n）的 $2s_p -$ TNE。

如果 s_p 的值超过了 TNE/1.86，表明该结果违反包装者规则 3［即包含不可接收数量的重量（体积）不足的产品］，目标量（Q_t）至少大于标称量（Q_n）的 $3.72s_p - 2$TNE。

(4)确定目标量　确定目标量需要考虑一系列的因素，其中标称量是最重要的因素之一，但是也需要考虑其他因素：

■ 过程变化中的平均偏差，在测试 C 中的第三步有所讨论。

■ 抽样偏差，在任何的生产过程中，如果需要抽样检测的数目很小（当项目所含的个数小于 50），这时就要考虑抽样造成的偏差。实际所需的样本量应该是过程变化和所使用控制体系的函数（例如，具有控制限和警告限的常规控制图）。

■ 储存损失，如果知道产品在储存过程中有重量损失（例如，面包会损失水分），就需要提前考虑这部分的损失。

■ 去皮偏差，如果控制体系是基于包装产品的重量，就需要假设标准的包装重量，因此，需要考虑包装重量变化的偏差。

目标量的计算如下：

$$Q_t = Q_n + 过程变化偏差 + 取样偏差 + 储存偏差 + 去皮偏差$$

参考文献

1. Codex Alimentarius Commission(2007) *Procedural Manual*, 17th edn. WHO/FAO, Rome.

2. DTI(1979) *Code of Guidance for Packers and Importers*. Department of Trade and Industry, HMSO, London.

3. FAO(2005) *Perspectives and Guidelines on Food Legislation*, *with a New Model Food Law*. FAO Legislative Study 87. FAO, Rome

4. FAO (2006) *Strengthening National Food Control Systems*: *Guidelines to Assess Capacity Building Needs*. FAO, Rome.

5. FAO/WHO (2003) *Assuring Food Safety and Quality – Guidelines for Strengthening National Food Control Systems*. FAO Food and Nutrition Paper 76. FAO, Rome.

6. FAO/WHO（2006）*Food Safety Risk Analysis：A Guide for National Food Safety Authorities*. FAO Food and Nutrition Paper 87. FAO,Rome.

7. Hubbard M. R.（2003）*Statistical Quality Control for the Food Industry*,3rd edn. Springer, Berlin.

8. Institute of Food Science and Technology（2006）*Food and Drink：Good Manufacturing Practice – A Guide to its Responsible Management*,5th edn. IFST,London.

9. Oakland,J. S.（2008）*Statistical Process Control*,6th edn. Butterworth – Heinemann, Oxford.

网址

1. British Retail Consortium（BRC）：http://www. brc. org. uk/

2. CodexAlimentarius Commission（CAC）：http://www. codexalimentarius. net/

3. Food and Agriculture Organisation（FAO）：http://www. fao. org/

4. GLOBALGAP：http://www. globalgap. org/

5. Institute of Food Science and Technology,UK（IFST）：http://www. ifst. org/

6. International Organization for Standardization（ISO）：http://www. iso. org/

7. World Health Organisation（WHO）：http://www. who. int/

8. World Trade Organisation（WTO）：http://www. wto. org/

补充材料见 www. wiley. com/go/campbellplatt

管理毒理学

Gerald G. Moy

要点

■ 食品中潜在的有毒化学物是全球范围的公共卫生问题,大多数政府使用管理毒理学处理这些潜在的危害。

■ 管理毒理学通过评价动物或其他研究表征这些危害,如果可能的话,基于适当水平的保护,建立安全或耐受限度。

■ 管理毒理学通过估算人们日常生活中可能摄入的化学物来确保是否超过安全或耐受限度。

■ 由于食品中的化学物来源多种多样,管理毒理学的分类方法不同于化学物,分为食品添加剂、兽药残留、污染物、天然毒物和非法添加物。

16.1　引言

在潜在的毒性水平上,食品中化学物是一个全球性的公共卫生问题,大气、水、土壤的环境问题可能污染食品,例如有毒金属物质、多氯联苯(PCBs)和二噁英等。各种有目的使用的化学物,如食品添加剂、农药、兽药和其他农业化学品,如果当地监管不当或者使用不当,这些化学物也存在潜在的危害。其他化学危害,如天然存在的有毒有害物,可能出现在食品加工过程中的各个环节,如收获、贮藏、加工、流通和烹饪过程中。而且无论发展中国家还是发达国家,食品中有毒物质偶然或有意掺杂均导致过严重的公共卫生事件。例如,1981—1982 年,西班牙伪造的食用油导致 600 人死亡,20000 多人永久残疾(WHO,1984,1992)。在这次事件中,尽管经过彻底调查,但没有确定代理商的责任。

过去的五十年间,农业和食品加工过程中广泛使用的化学物已经导致更大量更有争议的食品供给安全问题。为了保护消费者,大多数政府已经采用风险评估规范,包括管理毒理学,去科学地评价食品中化学物对人类健康的潜在风险。当风险评估方法在很大程度上可以统一的时候,风险管理的探讨很有必要根据化学物是否有意添加还是不可避免或天然存在的污染物而发生变化。而且,不同国家有选择风险管理方法的权利,这取决于国家对公众健康保护的愿望水平和技术、经济、社会等其他因素。大多数事件中,这些差异导致了国际食品贸易的破裂。

16.2　管理毒理学

对食品中潜在的有害化学物质进行法律监管,是政府及食品安全监控部门的基本职责。时至今日食品法律的立法和执行、监管程序,都需要这些部门的工作。目前,尽管在保护消费者免受化学危害方面已经取得了很大的进展,但随着风险分析原则并入国际标准的发展,人们越来越清楚地认识到需要以一种更加科学和统一的方式开展风险评估。食品法典委员会定义的食品风险分析包括三个方面:风险评估、风险管理和风险交流。每个方面都是联合国粮农组织和世界卫生组织专家讨论会的议题(FAO/WHO,1995,1997,1998)。讨论结果之一就是大家认识到,科学委员会必须比过去几十年更精确、更显著地来描述风险。除长期风险之外,一餐或一天中摄入某些物质都可能存在急性的安全风险,例如有机磷农药、具有药理学活性的兽药和某些真菌毒素。在过去的几年中,评估这些风险的方法已经建立,但这一领域中仍有更多的工作要做。

为了辅助完成风险评估程序,现有的风险评估模式包括四个组成部分,即危害识别、危害特征描述、暴露评估和风险表征。危害识别是对有些化学物质固有属性在一定暴露水平下可能会对人体健康造成不良影响的属性进行初步审查。这一初步评估为决定是否有必要进行全面风险评估提供依据。危害特征描述用来评估不良反应发生和暴露剂量之间的剂量－反应关系,用于建立一个被认为是可接受或可容忍的暴露水平。暴露评估用来考查某种物质的实际或预期暴露水平。风险表征则用来总结风险评估结果,包括所伴随的不确定性。上述这些内容在下文会做详细的介绍。

16.2.1　危害识别

风险评估程序的第一步是危害识别。很显然,摄入少量并在短时间内产生有毒效应的物质很容易被确定为危害。然而就在 20 世纪初期,人们尚未很好地意识到一些添加进食品中的化学物质会引起长期的潜在危害。例如,20 世纪初,美国的医生和科学家激烈地争论苯甲酸和硼酸的安全性问题。目前,很多国家的食品法律要求,任何有意添加到食品中的化学物质都要经过恰当的试验来确定其安全性。因此,就食品添加剂而言,危害识别成为一个自动的步骤;农药、兽药和一些化学品在上市前都必须经过风险评估程序。

对于食品污染物和其他无意掺入到食品中的化学物质,危害识别并不是一项简单的工作。有些食品污染物,缺乏可靠的数据去识别危害。通常,污染物中毒特性的信息来源于高浓度水平暴露下引起的中毒事件,如甲基汞和多氯联苯。但低浓度水平的毒性和长期暴露水平的毒性作用往往具有隐蔽性和未知性。每年大约有 1500 种新化学品进入市场,加起来目前约

70000 种。联合国环境纲要（UNEP）估计，在未来十五年，化学品生产量可能会增加 85%。而且，食品中可能还存在着无数天然有毒物质。人们已经可以通过不断改进的分析方法检测出来一些有毒物质，在过去的几十年里，这些方法得到了稳步的发展，更为灵敏。

基于风险识别的结果，风险管理人员可以确定潜在的健康风险，以确保完成风险评估程序。下一步是危害特征描述，它被认为是管理毒理学的核心。

16.2.2　危害特征描述

危害特征描述包括在危害识别内容基础上所开展的评论，值得一提的是，风险评估的组成部分是可以重复，甚至重叠的。例如，危害特征描述和暴露评估通常是同时进行的。对一种化学物质进行以监管为目的的毒理学评估就是建立在这个原理的基础之上。以监管目的开展的化合物的毒理学评价是基于 16 世纪瑞士的炼金术师、医生 Philippus Paracelsus 的观点。他认为，"任何东西都是有毒的，只是毒性取决于它们的剂量。"对这句话的推论也是正确的，也就是说，"所有的东西都是安全的，只是安全性由其剂量所决定。"除了理解化学物质的剂量－效应特点以外，管理毒理学的实际目的是找到一个无损健康的剂量。

做到这一点，要依据国际认可的协议，如联合国经济合作与发展组织公布的标准，进行毒性试验建立危害特征描述。危害特征需考虑到没有发生不良效应的剂量水平，以确立一种被认为可接受的（有意使用的化学物质）或者是可耐受的（污染物或天然存在的化学物质）摄入量水平。国际通用的标准参考值是有目的地使用化学物的安全摄入量，即"每日允许摄取量（ADI）"。在体重的基础上，它对食品和（或）饮用水中存在的某种物质的含量进行估计，它表明消费者一生中每天进食一定剂量这种物质不会对消费者产生明显的健康风险。

对于污染物和自然产生的有毒化学物质，相应的参考摄取量是"临时耐受摄入量"，它在每天、每周或者每月的基础上计算表达。耐受摄入量被称为"临时"，是因为人类暴露于低水平的某种化学物质导致数据不足，新数据则有可能会导致耐受限的改变。对于可在人体中随时间而蓄积的污染物，例如铅、镉和汞，每周可耐受摄入量（PTWI）可以作为参考值，减少摄入量日变化所造成的显著影响。对于那些不能在人体中蓄积的污染物，例如砷，选用每日可耐受摄入量（PTDI），而对于二噁英和类似二噁英的多氯联苯类物质，则选用每月可耐受摄入量（PTMI）作标准，强调体内此类化学物的半衰期。上述这些耐受摄入量是适用于总摄入量的主要卫生标准。

国际上，四十年间，FAO/WHO 两个联合委员会已经评价了食品中数以千计的化学物质。其食品添加剂专家委员会（JECFA）负责评估食品添加剂、污染物和兽药残留，农药残留联席会议（JMPR）则对农药残留进行评估。WHO 出版的《环境卫生基准 70》收录了 JECFA 发布的食品添加剂及污染物的食品安全评估方法，《环境卫生基准 104》收录了食品中农药残留的毒理学评估法。同时，很多国家机构接受并开展以公共健康为目的的毒性评估动物试验。基于化学物质的潜在毒性和人口暴露的可能水平，多采用分层方法。对于最低毒化学物质，需要在啮齿动物中考查基因毒性试验和短期毒性试验。对于中度毒性的化学物质，要在啮齿类和非啮齿类动物中进行一个遗传毒性实验和两个亚慢性毒性试验，同时也需要进行发育/致畸试验、代谢和毒性动力学试验。对于那些高毒的化学物质，除了进行中等毒性化学物质需要的试验外,还要在两个啮齿动物物种中,通常是小鼠和大鼠,进行慢性毒性试验和致癌试验。基于化学物质的性质和政府部门的需要还要进行其他特殊试验研究,包括神经毒性试验、免疫毒性试验和急性毒性试验。

能够引起暴露在环境中的动物发生内分泌失调的可能化学物质有据可查,其对人类健康的潜在影响也受到高度重视。还有些化学物质的发育神经毒性没有评估,人们普遍认识到以前认为不产生毒副作用的剂量水平也能产生免疫毒性。女性乳腺癌、男性睾丸癌和儿童脑癌的患病率在持续上升,这表明今后的研究需要排除食品中的化学物质致病的可能诱因。

16.2.3　暴露评估

尽管污染物的暴露量与食品中污染物浓度及每种食品总消耗量的关系有一定的不确定性,但暴露量还与这两个方面的相关参数有关。食品的污染程度受到多种因素的影响,如地理和气候条件、耕作方式、当地的工业活动和烹饪方式以及存储方式。消费过程中,由获得的监控数据确定食品的污染程度。通过建立不同的饮食摄入量模型将食品中污染物浓度数据和食品消耗数据相结合,以不同的方法进行每天、每周、每月的膳食暴露评估。这个模型有一定的确定性或者有一定的概率。在确定性模型中,通常计算平均值;而概率性模型则需要计算一个更加完整的摄入量分布描述,把所有能够获得消耗量数据的人群考虑在内而计算得到这个摄入量。在一些模型中,也需要考虑污染物水平的分布。

另一种方法是用总膳食调查评估食品中所选污染物的暴露水平。这些调查可以直接衡量消费中食品污染物的膳食暴露。考虑到成本效益,这种方法不能用于偶尔污染食品的化学物质的评估,例如黄曲霉毒素。世界卫生组织下的全球环境监测系统/食品污染监测和评估计划(GEMS/Food)通过收集、核对、传播关于食品污染物浓度和污染时间趋势的信息,以便能够采取预防和控制措施。来自全球环境监测系统/食品污染监测和评估计划和工业国家的调查数据显示,从化学污染角度而言,发达国家食品安全性很高,这是由于发达国家具有完善的食品安全基础设施(例如立法、执法机制、食品监测和监控程序)以及食品行业间的相互合作。相比之下,发展中国家还有很大的差距。食品意外污染和掺假现象在发达国家和发展中国家均有发生。由于媒体的广泛报道和国际贸易的影响,这些食品污染事件受到全世界的关注。

对于故意添加的化学物,如果允许其进入市场,必须建立能够预测其可能的人群暴露量的方法。对于农药和兽药,暴露评估与基于良好农业规范和良好兽药规范分别推荐的最大残留量(MRLs)有关。利用饮食模型以及假设的最大处理量和覆盖率,暴露评估通过比较建立的 ADI 值来计算。如果暴露评估值超过 ADI 值,需要考虑进一步细化危害评估,例如加工因素,清洗、去皮和烹饪。至于兽药残留,需要考虑增加从施药到市售的间隔时间。

对于食品添加剂,基于建议的最大使用量(ML)和需要使用食品添加剂的食品及种类,设计出各种筛选的方法。对于某些食品添加剂,比如风味剂,暴露数值的确立是基于人均生产且假设 10% 的人口食用此化学物质。如果这些筛选方法表明 ADI 可能超标,这就需要进行国家级的暴露风险评估,因为这能够为特定食品提供更为精确的消费量和使用量。

16.2.4　风险表征

风险表征汇集了化学物质在不同人群的暴露水平,并将其与代表健康影响的参考值进行比较。如果暴露值没有超过参考值,就可以假设这种化学物质不会对人体健康造成影响。至于污染物和天然有害物质,可以在摄入耐受限度和饮食中人类已知暴露水平之间的安全边际来表示。根据这些信息,可做出适当监管行动决定,如发布食品标准,确定某个特定化学物质的最大残留限量或最大使用量。

16.2.5　风险管理

基于食品添加剂联合专家委员会(JECFA)和农药残留专家联席会议(JMPR)的议案,FAO/WHO 食品法典委员会及其成员国政府可以制定国际食品标准、准则和其他建议。自1963 年成立以来,食品法典委员会采纳了 240 多个商品标准,规定了 3500 种农药和兽药及商品组合的最大残留限量,780 条食品添加剂标准和 45 条卫生或技术操作规范。世界贸易组织参考食品法典委员会的标准、准则和建议,仲裁涉及安全和健康诉求的贸易争端。然而,这是非常必要的,但是不能充分确保食品供应中潜在危险化学物质的安全。

制定适当的法规后,食品工业需要添加化学物质,必须遵守法律所规定的健康范围。为了这个目的,第一产业(农业、畜牧业和渔业产品的生产商)和加工业必须执行法律法规和遵守良好农业/养殖、畜牧生产和制造业的操作规范。化学物质,如防腐剂,有助于防止腐败和病原微生物,但是其使用必须严格遵守法律。我们应该努力减少使用潜在的有毒化学物质,例如提倡病虫害综合防治管理。

除了符合法律规定外,应当鼓励尽量减少和降低食品中使用化学物质的技术实践,例如,保持谷物干燥,抑制霉菌生长和防止食品在储藏中产生毒素。食品辐照可以代替用于杀虫、抑制发芽、减缓微生物的产生、减少熏蒸的潜在有害化学物质的使用。现代生物技术也提供了减少使用化学药品的可能性,特别是杀虫剂,它具有潜在的健康和环境问题。

最后,食品中化学物质的监测程序在验证工业符合规范的程度、评估干预措施的影响、确定食品安全方面是十分必要的。除监测污染物外,政府还需要向人们披露包括弱势群体在内的全面的膳食信息,以确保公众健康得到保护,让市民对食品供应的安全性感到放心。

16.3　食品中的化学有害物质

就本章而言,读者可以参考国际食品法典中的定义,用来形容在食品中发现的各种化学物质。食品法典主要明确地界定了"污染物",其中包括了重要的短语"并非有意添加于食品"(食品法典,2006):"任何并非有意添加而存在于食品中的物质,可能是来自于生产(包括开展种植业、畜牧业和兽药)、制造、加工、制作、配制、打包、包装、运输和保存的过程中,或者是环境污染的结果。这个术语不包括昆虫碎片、鼠毛及其他外来物。"

因此,这一定义不包括食品添加剂、残留的农药和兽药等化学物质。某些农药,如 DDT

不再有意地用于农作物,但仍然能在食品中检出,它被视为"污染物"。然而,天然存在于植物性食品中的化合物是植物固有成分,所以它们不被认为是污染物。这类物质在食品法典中被称为"天然毒素"。各国食品安全法规范围内的各种定义很重要,它们往往决定了监管要求。然而,在本章内容中,应用食品法典的定义作为便于交流的参考要点。

16.3.1　食品添加剂

食品添加剂包括一大类多种多样的化学物质,它们有很长的使用历史,并且在投入市场之前都需要经过全面的测试,以确保它们的安全性。它们被添加到食品中,以提高或保持食品质量、安全性、营养品质、感官品质(味道、外观、质地等)和某些需要加工或存储的其他品质。由食品添加剂联合专家委员会进行评估,并按照食品法典委员会建议使用的食品添加剂,被认为没有明显的健康风险。然而,一些传统的方式,如腌制和熏制,被认为是导致某些疾病(如高血压和某些癌症)的危险因素。如果可能的话,应该使用其他方法来保存食品(WHO,1990a)。在许多发展中国家,仍然存在非法使用已被禁用或未经批准的食品添加剂(如硼酸和纺织染料)的情况。

16.3.2　兽药残留

兽药一直是提高动物源性食品产量的关键因素。密闭空间里生存的动物具有更大的生存压力和被传染疾病的风险,为了保护它们的健康,疫苗和治疗性的药物是必不可少的。给动物以低于治疗剂量的抗菌药物,可以促进增重,提高饲养效率。然而,以这种方式使用抗生素会产生具有抗生素耐药性的抗性微生物(Shah 等,1993;WHO,1995)。蛋白同化制剂可以提高肉制品的产量,在世界许多地区广泛地用于促进某些动物的生长,尤其是反刍动物。应用蛋白同化制剂可以使动物的肌肉净增长速率达到 5% ~ 10% 或更多。在过去的十年中,人们已经开发新的同化激素用于其他用途,例如增加牛乳产量。基于现代生物技术,某些具有特异性纯化蛋白质类药物,尤其是牛生长激素(BST),在发展中国家显得尤为重要。专家委员会曾评估了许多包括蛋白同化制剂和 BST 在内的兽药残留的安全性,并得出结论,在良好的农业和兽药业的生产规范下,这类物质不会给消费者带来明显的风险(WHO,1998a,2000a)。因此,食品法典委员会已采纳了多项兽药残留的最大残留限量,其中包括一些蛋白同化制剂。然而,由于某些风险管理不涉及食品的安全因素,食品法典委员尚未批准 BST。

然而,对非法和滥用引起的食源性动物中的兽药残留,进行相关的风险评估,则是另外一回事。因此,继续进行监测是必要的,以确保获批准的兽药只有在允许剂量下才能使用,如果定义了停药期,就要对其进行监测。

16.3.3　农药残留

关于农药,通过对实验室的动物和食品的意外污染,以及职业性的和有目的接触农药进行研究,所提供的数据表明,如果过度接触农药,可能会产生严重的健康问题。已报道的影响作用包括急性致死性中毒、神经毒性、免疫毒性、致畸性和致癌性。而且,营养不良和脱水会进一步加重这些影响,降低某些农药的毒性阈值(WHO,1990b)。

由于以上原因,当使用这些物质时,采用良好农业生产规范是极为重要的。在某些情况下,人们发现食品中含有高浓度的农药残留,例如,当农药使用后过早收获作物,或者在作物中过量使用农药。

在发达国家,很少有迹象显示,按照良好农业规范使用已经被批准的农药会危害人体健康。在大多数有记录的情况下,由于不当或非法使用有毒农药,会造成食品污染。有时候,由于在储存或运输过程中意外接触农药而导致食品的污染。在其他情况下,可能在不经意间食用混有杀菌剂的种子。然而,某些农药潜在的急性中毒,特别是针对儿童,值得进一步研究。

在发展中国家,虽然媒体定期报道一些严重的食品问题,但是贫乏的食品安全基础设施妨碍了人们准确评估食品中的农药问题。间接信息表明,消费者可能会经常在饮食中接触到高浓度的农药。例如,大量农业工作者的急性中毒暗示着他们缺乏处理和应用农药的知识。事实上,发达国家从发展中国家进口食品的监测数据表明,有时候食品在它们的源头就已经被严重污染。在发展中国家,妇女母乳中含有有机氯农药残留,这个信息进一步揭露了这些化学物质在人体内的显著累积(WHO,1998b)。考虑到所涉及的急性和慢性的健康危害,还需要进一步评估。

16.3.4　污染物

作为环境污染的结果,食品供应过程中可能会出现许多化学物质。它们对人体健康可能会产生非常严重的影响,在过去几年中引起了人们的极大关注。有报道指出,当食品被有毒金属所污染,如铅、镉或汞,会造成严重后果。

16.3.4.1　铅

铅会影响造血系统、神经系统和肾脏系统。已经证实,铅能够减缓儿童智力发育,而且就剂量–相关作用方式方面,它没有明显的阈值。当使用铅管或铅内衬储水罐时,铅会明显地暴露在水中。同样地,加工食品和饮料可能会被铅管或其他设备所污染。用于食品包装的铅焊接罐中也会含有大量的铅。近年来,在许多发达国家,饮用水系统中已经开始努力减少铅在食品设备及容器中的使用,并显著降低了铅的暴露量(WHO,1988a,2000b)。消除汽油中的含铅添加剂,可以改善沿高速公路种植的食品中铅污染情况,并减少铅在空气中的暴露。

16.3.4.2　汞

甲基汞是汞中毒性最强的物质,已被证实对神经系统有严重损害,而且这种损害是不可逆的。胎儿、婴幼儿和儿童对此特别敏感(WHO,2000b)。20 世纪 50 年代末,在日本水俣湾,发生了甲基汞中毒的悲剧事件,这起事件是由鱼和贝类吸收了工业排放的含汞化合物所引起的。虽然某些海洋哺乳动物也可能含有高浓度的甲基汞,但鱼通常是食品中甲基汞的主要来源。因此,一些国家建议孕妇限制对某些掠食性鱼类和海洋哺乳动物的摄入量,以保护发育中的胎儿(Rylander 和 Hagmar,1995)。

汞自然存在于环境中,它在鱼中的含量可能受到工业污染的影响。例如,在20世纪60年代中期的瑞典,人们在造纸和纸浆工业中使用含汞化合物,并且在其他工业中将含汞化合物排放到环境中,这些做法显著增加了甲基汞在淡水鱼类和沿海鱼类中的含量。经过一系列的干预措施,包括禁止在木材工业中使用苯基醋酸汞和在农业中使用烷基汞,汞污染的程度逐渐减小(Oskarsson 等,1990)。

16.3.4.3 镉

镉是一种天然存在的污染物,通常存在于某些火山土壤中。镉也是一种工业污染物,鸟粪肥料中浓度较高。有报道的首例镉中毒事件于1950年发生在日本,由于它会导致关节和脊柱剧烈疼痛,所以称为痛痛病(从字面上解释为哎哟哎哟病)。而且,肾功能衰竭与长期低剂量接触镉有关。软体动物,特别是生蚝中镉的浓度最高,食用谷物可以导致人们接触到大量的镉。目前,镉的每周最大摄入量暂定为总膳食的40%～60%,而食品添加剂联合专家委员会已经确定其为7μg/kg 体重/周(WHO,2006)。

16.3.4.4 多氯联苯

另一种令人感兴趣的环境化学物质是在不同工业中均有所应用的多氯联苯(PCBs)。多氯联苯对人类健康造成严重影响的信息来源于日本(1968)和台湾(1979)发生的两起食用污染的食用油而暴发的大规模事件。第一起事件中,由于工厂厂房的管道漏水,使米糠油被多氯联苯污染(Howarth,1983)。通过这一事件的严重影响,人们认识到多氯联苯可能有致癌性,并且会对人类产生其他的长期影响。在美国,已证实妇女脂肪组织中的多氯联苯含量与她们在婴幼儿时期的发育和行为缺陷有关(Jacobson 等,1990)。自20世纪70年代以来,许多国家相继采取行动,严格限制多氯联苯的生产和使用(WHO,1988a)。1998年,多氯联苯污染了动物饲料,也包含了大量二噁英(见下文),导致大规模污染家禽和鸡蛋,而且在一定程度上,污染了比利时的牛肉。然而,没有人类对此产生急性中毒的报道。

16.3.4.5 DDT

1940—1960年,DDT 作为农业上的杀虫剂和虫媒疾病的控制剂而广泛应用。在许多国家,DDT 及其降解产物仍然存在,成为环境污染物。虽然在所有的国家 DDT 都已经在农业中禁用,然而在许多热带国家 DDT 仍然是控制疟疾的重要化学物质。除了其对野生动物的不利影响外,DDT 与人类健康的一些不良影响有关,包括与癌症的关系(Ahlborg 等,1995)。

16.3.4.6 二噁英

二噁英是一类称为持久性有机污染物(POPs)的有毒化学物质。在环境中的稳定性和良好的脂溶性使其在食物链中产生生物放大作用。二噁英这个名字适用于结构和化学性质与二噁英和二苯并呋喃相似的一类化合物,它们主要是工业生产和废物焚化的副产物。在世界各地几乎所有的食品中,二噁英是低水平的,尤其是乳制品、肉类、鱼类和贝类。最近在比利时和美国发生了涉及二噁英含量升高的动物源性食品事件。在后一事件中,二噁英来自于一类动物饲料配方中用作结合剂的天然黏土。暴露于高浓度二噁英的急性反应包括皮肤损害,如氯痤疮,还能改变肝脏功能和促进后代中女孩性比例的转变。长期接触与免疫系统、发育中的神经系统、内分泌系统、生殖功能的损伤以及癌症有关。

2002 年,专家委员会确定了对人类没有伤害的耐受摄入量。根据人类流行病学数据和动物实验研究,食品添加剂专家委员会建立的 PTMI 为 70μg/kg 体重,作为世界卫生组织毒性当量因子(WHO,2002)。这是为化学物质建立的最低耐受摄入量之一。一些国家对二噁英暴露水平的评估在世界卫生组织推荐的 PTMI 范围内。在一些工业化国家,随着采取源头措施减少污染物在环境中排放,其暴露量呈减少的趋势。

16.3.5 天然毒物

16.3.5.1 真菌毒素

真菌毒素,即某些微观真菌(霉菌)的毒性代谢物,可能会导致人类和动物的一系列严重不良反应,自从 20 世纪 70 年代以来,受到国际上越来越多的国家关注(Moy,1998)。动物实验研究表明,除了严重的急性反应,霉菌毒素能够产生致癌、致突变和致畸作用(European Commission,1994)。

目前,已经确认了数百种真菌毒素。从经济角度看,黄曲霉毒素是最知名和重要的真菌毒素。由于产生黄曲霉毒素的真菌喜欢高湿和高温的环境,生长在热带和亚热带地区的作物,如玉米和花生,更容易受污染。流行病学研究表明,在一些非洲和东南亚国家,肝癌的高发病率[(12~13)人/(10 万人·年)]与人群接触黄曲霉毒素之间有很强的相关性。某些研究表明,黄曲霉毒素和 B 型肝炎病毒是共致癌物;在黄曲霉毒素污染和 B 型肝炎病毒都流行的地方,肝癌发病的可能性更高(Pitt 和 Hocking,1989)。在花生、玉米、坚果和某些水果如无花果中都发现有黄曲霉毒素。除了恶劣的天气条件(包括太湿和太干),采后处理对霉菌的生长也起着重要的作用(WHO,1979;FAO,1987)。在这方面,符合良好农业或制造业规范极为重要。被黄曲霉毒素污染的饲料喂食动物,也可能使该毒素出现在人类可食用的动物组织中,考虑到人类健康,也应关注被其污染的饲料。这对奶牛特别重要,饲料中的黄曲霉毒素 B 被动物代谢为黄曲霉毒素 M 并分泌到乳汁中。

其他受关注的霉菌毒素包括麦角生物碱、赭曲霉毒素 A、棒曲霉素、伏马菌素 B 和单端孢素。食品添加剂专家委员会已经确定赭曲霉毒素 A、棒曲霉素、伏马菌素 B 和某些单端孢素的暂定可耐受摄入量非常低(WHO,2002b)。鉴于它们在许多食品中存在和在加工过程中的稳定性,真菌毒素被认为是一个重要的公共卫生问题。

16.3.5.2 海洋生物毒素

海洋生物毒素中毒是另一个值得关注的领域。在世界的许多地方,这种类型的中毒是一个重大的公共卫生问题,影响了成千上万人。最常见的类型是雪卡毒素,也称"鱼中毒"。在严重的情况下,其症状可能持续数周、数月或数年,案件发生率/死亡率的范围为 0.1% ~ 4.5%。雪卡毒素与多种热带和亚热带鱼类的消费有关,主要是食用产毒甲藻的珊瑚鱼,或食鱼类的珊瑚鱼。

在食用污染的贝类后，另一组海洋生物毒素会产生急性中毒。贝类中毒导致的毒素是由各种甲藻产生的。在一定的光照、温度、盐度和营养供给条件下，这些生物可能繁殖，并形成致密的水华使水变色，称为赤潮。以这些藻类为食的贝类积聚毒素，但不受影响。最经常涉及的贝类是蛤蜊、贻贝，偶尔有扇贝和牡蛎。消费污染贝类，会产生不同的中毒症状，包括麻痹性贝毒（PSP）、腹泻性贝毒（DSP）、神经性贝毒（NSP）、记忆缺失性贝毒（ASP）和甲藻酸毒（AZP）。近期世界海洋的气候变暖已经改变了甲藻的分布和范围，给以前未受影响的地区带来了威胁（Kao，1993）。

16.3.5.3　植物毒素

在世界许多地方，可食植物中的毒素和类似可食用植物的有毒植物是引起疾病的重要原因（WHO，1990a）。在一些地方，贫困阶层的人们为了充饥食用的谷物具有已知的潜在毒性，例如，山黧豆。产生稠吡咯生物碱的植物种子偶然污染小麦和小米，可导致急性和慢性肝病（WHO，1988b）。在欧洲，误食有毒蘑菇是目前该类疾病和死亡的首要原因。在不同的亚洲国家，如印度，经常有在芥菜籽中掺入外观类似但有毒的种子的报道。

16.3.5.4　生物胺

生物胺，包括组胺、酪胺、尸胺和腐胺，是氨基酸的脱羧产物，这是在发酵过程中形成的，如干酪蛋白质的成熟、葡萄酒的发酵和蛋白质的分解，最值得注意的是一些品种的鱼。摄入后几分钟到 1h 就出现症状，包括产生奇怪的味道、头痛、头晕、恶心、面部肿胀和潮红、腹痛、脉搏快而弱和腹泻等。烹调不能破坏组胺。

16.3.5.5　加工过程中产生的化学物质

尽管大多数食品加工的目的是使食品在较长的时间内保持安全，但偶尔在加工过程中会产生对健康有害的化学残留物。例如，使用传统方法烟熏食品可导致高水平的苯并芘和其他多环芳烃，这些是公认的人类致癌物。烹调过程中也产生一些有毒化学物质。油炸的鱼能产生杂环胺，炒腊肉能产生亚硝胺。甚至食用油本身也可以分解成有毒的降解产物。最近已经发现一些高糖食品在高温下烹饪时产生丙烯酰胺（WHO，2006）。

16.3.6　掺杂物

出于健康和经济的原因，食品掺假受到关注。使用未经批准的化学物质，使食品看起来具有较高品质，掩盖变质或腐烂的产品，或简单地增加产品的重量或体积，这是自古以来不法生产商和经销商一直实行的骗术。社会已经通过法律保护消费者免受掺假的危害，并严惩违法行为。在国际上，食品法典委员会已通过 240 多个食品标准，确保常见食品的特性、质量和安全性。然而，仍然不断发生掺假事件。这些主要是出于贪婪的动机和无知或漠视人类健康风险。

如前所述的西班牙食用油事件（WHO，1984，1992），掺假对健康的后果可能非常严重，包括死亡及永久伤残。其他掺杂物可能会造成各种健康问题,包括癌症、出生缺陷和器官衰竭。常见的掺假物质有滑石粉、甲醛、硼酸、未经批准的着色剂,甚至石头。水是液体产品的普遍掺假物质,如果它含有病原体或有毒的化学物质则产生危害。加入三聚氰胺的食品和饲料,已经导致国际范围的召回事件。在这种情况下,三聚氰胺污染的乳粉导致了使用乳粉作为原料的次生产品的大量污染。

在大多数国家,食品中添加任何没有批准的化学物质都被认为是掺假行为。虽然这种掺假是非法的,但是侦查和起诉这些违法行为非常困难。另一方面,往往是肇事者故意污染食品并警告消费者,这是涉及警察和保安人员的刑事问题,其动机可能是政治(恐怖主义)、经济(勒索)或个人(复仇)的原因。除了已知在食品中通常出现的污染物,一些可能的威胁物质也已显现危害。需要在察觉到的威胁水平和适当分配资源的基础上评估该类事件的可能性(WHO,2008)。

当发现掺假行为或发生威胁时,风险管理人员采取的响应措施,如公开警告和召回,在一定程度上取决于掺假产品带来风险的性质和程度。不幸的是,早期获得的信息稀少而不可靠。而且,掺杂物的毒理学和化学数据往往不足以支持可靠的风险评估。在这种情况下,与所有利益相关者,尤其是食品行业进行适当的沟通,是非常重要的,以此确保公众关注与公众风险的程度相当。

鉴于随之而来的不确定性,风险管理人员应慎之又慎,但不应忽视对食品供应的潜在影响。因此,应对掺假事件的准备工作,包括恐怖威胁,对于做出及时、适当和协调一致的响应至关重要。准备工作包括开发快速评估和跟踪食品的能力,使之能够不管起因如何,对紧急情况做出必不可少的响应。最重要的是,建立权限,与相关政府机构沟通以及在食品工业保持关键控制点。最后,在严重的事件发生之前,开展必要的模拟和演习,以保证检测系统的健全性和有效性(WHO,2008)。

16.4 结论

尽管普遍认为发达国家的食品供应是安全的,但某些化学物质仍然会导致长期的公共健康问题。例如,丙烯酰胺和各种真菌毒素的暴露事件有据可查,但对人类健康潜在的影响亟需研究。此外,还没有对许多化学物质进行过发育神经毒性评估,甚至更少有化学物质测试过免疫毒性。某些癌症的增长率表明,需要进一步研究以排除食品中的化学物质对这些疾病的可能贡献。

涉及化学危害的定期突发事件还表明,需要更有效的办法来确保此类事件不再发生,而且当发生时及时地采取适当的行动,包括快速、透明和与公众和国际机构准确的沟通。

发展中国家普遍存在不知道食品中化学物质的情况。这些国家大都没有具体的立法控制食品中的化学物质或缺乏执行食品管制法规的能力。此外,这些国家大多没有监控功能,关于食品中的化学物质的膳食暴露信息很少。发展中国家必须发展风险评估和监管能力以有效地应对食品中的化学危害。关键是汇聚国家能力制订以健康为导向,以人群为基础的监测方案,评估人群暴露于食品中的化学物风险,包括开展全面膳食研究。

研究化学品对健康潜在的不良影响应该包括有关危害特征描述和暴露评估的知识改进,以提供对这些危害所带来的风险的最佳科学评估。

参考文献

1. Ahlborg,U. G. ,Lipworth,L. ,Titus – Ernstoff,L. ,et al. (1995) Organochlorine compounds in relation tobreast cancer,endometrial cancer,and endometriosis:an assessment of the biological and epidemiological evidence. *Critical Review of Toxicology*,25,463.

2. Codex(2006) *Codex Alimentarius Commission Procedural Manual*,16th edn. Joint FAO/WHO Food Standards Programme,Codex Secretariat,FAO,Rome.

3. European Commission(1994) *Mycotoxins in Human Nutritionand Health*. Agro – Industrial Research Division Directorate General, XII Science, Research and Development, European Commission,Brussels.

4. Food and Agricultural Organization (1988) *Nairobi + 10*, *Mycotoxins* 1987. Report of the 2nd JointFAO/WHO/UNEP International Conference on Mycotoxins,Bangkok,28 September to 2 October 1987. FAO,Bangkok.

5. Food and Agricultural Organization/World Health Organization (1995) *The Application of Risk Analysis to Food Standards Issues*. Report of a joint FAO/WHO consultation. WHO,Geneva.

6. Food and Agricultural Organization/World Health Organization (1997) *Risk Management and Food Safety*. Reportof a joint FAO/WHO expert consultation. FAO Food and Nutrition Paper 65. FAO,Rome.

7. Food and Agricultural Organization/World Health Organization (1998) *The Application of Risk Communicationto Food Standards and Safety Matters*. Report of ajoint FAO/WHO expert consultation. FAO Food andNutrition Paper 70. FAO,Rome.

8. Howarth,J. (1983) *Global Review of Information on the Extentof Ill Health Associated with Chemically Contaminated Foods*. World Health Organization,Geneva(documentWHO/EFP/FOS/EC/WP/83.4).

9. International Atomic Energy Agency (1991) *International Chernobyl Project Assessment of Radiological Consequencesand Evaluation of Protective Measures – Conclusions and Recommendations of a Report by an International Advisory Committee*. IAEA,New York,p. 3.

10. Jacobson,J. ,Jacobson,S. and Humphrey,H. (1990)Effectof the exposure to PCBs and related compoundson growth and activity in children. *Neurotoxicology and Teratology*,12(4),319 –26.

11. Kao,C. Y. (1993)Paralytic shellfish poisoning. In:*AlgalToxins in Seafood and Drinking Water* (ed. I. R. Falcone). Academic Press,London.

12. Moy,G. G. (1998)The role of national governments andinternational agencies in the risk analysis of mycotoxins. In:*Mycotoxins in Agriculture and Food Safety* (edsK. K. Sinha and D. Bhatnager). Marcel Dekker,NewYork,pp. 483 –96.

13. Oskarsson,A. ,Ohlin,B. ,Ohlander,E. M. and Albanus,L. (1990)Mercury levels in hair

from people eating large quantities of Swedish freshwater fish. *Food Additives and Contamination*, 7,555.

14. Pitt,J. I. and Hocking,A. D. (1989) *Mycotoxigenic Fungi. Foodborne Microorganisms of Public Health Significance*. Australian Institute of Food Science and Technology, North Sydney, New South Wales.

15. Rylander,L. and Hagmar,L. (1995) Mortality and cancer incidence among women with high consumption of fatty fish contaminated with persistent organochlorine compounds. *Scandinavian Journal of Work Environment and Health*,21,419.

16. Shah, P. M. , Schafer, V. and Knothe, H. (1993) Medicaland veterinary use of antimicrobial agents;implications for public health;a clinician's view on antimicrobial resistance. *Veterinary Microbiology*,35,269.

17. World Health Organization (1979) *Mycotoxins. Environmental Health Criteria* 11. WHO, Geneva.

18. World Health Organization (1984) *Toxic Oil Syndrome;Mass Food Poisoning in Spain*. WHO Regional Office for Europe,Copenhagen.

19. World Health Organization (1988a) *Assessment of Chemical Contaminants in Food. Report on the Results of the UNEP/FAO/WHO Programme on Health – Related Environmental Monitoring*. UNEP/FAO/WHO,Geneva.

20. World Health Organization (1988b) *Pyrrolizidine Alkaloids. Environmental Health Criteria No.* 80. WHO,Geneva.

21. World Health Organization (1990a) *Technical Report Series No.* 797. *Diet,Nutrition,and the revention of Chronic Disease*. Report of WHO Study Group,WHO,Geneva.

22. World Health Organization (1990b) *Public Health Impact of Pesticides Used in Agriculture*. WHO,Geneva.

23. World Health Organization (1992) *Toxic Oil Syndrome;Current Knowledge and Future Perspective*. WHO Regional Publication,European Series No. 42. WHO,Copenhagen.

24. World Health Organization (1995) *Report of the WHO Scientific Working Group on Monitoring and Management of Bacterial Resistance to Antimicrobial Agents*. WHO/CDS/BVI/95.7. WHO,Geneva.

25. World Health Organization (1998a) *Evaluation of Certain Veterinary Drug Residues in Food*. 50th Report of the Joint FAO/WHO Expert Committee on Food Additives. WHO,Geneva.

26. World Health Organization (1998b) *Infant Exposure to Certain Organochlorine Contaminants from Breast Milk;A Risk Assessment*. GEMS/Food International Dietary Survey. WHO,Geneva.

27. World Health Organization (1999) *Evaluation of Certain Food Additives and Contaminants*. 53rd Report of the Joint FAO/WHO Expert Committee on Food Additives. WHO, Geneva.

28. World Health Organization (2000) *Evaluation of Certain Veterinary Drug Residues in Food*. 52nd Report of the Joint FAO/WHO Expert Committee on Food Additives. WHO, Geneva.

29. World Health Organization (2002a) *Evaluation of Certain Food Additives and Contaminants*. 57th Report of the Joint FAO/WHO Expert Committee on Food Additives. WHO, Geneva.

30. World Health Organization (2002b) *Evaluation of Certain Mycotoxins in Food*. 56th Report of the Joint FAO/WHO Expert Committee on Food Additives. WHO, Geneva.

31. World Health Organization (2006) *Evaluation of Certain Food Contaminants*. 64th Report of the Joint FAO/WHO Expert Committee on Food Additives. WHO, Geneva.

32. World Health Organization (2008) *Terrorist Threats to Food*. Revised 2008. WHO, Geneva, http://www. who. int/foodsafety/publications/fs management/terrorism/en/index. html.

补充材料:www. wiley. com/go/campbellplatt

食品企业管理：理论与实践 17

Michael Bourlakis , David B. Grant and Paul Weightman

要点
- ■ 企业管理在食品行业的某些领域中的作用和重要性。
- ■ 食品企业环境：食品链系统及其关键成员。
- ■ 食品企业的关键管理职能：运营管理和人力资源管理。
- ■ 金融和会计职能对食品企业管理的作用。

17.1　引言

食品对于身体健康、生活品质和政治稳定具有根本性意义（Bourlakis 和 Weightman，2004）。根据马斯洛的需求层次理论，人们对食品、水和住房的需求是最基本的物质需求（Jobber，2004）。因此，确保食品生产、加工和分销各流程的良好管理始终是重大挑战。

本章我们将介绍有关食品企业管理的角色和重要性。第一部分用图例阐明食品企业的外部环境，接下来说明食品链系统。另一部分，我们将分析食品运营管理，并结合一些关键的学术领域如人力资源管理、金融和会计等，综合考察这些方面对食品企业管理的贡献和作用。

17.2　食品企业环境

Fine 等（1996）提出由于一些外部因素影响，食品研究处于比较混乱、碎片化和不完整的境况。这些因素可以分为两大类。第一，食品冷冻和保鲜技术的变化以及微波炉的开发改变了食品加工的性质，同时也改变了人们的消费模式和消费偏好。第二，不同的生活方式和文化已明显细分，西方发达国家食物供应相对充足，特别是颠覆西方工业化社会传统饮食的模式——"快餐"的出现，而在第三世界国家，食品供应相对紧缺，甚至不能满足人们基本的饮食需求。这两大因素影响了食品的生产、加工、包装和最终消费的性质，并进而影响了食品供应链的形式。

除此之外，Strak 和 Morgan(1995)提出了影响食品行业外部环境的五个维度：

（1）全球化；

（2）市场结构和影响力；

（3）消费偏好和生活方式；

（4）技术变化；

（5）规制因素。

他们认为："把食品行业的活动理解为网络，而不是链条似乎更加合理"(Strak 和 Morgan,1995)，如图 17.1 所示，围绕这些活动有五个维度。

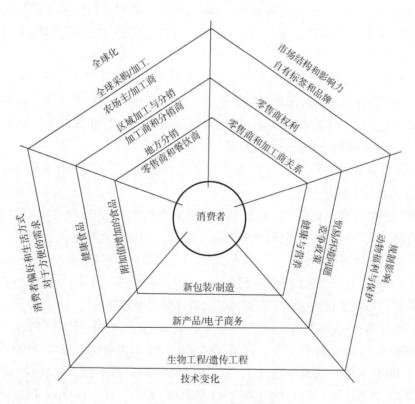

图 17.1   食品行业网络

(源自:Strak 和 Morgan,1995,p.337)

例如，消费者嗜好变化，生活忙碌，推动方便食品的需求不断上涨，即预制的食品既要健康，又要与众不同。因此，这个维度与技术变化维度相关，例如微波炉使人们可以更快速地加工包装食品，而全球化满足了人们对世界各地食品的搜索和采购。同时，这五个维度也可作为可变因素用于物流和食品行业，Jobber(2004)认为 Strak 和 Morgan(1995)的方法把消费者定位于市场网络体系的中心。

Tansey 和 Worsley(1995)指出 19 世纪迅猛发展的"罐藏、冷冻和冷藏技术"改变了食品保鲜和分销模式,也延长了食品从农户到消费者手中的时间和距离。其中有一个典型的例子是 1871 年澳大利亚对英国的罐头肉出口从 7257kg（16000lb）迅猛增长到将近 10000000kg（22000000lb）,而英国进口罐头肉价格仅为英国国内鲜肉价格的一半。

这些技术进一步促使食品加工企业从保存食品发展为自己制造食品。Tansey 和 Worsley（1995）所示为世界经济合作与发展组织（OECD）1992 年的统计数据,全球加工食品的生产总值约为 1.5 万亿美元,成为世界上最大的产业之一。此外,食品行业的集中度越来越高,在 OECD 统计的世界百强企业中,从事食品加工业的企业生产总值占世界生产总值的 20%。

另外,Tansey 和 Worsley（1995）认为大型的全球食品制造商给供应商施加了新的压力,要求供应商在固定的价格水平下提供标准化的优质产品。以下所示为反映食品性质和其动机的苛刻要求:

"用工业方法进行农业和食品生产,高投入,提高生产率,同时克服季节性问题。整合世界范围内的生产,通过交易和保存技术的混合,实现可供应食品的种类齐全。随着这种食品系统的发展,食品变得越来越像商品,而不再是具有生命、死亡或宗教、文化意义标志的东西。

生产、交易、转化和买卖商品的影响力从很大程度上的地域市场水平不断扩展到全球市场范围。市场主体希望尽可能地控制企业的生产成本、生产流程及其他市场活动。厂商希望尽量减少生产的不确定性和成本,实现利润最大化。每个市场主体都要参与市场竞争,无论是在企业经营的内部还是企业外部。"

食品行业的竞争特性不一定有助于发展企业主体间的良好关系,而维系企业间关系是食品供应链中必不可少的一环。

Fine 等（1996）开展了英国经济和社会研究理事会（ESRC）关于食品消费的研究,提出食品供应链是一个多样的供应系统（SOP）,这是由特定的食品消费模式所决定的。这一点与通常检验影响消费者群体或广泛的商品类别的水平横向因素的消费研究不同。他们认为"消费调查一定要在一个纵向框架内进行,在这个框架内,每一件商品或每一组商品都与其他商品不同",后者包括大批购买肉类、快餐、外出就餐或是宴席。

英国每年大约要花费 230 亿英镑用于外出就餐,60 亿英镑用于快餐（Hogg,2001）。这一数字与 1996 年相比增长了 32%。在美国,2000 年用于快餐的花费是 1100 亿美元,而 1970 年仅为 60 亿美元。这种快速的上升与国民经济增长密切相关,英国的消费支出从 1963 年的 1.71 亿英镑增长到了 1993 的 3.48 亿英镑,增长了 104%（Strak 和 Morgan,1995,p.3）。另外,还有一些数字也十分引人注目,英国 1993 年食品消费支出占人均消费总支出中的比例仅为 12%,而 1963 年为 20%。Tansey 和 Worsley（1995）认为这一比例的下降正是食品"商品化"的证据。

17.3　英国食品链系统

英国的食品产业链（UKFC）包括农业、园艺、食品和饮料生产商、批发商、零售商、渔业、水产养殖业和餐饮服务业（食品产业链集团,1999）。不仅很难收集到详细的、可比性强的行业数据,而且很难按照统一的格式呈现这些数据(Strak 和 Morgan,1995,p.1),困难来自整合多种来源的食品产业链数据。

英国政府工作小组报道了食品产业链集团为英国经济贡献了总额为 560 亿英镑的增加值,相当于 GDP 的 8%(1999 年,p.12)。食物产业链集团(不包括渔业和水产养殖和餐饮行业)还雇用了 330 万人或 12%的英国劳动力(如上)。Patel 等(2001)为食品杂货分销协会写作时用图片(见彩图 27)的形式说明了英国的食品和杂货供应链,他们的报告称,在各行业增加值中,农业和渔业为 165 亿英镑,食品和饮料行业为 759 亿英镑,但是后者还包含烟草的增加值。

自从第二次世界大战以来,食品产业链集团的增长日益显著。四大因素促使其主导战后时期的食品供应和分配:

- 普遍的配给;
- 当地或区域的产品采购和供应;
- 缺乏国家的分配制度;
- 消费者的期望值较低。

如果没有供应链,生产商和批发商将控制食品分配(Patel 等,2001)。随着农业产量和消费者需求的增加,高速公路建设和交通放松管制促进了道路运输的发展,零售商在 20 世纪七八十年代变得越来越重要。

食品供应和零售链的能量开始向大型连锁零售商转移,如家乐(Tesco)、毛瑞森思(Morrison's)、塞恩斯伯里(Sainsbury's)和阿斯达(Wal – Mart 旗下)。这种能量转移使这些大型连锁零售商营业利润率达到 7% ~ 8%,远高于欧盟国家 2%的利润率,更高于澳大利亚 1%的利润率。此外,所有食品行业"利润馅饼"从 1981 年的 10 亿英镑增长到 1992 年的 50 亿英镑,以生产商和加工商为代价的情况下,零售商在"馅饼"中的份额从 20%增长到 40% (Tansey 和 Worsley,1995,p.124)。

大型连锁零售商集中了强大能量,促使他们开始整合供应链并建立控制区域分销中心 (RDCs)。他们外包物流和供应链活动(Bourlakis 和 Bourlakis,2001),同时引进技术工具,如有效客户反馈系统(ECR)。Dawson 和 Shaw(1990)通过调查供应商与零售商之间关系的变化,建立从交易向完全整合转变的持续关系。随着经营环境的改变、供应链关系管理技术(SCM)的出现以及分销技术的发展,才可能出现持续关系整合的结局。很明显,在这样的整合中,尤其在食品加工业,零售商是先知先行者。

英国食品零售与分销研究所(IGD)和其他学者(Fernie 等,2000;Alvarado 和 Kotzab, 2001)指出由于整合供应商与零售商、技术进步以及增强零售商集中度,英国食品链内企业间关系更密切而受益。但是,一些学者也批评这种强制性集中和零售商的动机(Tansey 和 Worsley,1995;食品产业链集团,1999;Grant,2005;Vlachos 和 Bourlakis,2006)。

Tansey 和 Worsley(1995)辩称:"小农户和工人必须与使用其产品和服务的强大用户竞争"。大型制造商发现,特别是在英国,自己供应的日益强大的零售商能够设置条款,如果不符合零售商的标准,他们的产品就遭禁入或下架。零售商会发现自己正在转变角色,然而,随着商店和家庭内人机交互技术的应用,这或许提出新的问题,谁是中间商?无论发生了什么,世界范围内都在就谁处理进入人们的胃肠的食品进行一场有趣的战斗:工厂、家庭或小型企业(1995,p. 141)。

但是英国竞争委员会在 2000 年(Blythman,2005)发现消费者市场存在竞争,零售商并没有过度的利润。即使这样,英国竞争委员会依然建议提出一个超市与供应商交易的新规则。这项新规则试图重新调整超市与供应商之间的关系,有意要减少极端的做法,如零售商强制要求在合同中写入追溯性价格,要求供应商承担"店铺维修费用和人工成本"(Blythman,2005,pp. 152~154)。2004 年初,英国公平交易局负责审查该新规则,主要评价规则对于超市和供应商关系的影响。这次审查"表明了供应商们的普遍看法——规则不能发挥有效的作用,多数人认为规则没有使超市的行为发生任何改变"(Fearne,2005,p. 572)。

17.4 英国零售商的特点

今日英国食品零售商的结构性活动表现为高度集中、自有品牌和横向联盟发展的特点(Strak 和 Morgan,1995)。Browne 和 Allen 认为,这些特征来源于英国食品零售商在欧洲零售发展的第四个"先进零售"阶段,零售市场出现高度的市场集中、市场细分、资本化、供应链集成和应用信息技术(1997,p. 36)。高级零售的战略方法包括形成不同集中度的横向和纵向联盟,增加应用新技术,进行信息管理,开发自有品牌,增强市场细分和消费者认知方面的优势。前两种方式被认为代表着英国食品链中物流和分销系统的未来,在这里,"网络信息驱动的价值链"取代了"传统的线性供应链"(Mathews,1997)。

Browne 和 Allen(1997)也认为,零售商对于食品链的控制关系到市场集中程度及零售商自有品牌与生产商品牌之间的差异。零售商在食品链中越能获得控制权,他们就越能组织物流活动,这样通过第三方物流(3PL)服务提供者将产品转到他们自己的区域性分销中心(RDCs)。零售商拥有更强大的控制权,也就能对其供应商提出更加严格的要求,如"更大的供应可靠性、一贯的高品质水平、优惠的价格水平及确保产品多样的足够灵活的生产控制"(同前,p. 34)。

此外,在英国食品供应链中零售商和供应商之间的信任程度,可能不像一些学者根据零售商控制力和感知力设想的那样协同或诚挚。上文已讨论过一些影响物流关系的普遍因素,下面是一些来自英国食品供应链的特殊例子。例如,P–E 国际(1991)调查了 54 家食品供应商和 9 家食品零售商 20 世纪 90 年代在其他行业中合作的进展。食品零售商"非常热衷于共同目标和双向沟通,但是不太热衷于全面参与彼此的业务",形成了"零售商设定共同的目标"的观点(1991,p. 14),"或许因为零售商期望成为主要的受益人"(1991,p. 18)。另一方面,食品供应商"不太热衷于双向沟通、共同的目标及许多技术的发展",但是,对"完全参与彼此的业务"更感兴趣(1991,p. 15)。据此,P–E 国际得出结论,"普遍对于零售商把一般关系发展为合作伙伴关系存在质疑和猜想",这也正支持"单边关系概念和需求互惠原则"的观点(同前)。

Robson 和 Rawnsley(2001)在十多年后的采访食品行业经理的定性研究中,支持 P–E 国际最早提出的观点。他们发现,在英国食品链,尽管超市应该带领垂直关系的发展,实际上,除非同意零售商的条款,其他合作关系和普通关系并没有得到充分发展。他们的研究关注英国食品链关系中的行业道德,依据零售商遵守消费者权益和包退包换的观念,并将这种行为和态度延伸到供应商。Robson 和 Rawnsley(2001)发现基于信任环境中的共享资源缺乏合作关系的证据。事实上,他们注意到英国食品与调研机构的道德行为模型"不包括供应链关系……倾向于……安全生产和生产效率"(2001,p.47)。

最后,Fearne 等(1998)在考察后指出英国牛肉供应链难以建立伙伴关系而发展缓慢,但他也呼吁,以长远观点来看,这是唯一的可持续发展的贸易关系。他发现在这个行业中关系演变背后存在四个关键的驱动因素：

- 改变肉类消费者的态度和购买行为;
- 连锁超市的竞争策略;
- 1990 年的食品安全法案;
- 疯牛病危机的影响。

这些驱动因素推动英国牛肉供应链的活动家 Fearne 呼吁建立合作关系。Fearne 认为,"具有长期合作的意愿,就需要努力工作发展合作关系,保证公平的信任程度",但是他也承认,"在某些情况下,合作关系并不会提高开放市场上的利润"(1998,p.230)。

最近,零售商提出了出厂价(FGP)的倡议,加剧了供应商对于零售商的怀疑。Finegan(2002)在英国食品与调研机构的一份报告中,评论了出厂价和回程载货方案,主要目的就是客观、公正地解释这些方案产生的背景。出厂价是零售商要求供应商提供其工厂的产品成本,即除去发送到零售商区域发展中心或其他收货点的运输成本。回程载货是,从供应商到零售商的商品流动使用曾在当地交货的车辆(2002,p.25),即与供应商运输截然相反,这种运输由零售商自己付款,可能使用第三方物流服务提供商。供应商将这些方案看作是把供应商的价格拆分成运输和生产成本的要素。Finegan 发现,食品生产商、加工商和供应商担心零售商"使用这些信息……查询生产成本结构,最终迫使制造商降低货物的价格"(2002,p.vi)。此外,由于其他客户运输优化接踵而至,生产商可能遭致增加运输成本,回应零售商的时间表和优先权,也会增加生产商的运营成本(Gannaway,2001)。

17.5　英国食品加工的特点

食品连锁集团(1999)发现,食品和饮料制造业扣除酒,总增加值约为 162 亿英镑,占GDP 的 2.2%。这一行业雇佣了 455000 员工,多数是全职。由此看来,食品和饮料制造业是英国总食品链中的主要环节,带来了大约 25% 的增值和就业。据食品连锁集团记载,大约 8000 家公司列为食品和饮料制造商,但是,这个行业高度集中了十家最大的生产商,占到行业营业额或收入的 21%,其中三家公司的许多产品占营业额比例超过 75%(1999,p.44)。

尽管食品和饮料制造业高度集中,自 1997 年来企业的数量依然增长了 43%。那时,大约 5600 家公司归类为食品和饮料制造业,其中十家最大的生产商占到食品行业就业和增加价值的 60%(Tansey 和 Worsley,1995)。因此,虽然食品和饮料制造业大规模集中,仍然有许多小公司。Browne 和 Allen 指出,"在 1995 年,大约 85% 的食品、饮料和烟草企业不足 50

名员工,60%的企业不足 10 名员工"(1997,p.35)。

食品饮料制造业有许多类别,如表 17.1 所示。

表 17.1　　　　　英国主要类别食品的消费支出(当时价格,1999—2003 年)

食品类别	1999	2000	2001	2002	2003
肉类和肉制品	11883	12265	12397	12535	13917
鱼类和鱼产品	2063	2152	2284	2375	2395
水果和蔬菜	12189	12400	12533	12734	13342
乳制品、鸡蛋、油、脂肪	8486	8631	8719	8567	8924
面包、蛋糕、饼干和谷类	8065	8346	8743	9046	9149
混合类食品	3543	3634	3759	3955	4125
全部/百万英镑	46229	47428	48435	49212	51852
年度变化百分比/%	—	2.6	2.1	1.6	5.4

源自:Key Note(2005)。

17.5.1　英国的食品物流

Fernie 等人通过调查零售食品物流发现,"现代的技术发达的零售商主导和顾客导向的模式取代了老式的低效率的生产商和供应商主导的模式,进而确保产品供应水平"(2000,p.83)。他们还认为,"只有通过建立供应链伙伴之间的协作才能进一步发展零售物流,进一步提高供应链效率"(同前)。

Fernie 等人与 IGD 合作,就以下四个主要问题,向食品零售商、生产商和物流服务提供商展开调查:

■ 在未来三年中,哪些因素对食品供应链中的成本、服务和结构产生最大的影响?

■ 哪些技术能使整个供应链获得收益?

■ 在未来三年中,哪里会产生供应链的库存?

■ 在这段时间,仓库和运输业务将会如何变化?(2000,p.86)

他们通过评分的方式发现,影响成本最重要的因素包括交通拥挤、运输税收、24h 交易和家庭购物及送货上门。受访者强调,第二个问题的主要答案是车载通信和自动分拣系统等适用技术。受访者指出减少零售和地区分销中心的库存,还应从上游部门把库存转移到生产商的设施。交叉运输、共享用户服务、通信、合并装货和回程运输是最后一个问题的答案。

Fernie 等人得出结论,不久的将来不可能发生重大的变化,双方"将作为供应链成员继续发展关系,试图在系统之外进一步降低成本"(2000,pp.88~89)。最后,他们认为,食品供应链必须改进地更加有效,以确保现有的利润率。"零售商和供应商之间通过分享信息和全球零售交流以及实现协同规划、预测和补货,形成更广泛和更深入的合作"将促进达到这一目标(2000,p.89)。

17.6 食品贸易的营销管理

Stank 等人(1998)探讨了个人产品的物流服务能力和预加工食品的供应链问题。他们引用了美国运通前任总裁的观点，"在类似商品类的业务中，唯有服务能够创造出产品差异"(19998,p.78)，这里所指的服务包括中间物流或分销服务。他们以食品服务消费者和个人产品零售商的身份采访了餐厅经理，得到的物流能力连续性如图 17.2 所示，连续物流表明可以使成本最小化，全面质量管理(TQM)改进运营效率，而不致形成"客户亲密性"或关系。

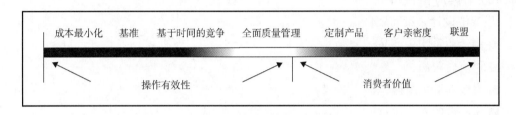

图17.2 物流能力连续运行

(源自：Stank 等,1998,p.79)

Stank 等人认为，"众所周知，业务始于用户并终于用户"(1998,p.79)，同时还指出，现有的食品链的概念性研究并不适用于理解用户服务和最终的用户满意度。他们同时指出，"确定核心运营服务要素是参与竞争最基本的条件，但是还不足以从一群服务提供者中分辨优劣或者保证用户对其具有忠诚度。"

Flanangan(1992)作了一项英国食品加工买主们的售后服务需求的研究，他发现影响买主从一个供应商购买的决定性因素，按重要性排序依次为，产品质量、价格、供应可靠性、对问题的反应和交货期。他还发现，影响买主对售后服务评价的基本因素包括，同样按重要性排序依次为，供应的持续性、根据要求日期送货、交货条件和紧急送货。

17.7 食品运营管理

大多数企业具有运营功能，即将多方面的输入转化为满足消费者需求的产品和服务(Slack,2004)。输入包括材料和信息，在输入的过程中利用企业的设施和人员。食品供应链被界定为从农业生产到工业加工，通过市场或零售进入消费的复杂系统(Yakovleva 和 Flynn,2004)。消费者具有个性化的需求而更加复杂，所以大多食品零售商目前在力求全年都以多样化的形式和具有竞争优势的价格向消费者提供高质量的产品(Apaiah,2005)。

企业的运营功能及其在食品链中的管理和其他行业没有什么不同；然而，食品加工业却要面对来自消费者和政府的特殊问题，如季节性问题、易腐性问题、质量问题、可追溯问题等。高效的食品供应链设计，即企业内部的高效运营，可以令人满意地解决这些问题(Van der Vorst,2000)。然而，食品供应链正在变得越来越国际化，越来越复杂并且包含更多的贸易关系。因此,提高企业供应链的效率和效果,需要集成许多法规和知识,如食品加工技术、运营研究、环境科学、营销和贸易经济学等(Apaiah,2005)。

从一般运营管理的视角,从生产到服务的运营过程的设计必须考虑以下四个方面:

(1)供应链设计;

(2)生产设施的布局和移动;

(3)加工技术的选择;

(4)协调多种职位和工作,促进加工过程(Slack,2004)。

17.7.1　供应链设计

供应链设计决策问题包括:

■ 制造还是购买产品;

■ 供应商资源;

■ 设施的选址及操作;

■ 供应链的相关运营;

■ 生产中的其他过程。

17.7.1.1　制造还是购买

制造或者购买决策也称外包决策,企业应该将他们的生产外包给第三方吗? 制造而不是购买的原因包括将小批量生产外包给第三方不经济、质量的需求、技术安全、产能的利用、顺畅持续的生产流、避免依赖单一资源(Leenders,2002)。相反地,购买的原因包括企业内部缺乏经验、长期成本的不确定性和可行性、资源选择的灵活性、减少管理和日常费用。食品企业同其他行业相比而言,生产外包的趋势不很明显;然而,许多物流活动如仓储、运输和信息加工经常选择外包,尤其是如英国家乐和法国家乐福这样的大型食品零售商(Van Hoek,1999)。

17.7.1.2　供应商资源

供应商资源的问题包括单一还是多重资源、供应地的大小、供应商的位置、关系的偏好和价格、质量和配送等交易性问题(Gadde 和 Hakkansson,2001)。后面这些交易性因素对于英国的食品加工企业很重要(Peore 和 Kellen,2002;Grant,2004)。同时,随着消费者不断增加和对于不同外来食品的需求度,国际化的全球资源变得越来越重要。最后,食品加工商期望与供应商和零售商建立良好关系,但是食品零售商逐渐聚集的控制力量制约了他们的愿望和努力(Grant,2004;Fearne,2005;Hingley,2005)。

所有这些问题包括资源和购买风险。Kraljic 提出的产品价值和风险的组合矩阵是解决这类风险的经典方法。该方法认为低价值和低购买风险不重要,高价值低购买风险具有杠杆效益,高价值高购买风险具有战略性价值,而低价值和高购买风险受到瓶颈式的制约。企业可以将自己的采购策略置于这个矩阵的四个象限而做出适当的购买决策(Leenders,2002,p. 245)。

17.7.1.3 选址

设施选址的方法分为宏观和微观两个层面(Grant,2006b)。宏观层面指在一般的区域内设施的地理选址,以改进原材料供应资源和公司的市场服务或降低成本。微观层面指在较大的地理范围内进行精确的定位。

宏观方法包括融合了很多著名经济地理学者的理论。很多理论都是基于距离和成本的考虑并使用成本最小化战略。德国经济学家 Alfred Weber 提出一个非常著名的战略,根据他的观点,最佳的选址应是最小的总运输成本,即成本与运输货物的重量与距离的乘积(传统上所说的吨×英里)成正比。他根据对运输成本造成的影响将原材料分成两类:位置和加工特点。位置指原材料地理上的可到达性。由于货物有着广泛的可到达性,在设施选址上几乎不存在限制。加工特点指原材料经加工后重量是增加、保持不变还是减少。如果加工过的原材料重量减少,设备的选址应接近原材料,因为最终货物的运输成本将由于重量的减少而减少。相反,如果加工将导致产品的重量增加,设施选址应接近最终消费者。如果加工后产品质量无变化,选址接近原材料或者市场的最终产品效果一样。

另一种方法,重心(中心)定位法,将运输成本作为唯一的定位考虑因素,是一种更为简单的方法。这种方法将设施定位在供应商和市场之间运输货物成本最小的点上。重心定位法一般性地回答了设施定位问题,但是它应该考虑地理、时间和消费者服务层次等因素而加以修正。

从微观层面考虑,必须考察更多的具体地址选择因素。公司必须关注:
■ 服务该地的运输企业的质量和多样性;
■ 可用劳动力的质量和数量;
■ 劳动生产率;
■ 工业用地的成本和数量;
■ 扩张潜力;
■ 税负结构;
■ 建筑法规;
■ 社区环境特点;
■ 建筑费用;
■ 公共设施的成本和可用性;
■ 当地的贷款利息;
■ 当地政府的免税额度和对建筑的优惠规定。

选址是一个从一般到具体的交互的、渐进的过程。选址决策可以是正式的,也可以是非正式的,可以是公司层面的集中决策,也可以是部门或职能层面的分权决策,或者两种方法的结合。管理层必须权衡多种利弊,遵循逻辑过程,做出选址决策。

17.7.1.4 生产加工

生产加工过程有多种类型,但它们都有一个共同点,即需要规划流程,指明企业计划下一阶段需要做的工作,产能是预测其工作效果的有用指标(Waters,2003)。任何过程的产能都会受到瓶颈的制约,因而必须计划,使可用的产能与预测的需求相匹配。标准化的计划方法包括反复改善和比较各种方案,目的就是即使发生阶段性的需求变化,也可以保持生产的连续性。从谈判到数学建模,有很多设计总计划的方法。

主进度表"分解"总计划,通常规定每周要制造的单个产品的数量。材料需求计划(MRP)始于主进度表和材料订单并以此形成总材料需求时间表。材料需求计划分解主进度表以求得材料总需求量,然后增加相关存货信息以求得净需求量;最后,增加供应商和运营信息,制作进度表和有关订货政策与相关内部运营的细节。这种方法有很多优点,特别是处理库存与已知需求的关系时。然而,它也存在一些不足,如系统复杂而缺乏灵活性。因此,它仅适用于某些特定的加工种类。目前,它可能是批量生产的最佳选择。

材料需求计划中原来安排原材料的功能可以延伸到安排其他资源。有许多延伸基本的材料需求计划的方法。最简单的延伸是增加更多的信息,如供应商和运营。典型的方法是使用批量的原则将小订单合并成为较大的更加经济的订单。更加普遍的延伸包括运用材料需求计划的方法计划更多的资源。

制造资源计划(MRP Ⅱ)是将材料需求计划在制造企业中延伸到其他功能上。制造资源计划提供一种协调企业内部所有功能的集成系统,并将所有功能和活动的进度表重新连接到主进度表之中(Waters,2003)。最近,企业资源规划(ERP)将材料需求计划延伸到其他企业,如供应链,形成了高效的集成运营。材料需求计划是一种直接从主进度表找到材料需求的方法。另一种方法是适时操作,即企业确保在准确的时间内生产,消除浪费。从这个角度讲,库存是应该避免的资源浪费。

企业仅在需要的时候生产是个简单的想法,但是实践证明成功做到很困难(Waters,2003)。一些企业运营准时生产取得了成功,而许多企业遇到很大的困难而不得不放弃。准时生产和材料需求计划一样在一些环境下发挥了积极的作用,但是它不是所有企业通用的工具。

准时生产通常适用于特定类型的企业,如连续加工的大规模制造企业。准时生产拉动材料通过供应链,而非传统方法推动材料通过供应链。客户的需求启动生产操作,看板系统记录进入准时生产的存于容器的物料库存水平,应用该系统向后沿整个供应链传递信息。使用看板的方法多种多样,最普遍的是电子标签。准时生产不是取消库存而是使之最小化。任何物料项目的库存都取决于看板的数目和所用容器的大小。

准时生产植根于丰田发明的精益原则,即精益生产。精益生产和精益思想原则产生于丰田消除浪费和非增值,获取竞争优势的努力。大多数的汽车制造商都已经采用了精益概念而且其他供应链(例如食品)也在向这一方向发展。食品供应链也已经发展了从生产者到加工者终端的精益加工过程(Simons 和 Zokaei,2005)。然而,食品零售商的运营基于消费者需求驱动的独立需求,因此在运营中对于这种独立需求的反应显得更加灵活。这样的加工系统在其产能范围内反应更加敏捷(Christopher,2005)。生产的决策包括或选择精益生产或灵敏生产或者二者的结合。这两种生产方式基于不同的时间安排原则:推式(精益)和拉式(灵敏)。在推式供应链中,根据对于市场需求的预测,在订单之前,制造货物并存入仓库。

关于预测有很多方法，但没有一个方法可以放之四海而皆准。这些方法分为预判型、因果型和主观型。预判型预测基于观点、知识和能力而非正式的分析。使用最广泛的预测方法包括个人直觉、达成共识的圆桌会议、市场调查、历史推算和德尔菲法。它们各有优点，但是不可靠性是其主要的问题，仅当没有历史数据时，它们才作为预测的方法（Waters，2003；Grant，2006a）。

历史数据经常以时间序列的形式出现，即一系列定期的观察。这些观察通常遵循一定的规律，但是由于经常存在误差，一些随机"噪声"的观察使预测出现困难。衡量这些误差的主要指标包括平均误差、协方差和平均绝对方差（MAD）。因果预测是一种使用原因和结果之间的关系预测的方法。通常的方法是使用线性回归，即通过一系列数据找到最好拟合的直线，使用相关系数描述拟合的程度。投射预测通过移动平均数和指数平滑法将历史的模式拓展到对将来的预测。选择一个合适的平滑常数或使用追踪信号的方式可以实现这些预测。

在拉式（灵敏）供应链中，消费者下实际订单发出信号，产生自下而上的信息流，才有可能制造产品（Harrison 和 VAN Hoek，2005）。根据消费者需求，适时生产的产品可以减少库存和降低成本。减少存货、更好的质量、灵活的制造和产量、对于消费者需求的快速反应是拉式（灵敏）供应链策略的目标。然而，如果反应不及时，就会发生产品脱销（OOS）而使生产受到影响。在零售层面，这个对于消费者十分重要的问题称为存货缺失（OSA）。消费者对产品脱销和存货缺失的反应通常是购买替代品，推迟购买，到其他商店购买或者不购买，任何一种方式都将影响消费者的满意程度（Corsten 和 Gruen，2003）。为此，太过于精益的系统通常不够灵活而导致企业出现营业额减少和收益率下降的问题。

17.7.2 布局和工艺流程

布局和工艺流程涉及资源的物理位置如运营过程中的设备、机器、器材和人员及"生产线"的使用（Slack，2004）。据说芝加哥的屠宰场应用了亨利福特独创的汽车生产线流程（Simons 和 Zokaei，2005）。

基本的设备布局种类有：
- 固定位置布局，其产品是固定的，如飞行器生产线；
- 分类布局，类似产品放在一起，如超市中的冷冻和冷藏的产品；
- 单元布局，配套产品放在一起，如超市的午餐食品；
- 产品布局，为获取资源的便利，布置被加工的产品，如装配线或自助餐厅（Slack 等，2004）。

食品供应链使用三种布局，食品加工商基本使用一种布局。例如，面包和烘焙产品制造商通常从食品产品设备制造商购买全套的自动生产线（Liberopoulos 和 Tsarouhas，2005）。典型的生产线由几个工作站串联集成到由通用传输机械和控制装置构成的系统。生产物料在工作站之间由机械设备自动移动，在工作站之间除了传送机械等处理设备之外，没有储存的物料和中间产品。

食品产品机械制造商通常根据一条产品生产线的瓶颈工段设计所有的工段，这个工段的额定生产率最低。瓶颈工段的重要性在于它决定整个生产线的额定生产率。在面包和烘焙产品的制造中,烘焙通常为瓶颈工段。依据约束理论(TOC),针对瓶颈约束应用优化产品技术软件包(OPT)有助于解决瓶颈工段的问题(Slack 等,2004)。

生产线布局中运用标准化可以形成有效的流动和生产。在精益食品加工过程中,运营层面存在节拍时间和标准化工作两种操作模式(Simons 和 Zokaei,2005)。德语中"takt"的意思是节拍。节拍时间是使生产过程与消费者的需求保持一致和协同,防止过度生产而造成浪费,生产节拍也是各生产单位产出之间的空隙时间。工作标准化可以定义为完成工作的最佳方式,在生产层面上则是保证用户满意的运营流程。

节拍的产生实质上就是一种标准化。节拍是生产周期时间的标准化,工作标准化是生产车间生产过程的标准化。二者有利于提高生产效率。然而,食品加工过程的环境问题,如季节性产品的调整和需求的变化,以及因清洗设备产生的高昂的安装和转换成本,都制约着精益生产系统的效率(Houghtou 和 Portougal,2001)。

17.7.3　过程技术

食品供应链中有两个领域中的技术很重要,一个是食品生产,另一个是补货零售。在这两个领域,信息和信息流对于有效运用技术至关重要;技术的运用在供应链的加工端已经滞后(Mann,1999;Grant,2004)。然而,信息技术已经用于食品零售层面,促进补货,克服货架缺失,增加货架应用性,改善补给效率(Bourlakis 和 Bourlkis,2005,2006)。20 世纪 90年代早期的美国 Kurt Salmon 咨询公司最早提出有效客户反馈系统(ECR)(Kotzb,1999)。有效客户反馈系统定义为行业战略,即分销商和供应商紧密联合,形成伙伴关系,通过无缝的产品传递以更低的总成本给消费者带来更好的收益(Kotzab,1999;Whipple,1999)。Salmon 的有效客户反馈模型如图 17.3 所示。

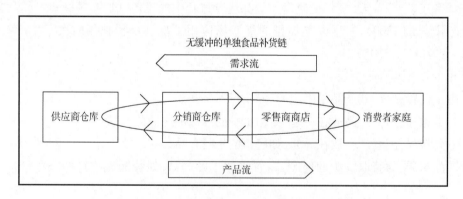

图 17.3　ECR 模型

(源自:Kotzab,1999,p.367)

零售商电子销售点的无纸化信息流驱动无缝交付(EPOS),该信息流同时还确定并管理供应商的生产水平(Kotzab,1999)。有效客户反馈(ECR)的预期效益包括降低总系统的库存和成本,在选择性和产品质量上提高消费者价值,更成功开发面向消费者的新产品(Kotzab,1999;Whipple 等,1999)。ECR 全球计分卡如图 17.4 所示,强调了过程推动者和集成者影响着供应商和零售商的需求管理战略。

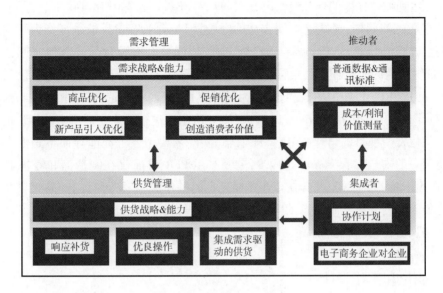

图 17.4　ECR 全球计分卡

（源自:Kotzab,1999）

欧洲的主要零售商和制造商于 20 世纪 90 年代中期创立了欧洲的有效客户反馈系统,并将其用于欧洲的商业环境(Kotazab,1999;Fearne 等,2005)。尽管 Salmon 和其他的有效客户反馈理论家认为有效客户反馈是一个长期战略,但有效客户反馈理论就短期结果而言获得了更多的应用(Kotzab,2000)。在英国,排名前五的零售商——Tesco,Sainsbury,Morrison's,Somerfield 和 Asda 占据英国 79% 以上的食品零售市场份额,这已经使英国的零售供应链被誉为"处于世界最有效的位置";因此,有效客户反馈在英国的潜在影响"可能没有像美国和欧洲那么巨大"(Patel,2001,p. 140)。

然而,在美国和欧洲实施有效客户反馈系统,尽管理论上比较容易,但实践证明很困难,并且最初的结果并不令人满意(Mathews,1997;Whipple,1999;Kotzb,2000)。实施有效客户反馈系统意味着公司必须决定如何垂直协调供应链各种功能,所以,对立意见和渠道控制阻碍了成功实施(Whipple,1999;Grant,2005)。

早期 Somerfield 有效客户反馈的试验计划证实仓储减少可达 25%,而在服务上的改进仅为 2.5%。尽管整合困难,但产生了一些"软"效益,如改善了季节性活动的管理(Younger,1997)。其他的有效客户反馈试验计划的收益主要体现在企业间的二元关系,而非整个供应链(Kotzab,2000)。

缺货仍然是某些环节设置、产品品种管理的问题,应用有效客户反馈由于过分消耗时间和数据密集而受到批评。因而,有效客户反馈是适用于大型制造业和零售业的技术。其他继续显露的实施有效客户反馈的问题包括:

■ 谁确定和分配供应链中的成本和效益?
■ 谁用一个环节成本解决了另一个环节的获益的问题?

■ 怎样的供应链绩效标准是适当的？

■ 没有达到绩效标准的环节应给以什么制裁？（Patel 等，2001，p. 142）。

尽管存在这些问题，又缺乏早期成功的经验，但是有效客户反馈系统作为管理技术看来不会消亡并将继续发展（Mathews，1997）。这些协同整合涉及食品和其他快速移动消费品（FMCG）供应链的所有环节。美国志愿国际工业贸易标准（VICS）组织开发包括协同计划、预测和补货（CPFR）在内的概念，这是为了"通过零售商和制造商之间的计划、预测和协同减少存货"（Corsten 和 Hofstetter，2001，p. 62）。这个改进被称为是对于有效客户反馈系统或其他自动化补货项目的超越（ARP），即依靠"实际需要引发补充库存而不是依靠长期预测和以防万一的安全库存"（Stank，1999，p. 75）。CPFR 目前仅在制造商和零售商之间应用，而不适用于每一个公司，尤其在企业需要充足的销售额、经济可行的产品流量并需要在大众平台如因特网分享实时信息的时候（Stank，1999；Marzian 和 Garriga，2001）。这需要整个供应链加强协作，提高技术水平。

17.7.4　职位和工作设计

欧洲物流协会 Hans – Christian Pfohl 说，商业是人的活动，一个企业的成功或失败取决于管理能力，即发挥员工的参与意愿和创造力。然而，一项在 20 世纪 90 年代早期由 200 多个欧洲和美国机构进行的合作研究发现，开展高质量商业项目的前六个障碍均与员工或组织问题有关，按重要顺序依次为：

■ 改变公司文化；

■ 建立共同的公司愿景；

■ 建立员工对质量过程的所有权；

■ 获取上级的执行承诺；

■ 改变管理流程；

■ 培训和教育员工（Grant，2006b）。

随后，20 世纪 90 年代中期英国政府支持食品饮料工业协会和自我评估机构对照欧洲商业优秀模型评估他们的管理系统和商业绩效项目（Mann，1999）。之前参加的 50 个企业反馈结果报告显示，只有少数食品饮料企业正在根据商业优秀标准改进他们的管理系统。大部分企业仍在使用传统的管理方法，并没有学习最佳实践企业的经验，也没有应用系统的方法改进商业运作。主要的不足包括人员（员工和雇员）的管理和满意度、消费者满意度、社会政策和战略的影响。工业间比较的数据支持这些结果，并且其中食品工业表现得最差（Mann，1999）。结果表明，食品行业的财务结果和营业总额都在减少，因此，进一步强调了构建合适的职位和工作设计流程的重要性。

职位和工作设计就是构建一个"个体的职位、工作地点或者工作的环境以及他们所用技术的界面"（Slack，2004，p. 284）。这样的职位构建需要科学的管理即泰勒主义。在 20 世纪 90 年代早期 Frederick Taylor 出版了研究工人工作时间和动作定额的书，从此科学管理发展成为完善的学科。但是有时候因其缺少行为考虑而遭到批评。

典型的行为工作设计模型把职位设计的技术、主要的职位特征同工人的精神状态、表现以及个人产出紧密结合起来。其他行为考虑包括：岗位轮换、工作内容的拓展和丰富、授权、灵活工作和团队工作。后者，即工作环境和技术界面也称为人体工程学或者人为因素的考虑。个人在工作场所保持工作尊严，受到职业尊重，良好的工作环境都非常重要，例如，适当的工作温度、光照和噪声水平，对人体和神经无不利影响等都是重要的生理行为因素（Slack 等,2004）。

17.8　人力资源管理

人力资源管理关注员工及其与公司的关系，旨在增加公司的凝聚力并开发人的能力。开发的主要目标和应用政策的主要环节，包括（Needham,2001）：

■ 人力资源规划、招聘、遴选；
■ 入职、教育、培训；
■ 报酬、雇佣条件；
■ 工作条件,健康和安全；
■ 协议谈判（工资、条件、假期、病假）；
■ 建立规避和处理员工争端的程序。

这些领域大体可以分为三个部分：

■ 使用——招聘、遴选、培训；
■ 激励——工作设计、报酬、参与；
■ 保护——工作条件、安全。

管理者在每一个公司职能中都发挥重要作用，根据 Cole（1997），人力资源管理的职能为：

■ 为每个工作环节设定目标,包括制定决策；
■ 计划如何实现目标；
■ 组织工作,分析并分配到组织和个人；
■ 激励、交流并提供奖励和信息；
■ 评估结果、检验计划并进行控制；
■ 开发员工（或使他们能够自我提升）；
■ 委任但并不放权,并为委任的工作提供清晰的指令、规则和责任支持。

成功的经理应该是有效、高效地确保下级努力符合组织的目标。

管理要进步,适应不断变化的经济、社会和技术环境。管理者面对动态的环境,总要及时适应和改进。然而,必须坚持已经形成的基本原则和（或）观点。科学管理学派代表性的问题包括：要做什么工作？ 如何最好地组织工作？ 他们的回答是评估工作,设计系统,然后重复行动。早些年,工作仅仅被视为系统的一部分,员工多多少少被视为机器人而不赋予思想。随着社会的发展,管理也在改进,出现了从社会学和心理学视角思考员工的教育和培训的学派,称之为"人类行为学"（HB）。他们研究：人们想从工作中得到什么？ 什么能够引发满意的工作？ 行为学派的主要观点有：

激励理论：即基于所有的理性行为都可归因于一个原因的假设。

人性的假设：McGregor 提出两种关于人类行为的基本假设并将它们称为 X 理论和 Y 理论。这可能是两种不同的管理视角。前者认为工作的人们基本是懒惰的，需要强迫和控制；而另一个视角则认为人们天生热爱他们的工作，渴望学习，忠诚于组织，并不需要强迫和严厉的控制。在良好的管理之下，人们将各行其则，发挥其想象力和独创性，使员工和组织互惠互利（Cole，1997）。

17.9   食品公司的财务和会计

所有企业都有财务管理部门。财务责任可以委派给那些在财务体系中确保有足够控制力，符合标准和规范且诚实的专家。管理者必须确保公司按时收到收益，支付工资、费用和税金。管理者必须有财务意识，对于会计系统、财务术语、收入和企业财务优势和劣势等状况具有清醒的认识。

根据 Weightman（2006），财务和会计管理的目的和职能有：

■ 报告
    ◆ 内部面向公司
    ◆ 外部面向相关利益者
■ 计划和控制
    ◆ 财务预算和跟踪控制
    ◆ 资本投资评价（资源分配）
■ 决策重要成本收益环节
■ 财务合规和报告
    ◆ 价值增值税
    ◆ 企业所得税、企业增值税
■ 公司法律合规
    ◆ 向工商注册部门提交财务报表
    ◆ 记录和支持系统完好
    ◆ 审计——内部和外部

会计准则，一方面处理包括股东、公司的管理者、债权人、供应商、消费者和员工在内的不同群体的事务。它包括管理资产（实体存在）、负债（实体存在）、所有者权益（所有者在公司的利益）并使得它们满足会计的公式：所有者权益 + 负债 = 资产。

在会计领域有两个主要的分支。其一，财务会计具有基本的重要性，其关注财务提供者（投资者）和债权人如银行和财务资源的账单。其业务包括每年公布的全面的财务报告。其二，管理会计旨在为内部的运营方向和控制提供信息。例如，它提供生产成本，具体产品或者服务的销售利润率，每月或其他会计周期的收入和收益预期等。

基本会计使用以下的会计术语（Weightman，2006）：

■ 实体：试图限制已有数据量使其仅为公司所用。这个账户应排除个体私人事务；用于小型食品公司，其所有者可能会向其他人收费或者向公司收取个人费用。

■ 周期性：此账户应在定义的一个周期时间的结尾做好准备，并且期间应和常规的会计周期保持一致。

■ 持续经营：此账户假设公司实体在未来可预见的期间继续存在，除非有强力的证据表明假设不存在。

■ 定量的：只有那些能够量化的数据才可录入会计系统。

■ 实际成本（过去成本、上期成本）：此账户需要记录原始的、历史的购买和卖出成本，以及随后的变化如被忽略的价格通胀。

■ 匹配：此账户用于使支出和产生此支出的收入相匹配，如会计期间的工资、原材料和购买服务。

■ 一致性：如果已经使用具体会计政策，为了对比不同期间的业务，在随后的所有期间都要遵守这些政策。由于会计规则或会计人员的惯例或者政府法规的变化，通常不支持一致性。当发生上述情况，应在会计账户备注中披露。

■ 客观性：解释基本会计规则时，必须避免个人偏见。

■ 复式记账：对于每一笔业务，会产生双重影响，在会计账簿上都会有双重记录。

管理会计决定和预测流量，平衡短期财务资源的需求，应提供财务信息和预测会计实体的经济条件，在合法和合约的条件下为监测公司绩效提供有用信息。关键财务报告应提供有用信息以计划预算并预测经营目标下的资源分配的影响，同时提供有用信息以评估管理绩效。这些报告也要遵循上面列举的具体准则，包括（Weightman，2006）：

■ 客观性——公司控制者以公平客观的方式向所有者提交报告吗？

■ 一致性——财务报告在时间上如何达到一致？也应用了同样的规则吗？

■ 可比性——公司报告可能会和其他的公司进行比较，尽管公共部门会计不和私有部门会计进行比较，部门之间的分析也可能不适合（如零售业和制造业）。

■ 及时性——公司出具财务报告的时间。

17.9.1 对外必要的财务报告

三个主要的财务报告是：资产负债表、损益（利润）表和现金流表。

17.9.1.1 资产负债表

资产负债表被定义为"在某一时间点上公司资产和负债的情况"。资产是所有权益和某人或者某个组织所拥有的全部。它们可能是可见的，如厂房、设备、库存产品和原材料，也可能是不可见的，如专利权、消费者订单和难以估价的品牌商标。负债是资产的债权如银行贷款、公司欠债权人的钱和股东的资金。资产必须等于负债，或者用销售衡量"平衡"，因此得以命名平衡表。它并不是公司市场价值的真正衡量，而是描述货币从何而来现在又如何分配。资产负债表被视为有所保留的，因为它包括价值估计和忽略的部分。最明显的忽略是不能通过交易而获得反应的资产，例如，工作技能和管理，顾客忠诚价值和更多的其他方面。

资产负债表最有用的一部分是实体在两年间的"储量变化"。储备金在资产负债表中被定义并产生于公司的几个资源,但是通常来自利润或者所有者和股东未分配的利润。这些用于再投资到公司建设中以希望公司成长。

这里举一个通用的以列和"传统"并排的格式表达的例子(Weightman,2006),说明资产必须与负债平衡,或者与公司资产的债权平衡。

资产

固定资产	1000
流动资产	1000
投资	1000
	3000

负债/债权

股本	1000
贷款	1000
存量	1000
	3000

或者用传统格式

负债/债权

公司		表现为	
股本	1000	固定资产	1000
贷款	1000	运营资本	1000
存量	1000	投资	1000
	3000		3000

下面的会计准则用于制作资产负债表:

■ 以货币计算衡量;
■ 在单独实体中的业务;
■ 权益 = 资产;
■ 持续经营的价值;
■ 厂房和设备按照原价进行折旧。

在资产负债表中,资产和负债遵循下列等式:

$$资产 = 流动负债 + 长期负债 + 所有者权益$$

资产负债表仅在某个单一时间点粗略描述公司的财务状况,并且每年都使用相同的会计准则编撰。

储备金来自公司成功的业务。尽管储备金可能包括少部分现金,但公司通常不以现金的形式持有储备金。其次,它们来自"持有获益",例如,来自公司资产的增值(而非贬值),它们还来自溢价出售公司股票的收入。

17.9.1.2 损益表(利润表)

与就某个时间点陈述的资产负债表相反,损益表是一个交易期间发生利润和亏损企业的损益账。它补充了资产负债表。然而,完全依赖于损益账及资产负债表是不明智的做法,因为它们不能提供有关现金来源和去向的信息。

下面是一个简化的例子(Weightman,2006)。

损益表

营业总额	5590	
销售成本	4100	
毛利润	1490	
其他费用	840	
息税前利润	650	营业利润
应付利息	50	利益所得净值
税前利润	600	
税	135	
年净利润	465	
股利	230	
年留存利润	235	转移到资产负债表中的储备金

■ 营业额是另一个有关销售的术语,用于调整年前和年终的存货,但是不考虑增值税以此为基础估值可能出现问题。销售不必须采用现金形式,许多交易以信用的形式进行,如30d、60d、90d 信用优惠,但在收到现金之前就已经记录销售。

■ 销售成本是用于形成销售额的货物和服务的成本,包括工资、材料和二手资产的贬值。这个账户包括费用的真实记录,但是也有估计的费用,这些包括想象的费用和在多个会计期间的二手资产的报废。

■ 折旧是用于资产(如厂房和设备)的费用。有几种方法核算折旧,最常用的是"直线法":

$$D = (买价 - 残值)/资产使用年数$$

或者还可以用递减余额的方法进行核算,即对于资产的贬值有一个固定的比率。例如,在第一年采用20%的比率作为购买设备和车辆的价格或者说重置价值的折旧率。折旧不是形成资产重置的资金,尽管它间接地发挥了这样的作用。

留存收益用于公司成长。利润从另一个角度可以定义为净资产的增长。

17.9.1.3 现金流量表

经理在会计期间的特定时间会查看现金流量表。它开始于损益账户的经营利润,即用于估计那些非现金项目如上面所说折旧和存货价值的变化。当完成这些和其他的调整,标准格式的现金流量表显示现金的去向或如何分配。这包括股东的股息、新的资本投资和资产的并购和处置等资金提供者的利益。

17.9.1.4 财务信息分析

就财务分析而言,有一系列关于资本增长的比率,资本的使用是为了获取收益而现金管理是为了保持具有偿付能力。通常,这些比率提供公司健康状况的"生命特征",而就它们自己本身而言没有什么意义,还需要把这些比率和近年的数据、同行业类似公司的数据以及部门和行业的平均水平进行比较以判断趋势。其中关键绩效衡量指标包括利润率、短期流动比率、长期偿付能力比率和效率比率(Weightman,2006)。

至于利润率,使用的资本与获得的利润的比率是重要比率,它用来衡量使用全部可用资产经营管理的成功水平。

$$资本赚取的利润 = (税前利润 + 利息支出)/(流动资产 + 非公开投资 + 固定资产)$$

流动比率值得强调,因为公司在盈利的同时可能没有偿付能力。流动性是公司支付账单和保持经营状态的能力,并且其需要细致的现金流管理。流动比率不应该脱离其他报表而孤立看待,而且不同的行业需要不同的运营资本。

$$流动比率 = 流动资产/流动负债$$

速动比率强调组织短期支付和转化为现金的能力。安全的比率是1∶1,但不同部门也有所差异。其主要的弊端是可以简单地人为操作(作为伪造账目的一部分)。

$$速动比率 = (流动资产 - 存货)/流动负债$$

债务周转比率用来衡量消费者偿还所欠债务的时间。通常,许多食品企业只依靠信用(如食品零售商),其他一些企业依靠现金,也有一些企业两者都有。如果公司仅仅依靠现金,这个比率就不适用。

$$债务周转率 = 债务额/销售总额$$

存货周转率用来检测定期存货的成本价格、销售价格的销售,其受利润率和真实货物卖出比率的影响。

$$存货周转率 = 平均存货/卖出货物成本的原材料部分$$

或者

$$存货周转率 = 平均存货/销售额(销售总额)$$

长期偿债能力比率用于应对借贷太多而导致普通股股东回报的较大变化。原则上,固定资产应该是被买断的长期资本,并具有高比例的固定利率借贷资本权益的公司是高负债的公司。其资本负债比率表明,该组织应该考虑一些借款,以改善其流动性。

$$资本负债比率 = 自有资本/固定资产投资借款$$

长期偿付比率用于偿还普通股东而借贷过多或者过大的变动而设。规则上,固定资产应该能够抵押长期资本,公司对长期借款担负着很高的偿还比率。资本借贷比率说明组织应该考虑一些借贷去改善其流动性。

$$资本借贷比率 = 权益资本/固定投资借贷$$

债务比率是效率指标,用于评估筹集一项债务的平均时间,因为很多公司都不能以每天的绩效偿还。

$$债务比率 = 债务/平均日信用销售$$

债权比率用于衡量支付债务所用的平均时间并依据行业平均、公司市场能力以及和供应商的关系确定。

$$债权比率 = 债权/平均日信用购买$$

存货周转率确保公司遇到大订单时有足够的存货而不被束缚,库存周转得越快越好。

这个比率对于零售商来说尤其重要,因为高周转率对于获得利润十分重要。

$$库存周转率 = (货物卖出成本 \times 360d)/平均库存$$

最后,另一个有关的比率是杠杆比率,即满足借款利息的利润比率。杠杆级别越高,债权人和股东的风险越大。

$$杠杆比率 = 利息/(税前利润 + 利息)$$

当借入资金溢出股权或者所有者资金价值的时候,公司的杠杆水平通常比较高。利润比较高和处于上升水平的时候通常可行,收入很容易支付利息。当利润下滑或者利息率上涨时,杠杆将暴露偿还所欠债权人债务的风险。

最后,要记住商业环境时刻变化,预算的计划对于公司的生存十分重要。有两种预算计划:实物型(预期生产规模)和财务型(估计实物型计划的成本)。原则上讲,预算是公司即将实施政策的代表,它始于对销售、生产、资本成本、劳动力和材料的预测。预算需要公司高级管理层的协调以防止公司不同部门之间发生分歧。预算要成为执行目标或者费用限制标准,因此需要提前达成一致。通常会产生误差并需要对比原始预算和超出部分,分析得出结果,结果或积极或消极。误差的主要原因可能与许多因素有关,如购入材料和组件的不同价格、产品设计转化输入成本的改变、不同种类政策的决定、通货膨胀、生产问题、外部环境问题如竞争对手的行动、罢工、能源不足和新技术。有不同种类的误差(Weightman,2006),具体地说,有四种材料误差:

(1)价格波动相关的价格误差;

(2)仓储条件较差造成材料破损,购买低质量或者使用错误材料导致的使用误差;

(3)不同材料的不同价格的混合误差;

(4)意外的结果造成得率误差,例如,标准物质在错误的温度下进行标准的混合处理。

直接劳动误差与不同级别的劳动力以及在特殊时间不能找到特殊种类的劳动力有关。制造经常性费用误差通常由于以下原因所致,如费用项目的成本和总体成本标准,费用项目的使用标准和总体标准,名义产能和特定期间可利用的产能水平等。通常,当总成本高于预算成本,总收益低于预算收益,总利润低于预算利润时,消极误差就会上升。

17.10 结论

本章主要论及企业的关键作用以及食品行业关键部门的管理。我们分析了主要的企业管理功能,包括食品企业运营管理、人力资源管理、财务和会计。我们希望这些分析有助于中间商、学者、学生和从业者的工作和学习,并进一步拓展该领域的研究。

参考文献

1. Alvarado, U. Y. and Kotzab, H. (2001) Supply chain management: the integration of logistics in marketing. *Industrial Marketing Management*, 30, 183 – 98.

2. Apaiah, R. K., Hendrix, E. M. T., Meerdink, G. and Linnemann, A. R. (2005) Qualitative methodology for efficient food chain design. *Trends in Food Science and Technology*, 16(5), 204 – 14.

3. Blythman, J. (2005) *Shopped*: *The Shocking Power of British Supermarkets*. Harper Perennial, London.

4. Bourlakis, M. and Bourlakis, C. (2006) Integrating logistics and information technology strategies for sustainable competitive advantage. *Journal of Enterprise Information Management*, 19 (2) , 389 – 402.

5. Bourlakis, C. and Bourlakis, M. (2005) Information technology safeguards, logistics asset specificity and fourth – party logistics network creation in the food retail chain. *Journal of Business and Industrial Marketing*, 20 (2) , 88 – 98.

6. Bourlakis, M. and Bourlakis, C. (2001) Deliberate and emergent logistics strategies in food retailing: a case study of the Greek multiple food retail sector. *Supply Chain Management*: *An International Journal*, 6 (3/4) , 189 – 200.

7. Bourlakis, M. and Weightman, P. (2004) *Food Supply Chain Management*. Blackwell, Oxford.

8. Browne, M. and Allen, J. (1997) The four stages of retail. *Logistics Europe*, 5 (6) , 34 – 40.

9. Christopher, M. (2005) *Logistics and Supply Chain Management*: *Creating Value – Adding Networks*, 3rd edn. FT Prentice Hall, Harlow.

10. Cole, G. A. (1997) *Management Theory and Practice*. DB Publications, London.

11. Corsten, D. and Gruen, T. (2003) Desperately seeking shelf availability: an examination of the extent, the causes, and the efforts to address retail out – of – stocks. *International Journal of Retail and Distribution Management*, 31 (12) , 605 – 17.

12. Corsten, D. and Hofstetter, J. S. (2001) An interview with VICS Chairman, Ron Griffen. *ECR Journal – International Commerce Review*, 1 (1) , 60 – 7.

13. Dawson, J. A. and Shaw, S. A. (1990) The changing character of retailer – supplier relationships. In: *Retail Distribution Management* (ed. J. Fernie) , 19 – 39. Kogan Page, London.

14. Fearne, A. (1998) The evolution of partnerships in the meat supply chain: insights from the British beef industry. *Supply Chain Management*, 3 (4) , 214 – 31.

15. Fearne, A. , Duffy, R. and Hornibrook, S. (2005) Justice in UK supermarket buyer – supplier relationships: an empirical analysis. *International Journal of Retail and Distribution Management*, 33 (8) , 570 – 82.

16. Fernie, J. , Pfab, F. and Marchant, C. (2000) Retail grocery logistics in the UK. *International Journal of Logistics Management*, 11 (2) , 83 – 90.

17. Fine, B. , Heasman, M. and Wright, J. (1996) *Consumption in the Age of Affluence*: *The World of Food*. Routledge, London.

18. Finegan, N. (2002) *Backhauling and Factory Gate Pricing*. Institute of Grocery Distribution, Watford.

19. Flanagan, P. (1992) Customer service requirements in the UK food processing industry. *Focus*: *The Journal of the Institute of Logistics and Distribution Management*, 11 (10) , 22 – 4.

20. Food Chain Group (1999) *Working Together for the Food Chain: Views from the Food Chain Group*. Ministry of Agriculture, Fisheries and Food, London.

21. Gadde, L. – E. and Håkansson, H. (2001) *Supply Network Strategies*. Wiley, Chichester.

22. Gannaway, B. (2001) Issues of control. *The Grocer*, 224, 32 – 4.

23. Grant, D. B. (2004) UK and US management styles in logistics: different strokes for different folks? *International Journal of Logistics: Research and Applications*, 7(3), 181 – 97.

24. Grant, D. B. (2005) The transaction – relationship dichotomy in logistics and supply chain management. *Supply Chain Forum: An International Journal*, 6(2), 38 – 48.

25. Grant, D. B. , Karagianni, C. and Li, M. (2006a) Forecasting and stock obsolescence in whisky production. *International Journal of Logistics: Research and Applications*, 9(3), 319 – 34.

26. Grant, D. B. , Lambert, D. M. , Stock, J. R. and Ellram, L. M. (2006b) *Fundamentals of Logistics Management: First European Edition*. McGraw – Hill, Maidenhead.

27. Harrison, A. and van Hoek, R. (2005) *Logistics Management and Strategy*, 2nd edn. FT Prentice Hall, Harlow.

28. Hingley, M. K. (2005) Power imbalanced relationships: cases from UK fresh food supply. *International Journal of Retail and Distribution Management*, 33(8), 551 – 69.

29. Hogg, C. D. (2001) Fast food: some facts and figures to make you lose your appetite. *The Independent*, 5 September, Wednesday Review, 8.

30. Houghton, E. and Portougal, V. (2001) Optimum production planning: an analytic framework. *International Journal of Operations and Production Management*, 21(9), 1205 – 21.

31. Jobber, D. (2004) *Principles and Practice of Marketing*, 4th edn. McGraw – Hill, Maidenhead.

32. Key Note(2005) *Food Market(UK)*. www. keynote. co. uk, viewed September 2006.

33. Kotzab, H. (1999) Improving supply chain performance by efficient consumer response? A critical comparison of existing ECR approaches. *Journal of Business and Industrial Marketing*, 14(5/6), 364 – 77.

34. Kotzab, H. (2000) Managing the fast moving goods supply chain – does efficient consumer response matter? *Proceedings of the Logistics Research Network 5th Annual Conference*, September, Cardiff Business School, Cardiff, pp. 336 – 43.

35. Leenders, M. R. , Fearon, H. E. , Flynn, A. E. and Johnson, P. F. (2002) *Purchasing and Supply Management*, 12th edn. McGraw – Hill, New York.

36. Liberopoulos, G. and Tsarouhas, P. (2005) Reliability analysis of an automated pizza production line. *Journal of Food Engineering*, 69, 79 – 96.

37. Mann, R. , Adebanjo, O. and Kehoe, D. (1999) An assessment of management systems and business performance in the UK food and drinks industry, *British Food Journal*, 101(1), 5 – 21.

38. Marzian, R. and Garriga, E. (2001) *A Guide to CPFR Implementation*. ECR Europe, Brussels.

39. Mathews, R. (1997) A model for the future. *Progressive Grocer*, September, 37 – 42.

40. Mitchell, A., Corsten, D., Jones, D. J. and Hofstetter, J. S. (2001) A platform for dialogue. *ECR Journal – International Commerce Review*, 1(1), 8 – 17.

41. Needham, D. (2001) *Business for Higher Awards*. Heinemann, Oxford.

42. Patel, T., Sheldon, D., Woolven, J. and Davey, P. (2001) *Supply Chain Management*. Institute of Grocery Distribution, Watford.

43. P – E International (1991) *Long – Term Partnership – Or Just Living Together*? 41. P – E International, Leinfelden – Echterdingen.

44. Pecore, S. and Kellen, L. (2002) A consumer – focused QC/sensory program in the food industry. *Food Quality and Preference*, 13(6), 369 – 74.

45. Robson, I. and Rawnsley, V. (2001) Co – operation or coercion? Supplier networks and relationships in the UK food industry. *Supply Chain Management: An International Journal*, 6(1), 39 – 47.

46. Simons, D. and Zokaei, K. (2005) Application of lean paradigm in red meat processing. *British Food Journal*, 107(4), 192 – 211.

47. Slack, N., Chambers, S. and Johnston, R. (2004) *Operations Management*, 4th edn. FT Prentice Hall, Harlow.

48. Stank, T. P., Daugherty, P. J. and Ellinger, A. E. (1998) Pulling customers closer through logistics service. *Business Horizons*, 41, 74 – 81.

49. Stank, T. P., Daugherty, P. J. and Autry, C. W. (1999) Collaborative planning: supporting automatic replenishment programs. *Supply Chain Management*, 4(2), 75 – 85.

50. Strak, J. and Morgan, W. (1995) *The UK Food and Drink Industry*. Euro PA and Associates orthborough.

51. Tansey, G. and Worsley, T. (1995) *The Food System: A Guide*. Earthscan Publications, London.

52. Van der Vorst, J. G. A. J. (2000) *Effective food supply chains: generating, modelling and evaluating supply chain scenarios*. PhD Thesis, Wageningen University, Wageningen.

53. Van Hoek, R. (1999) Postponement and the reconfiguration challenge for food supply chains. *Supply Chain Management*, 4(1), 18 – 34.

54. Vlachos, I. and Bourlakis, M. (2006) Supply chain collaboration between retailers and manufacturers: do they trust each other? *Supply Chain Forum: An International Journal*, 7(1), 70 – 81.

55. Waters, D. (2003) *Inventory Control and Management*, 2nd edn. Wiley, Chichester.

56. Weightman, P. (2006) *Lecture Notes*. Newcastle University, Newcastle.

57. Whipple, J. S., Frankel, R. and Anselmi, K. (1999) The effect of governance structure on performance: a case study of efficient consumer response, *Journal of Business Logistics*, 20(2), 43 – 62.

58. Yakovleva, N. and Flynn, A. (2004) Innovation and sustainability in the food system: a case of chicken production and consumption in the UK. *Journal of Environmental Policy and*

Planning,6(3 - 4),227 - 50.

59. Younger, R. (1997) *Logistics Trends in European Consumer Goods*:*Challenges for Suppliers*,*Retailers and Logistics Companies*. Financial Times Management Report,London.

补充资料见 **www. wiley. com/go/campbellplatt**

食品市场营销

Takahide Yamaguchi

要点

■ 食品行业中的企业和组织为"创造消费者价值"和"建立良好的消费者关系"开展营销活动。

■ 营销者必须了解市场和消费者,以制定营销战略,获得竞争优势。

18.1 引言

各行各业广泛进行营销活动。虽然由于行业的性质不同,营销活动存在差异,但是在很大程度上,所有行业开展的营销活动形式类似。这意味着尽管营销活动需要根据行业特性进行调整,但市场营销的基本方法依然可以应用于许多行业。同样,营销也可以用于"食品"行业。现有的营销书籍通过对食品企业的案例研究提炼出一般的营销理论和方法论,典型的案例包括雀巢、联合利华、可口可乐等企业。近几年,麦当劳成为一个广泛关注的案例。食品企业作为案例研究的对象为市场营销理论发展做出了贡献。

但是,在食品行业整体是否存在共同的营销方法存在争议。"食品"是人类在日常生活中摄取的可食用产品的通用名称。上面提到的几家企业生产不同种类的食品。雀巢因其生产的乳制品、巧克力、咖啡等知名,联合利华制造人造奶油,可口可乐是软饮料公司,麦当劳是汉堡连锁店。尽管它们生产不同种类的食品,所有这些公司都包括在"食品行业"这一宽泛的分类之下。除此之外,生产新鲜食品、罐头食品、冷冻食品、加工食品、饮用水、酒精饮料等的企业也纳入相同的类别。食品行业包括众多子行业,因此有必要考虑适合食品行业不同类型产品的各种营销方式。

本章把食品行业中企业和组织实施的营销活动描述成"食品营销"。如前所述,食品行业涵盖了类别丰富的产品,而且每种产品需要采取不同的营销活动。虽然很难在本章解释所有类型的营销活动,但是在解释基础的食品营销理论时,我们将描述一些食品公司的营销活动。我们将用以下方式说明食品营销:首先描述营销理念、营销过程,试图解释市场营销的内涵;在随后几节中,我们将说明营销调研,制定营销战略和营销计划。

18.2　营销原理

在本节中,我们将:

■ 讨论营销理念的性质和目的;

■ 决定营销的过程;

■ 在营销环境中应用相关社会、法律、伦理和环境的原理。

18.2.1　营销的内涵

第一个问题是"什么是营销"。电视广告和建筑屋顶上的大型广告牌,报纸和杂志中大量的广告,都是营销的重要组成部分。有时在超市我们会被邀请品尝新产品,如新口味的乳酪或新口味的啤酒。销售人员会向我们解释新样品如何不同于现有产品。这种销售活动也是营销的一部分。因此,在我们日常生活中营销活动随处可见。然而,广告和销售只是营销的一部分。

今天,营销的含义比过去更加广泛,更加深入。Kotler 和 Armstrong(2006)这样定义营销:"营销是企业为消费者创造价值并建立良好的消费者关系,从而获得来自消费者的价值回报的过程。"该定义由两部分组成。第一部分是"为消费者创造价值"。营销始于理解消费者的需求和欲望。寻找消费者还没意识到的潜在需求和欲望至关重要。为了给消费者创造价值,必须了解消费者的需求和欲望。康宝公司(Knorr Co.)的浓汤调料之所以受到消费者欢迎,是因为它理解消费者的需求在于不仅希望减少汤粉,而且希望能够快速简单地制作。该定义的第二部分是"建立良好的消费者关系"。这部分意味着营销的目标是从消费者处获取价值。为了传递为消费者创造的价值,企业开展广告、促销等多种活动。此外,一旦消费者购买了某种产品,企业会采取措施确保他(她)重复购买。其中,创建品牌对消费者识别产品十分重要。

18.2.2　营销过程

如前所述,营销的目标是从消费者处获得价值。为实现目标,营销者采取 5 个步骤,这些步骤统称为"营销过程"(Kotler 和 Armstrong,2006):

■ 理解市场及消费者的需求和欲望;

■ 设计消费者驱动的营销战略;

■ 制定提供卓越价值的营销计划;

■ 建立盈利关系并让消费者愉悦;

■ 获得来自消费者的价值,创造利润和消费者权益。

营销过程的第一步需要营销人员理解市场和消费者。营销调研是理解市场的方法。

营销者需要了解宏观和微观营销环境对于营销活动和消费者行为的主要影响。此外,他们需要使用不同的方法收集、分析和评估信息和数据。

第二步是设计消费者驱动的营销战略。营销战略的制定取决于目标顾客,因此,营销者必须判定谁是他们的消费者。换言之,营销人员必须细分市场,向目标顾客提供他们的产品。

第三步是准备实用的营销计划。营销计划的准备始于营销组合细节的规划。营销组合就是企业营销工具的组合,即产品、价格、促销和分销。这些营销工具被称为"4Ps"。在控制4Ps之前,公司需要制定一份营销计划,以满足目标市场的需要。

第四步由两部分组成。第一部分是消费者关系管理,第二部分是合作伙伴关系管理。前者属于公司与消费者建立关系的方式,而后者属于企业如何与他们的业务伙伴建立关系。

营销过程的最后一步旨在从消费者处获取价值。公司试图通过提高客户满意度来建立客户忠诚度。它们不仅关注市场份额的增加,同时也关注增加消费者内心的份额。通过建立消费者忠诚度,企业能够大幅提升利润。

下面几节将详细讨论食品营销的过程。

18.2.3　社会、法律、伦理和环境原理在营销中的应用

解释营销过程之前,很有必要先说明企业社会责任(CSR)。企业社会责任的概念并不新鲜。McGuire(1963)的定义如下:"社会责任的观点认为,企业不仅应承担经济和法律义务,还应承担超越这些责任的特定社会责任。"

经济责任要求企业应该生产并以合理的价格出售社会需要的商品和服务(Carroll,1996)。合理的价格并不意味着较低的价格。相反,合理的价格应包括投资者的分红和足够维持业务持续发展的利润。近年来,激烈的市场竞争使得法律责任逐渐凸显出来。遵守法律是企业责任的重要内容。而公司(组织)的道德责任包括社会成员所期待或禁止的活动和实践(Carroll,1996)。尽管道德责任不能转变为法律责任,但是一个公司对社会的道德责任会超越其经济和法律责任。

在营销中,应用企业社会责任,可以提升企业的正面形象,表现出企业对社会做出的贡献,体现企业的存在对社会具有的价值。正面形象虽然不是企业的有形资产,但是却存在于消费者的心中。反之,忽视企业社会责任会导致严重的后果。例如,雪印乳业没有重视企业社会责任,不仅摧毁了其在日本市场良好的声誉,也使其牛乳业务发生巨额亏损。2000年,雪印乳业生产的低脂牛乳导致严重食物中毒。随后的调查表明,虽然雪印的生产过程符合现有的法律,但是消费者已经不接受。更为甚者,雪印乳业未能采取适当措施恢复消费者对其产品的信心。结果,其品牌价值大幅下降,并失去了市场份额。

企业社会责任的讨论包括环境保护这一重要议题。20世纪70年代的环境污染使这个议题凸显出了其重要性。在20世纪80年代,出现了所谓的全球环境问题,如全球变暖、臭氧层破坏、不计后果的砍伐森林及海洋污染。然而,在营销环境中很少探讨环境保护。1992年,Peattie提出"绿色营销"的概念。绿色营销提出了一种既能满足利益追求又能减少环境负荷的新的营销发展模式。企业要想在市场上建立良好的声誉,开展绿色营销很有必要。此外,企业不能忽视对全球环境问题非常敏感的消费者构成的重要市场。

18.3 营销调研

在本节中,我们将着眼于如何:

■ 理解宏观和微观环境对营销过程的主要影响;

■ 分析和应对在消费者市场和组织市场中的购买行为;

■ 评估营销中的信息需求,理解收集和分析数据的不同方法;

■ 在所选的食品市场中应用营销调研过程。

作为营销过程的第一步,营销人员了解他们的市场及消费者的需求和欲望很重要。因此,营销人员要调研市场和消费者,分析消费者行为,建立收集和分析各种数据的方法。我们将在下一节中说明,然后还要列举一个食品市场整体营销调研过程的案例。

18.3.1 企业的宏观和微观环境

要想实现有效的营销,营销人员需要理解围绕公司的所有关系。这些关系被称为"营销环境"。营销环境包括行动者和营销活动之外的力量,这些力量影响建立并维持与目标顾客的成功关系的营销管理能力(Kotler 和 Armstrong,2006,p. 60)。企业适应变化的环境是当务之急。

市场营销环境包括宏观环境和微观环境。一些影响公司营销活动的社会力量构成其宏观环境。一般来说,下面几种力量构成了宏观环境(Kotler 和 Armstrong,2006):

■ 人口环境:人口学是人口问题的科学研究,包括规模、结构、人口分布及人口如何随时间变迁的研究。例如,出生在 1946—1964 年婴儿潮的一代人,他们已经成为最强大的市场,为这个市场开发产品取得了显著的业绩。

■ 经济环境:包括收入效应的水平和分布情况、消费者购买力和购买模式。在一个进入外国市场的企业案例中,进口食品的价格高于当地食品的价格。因此,知道高价产品市场的规模很重要。

■ 自然环境:对于全球环境的关注一直在稳步增长。企业需要开发不会导致全球变暖、不会导致空气和水污染的产品。此外,应该改进生产过程以适应这种需求。

■ 技术环境:新技术创造新的市场和机会,而且新技术取代旧技术,营销人员不应忽视技术的变化。新技术还会创造新规定。例如,向市场投放转基因生物(GMO)食品前,强制性要求检查其安全性。

■ 政治环境:法律、政府机构和政治环境中的游说团构成了政治环境。这些因素以不同的方式影响企业。法律法规的数量正在逐年增加。

■ 社会文化环境:在一个社会中,人们有共同的基本信仰和价值观,即文化。这些核心信仰和价值观影响他们的认知、偏好和行为。饮食习惯特别受饮食文化的影响。

另一方面,公司周围的行动者组成的微观环境影响其服务消费者的能力,包括企业、供应商、营销中间商、消费者市场、竞争对手和公众(Kotler 和 Armstrong,2006):

■ 企业:一个营销计划的制定需要协调许多公司内部的职能——高层管理、财务、研发

（R&D）、采购、业务和会计。这些相互关联的职能构成内部环境。

■ 供应商:公司需要许多种类的资源生产商品和服务。这些资源由供应商提供。如果这些资源短缺或推迟交货,营销活动就会受到影响。而且,资源的价格影响产品和服务的价格。

■ 营销中间商:在促使产品接近最终的消费者的过程中,营销中间商,例如经销商、物流公司、营销服务机构和金融中间商,发挥了重要的作用。公司需要与营销中间商建立良好的关系。

■ 客户市场:三种著名的客户市场是个人消费市场、业务市场和政府市场。个人消费市场细分为个人和家庭。现今的营销人员必须了解国际市场和国内市场。

■ 竞争对手:公司为满足目标顾客的需求而生产商品。这些商品必须获得比竞争对手更高的客户满意度。

■ 公众:公共关系影响营销活动。公司与投资者、媒体、政府、消费者、公众团体和当地社区的关系发挥极其重要的作用。另外,广义上讲,工人、经理和董事会构成内部公众。让员工对自己的公司感觉良好很重要。

18.3.2　购买行为

在本节中,我们描述了开展营销活动必须考虑的营销环境。接下来,我们将讨论营销活动对购买行为的影响。由于市场分为消费者市场和企业市场,购买行为也分为消费市场的消费者购买行为和企业市场的商业购买行为。我们将在本节中说明这两种类型购买行为。

为了了解消费者购买行为,营销人员必须考虑两件事:影响消费者购买行为的因素和消费者的购买决策过程。众所周知,有以下四个影响消费者购买行为的因素:

■ 文化;

■ 社会;

■ 个人;

■ 心理。

这些因素之间的关系和细节如图18.1所示。这四个因素出现在同一进程之中,从有广泛影响的因素到有个人影响的因素。

营销人员需要了解购买决策过程的三个组成部分。具体来说就是,他们需要了解购买决策者、购买决策类型和购买决策过程的步骤。首先,购买决策者在购买决策过程中要发挥作用。考虑这样的例子,一个人按照采购清单从超市购买日常食品,那么他(她)是购买者,为他(她)开列清单的同伴是购买的决策者。我们可以想象,同伴在开列清单时问他晚饭想要吃什么,在这种情况下,购买者又扮演了影响者的角色。购买过程中存在多种角色。营销人员必须识别出购买决策者然后接近他(她)。

第二,购买者的决策过程取决于他(她)想买什么。购买决策的类型分为两类:在购买过程存在水平和品牌之间的差异(Assael,1987)。例如,圣诞晚餐酒的购买和日常酒的消费是有区别的。在后者的情况下,消费者通常购买普通的酒,购买过程很少需要花很长时间。而且,在这个过程中,买方注重习惯多于品牌。然而,在圣诞节买酒的过程中,买方需要很长时间选择一个好的品牌。

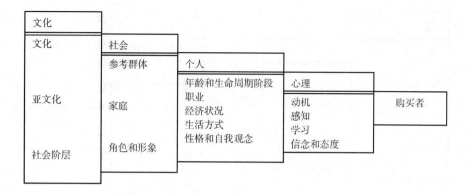

图 18.1 影响消费者购买行为的因素

(源自:Kotler 和 Amstrong,2006,p.130,图5.2)

第三,下面的模型描述了购买决策过程的五个步骤(Engel 等,1982))。买方要:

■ 认识需求;

■ 收集信息;

■ 评估备选产品;

■ 做出购买决策;

■ 购后评价。

购买过程实际在购买之前很久就开始,并持续到完成之后的很长时间。因此,营销人员需要关注整个购买过程,而不仅仅是购买决策(Kotler 和 Armstrong,2006,p.147)。

我们现在讨论商业购买行为。企业市场包含为了生产自己的产品购买其他公司和组织的产品和服务。企业市场的一些特点不同于消费市场(Kotler,2000):

■ 企业市场购买者比消费者市场少;

■ 企业市场买方比消费者市场更强大;

■ 供应商和客户之间存在密切关系。

类似于消费者行为,企业购买行为也受到各种因素的影响。其中最重要的因素是环境、组织、人际关系和个人因素(见图18.2)。这些因素包括很多不同于有关影响公众和个体交易的因素。

在企业市场,营销人员还需要了解购买决策过程的三个组成部分,即购买决策者、购买决策类型和购买决策过程的步骤。

首先,在企业采购中,决策取决于采购中心(Webster 和 Wind,1972)。采购中心包括在购买决策过程中扮演五个角色的组织成员:"用户"使用产品或服务;"影响者"帮助准备详细说明;"买家"为日常购买选择供应商;"决定者"有选择供应商最终的权利;"信息传递者"控制流入购买中心的信息。

第二,购买决策中有三个方向(Anderson 和 Narus,1998)。"购买方向"是市场交易,买方的目的是购买便宜的商品。"采购方向"与供应商构建更多的合作关系;通过建立密切联系,买方将同时实现质量改进和成本降低作为目标。此外,"供应管理方向"情况下,购买中心比在其他方向发挥更广泛的作用;公司旨在通过其制定的整个价值链提高价值。

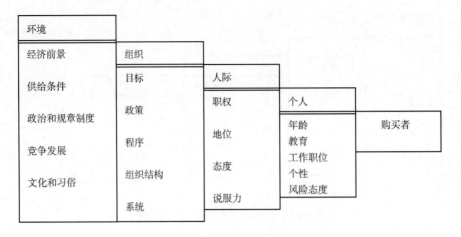

图18.2 影响企业采购行为的主要因素

（源自：Kotler and Amstrong,2006,p.169,图6.2）

第三,以下八个步骤构成购买决策过程。企业买家要：

■ 识别问题；

■ 描述一般需要；

■ 指定产品；

■ 寻找供应商；

■ 征求建议；

■ 选择供应商；

■ 订购需要的规格；

■ 检查性能。

这是一般的过程的描述。

18.3.3 营销的信息

营销决策者获得及时、准确的信息至关重要。这些信息是基于一个收集、分析和分类信息的系统。该系统被称为"营销信息系统(MIS)"(Kotler 和 Armstrong,2006)。在营销信息系统,信息用户通常是营销经理,识别营销信息的需求。接下来,他们指定公司内部数据库需要的信息,开展营销情报活动(系统收集并分析竞争对手和市场的信息)和营销调研。系统为营销经理提供其信息分析和后续行动中寻找的信息。恰当的信息通过系统分配,并且帮助营销经理制定决策。MIS 不一定是一个电脑系统,营销经理应该可以利用各种形式的营销系统。

18.3.4 在食品市场的营销调研过程

通过营销经理使用管理信息系统的情境,我们可以提出,营销经理在制定决策时,不仅需要一般信息,同时也需要与组织正面临的特定营销情况相关的信息。这些特定的营销信息通过市场调研获得。

营销调研过程有四个步骤(Kotler 和 Armstrong,2006):

■ 确定问题和调研目标;

■ 制定调研计划;

■ 实施调研计划;

■ 说明并报告调研结果。

第一步,确定问题及调研目标,也是整个过程中最困难的一步。营销经理通常了解发生在他们市场中的一些事件,但他们并不可能总识别出具体原因。营销经理必须通过反馈及与组织成员的讨论深入思考成因,确定问题是最重要的方面。例如,日本清酒公司看到了需求的减少(见图18.3),自1996年以来,日本清酒的年产量持续减少。清酒公司的营销经理们寻找了很多可能的原因,但他们无法确定具体的决定因素。不过,他们发现增加年轻人的清酒消费很重要。因此,营销人员找到了他们需要解决的问题。

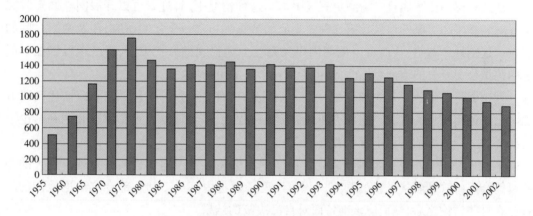

图18.3 日本清酒的年产量的变化(应税额度)

(源自:日本国税厅,2003)

接下来,为了确定问题,营销经理必须设定调研目的。有三种类型的营销调研,调研目的决定类型的选择(Kotler 和 Armstrong,2006)。为了收集初步信息,选择探索性调研有助于确定问题并提出假设。为了更好地描述营销问题、情况及市场,选择描述性调研相当于为新产品调研潜在市场和人口统计等。第三个类型——因果性调研验证因果关系的假设。我们回到日本清酒的案例。清酒公司面临的问题是年轻人远离了日本清酒。为了解决这个问题,日本公司的营销经理想到各种创意,如开发新口味或包装、寻找新的分销渠道及创建塑造新形象的广告。营销经理在确定他们想要关注的重点后设定调研目标。

营销调研过程的第一步是界定问题和目标。因此,问题的界定影响营销调研的最终结果。第二步是制定收集信息的调研计划。调研计划说明现有数据的来源,阐述具体的调研方法、联系方式、抽样计划和调研人员用来收集新数据的工具(Kotler 和 Armstrong,2006)。调研目标被转化为所需的信息。例如,日本清酒公司的营销经理需要关于年轻人饮酒行为、潮流、时尚等的信息。调研计划以书面提案形式呈现,提案必须涵盖营销调研的目标,并提供有助于管理者制定决策的信息。

信息分为二手数据和原始数据。二手数据指因其他目的已经收集的信息。这些数据是免费使用的或者是收费的。政府统计数据也是二手数据。首先必须收集二手数据,因为这些数据可以在短期内收集并为调研提供线索。但是,由于二手数据是基于另一个目的收集的,管理者并不总能从二手数据找到他们需要的信息。与之对应的是,为特定目的收集原始数据,它们是必需的数据。不过,收集这些数据需要大量的时间和金钱支出。观察研究、调查研究和实验研究是原始数据收集的常用方法(Kotler 和 Armstrong,2006),是收集原始数据的第一种方法。对于观察研究,通过观察相关的人、行为和状况收集原始数据。这个方法用来收集测试对象的日常行为信息。例如,考虑一个日本清酒公司的营销经理试图为年轻人制造饮用清酒的机会。管理者可以从此类观察中提取日本年轻人饮酒行为的信息。第二种获得原始数据的方法——调查研究,是收集描述性信息最合适的方法。通过向人们直接提问,公司可以了解他们的态度、偏好、购买行为等。日本清酒公司的营销经理可以尝试生产瓶装清酒鸡尾酒,日本市场将欢迎这种与众不同的瓶装鸡尾酒。年轻一代将会发现清酒鸡尾酒比普通日本清酒更有吸引力。这种情况下,管理者可以开展问卷调查收集偏好瓶装鸡尾酒买家的信息。第三种收集原始数据的方法——实验研究,涉及两组之间的比较。区别处理各组,从而可以阐明因果关系。上述提到的方式中,营销经理可以在不同组内测试公司开发的清酒鸡尾酒,这将弄清每个年龄组的偏好。

营销调研的第三步是实施调研计划,包括收集、加工和分析信息。在前面描述调研方法时已经说明信息的收集。在加工和分析信息过程中,顺畅地隔离重要信息和调查结论很有必要,注意,重要的信息不等于调查结论。

第四步是说明并报告调研结果。营销经理有可能会错误地解析某些发现。过去的经验可能会阻碍管理者接受新的观点。营销经理必须与内部员工和外部专家讨论他们的解释。在这些讨论之后,他们应该准备面对自己决策的结果。

18.4   战略营销和营销计划

本节将说明战略营销的方法。前两小节讨论营销组合和设计营销计划的组成部分。第三小节说明制定竞争战略使用的工具。在最后的第四小节,使用日本运动饮料市场的案例说明营销战略的战略行动。本节将介绍以下要点:

- 评估整个过程中市场细分的重要性;
- 应用关键概念与营销组合相关的产品、价格、促销和分销变量建立联系;
- 研究并制定基本营销计划;
- 分析食品营销计划和机遇,并提供适当的替代方案或计划;
- 将食品公司的产品信息与营销战略联系在一起,并对营销战略做出理性的判断;
- 将营销理念和原理应用于食品市场的真实案例。

18.4.1   市场细分、目标市场营销和市场定位

市场上有各种各样的人参与买卖过程。构成市场的消费者偏好反映在他们想购买的商品中。这些偏好基于地理、人口、心理和行为等因素。根据消费者偏好的不同进行分组。

将一个市场分成不同购买者群体的过程称为市场细分(Kotler 和 Armstrong,2006)。每个市场都有细分部分,许多标准用来细分市场。在巧克力市场,一个人在工作休息时可能会吃 KitKat(奇巧、雀巢),然而,当他邀请朋友共进晚餐时,他可能在玛莎百货购买巧克力。很难让一种特定的巧克力成为每位消费者任何情况下的第一选择。产品应注重满足细分市场的需求。

公司基于选定标准实行市场细分后,必须决定寻找服务的市场。因此,营销人员必须专注于特定的细分市场作为其目标市场。包括评估每个细分市场的吸引力并选择进入一个或多个细分市场(Kotler 和 Armstrong,2006)。能否长期产生最大的消费者价值是细分选择的标准。如果企业拥有有限的资源,它可以选择缝隙市场。通过服务主要竞争对手忽视的细分市场,企业可以选择成为专门服务有特殊需要的人群。三十年前,日本的工作妈妈每天几乎不可能准备晚饭。传统上,日本女性为了准备饭菜,不得不每天去购物。而那时,工作的妈妈是少数人。有一个公司开始提供每日晚饭的食物。这个缝隙市场在最近几年开始增长,公司也随之成长壮大。因此,关注缝隙市场,可以扩展未来的发展潜力。

公司选定细分市场后,必须决定在目标顾客心中树立的定位。市场定位就是确定一种产品相对于竞争产品能在目标顾客心中树立一个清晰、独特、合意的位置(Kotler 和 Armstrong,2006)。产品的营销计划就是在目标顾客心中树立一个独特的定位。在产品定位中,产品的竞争优势必须设置合理的定位。在巧克力细分市场,为了与 KitKat 竞争,玛莎百货需要利用自己的声誉销售高档巧克力。如果它能成功做到,将避免与雀巢直接对抗,保护自己的利益。

营销经理通过上述过程制定市场营销战略。营销战略的制定使他们可以向公司成员展示自己的业务领域。

18.4.2　营销组合变量中的产品、价格、促销和分销

一旦公司决定了目标细分市场和定位,就需要考虑如何实施营销战略。营销组合就是企业实施营销战略的框架。营销组合就是可操纵的、战略性的系列营销工具,公司组合使用这些工具以期达到在目标市场上所需的反响(Kotler 和 Armstrong,2006)。它由四组变量组成,即4Ps:产品、价格、促销和分销(见图 18.4):

■ 产品:企业为目标市场提供的商品、服务及商品和服务组合。

■ 价格:客户获得产品必须支付的金额。

■ 分销:向目标顾客提供产品的活动,例如,分销渠道、商店位置和运输。

■ 促销:向目标顾客宣传产品优势的企业活动。

要想成功实施营销战略,必须协调和设计好作为营销行动计划的营销组合4Ps。

现以一家食品企业开发健康饮品作为案例。企业正在为某区域生产的特种蔬菜寻找新的市场。由于健康食品市场正在逐年扩大,企业决定提取蔬菜汁液进行加工。由于和当地农民建立了密切的合作关系,企业能够获得不含农药的蔬菜。该企业定位其目标细分市场为中年妇女。他们预计这个细分市场对于健康和美丽感兴趣,因而会接受这种健康的蔬菜汁。为了增加产品的吸引力,它的价格定位比其他果汁价格高。此外,正由于关注中年女性,它使用商店作为其分销渠道分配和促销产品。最终,企业成功完成了增加市场份额

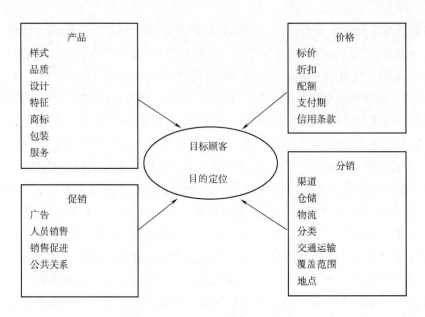

图 18.4 营销组合的 4Ps

(源自:Kotler 和 Amstrong,2006,p. 48,图 2.5)

的目标。这个案例证实了以一致性的方式协调营销计划中各部分的必要性。

18.4.3 优势、劣势、机会和威胁

制定营销计划的过程艰难而复杂,其中一个原因是存在竞争对手。营销经理对照自己的营销策略和计划,分析市场上竞争对手的行为。这个分析框架被称为"SWOT 分析"。SWOT 分析使营销人员了解企业外部环境带来的机会和威胁,以及企业资源内部环境的优势和劣势。

外部环境分析能发现各种事实,尽管事实只局限于机会和威胁。我们回到蔬菜汁公司的案例。该公司的营销经理能识别作为机会的某些因素,例如,提高健康意识、增加对健康食品的需求。另一方面,关于威胁,他们可以识别类似于一个大型食品公司进入的因素。识别的因素数量越多,越能更好地了解外部环境。为了更全面地了解外部环境,提出了五力竞争模型(见图 18.5)。利用这个模型可以识别决定行业盈利能力的力量(Porter,1980,1985)。营销经理分析这五种行业力量,可以全面了解外部环境:

■ 行业竞争对手;

■ 供应商;

■ 购买者;

■ 潜在进入者;

■ 替代品。

从企业管理资源可以识别其优势和劣势。但是,分析这些资源需要一些指南。在蔬菜汁案例中,将公司与当地农民的良好关系视为其优势。虽然在案例中没有指出其劣势,但是可以从产品的高价格推断其高生产成本。在缺乏这些指南的情况下,很难讨论管理资源。

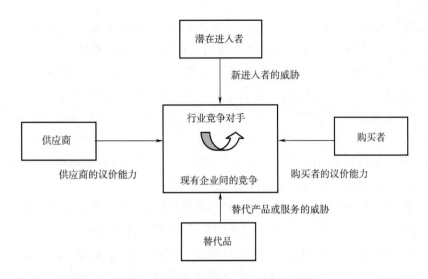

图18.5 决定产业吸引力的五种竞争力量

(源自:Porter,1985,p.5,图1.1)

表 18.1 进行基于资源的内部优势和劣势分析时必须回答的问题

类别	问题
价值性问题	公司的资源和能力能否适应外部环境的威胁或机会?
稀缺性问题	目前资源仅由少数竞争公司控制吗?
可模仿性问题	公司缺乏某种资源会在获取或开发这种资源方面面临成本劣势吗?
组织问题	公司的其他政策和程序能否组织支持开发这种具有价值、稀缺的、难以模仿的资源吗?

源自:Barney(2002),p.160,表.5.1.

VRIO[value(价值)、rarity(稀有性)、imitability(模仿性)和organization(组织)]框架,是分析管理资源的指南。表18.1中四个问题的答案能判定公司特定的资源是劣势还是优势(Barney,2002)。如果资源是有价值的、稀有的和模仿代价昂贵,它将是可持续竞争优势的来源。但是,如果一种资源不符合这些条件,它的优势将只是暂时的。

当市场经理考虑市场竞争时,他们必须了解竞争对手建立的竞争环境。SWOT分析框架有助于了解公司的环境。这个框架清晰地介绍了与竞争对手相比较的营销战略制定的过程。换句话说,它在促进营销战略实施中发挥重要作用。

18.4.4 应用案例

根据 Nonaka 和 Katsumi(2004)的研究,下面列举的是三得利制定软饮料的营销战略的案例。三得利是日本一家生产酒精和不含酒精饮料的领先生产商和经销商。

根据零售价格,日本的软饮料市场价值约4500万亿日元(225亿英镑)。每年有1000种新产品进入市场。尽管如此,其中只有三种产品将在下一年继续出售。因此,市场存活率是0.3%。此外,由于每年这些产品的销量都超过1500万箱(1箱=24×350mL),它们可以被视为主导品牌和标准产品。三得利在2000年3月推出"Dakara"。2000年,Dakara的总销量超过了 1500 万箱,在 2001 年达到 2470 万箱,并在 2002 年达到 3400 箱。

Dakara 被归类为运动饮料。运动饮料最初旨在帮助运动员补充水分、电解质、糖和其他营养物质。在 1966 年推出的佳得乐是世界上著名的运动饮料。不含酒精饮料中的运动饮料细分市场是缝隙市场。然而,目前这个细分市场已经扩大到非专业运动员,是不含酒精饮料市场中重要的细分市场之一。截至 2000 年,日本运动饮料市场有两个主要品牌:日本大冢制药的"宝矿力水特"和可口可乐的"水瓶座"。在过去的 20 年,这两个品牌占据了日本运动饮料市场份额的 90% 以上。宝矿力水特的年销售量约为 6000 万箱,水瓶座年销售量约 5000 万箱,这使得其他公司很难进入这个市场。

三得利的营销经理进行了一次调查研究,在调研中,他问及样本消费者的问题是关于饮用宝矿力水特和水瓶座的场合,76% 的受访者回答"在体育活动中"或"体育活动后"。调查研究没有产生有说服力的结果。因此,营销部门的成员决定观察所选测试者的日常生活。他们在日记中记录细节。这些成员将这次观察研究称为"日记调研"。日记调研发现,大多数的受试者高度紧张后或需要休息时喝运动饮料,而不是在他们从事体育活动之中。通过这种方式,管理者意识到运动饮料不能将消费者视为同一种类型。从此,运动饮料因细分市场而扩大规模。

下一步,管理者们分析宝矿力水特的优势。客户将这个产品视为药用饮料。管理者认为这种形象就是因为消费者在那时渴望喝运动饮料。这种形象被解读为呵护的形象,然后传达到市场部。此外,营销部门的成员深入便利店调研,收集来自实际消费者的数据。这些数据显示,人们的日常饮食不均衡。因此,开发 Dakara 强调产品从身体吸收多余物质的作用,而不是为了补充不足的营养摄入。因此,Dakara 的定位不同于作为营养补充剂的现有运动饮料。

日本市场上软饮料的价格是固定的。三得利使用现有的分销渠道来推广 Dakara,营销部门在 Dakara 的推广中寻求新的挑战。软饮料电视广告经常播放的是名人喝他们的产品。然而,三得利的营销经理想强调 Dakara 净化身体的功能。因此,把比利时的小尿童(Manikin Piss)作为商业广告的主要角色,通过幽默的方式突出小尿童,公司能够优雅地向消费者传达产品净化身体功能的信息。营销经理务必确保产品的概念与促销策略之间的一致性。

参考文献

1. Anderson, J. C. and Narus, J. A. (1998) *Business Market Management*. Prentice Hall, Englewood Cliffs, New Jersey.

2. Assael, H. (1987) *Consumer Behavior and Marketing Action*, 3rd edn. Kent Publishing, Brisbane.

3. Barney, J. B. (2002) *Gaining and Sustaining Competitive Advantage*, 2nd edn. Prentice Hall, Englewood Cliffs, New Jersey.

4. Carroll, A. B. (1996) *Ethics and Stakeholder Management*, 3rd edn. South – Western College Publishing, Florence, Kentucky.

5. Engel, J. F. , Blackwell, R. D. and Miniard, P. W. (1982) *Consumer Behavior*, 3rd edn. Dryden Press, New York.

6. Japanese National Tax Agency (2003) *Sake no Shiori* (*Guide for Japanese sake*) (in Japanese). Japanese National Tax Agency, Tokyo.

7. Kotler, P. (2000) *Marketing Management*, 10th edn. Prentice Hall, Englewood Cliffs, New Jersey.

8. Kotler, P. and Armstrong, G. (2006) *Principles of Marketing*, 11th edn. Prentice Hall, London.

9. McGuire, J. W. (1963) *Business and Society*. McGraw – Hill, New York.

10. Nonaka, I. and Katsumi, A. (2004) *The Essence of Innovation* (in Japanese). Nikkei BP, Tokyo.

11. Peattie, K. (1992) *Green Marketing*. Pitman, London.

12. Porter, M. E. (1980) *Competitive Strategy*. The Free Press, Cambridge.

13. Porter, M. E. (1985) *Competitive Advantage*. The Free Press, Cambridge.

14. Webster, F. E. and Wind, Y. (1972) *Organizational Buying Behavior*. Prentice Hall, Englewood Cliffs, New Jersey.

补充资料见 **www. wiley. com/go/campbellplatt**

产品开发

Ray Winger

要点

■ 所有企业为了生存,必须持续地创新,这是食品产品开发的动力。

■ 产品开发是集成食品科学与技术所有知识和能力的顶点课程。

■ 系统的产品开发可以使开发成功率从 0.3% ~ 0.5% 提高到 20%。

■ 产品开发是科学与商业实践交汇的课程,要产生效益就要密切关注适宜的企业文化。

■ 本章将概述在食品工业企业环境中成功开发产品的要点。

■ 产品开发是大学与企业密切结合的交点,它为学生提供具有挑战性和令人兴奋的工业项目,并使他们体验在商业世界中运用创新的工具。

■ 引领读者走进产品开发的每个阶段,帮助教师为学生的毕业论文找到企业的合作伙伴。

19.1 引言

本章目的在于促进食品科学与技术在食品产品开发中的应用。食品产品开发是食品科学与技术专业的顶点课程,它集成了学生在学位课程中获得的全部知识。产品开发是所有工业生产过程的基石,成为学科与工业的所有部分的链接点:营销(和消费者)、生产(配方、质量保证)、商业和金融(盈利能力、可持续性)和采购。然而,系统产品开发在大多数食品公司内仍未发挥应有的功能,甚至技术人员也往往忽略与产品开发技术相关的巨大机遇。

产品开发的关键功能在于集成应用系统的定性和定量技术开发新的食品或改进现有的食品产品,从概念性的构思发展成为在市场上成功并可持续发展的商品。产品的客户可能是终端消费者,也可能是食品制造商和机构性食品供应商(餐厅、连锁快餐等)之间的中间人,或者在综合利用废物原料的情况下,产品的客户也可能是宠物和其他动物。

产品开发需要食品科学(化学、生物化学、生物学、微生物学)、食品加工、食品包装、感官和消费者科学、市场学、质量保证、立法、研究方法和实验设计、商业和企业运营(特别是金融)、环境保护、采购(配料和原料)以及管理。为了成功地参与竞争,学生需要完成下述任务:

(1)理解新产品开发的战略

■ 制订严格定义的产品标准;

■ 理解市场研究在产品设计中的作用;

■ 理解不同学科在产品开发中的作用;

■ 认识产品开发过程的步骤。

(2)在实验室和中试车间进行产品开发

■ 编写、评价、完善小试方案;

■ 制作符合产品标准的原型产品;

■ 在此水平上,设计和开展相应的试验;

■ 采用适宜的分析方法评价产品特征。

(3)放大到商业生产　评估从新食品的开发到商业化的全过程。

19.2　背景

19.2.1　产品开发过程

Booz、Allen、Hamilton 公司(Anonymous,1982),Cooper 和 Kleinschmidt(1986)提出了引用最广泛的产品开发模式。虽然这些模型的若干阶段有所不同,但是每个产品的开发过程基本上都包括四个主要的阶段,即产品策略开发、产品设计及工艺开发、产品商品化以及产品上市和后过程。每一阶段都产生活动的结果(信息),产品开发者根据这些结果,做出管理决策,见图 19.1。

实际上,公司根据积累的知识和经验,可以简化或省略产品开发的某些活动或阶段。

产品的新颖性和产品生命周期决定了产品的过程。如果是渐进性新产品,例如,产品改进和产品线外延,需要的时间较少。因为消费者需求变化快速,生命周期短的产品或时尚新产品推出的速度很重要,在这种情况下,需要围绕产品特征开展工作而非追求新的科学成果和先进的技术。对于生命周期长的产品,过程的创新和成本控制则具有重要的意义。

随着公司的成长和发展,产品开发过程也日益成熟。在早期的产品开发过程中,研究与开发没有集成到公司的企业战略之中。下一代的开发过程则认为新产品开发要从企业战略开始,通过产品策略工作定义新产品的领域。最近一代的开发过程在公司层面上制订新产品战略计划,认为技术是形成竞争优势的武器。

现代的创新模式是交互的模式,其中各个阶段相互作用,相互依存。创新过程把企业

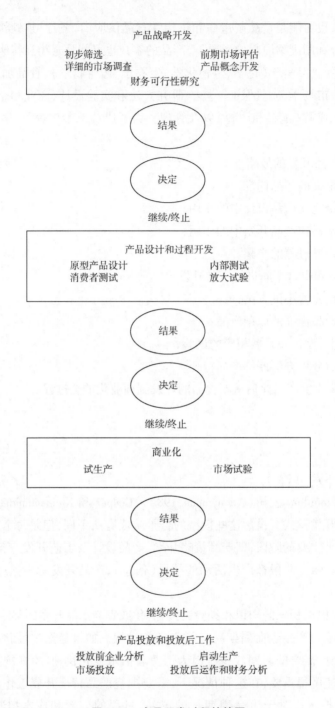

图 19.1   产品开发过程的简图

[源自：Siriwongwilaichat(2001)；adapted from Earle and Earle(2000)]

内外的交流路径构成复杂的网络,链接企业各种内部功能,把企业与科学技术界和市场更加广泛地连接在一起。

知识型组织创造是创新与企业成功的关键驱动力。新产品开发过程中新产品和人力资源配置上把组织性的知识转化为员工个体化的知识。当产品知识资源累积得喷涌欲出时,需要考虑适时召开产品发布会。即使是市场对路,消费者喜欢的产品如果在错误的时间推出,也会遭遇失败。丰富的知识储备有助于及时、快速、有效地投放产品,适应市场发展的机会。

许多公司,特别是食品工业的公司,往往由于经验丰富员工的贡献而出现周期性成功的创新,这表明这类公司亟待建立永久有效,不断更新,员工代代共享的知识数据库。

19.2.2　食品工业的创新

食品工业的产品开发过程具有自身的特征。消费者期望和需求与技术机会作用的互动促成产品创新,食品工业的创新由于以下特点可能不同于其他工业:

■ 食品工业罕见真正的"前所未见的"创新。食品产品创新普遍是渐进型的。

■ 食品消费者往往厌恶风险。他们希望新产品,但新产品必须是熟悉的,或近似于他们习惯用过的产品。食品消费者积累了长期的经验,通常难以改变口味偏爱和饮食习惯,即使改变也要消耗很多时间。

■ 由于食品容易模仿,创新者能够获取垄断收益的时间很短暂。因此,寡头更可能垄断市场。食品工业被定义为低技术领域,通常少数几家大公司垄断研发。食品工业与其他工业相比,大多数公司都很小,内部产品开发活动通常专注于产品设计,只有少数大型跨国公司涉足现代化的先进技术。

■ 食品工业偶尔出现重要的技术进步,但迅速扩散。食品工业中重要的技术进步和技术创新往往来自外部的上游工业,如设备、原料和包装供应商。

■ 需要注意的是,食品工业内的部门间也存在差异。大规模中间食品制造商(例如,面粉或制糖)表现了集约化企业的特点,具有高度专有的加工技术。在另一方面,方便食品制造商很少进行内部产品和过程的开发,往往被视为供应商主导的公司。

食品工业的研发以市场为导向,以应用为驱动,针对具体产品进行渐进的技术创新,而不开展引发重大变化的基础研究。相比其他科学和技术含量更高的工业,如化工、医药工业,食品工业的研发开支相当低。就跨国公司而言,雀巢 1992 年研发支出为销售额的 1.2% ,联合利华在 1993 年为 2% 。根据 1998 年对于 100 家食品加工企业的调查,没有一家公司报告其研发预算超过其销售额的 1.5% (Meyer,1998)。化学公司的研发预算为销售额的 4% ~ 10% (Moore,2000)。在制药工业,研发预算高达销售额的 15% ~ 17% (Cookson,1996;Scott,1999;Mirasol,2000)。

虽然这些研发数字表明他们新产品的开发力度,但也可能出现误导。上述公司大力投资于新兴市场和(或)产品,而对完善的但是增长前景欠佳产品投入相对较少。主体上,食品工业对于后者产品的技术支持重点采取降低成本的策略。

在食品工业中采用的研发战略总结如下:

■ 在食品工业的研发活动取决于市场的机会。消费者嗜好、市场规模、利润率和有效的竞争反应能力是引导发挥研发功能的重要标准。

■ 公司根据目标和现状,区分研发活动并配置战略业务单元(SBUs)和中央设施。通常向战略业务单元配置研发过程和产品技术用以开发新产品或延伸产品生产线。这样可以对特定市场做出及时的反应。在某些情况下针对新的市场、长期的产品开发、对整个公司有重大影响的技术开发或支持多个战略业务单元的运作,也进行企业层面的研发活动。

■ 企业根据内部或外部开发的目的,划分技术开发的目标和作用。在内部经常可以获得开发的基础知识或关键技术。公司也经常通过合资或并购的方式快速获得关键技术,而非进行内部开发。

■ 通过研发工作可以使成功的产品生产线持续发挥市场功能,重点是降低成本,延伸产品线和更新产品。重视消费者的嗜好和新技术是不断改进的关键。

19.2.3 产品特征

新食品产品可以根据产品属性分类。它们包括:形状(大小、式样、密度、包装、稳定性),适口性(滋味、气味、色泽、质构、社会和文化认同),成本(原料、制造费用、管理费用),每一属性都应该考虑如下问题:

确定产品属性的消费者感知度,例如,消费者感知的产品属性的表现形式是什么。确定属性的实际或潜在的价值,如营养价值可能因个人饮食和营养需求而异。

在以市场吸引力评估市场价值时,需要思考以下问题:这一部分市场的大小? 消费者需求的稳定性如何? 某个属性的替代性如何? 某属性如何影响当前销售的其他产品? 该属性必须准确体现的技术特性,如规格、工艺条件、稳定性、包装、质量控制的属性测量方法。

19.2.4 公司并购

现在,食品公司为降低研发投资,往往简单地收购或合并具有产品潜力的公司。例如,达能收购纳贝斯克;联合利华在 2000 年并购"BEST"食品公司;通用磨坊收购 Pillsbury。由于亚洲各国迅速的经济开放,降低外国投资的壁垒,国际公司通过兼并和收购能够在亚洲市场取得强势地位。美国和日本企业在许多竞争对手都希望开发一款类似产品的时候,更有可能并购外部企业获得技术而不是进行内部开发。

19.2.5 营销和技术操作之间的联系

营销是消费者需求参数的输入和处理。技术是生产适销产品,满足消费者需求的能力。面对市场竞争和不断变化的消费需求,有机结合这两方面知识将促成产品的差异化。重要的是在技术知识中输入潜在营销实力的参数。因此,技术战略对于公司长期盈利和增长尤为重要。

19.2.6 知识来源

食品工业还需要技术人员处理复杂的食品法规、食品配料及其加工性能的问题。内部的技术人员提供完成艰苦工作所需的强大动力:精通所需的技术知识,对于必要的时间配额、资金和设施保持充分的内部影响力。

内部技术发挥重要的作用有以下四项原因:

■ 公司需要利用适当的技术处理特定的事件,凭借根本性的创新,获得短期利润;

■ 技术发展累积性的实质要求公司以现有能力促进新知识的产生；

■ 公司需要以内部知识识别、消化和利用外部知识，获取不熟悉的技术；

■ 公司使用特定的知识，而非一般知识，细分产品的市场。

19.2.7 公司战略

公司的承诺是产品创新战略获得成功最重要的因素。引入新产品成本高昂且具有风险，需要独特的企业文化予以支持和包容。公司必须承诺商业计划书，并坚持不变，避免经常审查正常的开发业务，因为任何高级管理人员都有自然的保护自己的愿望，他们希望自己负责的工作可以巩固其职位。尽管缺少良好的支持商业判断的信息，新产品开发者通常需要高级管理人员支持自己的产品概念。正规的新产品开发过程以系统的方法向管理团队提供关于计划进度、成本控制和外部因素对公司影响的报告，这显然需要专门的高级管理人员持续地监督新产品开发团队定期报告进展状况。

无一例外，任何制造领域成功的新产品开发企业都具有共同的特征，新产品开发过程将多学科和公司的所有部门都集成到企业规划和新产品开发过程本身。

新产品开发在最高行政级别是一场"计算性赌博"。启动之时必须认识到新产品开发中失败远多于成功。典型的非结构化的，随机的产品开发成功率是 200∶1。当前最复杂的运行良好的产品开发流程的成功率仅为 (1∶3)～(1∶5)。这里所说的成功不仅意味着产品在生命周期内仍在市场生存，而且要实现预期的投资回报。

必须细心地对每个新产品开发项目进行战略审查，确定产品的相关性和公司文化适合性，评估市场机会和潜力，考虑技术的可行性和运营能力和潜在的财务和法律问题。公司的所有方面必须纳入企业产品规划。项目分散进行的模式无疑是新产品开发失败的最大原因。

公司必须知道自己做什么业务，从而定义需要考虑的产品类型。玛氏公司开发士力架雪糕是这一命题的最佳案例。联合利华与雀巢是冰淇淋工业的两个垄断者，他们紧盯彼此，但都以为玛氏主要制造宠物食品和糖果。另一方面，玛氏把自己的业务定义为全面开发新糖果（无关冷冻与否），玛氏开发了士力架雪糕的专有技术，联合利华与雀巢公司则花费两年时间才生产出与之竞争的产品。他们错误地认定自己在冰淇淋市场的地位，没有考虑到来自玛氏的竞争。

19.2.8 新产品开发的组织

明确的产品开发战略和创新意识的贡献不是产品开发成功的唯一因素。实质上，新产品开发是跨学科、跨部门的过程，因此不是功能分离的活动。要想成功，必须由来自公司不同部门的人员组成团队开展工作。

"顺序"产品开发方法是每个职能部门按顺序负责一个子项目，一个部门完成后，然后再转到下一个。实际上，食品工业和大多数工业经常使用这种方法。通常，营销部门识别新产品的机会，研发部门研究、开发技术，产生产品概念，然后设计，交给生产部门制造，再把产品交给市场部进行最终分销售和营销。虽然这显然合乎逻辑，从表面上看，也易于理解和管理，但是顺序法有几个缺点。

顺序系统中的各个角色和职责相对明确并功能独立,在项目阶段之间交接时需要控制风险。然而,在项目各阶段交接期内很少要求阶段之间进行交流,因此经常出现遗漏和错误。

多年提倡的"组织化"产品开发是解决这些问题的手段。在20世纪80年代末,一系列制造企业采用了改进版的组织化方法。它以不同的名称命名为同步工程、并行工程或并行工作,该方法把注意力集中在项目整体,而非各个阶段。并行进行不同的操作,不仅缩短了整体开发周期,而且能够更好地满足整个项目的需要。随着并行方法的发展,它基本上可以发挥整个项目的所有功能,从概念到生产、设计的所有方面和影响,现已发现并行方法在跨学科合作的项目团队中发挥了最好的作用。多功能团队的关键性优点包括:

■ 各部门都在同一项目中共同工作,减少部门之间的重叠问题,从而缩短开发周期;

■ 消除组织内的分层结构,其结果是可以分散进行更加合适的项目决策;

■ 团队成员更密切地关注项目的进展,更全面地分享相关信息,更有效地分析从部门内外获得的大量市场统计数据、质量数据、技术数据和制造业数据;

■ 明确了解项目目的和项目目标的责任,克服了传统分工的相关问题;

■ 更加频繁地交流思想、观点、知识等,促进经验不足的团队成员更快地学习。

在成功的公司,团队成员代表公司的各种功能,而这反过来又取决于公司的规模和组织结构。在新产品开发周期的所有阶段,需要有效地发挥以下功能:

■ 市场;

■ 销售、配送和物流;

■ 研究与开发;

■ 质量保证;

■ 工程;

■ 制造/操作;

■ 财务和法律;

■ 采购;

■ 包装和设计。

值得注意的是,许多部门会认为自己与新产品开发团队无关。如果不把它们包括在产品开发的所有阶段,那么新产品开发过程将降低有效性。据此,所有部门的确都能够在新产品开发的某些阶段发挥作用。有些公司中,一个人可能扮演多种角色。

19.2.9 零售商和超级市场的影响

专业文献已经开始关注产品开发过程中中介群体的重要性,而且提出了充分的理由。食品制造商通常不直接联系最终消费者,而是直接联系超市或酒店的厨师。这些垂直联盟(注意,这不是收购)和与外部组织(如研究机构和大学)的密切联系是所谓的第四代研发的特征(Miller 和 Morris,1999)。实质上,这是生产、营销和内部研发组织与外部机构的整合。

19.2.10 产品失败的关键特征

各种研究都试图找出产品失败的原因,但是,统计数据往往矛盾而混乱。Hollingsworth

（1994）在美国期刊 *Food Technology* 上发表了一份报告论及了大部分问题，并以某种顺序加以排列，他分析了受访者认定的产品失败的前三个原因出现的频率百分比，其关键性因素及排序如下：

- 战略方向　　　　　　　44
- 产品不符合承诺　　　　35
- 定位　　　　　　　　　33
- 竞争点差异　　　　　　32
- 价格和价值的关系　　　30
- 管理层的承诺　　　　　29
- 包装　　　　　　　　　20
- 研究的误导　　　　　　19
- 开发过程　　　　　　　19
- 创意的执行　　　　　　18
- 市场和贸易支持　　　　18
- 品牌化　　　　　　　　15
- 消费者研究　　　　　　14
- 市场团队经验　　　　　9
- 广告信息　　　　　　　8
- 促销　　　　　　　　　8
- 投资回收期　　　　　　8

19.3　教学方案

19.3.1　新产品开发战略

19.3.1.1　新产品开发项目系统规划和时间管理

系统的新产品开发是一个严格定义的时间管理和结构化系统。项目团队只有经过精心策划和制订正确的时间表，新产品开发才有可能成功。这是任何新产品开发过程的第一个要素，也是每个学生重要的学习内容。新产品开发基本由六部分组成：

- 产生构思和设计概念；
- 产品初步筛选；
- 规范的经济分析；
- 食品产品开发实验；
- 产品测试；
- 商品化。

通常情况下，确定投放日期（在本单元的模拟练习中，可由教学时间长度确定），该日期确定了项目的总时间长度，在该日期前必须完成。

作业进度路径和关键路径分析是对全体学生有益的作业，它可以使学生更好地了解整个新产品开发过程的工作量以及如何编制自己的时间管理程序,以确保如期完成全部任务。许多产品开发的文件提供了这些程序的样本,现有的项目管理数据库和软件可用于编制关键路径。教师还应鼓励学生发现其中可同步进行的活动(例如,可以在初步筛选和经济分析中继续进行文献综述)。

新产品开发过程的每个元素都需要估计切合实际的时间(如产品配方需要订购原料,有时需要一周或更长的时间)。时间表必须与重要的结束日期相符。如果某子项目时间过长,必须缩减其他项目,减少项目总时间。在项目执行过程中,应定期检查这些时间节点是否如期,如果关键性时间节点没有完成计划,则有充分的理由终止项目的下一步工作。如果一个产品难以在实验室开发,最好停止进一步的工作(无论其潜力有多大),而专注于另一个更容易制备和更加守时的产品。

整个新产品开发过程具有几个"继续/终止"的评审点。重要的是,确实保证在任何阶段都有一个正在设计的产品。根据一般的经验法则,最初的概念设计和创意阶段应该有几百个可能的产品。在实验室进行实验,启动产品开发的时候,至少应该有 5 个产品。推出产品的时候,只会有 1 个或 2 个产品。这种逐步淘汰产品的方法对新产品开发的成功最大化至关重要。

19.3.1.2 设计概念和产生创意

整套适合公司业务计划的、细致的、战略性的定义和相关产品的创意为成功的产品开发奠定基础。本课程虚拟一家公司作为必修实习的对象,该公司应具有明确的业务战略、专业知识和能力以及围绕新产品开发的制约因素。理想的情况下,新产品开发演习应与现实的食品公司合作运行。另外,教师必须保证详细地定义虚拟公司的状况。有关公司的详细信息可能包括:

- 公司在食品工业或业务运营的领域;
- 可用员工的数量和类别(技术、市场);
- 可能限制新产品开发的财务和相关问题(如新资本的投资意愿);
- 加工的能力和能量;
- 分销和零售(或工业配料)链;
- 国内和出口市场的交点(加之相关法律和食品法)。

有许多种方法产生创意并识别可能的概念。不同的新产品开发项目具有特定的驱动力,例如:

- 为公司引进一种全新的产品;
- 复制竞争对手的产品;
- 改善现有的产品(例如,添加功能性或营养成分);
- 扩建生产线(例如,在现有范围内增加新风味产品);
- 更好地利用废弃物料;
- 利用一种新原料或配料;
- 降低现有产品的成本;

■ 发挥机器或设备富余的生产能力。

尽管新工艺、包装或配料带来的机遇(即驱动过程)将驱动产生某些创意,但是新的或显露的市场机遇会催生更多的创意。在所有情况下,新产品开发这一阶段的根本目标是产生尽可能多的创意(无论它们看似多么愚蠢)。切勿忘记的是,在这一阶段从大约200个创意中产生1个产品概念,就是成功。

在整个新产品开发过程中将会淘汰大多数产品构思,所以开始总是需要大量的构思。市场营销是这一阶段的重要组成部分,本书的其他章节中已经论及。准确地定义目标消费者是该阶段进一步的关键问题。对于某些新产品开发项目(例如,目前废物材料的利用)的目标市场可能很难定义。然而,对于大多数产品,目标市场是已知的,市场营销人员可以准确地定义它们的消费者。该阶段结束时,你应获得:

■ 所在公司的清晰概况;

■ 理解并定义公司任何限制性因素(设备、金融投资、预算);

■ 市场和目标消费者的全貌;

■ 所需供应链(分布等)的基本认识;

■ 产品所有特定限制(例如,保质期、特殊存储条件、食品立法)的基本认识;

■ 非常多的产品构思。

19.3.1.3 初步产品筛选

新产品开发的下一阶段的任务是系统地将产品创意减少到可以操作的数量。这要求对确定的所有产品进行多学科的小组审查。实际上,这是一种初步的经济分析。每个产品需要根据一系列标准评分(根据最好的或个人的现有知识)。这需要专门为既定的新产品开发项目制订标准。标准将包括如下内容:

■ 市场成功的潜力;

■ 与公司现有产品和分销渠道的相关性;

■ 公司制造该产品的能力;

■ 产品的技术复杂性(由此而来的相关技术开发的成本);

■ 产品潜在的成本(由此而来的利润率);

每个团队成员为每一产品评分,累加总分(根据情况可能采用特定的技能,如营销将以市场为基础的标准评分)。继而为这些产品排序,选出用于下一阶段的得分最高的产品。显然,在这一阶段获得成功就要求人们合理地理解各项检查产品的标准。可能还需要一些初步的市场调查,但在这一阶段应保持相对宽泛的范围。注意:这不是"猜测"的过程。如果没有明确理解的信息,可能需要做一些初步的文献研究。一个经验丰富的团队将能够非常迅速地筛选这些产品,而一个团队的知识有限,则需要更多的背景调查以做出合理的判断。

作为指南,入选产品应该是原构思数目的15% ~ 20%。在此阶段,每个产品应有简短说明,描述要开发的独特功能。例如,某产品是高蛋白、水果基料、货架期稳定、超高温灭菌处理、100mL加吸管的纸盒包装的即饮饮料。对此,所有团队成员都具有明确一致的认识和理解。

19.3.1.4 正规的经济分析

市场研究

详细了解市场和消费者是成功开发新产品的关键。必须明确界定终端市场(请注意,正在进行审查的各个产品可能有不同的市场)。所需的信息包括:

- 终端市场用户的需求、愿望和需要;
- 市场趋势和有针对性的关键问题(例如,营养需求);
- 定价;
- 取得成功所需的分销及推广策略;
- 市场规模和市场份额的估计(当前和将来);
- 竞争压力(由此对市场潜力的影响);
- 产品经济周期。

考虑终端用户的行动,应评估下述因素:

- 产品需求受到什么推动?必要性、嗜好、健康等?
- 产品如何满足这些需求?
- 我们产品满足需要的独特能力是什么?
- 竞争者复制该特征的难度有多大?
- 竞争是增强还是减弱?
- 降价在这一市场区域有多大的重要性?
- 消费者的数目是大还是小?
- 用户的地理分布是优势还是障碍?
- 用户是否有强烈的品牌忠诚性?
- 该产品是否适合公司的品牌?

该阶段分析每一个产品,收集更加详细的数据,因此可以比初步筛选阶段更客观地度量以上指标。应该为以上指标建立度量尺度(如 10 分制)并相应逐个标记产品。它通常有必要为每个被审查的产品属性建立近似的尺度(具有不同的锚点)。

注意:在这个阶段,通常把以上不同的问题组成 4 个或 5 个评分标准项目。例如,它们可能是市场规模、竞争、产品独特性和潜在的市场份额。

公司潜力

必须结合市场潜力,仔细评估对公司的影响。这需要对可能开发的产品具有全面的技术知识。所需信息如下:

- 产品潜在的安全性(对于公司的风险);
- 有关制造、出口、市场的食品法律事务、食品法;
- 是否有该产品或产品类型的相关专利;
- 就新技术或产品申报专利的可能性;
- 竞争者开发相似产品的难易程度;

- 现有分销渠道应对产品的能力；
- 副产品和废弃物生成量；
- 公司制订和开发产品的技术难度；
- 利用现有设备制造该产品的能力(技术能力和生产量)；
- 公司独特的优势(如特殊的设备、独特的原料)；
- 技术人员支持开发的能力；
- 公司内潜在的矛盾；
- 潜在开支：
  - 开发的成本；
  - 库存和与特殊配料相关的成本；
  - 可能的资本投资；
  - 市场启动与促销成本等；
  - 启动生产的成本；
  - 折旧和相关财务事宜。
- 增值的潜力(与潜在的产品成本)。

如同评价市场营销潜力一样,应有适当的度量(如 10 分制)和适当的锚点(定位点)为这些指标评分。这些公司指标可以分组成为 5 个或 6 个子指标,例如,它们可能是保质期、加工成本、额外资本需求、技术可行性和运行成本。

最终筛选

产品根据市场营销和公司基本属性进行评价,就可以使用加权平均值的方法综合分析数据。如果执行此操作,市场营销和公司的每个指标都会被赋予"加权级别"。某产品的加权级别如下：

- 市场规模   10 分
- 竞争程度   5 分
- 产品的独特性   10 分
- 潜在的市场份额   15 分
- 货架寿命   5 分
- 加工成本   15 分
- 额外资本要求   15 分
- 技术可行性   10 分
- 运行成本   15 分

总结以上过程：在上面的列表中的例子中,先确定评分指标及其加权系数。每个团队成员为每个产品的这些指标评分,通常使用 10 分制。每个产品的每个指标的分数乘以该指标的加权系数。最后,累加每个指标的加权乘积。在上面的示例中,每个产品的最大值为 1000。更详细的示例见表 19.1。

表 19.1　　　　　　　　　　　　最终筛选团队个人评分表的样例

指标	市场规模		竞争程度		产品独特性		市场份额		货架寿命		加工成本		额外资本		技术可行性		运行成本		总分
	分数	权重	分数	权重	分数	权重	分数	权重	分数	权重	分数	权重	分数	权重	分数	权重	分数	权重	
产品 1	5	10	7	5	3	10	6	15	6	5	7	15	9	15	8	10	7	15	660
产品 2	9	10	7	5	3	10	5	15	6	5	4	15	3	15	3	10	9	15	530
产品 3	1	10	2	5	9	10	7	15	6	5	6	15	7	15	2	10	3	15	505
其他		10		5		10		15		5		15		15		10		15	

然后,选择排名前 3~5 的产品进行下一步的新产品开发活动。注意:切勿只选择一个产品! 在新产品开发这一阶段,你只有大约 1:20 的机会去识别一个成功的产品。

产品标准

新产品开发初始阶段的最后一步是为筛选脱颖而出的产品,制订产品的准确标准。该标准应当尽可能详细,记住:虽然还有下一步的开发工作,但是此时的标准绝不能存有歧义。该标准必须包括:

■ 目标市场和终端用户;

■ 产品属性

  ● 色泽;

  ● 包装;

  ● 产品大小;

  ● 特点;

  ● 特殊的储存要求;

  ● 产品质量和品牌形象。

■ 产品成分

  ● 所使用的原料和配料;

  ● 标签要求(例如,转基因配料的使用、有机);

  ● 风味和味觉;

  ● 文化或其他问题(清真、犹太);

  ● 法律要求;

  ● 与现有产品的关系(生产线延伸等)。

■ 加工约束

  ● 设备需求;

  ● 设备能力;

  ● 特殊处理要求(例如,无菌、加工线设计和设备布置)。

■ 货架期问题

  ● 货架稳定、冷藏、冷冻、干燥等;

- 特殊的包装需求；
- 稳定货架期的配方（例如，能否使用抗氧化剂、防腐剂）；
- 特殊的安全问题（微生物、生物、化学等）。

19.3.2　实验室和中试车间规模的产品开发

该阶段需要多学科和多部门的参与，在新产品开发的所有阶段中具有代表性。消费者调查应能较好地界定终端消费者对于产品的期望。文献检索和与配料、设备供应商的交流可以为5个左右认定的产品提供配方和流程。最初阶段需要收集范围尽可能广泛的所需的配料和适用的食品添加剂。现代的食品开发实验室都具有这些配料，但是学生需要联系供应商获取特殊的配料。记住：超市一般不供应制造食品的工业配料，但可以采购制造食品的普通原料。工业技术期刊刊登食品配料的广告，从中可以发现供应商。即使应用功能名称，例如，亲水胶体、增稠剂、风味料、色素等进行网络检索，也能够快速发现供应商。《食品添加剂》比较全面地介绍了现有的食品配料（Branen 等，2002），《食品化学》教科书可以为检索提供某些重要的关键词。

食品配料供应商本身就是最有价值的配方和配料的来源。配料供应商参加工业贸易展览会。学生用户只能从这些供应商处获得绝大多数食品配料和添加剂。

重要的是获得这些配料的标准和说明书。其中包括详细的成分分析（化学、纯度、微生物、稳定性等）；储存和使用的方法（在任何书中都找不到这类信息）；特殊的应用窍门；理想应用的食品条件（pH、离子强度等），或者需要避免的条件以及对于新产品开发必要的信息（如清真、犹太、无转基因、有机、辐照处理等）。

认定特定的加工条件以及实施的计划（例如，只有适当的高压设备才能进行超高温加工——你曾接触过超高温加工吗？），认定那些在实验室有效而在商业生产中不能运用的加工步骤和方法（例如在实验室使用锤子粉碎物料，但在工业生产中要使用针磨）。

计划和准备货架寿命试验，在做第一个原型产品时就要开始货架寿命试验。货架寿命试验需要较长时间。毫无例外，你没有时间，所以你必须用第一个产品开始货架寿命试验并且就每批产品持续试验。不要等到最后一个产品，那时出现问题就为时已晚。

任何制备产品的试验过程都需要确认几个独特的属性，例如，一个产品可能具有特定的色泽、风味、味道和质地。你为形成这些属性而选择的配料很可能与其他配料发生结果难以预料的交互反应，因此任何新产品开发试验工作经常都包括6~10个变量，因而需要运用复杂的专业实验设计方法，如筛选试验设计（Plackett - Burman）试验设计，以数目有限的试验获得有意义的结果，识别最为关键的参数。一经完成以上试验，即可围绕数目减少的参数，进行多轮均匀实验设计。

当设计和制造了适量的目标产品时，必须测试产品。首先要做化学和微生物测试，以保证产品对于测试者和消费者的安全。对于存有问题的特殊产品还要设计专门的检验。如果这些产品是安全的，则开始感官评价获得产品的感官特征。首先要认清产品的感官特征。有时，食品产生意想不到的滋味和气味。在模仿现有的竞争者的产品时，希望测试出近似性或差别。描述产品的感官特征非常重要，它们与中试放大的产品相关，而且还可以帮助解释消费者的接受性。感官评价一般使用实验室训练的或半训练的评价员,采用经过仔细设计的评价方法和过程,以保证与标准匹配并不出意外。在实验室制造产品,必须有整套清楚的加工步骤。其中部分步骤可能因中试或商业生产而异,例如,在实验室不太可能使用板式杀菌器进行巴氏杀菌,但是这是工厂的常规操作。在实验室使用巴氏杀菌乳,但在工厂则对生牛乳进行巴氏杀菌。

在此阶段已经阐明规范的加工流程包括从原料接收到最终产品包装的全部步骤。该流程与公司的制造能力和产量进行比较。工艺流程图是该阶段的成果,它显示出在原料转化为最终产品的过程中——加工、运输、检查的全部步骤。

产品定价至关重要。从供应商可以获得配料的价格进而确定配方的成本。但是还要考虑废物处理、人工时间(工厂需要多少小时的人工)、可能的包装成本、分销成本和公司的管理费以及产品利润贡献率。该预测最好使用电子表格,进行假设试验,迅速获得预测结果,进而指明生产该产品的相关风险。

19.3.2.1 继续或终止的时间

规范地检查每个进行的项目是新产品开发成功的关键。判别成功的产品要设定极端困难的环境,成功的产品要既能在公司以专门的、适宜的商业化方式制造,又能在市场上具有良好的表现。要持续密切关注效益低下、进展缓慢的产品,一旦发现失去活力,立即终止,而且要尽早发现,尽早终止。

在该阶段,高管团队为做出继续还是终止的决定而评估每个产品,他们需要:

■ 可供品评的样品及其变型样品;
■ 规范的产品最初简介(尽可能详细,确保最初设想的产品特征准确);
■ 可能的产品成本和市场定价(及其利润率和附加值);
■ 竞争者的样品(如果有);
■ 生产单位制造该产品的能力以及任何特别的条件(新增资本投资等);
■ 关于市场份额的产品开发预测(价格与销售量乘积分析);
■ 任何需要特别关注的问题(重大事件,如理想的投放日期)。

该评估的结果形成下一阶段产品开发的严格定义的列表。它可能是一系列特定的产品改型提议(如风味),也可能是终止下一步开发的决定。毫无疑问,只有那些经过认定仍能显示出对于公司具有真正效益的项目,才可能进入下一步开发。由此来看,开发工作变得非常昂贵。

19.3.2.2 食品中试车间的放大试验

从实验室到中试车间的进展存在许多问题的困扰。放大过程很少能一帆风顺,中试设备通常不同于实验室使用的设备。需要正确设计完整的流程和中试装置。如果需要外包一些专项工作,则需要设计异地制造所需原料和配料的方法。

制造并检验中试产品,与实验室初始产品进行对照检验。务必在感官评价之前,完成食品的安全性检验(微生物、化学等)。如果中试产品不同于实验室产品,在中试结束前,产品开发团队必须认可所出现的变化。

营销、管理和操作人员在这一阶段的产品评估中必须能够密切合作。在制造每批产品后应该着手货架期的研究。现阶段可以准确地计算产品的成本。可以具体地定义商业流程和参数,阐明每个流程步骤。需要识别安全关键控制点和关键产品特性,并编制质量控制表。需要准确地界定产品规格和预测目标的误差范围。在这个阶段,可以完成产品的消费者测试。这是中试产品宝贵的应用实践。然而,这不应与商业扩大的市场测试混为一谈。消费者测试应该关注产品的可接受性,比较竞争对手的样品(如果存在),识别需要调整或优化的特征。理想情况下,应该准备不同的样品:它们可能有口味、颜色、质地或其他重要属性的差别。如果充分了解这些产品的化学和物理属性和内部评价的感官特征,那么,消费者感官评价会对其理想、最佳质量提供宝贵见解。消费者测试是迭代(反复反馈)开发过程的组成部分,用以优化产品品质,在时间和资金限制的范围内实现消费者接受性的最大化。

19.3.2.3 继续/终止的时间界限

随着获取新的知识,需要进一步检验评估。由于成本高昂,只能就那些显示出肯定优越性的产品开展最后阶段的开发工作(工业化放大)。评估的新数据包括:

- 消费者的接受性;
- 新产品开发的成本核算;
- 符合公司标准的潜力(货架寿命、市场份额、利润);
- 运营(制造)能力的知识(能否做?);
- 产量预测(制造能力能否满足?);
- 满足投放期的能力。

成功的产品(现在希望只剩1~3个产品)将进入商业化放大计划。

19.3.2.4 商业化

新产品开发技术工作的最后阶段是务必在工厂进行的放大试验和市场测试。在该阶段,要计划进行一个商业化周期的试验。这通常要使用实际的加工设备制造数百千克产品,这些设备将最终用于制造产品。因为大多数连续操作的商业化设备至少需要提前一个月预订,工厂试验难以计划,商业化试生产需要考虑各个方面:设备可用性、加工流程需求、订购原材料、决定包装(在没有设计最终包装时,可以使用临时包装)等。需要确定一切与放大相关的问题(毫无疑问,放大试验具有高度的不可预见性),检查特定的参数、质量控制方法的可行性和实用性以及确定或调整加工流程。

试验性商业生产制造的产品将用于测试市场。前已述及,通过化学和微生物检测保证产品的安全性,通过感官评价证实产品符合标准。市场投放前测试不仅包括消费者接受性的感官测试,还要了解消费者尝试新产品的意愿和反复购买的行为。

被测试的产品没有品牌信息,但要根据法规标注应用的配料和清晰的产品说明等事项。可以采用多种信息手段进行广告宣传,大量的营销或促销活动为市场部门人员提供关于消费者行为极具价值的预测。

产品评估可能采用带有问卷的焦点小组、大量消费者调查和内部测试的方法。完成并分析典型的工业调查需要 300～600 个消费者,花费 6～14 周,支出 100000～500000 美元,所以这是非常昂贵的测试。需要慎重考虑市场投放前测试技术的运用,此技术由于昂贵并不广泛运用,其准确性也存有疑问,数据在数学上过于复杂而难以评估。季节性产品与时间因素相关,不能第一年测试而第二年销售。只有面向终端消费者大规模市场的产品,才能应用这种技术。测试市场的确可以使市场部人员调整对销售量的预测,评价促销活动和有关战术,并更好地预测消费者购买习惯和方式。然而,这样既消耗时间又可能改变竞争者针对你的计划。

许多公司都采取产品发布会的方法投放新产品。他们趋于越过市场测试阶段而系统地逐步滚动投放产品。例如,他们可能首先向有影响力的用户销售产品,可能首先向特定的地理区域销售,"观察产品在此地的表现"。可能应用特定市场分支或在特定的市场渠道销售(如服务站)。

该过程的最后阶段需要再进行具体而全面的评估。现在已经获得了全部数据:成本核算、定价、利润、制造的可行性、促销的需求、投放的分销和计划、消费者的接受性和投放每个开发产品的风险性。此时需要非常系统地进行评估,要严格彻底地审核产品。

现在可以制订最终的产品标准。标准文字清晰,编排符合逻辑,应实事求是,切中主题,经实践证实(你现在已经具有了所需要的全部实践),并被所有负责人批准并授权撰写。标准应是便于用户使用的文件(通常有用于操作、市场、研发和品质管理的不同版本),标准需要明确的代表权和权威,换言之,谁有权进行修改。另外,需要指定原料(因此采购部门要理解任何特定的技术限制性因素,如非转基因和质量管理的标准)。标准的标题项目包括:

■ 配料及其标准;

■ 配方(原料表、配比);

■ 制造过程(包括流程图);

■ 产品、过程和原料的测试方法;

■ 包装标准(材料和标签);

■ 产品成本核算;

■ 产品重量或容积;

■ 货架寿命和特定的保存条件;

■ 授权(谁负责修改标准)。

19.3.2.5　产品投放

产品投放标志着新食品产品开发的结束和产品生命周期的开始。其活动包括商品销售、广告、销售记录、购买者日志、竞争研究和营销成本核算。随着产品投放,产品开发转移到与产品生命周期紧密相连的各种活动。需要观察生产效率、提高(降低)产品质量、降低生产成本(工序替代、成分替代、包装优化),并检查和调整保质期。需要检查和调整全面质量管理活动和评估原材料采购方法(你能否通过规模经济的采购降低成本?)。在很多情况下,需要定期通过"生产线扩展"制造相似的产品,例如,改变产品的风味。最终,大部分产品达到成熟的营销阶段,然后销售下降,直到该产品的生产不再可行。

另外,确有必要进行投放后监测和评估。生产和销售真正的效率如何?市场结果是否有如预期?该产品是否真正适合公司?在食品安全、营养或其他关键属性方面有被认定为是该产品的问题吗?是否还有需要解决的环境、社会、法律或健康问题?现在可以通过经济分析评估和审查真实的成本回收时间、现金流量、投资回报(ROI)及其他相关事项。

参考文献

1. Anonymous(1982) *New Product Management in the* 1980*s.* Booz – Allen and Hamilton, Inc. , New York.

2. Branen, A. L. , Davidson, P. M. , Salminen, S. and Thorngate, J. H. (2002) *Food Additives*, 2nd edn. Marcel.

3. Dekker, New York. Cookson, C. (1996) International R&D. *Chemical Week*, S15.

4. Cooper, R. G. and Kleinschmidt, E. J. (1986) An investigation into the new product process: steps, deficiencies and impact. *Journal of Product Innovation Management*, 3(2), 71 – 85.

5. Earle, M. D. and Earle, R. L. (2000) *Building the Future on New Products.* Leatherhead Publishing, Leatherhead.

6. Hollingsworth, P. (1995) Food research cooperation is the key. *Food Technology*, 49(2), 65, 67 – 74.

7. Meyer, A. (1998) The 1998 top 100 R&D survey. *Food Processing*, August, 32 – 40.

8. Miller, W. L. and Morris, L. (1999) 4*th Generation R&D: Managing Knowledge, Technology, and Innovation.* John Wiley and Sons, New York.

9. Mirasol, F. (2000) Pfizer bagsWarner – Lambert to form #2 global pharma giant. *Chemical Market Reporter*, 257(7), 1, 20.

10. Moore, S. K. (2000) R&D management: finding the right formula. *Chemical Week*, 162(16), 29 – 33.

11. Scott, A. (1999) Aventis, tech giant. *ChemicalWeek*, 161(1), 46.

12. Siriwongwilaichat, P. (2001) *Technical information capture for food product innovation in Thailand.* PhD Thesis. Massey University, Albany.

补充资料见 www. wiley. com/go/campbellplatt

信息技术

Sue H. A. Hill, Jeremy D. Selman

要点
- ■ 信息技术的最佳应用。
- ■ 适用的计算机硬件和软件。
- ■ 信息的管理和存储。
- ■ 电子通信的机制。
- ■ 搜索和访问互联网和万维网的有效方法。

我们将在本章讨论如何帮助食品科学和技术专业的学生利用信息技术(IT)。

20.1　个人计算机软件包

科学家和技术人员应该充分地利用信息技术提供的机会,有意识地在科学和食品领域使用不同的软件包,开展高效率的工作。他们需要构建和比较功能不同的软件包,根据给定的用户要求选择最合适的计算机系统和软件包。其他影响选择的重要因素包括:供应商的宣传、支持力度、软件兼容性、最新版本产品的成熟度和任何随附文档的质量。

20.1.1　计算机软件和硬件

众多制造个人计算机(PC)和笔记本计算机(见 http://www.pcworld.com)的国际公司,如戴尔、苹果、东芝、维根伦、康柏和惠普公司,这些制造商都使用操作系统(见 20.2.1 和 20.2.2),微软 Windows、Mac OS X 和 Linux 是三个主要的操作系统。实质上,这些操作系统都被设计用来运行特定的软件,它们之间往往没有兼容性,只是有些文件可能兼容。例如,个人计算机现在运行的操作系统是微软 Windows 10,苹果计算机是苹果 Mac OS X,Linux 的计算机是 Lindows 的 Linspire 操作系统,它具有许多 Linux"特色",常用的有"红帽"和

"Suse"。Linspire 声称它也可以运行 Windows 软件。

根据规格的选择,在 2008 年,一台典型的高性能个人计算机的中央处理单元(CPU)或处理器的速度就已经达到 3GHz(千兆赫)。CPU 负责解读计算机程序指令和进行数据处理。计算机内存是随机访问内存(RAM)的固态存储器,速度快的临时存储通常具有 2GB(千兆字节)的内存。硬盘是用于存储数字编码数据的设备,速度较 RAM 慢,但永久存储数据。在硬盘上通常有 160GB 左右的内存。个人计算机必须有尺寸合适的显示器,主要有曲面的阴极射线管(CRT)显示器和价格较高的液晶显示器(LCD)或等离子平板显示器。用于写作时,Eee PC 或上网本(迷你 PC)也正变得越来越流行。

在使用计算机之前,用户需要考虑一些重要的安全问题。计算机可能损坏或感染病毒,或被盗,所以必须考虑备份数据。定期备份数据(每天、每周)是必要的专业工作。联网的计算机应该打开防火墙,防止外部非法通过互联网(见 20.3.2)访问计算机文件,安装可靠的反病毒软件,并定期更新至关重要。当且仅当开启这些软件才可以访问互联网。

为了访问互联网(见 20.3.2 和 20.3.3),计算机需要连接到电缆电话线路 56kbps(每秒千字节)的宽带调制解调器上。为更快地连接,电缆或卫星的宽带带宽从 512kbps 到 10Mbps(每秒兆字节)或更快,这是许多企业的首选。若要启用这样的连接,需要非对称数字用户线路(ADSL)。在互联网上搜索需要的浏览器,不同的计算机操作系统需要不同的浏览器软件,如 Internet Explorer 或火狐浏览器(Firefox)用于 Windows 系统,网景用于 Windows、Macintosh 和 Linux 操作系统。麦金塔计算机选择 Safari 浏览器。打印文档和工作表需要配置合适的打印机,家庭和个人曾使用便宜的喷墨打印机,但是频繁的或较专业的应用则选择价格较高的激光打印机。打印机的价格近期已经显著降低。可移动数据存储系统便于传输和共享数据,推荐使用光盘(光盘只读存储器)和通用串行总线存储条(USB)。新的计算机不再配置软盘驱动器。

典型的计算机,目前的价格为 500~800 英镑。然而,计算机硬件和软件一直在开发和改善。因此,如果个人希望与同行和业务联系人使用兼容的软件和硬件系统保持联系,必须每隔 3~4 年升级计算机。

全世界最常用的文档处理软件程序包是 Microsoft Office,该软件包及其使用的大量信息以多种语言发行或发布(Brown and Resources Online,2001;Bott 等,2007;Pierce,2007)。该软件包在许多方面为食品科学家的工作提供了有力的支持和帮助。然而,值得注意的是,它不是唯一的能在 Windows 操作系统上运行的办公软件程序包。Corel 公司的 Wordperfect Office,Ability Plus Software 公司的 Ability Office,Sun 公司的 Star Office 和免费的 Open Office 软件都可能是适合要求的选项。大部分办公室软件包一般提供至少四种功能:文字处理、电子表格、数据库和演示文稿。下面我们逐一介绍这四种功能。

20.1.2　文字处理

在文字处理环境中创建文件,可以高效地进行编辑,然后根据需求打印或通过电子邮件发送。可以轻松地在文本中插入文件、图片、图形和图表。

20.1.3　电子表格

电子表格是以数字进行简单和高效工作的工具。由列和行组成单元格,再形成模块。一个单元格可以包含单词、数字或公式。几乎所有的电子表格工作都涉及输入或处理单元格的信息。通过对单元格设置带边框、颜色或特殊字体格式,可以创建工作表格,帮助受众理解数据。电子表格或工作表格,就像人工记事本中的纸页,但它们可以比纸张保存更多的信息。因此,工作表是数据的主要组织者,工作簿中包括多个工作表的相关信息,然后数据可以通过关系图和条形图的形式展现。

20.1.4　数据库

实质上,数据库是有组织地集合的信息。数据库可以使用户从不同的角度搜索浏览信息,可以生成各种报表,显示数据库中信息不同部分之间的关系。数据库包含表,每个表都包含多行信息,每行有多个在表级定义的列。使用结构化查询语言(SQL)查询数据库中的信息。现在有很多即装即用的工具掩码 SQL,并方便用户查询获取数据库的数据。例如,包括微软数据库软件(Microsoft database software Access)的报表和适用于多种数据库类型的报表工具软件——水晶报表(crystalreport)(见 http://www. businessobjects. com/products//crystalreports)。此外,经过设计的报告可以显示不同数据表之间的关系。

20.1.5　演示文稿

演示图形软件能够创建放映幻灯片的演示文稿。演示文稿包含图表、曲线图、项目符号、引人注目的文字、多媒体视频和声音剪辑。设计模板包括使用的颜色和图形,而内容模板包含格式和内容。该软件为用户创造了许多宝贵的机会,如介绍项目的成果,展示部门的结构和工作。

20.1.6　表格、图形和图表

我们经常需要使用表格和图(或图表)来呈现信息。图形和图表往往使数值数据更直观和更容易理解。在数据表或电子表格中,可以输入数字和适当的标注,然后以列、行、柱状图、饼图、曲面图或气泡图呈现数据。图形应用程序可用于绘图或编辑照片。

20.1.7　创建复合文档

复合文档,例如一个包括文字说明、表格、图片和图表的 Word 文档。

20.1.8　通用计算机技能

如果一个人希望具有并应用通用计算机技能,那么他(她)需要学习并参加国际电脑使用执照(ICDL)或欧洲电脑使用执照(ECDL)(http://www. ecdl. co. uk 和 http://www. ecdl. co. uk)。这两个课程包括以下模块:

(1)信息技术基本概念　了解信息技术的基本概念,例如 PC 硬件和软件方面的构成,数据存储和内存的概念。了解日常生活中如何使用计算机信息网络和计算机的应用程序。

在使用计算机时必须注意使用环境的健康和安全问题,需要了解使用计算机相关的重要的安全和法律问题。

（2）使用计算机和管理文件 需要具备使用个人计算机及其操作系统的知识和能力,例如能调整主要设置,使用内置的帮助功能和处理无响应的应用程序。能在桌面环境中操作桌面图标和窗口有效工作。具备管理和组织文件和目录/文件夹的能力,知道如何复制、移动和删除文件和目录/文件夹,以及压缩和解压缩文件。必须了解什么是计算机病毒和能使用杀毒软件清除病毒。在操作系统中能使用简单的编辑工具和打印设备。

（3）文字处理 能在计算机上进行文字处理,完成日常的工作,包括创建文档、设置格式和完成小型文字处理文档,能在文档之内和之间进行复制和移动。必须具备使用与文字处理相关的应用程序的能力,例如创建标准表,在文档中插入图片和图像,使用邮件合并工具。

（4）电子表格 重要的是在应用数据处理程序时能理解电子表格的概念,具备在计算机上使用电子表格应用程序的能力,能完成与创建、格式设置、修改和使用电子表格有关联的工作,能生成和应用标准的数学和逻辑公式,使用标准公式和函数,并具备创建和格式化图形/图表的能力。

（5）数据库 必须了解数据库的主要概念和能在计算机上使用数据库,包括能创建和修改表、查询、表单和报告,以及输出和分发文件。能通过使用数据库中的查询和排序功能,检索和操作数据库中的信息。

（6）演示 应该具备在计算机上使用演示文稿工具的能力,能完成例如创建、格式设置、修改和编写,使用不同的幻灯片布局显示和打印分发演示文稿的工作,能在演示文稿和演示文稿之间复制和移动文本、图片、图像和图表,能完成图像、图表和绘制对象等常见的操作并使用各种幻灯片放映效果。

（7）信息与交流

①信息:要求理解与使用互联网相关的概念和术语,并考虑安全方面的问题。能使用网页(web)浏览应用程序和搜索引擎工具完成常见 web 搜索任务,能收藏网站,并打印网页和搜索输出,能浏览和完成 web 窗体。

②通信:需要了解电子邮件的概念以及与使用电子邮件有关的安全知识。具有使用电子邮件软件发送和接收邮件并将文件附加到电子邮件的能力。能收藏和管理电子邮件软件中的文件夹/目录。

从 http://www.ecdl.com 网站可以看到在非洲、亚太、欧洲、中东和美洲地区 135 个国家的认证联系人,其中还有为残疾人士设置的认证项目,例如 ECDL、ECDLCAD 计算机辅助设计、ECDL 认证专业人员培训和正在计划的更多课程。

20.1.9 统计软件包

在食品和食品制造技术过程中,统计的应用极其重要。食品是生物材料,在原材料和最终产品之间存在自然的变异性。关键应用包括实验设计和随后的结果分析。取样、统计过程控制、感官分析和消费者测试对于制造技术十分重要(Hubbard,2003;De Veux 和

Velleman,2004)。

资料统计可以选择不同的统计应用程序。在高等教育领域,Minitab 及其精简版本(http://www. minitab. com)长期以来信誉良好,具有各种广泛使用的统计检验,还可以设计和调控图表。比 Minitab 功能更强大的英国的 Genstat 已经用于农业和食品研究领域多年。Design Expert(http://www. statease. com)也具有广泛的功能。进行传统的析因设计和田口设计时可以使用 Nutek 公司的 Qualitek – 4(http://www. rkroy. com),可以尽快地淘汰已知的不显著关系或劣质产品。

SAS/STAT[最初称为统计分析系统(SAS)](http://www. sas. com)功能非常强大,在美国占有很大的市场份额,尤其是在众所周知的医药行业。然而,如果想使用它的全部功能,必须以正确的语法输入,这使非统计学人员使用起来略感困惑。

SPSS(http://www. spss. com)已经应用很长时间了,尤其是在社会科学和医疗保健界,它特别适合调查型工作和制表。第11.5 版使用的数据分析还是基于简单的样本数据和随机的假设。如果在实际应用中,样本数据不是简单和随机的,例如分层,分析结果就会受到限制。然而,第12 版包括了复杂的样本模块。SPSS 还使用了受用户欢迎的 windows 界面。从 http://www. mathworks. com 可获得 Matlab 和 Simulink 软件,它们提供了功能强大的数据操作的能力。

美国 STATA 软件广泛用于政府调查和经济学界,第8 版具有 windows 的界面。计算机辅助人工操作公司(CAMO)最初与挪威食品研究所合作开发了能够很好地解决生物材料和食品相关问题的多变量数据分析软件 Unscrambler(见 20. 1. 10),CAMO 已经将其商业化。Unscrambler 主要用于主成分分析(PCA)、聚合酶链式反应(PCR)、偏最小二乘法(PLS)等分析。其分析功能强大,对数据的各种预处理及导数、MSC 等各项转换功能齐全(http://www. camo. com)。

许多简单的统计应用程序加载为 Microsoft Excel 的选项,例如,Analyse – it(http://www. analyse – it. com)、StatTools(http://www. palisade – europe. com)。统计学网站 http://www. statistics. com,发布了对于100 多个统计软件包的综述,其中包括 Statserv(http://www. statserv. com)和 XLStat(http://www. xlstat. com)。另一个网站 http://www. freestatistics. info 也提供了一份有用的统计软件包的名单。

20.1.10 食品科学和技术应用的软件工具

计算机不仅可以用于模型分析和预测,还可用于食品领域应用的培训。本节举例说明这些用途。

(1)感官分析和取样 FIZZ(http://www. biosystemes. com)和加拿大 Compusense 公司的软件(http://www. compusense. com)是用于感官分析和消费者测试的比较先进的软件包。CAMO 的 Unscrambler(见 20. 1. 9)(http://www. camo. com)的多元分析功能已成功地用于食品领域。卡姆登和乔利伍德食品研究协会(CCFRA)评价和指导在食品制造采样中应用的统计工具,如 Microsoft Excel 的电子表格(CCFRA,2001,2002,2004)。

(2)微生物的生长和货架寿命 现在已有常用的预测模型,如预测食品的保质期(见

http://www. foodrisk. org)。以下是这方面的例子：

①ComBase：是互联网的免费数据库，可以用来预测微生物安全和有可能变质的食品配方。使用 ComBase 数据，如 Microfit 和生长预测，可以建立预测模型（http://www. combase. cc）。

②预测：卡姆登和乔利伍德食品研究协会建立了集成多种条件的细菌腐败模型，这些条件包括温度波动、动态处理环境、气调储藏环境和新产品类型等（http://www. campden. co. uk/scripts/fcp. pl? words = forecast&d = /research/features – 06 – 3. htm）。

③食品变质预测：澳大利亚的研究人员开发了用于预测的种类繁多的微生物变质率的程序，用于冷藏、高蛋白食品，如肉类、鱼、家禽和乳制品。该系统使用较小的数据记录器，与包含模型的软件集成在一起，它可以预测冷藏链中任何时候的剩余保质期（http://www. arserrc. gov/cemmi/FSPsoftware. pdf）。

④海产品变质预测：丹麦研究所为渔业研究开发的免费互联网软件可以用于预测海产品在波动或恒定温度条件下贮存的保质期（http://www. dfu. min. dk/micro/sssp/）。

⑤FARE Microbial™：由 Exponent 公司和美国食品和药物监督管理局（FDA）联合开发（http://www. foodrisk. org/exclusives/FARE Microbial/）。它包括污染和生长的模块和曝光模块，进行微生物风险概率评估。Sym' Previus（http://www. symprevius. net）是一个法语的微生物预测工具和数据库。

（3）水分活度和无霉菌生长的保质期　水分分析仪系列的程序用于预测食品产品在不同条件下的水分活度，包括包装薄膜的有效性（http://www. users. bigpond. com/webbtech/wateran. html）。

（4）ERH – CALC　使用者输入基本食谱配方，软件计算理论平衡的相对湿度（ERH）。该模型可以根据数据预测环境条件下储存产品的无霉菌生长保质期（MFSL）（http://www. campden. co. uk/publ/pubfiles/erhcalc. htm）。

（5）危害分析关键控制点（HACCP）　HACCP 文档软件（http://www. campden. co. uk）在欧洲和美国应用很广泛。

（6）冷藏链（Coolvan）　食品冷藏和过程工程研究中心开发的 Coolvan 可以在单地/多地运输中预测冷藏期间食品的温度，使冷藏食品到达零售商处时保持在合适温度，并根据食品的温度预测保质期（http://www. frperc. bris. ac. uk/pub/pub13. htm）。

（7）加热过程　CTemp 用于计算食品传热过程（http://www. campden. co. uk）；北美肉类研究所在其网站提供了免费下载的计算加热过程致死率的电子表格（http://meatpoultryfoundation. org/content/process – lethality – spreadsheet）。

（8）包装　Mahajan 等（2007）讨论了深受用户喜欢的 PACKinMAP 软件在设计生鲜和鲜切农产品气调包装的进展。从瑞士联邦公共卫生办公室网站（http://www. bag. admin. ch）可以下载该软件，它可以用来评估一种物质在给定时间期间从塑料材料到食品产品的迁移量。

（9）营养　Leake（2007）归纳了当前可用的数据库和软件，提供了有关食品和饮料的营养价值、成分和欧盟编号的信息，参见 http://www. nutricalc. co. uk。食品生产者应该为消费者提供用于饮食控制的食品营养标签的信息（http://www. nutribase. com）。

（10）酶分析　Enzlab（http://www.ascanis.com/Enzlab/enzlab.htm）提供了食品酶学测试和计算的软件。

（11）面包和蛋糕　由 Campden BRI（前 CCFRA）和食品企业联合开发了面包和蛋糕专家系统软件。

20.1.11　远程学习

互联网培训和教育部门开发了越来越多的远程学习软件，其中也包括食品科学教育。例如，密歇根州立大学的食品法规课程（http://www.iflr.msu.edu），堪萨斯州立大学食品科学课程（http://www.foodsci.k-state.edu/Desktop Default.aspx? tabid = 709），加拿大圭尔夫大学的食品技术课程（http://www.open.uoguelph.ca/offerings/）。美国农业部/FDA 食品和营养信息中心提供了有关营养和饮食的远程学习、在线课程及其链接地址：http://riley.nal.usda.gov/nal display/index.php? info center = 4&tax level = 2&tax subject = 270&topic id = 1326&&placement default = 0。远程课程的调查表明国际食品科技联盟（IUFoST）的网站在美国和国际上近期开设了两个课程：http://www.iufost.org/education training/distance education/和 http://www.iufost.org/education training/。

最近，互联网展示了食品加工虚拟实验的方法（http://rpaulsingh.com/virtuallabs/virtualexpts.htm）。IFIS Publishing 提供了免费的教育网站（http://www.foodinfoquest.com），该网站的目标是帮助学生掌握有效地检索和使用食品科学信息的技能，它解释现有信息资源的类型，建议找到资源的策略，演示基本的搜索技术并讲解撰写研究论文的方法。

20.2　管理信息

20.2.1　概述

当个人计算机（见第 21 章和本章 20.3 节）积累了许多（创建或检索或接收的）数据时，为了快速轻松地利用这些数据，必须以简单快速的方式管理或组织这些信息。随着时间的推移，数据量不可避免地增加，根据数据量的差异，必须对数据进行不同级别的处理。

本章我们只关心电子数据，需要注意的是，电子记录的格式和存储的平台在非常短暂的时间里不可读取。不能读取信息的原因，可能是计算机系统故障或者信息损坏。当存在影响存储和管理（存档）电子数据的其他因素时，问题变得更加严重和明显。例如：

- 如果不采取适当的预防措施，就无法感知电子数据的变化；
- 如果大多数保存的是打印记录，就无法采集电子记录；
- 丢失电子记录及其相关记录；
- 采集所有上下相关信息的代价可能很大；
- 在电子记录管理系统没有设计定期归档的功能。

安装在个人计算机的操作系统（见下文）可以解决个人计算机水平上的问题。要长时间存储大量数据，方法就不这么简单。我们首先要解决个人计算机的问题，然后简要地讨论组织在更长时间内,如何对电子信息存档,并访问大量的多样化的科学信息。

20.2.2　个人计算机的管理和信息存储(存档)

操作系统的发展已经否定了计算机程序员为日常功能编写程序的需求,并提供了统一的方法访问相同资源的所有应用软件。大部分操作系统与安装它们的机器类型有关。个人计算机操作系统可以完成以下任务:
- 初始化系统;
- 提供用于处理输入和输出请求的程序;
- 分配内存;
- 提供系统处理文件(在个人计算机存储模型的基础上完成)。

个人计算机操作系统包括 UNIX、微软 Windows、Mac OS X 和 Linux。在线课程讲解如何使用个人计算机和操作系统(例如,http://www.helpwithpcs.com),操作系统的生产者提供自己产品的"帮助页面",说明如何使用,帮助用户有效地发挥它们的功能。因此,操作系统"咨询帮助"页面针对用户的特定系统而不是试图描述所有可用的系统功能。相反,我们更重视常用的所有系统的共性。操作系统是负责提供基本服务的计算机系统,包括初始加载的程序和辅助存储与主内存之间的程序传输,监督输入和输出设备之间的程序传输、文件管理和保护设施。在管理和存储信息的文件中,重要的是文件管理服务。操作系统提供文件管理服务,允许用户查找和操作存储在个人计算机的硬盘上的各种程序和数据。

一个文件本质上是电子信息的存储库(数字存储点)。一个文件可以包含从图片、图像到文字处理器文档的任何信息。文件可以重命名、复制和删除,也可以进行各种方式的操作,例如,它们可以设置为隐藏或只读属性。文件的集合称为目录。把目录(或文件夹)划分为逻辑(或主题)组就很容易找到,文件可以很容易从一个目录移动到另一个目录。

目录可以有子目录,子目录还可以有子目录,依此类推。创建的子目录的数量在原则上没有限制。然而,需要记住的是个人计算机硬盘中的目录和子目录占用硬盘空间,这样你会受限于内存容量。实际上创建太多的目录和子目录并不好,因为会使情况太复杂、主题领域太过于分散,因而很难检索所有相关的主题(你可能找不到与关键信息有关的众多的子目录)。关键是要保持目录数量减至最少,可以有效管理文件。硬磁盘驱动器中,目录和子目录的集合称为目录树。根目录是生成所有子目录的起始点。

文件、目录和子目录的命名方式将帮助你轻松地识别包含的内容,例如:

食品科学(目录)
　　乳品科学(子目录)
　　　　乳制品(子目录)
　　　　　　奶油(文件)
　　　　　　酪乳(文件)
　　　　　　　乳酪(子目录)
　　　　　　　　乳酪品种(子目录)
　　　　　　　　　法国布里乳酪(文件)

切达乳酪(文件)

埃德蒙乳酪(文件)

马苏里拉乳酪(文件)

其他(文件)

稀奶油(文件)

乳品饮料(子目录)

乳酸饮料(文件)

奶昔(文件)

乳清饮料(文件)

酸乳(文件)

乳糖(文件)

采用这类模式可以有效地管理个人计算机中存储的信息,在逻辑上容易辨认和检索文件,从而创建自己的电子文档。

20.2.3　大型电子存档和永久访问科学信息中存在的问题及解决办法

大多数食品科学和技术的学生在本科期间不太可能遇到机构的电子存档和永久访问大量科学信息的问题。然而,在此简要而适当地说明这一问题,可以帮助学生认识存储信息的深度和广度。在更大的范围内,人们认为使用"数字"一词替代"电子"更为适宜,相似地,用"保存"替代"归档"也是合适的。[参见 Digital Preservation and Permanent Access to Scientific Information:The State of the Practice by Gail Hodge and Evelyn Frangakis(2004)at http://www. icsti. org/digitalarchiving/getstudy. pdf]。

在此水平上,个人计算机管理和存储信息的操作系统不能解决所遇到的问题(见20.2.1)。到目前为止,所谓现成的系统不能充分满足"归档"的所有要求。因此,需要开发保证满足所有要求的定制(目标)系统。在开发定制的解决方案中,重要的是系统满足记录的必要维护和记录内容的长期可访问性。因此,该系统应具有模块化体系结构,不同的模块定义满足不同系统的要求,应明确界定模块之间的接口。

各模块之间的通信(传送消息)必须使用一种流行的格式。开发由若干个独立的模块组成的系统,系统可以允许进行单个模块(或替换它)的工作而不影响系统的其他模块。必须保护该系统,避免损害(硬件损坏、物理伤害、计算机病毒和黑客的攻击),这说明必须备份,以在异常情况下重建全部内容;还必须防止未经授权的访问。

上述内容简单地介绍了开发定制系统的要求,即已充分达到本书的目的。然而,澳大利亚维多利亚州的公共组织首先建立并运行了数字保存系统。如果你有兴趣继续探讨这一问题,可以登录它们的网站 http://www. prov. vic. gov. au,详细了解其如何开发"维多利亚时代"的电子记录策略。

20.2.4　版权问题

在存储信息时,必须牢记版权立法的限制。版权是一个非常复杂的问题,由于电子信息时代的到来,越来越多地需要应用国际标准。本质上,版权(在规定的有限时间内原创工作的所有权)授予"知识产权"的创造者而不管该创造者是否为原作者。例如期刊的科学论文,不管是论文的原作者或者发表论文的有关出版社(作者经常把版权授予发表他们论文的出版社),立法是为了保护他们的工作,让公众有权获得知识。例如,编撰食品科学文献汇编时,必须记住英国版权、设计及专利法(1998),不允许在没有付费的情况下多次复制论文,也不允许从一份期刊上复制多篇论文。

在电子环境中,下载赋予了信息定位更加丰富的含义(从数据库到一台计算机的转移和存储)。实际上,下载需要和数据库生产者签订许可协议(见第 21 章),订阅特定的数据库要获得图书馆的同意。大多数数据库生产者允许下载建立个人使用的文件(由个人使用),但禁止将下载的材料以任何方式转让给第三方(例如,转给其他学院或大学的学生或相关的公司)。因此,实际上,如果建立供自己个人使用的单一副本文献文件应该没有版权的问题。事实上,学术界提出了开放访问的倡议,表达了互联网上应免费访问所有学术出版物的愿望,因而版权限制的状况有所改变,在某些方面变得更加宽松。开放访问(见 21.2.2)允许任何用户阅读、下载、复制、分发、打印、搜索或链接到任何科学论文的全文。虽然开放访问有增加的趋势,但是还没有完全开放,很多文献还要付费才能通过互联网获取。

版权问题仍然复杂并日益变化——这有些像一个雷区。如果对下载到个人计算机上的材料存有法律疑问,可以去咨询图书管理员或信息专家/中心。引用参考文献也应进一步了解版权问题,最好就具体应用问题直接咨询有关机构(Wall,1998;Armstrong,1999;Wall 等,2000)。

20.3 电子通讯

20.3.1 简介

电子通讯(通过连接的计算机系统或互联网以电子方式发送和接收信息)是相对较新的,并且非常受欢迎的通讯方式,它已迅速发展成为人们几乎不可或缺的通讯方式(见第 21 章)。重要的是,记住电子通信在一些关键的方面有别于传统的通信机制,这些特点是:

- 速度(在数秒内可以电子方式传递信息);
- 持久性(电子信息有时是瞬态的,可以被第三方干扰);
- 成本(电子通信广泛传递大量甚至是海量信息,与以传统方式发送一条信息的工作量相同);
- 安全和隐私(以电子方式收到的信息可能被第三方,即不是发件人或收件人所截取);
- 发件人的真实性(验证信息的发送者)。

我们在本节讨论基于互联网的电子通讯,例如万维网(WWW),在线和本地网络(intranet),搜索引擎的使用和电子邮件的使用。

20.3.2 互联网

互联网是巨大的全球计算机网络的名称,它通过 TCP/IP(传输控制协议/网际协议)网络协议把计算机与其他计算机连接起来。TCP/IP 软件原本是为 UNIX 操作系统设计的,但现在可用于每个主要的操作系统,而且还在继续发展。访问互联网协会(http://www.isoc.org)可以获取互联网全部有价值的信息。

"互联网(internet)"这个术语也能够用来描述连接不符合正确使用 TCP/IP 协议的要求的计算机组成的网络(internet 的首字母使用小写,而非大写字母)。"内联网"这个术语是用来描述一个公司或组织拥有的对内的计算机网络。内联网使用相同的用于公共网络的软件,但只供公司或组织内部使用。

若要访问互联网,需要一台计算机,调制解调器或其他电信设备和软件将计算机连接到互联网服务商(ISP)。每个 ISP 是销售连接互联网的调制解调器的公司。如果你自己购买,最好货比三家,第一次购买时征求大学图书馆员或信息中心的意见。

每台装有网络软件的计算机是互联网的一部分,能通过万维网提供和(或)访问和浏览信息(见 20.3.3),这些计算机称为服务器、web 服务器和主机计算机。在互联网上的每台计算机都有唯一的互联网协议(IP)编号或以圆点分隔的四部分组成的地址,例如 123.123.123.1;很多还有一个或多个域名,域名是指向一个统一资源定位器(URL)的初始部分,表示网页文档的唯一地址。域是一个可读的互联网 IP 地址映射方式的位置。从本质上讲,域名表明你正在看的网页制作方。

URL 具有逻辑布局,如下面例子所示的为一个虚拟图书馆:

http://www.lib.xxx.edu/Guide/FoodScience/Catalogue.html

其中 http://指的是文件的类型(超文本传输协议 http,是一种网页传输协议),www.lib.xxx.edu/指的是域名(edu 标志着教育网站),Guide/FoodScience/通常是指存储在计算机中的路径或目录文件(见附注),Catalogue.html 通常是指文件的名称和其扩展名(见附注)。

附注:URL 使用户快速查找文件。如上所述,URL 的部分通常是指实际的文件,大多数时候是这种情况。然而,有时 URL 可能不是指实际文件本身。这是因为该文件可能已建成一个不同的动态格式,例如作为一个活动服务器页面,或者因为文件的结构可能有不同的设计,例如由于目录主题的需要。

互联网本身不包含任何信息。相反,它提供了对由很多计算机构成的互联网的网络信息的访问能力。连接在互联网的计算机可以访问下列服务项目:

■ 万维网(WWW 或 the web);

■ 电子邮件(e-mail);

■ 远程登录(Telnet);

■ 文件传输协议(FTP);

■ 信息查找系统(Gopher)。

我们将更详细地解释两个服务项目:万维网和电子邮件。其他三个,我们用如下充分而简短的语言定义它们的功能:

远程登录(Telnet)允许计算机登录到另一台计算机上并使用它,就好像你位于网站的第二台计算机上。

文件传输协议(FTP)允许计算机从远程计算机完成检索复杂的文件,浏览和(或)保存在自己计算机中。

信息查找系统(Gopher)是互联网上一个非常有名的信息查找系统,它将互联网上的文件组织成某种索引,很方便地将用户从互联网的一处带到另一处。在万维网出现之前,它是互联网上最主要的信息检索工具。但在万维网出现后,它已经过时,几乎被现在的万维网所取代;然而仍可能遇到一些 Gopher 文件。

20.3.3　万维网

万维网本质上是通过互联网提供的由网站和网页组成的服务信息存储区。使你可以:

■ 检索文档;

■ 浏览图像、动画和视频;

■ 收听音频文件;

■ 发送和接收语言消息;

■ 使用虚拟运行任何类型可用软件的程序。

通过浏览统一资源定位器(URL,见 20.3.2)发现网页;一个网站是该站点链接到的相关页面的集合。例如,国际食品信息服务(IFIS)网站称为食品科学中心(http://www.foodsciencecentral.com),所有与食品科学中心信息有关的页面从此分支而行。你访问的硬件和软件的种类,控制了网站提供服务的范围。

TimBerners - Lee 在 1989 年最早开发了万维网,一年后他连续创建了第一个万维网服务器、第一个网页浏览器、域名寻址系统和超文本标记语言(HTML)。浏览器是软件程序,允许你浏览万维网文档(页);它们将 HTML 编码的文件转换成了可以浏览的文本和图像(有时称为呈现页)。人们可以使用不同的浏览器,例如 Microsoft Internet Explorer、Netscape、Firefox、Opera 和 Safari。

HTML 为万维网的功能提供了依据。它是一种标准化的计算机代码,用来定义网页页面内容的语言,提供用在计算机屏幕显示上的相同的格式设置指令;它与编程解释 HTML 显示的浏览器一起工作。除了提供网络页面的内容外,HTML 还具有所谓内置超文本的功能。超文本使网页链接上了可能不在同一台计算机上的其他网页。计算机的能力限制链接,显示链接的内容需要设置专门的软件,常常需要内置浏览器或添加所谓的插件。

1994 年,Berners - Lee 发起的万维网联合会(W3C)是主要的万维网国际标准化组织(参见 http://www.w3.org)。W3C 正以一种标记语言——(XML)工作。它是一种简单、灵活的文本格式,是从另一种标记语言——标准广义标记语言(SGML)衍生而来的。可扩展标记语言最初为了应对大型电子出版所面临的挑战,但现在也用于万维网上和其他方面越来越广泛的数据交换。

由于规模庞大,不能用索引标准词汇表的方式直接搜索在万维网上的信息。因此,需要使用一个或多个中间搜索工具,首先需要考虑的是搜索工具可用的类型。

20.3.4　搜索引擎

搜索引擎是包括计算机自动汇集网页的巨大数据库,可以搜索万维网的子集。有两种类型的搜索引擎：一个是个人搜索引擎，可以编译自己的可搜索数据库；另一个是元搜索引擎，不能编译自己的数据库，但同时搜索单个搜索引擎的数据库。

典型的搜索引擎包括：AlltheWeb、Yahoo 和谷歌等。个人搜索引擎通过使用称为"蜘蛛"的计算机机器人程序编译数据库，可以像蜘蛛一样漫游万维网，识别和索引访问的页面；把发现的结果包括在当前使用的各种搜索引擎的数据库中。当你使用一个搜索引擎，并不是搜索万维网的全部，也不是搜索你正在搜索的特定时刻的子集，而是搜索万维网过去的一段时间内应用固定索引体系采集的信息。

很难说什么时间搜索创建了数据库。"蜘蛛"定时返回到索引更新数据库的网页，但是，不幸的是，更新进程可能花费很长的时间，具体取决于"蜘蛛"如何定时重新访问万维网和如何快速更新数据库。虽然就万维网的地位来说，搜索引擎还不能完全更新，但有的已经与具有商业价值的新闻数据库建立了伙伴关系；例如，AlltheWeb 的（快）新闻，Yahoo 的爆炸性新闻和谷歌的爆炸性新闻；这种搜索引擎提供"新闻选项卡"，可以用来访问最新的信息。

搜索引擎通过使用所选的软件程序来搜索匹配的关键字和短语（见 21.2.4），结果按定义的相关性顺序排列（最相关的参考结果出现在列表的顶部，反之最不相关的显示在底部）。采用不同的搜索引擎的软件程序，不论大小、检索的速度和内容，结果往往相似。它们还采用不同的搜索选项和不同的等级方案。因此，没有两个搜索引擎会提供完全相同的结果——差异可能很小，但是也可能具有重大意义。然而，搜索引擎无疑是目前用于搜索万维网最好的方式，重要的是要记住，它们对于简单的搜索请求常常产生大量的结果，其中很多可能与你的需求无关，而且由于收录过多而造成信息过载。

元搜索引擎（例如 Ixquick、Metor、Profusion 和 Vivisimo）不通过漫游万维网编译自己的可搜索数据库，而是同时搜索大量的单个搜索引擎数据库（见上文）。通过这种方式，元搜索引擎提供快速简便的机制，搜索引擎都能够完成最佳工作，满足您特定的搜索需求。元搜索引擎速度非常快，它以两种方式之一呈现搜索结果：作为删除了重复数据的单一合并列表；或者与从搜索单个数据库获得的结果完全相同的多个列表（因此，可能出现参考资料的重复）。元搜索引擎是进行简单搜索方便的工具，如果时间紧迫，它们会简要概述你所感兴趣的领域，在使用单个搜索引擎搜索不到任何有用信息的时候也会有所帮助。

20.3.5　分类目录、门户网站和垂直门户网站

与搜索引擎不同，分类目录是人工创建的，由人而不是计算机的机器人程序维护。站点根据定义的策略或一套标准审查和选定包含在目录中的列表。还有一种倾向，分类目录比搜索引擎数据库规模小，通常只有一个网站的主要页面编入索引目录。有时搜索给定的目录需要配有一个搜索引擎。分类目录的形式多种多样，例如，一般目录、学术目录、商业目录、门户网站和垂直门户网站。门户网站（例如 Excite、MSN 和 Netscape）被创建或由商业收购获得并重建为万维网的网关（见 20.3.6）。它们通常链接到最受欢迎的主题领域并提供额外服务，如电子邮件和访问时事新闻。垂直门户网站以特殊主题区别于门户网站，它们经常由学科专家/专家/专业人员创建。垂直门户网站的示例包括教育咨询台（教育信

息）、SearchEdu（学院和大学的网站）和 WebMD（健康信息）。

应该指出的是搜索引擎和分类目录之间的分界线开始变得模糊。绝大多数学科目录提供搜索引擎来访问它们的内容,搜索引擎现在或者获得现有分类目录或者创建它们自己的目录。由于本身结构的方式,分类目录通常比搜索引擎提供质量更高、无关结果更少的搜索结果。然而,因为大多数学科目录不编译自己的数据库,所以还是依靠指向网页而不是储存它们。这就存在一种危险,因为万维网上的信息具有过渡性,网页更改可能引起不能识别或用户可能被引向不再存在的网页。实际上,分类目录可能是最宝贵的浏览信息和进行简单搜索的工具;它们是学科领域、组织、商业/企业网站和产品信息受欢迎的有用资料的来源。分类目录的示例包括 CompletePlanet、LookSmart、Lycos 和 yahoo！。

20.3.6　网关

有两种类型的网关——图书馆网关和门户网关（门户网关见 20.3.5）。图书馆网关是集合的数据库和按学科内容排列的信息站点,根据专家的建议创建并定期审查。因此,网关集合代表了万维网上高质量的信息网站,成为检索高质量的信息源的重要指针。示例包括学术信息、数字图书馆馆员、互联网公众图书和互联网与万维网虚拟图书馆的馆员索引。

20.3.7　深网

据估计大约70%的万维网不能被访问和搜索引擎蜘蛛索引。这个很大的区域称为深网或隐形网络,包括由密码或防火墙保护的信息和只有在需求时创建的瞬变信息。虽然搜索引擎继续改善,越来越善于搜索深网,但是你真的需要访问深网时,则必须直接指向它们的浏览器。一些图书馆网关和具体主题数据库（vortals）都是用于搜索深网特别有用的工具。

20.3.8　搜索方法

虽然搜索信息的方法没有对错,但搜索方法的工作效率有高低之分。我们在21.2.4中,叙述了使用布尔逻辑和布尔运算符（与、或、不）检索书目数据库。有时可以通过所谓的嵌套,即使用括号（有时加上引号）将几个搜索请求合并成单一的请求提高使用布尔逻辑搜索的效率。例如,在搜索请求中输入"沙门菌或李斯特菌"和"巧克力或乳酪",沙门菌和巧克力、沙门菌和乳酪、李斯特菌和巧克力以及李斯特菌和乳酪都将作为独立的实体而用于检索文献资源。

除了布尔运算符,相近或位置运算符可以用于创建搜索请求。并不是所有的搜索引擎都认可相近运算符,但是有几个先进的搜索引擎具有这一功能。相近运算符的示例如下:

NEAR（相近）,可能是搜索引擎最普遍认可的运算符,允许搜索其中位于相互按任意顺序指定距离内的术语和关键词,检索越接近目标词汇,结果出现在检索信息源列表的位置越居前;

ADJ（毗邻）,很少被搜索引擎认可,允许搜索短语,例如,"低的"ADJ"卡路里",将检索"低卡路里"和"卡路里低";

SAME(相同),用于检索位于同一领域的术语,见下文;

FBY(紧随其后)。

目前,搜索引擎不认可相近运算符 SAME 或 FBY。

电子记录有字段结构。典型的网页面包括多个主要领域,例如,标题、域名、主机(站点)、URL 和位于单独的字段的链接。其他可搜索字段的例子包括对象、文本、语言、声音和图片。并不是所有的网站都有相同的字段可用于搜索,必须要知道选择的万维网中什么是可用的,这通常可以在网页上的某个地方或通过链接的按钮找到。有些搜索引擎将允许检验所选的组合词或关键词的个别字段。字段检索是搜索万维网精确和强大的功能,但当它检索的字段与搜索引擎检索项目相同时,它的应用受到限制。

20.3.9　电子邮件

电子邮件是一个使用计算机发送和接收邮件的系统,它已迅速成为最受欢迎的个人、专业和商业用途的通信手段之一。为了发送和接收电子邮件消息,需要独有的电子邮件地址。为此,需要开设电子邮件提供商的账户。你的电子邮件地址将采取以下形式:student@e‐mailprovider.com,"student"是备选的用户名。

设置了账户就能通过计算机发送和接收电子邮件。发送或接收电子邮件不用付费,不像打电话需要付电话费(通常是本地电话的价格)。一些电子邮件提供商提供电子邮件软件包的邮局协议(POP)服务器。邮局协议服务器通过电子邮件客户端程序接收消息,例如 Outlook 或 Netscape Messenger,允许连接到电子邮件提供商以检索邮件,然后脱机阅读,导致了在线时间减少,所以相应地节省电话费。

同样,一些电子邮件提供商提供电子邮件软件包的简单邮件传输协议(SMTP)服务器。简单邮件传输协议服务器使用户可以发送已经脱机写在电子邮件客户端程序的电子邮件,然后只要在网上简要地发送邮件,以减少电话费。节省开支是选择电子邮件提供商时需要考虑的重要因素。必须连接到互联网接收电子邮件,但阅读时不需要在网上保持连接。

ISPs(见 20.3.2)通常提供一揽子方案,包括一个 POP 和 SMTP 服务器的电子邮件地址。这使生活变得非常简单,但是有一个问题,如果要更改 ISP,必须更改电子邮件地址。因此,在永久免费的电子邮件提供商设置账户,如 yahoo! 或 Hotmail 作为备份是个比较理想的选择。

在下一章我们将讨论如何利用互联网培养和提高学习和工作技能。

参考文献

[附住:本书引用的统一资源定位符(URLs)在 2008 年 11 月是正确的。]

1. Armstrong, C. J. (ed.) (1999) *Staying Legal – A Guide to Issues and Practice for Users and Publishers of Electronic Resources*. Library Association Publishing, London.

2. Armstrong, C. J. and Bebbington, L. W. (2003) *Staying Legal – A Guide to Issues and Practice Affecting the Library*, *Information and Publishing Sectors*, 2nd edn. Facet Publishing, London.

3. Bott, E. , Siechert, C. and Stinson, C. (2007) *Windows Vista Inside Out*. Microsoft Press, Redmond, Washington.

4. Brown, C. and Resources Online (2001) *Microsoft Officexp Plain and Simple*. Microsoft Press, Redmond, Washington.

5. CCFRA (2001) *Designing and Improving Acceptance Sampling Plans – A Tool*. Review No. 27. Campden and Chorleywood Food Research Association, Chipping Campden.

6. CCFRA (2002) *Statistical Quality Assurance：How to Use Your Microbiological Data More Than Once*. Review Information technology 477 No. 36. Campden and Chorleywood Food Research Association, Chipping Campden.

7. CCFRA (2004) *Microbiological Measurement Uncertainty：A Practical Guide*. Guideline No. 47. Campden and Chorleywood Food Research Association, Chipping Campden.

8. De Veaux, R. D. and Velleman, P. F. (2004) *Intro Stats*. Pearson Education, Upper Saddle River, New Jersey.

9. Hubbard, M. R. (2003) *Statistical Quality Control for the Food Industry*, 3rd edn. Springer, New York.

10. Leake, L. L. (2007) Software automates nutrition labeling and more. *Food Technology*, 61 (1) ,54 – 7.

11. Mahajan, P. V. , Oliveira, F. A. R. , Montanez, J. C. and Frias, J. (2007) Development of user – friendly software for design of modified atmosphere packaging for fresh and fresh – cut produce. *Innovative Food Science and Emerging Technologies*, 8 (1) ,84 – 92.

12. Pierce, J. (ed.) (2007) 2007 *Microsoft Office System Inside Out*. Microsoft Press, Redmond, Washington.

13. Wall, R. A. , Norman, S. , Pedley, P. and Harris, F. (2000) *Copyright Made Easier*, 3rd edn. Europa Publications, London.

补充材料见 www. wiley. com/go/campbellplatt

学习和转化技能 21

Jeremy D. Selman, Sue H. A. Hill

要点

- 学习能力（有效学习技术、资源和时间管理的能力）。
- 信息检索能力（利用图书馆资源、数据库、局域网、互联网和竞争性情报的能力）。
- 交流和描述能力。
- 团队协作和解决问题能力。

全球高等教育越来越意识到学生具有良好的读写技能和交流能力对于获得、操作和高效地使用非常识性信息资源的高度重要性。为了提高相关技能，有关部门已经制定了一些信息读写能力标准（Society of College, National and University Libraries, 1999; American Library Association, 2000; Bundy, 2004）。英国国家和大学图书馆协会（SCONUL）概述了七种关键技能：

- 认识信息需求的必要性；
- 识别信息获取途径的"差别"；
- 建立信息检索的策略；
- 检索和获得信息；
- 比较和评价不同来源的信息；
- 以适宜的方式组织、应用信息，与他方交流信息；
- 综合构建已有信息，推动创造新的知识。

这七种关键技能建立在学生具备的基本图书馆知识和信息技术的技能基础之上。通过获得并架构知识和专业而高效地与同学合作，从而进行有效的沟通。

21.1　学习技能

21.1.1　学习技能的有效利用

作为学生,我们需要构建自己查询、探索、发现、考察、澄清和理解新想法和新概念的能力。这包括独立地研究并决定如何使用时间,确保学习成为日常生活中如同睡觉、饮食和体育锻炼一样重要的组成部分。因为我们需要在积极和舒适的环境中学习(Marshall 和 Rowland,1998),需要在精力最易集中的时候做出决定。有些人在短时间内集中精力工作,然后放松;有些人则可以集中精力工作很长时间。

只要我们想得到,就没有什么不能学习。通过系统组织信息,任何人都能学习得很快,所以分配一些时间组织信息,可以提高效率,有助于纠正心理状态,形成想要学习的个人动力。在学习文献资料时,要想象如何正确地回答考试的问题以及面试时如何正确地回答技术问题。要主动地体会学习文献资料的有趣性、有用性和易理解性。要尽量多获得不同种类信息,最好了解每种类型信息的结构特性,例如书包括目录、章节、参考文献和索引等。我们应该在阅读后用自己喜欢的方式做笔记,以便更好地吸收和理解。这种笔记可以包括关键词、相关概念、突出标注或强调性单词,或者制作书面或图案的笔记,或者使用便利贴,有时它可以帮助意译(用自己的话)一种设想,或者扼要地总结一个论点。最终目标是利用所学的知识作为框架,支持自己的想法和论点(Northedge 等,1997)。

有时查询资料,发现检索目录的文献数量大得惊人,此时应该把它们分成较小的单元。关键问题是在探索新东西的时候,我们应该自然地选择层次的大小。如果感觉有难度,我们必须提升自己的水平。相反,如果事情看起来很容易,则需要更加深入。找到易于管理和应用的层次。将新知识构成框架并且嫁接以前掌握的知识,有利于减少困惑和需要记住的表面内容。因此,我们能够取得显著的进步。

按照我们的步骤,以自己的方式学习并掌握关键的知识,经常可以从已经很熟悉的原理与概念出发,在现有的技能和知识的基础上,构建知识领域。形成记忆的方法很重要,有些人会使用图像、声音链接、情感、助记忆键或思维导图帮助他们记忆事实和论点。思维导图是由联系密切的问题,事实和论据构成的整体图像,并使用颜色、大写字母和大小不同的字体来增强导图的影响力(Turner,2002)。最后,我们还要和同事分享阅读的收获和自己的观点。

就上课而言,预习有助于听课。听课的时候,要记录授课的内容,还要提问和评价。尽量减少干扰,以集中精力。当听到不懂的地方时可以在笔记上留出以后填补的空白。记下问题,课后请教教师或同学,然后我们就可以思考和评估是否真正学到和理解了课程的要点。

Turner(2002)讨论了学习技能并将"确认(ascertain)"的方法总结如下:

A——积极搜寻信息;

S——从不同来源筛选信息;

C——以各种方式对信息分类;

E——评估信息和实施判断；

R——反映掌握的知识和学习的进程；

T——设置并实现目标；

A——重新阅读，重新草拟和凝练我们的知识和论点；

　I——整合信息；

N——质疑某文本的含义，并与其他来源的信息、方法和论点比较。

21.1.2　学习资源的有效利用

学习资源多种多样，包括教科书、参考书、期刊、电子期刊、互联网、数据库和报纸、广播和电视等媒体。图书馆当然是多种学习资源的中心，因此，发挥各种资源的优势非常重要。在评估各种资源的实用性，找出解决方法，使用操作技术及提出问题的过程中，要学会处理各种类型的信息。社会科学和自然科学的实验室工作都需要多种学习资源，主要有需要理解的文字说明、计划，了解专业设备的使用方法，应用实践技能，然后分析并报告学习的经验和成果（Northedge 等，1997）。

最常见的是阅读。我们需要通过阅读获得思路，扩展知识面并改善自己的写作能力，以支持希望表达的思想和论点，并为评价者提供阅读的证据。无论采取什么方式阅读，阅读速度以理解和吸收出版物的观点为度，有时候通过略读、扫描或采集文献，来寻找关键词。然而，我们始终要清楚为什么阅读这些文献和我们期待从中获得什么。文献中设想、观察、结果、论点和争议所表达的信息方式各有差别，因而我们需要培养鉴别不同信息的能力，不要过分相信表面的权威和学术文献的可靠性（Fairbairn 和 Fairbairn，2001）。

因此，研究课题选择材料时，我们需要评估其重要性再决定购买、复制还是借用。我们用这些材料工作，评价事实和设想时，要像读书、听课、看电影或上网搜索一样，选择关键点，排序，系统地记录，与事实信息比较，并予以组织和集成。研究结束时，要留出时间与我们最初的想法比对并审查做出的结论。

21.1.3　时间管理

无论我们想做什么，总有我们首先要做的事情。

实现目标需要周密的时间管理，无论发明一种新产品还是取得优秀的考试成绩，都不可更改时间，每个人都有同样的时间。然而，时间可能会因为电话、会议、不合理规划、太注重细节和其他原因而浪费。因此，必须防止和减少类似的时间浪费。开始就要设定时间目标，安排具体内容。目标可以是瞬时、短期、中期的，这样才能细分成可供操作的步骤或任务，有助于每次完成一个任务。在攻读学位时，每个小目标都为全学年的课程和工作奠定成功的基础。这种方法看起来有些繁琐，但是它是把今天的任务与长期目标联系起来的桥梁（Northedge 等，1997）。

有时我们觉得没有动力工作，那么尝试工作一小段时间，看看能否"浸入"。这可能帮助我们认识到没有动力工作的时候，我们并非没有动力，而仅仅有动力做其他事情。然而，记住这句话：拖延（耽误、推迟、放弃）是时间的窃贼（Edward Young）。生活不应总是恪守规程或习惯,而养成良好的时间管理习惯将使生活更有效率。

最好设定工作的优先序,因此,为了解要完成的任务量应该编制任务列表。每项任务都要标注"重要"或"紧急"或二者兼具。首先完成最不喜欢的工作是比较典型的例子。有无组织性的区别在于有组织性的人知道还有什么工作要做。编制任务列表时,重要的是标明每个任务的优先序的级别。执行此操作的方法包括考虑任务的截止时间(紧急性)和任务与我们的目标的直接相关性(重要性),然后对每项任务进行归类:

	紧急性	非紧急性
重要性	1	2
次重要性	3	4

可见,时间效率很重要,这意味着尽可能有效地管理我们的活动,如文书工作需要有效委派和召开会议。无论什么活动,有效性关乎我们为实现目标付出的努力和效率。管理书面文件和电子邮件是两个关键问题。必须主动解决而非推迟,因此,对于文件或电子邮件,应该删除、处理、保留以后处理、接收、转发或委派/改寄,避免标记为待定而不予处理。

为了改进时间管理,需要了解时间用在哪里。追踪时间与编制时间表的作用都是更合理地运用和管理时间,但方法相反。编制时间表是安排未发生的工作,而追踪时间是记录已发生的事件。该法在每小时结束时记录如何使用时间,如果使用时间的活动与计划的内容不匹配,就要注释这段时间所做的工作。当然还有不同方法实现时间计划和时间追踪。时间管理将改变工作模式,更有效地管理工作目标相关活动的时间。

为了规划时间,可以使用月计划、周目标列表、周计划程序和时间日志等工具。月计划可以帮助记忆时间,跟踪重要期限和预约等,但是还需要记录在最后期限之前的中期期限和预测的繁忙时段。这将帮助我们明确是否有时间完成新任务,是否能达到我们的目标。周目标列表可以将月计划列表的任务进一步分解成较小的任务,并记录完成任务的预估时间。在表上输入重要活动并指定预估的时间(Cottrell,1999)。

为了给自己增加一些时间,需要问"为什么不委派这项任务?"但是,必须明智地委派,并且必须牢记即使被委派的人会代替我们做一些决策,我们也要为最终结果负责;这样做的好处是既可以节省自己的时间,又可以提高被委派人的动力、认同感和参与性。

我们需要灵活地计划工作,包括安排自己的约会,在工作或约会之间要留出时间间隔,如30min的间隔。大工作之间可以插入不到10min的小任务填充空余时间。对于特别繁忙的工作日,日工作计划很有帮助。大多数人都使用很多时间和他人一起工作或者通过他人工作,所以必须灵敏地有效地管理自己的时间和负责地考虑他人的需求,正确处理优先问题和时间压力之间的矛盾。

会议可能无效地既占用我们的也占用所有与会者的时间。在可能的情况下,会议都应该作出决定而非仅是讨论。会议应该预先计划,议程中应该列出要做出决定的事项,首先是要做出决定的重要事项,而不仅止于议论。议程中不应该包括"任何其他事务",这有可能把会议引向计划外的议题。效率高的主持人使会议既有时间效率又有效果。

同样,管理大项目要根据需求将其分解成一系列组成元素,编撰易于控制的任务列表,简单的关键路径分析可能对此有所帮助。

21.2 信息检索

21.2.1 引言

在现实中搜索信息的方法没有对错之分;关键是要仔细选择信息来源,以优化质量、数量和随之而来的成本。因此,我们决定检索信息之前,了解信息的通讯方式变得越来越重要。包括出版商、工商企业、学术和政府部门在内的多种机构都提供食品科学和技术的相关信息,信息通过不同机制到达目标用户。

口耳相传可能是传播和接收信息最原始的途径。但是,互联网正在毋庸置疑地迅速成为世界上最受欢迎和广泛使用的信息来源。尽管互联网的普及性不断增加,图书馆仍然是重要和宝贵的信息来源,并为获取大量的信息资源提供可行性,如期刊、电子档案、论文、研讨会论文、报告、专利、贸易文献、标准、图书、评论、事实数据库和参考书目数据库以及互联网本身。

21.2.2 图书馆资源利用

为了最充分地利用图书馆服务和设施,无论是现实还是虚拟的信息资源,第一次访问图书馆时,最好查询按一定顺序排列的图书馆库信息资源(期刊、书籍等)目录,例如,按字母顺序排列的个体作者、图书编辑以及期刊名称。所有的库目录不都以同一种方式编排,但是现在大部分目录都有在线数据库,图书馆管理软件提供了数据库的可观性和搜索性。图书馆工作人员始终愿意提供帮助和建议,以及定期更新用户文档。工作人员还介绍图书馆布局、图书馆互借系统、可用网络、专题指南以及回复需求的方式。

图书馆中每本书都有分类号或代码,这些分类号代表图书所属主题领域。现在存在许多不同的图书分类系统,最广泛使用的是杜威十进制分类系统。这个分类系统最早由杜威在 1873 年设想,1876 年正式出版。目前在 135 个国家的 20 万个图书馆里使用。杜威十进制分类系统将知识分为十大类,每一个分类中又不断地依次细分为更专业化的学科(见 http://www.oclc.org/dewey/)。大类以三位数字代表分类码,例如,食品技术的分类码是 664,这三位数字后面可能有小数点或者更多的数字来细分食品技术这一主题,分类数字越多,代表的主题领域越详细。图书根据分类数字或编码顺序放置在图书馆书架上以便检索。图书馆目录详细地记录检索信息,在理想情况下,还包括出版社信息、出版时间、编辑/版权号码(适应于当时)以及图书的 ISBN 号(国际标准图书编号)和期刊的 ISSN 号(国际标准序列编号)。

图书和期刊之外,图书馆有图资料包括:

■ 图解和模型;

■ 视听资源如 DVD、视频磁带和幻灯片;

■ 微电影和(或)过期报纸等的缩微胶片;

■ 短期资料如时事通讯汇编；

■ 存储库和参考资料汇编包括词典、百科全书、年鉴、手册、目录、参考书目、索引、文摘和电子资料。

由于许多人使用图书馆,读者想要搜寻的书籍可能被其他人借走,读者需要了解图书借阅系统,确定想要借阅书籍的归还时间,以帮助你较快地借到书籍。参考文献,例如百科全书为其他书籍和文章提供有益的总结和参考,是学习和研究的重要起点。期刊(也称刊物、系列出版物或杂志)刊载关于某个论题的最新研究。有些情况下,图书馆没有收藏需要查询的书籍和参考文献,读者可以利用图书馆提供的馆际互借服务查找在某个大学里不能借阅的书籍。

可以通过互联网免费获得某些期刊的文献(见 20.2.4 和 21.2.4);访问 http://www.doaj.org 的开放获取期刊目录(DOAJ),或者 http://highwire.stanford.edu 的 Highwire 电子期刊数据库(见 21.2.4)随时获取这些期刊的信息。其他信息资源包括学术论文、会议论文集和专利等。利用互联网也可以检索与某一特定项目和特定信息来源相关的法律、标准和统计数字等。

21.2.3　事实数据库

事实数据库是一种存放某种具体事实、知识数据的信息集合体。例如,各种不同物质的熔点、沸点、凝固点、转换表或者食品科学家和技术人员感兴趣的食品成分数据等。在美国农业部农业研究中心开发的网站 http://www.nal.usda.gov/fnic/foodcomp/search/和联合国粮食与农业组织开发的网站 http://www.fao.org/infoods/directory_en.stm 中能够检索到食品成分的事实数据库。

21.2.4　文献数据库

文献数据库汇集各种不同来源的资料,在信息检索中发挥非常重要的作用。文献数据库的供应商(生产商)实质上为其用户进行了第一阶段的检索工作——提供相关来源资料的参考文献(记录);这可以节省用户时间和资金并保证不遗漏重要的来源资料。文献数据库可能涵盖相当广泛的主题领域(如由汤森路透制作的涵盖科学技术所有学科领域的知识之网,见 http://www.isiwebofknowledge.com/),或专业主题领域;在讨论文献数据库一般功能之后,我们将深入阐述食品科技专业化信息。

文献数据库中的记录可能仅是文献或引文,但更常见的是包含信息资源的摘要(文摘)。信息资料来源包括期刊文章、书籍、论文、专利、标准、法规、报告、会议论文集、讲座和评论。文献数据库记录通过索引来保证相关记录的搜寻和后续检索。这些相关记录可以本来的形式被咨询或者用来继续检索这些记录的来源资料。在图书馆中可以获得来源资料的全文,在必要时可以使用文献传递服务获得全文资料。互联网和传统邮寄服务都可以提供大量文献传递服务。获取全文可能很昂贵,因此可以根据自身的特殊需要做一些独立研究或者咨询图书馆员。如前所述,可以通过互联网免费获得一些全文资料(见 20.2.4 和 21.2.2)。

近年来为了方便电子化管理信息交流,数字对象唯一标识符(DOI, Digital Object Identifier)系统应运而生。DOI 系统提供一种使客户与内容(信息)供应商互联的机制。DOIs 给予电子期刊论文、电子书、图像等任何类型内容的知识产权的持久性(不变的)名称,名称包含字符或者数字引导读者找到相关网点。DOI 系统已经普遍采用,影响迅速增加。Elsevier、Blackwell、John Wiley、Springer 等大型出版商大多使用 DOI 对数字资源进行标识,形成了比较完整的命名、申请、注册、变更等管理机制。获取该系统的详细信息可以访问网站 http://www.doi.org。

不同的生产商采取不同方式索引其数据库,但其基本原则保持不变。通常由摘要中提取关键词(术语)创建主题索引。一些生产商从源资料中创建索引。在新的数据库的电子格式或者印刷版本的索引中按照字母排序列出主题索引。关键词并非随机选出——在摘要中选择关键词要准确反映重要主题摘要,通常从详细字表中以及派生的同义词库中提取。同义词库是用来选择以描述特定主题领域的术语及其术语之间的关系的集合。例如,发酵乳、发酵乳制品、乳制品、动物食品、食品、发酵食品、加工食品和牛乳等与“酸乳”术语关系不密切(宽泛),水牛乳酸乳、饮用性酸乳、风味酸乳、冷冻酸乳、水果酸乳和酸乳饮料等与“酸乳”则更接近(具体)(国际食品信息服务中心,2007)。因此可以利用同义词库中描述的关键词之间关系,全面准确检索电子文献数据库,以一般性(广泛性)术语创建特定主题或以具体的术语更精练地搜索记录。搜索也可以进一步通过组合关键词准确描述用户感兴趣的主题领域。运用布尔逻辑原则可以实现关键词的组合(见20.3.8)。

布尔逻辑基本上打破了学科领域的既成概念。例如,如果你有兴趣对沙门菌和巧克力进行联合搜索,在搜索框键入这两个术语并加入连接词“和”,信息检索软件结合文献数据库将找到所有关于沙门菌的记录和所有关于巧克力的记录然后将两个检索结合并只保留两个术语都被检索到的记录,因而“和”逻辑缩小了检索范围。连接搜索术语有三个布尔逻辑运算符,分别是“和”、“或”和“非”。在我们的例子中,在搜索策略中使用“或”将扩大搜索范围并识别所有包含沙门菌的记录和所有包含巧克力的记录。在检索软件中使用“非”搜索策略将识别所有包含沙门菌术语但不包含巧克力术语的记录。通过限制检索条件细分主题领域可以优化检索策略。除此以外还可以检索到免费的全文资料。通过优化检索策略可以排除不相关记录,将错误识别率降到最低,而仅识别你真正感兴趣的记录。

读者可以免费获取一些文献数据库,还可以订阅或者根据“支付所用”的原则订阅其他收费的文献,它们的更新频率不同。文献数据库可以通过多种形式提供给用户,包括印刷期刊、光盘和联机(通过企业内部网和互联网)。可直接从数据库生产者或通过拥有者或供应商处获得互联网的访问许可,例如,Ovid(见 http://www.ovid.com)、Dialog(现归属于 ProQuest,见 http://www.dialog.com)和 Thomson(http://www.thomsonreuters.com/business_units/scientific/或 http://www.thomsonreuters.com/)。本章介绍了很多供应商和大量的文献数据库;其他请参见 Lee(2000)、Hutchinson、Greider(2002)以及 Lambert 和 Lambert(2003)和(或)咨询图书馆馆员。国际食品信息服务中心(2005)发表了目前文献数据库的技术和发展趋势的报告。

我们现在重点讨论两个食品科学和技术文献数据库的专业制作商。第一个是

Leatherhead 食品国际(参见 http://www.leatherheadfood.com/lfi/)。它制作了集成科技、市场和法律信息的数据库,包括食品在线新闻、食品在线产品、食品在线市场、食品在线科学和食品在线法律(参见 http://services.leatherheadfood.com/foodline/index.aspx)。

第二个是国际食品信息服务中心(参见 http://www.foodsciencecentral.com)。该网站主要提供各种新闻、报道、文章,链接其他食品科学家和技术人员的网站;还提供世界上最大的食品科学、食品技术和食品相关营养的文献数据库的链接,例如 FSTA – 食品科学技术文摘。该网站上提供的 FSTA 的链接称为 FSTA Direct™;可以从其生产商——国际食品信息服务中心(IFIS)直接获得。FSTA Direct™也可以从食品科学中心网站进入(参见 http://www.fstadirect.com.)。FSTA Direct™可以通过同义词库和食品科学技术在线辞典的方式获得(二者的生产商均是 IFIS)。同义词库和食品科学技术词典都有相应的印刷版(国际食品信息服务中心分别于 2007 年和 2009 年出版)。FSTA™也可以通过各种出版商的光盘和印刷版期刊获得。该数据库从 1969 年开始生产,收集了全世界与食品科技相关和有意义的文献(期刊论文、会议论文集、书籍、报道、论文、专利、法律、综述和标准)。一个 FSTA Direct™的记录如图 21.1 所示。

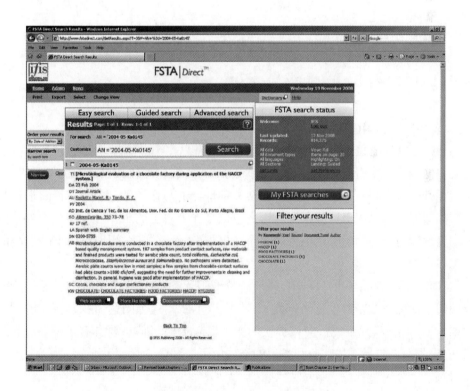

图 21.1　FSTA Direct™ 的记录

数据中心服务商向大学提供一些文献数据库。例如,在巴斯大学基础上建立的 BIDS(巴斯信息数据服务中心)是英国第一个和最有名的数据中心。该服务中心可以免费使用,但大学图书馆需要支付员工和学生使用数据库的费用。世界各地有很多不同的数据服务中心,你可以向所在大学的图书馆馆员了解数据中心的可用性。

21.2.5　互联网信息资源的应用

如前所述(20.3.3),互联网迅速成为世界上最受欢迎和广泛的信息来源。显而易见,寻找相关的网站是搜索互联网的起点,但是网上出现大量看上去饶有兴趣的网站,互联网对于粗心的人或者新人来说仍然是令人却步的地方。应该记住优秀网站(如本章参考文献引用的网址),网站质量较差和信息过量都可能遗失关键信息,这些都是搜索网站时遇到的问题。重要的是应该谨慎使用互联网,同时不能完全依赖它。我们在第20章已经讨论了这个话题。

21.2.6　竞争性情报

竞争性情报是与科学和教育领域不同但又相关的信息领域。商业世界(包括食品工业)都利用竞争性情报。竞争性情报的定义是为客户获取和分析大众可用的竞争者信息,以提高组织的学习、改进、鉴别的能力并锁定工业、市场和消费者中的竞争者目标(Hasanali等,2004)。竞争性情报专业协会(http://www.scip.org)将其描述为通过扫描公共记录,监控互联网和大众媒体,与客户、供应商、合作伙伴、员工、行业专家和其他知识团体保持交流,持续关注竞争者的意图和不可预期的市场发展。

21.3　交流和描述技能

名不正,则言不顺;言不顺,则事不成(孔子)。

21.3.1　论文、报告和摘要书写

撰写科技论文或学位论文的目的是向读者宣传想法和观点,清楚地解释所要说明的问题。写论文的练习将获得表达想法、说明有关事实、分析利弊和做出结论的写作艺术。选择研究目标,确定论文题目后,需要起草包括关键部分的写作计划,其次设计不同部分之间的结构。类似方法可以用于撰写报告。论文应该是作者自己的工作和思想的总结,务必避免剽窃。这意味着必须明确承认他人的工作和思想,永远不要直接从互联网下载文章作为自己的工作。

在设计和规划报告结构的过程中,必须清楚谁阅读它,谁需要它,他们想要从中得到什么以及他们的研究范围。对于这个问题,作者应该不断问这个问题:我如何才能尽量满足他们的需求? 为了读者的利益,应该提供简单、清楚的信息,信息要具有逻辑性和系统性。作为指南,报告应该包括下述部分和类似的结构:

题目页

摘要

致谢

内容列表

引言

文献综述

材料与方法

结果

讨论

结论和建议

参考书目和文献

术语汇编

附录

引言部分应简介主题领域和意义,并指出本文题目如何与其对应。应该指出研究范围和清楚说明报告的总体目标。文献综述部分应该阐明当前工作的必要性。需要就重要的和相关研究进行严格的对比和比较,这意味着仅仅罗列他人以前对相似主题的研究内容是不够的,必须述及并分析关键细节,例如分析方法、所使用实验材料的差异,结果的一致性,研究参数的差异等,讨论他人的工作并总结悬而未决的问题及其与现有知识和理解之间的差距,然后明确阐明工作的研究目的和原因。

材料和方法部分应提供并说明使用的所有材料,并正确使用化学命名法。准确报告已经完成的内容,还要包括与预定目标相反的内容。科学论文写作中,应该记录足够的细节和引用的材料,以便世界上其他地区的人们可以阅读并明确重复所做的内容。该部分始终要使用第三人称和被动语态。由于食品是性质多变的生物材料,在食品研究中应用统计学非常重要。应用统计学可以节省时间和资金(见 20.1.9)。例如统计学实验设计可以减少所需实验的数目。利用统计学方法分析可以证明结果差异的真实性,说明它不是来源于生物性差异或者取样或实验的失误。重要的是指出结果含义的确定性,应用适当对照,确保数据和随后的结论的有效性。

结果部分包括一系列示意图、表格、图片和照片,重要的是保证每个内容都有正确的题目和各组成部分的标注,每幅图都有正确清楚的坐标轴标注和单位名称。每次都要仔细检查表格和图片与讨论部分文中的数据是否相符。表格和图片不要使用相同的数据。最好二者取其一。需要认真制表或作图,因为读者要了解它们表示的含义,而且读者容易忘记它们不了解的内容。因此记住,要说明所有的结果——它们不能自己说明。要定量讨论研究过程。阐述每个结果的相关性,例如,研究工作与食品制造某些方面的相关性等。讨论研究方法对研究该问题的有效性。研究目标到什么程度?在讨论部分中从始至终要尽量简化、解释和量化结果。

报告则是另一类文体,标点符号、语法和拼写都非常严格。为了保证叙事清晰,所使用的语言非常重要,语言风格比小说简洁得多,要使用简单的语句,尽可能使用一个词替代两个词,并使用被动语态。不要提及自己,使用第三人称。避免使用难以理解或者模棱两可的语句。一个主语词组不当,可能造成一个语句都难以理解。例如,"已经完成的观察,显微镜……"这句的错误在于显微镜本身并不能观察。再者,"使用一个仪表,电流……"同样是电流本身不能使用仪表。最后,"将水保持煮沸 1h,观察烧瓶……"这里关心的可能是实验人员脚的安全!模棱两可的语句,例如,"淀粉产生更多的葡萄糖比麦芽糖……"该句应该更清楚地表达为:"……比麦芽糖……"或"……淀粉产生的葡萄糖量比麦芽糖量多……"(Booth,1977)。

结论是最重要的部分。这部分对发现的结果进行最后的演绎和总结,从这些结果中推理,并整合相关内容。最后,为进一步工作和相关工作提出适宜的建议。

参考文献和参考书目是紧随正式报告其后的组成部分。尽管附录经常提供附加的和支持的信息,但是完整的报告本身也可以不包括附录。

摘要扼要地反映报告的内容,应该最后书写。是业务综合摘要还是详细的科学摘要?要根据面向的读者决定摘要的形式。读者首先阅读摘要,并且因此决定是否继续阅读报告的主体。根据研究目的、结果和结论等方面,总结提炼撰写摘要的内容至关重要。认真思考摘要的基本要求,定量地记录结果的关键数据和研究的关键参数范围,给出主要的结论及其相关性。阅读摘要的时间有限,需要引起读者注意并造成合适的影响力,所以摘要需要精确、简洁,具有价值和完整性。

较大的报告包括一些显著不同的部分,起草需要相当长的时间。正因如此,在整体完稿之后需要预留几天,请他人重新阅读,并进一步修改和改进。再留出时间重复编辑过程以最后完成报告。

21.3.2 参考文献和参考书目

一般的规则是,仅当必须应用或者评价他人的观点,构成自己的论点时才引用参考文献。有时把参考文献写在页面的底部。但是,在科学写作中通常把参考文献置于论文或书籍的末尾。

引用参考文献有两种基本格式:哈佛系统和数字系统。两种系统的目的都是将文章中的目的与其来源连接起来。使用哈佛系统时,在文中引用单独作者或者两个作者的姓和发表年份。多于两个作者时,文中引用写成第一个作者加上"等"。完整参考文献的例子如下:

■ 从书中引用:作者(姓和名字首字母);发表年份(括号);图书名称(斜体或下画线);编辑者(如果不同于作者);出版商;出版地名;卷号(如适用);页码和章节(如适用)。

■ 从期刊中引用:作者(姓和名字首字母);发表年份(括号);文章名称;期刊名称(斜体或下画线);卷号(粗体或下画线);分部号(如适用)页码。

参考文献部分,应该严格按照字母排序和时间排序。存在同样作者、同样年份的多篇文献的时候,要在年份后添加"a""b"等字母。由于这种方式非常易于识别熟悉的研究者,因此在科学研究界普遍应用。

关于数字系统,文章引用的第一个参考文献列为第一个,且标注括号数字[1]。第二个参考文献标注为[2],所有参考文献以此类推。参考文献部分按照数字顺序列出。

互联网提供信息,但也存在问题。访问互联网相对快速并容易得到信息,但是其信息具有瞬态的性质,且缺乏对所得信息的同行审查。有必要引用网络来源时,文中的引用应该是作者和年份(尽管作者不明确时存在问题)。参考书目中也要引用文章题目,接着是URL:http://网址/远程路径,在一行中书写,接着在方括号中写[访问日期]。由于网站在不通知的情况下可能会更改,因此作者最好保留访问当天网站的打印副本或者截图。

21.3.3 口头报告和视觉辅助手段的使用

口头报告的最初体验往往来自非正式讨论或课程学习的讨论组会。参加这些活动有助于建立学习和发言的信心。与报告不同,口头汇报允许演讲者向听众介绍他(她)本人,及其本人特点。口头报告首先保证听众可以听到。如果没有麦克风就要大声清楚地演讲。如果使用麦克风,我们正常的演讲的声音将被放大。因为我们站在听众前面演讲,听众会有些时间观察我们,所以我们需要慎重考虑衣着和表情。口头报告的目的是让听众了解一个或多个信息,要记住不要偏移这一目的。不要过分移动,最好保持不动。使用温柔而不太快的手势,无论我们想不想做,都要乐观并保持微笑,不时地注视听众中某些人的眼睛,短期内吸引他们的注意力,通常尽量保证我们能够"看到"他们。

我们要组织演讲并为报告做必要的笔记。清楚演讲简介什么,时长多少。古谚语说得对——如果不能在 10min 内提供关键信息,就不要在 1h 内继续做。我们在开始时要告诉听众演讲的内容,说明演讲的结构。然后在每部分演讲结束后,开始下一部分演讲前进行小结。最后,将所有关键点汇集到一起作为结论。关键点的重复对于听众来说非常有用。如果还不清楚,有时我们可以换位把自己想象为听众,倾听自己演讲的内容。

当我们演讲时,记住结构和关键信息非常重要,不要明显低头看着文稿讲演,记在脑中与说出来同样重要。视觉辅助手段帮助说明和强化演讲的内容。有时需要展示作为视觉辅助手段的详细表格或复杂图片,就不能对着演示的幻灯片持续演讲,接着简单地翻到下一张幻灯片。正如撰写报告的规则一样,图片和表格本身不会说明自己。在这些情况下,要停下来解释清楚图片和表格显示内容和结果。如果时间允许,除非非常熟悉,我们需要进行某种形式的排练。

视觉辅助手段本身非常重要,永远不要直接使用普通的打印文稿,因为如果观众不能阅读它们,使用它们就毫无意义。幻灯片通常每页七或八行,使用的最小字号为:文本通常 32 或 28,文稿标题 44,字体 Arial,特别是为了在大会议室投影,观众可以轻松阅读幻灯片,幻灯片背景要使用适当的颜色组合,确保文本具有明显的对比度。投影仪一般使用透明胶片,因为彩色胶片价格过高而很少使用。计算机程序如 Microsoft Powerpoint 提供一系列选项帮助应用动画,添加图形和图像,赋予演示文稿趣味性和刺激性。

21.3.4 团队报告和海报的使用

为了展示团队做出的工作和报告,可以由两个或多个团队成员就工作中不同部分进行演讲。在这种情况下必须做到每个部分格式统一,并明确表现出不同部分的相关性。

在一些会议中,为了展示团体重要的工作,可以在墙上或者展板上粘贴总结项目或工作的海报。海报大致按照书面报告的结构编排内容(见 21.3.1)。虽然有多种海报,但是典型的大小是 65cm×90cm 到 90cm×120cm,或基于 A1 纸大小。海报可以压膜或印刷在塑料上以保持较长时间。人们站在 1~2m 距离之外浏览海报,需要保证在这个距离能够舒适地阅读文本。因此,海报的题目需要使用高 2~3cm 的文字,其他文本需要使用高 1cm 的字号。这意味着每页的总单词数目为 300~500 个。通常还附有 2~3 张照片或图片,其典型大小为边长 15~20cm 的正方形,并配有合适字号的标注。准备好基本的文本和图表后,通常把材料交给图文设计人员,设计和印刷海报。

21.4 团队工作和解决问题技能

21.4.1 有效的团队工作

各行各业中,在某些阶段,我们发现自己不仅在一个小组而且在一个团队中工作(Procter 和 Mueller,2000)。如果工作小组的每个成员至少承担一项工作任务,而且必须通过每位成员的共同努力完成这些任务,工作小组则成为团队。承担一项或多项任务是工作小组和团队之间的区别。团队在一定时间内为满足特别需要往往聚集在一起工作,因此可能表现出一定的生命周期。换言之,工作团队的生命周期包括成型阶段、发展阶段、成熟阶段,最后是结束阶段。

工作团队可以是一组学生聚集在一起进行实验室工作或项目工作,例如,一只板球队。

一般工作团队与板球队相比,可能出现的问题和团队需要特别重视的原因如下:(Hardingham,1998):

板球队	工作团队
明确团队中每个人的角色	很多人不确定自己或他人在团队中的作用
为了可衡量的目标而集合	有的团队从来没有明确团队的目标——不同的人就自己的作用有不同的想法
团队内团结,对抗可见的竞争	团队内外都有很多竞争
具有教练	有否自己的设备

高效的团队是能够达到其目的的团队。由于团队由人组成,必须与团队中每个人保持良好的交流,以确保团队中每个人都了解他(她)在团队中发挥的独立作用(Widdicombe,2000)。为了团队形成共识,团队成员需要了解竞争的利弊,团队的需求或者界定的工作内容,团队忠诚、规模和跨度的问题。团队精神是团队成功的重要因素,每个人应该喜欢自己的角色并且对团队发展充满信心。用首字母缩写词 PERFORM 编制的快速评估团队运作的心理检查表如下(Hardingham,1998):

P 效率(Productivity):团队做得足够好吗?

E 共鸣(Empathy):与其他人相处,团队成员感觉舒适吗?

R 角色和目标(Roles and goals):他们知道自己需要做什么吗?

F 灵活性(Flexibility):他们是否对外界的影响和贡献持开放态度?

O 开放性(Openness):他们是否说出自己的想法?

R 认同性(Recognition):他们是否互相赞赏并宣传团队成果?

M 士气(Morale):团队成员希望在该团队工作吗?

通过回答这些简单的问题,可以很快清楚团队是否存在问题。

在团队中工作可以释放创造力和能量,尤其是人们在他人建议的基础上,建立真正互动的交流。人们可以更加享受团队工作,因为大家都很愉快,并具有“归属”感。团队工作可以降低成本并提高效率。有时团队工作是完成工作的唯一途径。没有团队合作,就没有音乐会和演奏会,也不能完成很多平凡而基本的组织性工作。

团队中有时也会出现错误。会议是一个突出的例子:人们可能迟到;会议可能延时;会议可能无聊;人们可能不认真讨论;议程的第一个项目可能持续很久,缺少足够时间讨论其他事项;人们可能觉得沮丧或疲惫地离开;应该出席的人没有参加;一两个人主宰整个会议;会议成为解决个人恩怨的论坛;讨论后没有结果,不做决定或由团队领导强加决定。会议是整个团队聚集的机会,然而这种会议也可能非常具有破坏性,并隐藏着失去凝聚合作,严重破坏人际关系的风险,进而损害良好的团队合作(Widdicombe,2000)。因此,需要事先制订会议计划和规则,通知会议议程,提前备好文件,保证会议按时开始和有效完成。

Widdicombe(2000)在讨论了专业精神而不是个人主义的重要性时,谈到会议主席以多种方式发挥作用,他(她)需要倾听、干预、引导辩论并做出结论。有时尽管会议顺利圆满,但是会议之后好像没有反应,没有人传达会议信息,团队因而遇到困难和挫折。为了改变这种状况,团队要给每项决定的工作指定负责人,确认负责人已经理解并同意采取行动,然后在下次会议上审查所有工作的进展,有效地探讨没有完成工作的原因,并检查其他可以提供支持的团队成员的工作。记住要宣传和庆祝取得的成绩。

由于"群体思维"可能破坏团队或组织的决策效率,因而不利于团队或组织的运作。其症状是:很少或没有争论问题,很少或没有质疑决策;很少或没有自我批评;抵制批评;坚信团队的正确性,拒绝来自团队外部的事实或观点等。最好的方法是引入可以批评团队的具有影响和信誉的外部力量,有些团队使用外部顾问。另外,团队领导人要与团队活动保持一定距离,以免过度浸入"群体思维"。

团队成员往往是善于交流、令人喜欢的人员。他们开放、坦率,愿意分享机会和分担责任。如何解决问题,衡量和应用信息以及做出决定都是"思维方式"的组成部分。持有不同思维方式的人员包括:

- 行动取向的思想家,或反思取向的思想家;
- 以事实为基础的思想家,或以思想为基础的思想家;
- 逻辑取向的思想家,或价值取向的思想家;
- 有序的思想家,或自发的思想家。

团队领导者在团队工作中具有关键作用,一个人的性格很难改变,而行为可以改变。团队领导者具有一定责任,因此需要选拔具备最佳技能履行责任的团队领导人。团队领导人责任主要有:为实现目标组织团队;保证团队工作成果的质量;促进团队的发展;协调团队之间,团队与组织之间的关系等。无论团队在起步,顺利发展,还是局势不清或者处于高度风险的情况下,理想的领导风格都能使团队保持最佳工作状态,领导风格通常表现出指令性、委派性、支持性和激励性。

21.4.2 解决问题的策略和技巧

很多问题只能通过有效的团队合作来解决,然而,必须认识到同样也有很多问题需要个人解决。团队解决对于涉及多人或者没有直接的唯一答案的问题时最有成效,所以需要保留不同观点。最后,参与者对于解决问题方案的认可和承诺也非常重要。

解决问题的过程可能需要结合多个步骤(Robson,2002)。头脑风暴是一群人在短时间内产生许多想法的快节奏的方法。几个保证成功的关键规则如下:

- 会议中不批评提出的任何想法;
- 允许自由发挥每个人的想法,即使看上去不切实际,也要允许提出想法;
- 大脑风暴以短时间内产生尽可能多的想法为目标,保证集思广益,数量远重于质量;
- 记录所有想法,即使两个想法仅仅表达方式不同,让团队所有成员都可以看到贴在房间墙壁展板上的想法;
- 留有时间(可能几个小时,或一周)来培养想法,尤其确保想法不会无意淘汰想法;
- 为筛选想法组合主题(概念),在下次小组会议上评估这些想法。

必须清楚地定义问题。小组成员通常在团队解决问题的方案之外有自己不同的诉求,这是关键性的挑战。有时问题本身就表达了方案的可能性,而限制寻求方案的进程,例如"我们需要一台新机器"这是方案,而不是问题。如果提出"已有的机器效率低下"的命题就可以作为讨论的问题。另一个挑战是陈述问题过于宽泛而通用,使团队成员要竭尽心力把握问题的关键。为了避免就错误问题得到正确的答案,必须始终关注核心问题。团队要在合理时间内推动问题的解决,就应该收集相关数据,根据事实而不是主观臆断解决问题。

分析任何问题,团队考虑的选择性越多,最终决定的方案越好。一个问题存在许多可能的解决办法,但是必须从各种角度,从全局的高度思考问题。总之,这样的方法就如在一张大纸上画出因果图,或称鱼骨图,包括精准的而不是粗略的效果。第二,画出主要的"鱼肋"写出主要问题领域的标题,这些通常涉及人、环境、方法、装置、设备和材料。头脑风暴可以用来产生并写出相关效果的实际原因列表。团队需要时间对各种建议做出反应,甚至需要更多时间输入来自于其他人的建议,最后分析整个图表。帕累托(Pareto)法则(80:20法则)说明在典型情况下,仅少量的原因与大部分的效果有关。

大家对工作都有很多有意义的意见和建议,很难接受别人的反对意见,因此有必要收集数据获得真实资料支持自己的想法。通常情况下,在一个简单的检查表里可以收集归纳数据。这些表格对于每个使用的人都应该相同,使用时具有清楚的标题和注明的日期。确保收集的数据真正有助于解决问题。此外也要考虑公司内外的其他影响收集数据的因素,以确保收集的数据充分用来解析完整的画面,而不仅是其中的一部分。帕累托排列图和直方图都适用于解析收集的数据。在许多情况下,简单的线性图、饼图或其他简单方法的绘图可以满足要求。

除了使用技术分析问题和机遇之外,也可以使用创造性和分析性方法寻求可能的解决方法。例如:

- 鱼骨技术的方案包括描述问题,对主要"鱼骨"形成共识,绘制图表,头脑风暴产生方案的可能性,就各种想法做出反应,然后评估鱼骨图,寻求最佳可能方案;
- 力场分析技术包括定义最坏的和最可能的情况,识别阻力和动力并排序,评估可能的影响力因素,强调重点领域,最后制定解决问题的行动计划;
- 专家方法包括回顾对问题的分析和数据,单独产生解决方案,将想法合并为一个列表,单独排序和记录解决方案,最后讨论排序并对解决方案形成共识。

不同方法适用于不同情况(Robson,2002)。

如果一个方案的成本超出效益,就不能采用,因此首选方案要经过严格的成本－效益分析。有时一个方案可以产生长期效益,但在启动时需要付出资金,因此团队需要计算该方案的投资回收期。有些方案无法通过这种方法量化,如改善工作条件,因此必须检查同时是否还存在着其他成本－效益关系。关键的一点是,成本－效益之间的关系不仅以货币表现,而且可以表现为节省时间、改善人际关系或增进部门间的交流等。

最后,团队向管理者和其他决策者提交的方案必须是非常明确和富有逻辑的文件和演示文稿。团队本身负有实施、监测和评价行动计划的责任。

参考文献

1. American Library Association(2000) *Information Literacy Competency Standards for Higher Education*. The Association of College and Research Libraries,Chicago,Illinois.

2. Booth,V. (1977) *Writing a Scientific Paper*,4th edn. The Biochemical Society,London.

3. Bundy, A. (2004) *Australian and New Zealand Information Literacy Framework*:*Principles*,*Standards and Practice*,2nd edn. Australian and New Zealand Institute for Information Literacy,Adelaide.

4. Cottrell,S. (1999) *The Study Skills Handbook*. Palgrave,Basingstoke.

5. Fairbairn,G. J. and Fairbairn,S. A. (2001) *Reading at University*. Open University Press,Buckingham.

6. Hardingham, A. (1998) *Working in Teams*. Institute of Personnel Development,Management Shapers Series,London.

7. Hasanali,F.,Leavitt,P.,Lemons,D. and Prescott,J. E. (2004) *Competitive Intelligence*:*A Guide for Your Journey to Best － Practice Processes*. American Productivity and Quality Center,Houston,Texas.

8. Hutchinson, B. S. and Greider, A. P. (2002) *Using the Agricultural*,*Environmental and Food Literature*. Marcel Dekker,New York.

9. International Food Information Service (2005) *Food Science Information Discovery and Dissemination － Current Publishing Trends and Technologies Enabling Access to Essential Knowledge*. IFIS Publishing,Shinfield.

10. International Food Information Service (2007) *FSTA Thesaurus*,*Eighth Edition*. IFIS Publishing,Shinfield.

11. International Food Information Service(2009)*Dictionary of Food Science and Technology*,2nd edn. Wiley － Blackwell,Oxford.

12. Lambert,J. and Lambert,P. A. (2003) *Finding Information in Science*,*Technology and Medicine*. Europa Publications,London.

13. Lee, R. (2000) *How to Find Information: Genetically Modified Foods*. British Library, London.

14. Lumsdaine, E. and Lumsdaine, M. (1995) *Creative Problem Solving – Thinking Skills for a Changing World*. McGraw – Hill, New York.

15. Marshall, L. and Rowland, F. (1998) *A Guide to Learning Independently*, 3rd edn. Open University Press, Buckingham.

16. Northedge, A., Thomas, J., Lane, A. and Peasgood, A. (1997) *The Sciences Good Study Guide*. The Open University, Milton Keynes.

17. Procter, S. and Mueller, F. (eds) (2000) *Teamworking*. From the Series Management, Work and Organisations. MacMillan Press, Basingstoke.

18. Robson, M. (2002) *Problem Solving in Groups*, 3rd edn. Gower Publishing, Aldershot.

19. Society of College, National and University Libraries (1999) Briefing Paper: *Information Skills in Higher Education*. SCONUL Advisory Committee on Information Literacy, SCONUL (http://www.sconul.ac.uk/groups/information literacy/papers/Seven pillars2.pdf).

20. Turner, J. (2002) *How to Study – A Short Introduction*. Sage Publications, London.

21. Widdicombe, C. (2000) *Meetings that Work – A Practical Guide to Teamworking in Groups*. Lutterworth Press, Cambridge.

补充资料见 www. wiley. com/go/campbellplatt

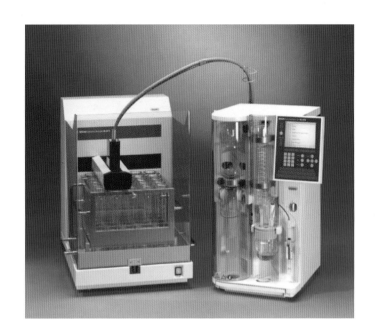

彩图 1　现代凯氏定氮装置
（源自：Büchi Labortechnik, Essen,Germany）

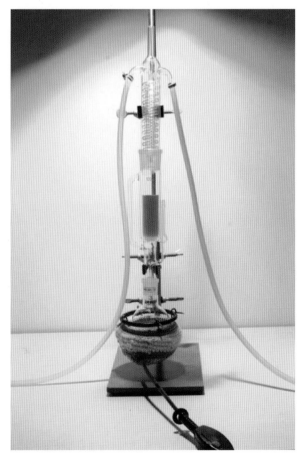

彩图 2　带有提取套管、回流冷凝器与电加热
　　　　夹套的索氏提取装置
（源自： G. Merkh,University of Hohenheim, Sttuttgart, Germany）

彩图 3　卡尔·费歇尔滴定仪具有双壁滴定容器和内部匀浆器，可以用于高温滴定
（源自： G. Merkh, University of Hohenheim, Sttuttgart, Germany ）

彩图 4　卡尔·费歇尔滴定仪的滴管和铂电极对的视图
（源自：Merkh, University of Hohenheim, Stuttgart, Germany ）

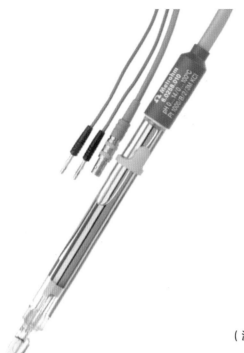

彩图 5　pH 计电极
（源自：Deutsche Metrohm, Filderstadt, Germany）

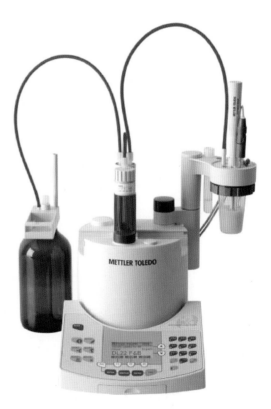

彩图 6　自动滴定器
（源自：Mettler-Toledo AG, BU Analytical, Schwerzenbach, Switzerland）

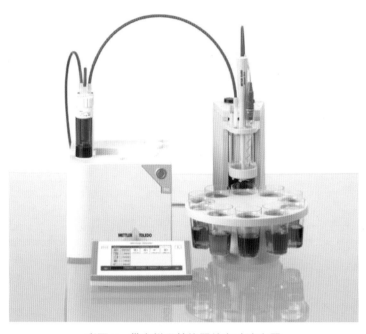

彩图 7　带有样品转换器的自动滴定器
（源自：Mettler–Toledo AG, BUAnalytical, Schwerzenbach, witzerland）

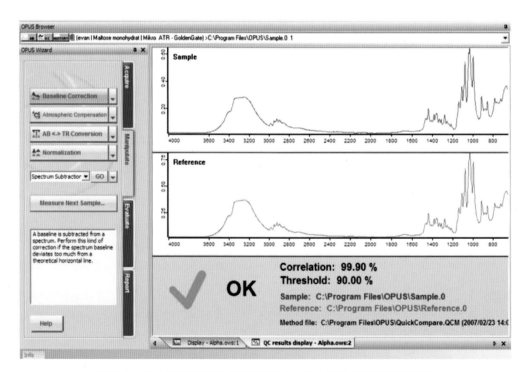

彩图 8　样品与对照样品（麦芽糖单水合物）红外光谱图谱的比较
（源自： Bruker Optics, Ettlingen, Germany）

彩图 9　通过培养皿的底部反射进行近红外测定
（源自：Büchi Labortechnik,Essen, Germany）

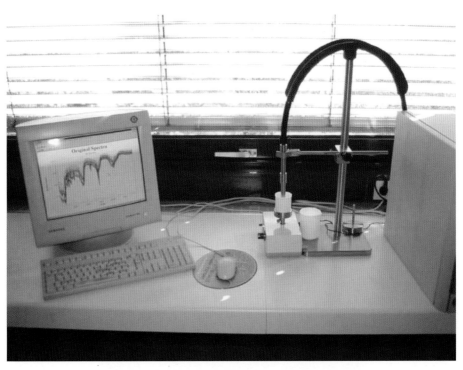

彩图 10　近红外分光光度计的探头和玻璃纤维装置
（源自：G. Merkh, University of Hohenheim）

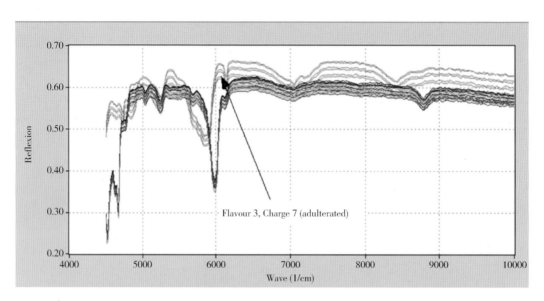

彩图 11　近红外光谱对樱桃风味的定性控制：真正的樱桃风味和三个掺伪品的近红外光谱
（源自：Kstler, M. and Isengard, H.–D.（2001）Quality control of raw materials
usingNIR spectroscopy in thefood industry. G.I.T. Laboratory Journal, 5, 162－4）

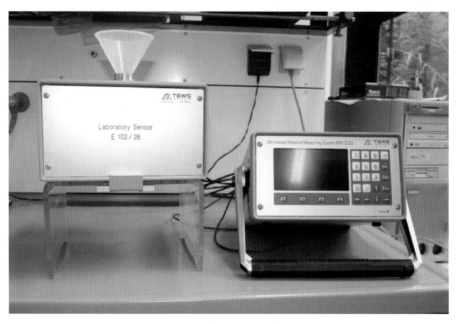

彩图 12　测量水分含量的微波谐振装置
（源自：G. Merkh, University of Hohenheim, Stuttgart, Germany）

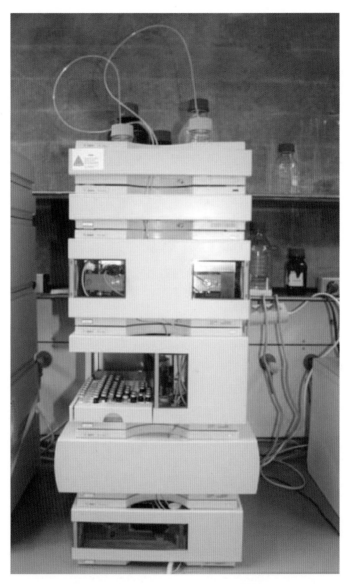

彩图 13 高效液相色谱（自上而下）洗脱液容器、脱气装置、
高压泵、样品瓶和注射装置、柱室、检测器
（源自：G. Merkh, University of Hohenheim, Stuttgart, Germany）

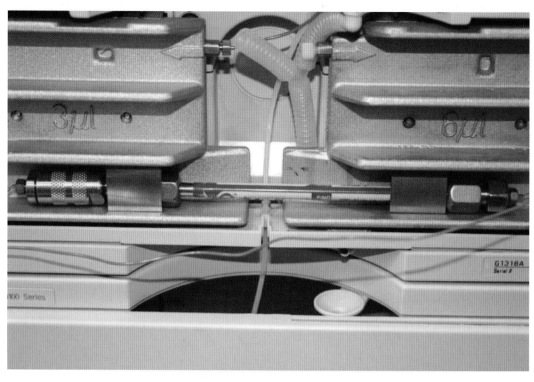

彩图 14 开放式柱室的高效液相色谱柱
（源自：G. Merkh, University of Hohenheim, Stuttgart, Germany）

彩图 15 带有自动样品转换器的离子交换色谱
（源自：Deutsche Metrohm, Filderstadt, Germany）

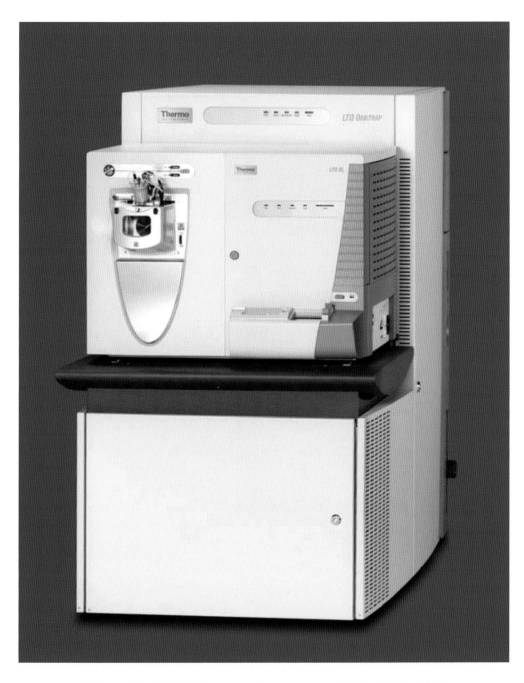

彩图 16　现代质谱仪实例：Thermo Scientific LTQ 轨道离子阱混合质谱仪
（源自：Thermo Electron, Dreieich,Germany）

彩图 17　原子吸收光谱仪实例：PerkinElmer AAnalyst 400 原子吸收光谱仪
（源自：PerkinElmer LAS, Rodgau–Juegesheim,Germany）

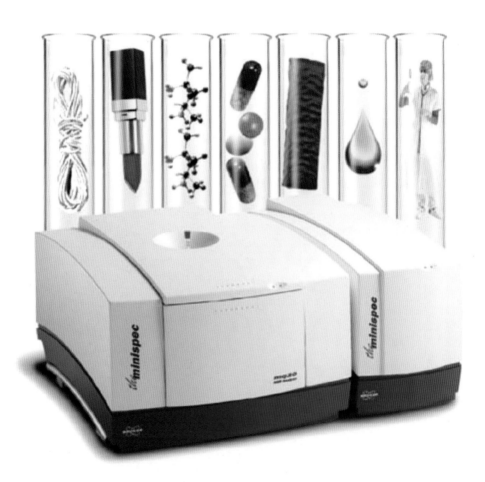

彩图 18　时域核磁共振波谱仪
（源自：Bruker Optik,Rheinstetten, Germany）

彩图 19 带有热弹、冷却站和加压站的等环境热量计
（源自：IKA–Werke, Staufen,Germany）

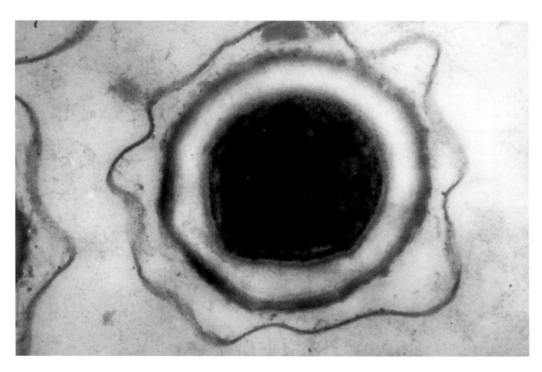

彩图 20 双酶梭菌芽孢横截面的电子显微镜照片
各层由外向内分别为芽孢外壁、芽孢外被、皮层和原生质体

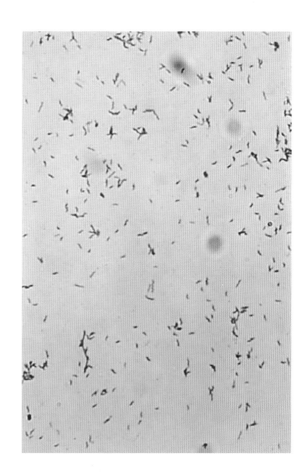

彩图 21　革兰阴性埃希氏大肠
　　　　杆菌（红色细胞）

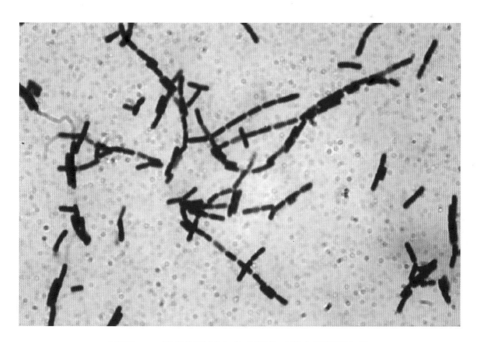

彩图 22　革兰阳性巨大芽孢杆菌对数生长期的细胞
（注意：形成的长链在生长停止时分解成很短的链）

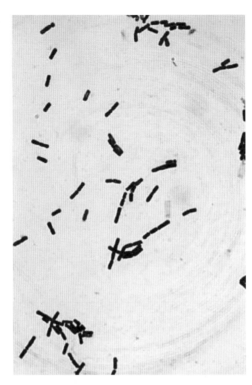

彩图 23　革兰阳性蜡样芽孢杆菌的产孢细胞
（芽孢呈现明亮的中心，注意短链）

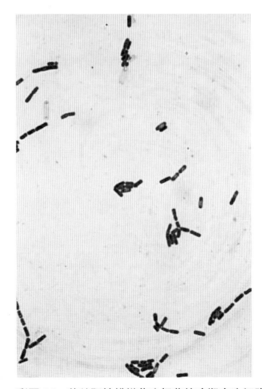

彩图 24　革兰阳性蜡样芽孢杆菌的晚期产孢细胞

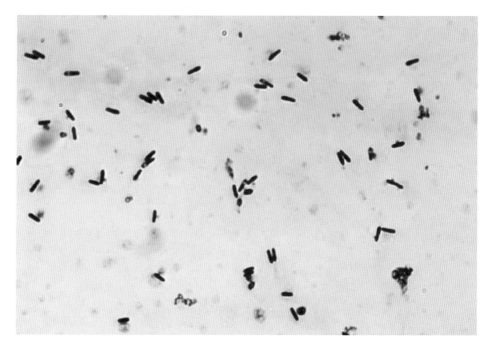

彩图 25　革兰阳性产气荚膜梭菌的产孢细胞
（在形成芽孢过程中细胞末端肿胀产生"网球拍"的外观）

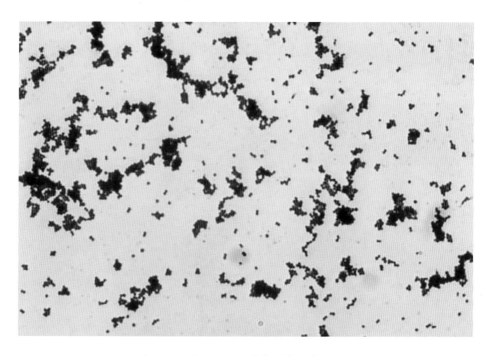

彩图 26　革兰阳性金黄色葡萄球菌的细胞
（注意细胞呈团块生长）

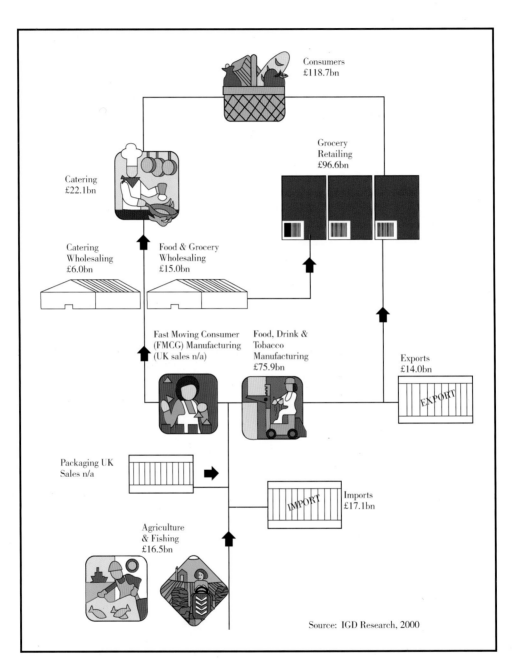

彩图 27 英国食品和杂货供应链
（源自：Patel 等，2001, p. 5.）